Basic Food Chemistry

기본 식품화학

基本 食品化學

채수규

碩学堂

基本 食品化學

머리말

우리의 식생활은 인류의 발생과 함께 시작되었고 시대의 변천과 더불어 개선되어 오늘에 이르렀다. 석기시대에는 극히 원시적인 생활을 영위하였던 인류도 유목시대를 거쳐서 일정한 장소에 정착하게 되어 농경이나 재배의 기술, 그리고 일시에 다량수확된 생산물을 보존하는 방법 등을 경험적으로 알게 되었고 이들 생산물을 식생활에 이용하게 되었다. 또한 가축의 사육이나 어패류의 증식, 해양에서의 어획 등에 의해서 식량자원은 점차로 확대되었고 이들을 조리하는 방법이나 기술도 향상되게 되었다. 이러한 결과가 인류로 하여금 지구상에 있어서 일대 번영을 이룩하게 되었다고 해도 과언이 아니다.

우리가 건강한 생활을 영위하기 위해서는 무엇보다도 에너지원이 되고 있는 식품을 섭취하지 않으면 안 된다. 그것은 단순히 에너지 공급을 위한 식사행위가 아니라 보다 영양적으로 질과 양이 우수하며 겉모양도 좋고 맛이 있는 식품을 섭취하여 일상생활에 있어서 하나의 즐거움을 수반하여야 한다. 따라서 식품에 관한 충분한 지식을 갖는 것은 필수적이며 우리가 섭취할 식품에 대하여 여러 가지 관점에서 종합적으로 검토하여야 한다.

식품의 특성을 과학적인 방법에 의하여 연구하는 학문을 식품과학(food science)이라 하며, 우리가 현재 이용하고 있는 식품에 관해서 그것을 구성하고 있는 화학성분의 성질, 구조, 변화 등에 대하여 연구하고 그 실체를 정확히 파악하여 보다 유효하게 이용하는 방법을 생각하거나 새로운 식품의 개발, 그동안 이용되지 않은 자원의 식용화 등 화학적으로 체계화된 연구를 하는 학문을 식품화학(food chemistry)이라고 한다.

최근 식품화학의 연구에 있어서 생물학이나 물리학과의 경계영역, 즉 생물화학(biochemistry)이나 물리화학(physical chemistry)적 내용의 연구에 눈부신 발전을 보이고 있다. 또한 생물화학이 정적인 생체성분 화학의 학문분야 비중이 작아지고 대사, 효소, 생리작용, 생물활성 등을 중심으로 한 동적인 학문분야가 현재 중심적인 위치를 점하고 있는 것과 같이 식품화학도 정적인 식품성분의 화학으로부터 동적인 성분간의 반응, 성분의 가공, 조리 중에 일어나는 여러 가지 변화를 연구하는 학문분야로 그 중심이 옮겨져 가고 있다. 한편, 식품성분의 물리적 성질 및 그 변화는 rheology, texture 등의 지식을 활용하여 비교적 최근에 연구되고 있는 학문분야로서 편의상 식품화학에서 함께 취급하고 있다.

이렇게 하여 얻어진 연구의 성과를 우리가 일상 이용하는 식품의 생산, 가공, 저장 등의 개선에 응용하는 연구나 식품에 부족되어 있는 영양성분을 보완하거나 건강유지 관리, 질병예방 등과 같은 생체조절기능을 가진 건강기능식품을 개발하는 등의 연구도 식품화학의 중요한 영역이며, 이와 같이 식품화학의 연구대상은 각 분야에 걸쳐 광범위하며 그 역할도 대단히 크다고 할 수 있다.

본서에서는 식품에 관한 일반성분과 특수성분의 기초적인 화학적 본질과 가공, 저장, 조리과정에 있어서의 물리·화학적인 변화, 특징 등에 대해서 구체적으로 기술하여 식품화학의 지식과 그 요점 파악에 도움이 되도록 하였다.

본서가 대학 또는 전문대학의 식품가공학과, 영양학과 및 기타 식품관계학과의 학생들의 교과서나 참고서로서의 역할을 할 수 있다면 무엇보다도 다행한 일이라 생각한다.

본서의 충실을 위하여 기초적인 사항에서부터 최근 새로이 연구된 분야에 이르기까지 그 동안의 강의자료를 정리하여 최선의 노력을 기하여 집필하였으나 저자의 얕은 지식과 빈약한 경험으로 인하여 소기의 목적을 얼마나 달성하였는지 의문이며 오히려 내용 중 미비한 점이나 여러 곳에 오류가 있을 것으로 생각이 된다. 앞으로 더 좋은 교재로 개정되어 갈 수 있도록 선배 제현과 독자들의 아낌없는 충언과 편달을 바라는 바이다

끝으로 본서의 출판을 추진하여 주신 도서출판 석학당의 윤용호 사장님을 비롯한 편집부 직원 여러분에게 충심으로 사의를 표하는 바이다.

2011. 08.
저자 씀

목 차

제 1 장. 식품 중의 수분(moisture in foods) / 17

제 2 장. 단백질(proteins) / 41

제 6 장. 지방질(lipids) / 205

제 7 장. 유지의 변패(deterioration of oils & fats) / 239

제 8 장. 무기질(minerals) / 275

제 16 장. 식품의 물리성(physical properties of foods) / 545

基本食品化學

제 1 장

식품 중의 수분
(moisture in foods)

물은 생체 및 식품에 필수성분으로 존재하며, 그 식품의 형태나 구조 또는 맛에 큰 영향을 주고 또 그 함량은 식품의 품질을 결정하는 데 매우 중요한 역할을 하고 있다. 식품이 생체물질인 이상 세포 내 뿐만 아니라 세포 사이에도 물이 있다. 오히려 물 속에 세포가 있고 물 속에 생체성분이 떠 있다고도 말할 수 있다. 식품을 완전히 건조시켰을 때 물을 가해도 원래의 상태로 되돌아가지 않는 것은 물이 없이 식품의 성분은 온전하게 성립하지 않는다는 것을 말해 준다. 채소나 과일 등과 같이 수분이 많고 신선도가 중요시되는 식품에서는 수분을 조금이라고 잃게 되면 그 가치는 반감되고 만다. 한편, 수분이 많은 것은 저장이나 가공, 수송 등에 어려움이 있어 문제가 되기도 한다.

세포가 살아있으면 합성과 분해의 반응이 효소를 촉매로 하여 질서있게 진행되어 생명활동을 유지한다. 이 반응은 거의 물 속에서 일어나고 있다. 즉, 물은 생체반응의 장을 제공하며 물이 없으면 생물은 생명활동을 유지할 수 없다. 생식품에서는 주로 분해반응이 주역할을 하며 그 반응의 대부분이 물을 반응의 장(場)으로 하고 있다. 건조식품과 같이 물이 없으면 변화가 일어나기 어렵다. 그러나 고기의 연화현상이나 사과의 갈변과 같이 수분이 존재하는 한 여러 가지 반응이 일어나며 부패도 진행된다. 특히 미생물의 발육과 수분 함량과는 밀접한 관계가 있으므로 소량의 수분 함량의 차이라도 그 식품의 저장 수명을 연장하는 데 있어서 중대한 영향을 미친다.

반대로 물은 외기와 식품성분의 접촉을 막아주어 변질을 방지하는 효과도 있다. 예를 들어, 건조하면 식품 중의 유지가 변패하기 쉬운 것은 대기 중의 산소와 접촉이 용이하기 때문이다.

유지 이외의 식품성분에 있어서 물은 정말로 좋은 용매로서 많은 성분을 녹이는 성질이 있다. 수프를 만들거나 홍차를 우러나오게 하는 것은 물의 성질을 잘 이용하여 가용성분을 효과적으로 추출하는 것이다.

물은 식품성분 중에서 가장 단순한 무기성분이지만 이와 같이 식품의 구조를 유지하고 성분 변화의 장이 되고 외기와의 접촉을 막으며 성분의 용매로 작용하는 등 좋은 점과 나쁜 점이 있으며 그 식품의 품질 특성과도 밀접한 관계를 가지므로 식품에 있어서 물의 특성을 충분히 파악하는 것은 품질 보존상 매우 중요하다.

표 1.1 식품 중의 수분 함량

식품	수분 함량(%)	식품	수분 함량(%)
곡류	13~15	두부	80~99
콩	13~16	우유	89
밥	65	채소 및 과일	76~96
빵	30~37	생선	70~80
국수	72	달걀	75

제1절 물의 화학적 특성

물 분자의 구조는 그림 1.1과 같다. 산소원자와 수소원자가 공유결합할 때(그림 1.1 A), H−O 결합을 이루는 전자는 전기음성도(electronegativity)[1]가 큰 산소 측으로 이동하여 전하 밀도차에 의해 수소는 부분적으로 양전하를 띠게 된다. 한편, 산소원자에는 공유결합에 사용되지 않는 전자쌍(2개의 전자)이 2개 있다. 그리고 물 분자를 전체로 하여 보면 산소 측은 음($-\delta$)으로 하전하고 수소 측은 양($+\delta$)으로 하전하고 있다(그림 1.1 B). 즉, 물분자는 양극과 음극을 함께 가진 전기적 쌍극자이며 이것이 물의 여러 가지 특징의 원인이 되고 있다. 2개의 수소원자는 결합각이 105°, 원자간 거리가 1.54Å이다(그림 1.1 C).

[1] 전기음성도(electronegativity) : 원자가 화학결합을 만들 때에 전자를 끌어당기는 힘을 말한다. 각 원소별 전기음성도의 크기는 F(4)>O(3.5)>N(3.0),Cl(3.0)>Br(2.8)>I(2.7)>C(2.5),S(2.5)>P(2.2)>H(2.1)이며, 비금속성이 큰 원소일수록 전기음성도가 크고, 금속성이 큰 원소일수록 전기음성도가 작다. 물 분자는 산소와 수소의 전기음성도 차이가 크다. 일반적으로 전기음성도 차이가 1.7보다 큰 원소간의 결합은 이온결합이며, 이보다 작을 때는 공유결합이 많다.

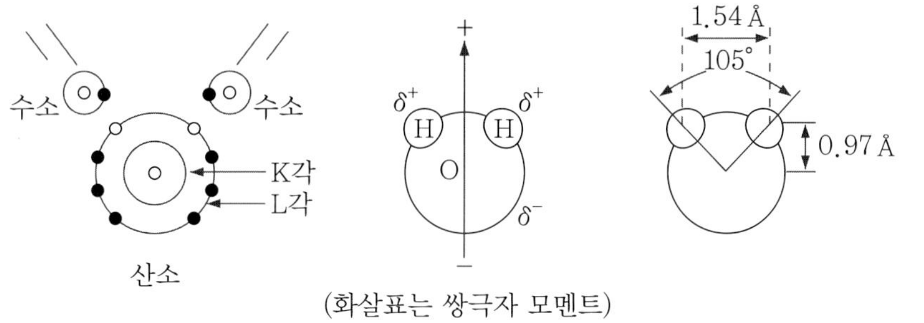

(화살표는 쌍극자 모멘트)

A B C

그림 1.1 물의 분자구조

물 분자들은

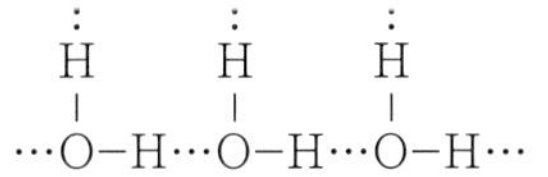

(···: 수소결합)

의 경우와 같이 O−H···O 결합을 만들기 쉽다. 이 결합은 2개의 산소원자가 수소원자를 매체로 교량 역할을 하여 결합한 형태를 취하고 있어 수소결합(hydrogen bond)이라고 한다. 얼음에 비교하면 적으나 물에도 수소결합은 형성되어 있다. 한편, 수증기가 되면 수소결합은 파괴되어 분자는 자유로이 움직일 수 있게 된다.

물은 온도를 내리면 수축하고 4℃에서 최대의 밀도를 나타내며 얼음이 되면 팽창한다. 이 이유를 완전히 설명하는 것은 어려우나 얼음이 되면 각 물 분자는 4개씩 물 분자와 수소결합하여 3차원 구조를 형성하기 때문이라고 생각되고 있다(그림 1.2). 즉, 온도가 내려 감에 따라 물의 자유로운 분자 운동이 감소하고 가까이 접근하게 되며, 4℃ 이하의 온도가 되면 수소결합의 수가 증가하며, 결국 얼음이 되면 수소결합으로 단단히 결합되어 물분자는 망상 구조로 배열한다. 이렇게 되면 분자간에 6각형의 다수의 간격이 생겨 얼음의 체적이 증가한다.

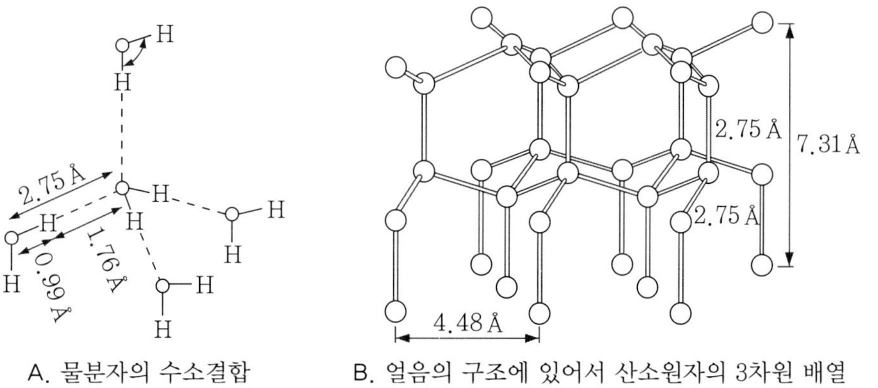

A. 물분자의 수소결합 B. 얼음의 구조에 있어서 산소원자의 3차원 배열

그림 1.2 얼음의 형성

동결하면 얼음을 형성하여 체적이 팽창하는 성질은 생식품을 동결시켰을 때 조직을 파괴하는 원인이 된다. 생선 식품을 동결 후 해동하면 드립(drip)이 생성되는 것은 조직과 세포가 얼음의 생성에 의해 파괴되기 때문이다.

물이 염류를 녹이기 쉬운 것도 물 분자의 쌍극성(dipole) 때문이다. 예를 들면, 소금이 물에 녹으면 Na^+이온은 물 분자의 음극으로 끌리고, Cl^-이온은 물 분자의 양극으로 끌리며, 소금은 Na^+과 Cl^-으로 나누어져 물에 녹아 들어간다(그림 1.3 A). 대부분의 전해질이 물에 녹기 쉬운 것도 똑같은 현상이다. 또한 단백질이나 당류와 같은 물질은 전기적으로 음성인 원자로서 O, N, S, Cl 등을 갖고 있다. 이 경우에도 물 분자의 산소원자와 이들 원자와의 사이에 수소원자가 매체가 된 형태(H−O−H⋯X)의 수소결합이 형성되기 쉽다(그림 1.3 B). 이와 같이 수소결합은 식품성분을 물에 용해시키기도 하고 분산시키기도 하는 역할을 하고 있다.

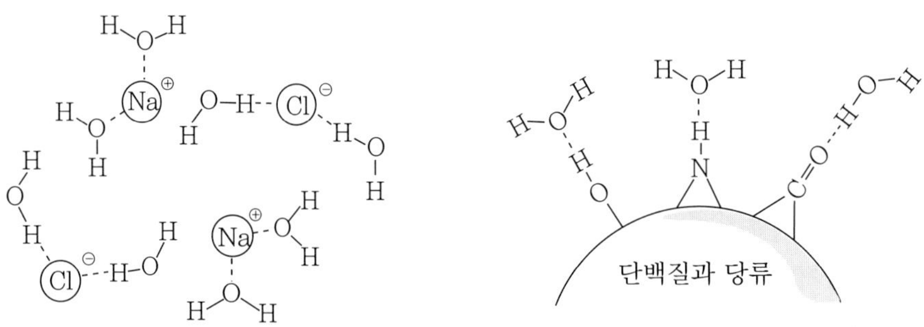

A. 물에 소금이 녹는 모양 B. 식품성분과 물과의 상호작용

그림 1.3 물분자와 다른 분자와의 결합

물은 또한 formamide 이외의 기타 모든 용매에 비해 매우 높은 유전상수(dielectric constant)[2]를 갖고 있다. 유전상수가 큰 용매에서는 이온 사이에 작용하는 인력이 약해져서 해리되기 쉽다.

어떤 용매 안에서 한 화합물이 이온화하는 데 소요되는 이온화 에너지(ionization energy) F는 다음과 같은 식으로 나타낸다.

[2] 유전상수(dielectric constant) : 액체에 있어서 극성을 나타내는 척도. 물체가 전기를 띨 때 +,−로 대전되는데 그 대전된 상태가 얼마나 지속되는가의 척도이며, 유전체인 부도체에 전위차를 주었을 때 전자의 이동(즉, 전류)은 존재하지 않고 분자 분극에 의하여 외부 전위에 반대방향으로 분자들이 배열되는 정도의 척도이다. 유전상수가 큰 액체인 물은 전하나 전기쌍극자를 안정화하는 능력이 탁월하다. 전하를 가진 이온들과 전기쌍극자의 특성을 가진 다양한 극성 분자들을 안정화시켜주는 역할을 하기 때문에 물은 다양한 화학물질을 녹이는 용매가 된다.

$$NaCl \rightarrow Na^{+} + Cl^{-}$$

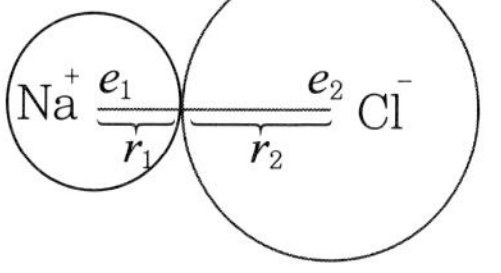

그림 1.4

$$F = \frac{1}{\varepsilon} \cdot \frac{e_1 \cdot e_2}{(r_1 + r_2)}$$

여기서 이온화 에너지 F는 전하가 각각 e_1, e_2이며, 직경이 r_1, r_2인 이온들을 분리하는 데 소요되는 에너지이며 ε는 용매의 유전상수이다.

어떤 특정 화합물의 경우 이온화되어 형성하는 이온들의 전하나 그 직경들은 각각 일정하므로 이온화 에너지의 크기는 그 화합물이 녹아 있는 용액의 유전상수와 반비례한다. 즉, 유전상수가 큰 용매일수록 이온화되기가 쉽다. 따라서 물이 산, 알칼리, 염류 및 각종 극성 화합물들을 잘 녹여 주며 또한 식품에 있어서 물이 많은 성분들의 용매로 작용하고 있음을 알 수 있다.

표 1.2 각종 용매의 유전상수

용매의 종류	유전상수(25℃ 기준)	용매의 종류	유전상수(25℃ 기준)
n-pentane	1.84	ethylene chloride	10.35
cyclohexane	2.01	pyridine	12.3
carbon tetrachloride	2.23	ammonia	16.9
benzene	2.28	acetone	20.7
trichloroethane	3.40	ethanol	24.3
chloroform	4.75	methanol	32.6
diethyl ether	5.02	acetonitrile	37.5
ethyl acetate	6.02	water	78.54
tetrahydrofuran	8.20	formamide	110.0

제2절 식품 중의 수분의 존재 상태

식품 속에 존재하는 물은 자유로이 운동할 수 있는 물과 식품성분에 결합한 물의 두 가지로 구분하여 생각할 수 있다. 전자를 유리수(free water) 또는 자유수라고 하며 식품을 건조시키면 쉽게 제거되고, 0℃ 이하에서는 잘 얼게 되는 보통 형태의 물을 말하는 것으로 식품 중에서 염류, 당류, 수용성 단백질 등을 용해하는 용매로서 작용하는 물이다. 이에 대하여 후자는 결합수(bound water) 또는 수화수라고 하며 식품 중의 구성 성분인 탄수화물이나 단백질 분자들에 강하게 흡착되어 있거나 수소결합에 의해 밀접하게 결합하고 있는 형태의 물로서 보통의 방법으로는 쉽게 분리시킬 수 없는 물을 말한다.

한 식품 속에 유리수와 결합수는 서로 독립적으로 존재하는 것이 아니다. 이들은 서로 그 이동이 가역적이며 일정한 온도에서 언제나 평형 상태에 있다. 예로서 0℃ 이하로 온도가 급속하게 내려갈수록 유리수는 계속 얼음이 되므로 일부 결합수는 유리수로 되어 평형을 유지하고자 한다.

식품의 유리수와 결합수의 함량에 관해서는 아직 충분한 연구가 되어 있지 않으나 일부 생선을 가지고 측정한 예를 들면 표 1.3과 같다.

표 1.3 생선의 유리수와 결합수(%)

생선의 종류	총 수분량	유리수	결합수
고등어	73.38	50.21	23.17
살꼴두기	78.45	60.21	18.24
도루묵	81.50	69.92	11.58

1. 유리수

유리수(free water)는 자유로이 운동할 수 있고 용매로서 작용하는 보통 형태의 물로서 다음과 같이 보통의 물이 가지는 일반적인 성질을 나타낸다.

① 용매로서 작용한다.

물의 극성은 다른 어떠한 용매보다 크기 때문에 많은 전해질을 잘 녹인다. 식품 중에서 염류, 당류, 수용성 단백질 등을 녹이는 용매로서 작용하며, 직접 물에 녹지 않는 물질을 분산시켜 colloid용액을 만든다.

② 비점과 융점이 높고 증발열이 크다.

물 분자는 분자량에 비해서 그의 비점과 융점이 높 고 증발열이 크다 물은 분극한 물 분자가 수소결합에 의해 강하게 회합되어 있기 때문에 그의 분자 운동이 저해되고 있다. 따라서 물을 끓이려거나 얼음을 녹이려면 보다 많은 열을 필요로 한다.

③ 비열이 크다.

물의 비열은 1.0cal/g℃로서 다른 어떠한 용매에 비해 크다. 비열이 크다는 것은 데우거나 식히기가 어렵다는 뜻으로 지구상의 생물체가 여름과 겨울, 낮과 밤 사이의 온도의 급격한 변화가 적은 비교적 온화한 상태에서 생활할 수 있는 것은 이 때문이다.

④ 비중은 4℃에서 제일 크다.

물의 비중은 4℃일 때가 1로서 가장 크며 0℃의 얼음은 0.917이다. 따라서 동결에 의해 부피가 팽창하게 되고 냉동육의 드립의 생성, 채소류의 조직 파괴의 원인이 된다.

⑤ 표면장력[3]이 크다.

물의 표면장력은 73dyne/cm^2(20℃)로서 액체 중에서 가장 크다. 물의 표면에 있는 물 분자가 내부에 있는 물 분자에 끌려 표면장력이 크게 된다. 따라서 물은 모세관 현상에 의한 상승효과도 크며 세포와 세포의 간격 사이를 침입하여 물질의 운반과 제거에 관여할 수 있다.

⑤ 점성이 크다.

물은 물분자 상호간에 인력이 있기 때문에 다른 용매에 비해 점성이 크 다. 따라서 물 속의 생물은 가까운 곳에서 일어나는 약간의 기계적인 교란에도 쉽게 동요되지 않는다.

2. 결합수

결합수(bound water)는 자유로이 운동할 수 있는 유리수와는 달리 식품 중의 구성 성분인 탄수화물이나 단백질 등과 결합되어 존재하므로 보통 형태의 물과는 다른 다음과 같은 특성을 가지고 있다.

---

[3] 표면장력(surface tension) : 액체의 표면에서 표면을 작게 하려고 작용하는 장력을 말하며 계면장력이라고도 한다. 액면 부근의 분자가 액체 속의 분자보다 위치에너지가 크기 때문에 액체는 표면적에 비례하는 표면에너지를 가지고 이로 인해 표면장력이 생긴다.

① 용질에 대하여 용매로서 작용하지 않는다.
당류, 염류 등의 가용성 물질을 녹이는 용매로서 작용하지 않는다.

② 100℃ 이상 가열하여도 제거되지 않는다.
결합수는 수증기압이 보통의 물보다 낮으므로 대기중에서 100℃ 이상으로 가열하여도 제거되지 않는다.

③ 0℃ 이하의 저온에서도 잘 얼지 않는다.
0℃에서는 물론 그보다 낮은 −18° ~−30℃의 저온에서도 잘 얼지 않는다.

④ 보통의 물보다 밀도가 크다.

⑤ 식품조직을 압착하여도 제거되지 않는다.
동·식물체의 조직에 존재하는 결합수는 그 조직에 큰 압력을 가하여 압착하여도 제거되지 않는다.

⑥ 미생물의 번식에 이용되지 못한다.
식품 내에서 미생물의 생육과 번식에 이용되는 물은 유리수이며 결합수는 이용되지 못한다.

한 식품 속의 유리수와 결합수의 한계를 명확히 구분하기는 애매하다. 유리수와 결합수는 그 이동이 가역적이며, 온도나 물에 녹아 있는 물질의 종류나 양 등에 의해 평형상태가 크게 영향을 받기 때문이다. 예를 들면 식품에 설탕을 첨가하면 유리수의 일부가 설탕과 결합하여 유리수의 양이 감소된다.

다만 편의상 0°F, 즉 −18℃를 기준으로 하여 이 온도 이하에서도 액상으로 존재하는 물을 일반적으로 결합수라고 정의하고 있다.

결합수 함량은 보통 핵자기 공명(nuclear magnetic resonance, NMR)[4)]을 이용하여 측정한다. 이 방법은 한 시스템 내에 존재하는 수소원자의 수를 측정하는 것이다. 즉, 물과 같이 액상의 성분에 존재하는 수소원자들은 예민한 공명현상을 일으키지만 얼음과 같은 고체 성분에 존재하는 수소원자들은 예민하지 못하다 따라서 핵자기 공명현상을 측정하는

4) 핵자기 공명(nuclear magnetic resonance) : 자기장 내에서 원자핵의 자기 모멘트에 특정한 외부의 에너지가 작용하여 그 에너지를 흡수하고 다른 에너지 준위로 전이하는 현상, 또는 이를 이용한 분광법을 말한다. 보통 NMR이라고도 한다. 원자가 자기장 내에 놓이면 원자핵의 스핀에 의해 에너지가 제만 준위(*Zeeman* level)로 나뉘고 이 준위 사이에서 공명한다.

기계를 조절하여 액상(liquid phase)의 수분에서 오는 신호만 받고 얼음과 같은 고체에서 오는 신호는 무시할 수 있도록 할 수 있다. 이와 같은 원리의 계측기를 이용하여 저온에서의 액체 상태의 물의 양을 정량적으로 측정할 수 있다.

제3절 수분활성도

종래 식품 중의 수분은 단순히 양적인 면에서 전체 수분량으로 논하였으나 학문의 진보와 더불어 유리수-결합수라는 개념이 도입되어 양적 문제를 질적으로도 취급하게 되었다 최근에는 또한 수분활성도(water activity)라는 개념이 도입되어 수분을 동적인 측면에서 논하게 되었다.

식품 중의 수분량은 대기중의 습도 등 그 식품이 놓여 있는 환경 조건에 의하여 영향을 받아 변동되기 쉽다. 즉, 어떤 식품의 수분 함량은 완전하게 밀폐된 용기 속에 있지 않는 한 장기간 방치하는 동안에 식품 중의 수분과 대기중의 수분 사이의 출입이 생긴다. 예를 들면, 대기 중의 습도가 낮은 경우는 식품에서 수분이 증발하고 습도가 높은 경우는 흡습한다. 이 수분의 이동은 대기 중의 습도와 식품 중의 수분이 평형을 이룰 때까지 계속된다. 이와 같이 식품의 수분은 동적인 것이므로 그 상태를 보다 잘 나타내기 위해서는 식품 중의 수분 함량을 일반적으로 사용하는 %로 표시하기보다는 대기중의 상대습도까지 고려한 수분 함량으로 표시하는 것이 타당하다. 또한 미생물의 활동과 식품 중의 수분 함량과의 관계에 있어서도 실제로 미생물의 생육 번식에 영향을 주는 식품의 수분량은 미생물이 실제로 이용 가능한 수분량이며 전체의 수분 함량은 별로 문제가 되지 않는다. 따라서 이상의 두 가지 경우를 고려하여 볼 때 식품 중의 수분의 상태는 전체 수분 함량보다도 그 식품의 수분활성도라는 개념을 사용하는 것이 바람직하다.

한 식품의 수분활성도(A_W)는 어떤 임의의 온도에 있어서 그 식품이 나타내는 수증기(P)에 대한 같은 온도에 있어서의 순수한 물의 최대 수증기(P_O)의 비로 정의된다.

즉, $Aw = \frac{P}{P_O}$ 이다.

또 식품의 수증기압은 그 식품 속의 수분에 녹아 있는 용질의 종류와 양에 의하여 영향을 받는다. *Raoult*의 법칙에 의하여 설탕이나 소금과 같은 용질의 용해에 의한 순수한 물의 수증기압의 상대적인 감소는 용질의 몰분율(molar fraction)에 직접적으로 비례한다. 즉, 물의 몰수를 M_W, 용질의 몰수를 M_S라 하면 다음과 같이 표시할 수 있다.

$$\frac{P_O - P}{P_O} = \frac{M_S}{M_W + M_S}$$

$$1 - \frac{P}{P_O} = 1 - A_W = \frac{M_S}{M_W + M_S}$$

$$A_W = \frac{M_W}{M_W + M_S}$$

수분활성도(A_W)에 대한 예를 들어보면 다음과 같다.

예 1 온도가 일정하고 식품이 나타내는 수증기압이 0.9이며, 그 온도에 있어서의 순수한 물의 수증기압이 1.5일 때 A_W는 얼마인가?

해설 $A_W = \frac{P}{P_O} = \frac{0.9}{1.5} = 0.60$

예 2 30%의 수분과 20%의 설탕을 함유한 어느 식품의 A_W는 얼마인가?

해설 $A_W = \frac{M_W}{M_W + M_S} = \frac{\frac{30}{18}}{\frac{30}{18} + \frac{20}{342}} = \frac{1.667}{1.667 + 0.058} = 0.966$

예 3 포도당(분자량 180) 5%, 비타민 A(분자량 286.46) 300mg%, 비타민 C(분자량 176) 500mg%, 전분(분자량 3,000,000) 30%, 나머지는 수분으로 이루어진 식품의 A_W는 얼마인가?

해설 수분 함량은 64%이고, 수용성 물질은 포도당 5%와 비타민 C 0.5%이므로

$$A_W = \frac{\frac{64}{18}}{\frac{64}{18} + \frac{5}{180} + \frac{0.5}{176}} = 0.554$$

예 4 10%, 30% 소금물의 A_W는 얼마인가? 비교 검토하라.

해설 10% 소금물 $A_W = \frac{\frac{90}{18}}{\frac{90}{18} + \frac{10}{58.45}} = 0.96$

$$30\%\ 소금물\ A_w = \frac{\frac{70}{18}}{\frac{70}{18} + \frac{30}{58.45}} = 0.88$$

위 결과를 비교 검토하면 소금농도가 클수록 수분활성도는 낮아 미생물이 생육할 수 없는 조건이 된다.

예 5 수분이 30%, 중량이 1kg인 식품의 A_W가 0.90이면 용질인 설탕을 얼마나 넣으면 되겠는가? 그리고 소금의 경우는 얼마를 넣어야 하는가?

해설 ㉮ 수분 30%의 무게는 식품 1kg에 대하여 300g이고, 몰분율로 하면 300/18 = 16.7몰이 된다.

㉯ 설탕이나 소금의 용질의 몰수를 계산하면 다음과 같다.

$$0.90 = \frac{16.7}{16.7 + M_S}$$

$$M_S = \frac{16.7 - 15.03}{0.90} = 1.86몰$$

㉰ 1.86몰의 설탕의 중량은

$342 \times 1.86 = 636$g이고,

1.86몰의 소금의 중량은

$58.4 \times 1.86 \times (1/2) = 54.3$g이다.

(1몰의 소금은 물 속에서 이론적으로 2몰의 이온을 형성한다)

㉱ 그러나 이 몰분율에 있어서 설탕의 활동계수는 1.58이고 소금의 활동계수는 0.85 이므로, 실제로 필요로 하는 양은

설탕은 636/1.58 = 402.5g

소금은 54.3/0.85 = 63.8g을 넣으면 된다.

일반적으로 한 식품의 수분활성은 그 속에 함유된 용질의 종류와 그 양에 따라 다르게 되며, P는 P_0보다 적어서 A_W는 1보다 작은 값을 나타낸다. 식품 및 소금과 설탕 용액의 수분활성도를 비교하면 표 1.4와 같으며, 쌀이나 대두와 같이 수분 함량이 적은 식품의 A_W는 0.60~0.64이고, 과실이나 생선과 같이 수분 함량이 많은 식품의 A_W는 0.99~0.98의 값을 나타낸다.

수분활성도와 상대습도와의 관계를 보면, 상대습도(relative humidity, RH)는 실질적으

표 1.4 수분활성도와 그 범위에 해당되는 식품의 예

수분활성도 (Aw)	용액의 예		식품의 예 [괄호 안은 수분함량(%)]
	소금(%)	설탕(%)	
1.0	1	10	채소. 과실, 어패류(85~90)
	3	25	식육, 달걀(70~75)
	7	40	치즈(40)
	10	50	잼
	13	54	빵(35)
0.9	16		햄, 소시지(56~65)
	19		소금절인 생선(60)
	22	66	양갱
			salami 소시지(30)
0.8			약간 말린 정어리(55)
			벌꿀(16). 마말레이드(32)
			케이크(25)
0.7			
			젤리(18)
			캐러멜(18)
0.6			밀가루(14), 쌀(14), 대두(10)
			쪄서 말린 멸치(16)
			크래커(5)
0.5			국수(12)
0.4			달걀가루(5)
			비스킷(4)
			초콜릿(1)
0.3			
			녹차(4), 탈지분유(4)
0.2			

로 식품에 있어서 수분활성도(A_W)의 정의와 같으므로 상대습도는 바로 그 상대습도와 평형을 이루고 있는 식품의 수분활성도의 100배와 같다.

즉, $A_W = \frac{P}{P_O}$

$RH = \frac{P}{P_O} \times 100 = A_W \times 100$이 된다.

식품의 수분활성도를 직접 측정할 수 있는 측정기기가 시판되고 있으나 간단한 측정방법으로 다음과 같은 그래프를 그려서 구하는 방법이 있다(그림 1.5).

이것은 염류의 포화 수용액이 일정한 A_W를 나타내는 것을 이용하는 것이다. 예를 들면, 소금은 0.76, 황산암모늄은 0.81 등이다. 먼저 표준의 염류 용액을 4종류 이상 조제한다. 이들의 A_W는 정수로서 각각 문헌에 기재되어 있다. 이 용액을 식품과 함께 밀폐 용기에 넣어 일정 시간 방치하여 수분이 평형 상태가 되도록 한 후 식품의 수분의 증감을 정확히 측량한다. 이 수분의 증감을 표준용액의 A_W에 대해 프로트한 그래프를 그려서 식품의 A_W를 그래프 상으로부터 구한다. 수분활성은 온도에 따라 다르기 때문에 일정한 온도에서 측정하지 않으면 안 된다.

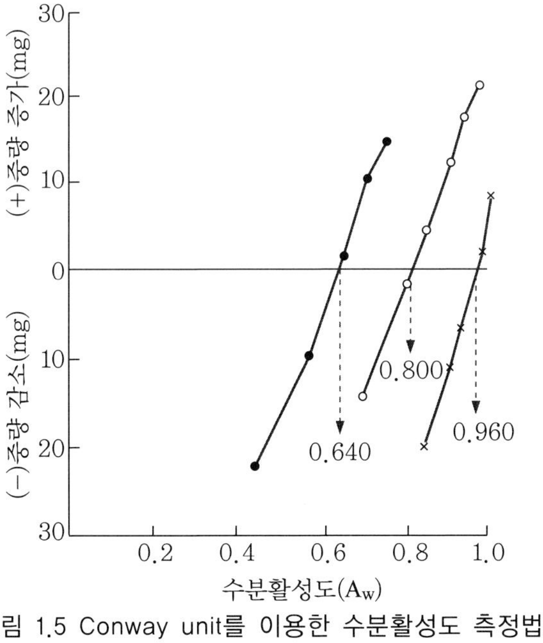

그림 1.5 Conway unit를 이용한 수분활성도 측정법

제4절 식품의 등온 흡습 및 탈습곡선

1. 등온 흡습 및 탈습곡선

한 식품의 수분 함량이 대기 중의 수분 함량, 즉 상대습도와 평형에 도달하였을 때의 수분 함량을 평형수분 함량(equilibrium moisture content)이라 한다. 어떤 온도와 상대습도에서의 한 식품의 수분 함량은 그 식품의 수분의 출입이 완전히 차단되지 않는 한 궁극적으로는 평형수분 함량을 나타내게 되고, 또한 동일 온도가 유지되어도 상대습도가 변화하면 그 식품은 새로운 평형수분 함량을 갖게 된다. 이와 같이 상대습도와 평형수분 함량 사이의 관계를 나타낸 곡선을 등온흡습곡선(moisture sorption isotherm)이라 한다. 한편, 식품이 대기중에 수분을 방출함으로써 평형수분 함량에 이르는 경우에 얻어지는 곡선을 등온탈습곡선(moisture desorption isotherm)이라 한다(그림 1.6).

등온흡습곡선은 그림 1.7에서 보는 바와 같이 식품의 종류에 따라 다르며, 일반적으로 그 모형은 역S자형의 곡선(sigmoid curve)을 나타낸다.

이 등온흡습곡선의 경사와 굴곡점은 그 식품의 수분과의 결합력(water-binding capacity) 또는 유리수와 결합수의 상대적인 양과 비율을 나타내 준다고 한다.

또한 등온 흡습 및 탈습곡선의 형태는 온도에 따라 달라진다. 즉, 온도가 높아질수록 일정한 상대습도에 대응하는 수분 함량은 적어지며, 반대로 온도가 낮아질수록 대응하는 수분 함량은 커진다(그림 1.8).

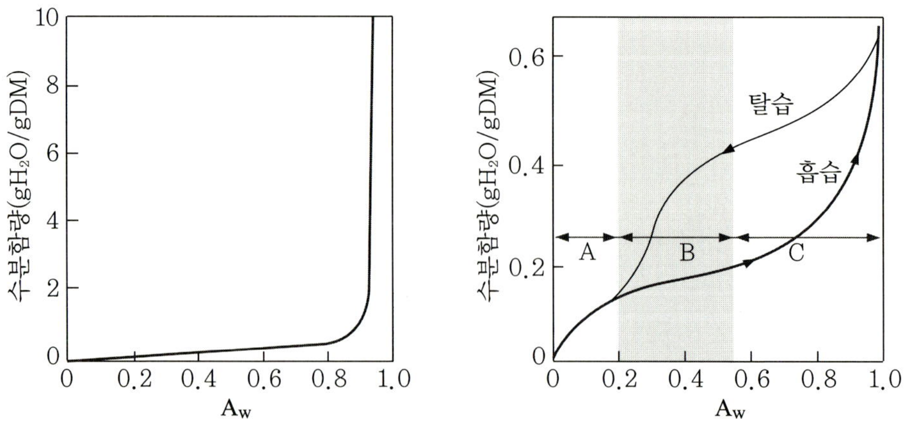

A. 수분함량이 많은 식품 (DM : Dry matter)

B. 수분함량이 적은 식품

그림 1.6 식품의 전형적인 등온흡습곡선

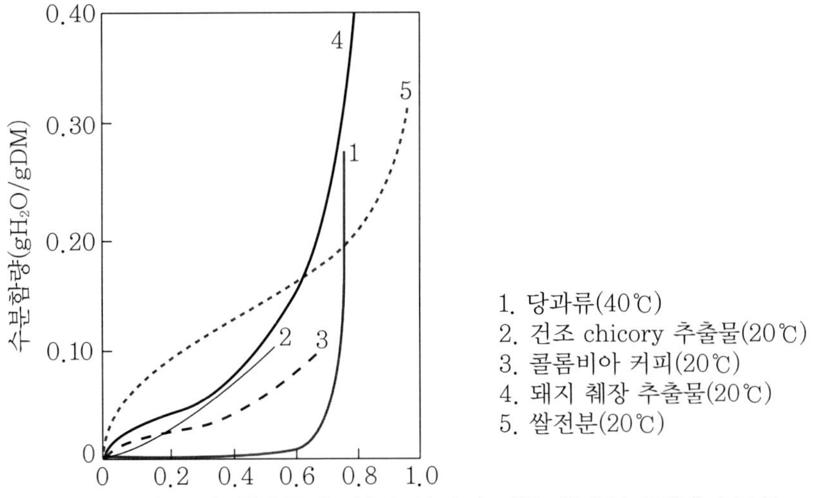

그림 1.7 식품 및 생체물질로부터 얻어진 각종 형태의 등온흡습곡선

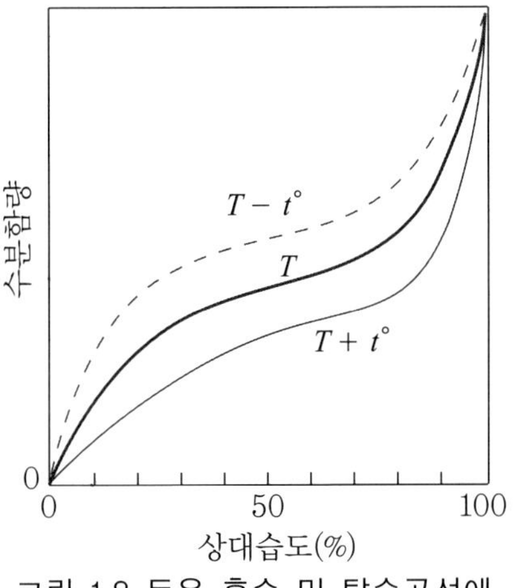

그림 1.8 등온 흡습 및 탈습곡선에 미치는 온도의 영향

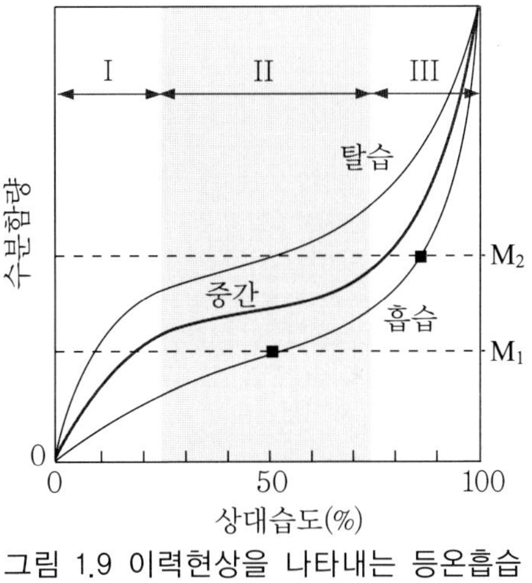

그림 1.9 이력현상을 나타내는 등온흡습 및 탈습곡선

대부분의 식품에 있어서 흡습(adsorption)과 탈습(desorption)과정은 엄밀하게 가역적이라고는 할 수 없다. 한 식품의 등온탈습과정에 있어서의 어떤 일정한 평형 상대습도에 해당되는 수분 함량이 등온 흡습 과정에 있어서의 평형 상대습도에 해당하는 수분 함량보다 일반적으로 크다(그림 1.9).

이와 같이 등온흡습곡선과 등온탈습곡선이 일치하지 않는 현상을 이력현상(hysteresis effect)이라고 한다. 이 이력현상은 등온 흡습 및 탈습곡선의 굴곡점에서 가장 크게 나타나며 건조식품의 제조 또는 저장에 있어서 그 품질에 큰 영향을 미친다. 예를 들면, 습기에 찬 식품을 건조시켜서 그 식품의 최적 수분 함량 M_2로 감소시킬 때 잘못하면 그 수분 함량은 M_1까지 감소시킬 수 있다. 그러나 반대로 흡습과정에 의해서 그 수분 함량을 M_2로 증가시킬 때는 hysteresis 현상에 의해서 그 식품의 수분 함량이 III영역에 있게 된다.

2. 등온흡습곡선의 구분 및 각 영역의 성질

한 식품의 등온흡습곡선에 있어서 곡선의 처음 부분, 즉 수분이 대단히 적은 곡선부분은 단분자층 형성영역(monomolecular layer region)으로서 식품 중의 수분이 다른 성분과 단단히 결합하여 단분자층을 이루고 있으며, 그보다 수분이 많아 직선에 가까운 곡선부분은 다분자층 형성영역(multimolecular layer region)으로서 식품 중의 수분이 다분자층을 형성하고 있어 점차 액화되어 있으며, 그보다 수분이 많은 구부러진 점 이상의 부분은 모세관 응고영역(capillary condensation region)으로서 식품 중의 수분이 모세관에 자유로이 응결되며 이동할 수 있는 상태에 있다.

이상과 같이 등온흡습곡선의 본질을 다루기 위해 3개의 부분적 등온흡습곡선으로 구분한다.

그림 1.10에서 A의 부분은 제1형 등온흡습곡선(type I isotherm)의 영역으로서 식품의 수분 함량이 5~10%에 해당되는 것으로 식품 중의 수분이 단분자층을 형성하는 영역이다.

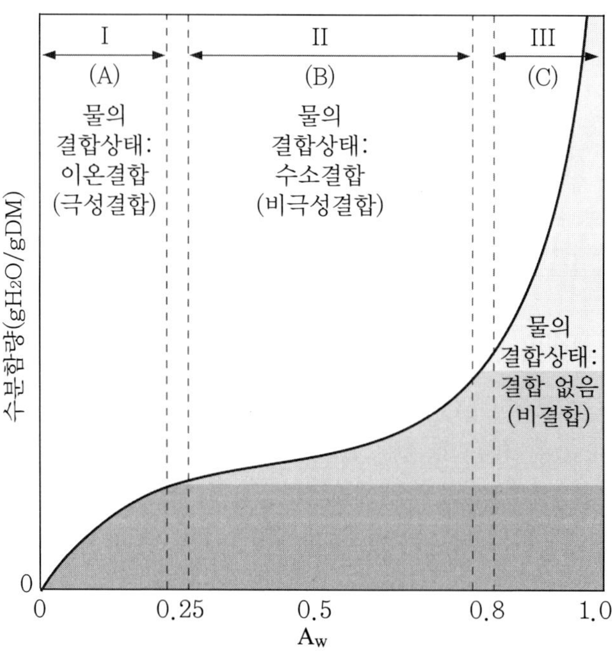

그림 1.10 등온흡습 또는 탈습곡선의 각 영역의 성질

이 영역에서는 물 분자가 식품성분중의 carboxyl기(−COOH)나 amino기($-NH_2$)와 같은 이온 그룹과 강한 이온결합을 형성하여 결합수 형태로 존재하며, 식품 중의 평형수분 함량이 소위 BET(Brunauer-Emmett-Teller)의 단분자층 형성 수분 함량에 해당하는 수분 함량보다 적은 수분 함량을 가진 영역이다.

B의 부분은 제2형 등온흡습곡선(type II isotherm)의 영역으로서 상대습도의 증가에 따라 수분 함량이 급격히 증가하여 식품 중의 수분이 다분자층을 형성하는 영역이다. 이 영역에서는 물 분자가 이온화되지 않고 있는 여러 기능기들과 수소결합 즉 비극성 결합을 이루어 결합수 형태로 존재하며, 식품의 평형수분 함량이 BET의 단분자층 형성 수분 함량을 나타내는 영역이다(그림 1.11).

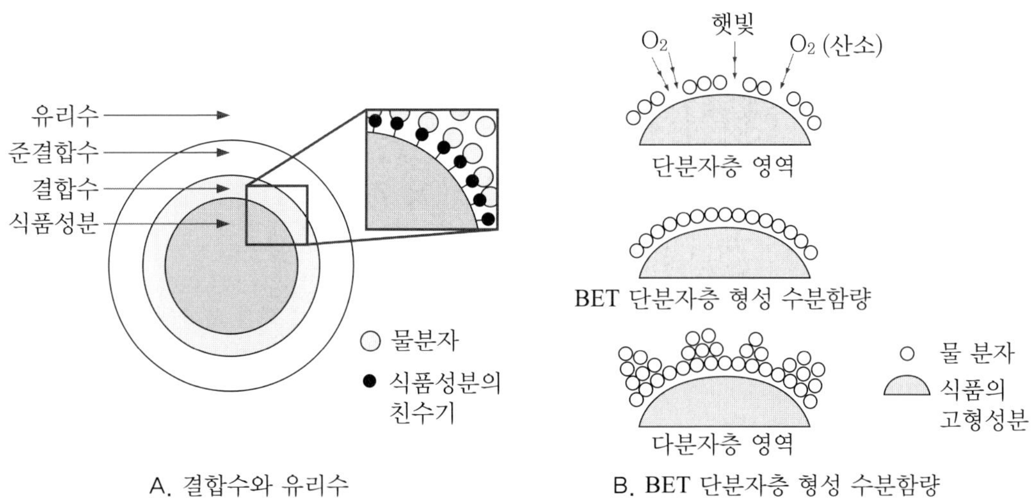

그림 1.11 식품 중의 물 분자와 다른 식품성분과의 결합

C의 부분은 제3형 등온흡습곡선(type III isotherm)의 영역으로서 식품의 다공질 구조 특히 모세관에 수분이 자유롭게 응결되는 영역이다. 이 영역에서는 물 분자가 특별히 결합되어 있지 않고 자유로이 이동하는 유리수 형태로 존재하며, 식품 중의 수분이 여러 식품 성분에 대하여 용매로서 작용하는 영역이다.

제1형의 등온흡습곡선으로 표시되는 영역은 수분 함량이 매우 적기 때문에 안정성이나 저장성이 낮다. 즉, 식품 중의 수분 함량이 단분자층을 형성하는 수분 함량보다 적을 때는 식품의 변질이 오히려 촉진된다. 그 예로 과도하게 건조된 감자 분말이 오히려 산패되기가 쉽다.

제2형의 등온흡습곡선의 영역은 다분자층을 형성하고 있는 물 분자들이 식품 중의 성분이 공기 중에 있는 산소에 직접 노출되어 산화되는 것을 방지하여 주기 때문에 건조식품에 있어서 안정성이나 저장성이 가장 좋은 최적 수분 함량을 나타내는 영역이다.

제3형의 등온흡습곡선의 영역은 식품의 품질 저하를 가져오는 여러 가지 화학반응 및 효소에 의한 반응들이 촉진되고 미생물의 증식도 일어나는 영역이다.

3. 동·식물성 식품의 등온흡습곡선

동·식물성 식품을 구성하는 주성분은 수분 이외에 섬유, 전분, 당과 같은 탄수화물, 단백질, 지방질, 무기물 및 vitamin 등으로서 이들 구성 성분이 비슷하면 이들 건조식품의 평형 수분도 대체로 같으며 등온흡습곡선도 매우 비슷하다.

Salwin(1963)은 농축수산물의 여러 가지 건조식품을 4가지 그룹, 즉 전분질 식품, 단백질 식품, 야채, 분유 및 과실류로 크게 나누어 그들의 등온흡습곡선을 그림 1.12와 같이 표시하였다.

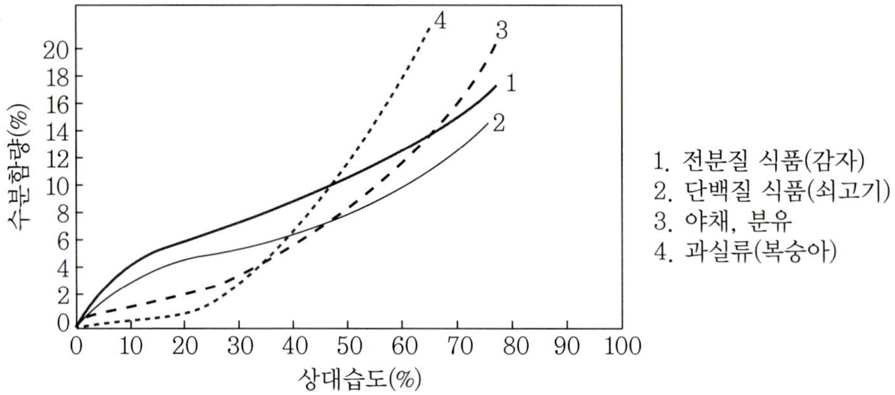

그림 1.12 건조식품을 4개의 그룹으로 분류한 대표적인 등온흡습곡선(22℃)

전분질 식품으로는 감자를 대표로 하여 기타 두류, 옥수수, 쌀, 스파게티, 밀가루 등이 있다. 이들 식품의 주성분은 전분이며, 보수력이 가장 큰 식품으로 단분자층의 수분은 약 6%정도이고 수분활성도는 약 0.15이다.

단백질 식품으로는 식육, 생선, 달걀, 치즈 등이 있으며, 주성분은 단백질이고 지방질도 상당량 함유되어 있으나 보수력은 가장 낮은 식품이다. 예를 들어, 쇠고기의 성분을 보면 약 75%의 단백질, 20%의 지방질과 약 1% 정도의 탄수화물로 되어 있다. 이들 식품의 흡습성은 온도에 따라 변한다. 온도가 상승하면 단분자층의 수분은 감소하며, 22℃에서 무지방 고형물에 대하여 약 3.5%로 되고 또 수분활성도는 약 0.08 정도이다.

당근, 양배추, 양파 등의 건조 야채 및 분유 등은 주성분으로서 고분자 화합물인 섬유질, pectin 등과 함께 다량의 당을 함유하고 있다. 이들 식품의 온도에 의한 곡선의 변화는 고단백질 식품의 경우보다 더욱 현저하다. 이들 식품의 단분자층의 수분은 약 2%이며 수분활성도는 약 0.06 정도이다.

과실류로는 복숭아를 대표로 하여 각종 과즙의 분말 등 당류를 다량 함유한 식품들이다. 예를 들어, 복숭아의 건조물은 67%의 당, 25%의 섬유 및 기타의 탄수화물과 약 4%의 단백질을 함유하고 있다. 22℃에서 곡선은 가로축에 대하여 심한 급경사를 이루고 있으며, 매우 소량의 수분에서도 높은 증기압을 나타내고 저장중에 응결, 액화, 갈변 등의 변질을 일으키기 쉽다.

4. 단분자층 형성 수분과 BET 방정식

건조식품을 안전하게 저장하는 데 있어서 최대의 수분 함량은 곡류가 약 12%, 육류, 어류 및 유제품이 약 3%, 그리고 야채류가 약 5% 정도이다. 이는 건조식품에 있어서 안정성이나 저장성이 가장 좋은 최적 수분 함량은 그 식품 중에 흡수된 물 분자들이 단분자층을 형성한다고 생각되는 수분 함량, 즉 제2형의 등온흡습곡선의 영역이라는 사실과 잘 일치하고 있다.

이와 같이 건조식품의 저장 및 포장 조건 등을 결정하기 위해서는 먼저 그 식품의 안정성과 저장성에 중요한 영향을 미치고 있는 단분자층 형성에 상당하는 수분 함량을 고려하지 않으면 안 된다. 즉, 이 수분 함량은 식품을 안정하게 저장할 수 있는 최소의 필요 수분량인 동시에 최대의 허용 수분량인 것이다.

한 식품의 상대습도가 5~35%인 경우의 등온 흡습 또는 탈습곡선이 알려져 있을 때 그 식품의 단분자층 형성에 상당하는 수분 함량은 *Brunauer* 등이 유도해 낸 BET(Brunauer-Emmett-Teller) 방정식에 의해서 구할 수 있다.

Brunauer 등이 유도한 BET 방정식은 다음과 같다.

$$\frac{P}{m(P_0 - P)} = \frac{1}{m_1 C} + \frac{C-1}{m_1 C} \cdot \frac{P}{P_0}$$

여기서 m : 수분 함량(식품 1g 중의 수분의 g수)
P : 식품의 수증기압
P_0 : 같은 온도에서의 순수한 물의 수증기압
C : 흡착열에 관련된 항수
m_1 : 단분자층 형성에 상당하는 수분 함량

또는 윗식에서 P/Po는 수분활성도(A_W)이므로

$$\frac{A_W}{m(1-A_W)} = \frac{1}{m_1C} + \frac{C-1}{m_1C} \cdot A_W$$

이 된다.

이 방정식으로부터 A_W를 x축에, $A_W/[m(1-A_W)$를 y축에 표시한 곡선을 그리면 BET곡선으로 알려진 한 직선을 얻는다. 이때 얻어진 직선의 기울기는 $C-1/(m_1C)$이며, 이 직선의 y절편은 $1/(m_1C)$이 된다.

여기서 단분자층 수분 함량 m_1은 BET 곡선의 기울기와 y절편의 두 수치로부터 구할 수 있으나 수분활성도 0.1~0.5에서만 적용이 가능하다.

단분자층 수분 함량은 다음과 같이 계산할 수 있다. 즉,

$$\text{단분자층 수분 함량}(m_1) = \frac{1}{\text{y절편} + \text{기울기}} \text{ 이다.}$$

예를 들면, 그림 1.13과 같은 감자전분의 경우에 BET곡선으로부터 y절편이 0.6, 그리고 기울기가 10.7의 값을 구할 수 있다. 따라서

$$m_1 = \frac{1}{0.6 + 10.7} = 0.088$$

즉, 단분자층 형성에 상당하는 수분 함량은 식품 1g에 대해 수분 함량이 0.088g이다. 이 경우에 단분자층 수분 함량은 수분활성도 0.2에 상당한다.

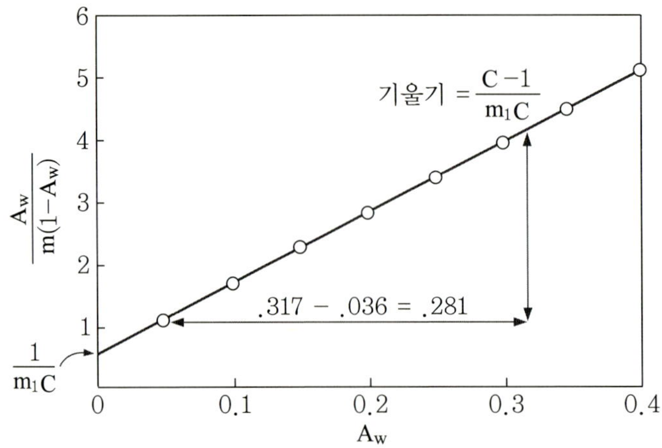

그림 1.13 감자전분의 BET 곡선

제5절 수분활성도와 식품의 안전성

식품의 수분활성도와 그 식품의 품질에 영향을 줄 수 있는 미생물의 성장 및 효소 작용, 유지의 산패, 비효소적 갈변 등 각종 화학반응의 상대적인 속도와의 관계는 그림 1.14와 같다.

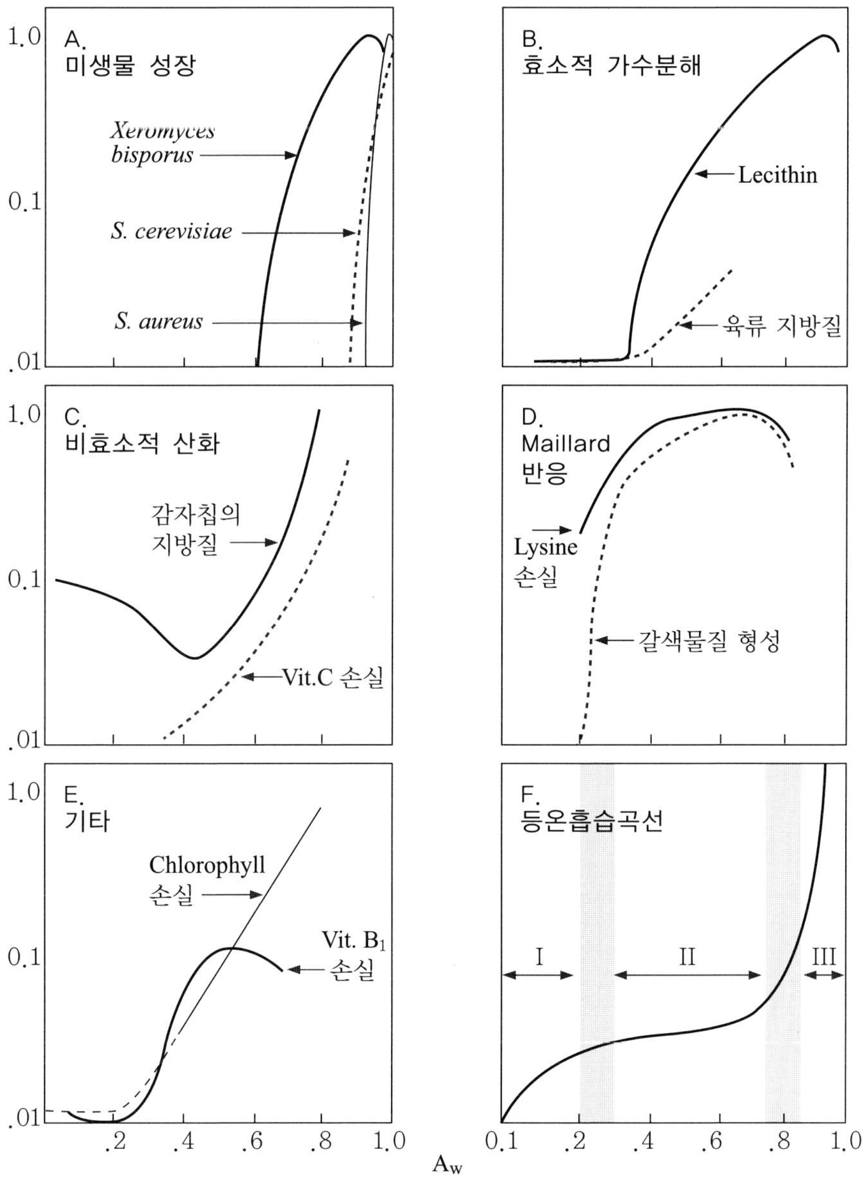

그림 1.14 수분활성도, 식품의 안정성 및 등온흡습곡선의 상호관계

미생물의 번식과 성장에는 실제로 이용할 수 있는 일정량 이상의 수분이 필요하므로 수분활성은 미생물의 활동에 큰 영향을 미친다. 일반적으로 보통 세균이 증식할 수 있는 최저한의 A_W는 0.91 정도이며 효모는 0.88, 곰팡이는 0.80 정도이다. 한편, 내건성 곰팡이(xerophilic molds)는 0.65 정도의 수분활성도에서도 성장이 가능하며 내삼투압성 효모(osmophilic yeasts)는 0.60 정도의 수분활성도에서도 생육할 수 있다고 한다.

수분활성도는 효소 작용에도 큰 영향을 미친다. 일반적으로 효소 작용은 수분활성도가 높을 때가 낮을 때보다 활발하며, 가수분해 효소의 경우 최종 가수분해도(final degree of hydrolysis)도 수분활성도에 의해 결정된다. 대부분의 효소들은 수분활성도가 0.85 이하일 때 불활성화되며, 이러한 효소로서는 amylase, phenol oxidases 및 peroxidase 등이 있다. 그러나 lipase는 0.3 또는 0.1에서도 활성을 유지한다고 한다. 수분활성이 낮을 때 효소반응이 억제 또는 정지되는 것은 주로 기질(substrate)의 이동이 불가능하거나 반응물(reactant)로서 물의 이용이 불가능하기 때문이다.

유지의 산화에 미치는 수분활성의 영향은 복잡하다. 유지의 산화에 대하여는 수분 함량이 단분자층 형성의 수분 함량 영역일 때 가장 안정하다. 단분자층 형성 수분 함량보다 수분활성이 감소하거나 증가함에 따라 유지의 산화속도는 증가한다. 수분이 전연 존재하지 않거나 극히 적을 때보다 단분자층 형성의 수분이 존재할 때 산화속도가 감소하는 것은 물 분자가 유리 radical 반응에 의해 형성된 hydroperoxides와 수소결합에 의해 복합체를 형성하여 hydroperoxide의 분해를 억제하고, 또 산화촉진제로 작용하는 미량의 금속을 수화시켜 금속 수산화물의 형태로 만들어 금속의 촉매작용을 억제하기 때문이라고 믿어진다. 한편, 수분활성도가 큰 경우에 산화속도가 증가하는 것은 금속 촉매의 확산이 증가되고 또한 다공성의 건조식품의 팽윤으로 인한 산소 흡수가 용이해지기 때문이라고 생각된다.

비효소적 갈변반응이나 이에 따른 lysine의 손실도 수분활성도와 밀접한 관계를 가지고 있다. 이 반응은 단분자층 형성 수분 함량보다 적은 수분활성도에서는 일어나기 어려우며, 수분활성도가 0.6~0.7의 중간 수분 식품의 범위에서 반응속도가 최대에 도달하고 이 범위를 벗어나 수분활성도가 0.8~1.0에서는 반응속도가 다시 떨어진다. 수분활성도가 낮을 때 반응속도가 저하되는 것은 용매로서의 물이 존재하지 않으므로 반응 물질의 이동이 불가능하기 때문이며, 수분활성도가 높을 때 반응속도가 떨어지는 것은 희석 효과(dilution effect)에 기인하는 것으로 생각된다.

제6절 수분활성도와 식품의 포장

수분활성도는 각종 식품의 저장 중 안정성에 영향을 미치는 주요 요인이기 때문에 식품의 포장은 오랜 저장기간 동안 최적 조건을 유지하여 주는 데 매우 중요하다. 등온흡습곡선은 포장재료를 선정하는 데 중요한 역할을 한다. 흡습성이 강한 제품은 항상 급경사된 등온흡습곡선을 가지며 외계 기후조건에 도달하기 전에 수분 함량의 임계영역(critical area)에 도달한다. 그러한 식품은 수분 차단성이 좋은 플라스틱 재료나 유리병을 사용하여야 한다. 한 예로서 임계영역이 약 50% RH인 인스턴트 커피를 들 수 있다. 이러한 조건하에서 그 제품은 덩어리가 되어 유동성(flowability)이 없어진다. 흡습성이 없는 식품은 일반 저장조건 하에서 변패 반응이 일어나지 않는다. 따라서 그러한 식품은 polyethylene 용기 등에 포장할 수 있다.

한편, 평형 상대습도가 외부 기후조건의 습도보다 높은 식품에 있어서는 수분의 손실을 방지하기 위해서 방습 포장재료를 사용한다. 치즈나 빵 등이 그 예이다.

건조 수프와 같이 여러 가지 다른 원료들이 함께 들어있는 경우는 서로 다른 문제가 야기된다. 즉, 그림 1.15에서 급경사된 등온흡습곡선을 가지는 식품 A는 흡습성이 매우 강한데, 이것을 차단성이 있는 포장재료에 같은 양으로 식품 B와 혼합하여 포장하였다. A와 B의 최초의 평형수분 함량은 각각 M_{A1}과 M_{B1}이며, 그것에 상당하는 습도는 R_A 및 R_B이다. 식품 A와 B의 혼합에 의하여 수분은 A_W가 낮은 A쪽으로 이동하여 결국 평형에 도달하므로 이때에 상대습도는 R이 된다. 따라서 A의 평형 수분은 R에 상당하는 M_{A2}로 증가하고 B의 평형 수분은 M_{B2}로 감소한다. 이와 같이 식품 A와 B가 평형을 이루었을 경우에 상

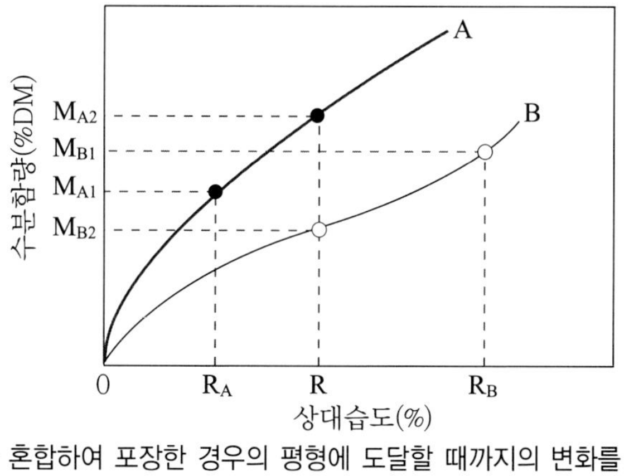

그림 1.15 식품 A와 B를 혼합하여 포장한 경우의 평형에 도달할 때까지의 변화를 나타내는 등온흡습곡선

대습도는 평균 상대습도 부근에 도달되나 수분 함량은 평균치를 갖지 않는다.

만일 식품이 건조 수프믹스(soup mix)로서 흡습성 원료가 수분 함량 2%인 건조 채소와 수분 함량이 13%인 전분이나 밀가루라면 그 채소는 9%로 수분 함량이 증가할 것이다. 이와 같은 수분 함량 영역에서는 비효소적 갈변반응에 의해서 급격히 품질이 저하될 수 있다. 따라서 이와 같은 경우에 전분을 미리 건조시켜 혼합하지 않으면 안된다.

Salwin(1959) 등은 여러 식품이 함께 포장되어 있을 때 각 식품의 최종 평형수분 함량을 혼합 제품의 등온흡습곡선과 평형 상대습도로부터 계산하는 다음과 같은 공식을 제안하였다.

$$R = \frac{R_A S_A W_A + R_B S_B W_B}{S_A W_A + S_B W_B}$$

여기서 R : 평형에 도달하였을 때의 상대습도

R_A : 식품 A의 최초의 상대습도

R_B : 식품 B의 최초의 상대습도

S_A : 식품 A의 등온흡습곡선의 기울기(최초의 수분 함량과 혼합하여 평형에 이르렀을 때의 수분 함량의 두 지점 사이)

S_B : 식품의 B의 등온흡습곡선의 기울기

W_A : 식품 A의 건물량

W_B : 식품 B의 건물량

제 2 장

단백질 (proteins)

동물, 식물, 미생물을 불문하고 모든 생물체는 세포의 구성 성분으로서 반드시 단백질을 함유하고 있다. 육류와 난류는 단백질이 주성분이며, 곡류와 종실류와 같이 전분과 지질이 많은 것에도 단백질이 존재하지 않는 것은 없다. 그것은 생물이 형태를 보존하고 생명을 유지하고 자손을 남기기 위해서 단백질이 중요한 기능을 하기 때문이다. 이미 1838년 *G.J. Mulder*(네덜란드)가 단백질(protein)이 생물에 있어서 '제일급의(희랍어 proteois)' 중요성을 가진 것을 지적하여 어원의 유래가 되고 있다.

단백질의 대표로서 옛날부터 난백이 알려져 있으나 생물체 또는 식품 중에는 단백질의 종류도 많고 또 형태와 역할이 각각 다르고 다양하다(표 2.1). 그러나 외견상의 다양성에도 불구하고 분자 수준에서 단백질을 보면 다음과 같은 공통성이 있다.

첫째, 단백질이 아미노산(amino acids)으로 총칭되는 물질들로 이루어져 있다는 점이다. 단백질을 구성하는 아미노산에는 20여 종이 있으며 단백질의 종류에 따라 이들의 구성 비율, 즉 아미노산 조성이 다르다.

둘째, 단백질은 아미노산이 쇄상으로 연결된 고분자 화합물이라고 하는 점이다 단백질은 종류에 따라 아미노산 조성이 다를 뿐만 아니라 아미노산 배열도 다르다.

분자구조의 면에서 보면 어느 종류의 단백질은 아미노산 이외의 당, 지질, vitamin, 금속류 등을 구성 성분으로 하는 경우가 있다. 이것은 단백질을 다양하게 하는 원인이 된다.

단백질을 식품으로 하는 경우 이와 같은 분자구조의 다양성이 식품의 영양가와 풍미, 물성의 차이를 나타낸다. 또한 공업제품으로서 특징적인 물성에도 반영된다. 한편, 생물체 내에서 이루어지는 다양한 기능도 단백질이 가지고 있는 다양한 분자구조에 유래하고 있다.

단백질은 같은 기능을 하는 경우에도 생물이 다르면(예를 들어 쇠고기와 돼지고기의 차

표 2.1 단백질의 기능별 분류와 역할

종류	역할	소재(괄호 안은 단백질의 이름)
구조 단백질	동물체의 조직의 구성	털, 양털, 새털(keratin) ; 결합조직(collagen, elastin) ; 근육(myosin) ; 견사(fibroin)
저장 단백질	자손의 영양	우유(casein) ; 달걀(ovalbumin) ; 대두(globulin), 밀(glutelin), 옥수수(zein)
효소	생체물질의 합성반응, 분해반응, 산화반응 등의 촉매작용	소화액(protease, amylase, lipase) ; TCA cycle ,지방의 합성 ; 전분의 합성
호흡 단백질	산소의 운반 및 저장, 전자의 전달	혈액(hemoglobin) ; 근육(myoglobin), 세포내(cytochrome)
방어질 단백질	생체의 방어	혈액(항체 globulin) ; 혈액응고(fibrinogen)
핵 단백질	유전의 조절	염색체(histone) ; 정자(protamine)
Hormone	대사의 조절	췌장(insulin, glucagon)
독소 단밸질		병원균(*botulinus*균 독소) ; 피마자씨(ricin)

이와 같이) 그의 특성(아미노산 조성과 배열)도 다른 경우가 많다. 이것은 단백질의 분자 구조가 유전물질 DNA의 지배를 받고 있기 때문이다. 다시 말하면 생물은 각각 DNA가 다르고 이 DNA의 지령에 따라 20종의 아미노산으로부터 그 생물이 생명활동을 영위하는 데 필요한 각각의 고유 단백질을 만들고 있기 때문이다.

식품 영양의 측면에서 보면 좋은 단백질이라고 하는 것은 인체를 구성하는 단백질을 만드는 데 있어서 균형이 잡힌 아미노산류를 제공하는 것이라 할 수 있다. 이러한 단백질은 다른 생물도 역시 아미노산으로부터 만든다. 이것을 인간은 이와 같이 만들어진 단백질을 아미노산으로까지 분해하고 이것을 재료로 하여 인체단백질을 재합성하는 것이다.

단백질의 원소 조성은 표 2.2와 같다. 단백질이 C, H, O를 함유하는 것은 당질이나 지질과 마찬가지이나 그 외에 평균 16% 정도의 N와 약간의 S를 함유한다. 또 특수한 것은 P, Fe, Cu, I 등을 함유하는 것도 있다.

단백질의 정량은 식품 중의 N의 대부분이 단백질에서 유래하는 것이므로 시료중의 N량을 측정하고 여기에 100/16=6.25(질소계수[1], N-factor)를 곱하여 구하며, 이렇게 구한 단백질을 조단백질(crude protein)이라 부른다.

주요 식품 중의 단백질 함량은 표 2.3과 같다.

[1] 질소계수 : 식품 중의 단백질 함량을 측정할 때에는 *Kjeldahl*법에 의하여 식품 중의 질소함량을 측정한 후에 질소계수를 곱하여 단백질 함량을 산출한다. 단백질의 질소함량은 15~19%로 단백질의 종류에 따라 다르며, 평균 16%정도이다. 따라서 100/16=6.25를 질소계수라하며 식품별 단백질환산 질소계수는 다르다. 예를 들면, 쌀의 질소계수는 5.95, 밀가루 5.70, 콩 5.71, 달걀 6.25, 우유 6.38이다.

표 2.2 단백질의 원소조성

원소	C	H	O	N	S
%	50~55	6.9~7.3	19~24	15~19	0.3~2.4

표 2.3 주요 식품의 단백질 함량((%)

식품	단백질 함량	식품	단백질 함량
쇠고기	16.5	건조대두	34.1
돼지고기	10.2	가열대두	11.0
닭고기	23.4	완두	6.3
대구	17.6	건조 강낭콩	22.3
우유	3.6	강낭콩(가열)	7.8
달걀	12.9	쌀	6.7
밀	13.3	쌀(가열)	2.0
빵	8.7	카사바	1.6
옥수수	10.0	감자	2.0

제1절 아미노산

천연의 단백질을 구성하는 아미노산(amino acids)은 약 20여 종이 있으며 proline과 hydroxy proline을 제외하고는 모두 α 위치의 탄소에 amino기를 갖는 carboxyl산으로서 일반 식은 다음과 같이 표시된다.

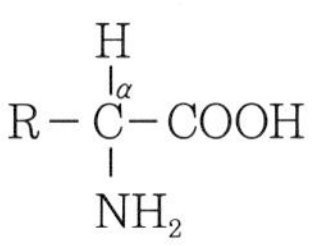

α−amino acid

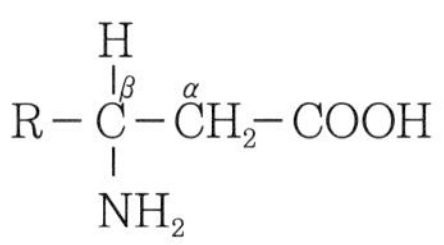

β−amino acid

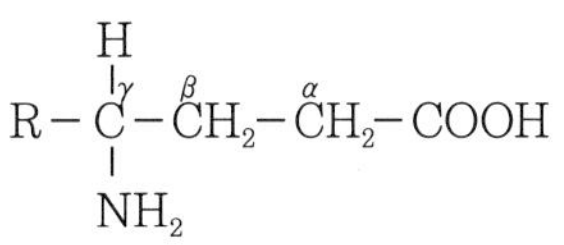

γ−amino acid

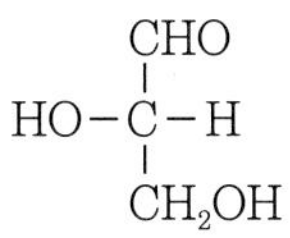

L−glyceraldehyde

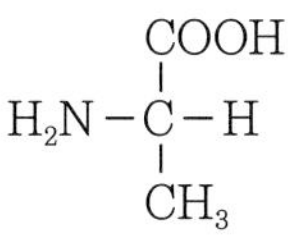

L−α−alanine

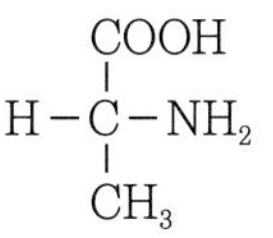

D−α−alanine

이 R부분이 수소인 glycinc을 제외하고는 모두 α 위치의 탄소가 부제탄소원자(asymmetric carbon)로 되어 있으므로 광학 이성체가 존재한다. 예를 들면, alanine은 2개의 입체 이성체가 존재하며 당의 경우와 같이 glyceraldehyde를 기준으로 하여 D형과 L형을 결정하고 있다. 일반적으로 단백질을 구성하고 있는 아미노산은 L−α−아미노산이다.

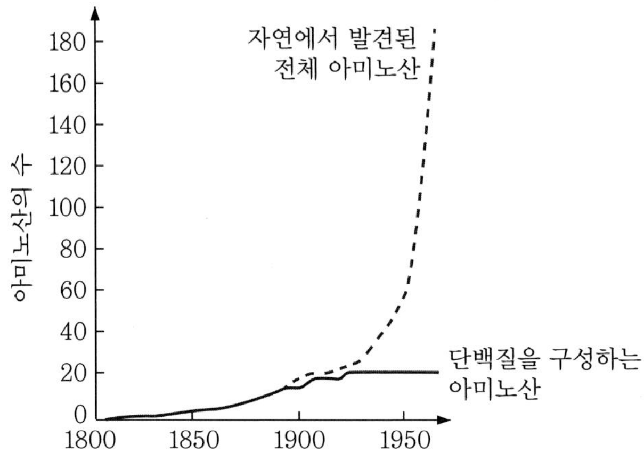

그림 2.1 자연에 존재하는 아미노산의 발견

자연계에는 약 200여 종의 아미노산이 알려져 있으나 이들 중 단백질을 구성하는 것은 약 20여 종이며, 대부분은 특수한 것으로서 식물체에 유리 형태로 존재하는 것이 많다(그림 2.1).

1. 아미노산의 종류

1) 단백질을 구성하는 아미노산

식품 단백질을 구성하고 있는 아미노산은 표 2.4와 같이 약 20여 종으로서 그 구조는 매우 다양하다. 이들 아미노산은 측쇄(R부분)의 화학구조에 따라 분자 내에 탄화수소기를 가진 지방족(脂肪族) 아미노산, benzene기를 가진 방향족(芳香族) 아미노산, hetero고리를 가지는 복소환(複素環) 아미노산으로 분류된다. 또 한 분자 중에 존재하는 carboxyl기와 amino기의 수에 의해 중성 아미노산(1 : 1), 산성 아미노산(2 : 1), 염기성 아미노산(1 : 2)으로 구분한다. 또한 분자 중에 함유된 원자, 원자단의 특징에 의해 즉, 유황 원자를 가지는 함황아미노산, 수산기(-OH)를 가지는 hydroxy 아미노산, imino기(=NH)를 가지는 아미노산 등으로 부르는 경우도 있다.

단백질을 구성하는 여러 종류의 아미노산 중에서 valine, leucine, isoleucine, threonine, lysine, methionine, phenylalanine, tryptophan의 8개는 인체의 단백질을 합성하기 위해 불가결한 것이나 체내에서 다른 아미노산으로부터 합성이 되지 않아 식품성분으로써 반드시 보급하지 않으면 안된다. 이러한 영양상의 특징으로 인해 이들을 필수 아미노산(essential amino acid)이라 한다. 필수 아미노산은 동물의 종류와 성장 시기에 따라 다르다.

성인에서는 8종류이나 유아의 경우는 이들에 histidine을 포함하여 9종류이며, 쥐의 필수 아미노산은 arginine을 더 포함하여 10종류이다. 이들 이외에 인체 내에서 합성되는 아미노산을 비필수 아미노산(non essential amino acid)이라 한다.

표 2.4 단백질을 구성하는 아미노산

분류	아미노산 (3문자 약호, 1문자 기호)	화학구조 (■는 측쇄)	비고
I. 지방족 아미노산	glycine (Gly. G)	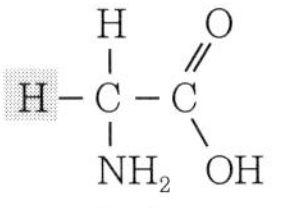	단맛을 가짐 부제탄소원자가 없음
a) 중성 아미노산	alanine (Ala, A)	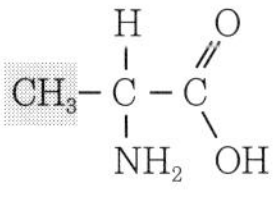	비극성 탄화수소 사슬을 가짐
	Valine* (Val, V)	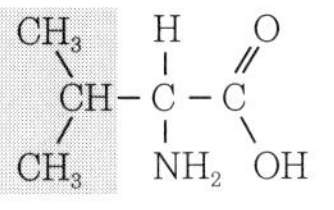	비극성 탄화수소 사슬을 가짐
	leucine* (Leu, L)	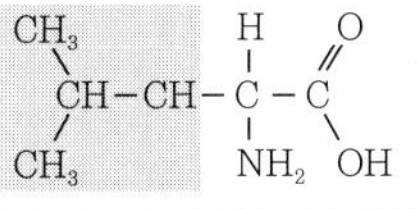	비극성 탄화수소 사슬을 가짐
	isoleucine* (Iieu 또는 Ile, I)	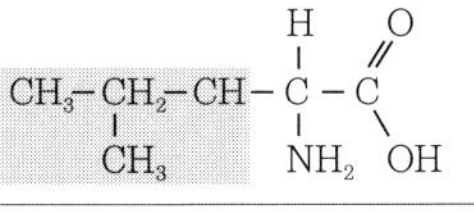	부제탄소원자 2개 가짐 비극성 탄화수소 사슬을 가짐
	serine (Ser, S)	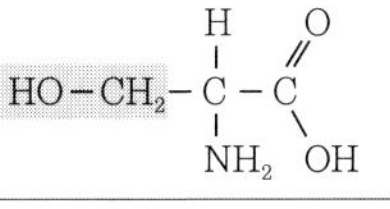	alcohol성 수산기를 가짐
	threonine* (Thr, T)	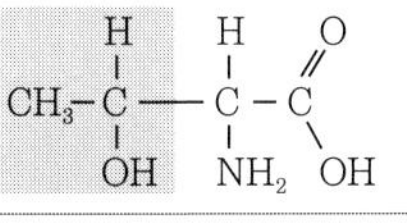	alcohol성 수산기를 가짐 부제탄소원자 2개 가짐
b) 산성 아미노산 및 그 amide	aspartic acid (Asp, D)	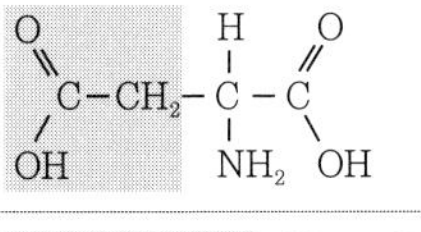	아스파라거스에서 발견됨
	glutamic acid (Glu, E)	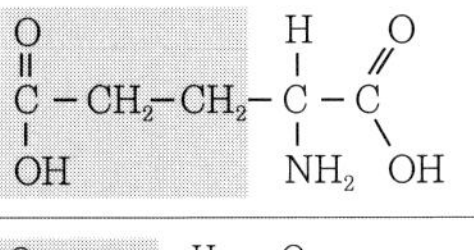	감칠맛을 가짐
	asparagine ($AspNH_2$ 또는 Asn, N)	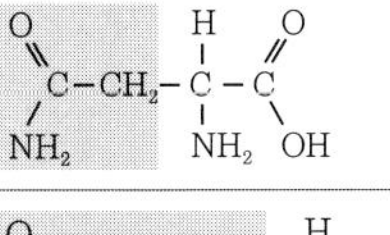	β-amide를 가짐
	glutamine ($GluNH_2$ 또는 Gln, Q)	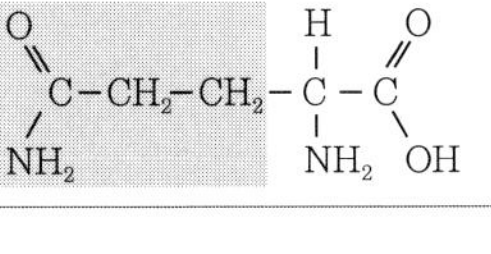	γ-amide를 가짐

c) 염기성 아미노산	lysine* (Lys, K)	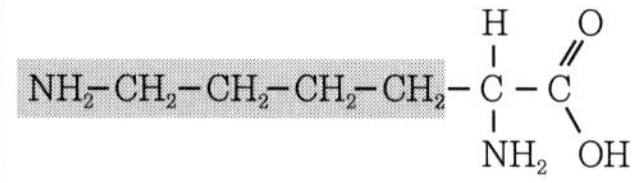	ε-amino기를 가짐
	arginine (Arg, R)	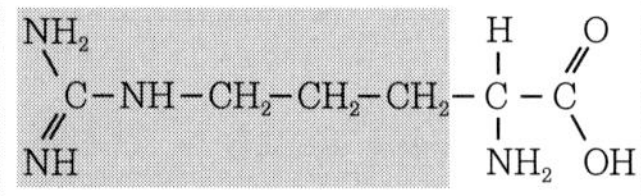	guanidino기를 가짐 강염기성임
d) 함황 아미노산	cysteine (Cys, C)	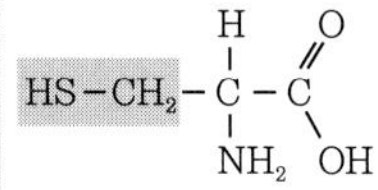	-SH기를 가짐 half cystine이라고도 함
	cystine (Cys-Cys, C)	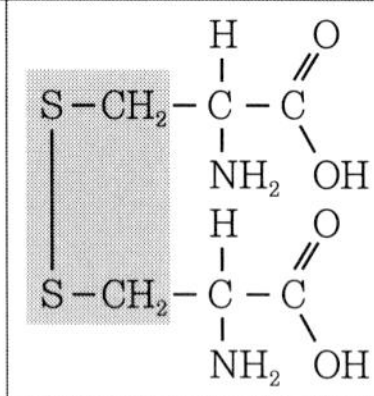	disulfide 결합(-S-S-)을 가짐
	methionine* (Met, M)	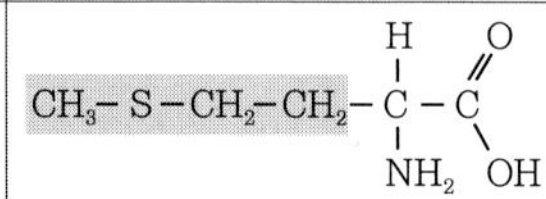	C-S-C 결합을 가짐
II. 방향족 아미노산	phenylalanine* (Phe, F)	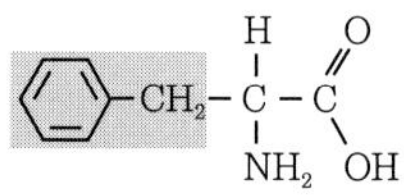	benzene기를 가짐
	tyrosine (Tyr, Y)	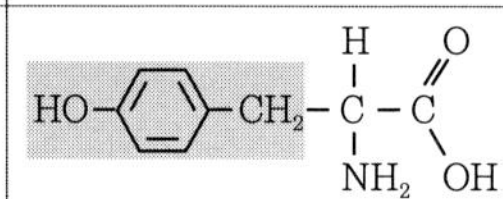	phenol기를 가짐 자외선(260~280nm)을 흡수함
III. 복소환 아미노산	tryptophan* (Trp, W)	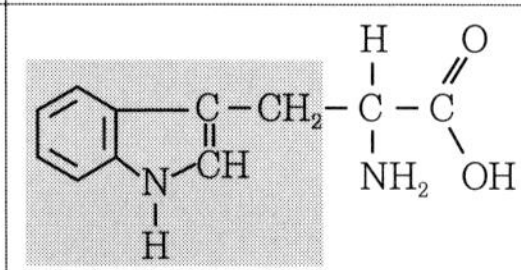	indol기를 가짐 자외선을 강하게 흡수함
	histidine (His, H)	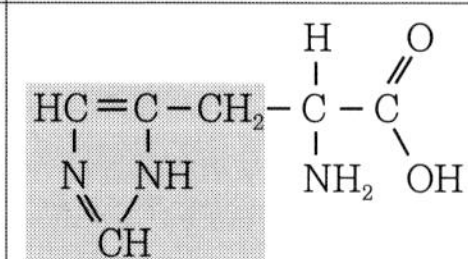	imidazol기를 가짐 염기성임
	proline (Pro, P)	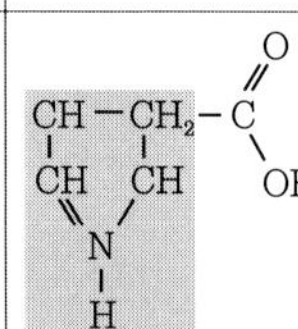	-NH기를 가짐
	hydroxyproline (3-Hyp)	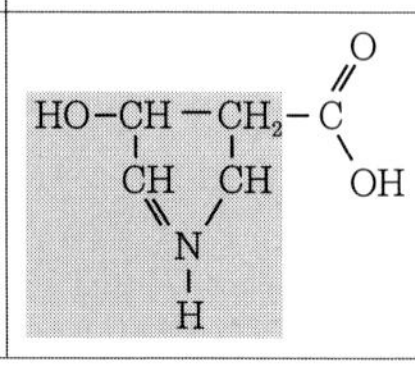	-NH기를 가짐 질소는 제2 amine이므로 imino acid라고도 부름

*은 필수 아미노산(8종)

2) 유리 아미노산 및 peptide를 구성하는 아미노산

단백질의 구성요소는 아니지만 생물에 있어서 의의가 있는 아미노산이 유리형 또는 vitamin 등의 구성 성분으로서 존재한다. 이들도 인간의 영양 또는 식품의 풍미에 있어서 중요한 역할을 한다(표 2.5).

Peptide는 아미노산들이 결합한 것이며, 아미노산이 2, 3, 4개 결합하면 각각 dipeptide, tripeptide, tetrapeptide라고 부른다. 소수가 결합한 것을 oligopeptide라고 하며 다수가 결합한 것은 polypeptide라고 부르지만 수십 개 이상 연결되어 있으면 오히려 단백질이라고 부르게 된다. Oligopeptide, polypeptide, 단백질이라고 하는 말을 구별하는 것은 분자의 크기, 즉 구성 아미노산의 수이며 그 크기가 명확히 정의되어 있지 않다.

생물체에는 여러 가지 peptide가 있으며, 대사 조절 및 hormone작용 등의 생리활성을 가지고 있는 중요한 역할을 하고 있다(표 2.6). 또한 peptide성의 항생 물질과 곰팡이 독 등에는 D-amino산 및 아미노산 관련 화합물이 구성 성분으로 되어있는 것도 있다.

식품 중에는 생물체가 본래 가지고 있는 peptide외에 가공 처리 과정에서 생성되어 식품의 풍미의 원인이 되는 peptide가 많다. 예를 들면, 발효식품(주류, 장유류 등), 치즈, 염장품(김치, 젓갈), 홍차 등의 숙성 과정에서 protease가 작용하며 각종의 oligopeptide가 생성된다. 식품에 있어서 peptide의 풍미는 하나의 peptide에서 유래하기보다도 수종의 peptide가 복합하여 좋은 맛을 만들어 내는 경우가 많다.

표 2-5 비단백질 형태의 아미노산 및 관련물질

아미노산 명칭	구조식	소재와 역할
ornithine	$H_2N-(CH_2)_3-CH(NH_2)-COOH$	동식물 조직, 항생물질(gramicidin 등)에 존재하며, urea cycle 중에서 요소 생성에 관여한다.
citrulline	$H_2N-C(=O)-NH-(CH_2)_3-CH(NH_2)-COOH$	동식물 조직, 특히 수박 과즙에 들어있으며, urea cycle 중에서 요소 생성에 관여한다.
creatine	$(H_2N)(HN=)C-N(CH_3)-CH_2-COOH$	척추동물 근육, 근육활동에 중요하다.
β-alanine	$H_2N-CH_2-CH_2-COOH$	pantothenic acid, coenzyme A, carnosine, anserine의 구성 성분이며, 자연계에 존재하는 유일한 β-amino acid이다.
canavanine	$(H_2N)_2CNHO(CH_2)_2CHCOOH$	작두콩(*Canavalis ensiformis*)에서 추출된 유리아미노산이다.

taurine	$H_2N-CH_2-CH_2-SO_3H$	오징어, 문어, 조갯살의 extracts에 들어 있으며, 말린 오징어의 표면에 하얗게 되는 것은 주로 이것에 의한다. 2 aminoethane sulfon산이다.
alliine	$CH_2{=}CH-CH_2-S-CH(NH_2)-COOH$	마늘에 함유되어 있으며, 마늘냄새의 전구물질이다.
theanine	$C_2H_5-NH-CO-(CH_2)_2-CH(NH_2)-COOH$	녹차, 차의 감칠맛 성분으로 알려져 있다. glutamnic acid의 ethyl amide이다.
thyroxine	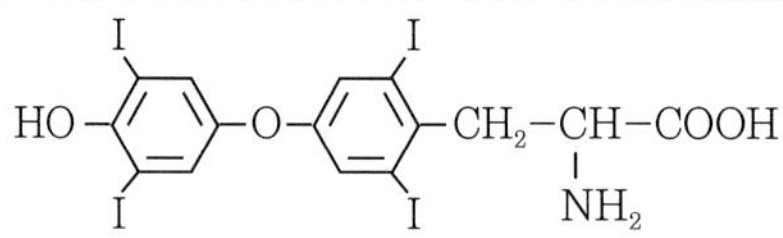	갑상선에 존재하며 갑상선 hormone으로 알려져 있다.

표 2.6 생물체 또는 식품에 함유되어 있는 peptide

아미노산 명칭 (화학명)	구조식	소재와 역할
carnosine (β−alanyl histidine)	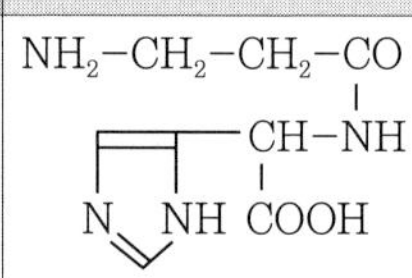	동물의 근육에 존재하며, 근육수축 및 당대사에 관여한다.
anserine (β−alanyl−1−methylhistidine)	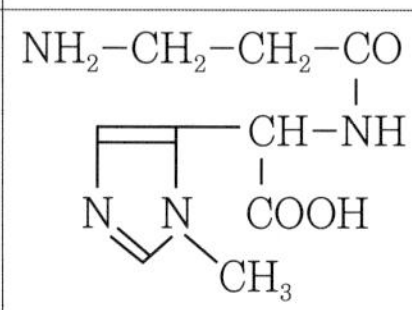	동물의 근육에 존재하며, 근육수축 및 당대사에 관여한다.
glutathione (γ−glutamyl cysteinyl glycine)	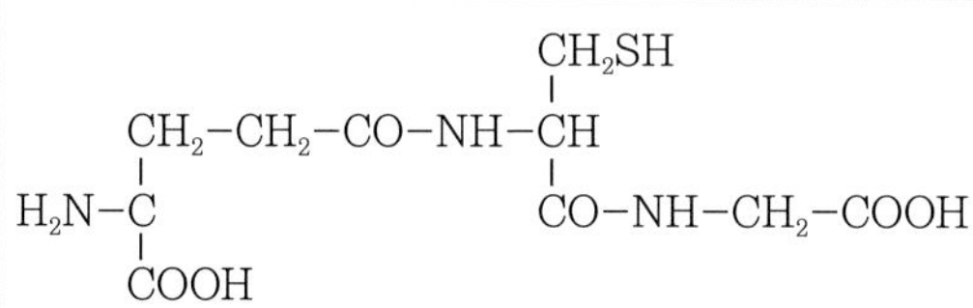	생물체에 널리 분포하며, 세포 중의 산화환원전위를 조절한다.
glucagon	29개의 아미노산으로 구성된 polypeptide	췌장에 들어있으며, 혈당을 올려주는 hormone이다.
insulin	51개의 아미노산으로 구성된 polypeptide	췌장에 들어있으며, 혈당을 내려주는 hormone이다.

2. 아미노산의 성질

1) 용해성

아미노산은 일반적으로 물과 같은 극성 용매에는 잘 녹으나 ether, chloroform, acetone

등과 같은 비극성 유기용매에는 전연 녹지 않는다. 모든 아미노산이 지니는 carboxyl기(−COOH)와 아미노기(−NH_2)는 친수성이지만 곁사슬이 소수성을 나타내어 용해성[2]에 영향을 미친다. 그러나 tyrosine과 cystine은 물에 난용성이며, proline과 hydroxyproline은 alcohol에 잘 녹는다. 한편, 아미노산은 묽은 산이나 알칼리 용액에 잘 녹으나 용액의 pH에 따라 용해도가 다르다.

2) 양성 전해질

아미노산은 수용액 중에서 대부분의 분자 내의 amino기는 ammonium 이온으로, carboxyl기는 carboxyl 음이온으로 존재하며 이 두 반대 이온이 분자내 염을 형성한다 이와 같은 구조를 독일의 *Bjerrum*은 쯔비터이온(Zwitterion)이라 불렀으나 일반적으로 쌍극자 이온(dipolarion)이라고 한다.

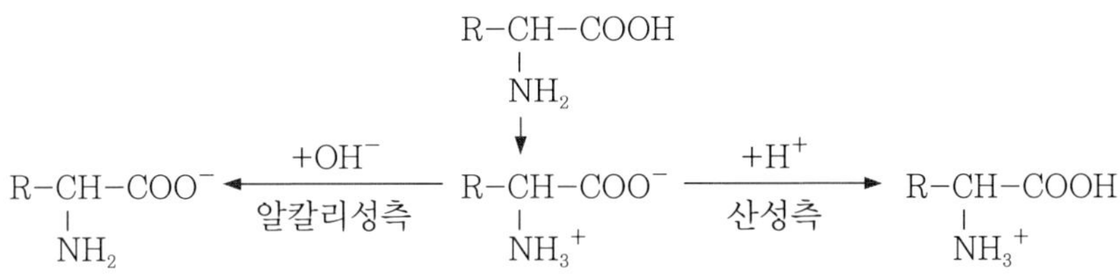

양성전해질로서의 아미노산

따라서 용액을 산성으로 하면 carboxyl기의 해리가 억제되므로 분자로서는 (+)로 하전하고, 알칼리성으로 하면 amino기의 해리가 억제되어 (−)로 하전한다. 이와 같이 용액의 pH에 따라 (+)와 (−)로 하전하는 성질을 갖는 화합물을 양성 전해질(ampholyte)이라 한다. 그러므로 아미노산 용액을 전기영동 장치에 넣고 전류를 통하면 산성 용액에서는 아미노산 분자가 $RCHNH_3^+COOH$로 하전되어 음극으로, 알칼리성에서는 $RCHNH_2COO^-$의 형태로 하전되어 양극으로 이동한다.

또한 이 용액을 어느 특정 pH로 하면 (+)와 (−)의 하전이 똑같아져 분자 내에서 상쇄되어 0이 되므로 어느 쪽 전극으로도 이동되지 않는다. 이때의 pH를 등전점(isoelectric point)이라고 한다.

일반적으로 중성 아미노산은 pH 7 부근의 약산성, 산성 아미노산은 산성 쪽에, 염기성 아미노산은 알칼리성 쪽에 각각의 등전점이 있다.

[2] 용해성 : 소수성 아미노산의 물에 대한 용해도는 alanine 167g/ℓ, valine 58g/ℓ, leucine 22g/ℓ, trytophan 14g/ℓ정도이며, tyrosine은 찬물에서 용해도가 낮고 cystine은 뜨거운 물에도 잘 녹지 않는다.

표 2.7 아미노산의 등전점

아미노산	등전점
Glycine	6.1
Alanine	6.1
Tyrosine	5.7
Aspartic acid	3.0
Glutamic acid	3.2
Arginine	10.8
Lysine	9.7

각 아미노산들의 등전점은 구조와 해리상수가 다른 기능기들의 차이로 인하여 다르다. 아미노산은 수용액 중에서 pH에 따라 양이온, 쌍극자이온, 음이온으로 하전하여 존재하므로 양이온을 $^{\oplus}A$, 쌍극자 이온을 $^{\oplus}A^{\ominus}$, 음이온을 $A^{\ominus}$라 하면 amino기와 carboxyl기의 해리상수는 다음과 같이 표시할 수 있다.

$$K_1 = \frac{[^{\oplus}A^{\ominus}][H^{\oplus}]}{[^{\oplus}A]}, \qquad K_2 = \frac{[A^{\ominus}][H^{\oplus}]}{[^{\oplus}A^{\ominus}]}$$

아미노산의 쌍극자이온만으로 존재하는 pH, 즉 등전점(pI)에서 $[^{\oplus}A]=[A^{\ominus}]$이므로

$$[^{\oplus}A] = \frac{[^{\oplus}A^{\ominus}][H^{\oplus}]}{K_1} = [A^{\ominus}] = \frac{[^{\oplus}A^{\ominus}]\ K_2}{[H^{\oplus}]}$$

$$[H^{\oplus}] = (K_1 \cdot K_2)^{\frac{1}{2}}$$

$pI = 1/2(pK_1 + pK_2)$이다.

예를 들면 다음과 같다. alanine의 경우 $pK_1(\alpha-COOH)=2.32$, $pK_2(\alpha-NH_3^+)=9.69$이므로 pI= (2.32+9.69)/2=6이 된다. 또 세 개의 해리기를 가지는 경우는 우세한 pK만을 고려하여 그의 평균치를 구한다. 즉, lysine의 경우 $pK_1(\alpha-COOH)=2.18$, $pK_2(\alpha-NH_3^+)=8.95$, $pK_3(\varepsilon-NH_3^+)=10.53$이므로 전체로서 pK_2, pK_3가 지배적이므로 pK_2, pK_3의 평균치로서 pI=9.74가 구해진다.

등전점에서 아미노산은 불안정하여 침전되기 쉽고, 용해도, 삼투압 및 점도는 가장 작으며 흡착성과 기포성은 가장 크다.

3) 광학적 성질

아미노산은 glycine을 제외하고는 모두 부제탄소원자(asymmetric carbon)[3]를 가지고 있으므로 2개의 광학 이성체가 존재한다. 단백질을 구성하는 아미노산은 거의 모두가 L-형이고, D-형은 일부 세균이 생산하는 항생 물질이나 포자의 세포벽에서 소수 발견되기도 한다.

4) 자외선 흡수성

단백질을 구성하는 아미노산은 가시광선을 흡수한다. 특히 방향족 아미노산인 tyrosine, tryptophan, phenylalanine은 자외선에 흡광되므로 단백질의 측정에 이용되기도 한다. 즉, 거의 모든 단백질에는 tyrosine이 들어있으므로 spectrophotometer에 의해 280nm의 파장에서의 흡광도를 측정함으로써 수용액 중의 단백질의 양을 알 수 있다(그림 2.2).

Cystine은 disulfide(-S-S-)의 존재로 240nm에서 흡광된다.

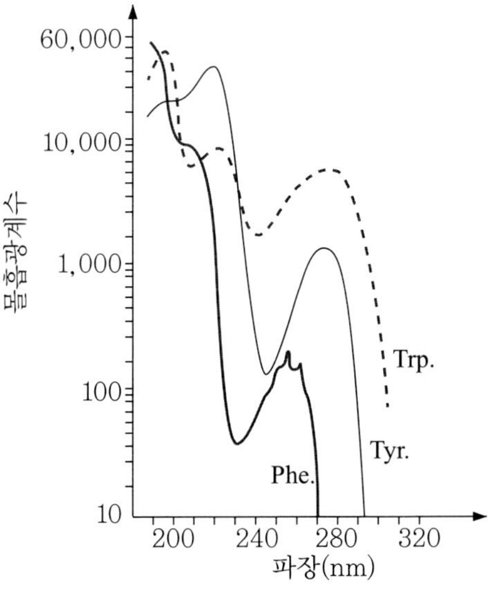

그림 2.2 일부 아미노산의 자외선 흡수 스펙트럼

[3] 부제탄소원자(asymmetric carbon) : 정사면체의 정점을 향하여 4개의 공유결합 원자가를 갖는 탄소원자에 서로 다른 원자 또는 원자단이 결합될 때 이 탄소원자를 부제탄소 또는 비대칭 탄소원자라고 부른다. 부제탄소가 n개 존재하면 가능한 입체 이성체 수는 2^n개이다.

5) 맛

일반적으로 단백질은 맛이 없으나 그 분해 생성물인 아미노산은 각각 특유한 맛을 가지고 있어 식품의 맛에 크게 기여한다. 특히 glutamic acid는 맛이 좋아 그의 Na염은 조미료로서 사용되고 있다. 각종 아미노산의 맛을 시험한 결과는 표 2.8과 같다.

표 2.8 각종 아미노산의 맛

아미노산의 종류	맛	아미노산의 종류	맛
Glycine	상쾌한 단맛	L−Lysine	온화한 단맛
L−Alanine	강한 단맛	L−Glutamic acid	감칠맛
L−Proline	달고 신맛	D−Glutamic acid	신맛
DL−Serine	상쾌한 단맛	L−Methionine	약한 쓴맛
DL−Valine	단맛	L−Histidine	−
DL−Threonine	약한 단맛	L−Phenylalanine	−
L−Hydroxyproline	약한 단맛	L−Arginine	−
L−leucine	약한 쓴맛	L−Tyrosine	맛이 없음
L−Isoleucine	쓴맛	DL−Tryptophan	약한 단맛
L−Asparagine	약한 신맛	L−Cystine	맛이 없음
L−Aspartic acid	약한 신맛	DL−Homocystine	맛이 없음

6) 화학적 반응

(1) 염의 형성

아미노산의 ammonium이온은 음이온과 그리고 해리된 carboxylate의 음이온은 양이온과 각각 염을 형성한다. 어떤 종류의 염은 물에 녹기 어려워 아미노산의 분리에 이용된다.

$$H_2N-\underset{}{\overset{R}{\overset{|}{C}}}H-COO^- + Na^+ \longrightarrow H_2N-\overset{R}{\overset{|}{C}}H-COO^-Na^+$$

$$H_3N^+-\overset{R}{\overset{|}{C}}H-COO^- + Cl^- \longrightarrow Cl^-H_3N^+-\overset{R}{\overset{|}{C}}H-COO^-$$

(2) 아질산과의 반응

α−아미노산의 amino기는 HNO_2와 반응하여 질소가스를 정량적으로 발생한다. 이 반응이 *Van Slyke* 아미노태 질소정량법의 원리이다.

$$R-\underset{NH_2}{\underset{|}{C}}H-COOH + HNO_2 \longrightarrow R-\underset{OH}{\underset{|}{C}}H-COOH + N_2 + H_2O$$

이 반응은 proline과 hyoxyproline에서는 일어나지 않으며, tryptophan의 indole기, histdine의 imidazole기, arginine의 guanidine기 등의 N은 반응하지 않는다.

(3) Formaldehyde와의 반응

아미노산의 amino기는 formaldehyde와 축합하여 schiff염기를 형성한다.

$$\underset{\displaystyle NH_2}{R-\underset{|}{CH}-COOH} + HCHO \longrightarrow \underset{\displaystyle N=CH_2}{R-\underset{|}{CH}-COOH} + H_2O$$

아미노산은 양성물질이나 상온에서 formaline을 가하면 methylene imino유도체가 형성되어 염기성을 잃으므로 알칼리로 적정할 수 있다.

이 반응이 *Soerensen*의 formol 적정법에 의한 아미노태 질소정량의 원리이다.

Proline이나 hydroxyproline은 반응하지 않으며, tyrosine과 같이 산성의 −OH기를 가진 것이나 arginine, lysine과 같이 제2의 염기성 해리를 하는 것은 종말점이 명료하지 않다.

(4) Ninhydrin과의 반응

아미노산에 ninhydrin 시약을 반응시키면 먼저 아미노산은 ninhydrin으로 산화적 탈amino를 일으켜 amino기가 ammonia로 유리됨과 동시에 −COOH기는 aldehyde로 변한다. 한편, ninhydrin은 환원형의 hydrindantin으로 된다. 이어 생성된 ammonia는 이 반응의 ninhydrin 및 hydrindantin과 반응하여 570nm에 흡수대를 갖는 청자색의 화합물을 형성한다. 단, proline과 hydroxyproline은 예외적으로 440nm에서 최대 흡수를 갖는 분홍색을 띤다.

이 반응은 아미노산의 공통적인 반응이며 정량적으로 진행되므로 아미노산의 정성, 정량에 이용된다.

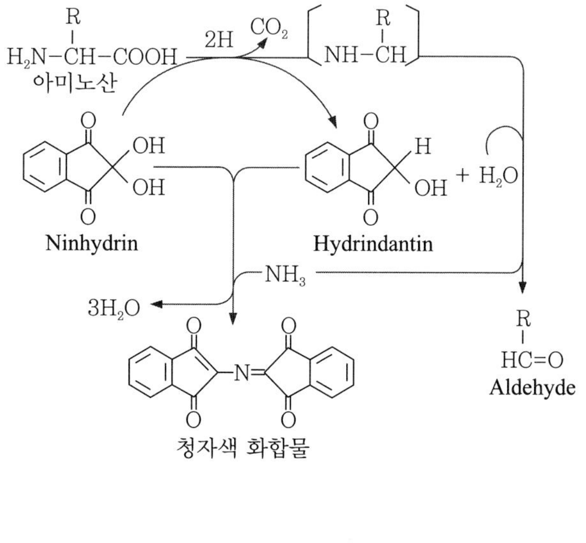

(5) 탈amino 반응

아미노산의 amino기는 산이나 알칼리에 저항이 크나 산화제($KMnO_4$, H_2O_2, Br_2)에 의해 쉽게 탈amino화 된다.

$$\underset{\displaystyle NH_2}{\text{R-CH-COOH}} \xrightarrow[-NH_3]{+O} \text{R-CH-COOH}$$

(6) 2, 4-dinitrofluorobenzene(DNFB)과의 반응

아미노산에 DNFB시약을 반응시키면 황색의 dinitrophenyl amino acid(DNP-amino acid)를 생성한다. DNFB는 polypeptide의 N-말단 amino기와도 반응하므로, *Sanger*의 DNP법이라 하여 단백질의 N-말단 아미노산 분석에 이용된다.

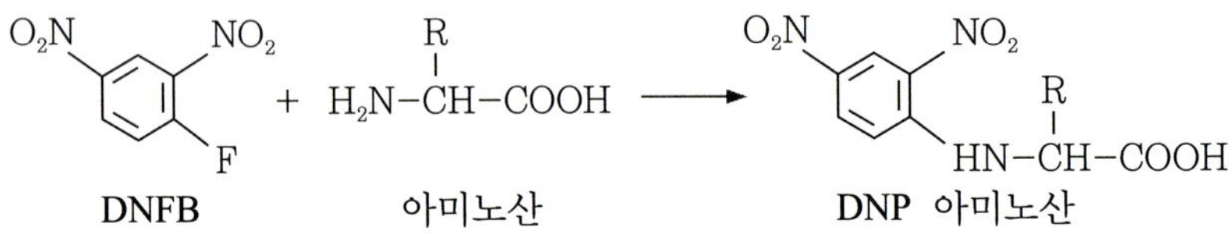

(7) Ester 형성

아미노산은 무수 alcohol에 현탁시켜 건조 HCl가스를 통하면 아미노산의 carboxyl기는 alcohol과 반응하여 ester를 형성한다.

$$\underset{\displaystyle NH_2}{\text{R-CH-COOH}} + \text{R'OH} \longrightarrow \underset{\displaystyle NH_2}{\text{R-CH-COOR'}} + H_2O$$

이 ester는 유리 아미노산과 달리 휘발성이며 아미노산의 종류에 따라 용해도와 비점이 다르므로 gas chromatography에 의한 아미노산의 분리 동정에 응용된다.

(8) Amine의 생성

아미노산을 $Ba(OH)_2$와 같이 가열하면 탈탄산되어 amine이 형성된다.

$$\underset{\displaystyle NH_2}{\text{R-CH-COOH}} \xrightarrow[\text{부패세균}]{Ba(OH)_2\text{와 가열}} \underset{\displaystyle NH_2}{\text{R-CH}_2} + CO_2$$

한편, 이 반응은 미생물 특히 부패 세균의 decarboxylase에 의해서도 쉽게 이루어진다.

예를 들면, 동물체 내에서의 histamine은 histidine의 carboxyl기가 제거되어 형성된 것이다. 이것은 위장의 산 분비를 증진시켜 allergy 반응에 관여한다.

(9) Amide 형성

아미노산은 ammonia 또는 amine과 쉽게 반응하지 않으나 alcohol과 반응하여 ester를 만들며 또 ammonia와 반응하여 amide를 형성한다.

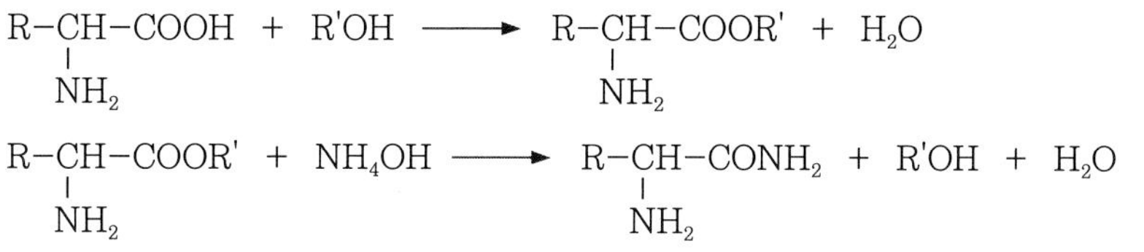

Amide결합의 상대가 ammonia가 아니고 하나의 아미노산이라면 peptide 결합이 된다. 따라서 peptide 결합도 일종의 amide결합이라 할 수 있다.

(10) peptide 형성

한 아미노산의 α 위치의 amino기와 다른 아미노산의 α 위치의 carboxyl기 사이에서 1분자의 물이 빠져 아미노산끼리 결합한 것을 peptide라 부르며, 이때 이루어지는 −CO−NH−와 같은 amide 결합을 peptide 결합이라 한다.

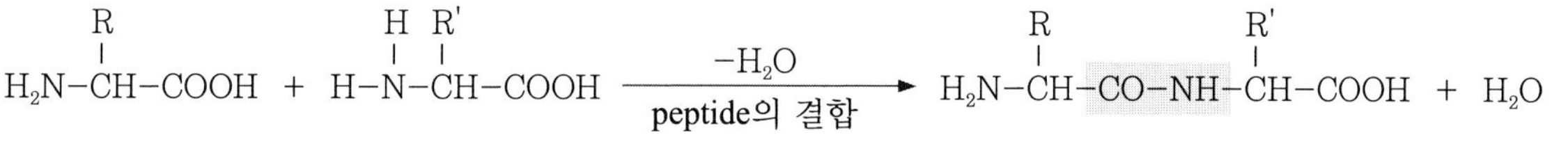

2종의 서로 다른 아미노산이 결합하여 만들어진 peptide에는 amino기와 carboxyl기가 결합하는 방향에 따라서 2종의 peptide가 만들어진다.

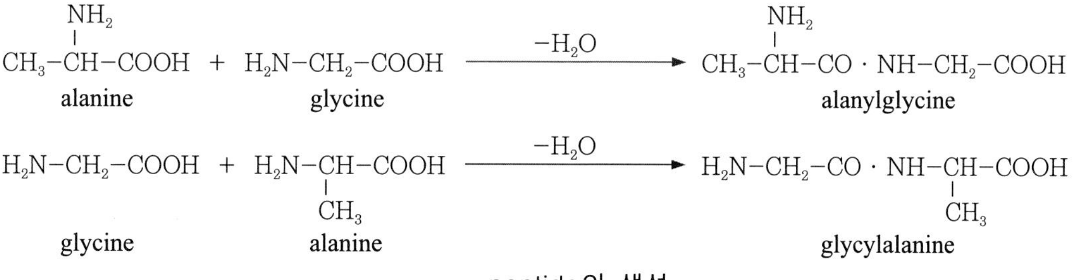

peptide의 생성

제2절 단백질의 분류

단백질은 여러 아미노산으로 된 고분자의 polypeptide로서, 그의 구조 및 형태가 다양하여 여러 가지 관점에서 분류할 수 있다.

일반적으로 편의상 그 조성과 여러 용매에 대한 용해도의 차이, 구조와 형태상의 특징 또는 그 출처 등에 따라 분류하고 있으나 세밀한 분류는 곤란하다. 최근 분자 조성과 구조에 관한 보다 많은 지식이 얻어짐에 따라 초원심분리(ultracentrifuge)[4] 및 전기영동적 성질(electrophoretic properties)[5]의 차이가 분류에 이용되기도 한다.

이와 같이 여러 가지 분류 방법이 있으나 일반적으로 그 조성 및 용해도에 따라 단순단백질, 복합단백질 및 유도단백질의 3가지로 크게 분류한다.

1. 단순단백질

단순단백질(simple protein)은 아미노산으로만 구성되어 있는 비교적 그 구조가 간단한 단백질이며, 산, 알칼리, 염류용액, 유기용매 등에 대한 용해도에 따라서 albumin, globulin, glutelin, prolamin, albuminoid, histone, protamine으로 구분하는데, 용해성이 다른 것은 단백질을 구성하는 아미노산의 종류, 함량과 배열의 차이에 의한 것이다.

1) Albumin

Albumin은 물, 염류용액, 묽은산, 묽은 알칼리에 잘 녹으며 가열에 의하여 응고된다. 포화 $(NH_4)_2SO_4$로 침전된다.

동물성 albumin으로는 ovalbumin(난백), lactalbumin(젖), serumalbumin(혈청), myogen(근육) 등이 있다. 식물성 albumin으로는 leucosin(밀), legumelin(완두), ricin(피마자) 등이 있으며, 이들은 동물에 주사하면 독성을 나타낸다. 일반적으로 albumin에는

---

4) 초원심분리(ultracentrifuge) : 일반적인 원심분리에서 이용하는 원심력은 3,500~4,000g정도인데, 초원심분리기에서는 10,000g 이상의 원심력을 이용하여 물질을 분리한다. 따라서 회전하는 속도가 대단히 빠르다.

5) 전기영동적 성질(electrophoretic properties) : 단백질 용액에 전장을 걸어주면 음으로 하전된 단백질은 양극으로, 양으로 하전된 단백질은 음극으로 각각 이동한다. 등전점에서는 하전이 0이 되어 움직이지 않으며 이러한 현상을 전기영동이라 한다. 전기영동에 의한 단백질의 이동 정도는 단백질의 전하의 대소, 분자의 크기 및 모양 등과 관계가 있다.

glycine이 부족하며, 유황 함량이 비교적 많아 2%나 된다.

2) Globulin

Globulin은 물에 잘 녹지 않고 염류용액, 묽은 산, 묽은 알칼리에 잘 녹으며 가열에 의하여 응고된다. 반포화 $(NH_4)_2SO_4$로 침전된다. 동·식물계에 널리 분포되어 있고 albumin과 공존하는 경우가 많다. Albumin과 globulin은 물과 $(NH_4)_2SO_4$에 대한 용해도의 차이로 서로 분리된다. Globulin은 각종 아미노산을 함유하고 있다.

동물성 globulin으로는 ovoglobulin(난백), livetin(난황), lactoglobulin(젖), serumglobulin(혈청), myosin(근육), fibrinogen(혈장) 등이 있다. 식물성 globulin으로는 glycinin(대두), legumin(완두), arachin(땅콩), edestin(대마), tuberin(감자), maysin(옥수수), pareolin(팥) 등이 있다.

3) Glutelin

Glutelin은 물, 염류용액에 잘 녹지 않고 묽은 산, 묽은 알칼리에 잘 녹으며 가열에 의하여 응고되지 않는다. 소량의 $(NH_4)_2SO_4$로 침전된다. Glycine과 glutamic acid를 많이 함유하고 있으나 proline은 적다. 식물성 식품에서 많이 발견되며 특히 곡류의 종자에 많다. 곡류에는 prolamin과 공존하는 경우가 많다. 대표적인 것으로 glutenin(밀), oryzenin(쌀), hordenin(보리) 등이 있다.

4) Prolamin

Prolamin은 그 용해성이 glutelin과 비슷하다. 단 glutelin이 alcohol에 불용인 데 대하여 prolamin은 70~80% alcohol에 녹으므로 구별이 된다. Glutamic acid와 proline을 많이 함유하고 있으나 lysine이 적다. Glutelin과 같이 식물성 식품에 존재하며 특히 곡류의 종자에 많다. Gliadin(밀), hordein(보리), zein(옥수수) 등이 여기에 속한다.

5) Albuminoid

Albuminoid는 물, 염류용액, 묽은 산, 묽은 알칼리에 녹지 않으며, 경단백질(scleroprotein)이라고도 한다. Glycine과 proline은 많이 함유하고 있으나 tryptophan, tyrosine, cystine이 없으므로 영양가가 낮다. 동물의 세포와 조직에 많이 분포되어 있다.

Collagen(결체조직, 건, 근육, 피부, 연골), keratin(피부, 머리털, 깃털, 뿔, 결합조직), elastin(인대, 건), fibroin(명주실) 등이 여기에 속한다. Collagen을 물과 함께 끓이면 쉽게 gelatin으로 변한다. 또 gelatin을 130℃ 이상으로 가열하면 반대로 collagen으로 변화한다. 이 두 가지를 가수분해하면 같은 종류의 아미노산이 생기므로 collagen은 gelatin의 부수물이라고 생각된다.

6) Histone

Histone은 물, 염류용액, 묽은 산, 묽은 알칼리에 잘 녹으나 묽은 ammonia로 침전되며 가열에 의해서도 응고되지 않는다. Alkaloid 시약에 의하여 산성, 중성, 알칼리성의 어느 것에서나 침전된다. Arginine, lysine, histidine을 많이 함유한 염기성 단백질이다. 식물계에는 분포되어 있지 않고 동물 조직 내에서 heme이나 핵산 같은 산성 물질과 결합하여 존재하는 경우가 많다.

Histone은 함황아미노산이 많으며 동물의 세포핵이나 정자핵에 DNA나 다른 단백질과 공존한다. 흉선 histone, 간장 histone, 적혈구 histone, 정자핵 histone(어류) 등이 있다.

한편, 이전에는 histone 속으로 취급되었으나 현재는 따로 분류되기도 하는 globin이 있다. Globin은 염기성을 나타내지 않으며 ammonia로 침전되지 않는다. Histone과 달리 arginine보다 histidine, lysine이 많으며 heme과 같은 색소와 결합하는 것이 특성이다.

7) Protamine

Protamine은 그 용해성이 histone과 비슷하다. 단, alkaloid시약에 의하여 알칼리성에서 침전되지 않는 점이 histone과 다르다. Histone과 같이 염기성 단백질로 arginine을 많이 함유하고 산성 및 함황아미노산을 함유하지 않는다. 가열로도 응고되지 않고 인텅스텐산으로 알칼리성에서 침전된다. 주로 어류의 정낭 중의 핵산과 결합되어 있다. 어류 이외에서는 거의 발견되지 않는다.

Salnine(연어의 정자), clupeine(청어의 정자), scombrine(고등어의 청자), sturine(상어의 정자) 등이 여기에 속한다.

2. 복합단백질

복합단백질(conjugated protein)은 단순단백질에 비단백성 물질이 결합된 단백질로서 생체의 세포 내에 함유되어 생리적으로 중요한 활성을 가지고 있다.

단백질 분자 중의 비단백성 물질 부분을 보결분자단(prosthetic group)이라 하며 보결분자단의 종류에 따라 복합단백질은 인단백질, 핵단백질, 당단백질, 지단백질, 색소단백질, 금속단백질로 구분한다.

1) 인단백질

인단백질(phosphoprotein)은 단순단백질과 인산으로 이루어져 있는 것으로 보결분자단이 인산이다. 핵단백질과 지단백질도 인산을 함유하고 있으나 인산이 보결분자단의 일부를 차지하고 있을 뿐이다. 인단백질의 인산은 약 1% 함유되어 있으며 분자 내에서 hydroxy amino acid의 수산기와 ester결합을 하고 있다.

물에 녹지 않고 알칼리, ammonia에는 녹으나 초산을 가하여 산성으로 하면 침전된다. 과잉의 산으로 염을 만들고 녹는다. 알칼리와 함께 가열하면 인산을 유리한다.

인단백질은 식물성 식품에는 없고 동물성 식품에서 많이 발견된다. 대표적인 것으로 casein(젖), vitellin(난황), ichthulin(물고기의 알) 등이 있다.

2) 핵단백질

핵단백질(nucleoprotein)은 단순단백질과 핵산으로 이루어진 것이며, 단백질 부분은 염기성의 histone 또는 protamine이다. 핵산은 nucleotide의 중합체로서 분자량이 100만이 넘는 거대한 분자구조를 이루고 있다. Nucleotide는 nucleoside와 인산이 결합한 것이고, nucleoside는 유기염기와 5탄당으로 이루어진 것이다.

Nucleohistone은 흉선, 비장, 정자, 배유, 신장, 적혈구에 있으며 주로 DNA가 결합되어 있다. Nucleoprotamine은 어류 정자에 있으며 역시 DNA가 결합되어 있다. 그러나 tabacco mosaic virus나 효모 핵산 단백질은 RNA이다.

3) 당단백질

당단백질(glycoprotein, mucoprotein)은 단순단백질과 다당류의 복합체이다. 다당류로는 mucoitin sulfate, chondroitin sulfate, mannose, galactose, glucosamine 등의 중합체이며, 이 당단백질은 당 부분에 아미노당(amino sugar)을 가지는 것이 특징이다. 이들 다당류의

amino기, carboxyl기, 황산기가 단백질의 carboxyl기, amino기와 amide결합, 또는 이온결합에 의하여 당단백질을 형성한다.

당단백질은 동·식물의 세포와 조직의 보호, 보강의 작용을 한다. 당단백질에서 초산으로 침전되는 것을 mucin, 침전되지 않는 것을 mucoid라고 한다. Mucin은 침, 소화액, 난백, 곡류 등에 함유되어 있고, mucoid는 난백, 혈청, 연골, 건 등에 존재한다.

4) 색소단백질

색소단백질(chromoprotein)은 색소와 단순단백질이 결합한 것이다 색소 성분은 heme, chlorophyll, carotenoid, flavin 등이며, 이것들을 각각 hemeprotein, chlorophyll protein, carotenoid protein, flavoprotein이라 한다. 이들은 생체 내에서 중요한 생리작용을 나타내며 식품성분으로서는 식품의 색과 밀접한 관계가 있다.

Hemeprotein으로는 hemoglobin(혈액), myoglobin(근육)과 생체조직 일반에 있는 cytochrome, catalase, peroxidase가 있다. Chlorophyll protein은 phyllochlorine(녹색잎)이 대표적인 것이며, carotenoid protein으로는 rhodopsin(시홍), astaxanthin protein(갑각류의 껍질) 등이 있다. Flavoprotein으로는 황색효소(yellow enzyme: 우유, 혈액, 조직)와 여러 flavin계 효소가 알려져 있다.

5) 금속단백질

금속단백질(metalloprotein)은 금속을 함유한 단백질로 금속은 Fe, Cu, Zn, Co 등이다. 금속단백질은 효소에 속하는 것이 많다.

철단백질(iron protein)로는 ferritin(간)이 대표적인 것이며, 구리 단백질(copper protein)로는 hemocyanin(연체동물의 혈액)과 식물 조직 내의 산화 효소인 polyphenol oxidase, ascorbate oxidase가 있다. 아연단백질(zinc protein)로는 insulin(췌장)이 대표적이다.

한편, 색소단백질인 hemeprotein(Fe), chlorophyll protein(Mg)도 일종의 금속단백질이라 할 수 있다.

6) 지단백질

지단백질(lipoprotein)은 지방질과 단백질의 복합체이다. 지방질 부분은 lecithin과 cephalin 등의 인지질로 이루어진 것이 많다. 대표적인 것으로 lipovitellin(난황), lipovitellinin(난황)이 있다.

3. 유도단백질

유도단백질(derived protein)은 단순단백질 또는 복합단백질이 물리적 또는 화학적 요인에 의해 변형된 단백질로서 변형 상태에 따라 제1차 유도단백질과 제2차 유도단백질로 구분한다.

1) 제1차 유도단백질

제1차 유도단백질은 변성 단백질이라고도 하며, 천연의 단백질이 물리적 또는 화학적 요인에 의해 변성된 것으로 분자의 입체구조의 변화에 따라 성질이 변화한다.

(1) 응고단백질(coagulated proteins)

Albundn, globulin 등의 단백질이 열, 자외선, alcohol 등에 의해서 변성되어 응고한 것이다. 즉, 요리한 달걀의 albumin이 좋은 예이며, 물, 염류용액, 묽은 산, 묽은 알칼리에 녹지 않는다.

(2) Protean

원래 수용성의 단백질이 효소나 묽은 산 등에 의하여 불용성으로 변한 것이다. Edestin, myosin의 변성물인 edestan, myosan이 여기에 속한다.

(3) Metaprotein

Albumin, globulin 등의 단백질이 열 등에 의하여 변성된 것에 다시 묽은 산이나 알칼리를 작용시켜 변성한 것이다. 묽은 산에 의하여 생성된 것을 acid–metaprotein, 묽은 알칼리에 의하여 생성된 것을 alkali–metaprotein이라고 한다.

(4) Gelatin

Collagen을 물로 장시간 끓일 때 생기는 것으로, 온수에는 녹고 찬물에는 녹지 않는 gel 상태로 된다.

2) 제2차 유도단백질

제2차 유도단백질은 분해 단백질이라고도 하며, 천연의 단백질이 어느 정도 가수분해된 생성물로서 가수분해의 정도에 따라 다음과 같이 세분한다.

(1) Proteose

단백질이 pepsin 등의 효소에 의하여 부분적으로 가수분해된 것이다. 물에 녹으며 열에 의하여 응고되지 않는다. 포화 $(NH_4)_2SO_4$로 침전된다.

(2) Peptone

Proteose보다 가수분해가 더 진행된 것으로 간혹 간단한 polypeptide가 혼합되어 있다. 물에 녹고 열에 의하여 응고되지 않으며 colloid성이 소실된다. 포화 $(NH_4)_2SO_4$로 침전되지 않는다.

(3) Peptide

Peptone보다 더 분해된 것으로 말단 2~3개의 아미노산이 peptide결합을 한 것이다. 물에 녹고 열에 응고되지 않는다. 이상의 논의된 것을 요약하여 정리하면 표 2.9와 같다

표 2.9 단백질의 분류 및 소재

I. 단순단백질(simple protein)		(+는 가용, −는 불용)
명칭	용해성 물 · 묽은 염류 · 묽은 산 · 묽은 알칼리	소재
Albumin	+ + + + 열, alcohol에 의하여 응고, $(NH_4)_2SO_4$ 포화로 석출	Ovalbumin(난백), myogen(근육), serumalbumin(혈청), α−lactalbumin(유즙), legumelin(두류), leucosin(밀), ricin(피마자)
Globulin	− + + + 열에 응고, $(NH_4)_2SO_4$ 반포화로 석출	Ovaglobulin(난백), β−lacto-globulin(젖), serumglobulin(혈청), myosin(근육), fibrinogen(혈장), glycinin(콩), legumin(두류), tuberin(감자), arachin(땅콩), edestin(삼씨)
Glutelin	− − + + Glutamic acid 많음, alcohol에 불용	Oryzenin(쌀), glutenin(밀)
Prolamine	− − + + 70~80% alcohol에 가용, glycine을 적게 가지는 점이 glutelin과 다르다.	Hordein(보리), gliadin(밀), zein(옥수수)

Albuminoid (scleroprotein, 경단백질)	− − − − 보통의 용매에 불용, 효소에 의하여 소화되지 않음	Keratin(피부, 머리털), collagen(결체조직, 연골), elastin(심줄), silk fibroin(견사)
Histone	+ + + − 열에 불응고, alkaloid 시약에 의하여 산성, 중성, 알칼리성에서 침전된다.	동물의 체세포 핵이나 정자핵에 DNA와 공존, 흉선 histone, 간장 histone, 적혈구 histone(포유류, 조류), 정자핵 histone(어류)
Protamine	+ + + − 열에 불응고, alkaloid 시약에 의하여 알칼리성에서 침전하지 않는 것이 histone과 다르다.	Salmine(연어), clupeine(청어), scombrine(고등어), sturine(상어)

II. 복합단백질(conjugated protein)

명칭	특성	소재
인단백질 (phosphoprotein)	인산을 ester형으로 함유한 단백질	Casein(α, β형, 우유단백질의 80%), vitellin, vitellenin, phosvitin(5 : 3 : 2의 비로 난황 중에 존재)
핵단백질(nucleoprotein)	핵산(RNA 세포질 중의 과립, DNA, 세포핵 중)과 단순단백질이 결합한 것. 단순단백질은 histone, protamine이다.	흉선 nucleohistone(DNA), nucleoprotamine(DNA), 효모 단백질(RNA), 담배 (mosasic virus(RNA)
당단백질 (glycoprotein, mucoprotein)	당의 유도체를 함유한 단백질	Chondroitin 황산 + collagen(연골), hyaluronic acid + 단백질(눈, 관절) seromucoid, seroglycoid(혈청), ovomucoid, ovomucin(난백), avidin(난백, biotin과 결합)
색소단백질 (chromoprotein) 금속단백질 (metalloprotein)	Fe, Cu 등의 금속을 함유한 색소단백질 Flavin, carotenoid 색소 등을 함유한 단백질	Heme 단백질(Fe), 구리 단백질, 엽록소 단백질, phyco색소 단백질, flavin 단백질, carotenoid 단백질
지단백질 (lipoprotein)	Lipid(지방산과 그 유도체 특히 인지질)와 단백질과의 복합체(proteolipid와 다름)	Thromboplastin, α_1−, β_1−, lipoprotein(혈청), lipovitellin, lipovitellenin(난황), mitochondria 막

III. 유도단백질(derived protein)

명칭	특성	소재
제1차 유도단백질 (primary derived protein)	천연단백질이 약간 변성된 것	Gelatin, protean, metaprotein, 응고단백질
제2차 유도단백질 (secondary derived protein)	천연 단백질의 가수분해 산물의 총칭	Primary proteose, secondary proteose, peptone, peptide

제3절 단백질의 구조

아미노산이 peptide결합으로 연결된 polypeptide를 물에 녹이면 일정한 입체구조를 취한다. 천연의 단백질은 이와 같은 입체구조를 취했을 때 비로소 다양한 기능을 발휘하고 식품으로서의 다양한 물성을 나타내게 된다.

단백질의 구조는 4가지 구성요소로 나누면 이해하기 쉽다(그림 2.3). 1차 구조는 아미노산의 배열이다. 이것은 DNA에 기록된 암호에 의해 결정된다. 2차 구조는 3차 구조의 부분구조이며, α-helix, β-구조, 불규칙 구조라고 하는 3가지 구조 요소를 말한다. 3차 구조는 하나의 peptide쇄가 형성한 전체의 입체구조이다. 일정한 3차 구조를 가진 단백질 분자가 회합하여 전체로서 하나의 기능을 발휘하게 되는 경우가 있다. 이것을 4차 구조라고 하며 이것을 형성한 개개의 단백질 분자는 monomer 또는 subunit라고 말한다. 예를 들면, 적혈구 중에 있는 hemoglobin은 2종의 monomer(α쇄와 β쇄)가 각각 2개씩 회합한 tetramer이다. 우유의 casein도 4차 구조를 취하고 있다. 2차 구조 이상을 고차 구조 또는 입체구조라고 한다.

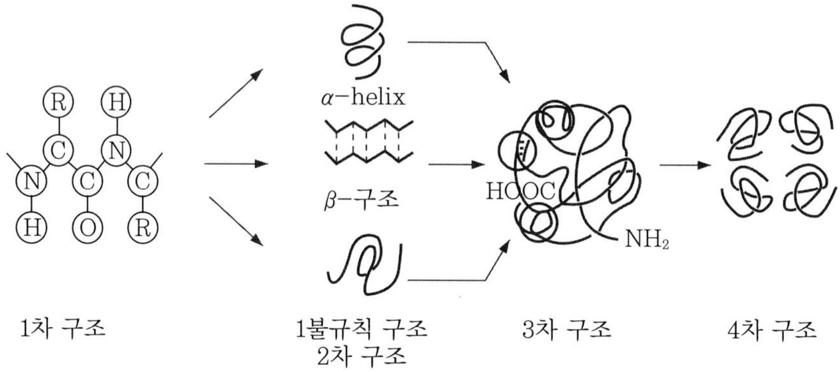

그림 2.3 단백질의 입체구조 구성요소

1. 1차 구조(primary structure)

1) Peptide 결합

단백질의 1차 구조를 만드는 결합은 아미노산들을 연결하는 peptide 결합 $-\overset{\displaystyle O}{\overset{\|}{C}}-\underset{\displaystyle H}{\underset{|}{N}}-$이다. 이것은 C와 N이 서로 전자를 공유하고 있는 공유결합이며 더욱이 이 결합은 이중결합

$-\overset{O}{\overset{\|}{C}}-\underset{H}{\underset{|}{N}}-$을 띠고 있기 때문에 가열 및 묽은 산 또는 묽은 알칼리 처리로는 절단되지 않을 정도로 강하다.

R_1, R_2, R_3…는 각각의 아미노산의 고유의 곁사슬이나 peptide결합의 기본인 [-CH-CO-NH-]의 연속체를 주사슬이라고 한다. 주된 사슬의 한쪽은 -COOH기가 유리되어 carboxyl기 말단(C-말단), 또 한쪽은 $-NH_2$기가 유리되어 amino기 말단(N-말단)이라고 한다(그림 2.4).

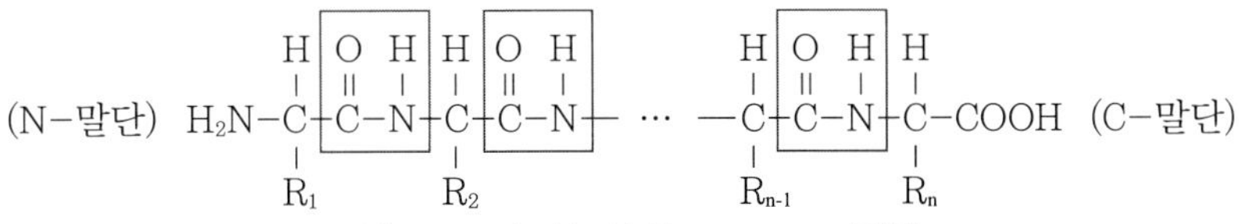

그림 2.4 아미노산의 peptide 결합

2) 아미노산의 배열 순서

단백질의 1차 구조를 알기 위해서는 구성 아미노산의 종류와 양 및 서열을 규명하지 않으면 안 된다. 한 종류의 단백질은 보통 일정한 1차 구조, 즉 일정한 아미노산 배열을 가지고 있다. 영양화학적으로는 구성 아미노산, 특히 필수 아미노산의 종류와 그 양이 문제되지만 단백질의 물리화학적 성질 및 생리적 기능에 대하여는 아미노산의 결합서열이 결정적인 역할을 한다. 단백질의 성질과 기능은 그의 입체구조에 의존되고 입체구조는 1차 구조에 의해 규정되기 때문이다. 같은 효소나 혈색소일지라도 동물의 종류가 다르면 1차 구조인 아미노산 배열에 있어서 약간의 차이가 있다.

단백질의 1차구조의 해석(그림 2.5)은 1955년 영국의 천재적인 학자 *Sanger*가 최초로 성공하였고 다음에 미국의 *Stein*과 *Moore*가 효소 ribonuclease의 구조를 해석하였다.

그들 방법의 원리는 먼저 단백질을 작은 peptide로 단편화하여 이들의 구조를 하나씩 해석하고 나중에 다시 이들의 peptide를 재구성하여 원래의 구조를 추정한다고 하는 것이다. 이 방법은 현재도 이용되고 있다.

단백질을 적당한 크기의 peptide로 단편화하기 위해서는 protease(pepsin, trypsin, chymotrypsin 등)에 의한 제한분해를 행하든가 화학적 절단법으로 특수한 peptide 결합만을 절단한다.

이렇게 하여 만들어진 peptide 혼합물로부터 각각의 peptide를 분리하여 그들의 구조를 해석한다. Peptide의 아미노산 배열 순서의 해석에는 *Edman* 분해법을 적용하는 경우가 많다. 이것은 N-말단으로부터 하나씩 아미노산을 절단하여 phenyl thiohydantonate로 변화시켜 동정해가는 방법으로 극히 교묘하게 화학반응을 이용하는 것이다. 이것을 자동적으로 행하기 위해 'Sequencer' 라고 불리는 기계가 만들어져 있다 C-말단 측으로부터 아미노산 배열을 분석하기 위해서는 carboxy peptidase법을 이용하는 경우가 많다.

가상의 단백질

H_2N-A-B-ⓒ-D-E-F-G-M-H-I-K-L-M-N-P-Q-R-M-S-T-W-Y-L-I-COOH

N-말단 아미노산　　　　C-말단 아미노산

1. 분자량의 측정
2. 아미노산 조성의 분석
3. N-말단 아미노산의 분석(이 경우 A)
4. C-말단 아미노산의 분석(이 경우 I)
5. 제한분해에 의한 단편화

protease 소화법에 의한 peptide 혼합물　　**화학적 절단법(이 경우 CNBr)에 의한 peptide 혼합물**

6. Peptide의 분리 (column chromatography, paper chromatography 등)

peptide P-1~P-7를 얻는다　　**peptide C-1~C-4을 얻는다**

7. Peptide의 구조 해석 (*Edman* 분해법, carboxy peptidase법)

P-peptide의 구조

P-1 : A-B-ⓒ
P-2 : D-E-F-G-M-H-I
P-3 : K-L-M-N
P-4 : P-Q-R
P-5 : M-S-T
P-6 : W-Y
P-7 : L-I

P-peptide의 배열
또는 A-B-ⓒ…?…L-I D-D-F-G-M-H-I

C-peptide의 구조

C-1 : A-B-ⓒ-D-E-F-G-M
C-2 : H-I-K-L-M
C-3 : N-P-Q-R-M
C-4 : S-T-W-Y-L-I

C-peptide의 배열
A-B-ⓒ-D-E-F-G-M…?…S-T-W-Y-L-I

모든 Peptide를 모순 없이 배열한다.

P-1　P-2　P-3　P-4　P-5　P-6　P-7

H_2N-A-B-ⓒ-D-E-F-G-M-H-I-K-L-M-N-P-Q-R-M-S-T-W-Y-L-I-COOH

C-1　C-2　C-3　C-4

주 : cysteine과 cystine은 그대로는 불안정하기 때문에 해석을 시작하기 전에 적당한 유도체(ⓒ)로 한다.
예를 들면, SH기에 iodoacetic acid를 작용시켜 carboxy methyl cysteine으로 한다.

그림 2.5 단백질의 아미노산 배열의 해석법

단백질의 1차 구조의 해석을 완성하기 위해서는 다른 2종의 제한분해로 peptide 단편을 만들어야 한다(그림 2.5). 모든 peptide 단편의 구조가 판명되면 마지막으로 조합을 고려하여 각 peptide를 모순되지 않도록 배열한다.

현재 1,000개 이상의 단백질의 1차 구조가 판명되어 있으나 식품으로서 중요한 쌀, 밀, 육류, 난류 등의 주요한 단백질의 1차 구조는 완전히 해석되어 있지 않다 한 예로서 우유 중에 함유된 casein의 1차 구조를 그림 2.6에 나타낸다.

1 10 20
H_2N–Arg–Pro–Lys–His–Pro–Ile–lys–His–Gln–Gly–Leu–Pro–Gln–[Glu–Val–Leu–Asn–Glu–Asn–Leu–
변이체 A에는 결손

30 40
Leu–Arg–Phe–Phe–Val–Ala]–Pro–Phe–Pro–Gln–Val–Phe–Gly–Lys–Glu–Lys–Val–Asn–Glu–Leu–

50 60
Ser–Lys–Asp–Ile–Gly–Ser(P)–Glu–Ser(P)–Thr–Glu–Asp–Gln–[Ala]–Met–Glu–Asp–Ile–Lys–Glu–Met–
Thr-P(변이체 D)

70 80
Glu–Ala–Glu–Ser(P)–Ile–Ser(P)–Ser(P)–Ser(P)–Glu–Glu–Ile–Val–Pro–Asn–Ser(P)–Val–Gln–Glu–Lis–His–

90 100
Ile–Gln–lys–Glu–Asp–Val–Pro–Ser–Glu–Arg–Tyr–leu–Gly–Tyr–leu–Glu–Gln–leu– –Arg–

110 120
Leu–Lys–Lys–Tyr–Lys–Val–Pro–Gln–Leu–Glu–Ile–Val–Pro–Asn–Ser(P)–Ala–Glu–Glu–Arg–Leu–

130 140
His–Ser–Met–Lys–Glu–Gly–Ile–His–Ala–Gln–Gln–Lys–Glu–Pro–Met–Ile–Gly–Val–Asn–Gln–

150 160
Glu–Leu–Ala–Tyr–Phe–Tyr–Pro–Glu–Leu–Phe–Arg–Gln–Phe–Tyr–Gln–Leu–Asp–Ala–Tyr–Pro–

170 180
Ser–Gly–Ala–Trp–Tyr–Tyr–Val–Pro–Leu–Gly–Thr–Gln–Tyr–Thr–Asp–Ala–Pro–Ser–Phe–Ser–

190 199
Asp–Ile–Pro–Asn–Pro–Ile–Gly–Ser–Glu–Asn–Ser–[Glu]–Lys–Thr–Thr–Met–Pro–Leu–Trp–COOH
Gly(변이체 C)

(□한 것의 아미노산 잔기는 유전변이체 A, B, C, D와 다른 부분을 표시한다. Ser(P)는 phosphoserine을 나타낸다)

그림 2.6 αS_1–casein B의 1차 구조

2. 2차 구조(secondary structure)

1) 수소결합(hydrogen bond)

2차 단백질의 구조는 주로 수소결합으로 이루어져 있다 단백질의 주 사슬인 peptide결합에 있어서 >C=O와 >N−H는 같은 수로 포함되어 있다. >C=O의 산소는 탄소에서 전자를 잡아당겨($^{-}\delta$)로 대전되고($>C^{+\delta}=O^{-\delta}$), 또한 >N−H의 수소는 질소에 전자를 잡아 당겨져($^{+}\delta$)로 대전된다($>N^{-\delta}-H^{+\delta}$). 이 수소는 산소에 의해서도 잡아 당겨진다. 따라서 $>C^{+\delta}=O^{-\delta}\cdots H^{+\delta}-N^{-\delta}<$ 와 같이 수소결합을 하게 된다.

수소결합은 그림 2.7과 같이 C=O⋯H−N의 선이 구부러지지 않고 직선에 가까운 방향이 안정하다.

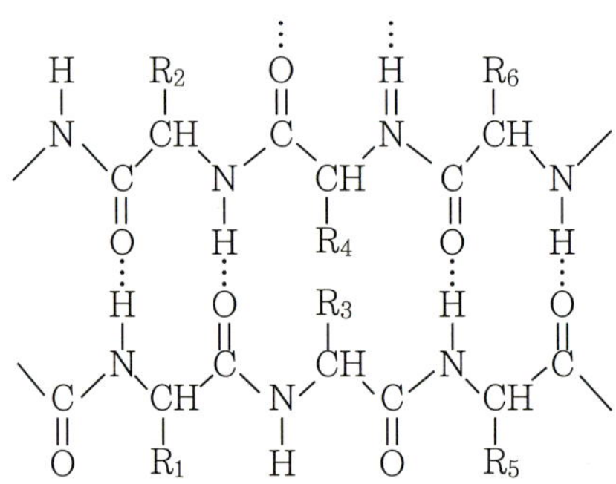

그림 2.7 peptide결합 사이의 수소결합

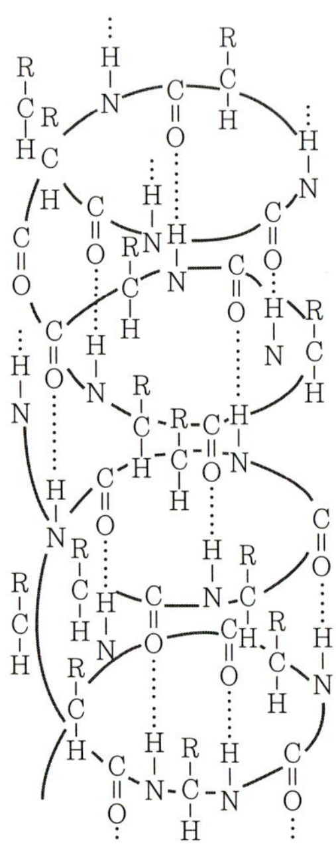

그림 2.8 α−helix 구조

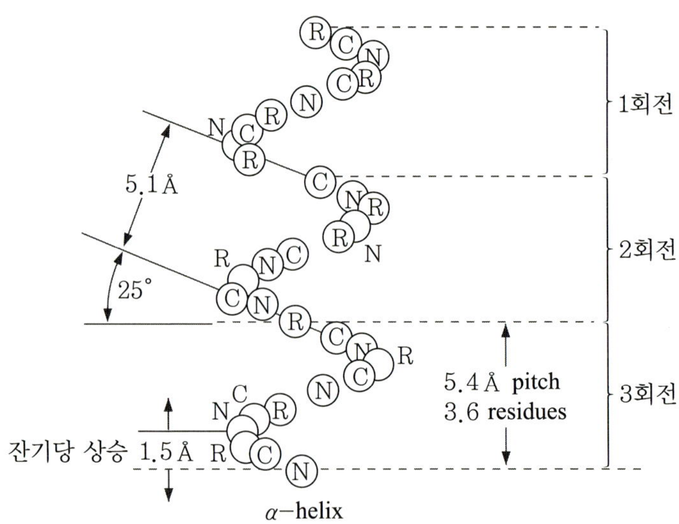

그림 2.9 단백질의 2차 구조(α−helix)

2) α–나선구조(α–helix structure)

Polypeptide사슬에 있어서 약간 떨어진 아미노산 사이에 carbonyl기(>C=O)와 imino기(>N–H)간의 수소결합에 의하여 서로 끌어당기기 때문에 주 사슬이 나사모양으로 오른쪽으로 감는 구조를 갖게 된다(그림 2.8). 이것을 α–나선구조라고 하며, 나선구조의 최대 안정을 위해서는 축을 중심으로 한 번 회전하는데 아미노산 잔기(residues)의 수는 3.6개 간격은 5.3Å이 필요하다(그림 2.9).

3) β–구조(pleated sheet structure)

Polypeptide사슬이 그림 2.10과 같이 입체적으로 주름을 잡으며 늘어진 구조를 병풍구조(pleated sheet structure) 혹은 β–구조라고 부른다. 즉, 두 줄의 polypeptide사슬이 평행하여 또는 역평행으로 병행할 때 주 사슬 사이에 안정한 수많은 수소결합에 의하여 지그재그 형태의 β–구조를 이룬다.

N–말단 → C–말단의 방향이 역평행으로 병행하는 polypeptide 사슬 사이에는 수소결합의 형성이 매우 쉬워지기 때문에 그만큼 peptide 사슬 사이에 작용이 강해진다.

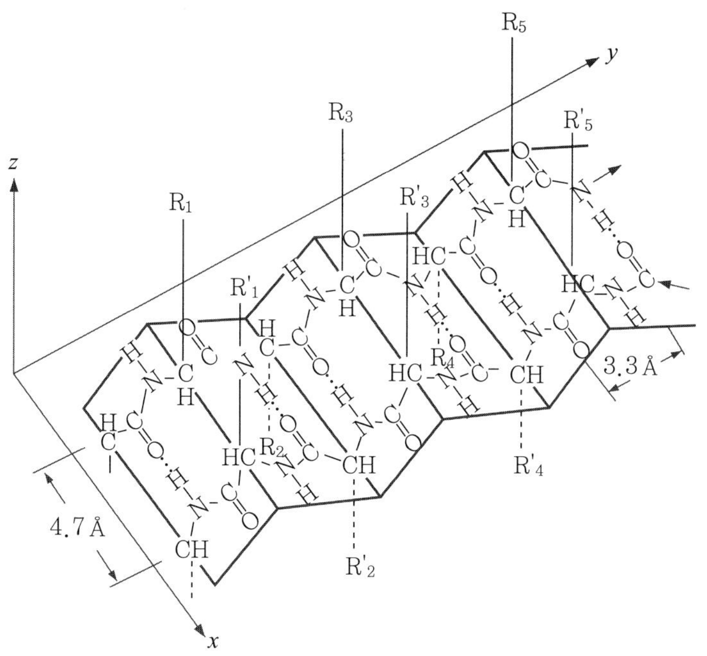

그림 2.10 β–구조(pleated Sheet Structure)

4) 불규칙 구조

불규칙 구조는 랜덤구조(random coil)라고도 한다. 이 구조는 순간순간 형태가 변화한다고 하는 의미가 아니라 α−helix와 β−구조와 같은 규칙성이 인정되지 않는 구조라고 하는 의미이다. 단백질마다 이것도 일정 불변의 구조를 하고 있다. 불규칙 구조의 성립은 오히려 3차 구조의 성립과 같다고 해도 좋다. 이것은 polypeptide사슬이 흐트러진 실처럼 복잡하게 구부러지고 휘어져 있다. 구상 단백질이 완전히 변성되었을 때 볼 수 있다.

α−helix 및 β−구조는 규칙성이 있기 때문에 유명하지만 단백질 분자의 전체 구조 중에서 차지하는 비율은 오히려 적어 발견해 내는 것이 쉽지 않다. 특별한 예로서 myoglobin에는 α−helix가 상당히 많다.

이와 같은 2차 구조는 단백질의 결정을 X선으로 해석함에 의해 확실히 알 수 있다.

3. 3차 구조(tertiary structure)

3차 구조의 주역은 소수결합이다. 3차 구조는 polypeptide 사슬이 실뭉치 모양으로 된 상태를 생각해 내면 좋다 그 일부에 α−helix와 β−구조가 있다. 2차 구조를 포함하여 polypeptide사슬이 입체적으로 안정하게 유지하기 위해 R기 사이에 이온결합, 수소결합, 소수결합 등이 형성된다.

수소결합은 수소 공여기를 가진 serine 및 tyrosine 등과 수소 수용기를 가진 aspartic acid 및 glutamic acid와의 R기 사이에 형성된다. 이온결합은 다른 종류의 전하를 가진 R기 사이에 형성되기 쉽다. 예를 들면 lysine의 ε−amino기와 aspartic acid 및 glutamic acid의 β− 및 γ−carboxyl기와의 사이에 형성된다. 또한 N− 및 C−말단 아미노산도 이온결합을 만든다. 물론 같은 종류의 전하를 가진 R기는 서로 반발한다.

소수결합은 비극성의 탄화수소 사슬(alanine, valine, leucine 등의 측쇄)과 benzene핵(tyrosine 및 phenylalanine의 측쇄)을 가진 R기 사이에 형성된다. 이것은 비극성 상호작용이라고도 하며 극성을 가진 물에 비극성의 기름방울을 넣으면 기름방울들이 모이는 현상과 비슷하다. 비극성의 R기가 주위의 물로부터 떨어져 서로 모이려고 하는 작용을 일반적으로 소수결합이라고 하고 있다. 또한, polypeptide 사슬상에 서로 떨어진 위치에 있는 두 개의 cysteine 잔기가 S−S결합(disulfide bond)을 형성하여 cystine 잔기로 되는 경우가 있다.

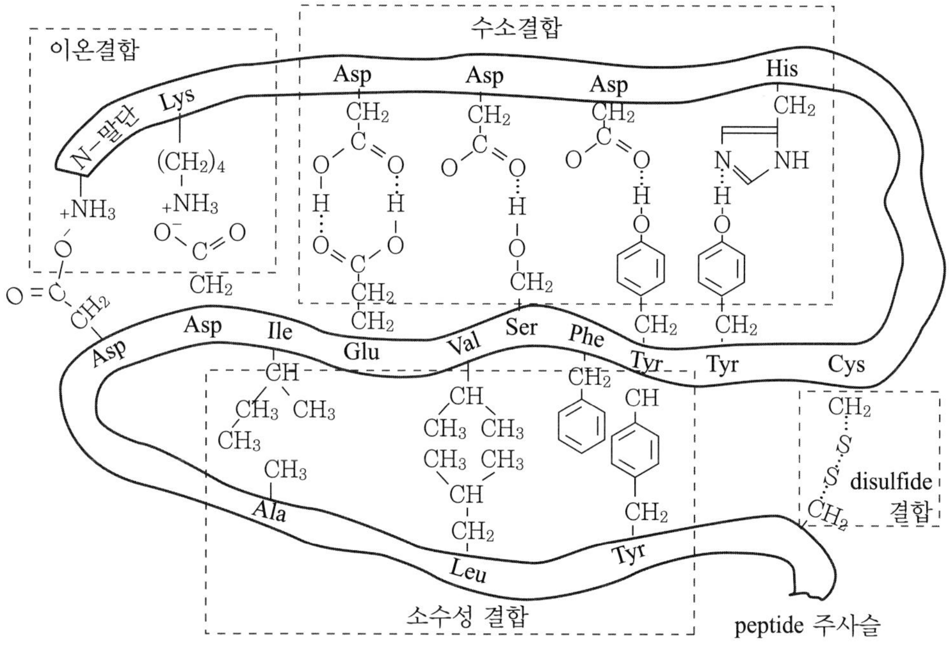

(단, disulfide 결합은 2차 구조의 일부로 알려져 있다)

그림 2.11 단백질의 3차 구조를 형성하는 결합

단백질의 3차 구조는 비극성의 곁사슬을 중심 부분으로 집어넣듯이 하고 외측에는 극성의 R기가 덮은 것 같은 형태를 취하고 있다. 이 때문에 소수결합은 입체구조의 유지에 상당히 중요한 역할을 하게 된다. 또한 단백질이 물에 녹는 것은 단백질 분자 표면에 물과 친화하기 쉬운 극성기가 나와 있기 때문이다.

4. 4차 구조(quaternary structure)

3차 구조를 가진 단백질 분자가 회합하여 전체로서 하나의 생리기능을 발휘하는 단백질이 monomer의 단백질보다 많다. 이때 개개의 단백질을 monomer 또는 subunit라고 한다. 4차 구조에는 dimer, tetramer로부터 subunit가 1,000 이상의 것도 있다. 예를 들면 hemoglobin은 tetramer이다.

같은 종류의 subunit가 회합한 것을 균질한 4차 구조라 하고 서로 다른 것을 불균질 4차 구조라고 한다. 이들 subunit가 회합하기 위해서는 2차, 3차 구조를 형성하는 결합이 모두 관여하고 있으며 또한 pH, 염농도, 단백질 농도, 계면활성제, 금속이온, 온도 등의 여러 인자에 의해 영향을 받는다.

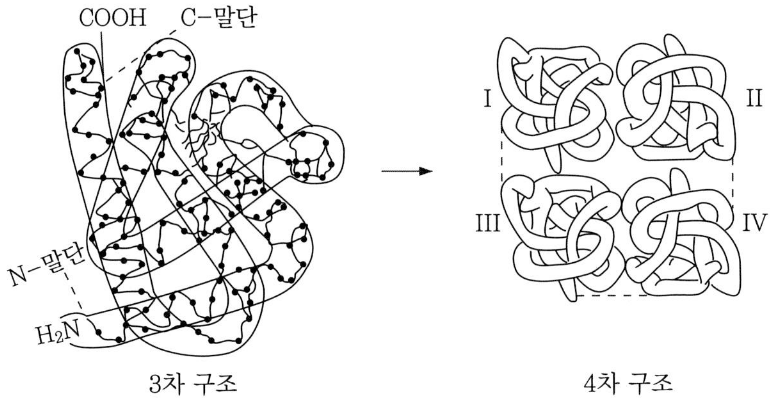

그림 2.12 Hemoglobin의 4차구조

제4절 단백질의 형태

단백질은 구조와 형태에 따라 섬유상 단백질(fibrous protein)과 구상 단백질(globular protein)로 분류된다.

1. 섬유상 단백질

섬유상 단백질의 구조는 X선 혹은 전자현미경에 의한 해석으로 상세히 해명되었다. 즉, 섬유상 단백질은 긴 섬유상의 polypeptide 사슬의 −S−S−결합 또는 소수결합에 의해 일정한 방향으로 규칙적인 배열을 하여 섬유 모양의 구조를 취한 단백질이다. 대표적인 것으로 collagen, elastin, keratin 등이 있다.

Keratin은 건조상태에 있을 때는 α−keratin(I)의 상태이며 수소결합에 의해 서로 당겨져서 수축되어 있다. 그러나 α−keratin에 증기를 쪼이면 수분 흡수에 의해 수소결합이 끊어지고 β−keratin(II)으로 변하여 길이가 2배로 늘어난다. 예를 들어, 머리카락에 수분을 주면 늘어나는 것은 이와 같은 분자구조의 변화가 생기기 때문이다.

한편, 양털을 더운 물에 넣으면 keratin은 수축되어 되돌아가지 않는 불가역적 과수축현상이 일어난다. 이것은 사슬 사이의 견고한 결합인 −S−S−결합을 남긴 채 그림 2.13과 같이 사슬이 배치가 달라지기 때문이다.

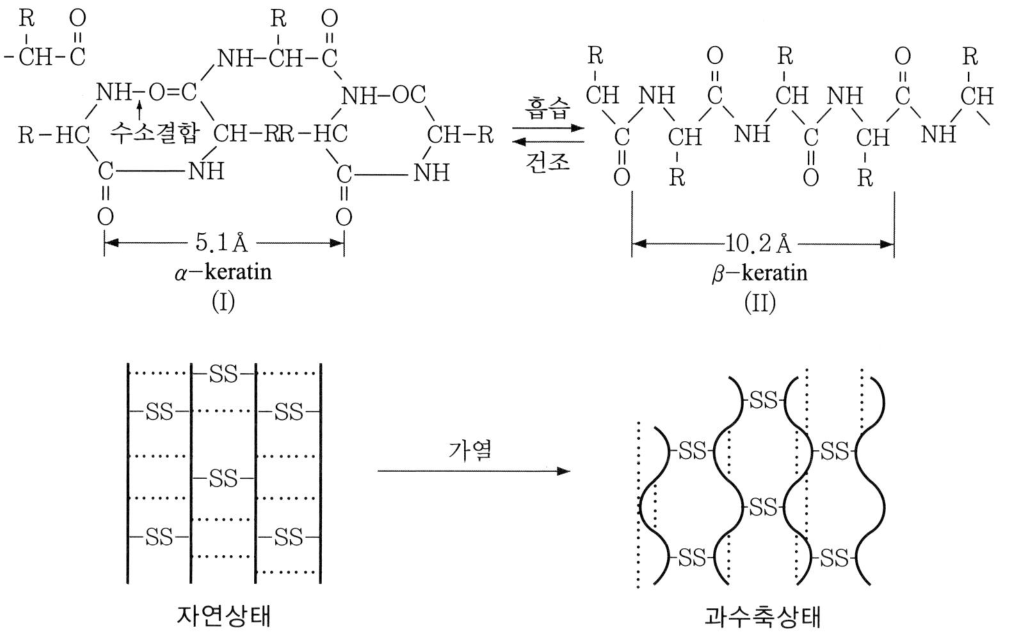

− : peptide사슬 ··· : 수소결합 −SS− : SS결합

그림 2.13 Keratin의 가열에 의한 과수축현상

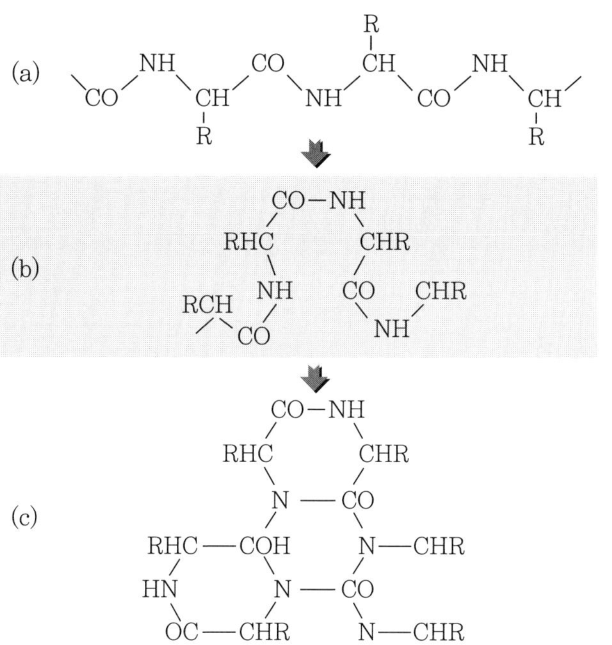

그림 2.14 구상 단백질의 형성과정

2. 구상 단백질

구상 단백질은 polypeptide사슬이 이온결합, 수소결합, 소수결합 등에 의해 적당히 구부러지고 휘어져서 구상을 이루고 있는 단백질이다. 이 결합형식의 한 예로서 그림 2.14의 (a)에서 (c)에 이르기까지 polypeptide사슬이 구부러져서 원형의 공간을 차지하여 구상이 되는 것으로 생각된다.

식품 중의 영양과 관련된 단백질은 거의 구상 단백질이며, lactalbumin, ovalbumin, insulin, hemoglobin 등이 여기에 속한다.

제5절 단백질의 일반적 성질

1. 분자의 크기

단백질은 분자의 크기가 대체로 10~70μm 정도이며 분자량이 수만~수백만에 이르는 거대한 고분자 화합물이다. 표 2.10과 그림 2.15에 표시한 바와 같이 단백질의 종류에 따라 분자의 크기와 분자량이 매우 다양하다.

단백질 분자는 용액상태에서 친수성 colloid로서의 성질을 띠어 동식물의 세포막이나 cellophane 등의 반투막을 통과하지 못한다. 이 성질은 단백질 용액 중에 공존하는 무기염과 같은 저분자 물질을 제거하여 단백질을 정제하는 데 이용된다. 이 방법을 투석(dialysis)[6)]이라 한다.

단백질 용액에 빛을 쪼여 광산란에 의한 단백질 입자량을 측정할 수 있으며, 삼투압 측정, 초원심분리에 의한 침강, 전기영동 분석, gel filtration chromatography[7)] 등을 이용하여 단백질 분자량을 추정할 수 있다.

---

6) 투석(dialysis) : 콜로이드나 고분자 용액을 반투막(cellophane tube 등)의 주머니에 넣고 다량의 용매 중에 매달아 놓거나 흐르는 새로운 용매 중에 놓아두면, 식품 콜로이드 용액(단백질 용액 등)은 반투막을 통과할 수 없기 때문에 반투막 내에 머물러 있고 공존하는 전해질이나 그 밖의 저분자 물질은 반투막을 통하여 외부로 확산한다. 이 방법으로 고분자 물질을 정제할 수 있다.

7) 겔여과 크로마토그래피(gel filtration chromatography) : 아크릴아마이드(acrylamide) 등의 겔을 칼럼(column)에 충전하고 분자량이 각기 다른 혼합물을 용매와 함께 용출시키는 실험법이다. 예로 단백질 혼합물은 각 단백질의 분자량에 따라 서로 다른 속도로 용출한다.

표 2.10 일부 단백질의 분자량

단백질	분자량	단백질	분자량
Cytochrome	11,600	β-Lactoglobulin	35,400
Liponuclease	13,395	Pepsin	35,700
Myoglobin	16,900	Insulin	36,000
Lactalbumin	17,500	Egg albumin	44,900
Trypsin	24,000	Hemoglobin	68,000
Gliadin	27,000	Serum globulin	167,000
Zein	35,000	Urease	473,000

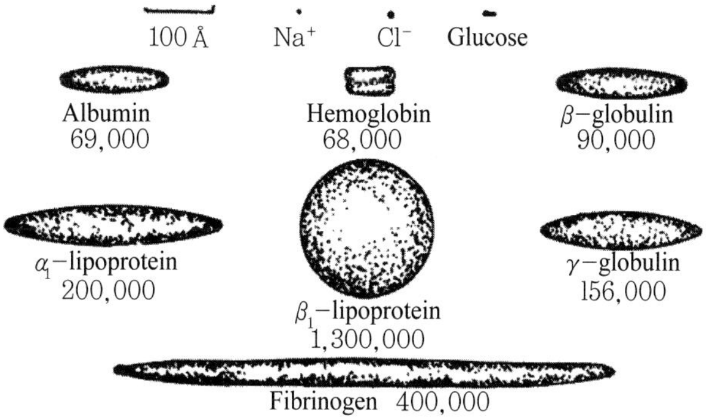

그림 2.15 일부 단백질의 크기와 분자량의 비교

2. 용해성

단백질이 용매에 녹는다는 것은 설탕이나 소금이 물에 녹아 진정용액(true solution)을 만드는 것과는 달리 용매중에 분산되어 점조성의 colloid용액을 만드는 것을 의미한다.

단백질은 분자중에 $-COOH$, $-NH_2$, $-NH-$, $=CO$ 등과 같은 친수성기를 가지고 있으므로 물 속에서 물 분자들이 수소결합을 통하여 표면에 결합하여 수화(hydration)됨으로써 안정한 collioid용액이 된다. 수화에 부가하여 단백질 분자들이 전하를 가질 때는 colloid분산은 더욱 촉진된다.

단백질의 용해도는 pH와 염류의 존재 등에 의하여 현저하게 영향을 받는다. 등전점에서 용해도가 가장 낮고 산성이나 알칼리 쪽으로 pH가 변함에 따라 증가한다. 등전점에서는 단백질 분자의 양전하와 음전하가 상쇄되어 전하가 0이 되므로 단백질 분자 사이의 정전기적인 반발력이 가장 적으므로 용해도가 가장 적다.

Globulin은 순수한 물에는 잘 안 녹으나 중성 염류용액에는 잘 녹는다. Globulin 외에도 대부분의 단백질은 묽은 중성 염류용액에 잘 녹는데 이 현상을 염용(salting in)효과라고

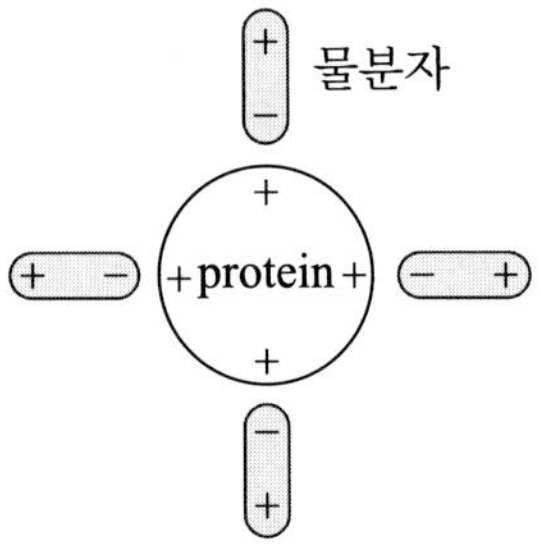

그림 2.16 단백질의 수화에 의한 용해

한다. 단백질이 일반적으로 중성 염류용액에 용해도가 증가되는 것은 중성 염의 해리로 생성된 이온이 단백질 분자의 이온화된 기능기와 작용함으로써 단백질 분자 사이의 인력을 감소시키기 때문이다. 그리고 이에 부가하여 중성염 이온에 의한 물의 유전상수의 증대로 단백질 분자의 수화를 증가시키기 때문이기도 하다. 그림 2.17에서 보는 바와 같이 용액의 pH와 소금 농도의 차이에 따라 lactoglobulin의 용해도가 다름을 알 수 있다.

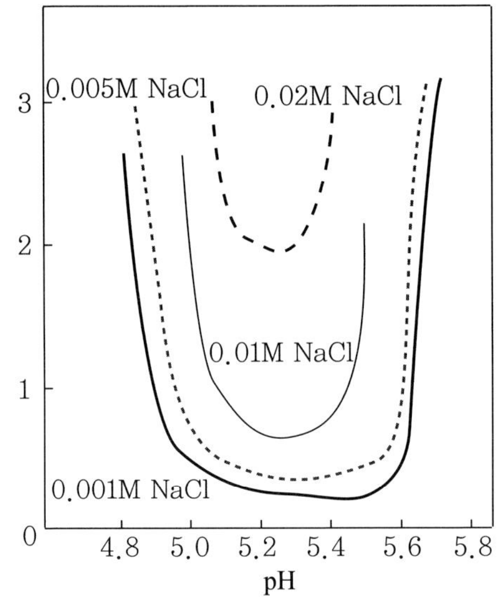

그림 2.17 pH와 소금 농도의 차이에 따른 lactoglobulin의 용해도

그러나 농도가 높은 중성 염류용액에서는 오히려 용해도가 감소되어 단백질은 침전되는데 이 현상을 염석(salting out)효과라고 한다. 중성 염류 중에서도 2가 또는 3가 이온은 1가 이온보다 염석효과가 크다. 황산암모늄이나 황산나트륨 등이 일반적으로 사용되는 중성염인데 이것들이 물 속에서 해리되어 생성된 이온도 수화된다. 따라서 단백질 분자의 수화에 필요한 물 분자가 염 이온의 수화에 의하여 경쟁적으로 빼앗기기 때문에 단

백질이 침전되는 것이다. 이와 같은 단백질의 염석 현상은 단백질의 정제 방법의 하나로 이용되고 있다.

한편 단백질 용액에 alcohol이나 acetone과 같이 물과 자유로이 섞이는 유기용매를 가하면 중성 염류에 의해 염석되는 것과 같이 단백질이 침전된다. 이것은 유기용매에 의하여 단백질이 변성되어 침전이 생성되는 것이 아니라 용액의 유전상수의 감소로 인하여 용해도가 감소되기 때문이다.

3. 양성반응

단백질도 아미노산과 같이 산이나 알칼리로 작용하는 양성화합물(ampholyte)이다. 단백질의 사슬을 구성하는 아미노산의 α−탄소에 결합된 amino기와 carboxyl기는 peptide결합을 형성하고 있으므로 proton을 받아들이거나 내어주지 못한다. 따라서 단백질이 양성반응을 갖는 근원은 사슬 중에 있는 아미노산 잔기들이 가지고 있는 산성 또는 염기성 기능기들에 있다. Aspartic acid, glutamic acid와 같은 산성 아미노산의 제2의 carboxyl기, lysine의 ε−amino기, arginine guanidino기, histidine의 imidazol고리의 imino기들은 다음과 같이 *Brönsted*의 산이나 염기로 작용한다.

이 외에도 단백질 사슬의 양단에 유리상태로 존재하는 α−amino기와 α−carboxyl기도 같은 작용을 한다.

$$(H_3N^+)m-R-(COO^-)_n \begin{cases} \xrightarrow{nH^+} (H_3N^+)m-R-(COOH)_n \\ \xrightarrow[mOH^-]{} (H_2N)m-R-(COO^-)_n + mH_2O \end{cases}$$

4. 등전점

단백질은 중성 아미노산 이외에 여러 염기성 아미노산이나 산성 아미노산이 구성단위로 존재하므로 peptide 결합에 참여하지 않고 해리될 수 있는 유리 amino기나 carboxyl기를 다수 갖고 있다. 따라서 용해의 pH가 산성에서는 양전하인 $-NH_3^+$기의 수가 증가하고 반대로 알칼리성에서는 음전하인 $-COO^-$기의 수가 증가한다. 그러나 어떤 특정 pH에서는 단백질 분자 중에 양전하와 음전하의 양이 같게 되어 분자 전체로서는 전기적으로 중성이 된다. 이 때의 pH를 그 단백질의 등전점(isoelectric point)이라고 한다. 이 등전점에서 용해도가 가장 적어 침전되기 쉽다. 일부 단백질의 등전점은 표 2.11과 같다.

표 2.11 각종 식품 단백질의 소재 및 등전점

단백질	소재	등전점	단백질	소재	등전점
Egg albumin	달걀	4.5~4.7	Edestin	대마의 열매	5.5~6.0
Lactalbumin	우유	5.1	Glutenin	밀	5.2~5.4
Casein	우유	4.6	Gliadin	밀	6.5
Myogen	육류	6.3	Zein	옥수수	5.8
Myosin	육류	5.4	Glycinin	콩	4~5

5. 전기영동

용액 중의 단백질은 등전점보다 산성 쪽에서는 양(+)으로, 알칼리성 쪽에서는 음(−)으로 하전한다. 따라서 이들은 각각 음극과 양극으로 이동된다. 등전점에서의 하전은 상쇄되어 0으로 되어 이동하지 않는다. 이러한 현상을 전기영동(electrophoresis)이라고 한다. 전기영동의 이동 정도는 전하의 대소, 분자의 크기, 모양, 수화 등에 관계가 있다. 이를 이용하여 단백질의 등전점 측정, 단백질의 분리, 정제와 순도의 검정 등을 할 수 있다.

6. 염 형성

단백질은 양성화합물로서 양이온이나 음이온과 염을 형성한다. 많은 양이온과 음이온이 단백질과 불용성의 염을 형성하므로 이들이 단백질의 침전제로 이용되고 있다. Phosphotungustic acid, trichloroactic acid, picric acid, perchloric acid 등의 음이온은 단백질의 등전점보다 산성 쪽에서 양이온 상태의 단백질과 불용성의 염을 형성한다. 또한 등전점보다 알칼리성 쪽에서 Zn^{2+}, Cd^{2+}, Mg^{2+}, Fe^{3+}, Cu^{2+}, Pb^{2+} 등의 중금속 양이온도 단백질과 불용성의 염을 형성한다.

한편 단백질은 종류가 다른 단백질 상호간의 작용으로도 염이 형성되어 침전된다. 어떤 용액의 pH가 두 종류의 단백질의 등전점으로부터 반대쪽에 있다면 두 단백질의 전하는 상반되므로 서로 결합하게 된다. 항원(antigen)과 항체(antibody)의 반응은 이와 같은 예의 하나이다.

7. 결정성

Hemoglobin과 식물성 단백질은 쉽게 결정이 된다. 일반적으로 동물성 단백질은 결정이 잘 되지 않으나 serum albumin, egg albumin 등은 결정이 된다. 지금까지 약 100여 종의 단백질이 결정상으로 단리되었다.

8. 단백질의 정색반응

1) Biuret 반응

단백질 용액에 1~2N NaOH용액을 가하여 알칼리성으로 하고 여기에 1% $CuSO_4$용액 1~2방울을 가하면 적자색을 나타낸다. 이 반응은 2개 이상의 peptide결합을 가진 화합물에서 일어나는 반응으로서 단백질뿐만 아니라 polypeptide에서도 일어난다. 요소(urea)를 가열해서 얻는 biuret가 이와 같은 반응을 하기 때문에 이상의 이름이 붙여졌다.

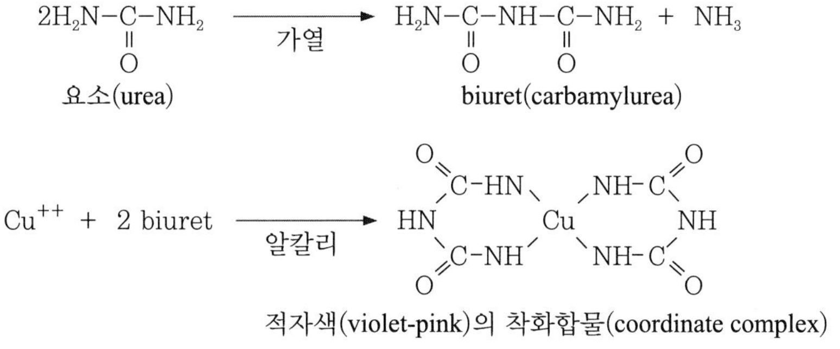

2) Xanthoprotein 반응

단백질 용액에 진한 질산(conc−HNO_3) 몇 방울을 가하면 백색 침전이 생기고, 이것을 다시 가열하면 용해되어 황색을 나타낸다.

이 반응은 단백질 분자 내의 tyrosine 또는 tryptophan 등의 방향족 아미노산에 존재하는 benzene기가 nitration되어 nitrophenol 유도체가 형성되기 때문에 일어난다.

3) Millon 반응

단백질 용액에 Millon 시약을 가하면 백색 침전이 되고 가열하면 적색을 나타낸다.

이 반응은 단백질 분자 내에 tyrosine과 같은 phenol기를 가진 아미노산 존재에 의해서 일어난다.

4) Ninhydrin 반응

단백질 용액에 1%의 ninhydrin용액을 가한 후 중성에서 가열하면 적자색을 나타낸다.

이 반응은 α-amino기를 가진 화합물이 나타내는 정색반응으로서 아미노산으로 구성된 peptides, 단백질뿐만 아니라 amines, ammonia 등도 이와 같은 반응을 나타낸다.

5) Hopkins-Cole 반응

단백질 용액에 glyoxalic acid(O=CH·COOH), 또는 무수초산(anhydrous acetic acid)을 가한 다음 다시 진한 황산(conc. H_2SO_4)을 가할 때 그 경계면에서 적자색의 환이 형성된다.

이 반응은 단백질 분자 내에 tryptophan이 존재할 때 일어난다. *Adamkievitz* 반응이라고도 불려진다.

6) 유황 반응

단백질 용액에 40% NaOH 용액을 가하여 2분간 끓인 후 초산납[$(CH_3COO)_2Pb$] 용액을 가하면 흑색의 황화납(PbS)의 침전이 형성된다.

이 반응은 cysteine 또는 cystine과 같은 유황 함유 아미노산을 함유하고 있는 단백질에서 볼 수 있는 정색반응이다. 그러나 유황을 함유하는 아미노산의 하나인 methionine을 함유하고 있는 단백질에서는 이와 같은 반응이 일어나지 않는다.

7) Sakaguchi 반응

단백질 용액 2~3㎖를 NaOH로 알칼리성으로 한 후, 여기에 0.1%의 α-naphthol의 70% ethanol용액 소량과 NaOCl의 5% 수용액 소량을 가할 때 적색을 나타낸다.

이 반응은 단백질 분자 내의 arginine의 guanidine기($H_2N-C(=NH)-NH-$)에 기인한 것이며, 따라서 argine을 함유한 단백질에서만 일어난다.

제6절 식품 단백질

식품 단백질은 그 출처에 따라 식물성 단백질(plant protein)과 동물성 단백질(animal protein)로 크게 분류하며, 식물성 단백질은 곡류 단백질과 두류 단백질로, 동물성 단백질은 육류 단백질, 달걀 단백질, 우유 단백질로 다시 세분한다.

1. 식물성 단백질

1) 곡류 단백질

(1) 쌀 단백질

현미에는 7~11%의 단백질이 함유되어 있으나 도정에 의해 비교적 단백질 함량이 높은 배종이 제거되므로 백미의 단백질 함량은 6~10% 정도로 다소 감소한다.

쌀의 단백질은 glutelin, globulin, albumin, prolamin으로 구성되어 있다. 이 중 가장 중요한 단백질은 glutelin으로서 전체 단백질량의 46~77%에 달하며 oryzenin이라고 한다.

쌀을 비롯한 일부 곡류 단백질의 아미노산 조성은 표 2.12와 같다. 쌀의 단백질은 식물성 단백질 중에서는 우수한 것에 속하지만 동물성 단백질에 비교하면 lysine의 함량이 극히 낮은 것이 특징이다.

표 2.12 일부 대표적인 식품 중의 필수 아미노산 함량

(질소분 1g 중의 각 아미노산의 mg수)

종류 \ 구분	백미	밀가루	식빵	감자	대두	쇠고기	달걀	우유
Isoleucine	280	260	220	240	300	300	330	320
Leucine	520	440	390	390	450	50	530	50
Lysine	210	150	120	330	430	570	440	480
Methionine	140	100	72	70	71	140	210	10
Phenylalanine	290	280	270	210	330	280	320	280
Threonine	220	170	160	240	270	280	290	270
Tryptophan	80	69	67	91	92	81	100	92
Valine	370	270	260	360	310	340	410	410

(2) 밀 단백질

밀 단백질은 식물성 단백질 중 특이하며 빵을 만들 수 있는 특성을 지닌다. 밀의 단백질 함량은 10~18%에 달하지만 실제 밀가루의 단백질 함량은 8~16% 정도이다.

밀가루 단백질은 그림 2.18과 같이 주로 4종으로 구분된다. 이들 중 가장 중요한 단백질은 prolamin에 속하는 gliadin과 glutelin에 속하는 glutenin이며 전체 단백질량의 50% 이상을 점유하고 있다.

이 두 단백질의 혼합물을 gluten이라고 하며, 이 gluten의 양과 성질은 밀가루 제품, 즉 빵, 케이크, 국수, 과자류 등의 성질에 큰 영향을 미친다.

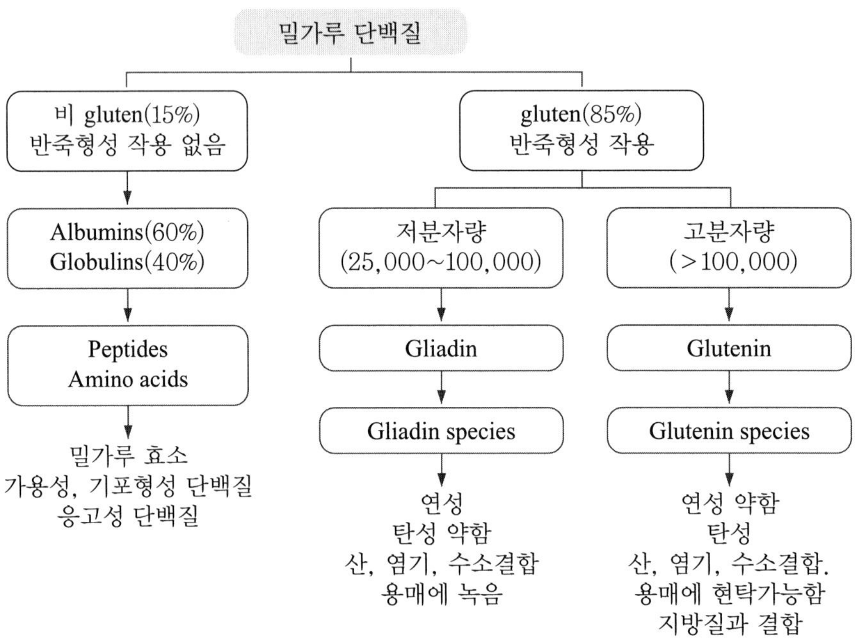

그림 2.18 밀가루의 주요 단백질 획분

Gluten 단백질은 glutamine 함량이 높으나 필수 아미노산인 lysine, methionine 및 tryptophan 함량이 적다. 따라서 밀의 단백질은 쌀의 단백질에 비교하여 단백질 함량은 더 많으나. 필수 아미노산의 절대량과 그 균형에 있어서는 쌀의 단백질이 월등히 우수하다.

Gluten이 아닌 albumin과 globulin 단백질은 전체 단백질의 13~31%를 차지한다. 이 단백부분은 당단백질, 핵단백질, 지단백질 및 각종 효소를 포함한다.

2) 두류 단백질

(1) 대두 단백질

대두는 35% 정도의 단백질을 함유하고 있어 식물성 식품으로서는 단백질 함량이 매우 크다.

일반적으로 대두 단백질은 초원심분리에 의해서 분획한다. 수용성 단백질은 침전 특성에 따라 2, 7, 11 및 15S의 4부분으로 구분한다. 이들의 비율은 표 2.13과 같으며, 11S globulin을 일반적으로 glycinin이라 한다.

대두 단백질은 methionine과 tryptophan을 제외한 모든 필수 아미노산의 좋은 급원이다. Lysine 함량이 높기 때문에 곡류 단백질 강화에 적합하다. 그러나 대두에 함유된 일부 albumin 단백질은 단백질 분해 효소인 trypsin의 작용을 억제하는 trypsin 저해물질로서 작용하여 단백질의 소화 흡수를 어렵게 한다. 따라서 적당한 가열 처리는 대두 속의 trypsin 저해물질을 불활성하여 대두 단백질의 영양가를 높여주는데 큰 도움이 된다.

표 2.13 초원심분리에 의해 분획된 대두 단백질 성분

단백질 획분	함량비율(%)	성분	분자량
2S	22	Trypsin 저해제	8,000
			21,500
		Cytochrome	12,000
		2.3S Globulin	18,200
		2.8S Globulin	32,000
		Allantoinase	50,000
7S	37	β-amylase	61,700
		Hemagglutinins	110,000
		Lipoxygenases	108,000
		7S Globulin	186,000~210,000
11S	31	11S Globulin	350,000
15S	11	-	600,000

2. 동물성 단백질

1) 육류 단백질

(1) 결체조직의 단백질

육류 조직은 결체조직(connective tissues)과 근육섬유조직(muscle fiber tissues)으로 분류

되며, 결체조직의 함량이 상대적으로 커짐에 따라 육질이 질겨지고 소화율도 떨어진다.

결체조직을 형성하는 주요 단백질 성분은 collagen과 elastin이다. Collagen 단백질은 collagen 분자 세 개가 나선상으로 결합하여 tropocollagen 분자를 형성하고 이 분자들이 다시 모여서 micelle을 형성하며, 이들이 다시 모여서 collagen 섬유를 형성하고 있다(그림 2.19). 분자와 분자 사이는 구성 아미노산의 유리상태의 carboxyl기(−COOH) 등과 수산기−OH) 사이에 ester 결합을 통해서 결합되고 있다.

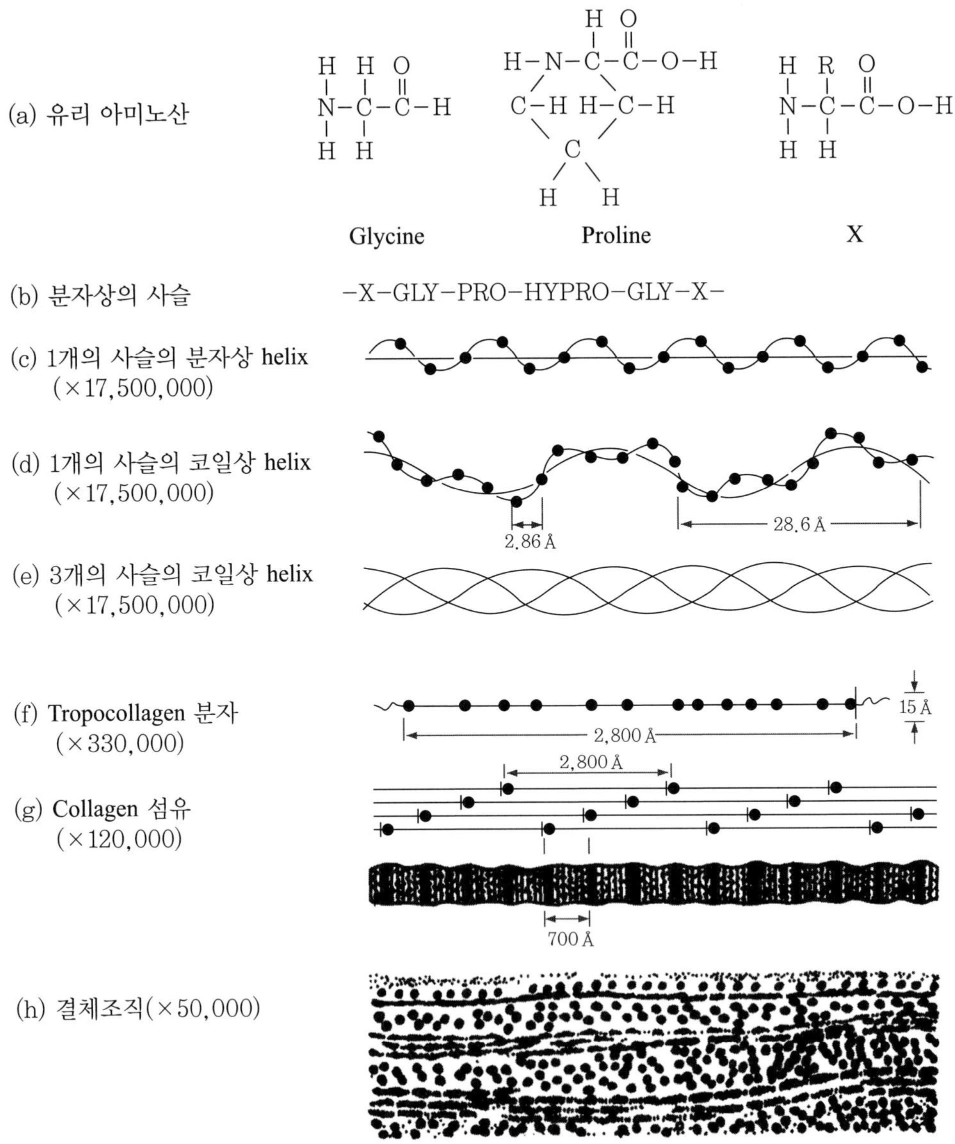

그림 2.19 Collagen 섬유 형성의 연속단계

Collagen은 glycinin, proline과 기타의 아미노산들로 구성되어 있으며 이 중 glycinin과 proline이 각각 전체 아미노산 함량의 1/3 정도를 차지하고 있다. Elastin은 그 분자 형태가 coil상으로 불규칙하게 서로 엉켜진 구조를 갖고 있으며 고무와 같이 탄력성을 가지고 있다. 이 elastin은 collagen과 함께 주로 인대조직(ligament tissue), 동맥 혈관의 벽에 존재하며, 산, 알칼리 또는 trypsin과 같은 단백질 분해 효소에 의해 잘 가수분해되지 않는 특성을 갖고 있다. Elastin의 구성 아미노산들은 주로 비극성의 중성 아미노산인 glycinin, leucine, valine, phenylalanine, proline 등으로서 이들이 전체 아미노산 함량의 80% 정도에 달한다.

(2) 근육섬유조직의 단백질

근육섬유조직을 구성하고 있는 단백질로서는 albumin에 속하는 myogen과 globulin에 속하는 myosin 복합체가 가장 중요하다.

표 2.14 근섬유조직 세포 내의 가용성 단백질

단백질 그룹명	단백질명	등전점(pH)	열에 대한 반응
Albumins	myogen	6.5~6.7	열에 의해서 응고
물에 녹음	myoalbumin	3.0~3.5	60℃ 이하의 온도에서 응고
Globulins	myosin complex	5.5	열에 의해서 응고
염류 용액에 녹음	globulin X	5.2	60℃ 이하의 온도에서 응고

Myogen은 황산암모늄의 포화 용액에 의해서 침전되는 구상 단백질이며, 육류 조직 내에서는 myogen 섬유체로서 불용성의 섬유상으로 존재한다.

Myosin 복합체는 구상 단백질인 Myosin, actin 및 기타 구상 단백질로 구성되어 있다. Actin은 근육 단백질에 약 13% 정도 들어있어 myosin과의 비는 약 1 : 3이다 Actin은 구상 actin(globular actin)인 G-actin과 섬유상 actin(fibrous actin)인 F-actin의 두 가지 형태가 있으며 가역적으로 변화한다.

F-actin과 myosin의 복합체인 actomyosin은 ATP를 ADP로 분해하면서 수축된 형태를 갖는다. ATP가 ADP로 분해될 때 발생하는 에너지는 actomyosin의 대폭적인 수축을 가져오는 일을 하는 데 소비된다. 이 근육조직의 수축을 가져오는 actomyosin은 다른 단백질과 결합하여 actomyosin 복합체를 형성하며, 다시 이들이 모여 micelle이 되어 섬유를 형성한다.

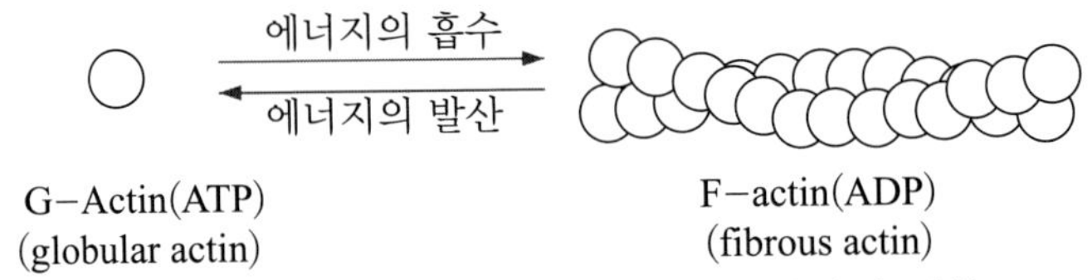

그림 2.20 G-actin과 F-actin의 가역적인 전환

2) 달걀 단백질

(1) 난백 단백질

달걀 단백질은 난백(egg white) 및 난황(egg yolk) 단백질로 구분되며 높은 생물가를 가진 우수 단백질 식품 중의 하나이다. 난백은 10~11%의 단백질을 함유하며 건조 상태에서는 83%에 이른다. 그 중에서 가장 많은 것이 ovalbumin으로 54%, 그리고 conalbumin이 13%, ovomucoid가 11% 정도를 각각 점유하고 있다.

Ovalbumin은 분자량이 41,000 정도이며, 가열에 의해서 쉽게 응고되는 인단백질이다. Conalbumin은 분자량이 70,000 정도이고 역시 가열에 의해서 쉽게 응고된다. 이 단백질은 Fe 또는 vitamin B_{12}와 결합하여 이들을 생체가 이용할 수 없는 형태의 복합체를 만든다. 그러나 이와 같은 성질은 약간의 열을 가하여 변성시킴으로써 제거할 수 있다. Ovomucoid는 그 분자 내에 20% 가량의 당류를 함유하고 있는 당단백질이다. 이 단백질은 trypsin의 작용을 억제하는 작용을 갖고 있다 그러나 이와 같은 작용은 약간의 가열에 의해서 단백질을 변성시킴으로써 제거할 수 있다.

난백에는 이 외에도 세균을 용해시켜서 살균하는 작용을 가진 lysozyme과 vitamin의 하

표 2.15 난백의 단백질 조성

성분	함량	등전점(pH)	특성
Ovalbumin	54	4.6	쉽게 변성, SH기 함유
Conalbumin	13	6.0	철분을 봉쇄, 항미생물작용
Ovomucoid	11	4.3	trypsin을 저해
Lysozyme	3.5	10.7	다당류의 분해효소, 항미생물작용
Ovomucin	1.5	?	점성, 다량의 sialic acid 함유, virus와 반응
Flavoprotein apoprotein	0.8	4.1	riboflavin과 결합
Proteinase inhibitor	0.1	5.2	세균단백분해효소 저해
Avidin	0.05	9.5	biotin 봉쇄 항미생물작용
미확인 단백질	8	5.5, 7.5, 8.0, 9.0	주로 globulin류
비단백성 물질	8		잘 밝혀지지 않음

나인 biotin과 강하게 결합하여 그 이용을 막는, 즉 항비타민 작용(antivitamin activity)을 가진 avidin 등의 단백질이 존재한다.

(2) 난황 단백질

난황에 존재하는 단백질로서는 인단백질인 동시에 지단백질인 lipovitellin과 lipovitellinin이 중요하다(표 2.16).

Lipovitellin은 17% 정도의 지방질과 1% 정도의 인을 함유하고 있는 인단백질인 동시에 지단백질이다. Lipovitellinin도 인지질을 주성분으로 하는 지방질을 38% 정도 함유하고 있는 지단백질인 동시에 인단백질이기도 하다. 그러나 인의 함량은 lipovitellin에 비해서 적은 0.3% 정도이다.

표 2.16 난황의 단백질 조성

성분	함량(%)	특성
Livetin	5	효소 함유, 잘 밝혀지지 않음
Phosvitin	7	10% 인 함유
Lipoprotein	21	유화제
total protein	33	

3) 우유 단백질

우유는 약 3%의 단백질을 함유하고 있다. 수분을 제외한 전체 고형 성분에 대해서는 단백질 함량이 25~30%에 달하며 달걀 및 육류 단백질과 함께 가장 품질이 우수한 식품 단백질로 알려져 있다. 우유 단백질 중의 80% 정도가 casein이며 그 외에 lactalbumin, lactoglobulin이 각각 14%와 2% 정도 함유되어 있다(표 2.17).

표 2.17 우유의 주요 단백질 조성

성분	Total Protein 중의 비율(%)	유전적 변이체	성분	Total Protein 중의 비율(%)	유전적 변이체
응유단백질 (casein protein)	76~86		유청단백질 (whey protein)	14~24	
α-Casein	45~63		β-lactoglobulin	7~12	A, B, C
α_s-Casein	~42	A, B, C	α-lactoalbumin	2~5	A, B
κ-Casein	~11	(A, B)	Serum albumin	0.7~1.3	
λ-Casein	3~4		Euglobulin(면역)	0.8~1.7	
β-Casein	19~28	A, B, C	Pseudoglobulin(면역)	0.6~1.4	
γ-Casein	3~7		Proteose pepton	2~6	

Casein은 그 분자 내에 인을 함유하고 있는 인단백질의 하나이며 pH 4.7에서 침전된다. Casein에 효소 rennin을 pH 4.7 부근에서 작용시키면 casein의 응고가 일어난다. 즉, 수용성 casein이 rennin에 의해서 다시 수용성인 para-casein이 되었다가 이 para-casein이 다시 Ca^{2+}이온과 결합하여 불용성인 para-casein의 Ca염을 형성하여 응고하게 된다.

$$\text{수용성 casein} \xrightarrow{\text{rennin}} \text{수용성 para-casein}$$

$$\text{수용성 para-casein} + Ca^{2+} \xrightarrow{\text{pH4, 7}} \text{불용성 calcium para-caseinate}$$

이 반응은 우유에서 rennin효소를 이용하여 치즈를 만들 때 사용되는 응고 반응이다.

Casein은 전기영동적으로 α_s-casein(45~55%), κ-casein(8~15%), β-casein(25~35%), γ-casein(3~7%) 등으로 분류된다.

α_s-casein은 침전하기 쉽지만 κ-casein은 침전하기 어렵다. 또 κ-casein에는 α_s-casein의 Ca^{2+}에 의한 응고를 저지하는 작용이 있다. 유즙 중의 거대분자인 casein이 침전하지 않고 colloid 상태로 분산되는 것은 κ-casein의 작용에 의한 것이라고 한다.

우유의 pH를 4.7로 조절하였을 때 침전되지 않는 단백질들을 유청단백질(whey protein)이라고 부르며, lactalbumin, lactoglobulin 등이 여기에 속한다.

3. 새로운 식품 단백질 자원

오늘날 세계 인구의 약 65% 정도가 단백질 섭취 부족 상태에 있다고 한다. 따라서 새로운 형태의 식품 단백질 자원의 개발은 시급한 과제이며, 현재까지 연구 개발된 새로운 단백질 자원으로는 미생물 단백질, 녹엽 단백질 농축물, 어류단백질 농축물 등이 있다.

1) 미생물 단백질(microbial protein)

미생물 단백질, 즉 단세포 단백질(single cell protein)은 효모, 곰팡이, 세균 등을 배양, 증식시킨 후 살균하여 그 미생물 자체의 단백질을 추출한 새로운 단백질 자원으로서, 그 미생물의 종류에 따라 효모 단백질, 곰팡이 단백질, 세균 단백질, 조류 단백질 등으로 분류할 수 있다.

미생물 단백질을 생산하기 위한 탄소원의 기질과 배양에 이용되는 미생물은 각 회사마다 다르다. 미생물 단백질 생산 현황을 보면 표 2.18과 같으며 이와 같이 해서 얻은 미생

표 2.18 세계 각국의 SCP(single cell protein) 생산현황

나라	회사	규모(톤/년)	기질	미생물
베네주엘라	Bioproteinas de Benezuela	100,000	n-paraffin	yeast
불가리아		100,000	n-paraffin	yeast
체코	Slovanaft Kojetin	100,000	n-paraffin	yeast
이탈리아	Italproteine	100,000	n-paraffin	*Candida lipolytica*
	Liqui Chimica	100,000	n-paraffin	*Candida novelus*
일본	Sumitomo	100,000	methanol	Bacteria
사우디아라비아	Petromin	100,000	n-paraffin	yeast
영국	BP	100,000	n-paraffin	*Candida lipolytica*
미국	ISU/Bechte	100,000	Cellulose	*Cellulomonas sp.*
소련		300,000	n-paraffin	yeast
		300,000	n-paraffin	yeast
한국	KIST	시험규모	n-paraffin	*Candida tropicalis*
				Trichosporon sp.

물 단백질은 현재 가축 사료 중의 단백질 자원으로서 다른 사료들과 혼합하여 사용되고 있다. 식품 단백질로서 실제적인 응용에 대해서는 아직 연구 단계에 있다.

2) 녹엽 단백질 농축물(leaf protein concentrate, LPC)

녹엽 단백질 농축물은 목초, alphalpha 등의 녹엽식물의 잎의 단백질을 추출하여 만든 새로운 단백질 자원이다.

이 농축물 중에는 60~70%의 단백질과 20~30%의 불포화 지방질을 함유하고 있다. 식품 단백질로서의 이용에 대해서는 아직 연구 단계에 있다.

3) 어류 단백질 농축물(fish protein concentrate, FPC)

상품 가치가 별로 없는 잡어류에서 isopropyl alcohol 등으로 단백질을 추출한 후 용매를 제거하여 농축시킨 단백질 자원이다. 이 어류 단백질 농축물은 이미 동물사료 등에 실제적으로 널리 사용되고 있다.

각종 식품 단백질 자원의 아미노산 조성은 표 2.19와 같다.

표 2.19 각종 단백질 자원의 아미노산 조성(g/100g 단백질)

아미노산	FAO기준 단백질	육류 단백질	밀가루 단백질	섬유 단백질	녹엽 단백질	어분 단백질
Arginine		7.5		5.0		5.0
Histidine		2.1	2.2	2.1		2.3
Isoleucine	4.2	3.3	4.2	5.3	4.5~5.5	4.6
Leucine	4.8	12.5	7.0	7.8	8.8~10.2	7.3
Lysine	4.2	8.3	1.9	7.8	5.6~7.3	7.0
Methionine	2.2	4.2	1.5	1.6	1.6~2.6	2.6
Phenylalanine	2.8	4.6	5.5	4.8	5.5~6.8	4.0
Threonine	2.8	4.6	2.7	5.4	4.7~5.8	4.2
Tryptophan	1.4	1.3	1.4	1.3	1.2~2.3	1.2
Valine	4.2	3.3	4.5	5.8	5.9~6.9	5.2
Cystine	2.0		1.9	0.1		1.0
Tyrosine					3.7~4.9	

제7절 단백질의 품질

1. 필수 아미노산의 분포

필수 아미노산은 체내에서 합성할 수 없거나 그 합성 속도가 느려 외부에서 공급해 주어야 하는 아미노산을 말한다. 사람에게 필요한 필수 아미노산의 종류와 각 아미노산의 하루의 필요량은 표 2.20과 같다.

표 2.20 사람에게 필요한 필수 아미노산의 종류와 하루의 소요량

필수 아미노산	하루의 소요량 (N gm/day)	tryptophan의 소요량을 1로 할 때의 비율	전체소요량에 대한 % 비율
Leucine	1.10	4.4	17.3
Phenylalanine	1.10	4.4	17.3
Methionine	1.10	4.4	17.3
Lysine	0.80	3.2	12.6
Valine	0.80	3.2	12.6
Isoleucine	0.70	2.8	11.0
Threonine	0.50	2.0	7.9
Tryptophan	0.25	1.0	4.0

이상의 필수 아미노산은 표 2.20과 같은 비율로 함께 존재할 때 가장 효율적으로 이용된다. 그러나 실제로 한 식품에 존재하는 필수 아미노산들의 비율은 그와 같이 이상적이지 못하다. 따라서 동시에 섭취된 필수 아미노산의 전체의 효율은 가장 적게 섭취된 아미노산의 섭취량에 의해서 결정된다. 이와 같이 그 함량이 가장 적으며 섭취한 아미노산의 전체적인 효율을 정하여 주는 필수 아미노산을 제한 아미노산(limiting amino acid)이라고 부른다. 일반적으로 식품 단백질중에 분포되어 있는 필수 아미노산 중에서 가장 함량이 적고 그 비율이 낮은 아미노산은 tryptophan으로서 tryptophan이 제한 아미노산 역할을 하는 경우가 많다

식품 단백질의 영양가는 그 소화율도 중요하나, 그보다는 필수 아미노산의 함량과 비율에 의하여 결정되는 것이 일반적이다. 그리하여 1957년 FAO에서는 식품 단백질 중에서 영양가가 높은 우유 단백질을 기준으로 하여 필수 아미노산의 이상적인 분포도, 즉 기준 아미노산 분포도(reference amino acid pattern)를 정하였다. 이 분포도는 tryptophan 함량을 기준으로 한 것인데 현재는 어느 특정 아미노산을 기준으로 할 것이 아니라 전체 필수 아미노산의 함량 1g에 대한 각 필수 아미노산의 함량 mg수를 그대로 표시하는 것이 더욱 타당하다 하여 다시 산출한 결과 그 분포는 달걀 단백질 중의 필수 아미노산 분포와 비슷하였다.

그리하여 1965년 FAO와 WHO에서는 달걀 단백질에 함유된 전체 필수 아미노산 1g에 대한 각 필수 아미노산의 mg수로 표시된 새로운 필수 아미노산의 기준 분포도를 제정하였다. 그 이상적인 필수 아미노산 분포도는 표 2.21과 같으며, 이것이 현재 널리 사용되고 있다.

표 2.21 FAO/WHO(1965)가 제정한 기준 필수 아미노산 분포도

(총 필수 아미노산 1g에 대한 각 필수 아미노산의 mg)

필수 아미노산	FAO/WHO기준 필수 아미노산 분포도 (mg수)	우유 단백질의 필수 아미노산 분포도 (mg수)	달걀 단백질의 필수 아미노산 분포도 (mg수)
Isoleucine	134	127	129
Lecuine	152	169	172
Lysine	134	155	125
Phenylalanine	89	97	114
Methionine	71	48	61
Threonine	89	91	99
Tryptophan	45	28	31
Valine	134	137	141

이와 같이 FAO에서 제안한 이상적 필수 아미노산 분포도에 가까운 아미노산 분포를 가진 달걀, 우유, 육류 등의 동물성 단백질을 고품질 단백질이라고 한다. 한편, 필수 아미노산의 분포가 균형이 잡혀 있지 않거나 그 함량이 절대적으로 부족한 단백질, 즉 gelatin 또는 대부분의 식물성 단백질을 저품질 단백질이라고 한다.

2. 단백질 품질의 평가

일반적으로 단백질의 품질 즉 영양가는 실험동물에 일정량의 순수한 단백질을 섭취시킨 후 그 성장 반응을 조사하여 결정하거나 필수 아미노산의 함량과 이상적인 필수 아미노산 분포도와 조성을 비교하여 추정한다.

단백질의 품질을 평가하는 주요 방법으로는 다음과 같은 것이 있다.

1) 생물학적 평가

(1) 생물가(biological value, BV)

생물가는 실험동물이 체내에 흡수된 질소량과 체내에 유지된 질소량의 비율을 말한다.

$$생물가 = \frac{체내에\ 유지된\ 질소분}{체내에\ 흡수된\ 질소분} \times 100$$

- 체내에 흡수된 질소분 = 섭취된 질소분 − (단백질 식품을 섭취할 때 변 중의 질소분 − 단백질이 들어있지 않은 식품을 섭취할 때의 변 중의 질소분)
- 체내에 유지된 질소분 = 흡수된 질소분 − (단백질 식품을 섭취할 때의 뇨 중의 질소분 − 단백질이 들어있지 않은 식품을 섭취할 때의 뇨 중의 질소분)

섭취한 단백질의 아미노산 조성이 인체가 필요로 하는 아미노산 조성에 가까울수록 이용율은 높아지고 조성의 차이가 커질수록 이용율이 낮아져서 분해되어 뇨 중에 나오는 질소가 증가한다. 따라서 생물가를 구하면 단백질의 영양가를 판정할 수 있다.

(2) 단백질 효율비(protein efficiency ratio, PER)

단백질 효율비는 품질을 평가하고자 하는 어떤 단백질을 이유기에 있는 실험쥐에 정해진 기간 동안 매일 일정한 양을 먹인 후 그 체중 증가량에 대해서 다음과 같은 식에 의해 구한다. 즉

$$\text{PER} = \frac{\text{이유기의 실험동물의 체중 증가량(g수)}}{\text{단백질 섭취량(g수)}}$$

(3) 성장률(growth index)

성장률은 다른 영양 성분은 완전하나 단백질 성분만이 제외된 시료에 그 영양가를 측정하고자 하는 단백질을 가하여 이 시료로서 흰쥐를 3, 4주간 기르며 그간의 단백질 섭취량과 체중 증가량 사이의 관계를 본다.

이때의 단백질 섭취량에 대한 체중 증가량이 곧 성장률이다.

2) 화학적 평가

(1) 단백가(protein score)

단백가는 품질을 평가하고자 하는 단백질 중의 각 아미노산의 함량을 FAO에서 제정한 이상적인 필수 아미노산 분포도와 비교하여 함량이 가장 적은 필수 아미노산, 즉 제한 필수 아미노산에 대해서 해당하는 이상적인 아미노산의 양과의 비율을 말한다.

$$\text{단백가} = \frac{\text{제1제한 아미노산}^{8)}\text{ 함량(mg/N1g)}}{\text{기준 단백질 중의 식품 중 제1제한 아미노산에 상당하는 아미노산량(mg/N1g)}} \times 100$$

쌀 단백질의 단백가는 표 2.22의 계산 예에서와 같이 78이 된다.

표 2.22 단백가 계산의 예(아미노산량은 mg/N1g)

	Ileu	Leu	Lys	Met+CyS	Phe+Tyr	Thr	Trp	Val
FAO기준 단백질	270	306	270	270	360 (180+180)	180	90	270
쌀 단백질	280	520	210	270	670 (290+380)	220	80	370
쌀 단백질의 FAO의 기준 단백질에 대한 비율	$\frac{280}{270}\times 100$ = 104	$\frac{520}{306}\times 100$ = 170	$\frac{210}{270}\times 100$ = **78**	$\frac{270}{270}\times 100$ = 100	$\frac{670}{360}\times 100$ = 186	$\frac{220}{180}\times 100$ = 122	$\frac{80}{90}\times 100$ = 89	$\frac{370}{270}\times 100$ = 137

[8] 제1제한 아미노산 : 식품 단백질의 필수 아미노산 조성을 기준비교 단백질의 필수 아미노산 조성과 비교하여 그 함량이 적은 필수 아미노산을 제한 아미노산이라 하며, 그 중에서 그 비율이 가장 작은 필수 아미노산을 제1제한 아미노산이라 한다.

(2) A/T(Amino acid/Total N)비에 의한 화학가(chemical score)

A/T비 화학가는 기준 및 식품 중의 필수 아미노산의 N1g당의 양(amino acid/total N)을 이용하여 그 비율을 산출한 것이며, 계산방법은 FAO의 단백가와 같다.

보통 기준으로는 영양가가 높은 단백질로서 달걀 단백질이 사용되나 그 이외의 기준 아미노산 분포도를 사용하였을 때도 화학가라고 한다(표 2.23).

표 2.23 달걀과 인유의 기준 아미노산의 분포도(mg/N1g)

기준 아미노산	달걀	모유
Isoleucine	330	320
Leucine	530	610
Lysine	440	420
Methionine Cystine	380	220
Phenylalanine Tyrosine	560	580
Threonine	290	420
Tryptophan	100	100
Valine	410	370
Total	3,040	2,890

(3) 필수 아미노산 지수(essential amino acid index, EAA index)

단백질의 영양가는 제1제한 아미노산뿐만 아니라 전체 필수 아미노산을 통하여 고려하여야 한다는 생각에 의한 것으로서, 기준으로 하는 달걀 단백질의 각 필수 아미노산에 대한 식품 중의 필수 아미노산의 비율을 구하고 그 기하평균을 취한 것이다.

$$\text{필수 아미노산 지수} = \sqrt[n]{\frac{100a}{a'} \times \frac{100b}{b'} \times \frac{100c}{c'} \times \cdots}$$

여기서, a, b, c : 식품 중의 각 필수 아미노산 함량(%)
a′, b′, c′ : 달걀 단백질 중의 필수 아미노산 함량(%)
n : 필수 아미노산의 수

식품 중의 필수 아미노산 함량이 달걀 단백질의 함량보다 많은 경우에는 같은 양으로 하고, 식품 중에 전혀 함유되어 있지 않은 경우에는 1%로 해서 계산한다.

단백질의 영양 가치를 각 방법에 의해서 평가한 수치를 정리하면 표 2.24와 같다.

표 2.24 각종 식품의 생물가, 단백가, 화학가 및 필수 아미노산 지수

식품명	생물가	단백가	A/T비에 의한 화학가		필수 아미노산 지수	
			달걀	모유	달걀	모유
밀가루(박력분)	52	56	34(Ly)	38(Ly)	64	69
빵	46	44	27(Ly)	29(Ly)	58	63
쌀	71	78	48(Ly)	50(Ly)	79	84
감자	71	78	48(Ly)	50(Ly)	79	84
콩	73	56	40(S)	68(S)	82	88
전갱이	89	89	63(S)	69(P)	81	86
연어	81	86	61(S)	69(P)	86	89
쇠고기	74	80	57(S)	81(Tr)	86	92
닭고기	74	87	71(S)	75(Le)	86	90
돼지고기	74	90	64(S)	83(P)	89	94
달걀(전체)	96	100	100	87(Le)	100	98
우유	85	74	53(S)	91(S)	90	97
양배추	40	47	41(S)	41(Le)	53	57
완두	64	36	25(S)	44(S)	75	78

주1. 각 화학가의 달걀의 수치는 달걀을 기준 아미노산 분포도로 한 것이고, 모유의 수치는 모유를 기준 아미노산 분포도로 한 것이다

2. 괄호 안은 제1제한 아미노산을 표시한 것이다.
(ILe : Ilue, Le : Leu, Ly : Lys, S : Met+Cys, P : Phe+Tyr, Th : Thr, Tr : Try, V : Val)

3. 필수 아미노산의 보완

필수 아미노산이 체내 조직의 합성 등에 가장 효율적으로 이용되기 위해서는 가급적 일정한 비율로 동시에 공급하는 것이 바람직하다. 한 식품에 존재하는 필수 아미노산이 전체적으로 그 함량이 낮은 경우도 있겠으나 어느 특정 필수 아미노산의 함량이 특히 부족하기 때문에 전체 효율이 떨어지는 경우가 대부분이다. 따라서 각 식품에 존재하는 단백질을 효율적으로 이용하기 위해서는 가능한 한 여러 단백질 자원을 혼합하는 것이 바람직하며, 특히 어느 필수 아미노산 함량이 낮은 식품과 그 해당 필수 아미노산의 함량이 큰 다른 식품을 혼합하여 동시에 섭취하도록 하면 가장 큰 효과를 얻을 수 있다.

이와 같이 혼식에 의해서 서로의 부족한 필수 아미노산을 보완할 수 있는 식품의 예를 표 2.25에 나타내었다. 즉, 표의 왼쪽에 있는 식품들과 오른쪽에 있는 식품들이 필수 아미노산의 부족함을 서로 보완할 수 있기 때문에 예로 곡류와 두류 또는 곡류와 감자류를 혼합하여 동시에 섭취할 경우에 전체적인 단백질의 이용 효율을 크게 증가시킬 수 있다.

표 2.25 혼식에 의한 부족한 필수 아미노산의 상호보완

주식 속의 과잉 또는 부족한 필수 아미노산		왼쪽의 주식과 상호 보완할 수 있는 식품의 필수 아미노산	
쌀, 밀	+ methionine + tryptophan − lysine	완두 강낭콩	− methionine − tryptophan + lysine
곡류	+ methionine + tryptophan − lysine	감자	− methionine + lysine
옥수수	− − lysine − − − tryptophan	감자	− methionine + lysine + tryptophan

주 : + ; 풍부한 경우, − ; 부족한 경우, − − ;매우 부족한 경우

표 2.26 실험쥐의 먹이에 부족한 필수 아미노산을 첨가할 때 단백질 효율비의 % 증가율

실험쥐의 먹이	첨가한 필수 아미노산	단백질 효율비의 % 증가율
정제된 밀가루	0.6% L−lysine	111%
옥수수 가루	0.2% L−lysine 0.1% L−tryptophan	74%
정백미	0.2% L−lysine 0.12% L−threonine	130%
삶은 대두	1.27% D,L−methionine	74%

한편, 부족한 필수 아미노산만을 직접 첨가하여 보충하는 경우에도 실험 동물의 단백질 효율비를 측정하여 보면 표 2.26과 같이 전체 단백질의 이용도가 크게 증가하는 것을 알 수 있다.

그러나 이와 같이 필수 아미노산을 부족되는 식품에 직접 첨가하는 방법은 전체 아미노산 대사에 일시적이고 인위적인 불균형을 가져오거나 또는 첨가된 아미노산이 다른 아미노산의 신진대사에 대해서 억제 작용을 갖는 등의 경우가 종종 있기 때문에 앞으로 보다 많은 연구를 필요로 한다.

제 3 장

단백질의 변화
(derivation from proteins)

제1절 단백질의 변성

1. 단백질의 변성과 그 메카니즘

식품조직 중의 천연 단백질은 각각 입체적 구조를 가지고 있는 고분자 화합물이다 이러한 단백질 분자는 여러 가지 물리적 또는 화학적 작용에 의하여 공유결합은 그대로 존재하나 비교적 약한 결합으로 유지되고 있는 고차 구조가 변형되기 쉽다. 이와 같이 단백질의 고차 구조가 변화하는 현상을 변성(denaturation)이라고 하며 단백질이 가지고 있는 본래의 성질이 크게 변화한다. 이 변화는 peptide 결합이 분해되어 일어나는 것과 같은 현저한 변화가 아니고 대부분의 경우 용해도가 감소하고 효소 작용, 독성, 면역성 등의 단백질의 특유한 생물학적 특성을 상실하게 된다.

단백질의 변성은 비교적 가벼운 조건에 기인해서도 일어나며, 주요 요인으로는 가열, 동결, 건조, 초음파, 표면 장력, 고압 등의 물리적 작용과 산, 알칼리, 염류, alcohol, 계면활성제 등의 화학적 작용 및 효소적 작용 등이 있다.

단백질의 변성은 1차 구조의 변화를 가져오지 않고 그림 3.1에서 보는 바와 같이 coil이 풀어져 분자 형태가 붕괴하는 등의 입체구조가 변화하는 현상을 말하며, 4차 구조만의 변화는 subunit의 해리 또는 회합이라고 한다. 다시 말해서 변성이란 수소결합이나 소수

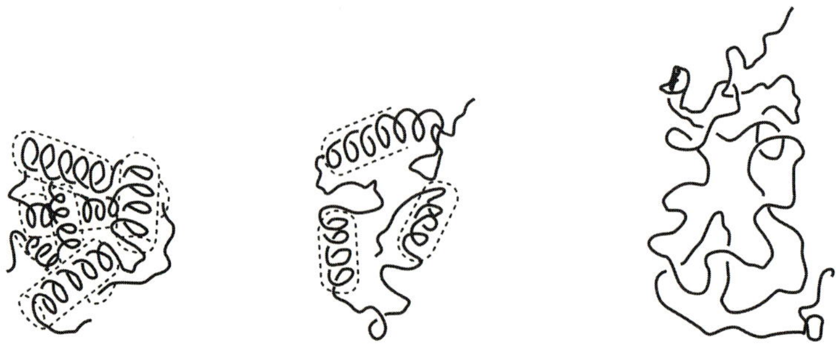

A 천연단백질　　B 변성하기 시작한 단백질　　C 완전히 변성된 단백질의 무질서한 Peptide 사슬

그림 3.1 단백질의 변성과정

결합과 같은 단백질의 2차, 3차 구조를 유지하는 결합이 끊어져 그 구조가 변성 전의 상태와는 다른 구조로 변형되어 단백질이 가지는 특성을 잃어버리는 현상이라고 할 수 있다.

변성 단백질(denaturated protein)에서는 천연 단백질의 형태가 풀려서 $-OH$기, $-SH$기, $COOH$기, $-NH_2$기 등의 활성기의 수가 급증하게 되며 이들 활성기들은 다시 서로 2차적인 결합을 하여 불용성 단백질을 형성하는 경우가 많다. 변성된 단백질은 효소 작용을 받기 쉬워 소화가 잘 되며 반대로 지나치게 변성되면 효소 작용을 받기 어려우므로 소화가 나빠진다. 생달걀이나 완숙한 것보다 반숙한 것이 더 소화가 잘 되는 것은 바로 이 때문이다.

한편, 단백질의 변성은 대부분이 비가역적이나 조건이나 정도에 따라 가역적인 경우도 있다. 예를 들면 순수하게 정제한 단백질을 요소 등으로 변성시킨 후에 다시 주의하여 이 요소를 제거하면 단백질의 고차 구조가 복원하는 경우가 있다. 현재의 생화학에서는 단백질의 고차 구조의 변화는 가역 과정이라고 생각되고 있다 그러나 다성분으로 이루어진 식품을 가열 조리할 경우에는 복잡한 변화가 일어나 복원이 불가능하다.

2. 변성 단백질의 성질

(1) 생물학적 특성을 상실한다.

천연 단백질이 변성되면 본래 단백질이 가지고 있는 효소 활성이나 독성, 면역성 등의 생물학적 특성을 상실하게 된다. 예를 들면 효소는 단백질로 구성되어 있기 때문에 열을 받으면 효소 단백질의 분자 형태가 변하며 변성하게 된다. 따라서 효소는 불활성화되게 된다. 한편, 항원과 항체의 결합 능력도 변성에 의해 상실된다.

(2) 단백질 분해 효소에 의해 분해되기 쉽다.

단백질이 열에 의하여 변성되면 응고되어 굳은 것과 같이 보이지만 오히려 소화가 잘 된다. 이것은 구상을 이루고 있던 polypeptide사슬이 열에 의하여 풀어져서 효소 작용에 의해 분해될 수 있는 반응 장소가 증가하기 때문이다.

한편, 지나친 가열은 단백질의 소화를 나쁘게 한다. 이것은 과열로 인하여 생긴 새로운 2차적인 결합으로 응고물의 구조가 빽빽하여지므로 효소가 작용할 수 있는 반응 장소가 다시 구조 내부로 묻혀 버리기 때문이다.

(3) 반응성이 증가한다.

단백질이 변성되면 본래의 단백질에서는 보이지 않던 −OH기, −SH기, −COOH기, $-NH_2$기 등과 같은 활성기가 표면에 나타나 반응성이 증가한다. 이것은 polypeptide 사슬이 구부러지고 휘어진 입체구조의 내부에 묻혀서 결합에 관여했던 활성기가 변성으로 인하여 구조가 풀려 표면에 나타나 반응에 관여하는 것이라 설명할 수 있다.

(4) 용해도가 변화한다(불용화, 응고 또는 gel화 한다).

단백질이 물에 용해되어 있는 경우, 소수성기는 물에서 멀어지고자 구조 내부에 들어가 있지만 단백질이 변성되면 구조가 풀려서 소수성기가 분자 표면에 나타나게 되므로 단백질의 친수성이 감소하고 따라서 용해도가 감소하게 된다.

(5) 기타 물리적 및 화학적 성분이 변화한다.

구상 단백질이 변성하여 풀린 구조를 취하기 때문에 점도, 확산계수 등이 크게 된다. 또 단백질 분자 내부에 묻혀 있는 여러 아미노산 잔기가 표면에 노출하기 때문에 자외선에 대한 흡광도가 단파장 방향으로 이동하여 증가하기도 하고(변성 청색 이동, denatured blue shift), −SH잔기도 시약과 반응하기 쉽게 된다.

3. 가열에 의한 변성

1) 열변성의 의의

식품 가공 및 조리 과정에 있어서 열처리는 가장 중요한 조작의 하나이므로 단백질의 변성 중에서 열변성은 대단히 중요하다.

단백질 분자는 가열에 의하여 peptide 사슬이 입체구조가 늘어지고 결합력이 약한 분자

내 결합이 풀리어 유리 활성기의 수가 증가한다. 이 유리기의 일부는 다시 분자내 결합을 하지만 다른 분자와 새로운 분자간 결합을 형성하기 때문에 회합이 일어나고 회합의 정도가 커지면 침전이 일어난다. 이것이 단백질의 열응고(heat coagulation)이다. 육류, 어패류 및 달걀 등은 60~70℃로 가열하면 응고한다. 이 변화는 이들의 주요 단백질인 albumin과 globulin이 가열에 의해 변성하여 불용화되는 것이다.

한편, 육류의 결체조직의 주성분인 collagen은 불용성의 섬유상 단백질이지만 물과 함께 가열하면 gelatin으로 액화되어 용출한다. 따라서 collagen함량이 많아서 질긴 고기는 물을 가하여 가열하면 점차로 연해지고 그 국물을 냉각하면 jelly화 한다(그림 3.2).

우유 단백질(casein)은 육류나 달걀의 단백질에 비하여 열에 대하여 안정하여 140℃ 정도로 가열하여야만 응고한다.

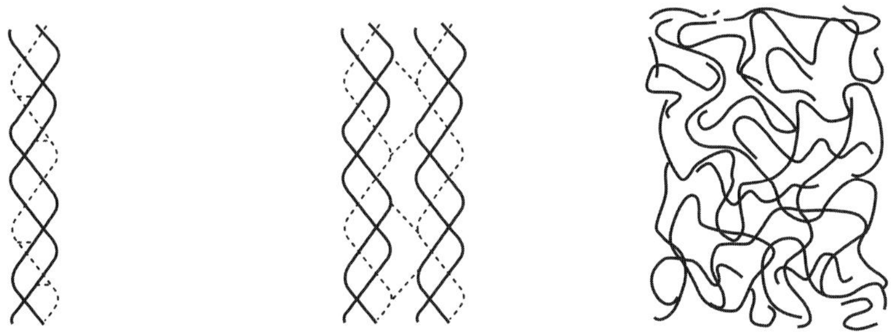

A 가열 Tropocollagen 분자의 분자내 수소결합　B 분자간 수소결합에 의해 형성된 collagen 섬유　C Gel상의 가용성 gelatin

그림 3.2 Collagen 단백질의 가열에 의한 변성

2) 열변성에 영향을 주는 요인

(1) 온도

단백질의 열변성 온도는 단백질의 종류와 조건에 따라 다르나 일반적으로 60~70℃ 부근에서 변성이 일어나며 온도가 높아지면 변성 속도가 매우 빨라진다.

예를 들면, 달걀 단백질인 ovalbumin은 가열하여 58℃에 이르면 응고하기 시작하여 62~65℃에서 유동성이 없어지고 70℃에서 완전히 응고된다. 또한 albumin의 온도가 10℃ 높아지면 열에 의한 변성 속도가 2배나 빨라진다. 그리고 가열 방법도 열변성에 영향을 미친 다. 즉, 온도를 급속히 올리면 응고 온도가 높아지는 경우가 많다.

(2) 수분

단백질의 열변성에 수분이 큰 영향을 미친다. 단백질에 수분이 많으면 비교적 낮은 온도에서 열변성이 일어나나 수분이 적으면 높은 온도에서 변성이 일어난다(표 3.1). 이것은 가열에 의하여 물의 분자 운동이 왕성하여져서 단백질의 polypeptide 사슬간의 수소결합을 끊고 물 분자에 의해 둘러싸여 사슬이 풀리게 하거나 새로운 결합의 형성을 돕는 것으로 생각된다.

표 3.1 난백 ovalbumin의 수분과 응고 온도와의 관계

수분 함량	응고 온도(℃)
albumin + 50% 물	56
albumin + 25% 물	74~80
albumin + 16% 물	80~90
albumin + 6% 물	145
albumin + 0% 물	160~170

(3) pH

단백질의 열변성은 pH와도 관계가 깊다. 일반적으로 등전점에서 가장 잘 일어난다. 대부분의 단백질은 등전점이 산성측에 있으므로 용액을 적당히 산성으로 하면 열변성 온도가 낮아진다.

예를 들면, ovalbumin의 등전점이 pH 4.8이므로 산을 가해 pH 4.8로 하면 비교적 낮은 온도에서도 잘 응고되며 또한 생선을 조릴 때 식초를 넣어주면 살이 빨리 단단해지는 것도 이 때문이다.

(4) 전해질

단백질에 염화물, 황산염, 젖산염 등의 소량의 전해질을 가해주면 열변성이 촉진된다. 이 효과는 이온의 전하가 큰 전해질일수록 크다. 이것은 중성 부근의 pH에서 단백질 분자가 가지고 있는 (-)전하를 전해질의 양이온이 중화하여 단백질을 등전점에 가깝도록 하기 때문이다.

예를 들면, 두부 제조시 두유 중의 단백질인 glycinin은 가열만으로 응고되지 않으나 70℃이상에서 $MgCl_2$ 또는 $CaSO_4$를 가하면 잘 응고한다.

(5) 기타

단백질의 열변성은 기타 당, 지방, 염류 등과 같은 물질의 존재에 의해서도 영향을 받

는다. 지방산염, 당, 당alcohol은 egg albumin이나 serum albumin의 열응고를 방해한다. 지방산염 중에서 탄소수가 7~8의 것이 특히 유효하며 당에 있어서는 glucose, fructose, sucrose가 방지효과가 크다.

실제로 식품의 단백질은 당, 지방, 염류 등과 공존하고 있으므로 육류나 달걀 등의 열변성 온도와 이들로부터 분리된 각각의 단백질의 응고 온도는 매우 다르다.

4. 물리적 요인에 의한 변천

1) 동결에 의한 변성

식육, 어육, 채소와 같이 비교적 수분이 많고 부패하기 쉬운 식품의 저장법으로서 가장 중요한 것은 동결 저장이다. 식품을 동결하여 오래 저장하면 단백질은 변성하여 불용성으로 된다. 특히, 어육 단백질은 변성되기 쉬우며, 동결 및 저장조건, 원료어의 성상 등에 따라 다르다.

육류의 동결에 의한 변성의 원인은 두 가지 견해가 있다. 즉, 육류를 동결하면 결합력이 약한 수분부터 빙결정으로 석출하므로 액상 부분이 농축되어 용존하는 염류의 농도가 증가하게 된다. 따라서 단백질 분자는 염석(salting out)에 의해 변성이 일어나게 된다. 동결육의 저장 온도가 변동하면 빙결정은 더욱 성장하게 되고 따라서 무기성분의 농축이 조장되어 단백질 변성이 촉진된다고 한다. 원료육을 충분히 수세하여 무기성분을 제거하여 동결하면 변성이 억제되는 것은 이와 같은 현상이라 할 수 있다.

한편, 분산매인 수분이 동결에 의해 빙결정으로 석출하고 또 그것이 성장하게 되면 결과적으로 단백질 분자는 탈수형이 되어 단백질 분자가 서로 접근하게 되므로 분자간 결합이 이루어져 응집 변성하게 된다. 이와 같은 변성은 어육에서는 −1~−5℃, 쇠고기에서는 −1.5~−3℃에서 가장 현저하고, −20℃에서는 변성이 최소로 된다고 한다. 따라서 변성을 줄이기 위해서는 변성이 가장 현저한 −1~−5℃의 최대빙결정생성대를 빨리 통과시키는 급속동결(quick freezing)[1]이 필요하다.

동결식품을 해동시키면 변성된 단백질은 peptide결합이 절단되어 다시 배열되는 것으로 생각된다. 그러나 물과의 친화성을 잃은 단백질은 원상태 때와 같이 물에 분산되기 어

[1] 급속동결(quick freezing) : 식품을 동결할 때 −1~−5℃의 범위를 최대빙결정생성대라고 하며, 이 범위에서 식품 중의 대부분의 수분이 얼음으로 된다. 냉동 중인 식품의 온도가 최대빙결정생성대를 통과하는 시간이 긴 경우를 완만동결이라 하고, 통과시간이 짧은 경우를 급속동결이라고 한다.

려워서 식품의 보수성은 저하되고 수분은 drip이 되어 유출된다. 따라서 일단 동결된 식품을 다시 해동시킬 때는 단백질의 변성을 고려하여 일반적으로 10℃ 부근의 공기중에서 완만하게 해동시키는 건식해동의 방법을 취하는 것이 좋다. 이렇게 하면 동결식품의 표면이나 내부가 비교적 균일하게 녹아서 부분적인 변질이 일어나지 않고 동결에 의해 문란하게 된 세포 조직이 재배열되기에 필요한 시간적 여유가 생기기 때문에 drip을 적게 할 수 있는 효과가 있다.

2) 건조에 의한 변성

건조는 옛부터 대표적인 식품 저장법의 하나이다. 육류를 보통 방법으로 건조하면 외관, 수분량, 경도, 맛 등이 달라지고 물에 담궈 흡수시켜도 건조 전의 생육 상태로 되돌아가지 않는다. 이렇게 되는 것은 주로 단백질이 변성되기 때문이다.

육류의 건조에 의한 변성은 가열에 의한 변성과는 크게 다르다. 건조에 의해 육섬유를 형성하는 직쇄상의 polypeptide 사슬 사이의 수분이 제거되고 인접한 polypeptide 사슬이 서로 접근하여 결합을 이루어 견고한 구조로 된다.

어육을 건조하면 탈수 정도에 비례하여 육단백질의 불용화가 진행되는데, 이때 불용성으로 되는 것은 대부분이 myosin구 단백질이고, 비myosin구 단백질의 용해성의 변화는 거의 없다(그림 3.3).

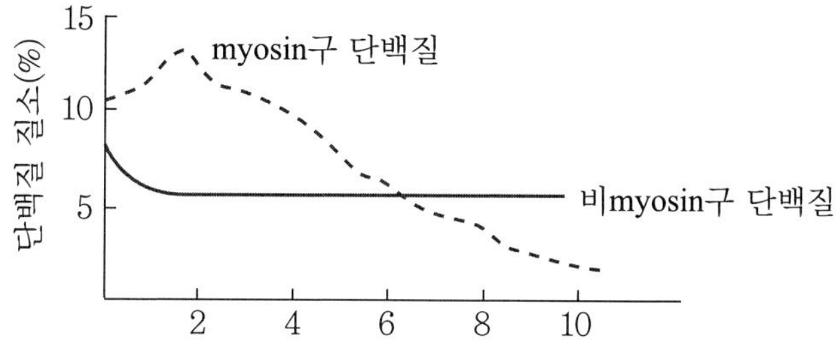

그림 3.3 넙치어육을 건조하였을 때의 단백질의 불용화

한편, 진공동결건조에 의해 만들어진 제품은 수분을 흡수시켰을 때 원래의 식품의 성상으로 되돌아가는 복원성이 크다. 진공동결건조에 있어서는 급속한 동결과 초감압하(1~0.01mmHg)에서 수분이 급속히 제거되기 때문에 근섬유가 이동하지 않고 조직에 미세한 공간은 많이 생기지만 거의 원상태로 건조된다.

어육의 동결건조의 경우 단백질의 변성은 크게 억제되어 myosin구 단백질의 용해성은 거의 변화하지 않는다. 동결건조에 의해 육단백질의 응집 변성이 억제되는 것은 단백질 분자가 공간적으로 고정되어 서로 일정한 거리를 유지한 채로 물분자가 승화 탈수되므로 응집이 일어나지 않는 것이다.

3) 표면장력에 의한 변성

단백질이 단일 분자막의 상태로 얇은 막을 형성하게 되면 변성하여 응고한다. 예를 들면, 난백을 세게 저어서 거품을 형성시켰을 때 거품의 표면에 얇게 퍼진 ovalbumin이 표면장력에 의하여 변성되어 점성을 띠게 된다. 한편, 빵을 제조할 때 발효에 의하여 생긴 탄산가스의 기포 표면에 gluten이 얇게 퍼지면 표면장력에 의하여 변성되어 점탄성이 높아지고 빵이 부풀어져서 고정이 된다.

4) 광선에 의한 변성

단백질은 광선의 조사에 의해 3차 구조의 결합을 절단시켜 변성을 일으킨다. 단백질은 α-. β-, γ- 및 x선 조사에 의하여도 변성하며 특히 자외선을 단백질에 조사하면 상온에서도 등전점에서 불용성이 된다. 이때 공기 중의 산소에 의한 산화작용을 수반하는 경우가 보통이다.

예를 들면, 소금에 절인 생선을 대기 중에서 일광에 의해 건조시킬 때 그 단백질은 산화와 광선에 의하여 일부 변성된다고 볼 수 있다.

5) 기타 물리적 요인에 의한 변성

단백질에 5,000~10,000기압의 고압력을 가하거나 빈도가 심한 음파나 초음파에 의해서도 변성하여 응고한다. 한편, 가용성 단백질을 건조 분쇄하면 변성하여 불용성 물질로 되기도 한다.

5. 화학적 요인에 의한 변성

1) 산·알칼리에 의한 변성

단백질 용액에 산 또는 알칼리를 가하면 pH의 변화에 따라서 하전이 변화하므로 고차구조 형성에 관여하는 이온결합에 변화를 일으켜 변성한다. 산이나 알칼리에 의한 단백질의 변성은 단백질을 등전점에 이르게 하여 응고시키는 것이라 할 수 있다. 예를 들면, 우유를 유산발효시켰을 때 응고하는 것은 생성한 유산에 의하여 pH가 저하하여 casein이 등전점(pH 4.7)에 이르게 되어 변성 침전했기 때문이며 요구르트, 치즈 등을 제조할 때 볼 수 있다. 한편, 생선의 초절임은 산으로 그 단백질을 응고시켜 연한 살을 굳히는 것이다.

2) 중성염에 의한 변성

단백질 용액에 소량의 중성염을 넣으면 등전점은 변하지 않으나 일반적으로 단백질 분자 사이의 인력을 약화시키기 때문에 단백질이 용해되기 쉽다. 그러나 다량의 중성염을 넣으면 물이 염을 녹이는 데 사용되므로 단백질을 녹이는 데 부족하게 된다. 따라서 단백질은 침전 하게 되는데 이것을 염석(salting out)이라 한다.

중성염으로서는 $(NH_4)_2SO_4$, NaCl, Na_2SO_4, $(NH_4)_2CO$ 등이 사용되며, 염석된 단백질 중의 무기염은 투석(dialysis)에 의하여 제거된다.

3) 염장에 의한 변성

염장법은 옛부터 전해오는 식품저장법의 하나로, 특히 어육의 저장법으로 많이 사용되고 있다. 어육은 염장 중에 단백질이 변성되어 불용성이 된다.

대구고기를 염장하였을 때는 그림 3.4에서 보는 바와 같이 actomyosin은 변성되나 비 actomyosin은 변성되지 않는다. Actomyosin의 변성은 수분이 육질 외로 손실되고 염분이 침입되어 일어난다. 또한 식염뿐만 아니라 각종 무기 염류에 의해서도 단백질의 변성이 일어난다. 이 변성은 actomyosin이 고농도의 무기 염류에 의하여 염석이 되면서부터 시작된다고 하지만, actomyosin은 0.8~1.5M 정도의 염농도에서 「actomyosin $\rightleftharpoons$ actin + myosin」과 같이 해리되며, myosin은 응집 또는 구조가 풀려 변성되는 성질이 있으므로 염장에 의한 변성 메카니즘은 상당히 복잡한 것으로 추정된다.

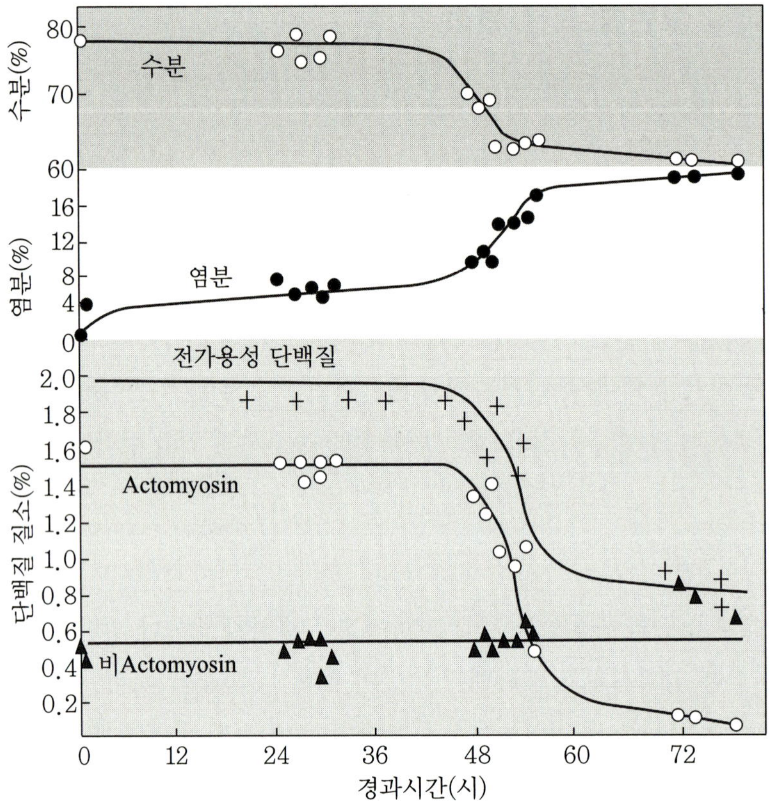

그림 3.4 대구어육의 염장 중 단백질의 변성

4) 금속이온에 의한 변성

가용성의 2가 또는 3가의 금속이온은 단백질이 변성되어 응고하는 데 큰 영향을 미친다. 예를 들면, 두부 제조시 두유에 Ca^{2+}이나 Mg^{2+}염을 넣으면 응고하지만 K^{+} 등의 1가 이온으로는 응고하지 않는다.

Ca^{2+}이나 Mg^{2+}이온은 대두 단백질인 glycinin의 분자 사이의 $-\overset{O}{\overset{\|}{C}}-Ca-\overset{O}{\overset{\|}{C}}-$와 같은 가교를 만드는 것으로 생각되며, 결합된 Ca은 투석에 의하여 쉽게 제거되지 않는다.

3가의 Al이온은 응고시키는 효과가 더욱 크다. 과일의 설탕조림에서 백반(alum)을 넣으면 Al^{3+}가 재료 중의 단백질을 응고시켜 조릴 때 형태가 잘 유지된다.

5) Alcohol, acetone에 의한 변성

단백질 수용액에 유기용매인 alcohol이나 acetone을 넣으면 단백질이 변성되어 침전한다.

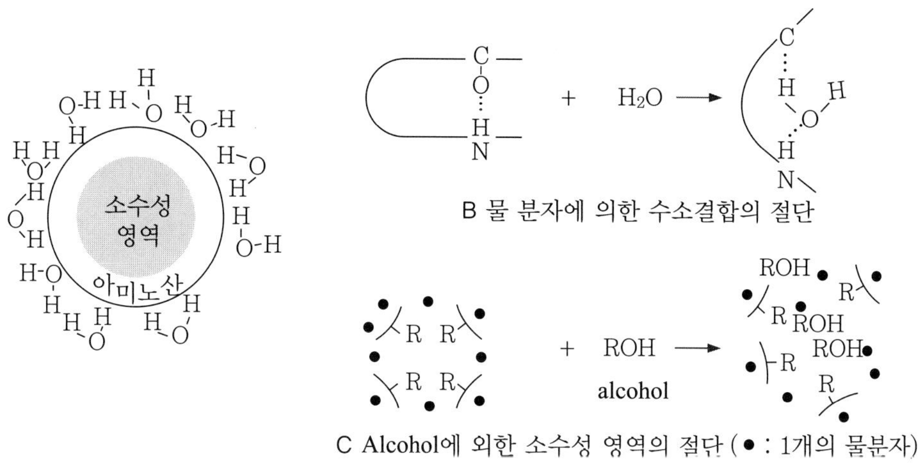

그림 3.5 물 및 alcohol에 의한 단백질의 변성

Alcohol에 의한 침전은 친수성이 강한 alcohol의 탈수작용에 의하여 단백질 분자의 수화가 대단히 적어지기 때문인 것으로 생각된다. 이 반응은 등전점 부근에서 가장 잘 일어난다.

Alcohol 첨가에 의하여 우유의 침전 반응의 유무를 보는 alcohol test는 우유의 신선도 판정에 이용된다. 이것은 우유가 변질되면 산이 증가되므로 등전점 부근의 pH로 되기 때문이다.

6) 기타 화학물질에 의한 변성

Hg, Ag, Cu, Fe, Pb 등의 중금속은 단백질과 착화합물을 만들어 침전한다. 또한 단백질 용액에 phosphowolframic acid, phosphomolybdic acid, tannic acid, picric acid, sulfosalicylic acid, trichloroacetic acid 등의 alkaloid 시약을 넣으면 단백질이 침전된다. 이들은 단백질의 amino 잔기의 극성기에 결합하기 때문이다.

6. 효소에 의한 변성

응유효소인 rennin은 송아지 제4위에 존재하고 우유의 응고에 관여하는 효소이다.

적당한 pH에서 우유에 효소 rennin을 작용시키면 우유 단백질의 응고가 일어난다. 이것은 우유 단백질의 약 80%를 차지하는 수용성의 casein이 효소 rennin에 의하여 가벼운 분해를 받아 질소의 4~10%를 잃어 역시 수용성의 paracasein이 된다. 이 수용성의 paracasein

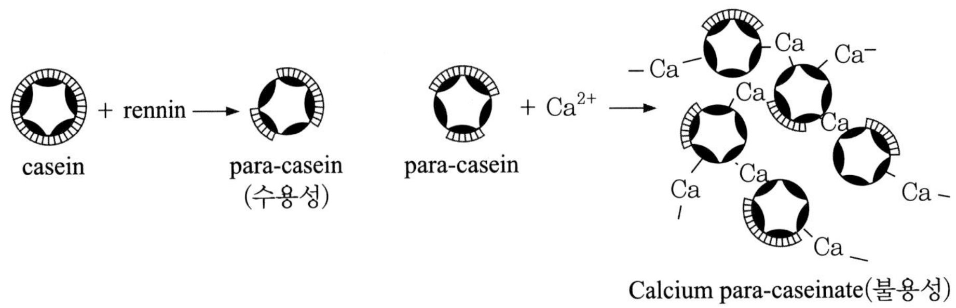

그림 3.6 Casein 단백질의 rennin 효소에 의한 변성

이 우유 속의 Ca^{2+}이온과 결합하여 불용성의 calcium paracaseinate를 형성하기 때문이다.

이와 같이 우유 단백질의 변성에 의하여 생긴 응고물을 curd라고 하며 치즈 제조에 이용된다.

제2절 단백질의 분해

1. 광선에 의한 단백질 및 아미노산의 분해

단백질 및 아미노산 중에는 광선에 의하여 분해되는 것이 있다.

Pepsin, trypsin, papain과 같은 protease에 자외선을 쪼이면 단백질이 변화되어 단백질 분해능력이 없어진다. Casein은 형광물질(vitamin B_2, eosin, lumiflavin)의 존재하에서 햇빛을 받으면 casein 중의 tryptophan이 분해되어 영양가가 현저하게 떨어진다. 또 egg albumin은 자외선 조사에 의하여 점도는 거의 변화하지 않으나 표면장력이 감소한다. 이에 반하여 가열한 것은 점도가 증가하고 표면장력이 감소하므로 광선에 의한 분해는 열변성과는 다른 일종의 변성이라 생각된다(표 3.2).

표 3.2 광선 및 가열에 의하여 변화된 egg albumin액의 비점도와 표면장력

egg albumin	비점도(18℃)	표면장력(dyne/cm^2)
무처리한 액	1.05	73
광선을 조사한 액	1.05	61
가열한 액	1.20	72

한편, tryptophan, methionine, cystine, tyrosine, alanine 등의 아미노산도 광선에 의하여 분해된다. 즉, tryptophan 용액에 빛을 쪼이면 분해되어 갈색으로 착색하고 자외선을 조사하면 alanine, aspartic acid 및 hydroxyanthranilic acid가 생성된다. 또한 형광물질이 공존하면 tryptophan을 비롯하여 cystine, methionine 및 tyrosine도 분해된다.

Alanine은 질소기류 속에서 석영 등을 쪼이면 분해하여 ammonia, lactic acid 및 pyruvic acid를 생성한다.

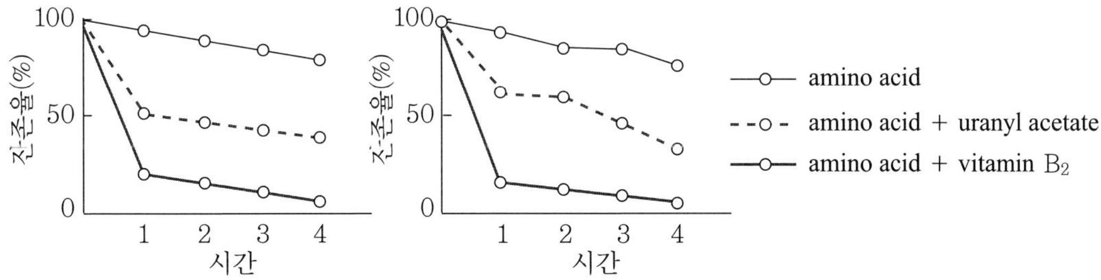

그림 3.7 형광물질이 공존할 때의 아미노산의 광분해

2. 산·알칼리에 의한 분해

1) 산 분해

단백질에 적당한 농도의 산을 작용시키면 구성 아미노산으로 가수분해된다. 단백질의 산 가수분해에는 보통 6N HCI이 사용되며 진공 상태에서 105℃로 24시간 분해한다. 산으로 단백질을 가수분해하면 tryptophan은 완전히 분해되고 cysteine, serine 및 threonine 등도 약간 분해된다. 따라서 식품 중의 tryptophan을 정량하기 위해서는 염산 가수분해 대신에 알칼리 가수분해를 실시하며, 함황 아미노산량을 정확히 구하기 위해서는 performic acid로 산화하고 나서 염산으로 가수분해하는 방법이 이용된다.

2) 알칼리 분해

단백질에 적당한 농도의 알칼리를 작용시켜도 구성 아미노산으로 가수분해된다. 단백질의 알칼리 가수분해에는 보통 25%의 NaOH 또는 $Ba(OH)_2$가 사용되며 약 6시간 가열하여 분해한다. 알칼리로 단백질을 가수분해하면 구성 아미노산이 racemi화 되고 또한 arginine, cysteine 및 lysine 등이 파괴된다.

3. 자기소화

단백질은 단백질 분해 효소인 각종 protease에 의하여 구성 아미노산 및 peptide로 가수분해된다. 식품 중의 단백질이 그 식품 자신이 가지고 있는 protease에 의하여 가수분해되는 것을 자기소화(autolysis)라 한다. 육류 및 생선은 신선한 것에 비하여 어느 정도 시간이 경과한 것이 자기소화에 의하여 아미노산 등이 유리되므로 오히려 맛이 더 좋다. 그러나 자기소화된 단백질은 미생물이 번식하기 쉬워 부패가 빠르다.

제3절 핵 산

핵산(核酸, nucleic acid)은 19세기 후반 경에 *Miescher*에 의해 고름의 핵에서 처음으로 분리되었는데 동식물 세포의 핵에 존재하며 인산을 함유하여 산성을 띠기 때문에 핵산이라고 명명되었다. 그 후에 핵산은 핵 이외에 세포질에도 존재한다는 것이 알려졌으며, 연구가 진행됨에 따라 deoxyribo nucleic acid(DNA)와 ribonucleic acid(RNA)의 2종류가 있음이 밝혀졌다. 핵산은 질소를 함유한 purine과 pyrimidine이라 부르는 유기염기와 pentose 그리고 인산으로 구성된 고분자 화합물이며, 세포 내에서 염기성 단백질인 histone 또는 protamine과 결합하여 핵단백질의 형태로 존재한다. 핵산은 생체 내에서 단백질 합성과 유전현상에 관계하므로 생화학적으로는 대단히 중요한 물질이며 식품 중에서는 감칠맛 성분으로서 중요한 역할을 한다.

1. 핵산의 구성

핵산은 당, 유기염기 그리고 인산으로 구성된 nucleotide가 많이 결합된 polynucleotide이다. 핵산을 구성하는 당에는 오탄당인 D-ribose와 D-deoxyribose의 2종류가 있다. 또한 핵산을 구성하는 유기염기에는 purine 염기와 pyrimidine 염기가 있는데, 이들의 구조는 purine, pyrimidine과 비슷하다. Purine 염기의 종류에는 adenine과 guanine이 있고, pyrimidine 염기의 종류에는 cytosine, thymine 그리고 uracil이 있다(그림 3.8).

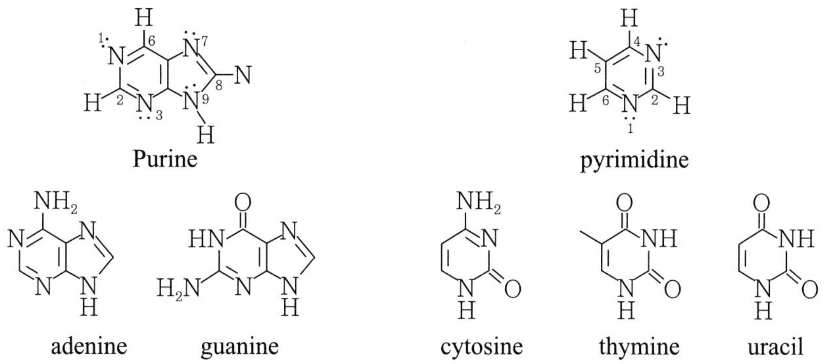

(A) Purine 염기 (B) pyrimidine 염기

그림 3.8 핵산을 구성하는 유기염기의 구조

Ribose와 유기염기가 결합한 ribonucleoside에는 adenosine(ribose+adenine), guanosine (ribose+guanine), uridine(ribose+uracil) 및 cytidine(ribose+cytosine)이 있고 deoxyribose와 유기염기가 결합한 deoxyribonucleoside에는 deoxyadenosine(deoxyribose+adenine), deoxyguanosine(deoxyribose+guanine), deoxycytidine(deoxyribose+cytosine) 및 deoxythymidine(deoxyribose+thymine)이 있는데 uracil은 ribonucleoside만을 구성하는 염기이고, thymine은 deoxyribonucleoside만을 구성하는 염기이다(표 3.3).

이들 염기 사이에는 중요한 성질이 있다. 즉 adenine(purine)과 thymine(pyrimidine), adenine(purine)과 uracil(pyrimidine), 그리고 guanine(purine)과 cytosine(pyrimidine)의 조합은 서로 수소결합을 만들기 쉽다. 그림 3.9에서 보는 보와 같이 adenine과 thymine 또는

표 3.3 여러 가지 nucleoside와 nucleotide의 명칭

염기의 종류		D-ribose와 결합한 경우		D-deoxyribose와 결합한 경우	
		ribonucleoside (염기+당)	ribonucleotide (염기+당+인산)	deoxyribonucleoside (염기+당)	deoxyribonucleotide (염기+당+인산)
Purine 염기	adenine	adenosine	adenylic acid (AMP)	deoxyadenosine	deoxyadenylic acid (dAMP)
	guanine	guanosine	guanylic acid (GMP)	deoxyguanosine	deoxyguanylic acid (dGMP)
pyrimidine 염기	cytosine	cytidine	cytidylic acid (CMP)	deoxycytidine	deoxycytidylic acid (dCMP)
	uracil	uridine	uridylic acid (UMP)		
	thymine			deoxythymidine	tymidylic acid (TMP)

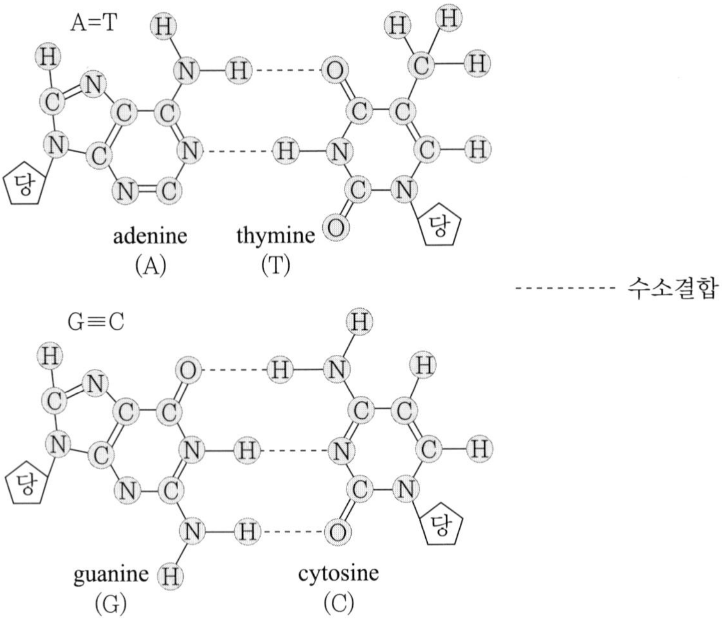

그림 3.9 상보적 염기쌍(염기 사이의 수소결합)

uracil 사이에는 2개, guanine과 cytosine 사이에는 3개의 수소결합이 이루어진다. 이와 같은 관계를 상보적이라고 하고 이렇게 해서 발생하는 염기의 쌍을 상보적 염기쌍이라고 한다. 이것은 DNA의 이중나선구조는 물론 생명체에서 핵산의 여러 가지 역할을 설명해주는 대단히 중요한 성질이다.

핵산을 구성하는 최소단위는 nucleoside에 인산이 1분자 결합한 nucleosidemonophosphate(AMP 등)이며, nucleoside에 인산이 2분자 결합한 nucleosidediphosphate(ADP 등)와 nucleoside에 인산이 3분자 결합한 nucleosidetriphosphate(ATP 등)도 존재한다. 이와 같이 당, 유기염기 그리고 인산이 결합한 핵산을 구성하는 최소단위를 nucleotide라고 한다.

핵산은 당, 유기염기 그리고 인산으로 구성된 nucleotide가 많이 결합된 polynucleotide이므로 핵산을 구성하는 유기염기의 양이나 배열 순서에 따라서 수많은 종류의 핵산이 존재한다. 핵산은 구성당을 기준으로 크게 ribose를 함유하는 ribonucleic acid(RNA)와 doexyribose를 함유하는 deoxyribonucleic acid(DNA)으로 구분한다(그림 3.10). RNA는 생체 내에서 단백질 합성의 중요한 역할을 하는데 구형 또는 그 밖의 모양을 하고 있다. 그리고 DNA는 유전정보 전달의 중요한 역할을 하는데 polynucleotide 사슬을 구성하는 유기염기 자체에 수소결합을 하여 2중 나선구조의 모양을 하고 있다.

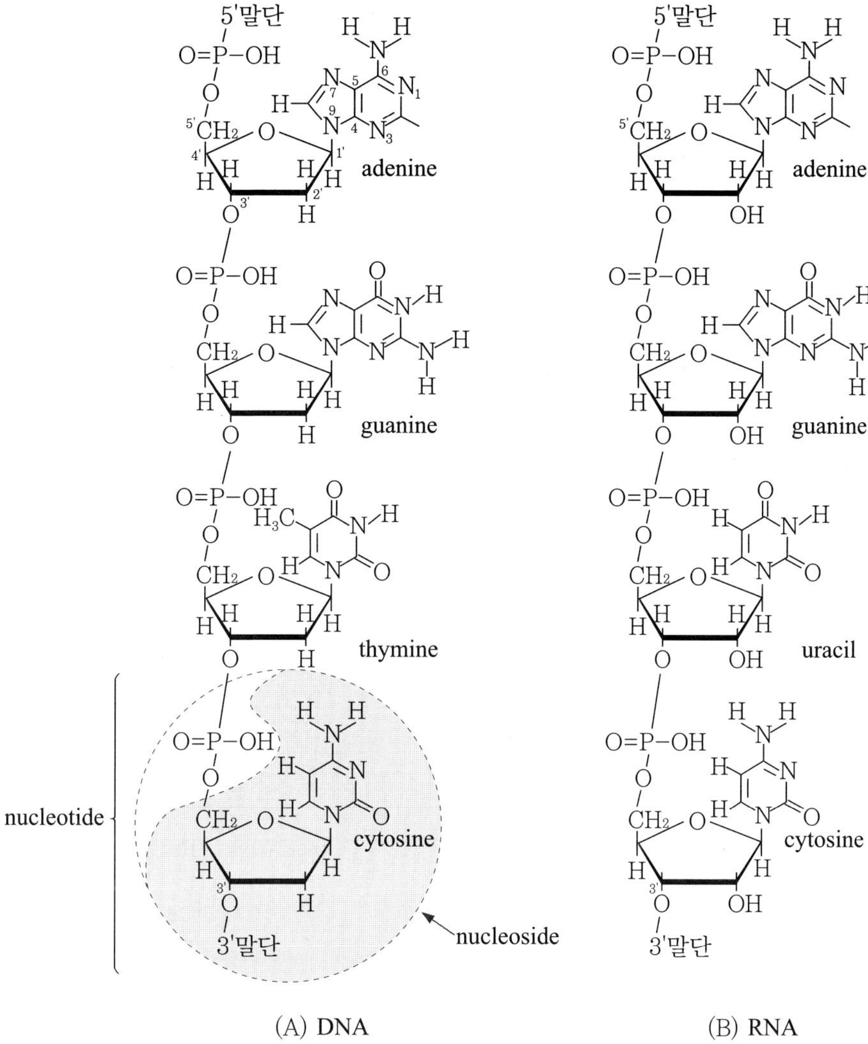

그림 3.10 DNA와 RNA의 구조

2. 식품 중의 핵산 관련 물질

식품 중에 존재하는 핵산 관련 물질(nucleotides)은 감칠맛을 나타내며, 또한 신맛과 쓴맛을 억제하는 맛의 완충작용도 가지고 있는 것으로 알려져 있다. 감칠맛을 내는 핵산 관련 물질들은 그 구조에 있어서 다음과 같은 특징이 있다.

① Mononucleotide에만 감칠맛 성분이 있다.

② Purine계의 염기만이 감칠맛 성분이 있다.

③ Purine환의 6번 탄소원자에 알코올기(−OH)가 결합하고 있어야 한다.

④ Ribose의 5′ 번 탄소원자에 인산가가 결합하고 있어야 한다.

⑤ Nucleotide의 구성당은 ribose나 deoxyribose 어느 쪽이라도 좋지만, deoxyribose의 경우는 감칠맛 성분이 약하다.

이와 같은 조건을 갖추고 있는 핵산 관련 물질에는 AMP(adenosine−5′ −monophosphate), XMP(xanthosine−5′ −monophosphate), IMP(inosine−5′ −monophosphate) 및 GMP (guanosine−5′ −monophosphate) 등이 있는데, 이들의 감칠맛 세기는 GMP 〉 IMP 〉 XMP 〉 AMP 순이며, GMP는 IMP의 약 2~3배 정도의 강한 맛을 지닌다(그림 3.11). 이들 nucleotide를 글루타민산나트륨(monosodiumglutamate, MSG)와 혼합하면 그 맛은 이들이 지니는 원래의 감칠맛보다 훨씬 강하게 된다. 이러한 상승효과 때문에 nucleotide의 나트륨(Na) 염은 MSG와 혼합하여 복합조미료로 판매되고 있다.

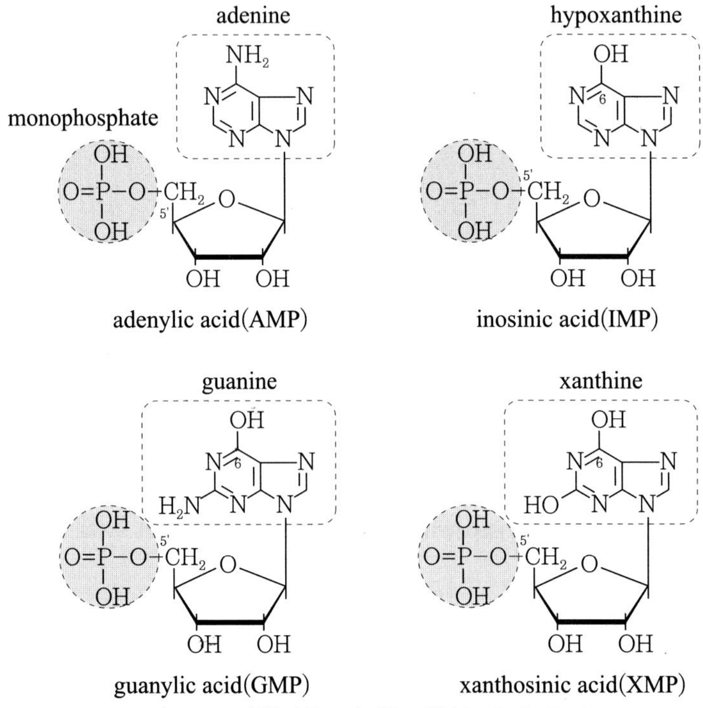

그림 3.11 감칠맛을 지니는 핵산 관련 물질

육류나 어류 등과 같은 동물성 식품의 감칠맛 성분은 주로 inosinic acid이며, 표고버섯의 감칠맛 성분은 guanylic acid이고, 고사리의 감칠맛 성분은 adenylic acid로 알려져 있다. 그리고 ATP와 ADP 등도 감칠맛 성분을 지닌다(그림 3.12).

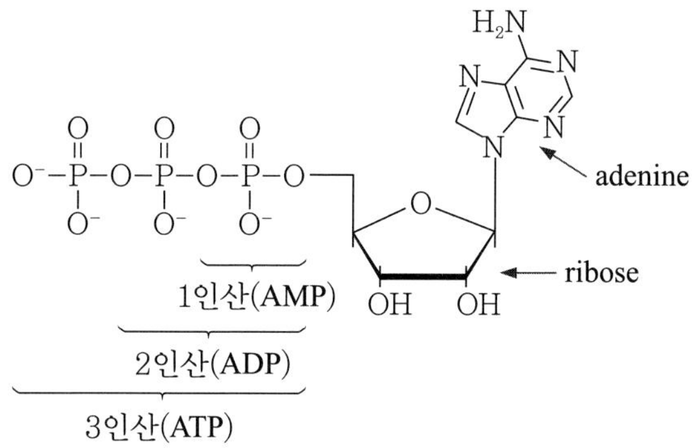

그림 3.12 ATP, ADP 및 AMP의 구조

제 4 장

탄수화물 (carbohydrates)

탄수화물은 C. H. O로 이루어진 화합물로 그 비율이 $C_m(H_2O)_n$의 일반식으로 표시되므로 탄소의 수화물이란 의미에서 명칭이 붙여졌으나 실제로 탄소에 H_2O가 결합되어 있는 것이 아니다. 그리고 deoxyribose($C_5H_{10}O_4$)와 rhamnose($C_6H_{12}O_5$)와 같이 일반식에 부합되지 않는 탄수화물이 있으며, 반대로 acetic acid[$C_2(H_2O)_2$], lactic acid[$C_3(H_2O)_3$] 및 phloroglucinol[$C_6(H_0O)_6$]과 같이 일반식에 부합하는 조성을 가지고 있어도 탄수화물이 아닌 것도 있다. 또한 glucosamine($C_6H_{12}O_5N$)이나 chondroitin sulfate와 같은 탄수화물은 C, H, O 이외에 N 및 S를 함유하고 있다.

따라서 탄수화물을 당질(glucide)이라고 부르기도 하며 화학적으로는 분자 내에 한 개의 aldehyde기 또는 ketone기를 가지는 polyhydroxy 화합물과 이들의 축합물 또는 유도체들이라고 정의할 수 있다.

탄수화물은 광합성(photosynthesis)에 의해서 식물체에서 형성된다. 즉, 엽록소에 전달된 태양 에너지를 이용하여 공기 중의 탄산가스와 뿌리에서 흡수한 물로부터 glucose가 합성되며, 이 glucose는 식물체 내에서 결합되어 cellulose, hemicellulose, pectin 등의 조형 탄수화물, 전분과 같은 고분자의 저장 탄수화물 또는 sucrose와 같은 간단한 탄수화물로 전환된다.

한편, 탄수화물의 합성 능력이 없는 인간이나 동물은 식물이 합성한 탄수화물을 섭취하여 주로 에너지원으로 이용한다. 그러나 그 일부분은 체내의 대사과정에서 생성되는 중간대사산물로부터 지질이나 아미노산 및 그 밖의 다른 성분으로 합성된다.

제1절 탄수화물의 분류

탄수화물은 관습상 가수분해에 의하여 생성되는 당 분자의 수에 따라 단당류(monosaccharides), 소당류(oligosaccharides), 다당류(ploysaccharides) 등 3가지 종류로 분류한다.

단당류는 탄수화물의 구성단위로서 더 이상 가수분해되지 않는 당류이며, 분자 내의 탄소수에 따라 다시 3탄당, 4탄당, 5탄당, 6탄당, 7탄당 등으로 구별된다.

소당류는 두 개 또는 수 개의 단당류들이 결합된 것으로서 구성 단당류의 수에 따라 2당류, 3당류, 4당류 등으로 구분한다.

다당류는 수백 또는 수천 개의 단당류들이 축합된 분자량이 큰 탄수화물로서 한 가지 단당류만으로 구성된 것을 단순 다당류(simple poiysaccharides), 두 가지 이상의 단당류들로 구성된 것을 복합 다당류(conjugated polysaccharides)라고 한다.

자연계에 분포되어 있는 탄수화물을 분류하면 그림 4.1과 같다.

탄수화물(carbohydrates)

- 단당류(monosaccharides)
  - 3탄당(triose) : glycerose, dihydroxyacetone
  - 4탄당(tetrose) : erythrose, threose, erythrulose
  - 5탄당(pentoss) : ribose, arabinose, xylose, ribulose
  - 6단당(hexose) : glucose, mannose, galactose, fructose
  - 7탄당(heptose) : mannoheptose, sedoheptulose
- 소당류(oligosaccharides)
  - 2당류(disaccharides) : maltose(glucose^{1} → ^{4}glucose), lactose(galactose^{1} → ^{4}glucose), sucrose(glucose^{1} → ^{2}fructose), trehalose(glucose^{1} → ^{1}glucose)
  - 3당류(trisaccharides) : raffinose(galactose^{1} → ^{6}glucose^{1} → ^{2}fructose), gentianose(glucose^{1} → glucose^{1} → ^{2}fructose)
  - 4당류(tetrasaccharides) : stachyose(galactoes^{1} → ^{6}galactose^{1} → ^{6}glucose^{1} → ^{2}fructose)
  - 5~8당류
- 다당류(ploysaccharides)
  - 단순다당류(simple polysaccharides) : starch, cellulose, inulin, glycogen, chitin
  - 복합다당류(conjugated polysaccharides) : pectin, hemicellulose, chondroitin sulfate

그림 4.1 탄수화물의 분류

제2절 단당류

단당류(monosaccharides)는 분자 중에 2개 이상의 수산기(-OH)와 1개의 aldehyde기(-CHO)나 ketone기(=CO)를 가지고 있으며, aldehyde기를 갖는 것을 aldose, ketone기를 갖는 것을 ketose라고 분류하기도 한다. 한편, aldehyde기를 갖는 5탄당을 aldopentose라고 부르고 ketone기를 갖는 6탄당을 ketohexose라고 부른다.

단당류는 자연계에서 몇 가지를 제외하고는 유리상태로 존재하는 경우는 드물고 대개의 경우 소당류, 다당류, 배당체들의 분자 중에 결합상태로 존재한다. 식품 중에 들어있는 단당뉴는 수로 5탄당과 6탄당이다.

1. 단당류의 광학 이성체

자연계에 존재하는 여러 단당류들은 그 구조가 유사한 광학 이성체(optical isomer)의 관계에 있다. 정사면체의 정점을 향하여 네 개의 공유결합 원자가를 갖는 탄소원자에 서로 다른 원자 또는 원자단이 결합될 때 이 탄소원자를 부제탄소(assymetric carbon) 또는 비대칭 탄소원자라고 부른다. 이와 같이 분자 중에 부제탄소가 존재하면 결합되어 있는 원자와 원자단들의 입체적인 배치만이 다를 뿐 구성 원자와 결합의 종류가 동일한 입체 이성체가 생기며, 이들은 광학적으로 활성을 갖는다. 부제탄소가 n개 존재하면 가능한 입체 이성체의 수는 2^n개가 된다.

천연으로 존재하는 단당류들은 하나 이상의 부제탄소를 가지고 있다. 예를 들어, 3탄당의 하나인 glyceraldehyde(CHO-CHOH-CH_2OH)는 한 개의 부제탄소를 가지므로 그림 4.2 와 같이 두 가지 입체 이성체가 생성된다. 이때 부제탄소에 결합되어 있는 -OH기의 배치가 우측인 것은 D-glyceraldehyde, 좌측인 것을 L-glyceraldehyde라고 한다. 이 두 화합물은 광학적으로 활성을 나타내며 마치 좌우의 손바닥처럼 또는 실물과 거울상처럼 대

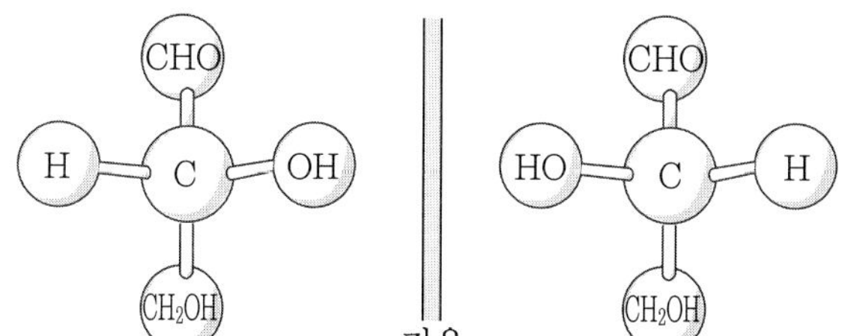

그림 4.2 실물과 거울상의 관계인 두 광학 이성체의 모형

칭의 관계에 있으므로 서로 겹칠 수 없다. 따라서 이와 같은 이성체를 광학 대장체(optical antipode) 또는 enantiomer라고 한다.

한 쌍의 광학 대장체는 물리적 및 화학적 성질은 동일하나 편광면[1]을 회전시키는 방향만이 다르다. 두 이성체 중 하나는 편광면을 우측 방향으로 회전시키고 다른 하나는 좌측방향으로 회전시킨다. 편광면을 우측으로 회전시키는 것을 우선성(dextrorotatory)이라하며 "(+)"기호로 표시하고, 좌측으로 회전시키는 것을 좌선성(levorotatory)이라 하며 "(−)"기호로 표시한다.

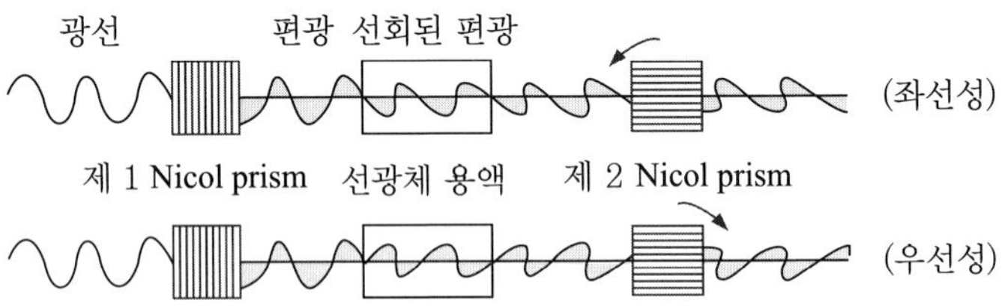

그림 4.3 당류용액의 좌선성과 우선성

이와 같이 편광면을 회전시키는 성질이 있는 물질을 모두 광학 활성체(optical active substance)라고 하며, 우선성의 물질과 좌선성의 물질이 같은 비율로 섞여 있는 혼합물을 racemi체 또는 광학적 불활성체라고 한다.

광학적으로 활성을 갖는 물질들의 선광도(optical rotation)를 나타내기 위하여 비선광도(specific rotation)의 값을 사용한다. 비선광도란 100g의 광학 활성물질을 100ml의 용매에 녹인 용액을 1dm의 측정관에 넣고 나트륨(Na)의 방전관에 나오는 D선을 이용하여 선광계(polariscope)로 20℃에서 측정한 선광도에 해당하는 값을 말하며 $[\alpha]_D^{20}$ 이란 기호를 사용한다.

화합물에 따라서는 100g을 100ml의 용매에 녹인 용액을 다루기가 어려우므로 실제 측정에 있어서는 측정하기에 편리한 임의의 농도로 용액을 만들어 선광도를 측정하여 다음 식에 의해 비선광도를 계산한다.

$$[\alpha]_D^{20} = \frac{100 \times \text{측정한 선광도}(\alpha)}{\text{관의 길이(dm)} \times \text{농도(g/100ml)}}$$

예를 들어, 1ml당 10mg을 함유하는 포도당 용액이 20℃에서 1dm 길이의 편광계 관에

[1] 편광면(plane of polarization) : 보통 광선은 파상형으로 진행하며, 진행방향과 직각을 이루는 면에서 모든 방향으로 진동한다. 편광은 한정된 방향으로만 진동하는 광파를 말하며, 편광면은 편광된 광선의 진동면이다.

서 +0.525° 의 회전을 보였다면

$$\text{비선광도, } [\alpha]_D^{20} = \frac{100 \times (+0.525^\circ)}{1(dm) \times 1(g/100ml)} = +52.5^\circ \text{ 이다.}$$

광학 이성체를 입체적으로 표기하는 방법은 *E. Fisher*가 제안한 투영식(projection formula)이 사용된다. 이 식은 그림 4.4에서와 같이 중심의 탄소원자에 결합된 네 개의 원자단들을 평면 위에 투영한 구조식으로 횡선은 지면에서 위로 솟아오른 결합을 나타내고 종선은 지면의 뒤쪽으로 향한 결합을 나타낸다.

```
     CHO
      |
  H - C - OH
      |
     CH2OH
```

그림 4.4 광학 이성체의 투영식

2. 단당류의 화학구조

1) 단당류의 쇄상구조

단당류의 D형의 aldose계열과 ketose계열의 쇄상구조를 *Fischer*식에 따라 표시하면 각각 그림 4.5와 그림 4.6과 같다.

자연계에 널리 존재하는 대표적인 aldohexose인 D−glucose, D−mannose 및 D−galactose는 분자중의 C_2, C_3, C_4, C_5 등 4개의 탄소원자들이 부제탄소이므로 aldohexose의 가능한 입체 이성체의 수 16개 중의 세 종류의 당이다.

16개의 입체 이성체들 중 그 반수인 8개는 D형이고 나머지 8개는 L형이다. 당의 D형 또는 L형의 지정은 표준 화합물인 D−glyceraldehyde, L−glyceraldehyde의 구조에 기준을 두고 있다. 즉, 단당류의 쇄상구조에 있어서 aldehyde기나 ketone기에서 가장 먼 곳에 있는 부제탄소원자 주위의 입체배치가 D−glyceraldehyde 분자의 부제탄소원자의 입체배치와 일치하면 D−형이고, L−glyceraldehyde와 일치하면 L형이다. 단당류의 D, L의 결정은 실제의 선광 방향과는 관계가 없으며 다만 입체 배열을 가르키는 부호에 지나지 않는다. 실제의 선광성을 표시하자면 D 또는 L기호 다음에 (+) 또는 (−)를 더하여 D(+)−glucose, D(−)−fructose 등과 같이 표시한다.

한편, 대표적인 ketohexose인 D−fructose는 앞의 세 aldohexose들과 구조 이성체(structural isomer) 관계이다. D−fructose의 분자 중에는 세 개의 부제탄소원자를 가지고 있으므로 이론적으로 가능한 입체 이성체의 수는 8개이다. 그것들 중 D−fructose와 L−sorbose만이 자연계에서 발견되었을 뿐 다른 6개의 입체 이성체들은 인공적인 합성에 의해서만 얻어질 수 있다.

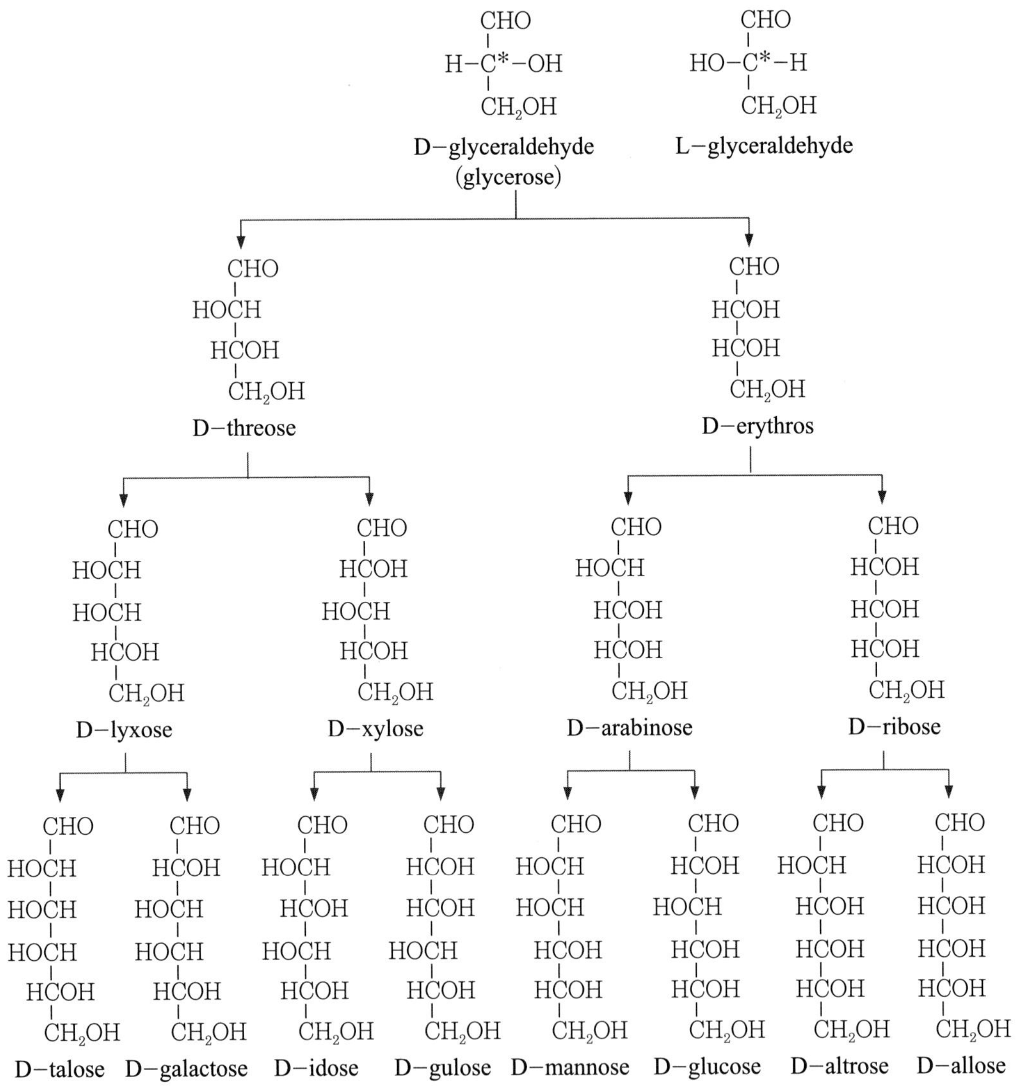

그림 4.5 D형의 aldose 계열(C_{3-6})

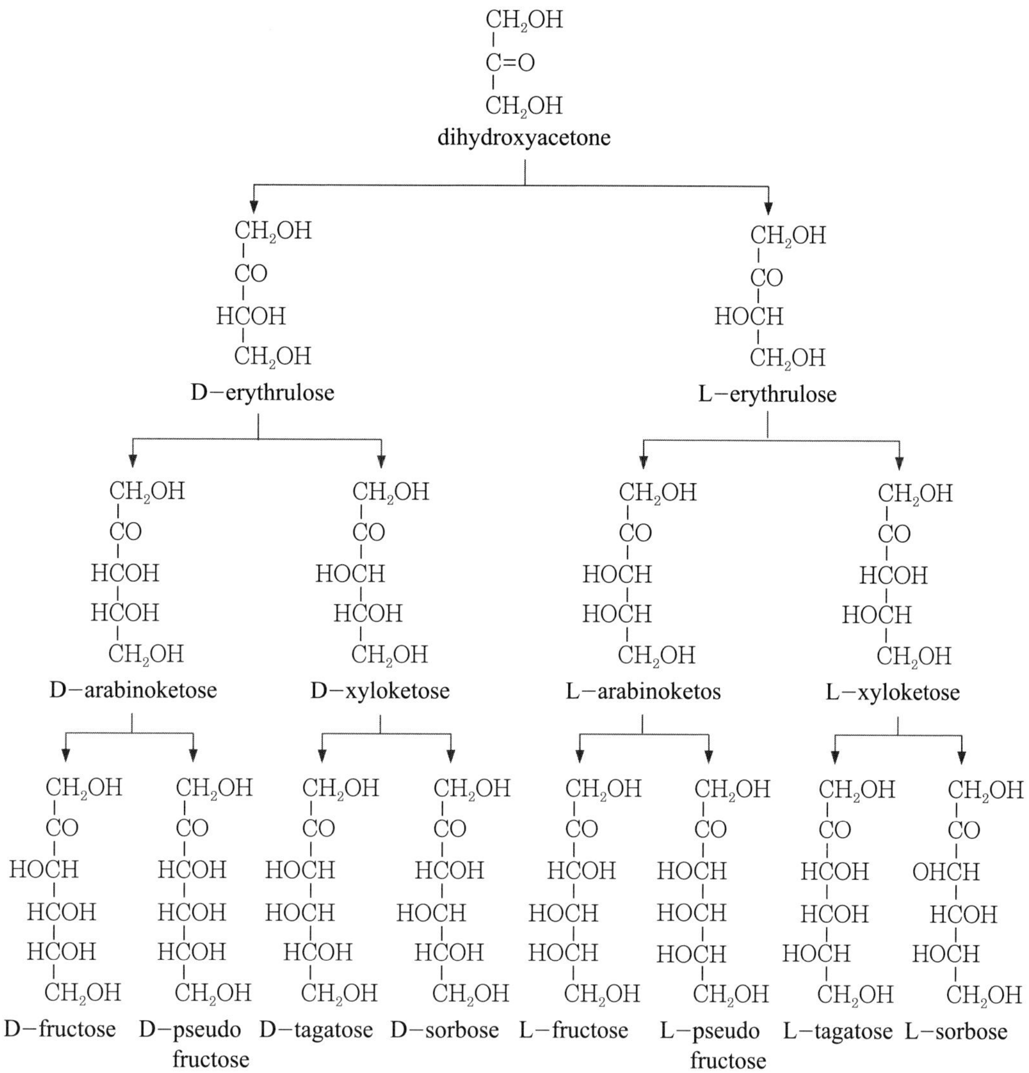

그림 4.6 Ketose 계열(C_{3-6})

2) 단당류의 환상구조

단당류의 쇄상구조는 분자의 입체배치의 표시방법으로는 비교적 만족스러우나 당의 성질이나 반응을 설명하는 데 있어서는 만족스럽지 못하다. D−glucose나 D−mannose와 같은 당은 환원되어 alcohol이 되고 온화한 산화에 의하여 산이 된다. 그리고 phenylhydrazine과 같은 시약과 반응하여 phenylhydrazone이나 osazone을 생성한다. 이와 같은 aldehyde의 전형적인 반응은 탄소사슬의 끝에 aldehyde기를 가지고 있는 쇄상구조식을 설명하는 데 있어서는 만족스럽다. 그러나 D−glucose나 D−mannose와 같은 6탄당과

D−xylose나 L−arabinose와 같은 5탄당들은 다음과 같은 aldehyde의 특징적인 반응을 하지 않는다.

① 단당류의 용액은 변선광(mutarotation)[2] 현상을 갖는다.

② 단당류는 염산(HCl)의 존재 하에 methanol과 함께 가열하면 두 가지 생성물을 만든다.

③ Amine과 반응하여 schiff 염기[3]를 생성하지 않는다.

이와 같은 반응이나 성질들은 단당류들이 쇄상구조식에서와 같이 유리의 aldehyde기를 가지고 있는 구조를 전제하고는 설명할 수 없다. 단당류들의 이와 같은 특이한 반응과 성질은 환상의 hemiacetal 구조식에 의하여 설명할 수 있게 되었다.

Aldehyde나 ketone은 alcohol과 반응하여 hemiacetal과 acetal을 형성하는데 이 반응은 가역적으로 진행한다.

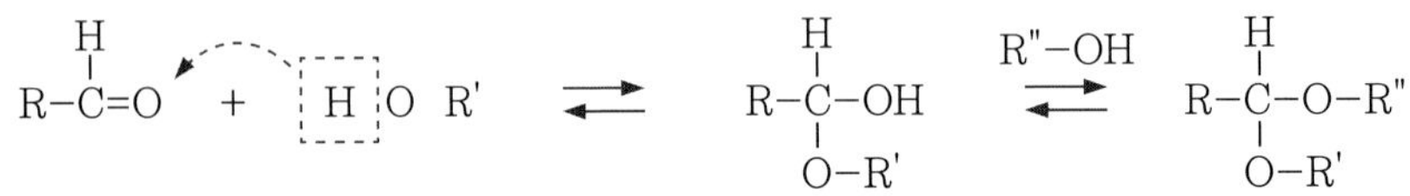

단당류는 분자 내에 carbonyl기(−CHO, 또는 >C=O)와 alcohol기(−OH)를 아울러 가지고 있으므로 분자 내에서 쉽게 환상의 hemiacetal 구조를 이룬다.

Aldohexose인 glucose는 분자 내의 C_1의 −CHO기와 C_5의 −OH기가 hemiacetal을 형성하여 6각형의 환상구조를 이루고, C_4의 −OH기와 반응하던 5각형의 환상구조를 이룬다. 단당류가 6각형의 환상구조를 이룰 때 이것은 pyran과 비슷하므로 pyranose라 하고, 5각

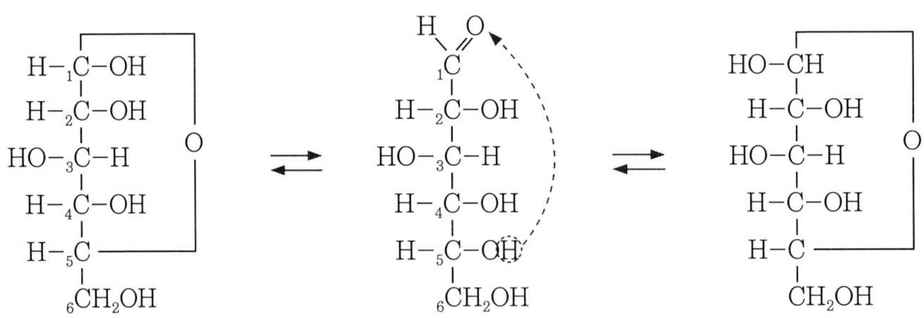

환상형(I) α−D−glucose $[\alpha]_D$=+112.2°　Carbony형(open-chain form) D−glucose $[\alpha]_D$=+52.2°　환상형(II) β−D−glucose $[\alpha]_D$=+18.7°

[2] 변선광(mutarotation) : 당이나 그 외에 선광성 물질이 어떤 조건의 변화에 따라 비선광도를 변화시키는 현상을 말한다.

[3] Schiff 염기 : aldehyde와 1차 amine의 탈수 축합으로 생성되는 azomethine 화합물 RCH=NR′를 총칭한다. 탄소와 질소 사이의 이중결합(RCH=NR′)을 imine bond라 하고 imine bond를 갖는 화합물을 schiff 염기라 한다.

형의 환상구조를 이룰 때는 furan과 비슷하여 furanose라고 한다.

Mannose와 galactose를 비롯하여 xylose 및 arabinose와 같은 5탄당들도 glucose와 같이 환상구조를 이루고 있다.

이와 같이 aldose가 hemiacetal의 환상구조를 형성하면 C_1도 부제탄소가 되므로 이 탄소원자의 입체배치의 차이에 따라 두 개의 이성체가 생기게 된다. 이와 같은 이성체를 anomer라고 하며, C_1에 결합된 −OH기의 방향에 따라 α−이성체, β−이성체로 구별한다. C_1에 결합된 −OH기가 당의 D 및 L형을 결정해주는 −OH기와 같은 쪽에 있는 것을 α형 반대쪽에 있는 것을 β형이라고 정하였으며, 이 규칙은 *Freudenberg−Wohl*에 의해 제의되어 모든 당에 적용되고 있다.

한편, ketohexose인 fructose는 자연계에 결합상태로 존재할 때는 C_2의 >C=O기와 C_5의 −OH기가 hemiacetal을 형성하여 5각형의 fructofuranose가 된다. 그러나 이것은 매우 불안정하여 가수분해에 의하여 유리되면 즉시 6각형의 fructopyranose로 변한다.

*Fischer*의 투영식(projection formula)은 다섯 개의 부제탄소원자의 입체배치를 정확히 나타내지만 C_1과 C_5 사이의 산소의 결합각 및 결합 거리의 표현이 부족하다. 그러나 *Haworth*의 투시식(perspective formula)은 *Fischer*식에서 나타낼 수 없었던 결점을 보완하고 있다. *Haworth*식에서 분자 중의 다섯 개의 탄소원자와 한 개의 산소원자는 동일평면에 고리형으로 배열하며, 굵은 선은 앞의 가까운 쪽에 가는 선은 뒤의 먼 쪽에 있는 것을 의미한다. 그리고 *Fischer*식에서 우측에 있던 H원자와 −OH기들은 *Haworth*식의 고리 평면의 아랫쪽으로, 좌측에 있던 것들은 윗쪽으로 간다. 그러나 C_5의 H원자만은 이 규칙에 어긋나 있다. 그것은 고리를 형성할 때 90° 이상 회전되었기 때문이다. *Haworth*식은 *Fischer*식보다 당 분자의 구조를 더 잘 표현하지만 그것은 pyranose 또는 furanose의 실제의 참된 환상구조의 표현은 되지 못한다. *Haworth*식에서는 고리를 이루고 있는 모든 원자들을 하나의 단순한 평면에 위치시킴으로서 탄소원자의 정상적인 결합각이 고려되고 있지 않다. 5각형의 환상구조의 furanose는 장력을 받아 평면이 될 수 없고, 6각형의 환상구조의 pyranose는 장력을 받지 않는 의자형과 보우트형 등 두 가지의 다른 형태로 존재한다는 것이 밝혀졌다. 이들 두 가지 형태 중에서도 의자형이 보우트형보다 더 안정하다. α−D−glucose와 β−D−glucose의 의자형태의 구조는 그림 4.10과 같다.

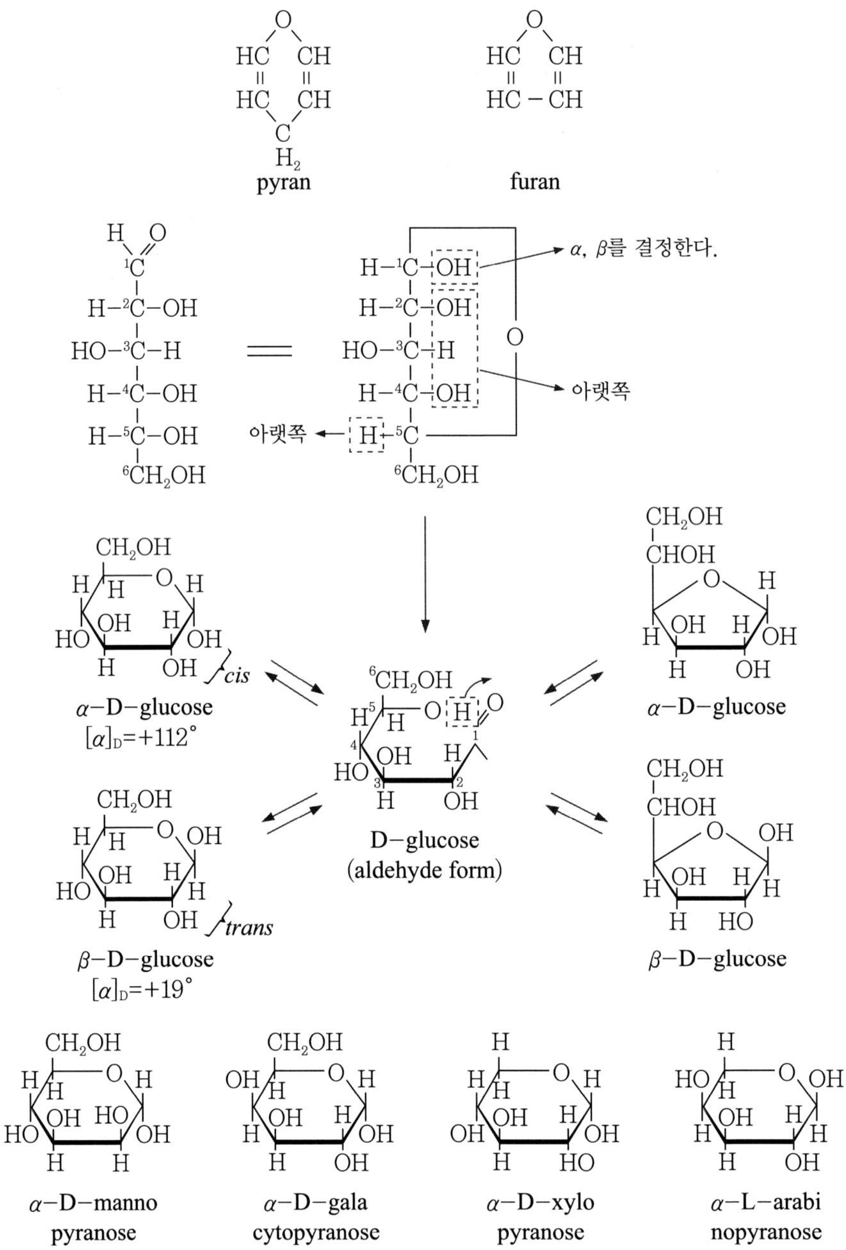

그림 4.7 Aldohexose의 환상구조

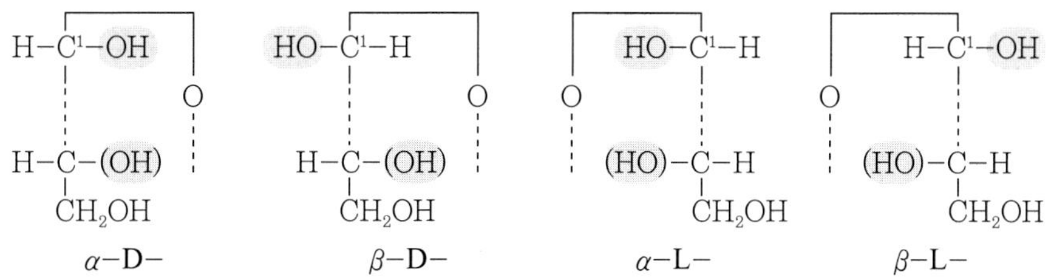

그림 4.8 Aldose의 α-및 β-형의 결정법

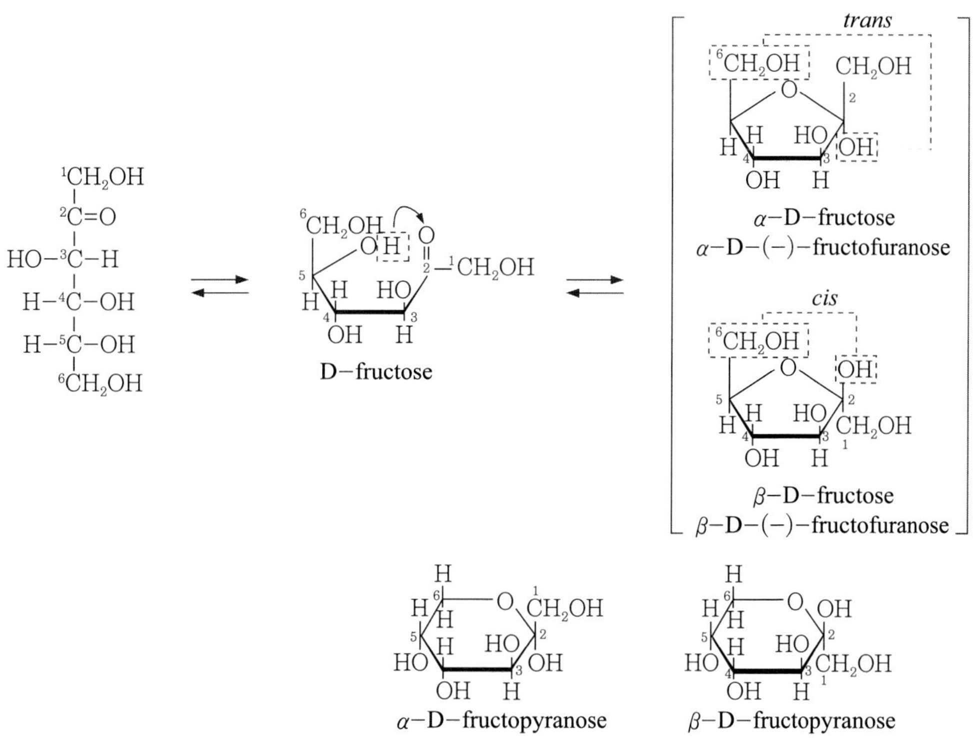

그림 4.9 Ketohexose의 환상구조

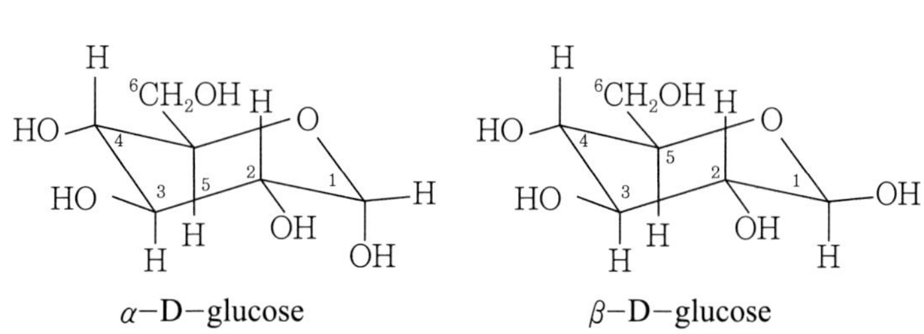

그림 4.10 D-glucose의 의자형태의 구조

3. 단당류의 성질 및 화학반응

1) 용해성

단당류는 무색 또는 백색의 결정으로 당의 종류에 따라 정도의 차이는 있으나 일반적으로 단맛을 가지고 있다. 그리고 분자 내에 많은 -OH기를 가지고 있어 물에 잘 녹으나 alcohol, acetone 등에는 난용이며, ether, chloroform, benzene 등에는 불용이다.

2) 변선광(mutarotation)

보통의 glucose결정은 α-glucose로서 이것을 물에 녹이자마자 곧 선광도를 측정하면 비선광도 +112.2°가 얻어진다. 이 용액을 5~6시간 방치해 두면 점차로 감소되어 마침내 +52.7°에 이르러 일정하게 된다. 이와 반대로 98℃ 이상의 온도에서 용액을 증발시켜 얻어진 β-glucose결정의 경우에는 물에 녹인 즉시 비선광도를 측정하면 +18.7°가 얻어진다. 이 용액도 역시 방치해 두면 점차로 값이 변하여 α-glucose의 용액과 마찬가지로 +52.7°에 이르러 일정하게 된다. 이와 같이 광학 활성 물질의 용액의 선광도가 시간의 경과와 더불어 변화하여 어느 평형에 이르면 일정한 값의 선광도를 나타내는 현상을 변선광(mutarotation)이라고 한다.

당류 용액에 있어서 변선광이 일어나는 원인은 다음과 같이 환상구조의 당이 수용액 중에서 쇄상구조를 거쳐서 다른 환상구조의 이성체로 전환되기 때문이다.

Glucose의 경우 α, β 어느 이성체이든 그 수용액을 방치하여 두면 +52.7°에 이르러 일정하게 되는 것은 두 이성체가 일정한 비율을 갖는 평형 혼합물로 존재하기 때문이다. 20℃에서 평형 혼합물 중에는 α-glucose가 36%, β-glucose가 64%, 그리고 쇄상구조의 glucose가 약 0.003% 존재한다.

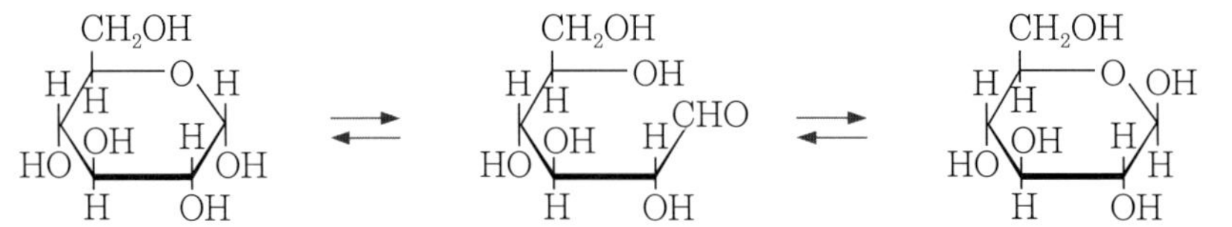

α-D-glucopyranose $[\alpha]_D$=+112° ⇄ D-glucose aldehyde형(쇄상) ⇄ β-D-glucopyranose $[\alpha]_D$=+19°

변선광은 산이나 알칼리 존재하에서 크게 촉진된다. 단당류 이외에도 유리상태의 hemiacetal OH기를 갖는 2당류 및 소당류들에 있어서도 변선광 현상이 나타난다.

3) 배당체의 형성

당류가 환상구조를 이룰 때 hemiacetal결합의 형성으로 생긴 새로운 –OH기는 다른 탄소원자에 결합한 –OH기에 비하여 성질이 다르며 반응성이 크다. 이것을 glycoside성 OH(glycosidic OH) 또는 hemiacetal OH라고 한다. 이 glycoside성 OH기는 다른 OH기를 가진 화합물과 반응하여 물분자를 잃고 ether결합을 형성하기 쉽다. 이와 같이 glycoside성 OH기를 가진 당류와 다른 OH기를 가진 비당질과의 ether결합에 의해 형성된 화합물을 배당체(glycoside)라고 한다.

배당체의 비당질 부분을 aglycone 또는 genin이라고 하며 aglycone의 종류에 따라 여러 가지 배당체가 생긴다. 그리고 당류가 glucose일 때 glucoside, galactose일 때는 galactoside, ribose일 때는 riboside라고 한다.

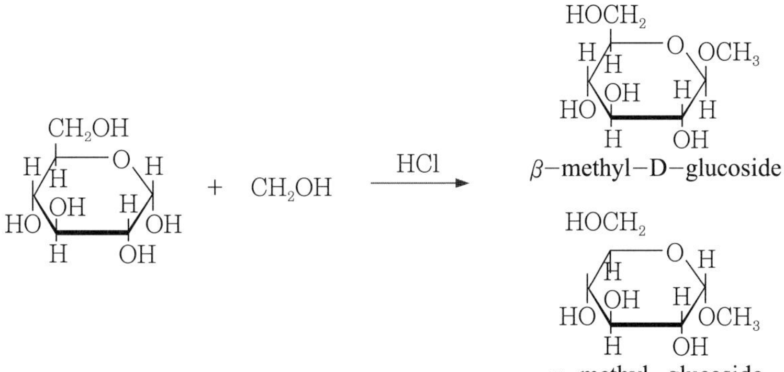

한편, D–glucose용액을 염산 및 methanol과 함께 가열하면 두 가지 glucoside의 이성체인 methyl–α–D–glucoside와 methyl–β–D–glucoside가 얻어진다. Galactose로부터는 galactoside, fructose로부터는 fructoside가 얻어진다.

배당체는 hemiacetal구조를 가진 당류가 alcohol과 반응하여 acetal결합을 형성한 당류의 유도체라고 할 수 있다. 따라서 배당체는 유리상태의 hemiacetal OH기를 결합형성으로 상실하였기 때문에 환원성이 없으며 변선광 현상도 나타내지 못한다.

4) 환원성

유리상태의 hemiacetal OH기를 갖는 모든 당류는 알칼리 용액 중에서 Ag^+, Hg^{2+}, Cu^{2+} 이온들을 환원시킨다. 이 성질을 당류의 정성 또는 정량시험에 이용하고 있다. 예를 들면, $CuSO_4$의 알칼리 용액에 glucose를 넣어 가열하면 Cu^{2+}가 환원되어 Cu^+인 아산화동

(Cu_2O)의 붉은색 침전이 생긴다.

$$\text{환원당} + Cu^{2+} + 5OH^- \longrightarrow Cu_2O + 3H_2O + \text{당, 산의 혼합물}$$

당류는 주로 hemiacetal의 환상구조로 존재하지만 알칼리 용액 중에서는 환원력이 있는 polyhydroxy aldehyde 또는 polyhydroxy ketone으로 빠른 속도로 전환되기 때문에 Cu^{2+}이온을 환원시킬 수 있다. 그러나 배당체에서와 같이 hemiacetal OH기가 결합상태로 존재하면 환원력을 상실한다.

5) 화학반응

(1) 강산의 작용

단당류는 묽은 산과 가열하면 변화가 없으나 강한 산으로 가열하면 3분자의 물을 잃고 pentose는 furfural로, hexose는 hydroxymethyl furfural로 변한다. Hydroxymethyl furfural은 다시 levulinic acid와 formic acid로 된다.

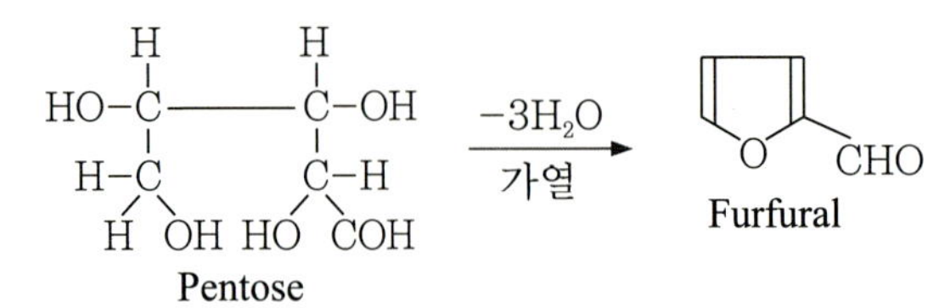

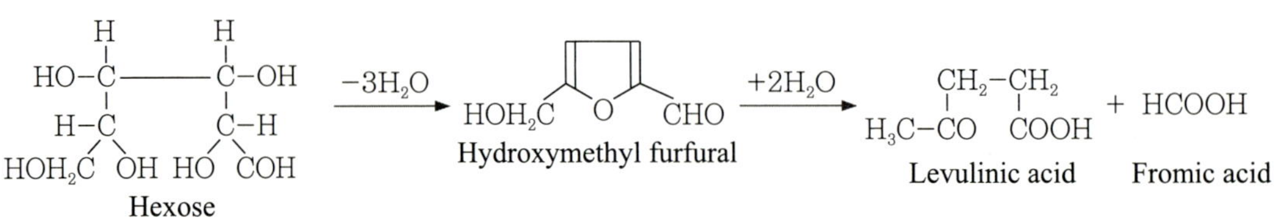

(2) 알칼리의 작용

단당류는 묽은 알칼리 용액에서 분자 내의 전위로 1, 2-enediol로 이행한다. Glucose, mannose, fructose로부터는 같은 1, 2-enediol이 생긴다. 이와 같이 epimerization이 일어나 혼합평형에 이르게 된다. 예를 들면, glucose용액에 Na-acetate를 가하여 방치하면 이성화하여 액중의 당은 glucose : fructose : mannose = 64 : 31 : 2의 혼합물로 된다.

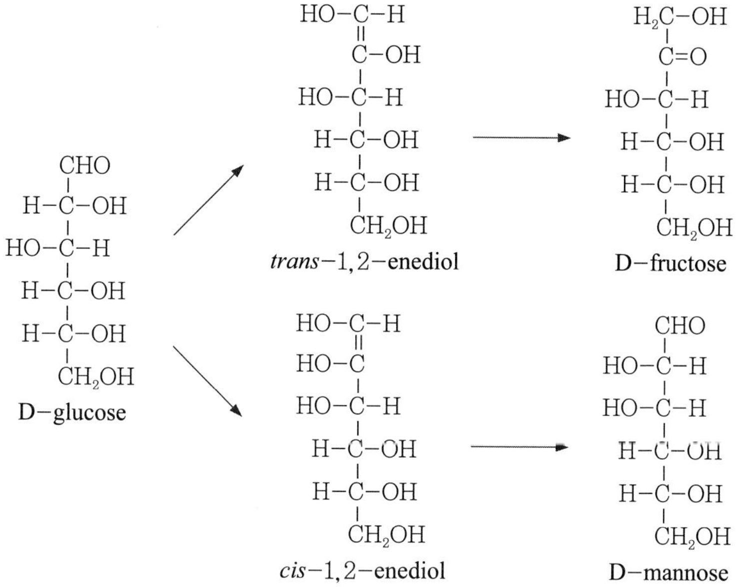

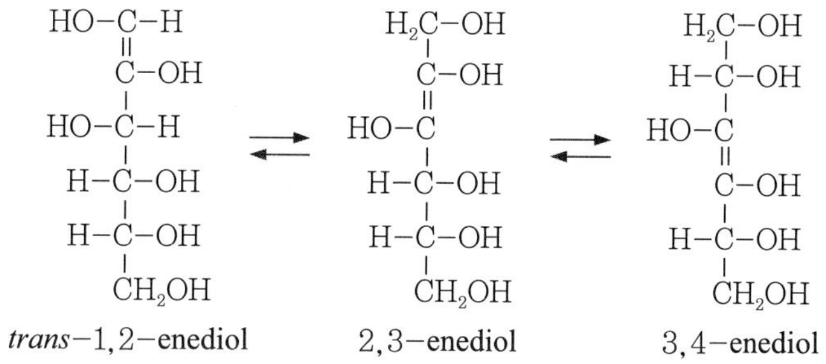

한편, 당에 알칼리를 가하여 가열하거나 오래 방치하면 이들 enediol은 이중결합의 위치에서 분해를 받아 탄소수가 적은 여러 물질 특히 lactic acid가 많이 생긴다.

(3) Carbonyl기로서의 반응

① Phenylhydrazine과의 반응

단당류는 초산 산성에서 phenylhydrazine과 저온에서 반응하여 hydrazone을 생성하며, 과잉의 phenylhydrazine을 고온에서 작용시키면 osazone이 생긴다. Osazone을 benzaldehyde, formaldehyde염으로 가수분해하면 두 분자의 hydrazone을 유리하고 osone이 형성된다. Osone은 강한 환원력을 가지며. 아연(Zn), 초산으로 환원시키면 ketose를 생성한다. 이 반응으로 aldose를 kotose로 변화시킬 수 있다.

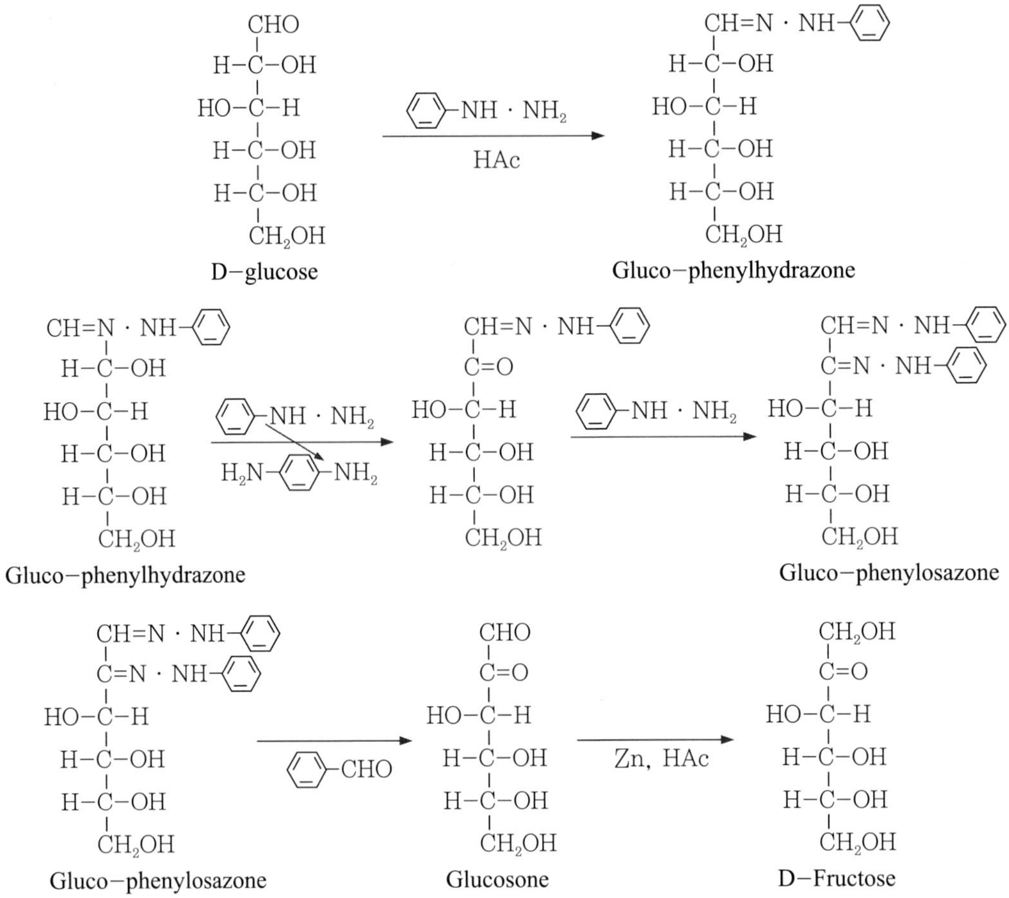

② Cyanhydrin반응

Aldose에 HCN을 부가하면 cyanhydrin을 생성한다. 이것을 가수분해하면 aldonic acid로 되며, 다시 환원되어 원래의 당보다 탄소수가 한 개 많은 aldose로 된다.

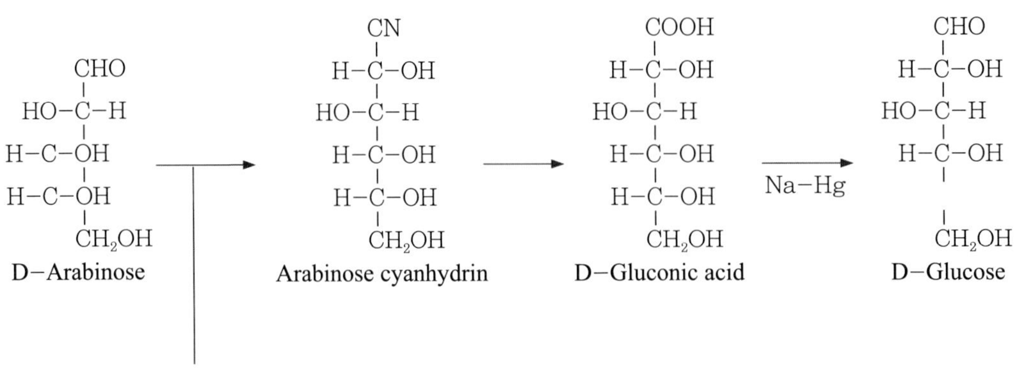

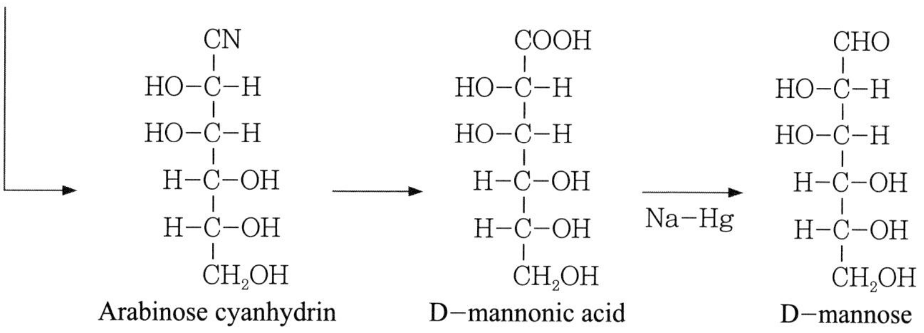

③ Oxime의 생성

Aldose는 hydroxyl amine과 반응하여 oxime을 생성한다. 이 oxime을 acetyl화 nitrile로 되어 다시 분해하면 원래의 당보다 탄소수가 한 개 적은 aldose로 된다.

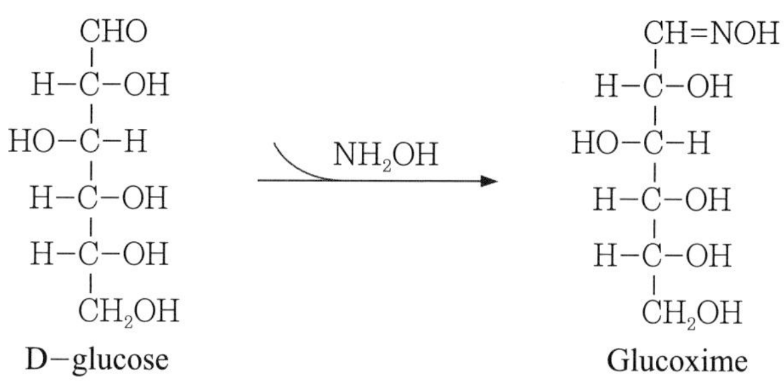

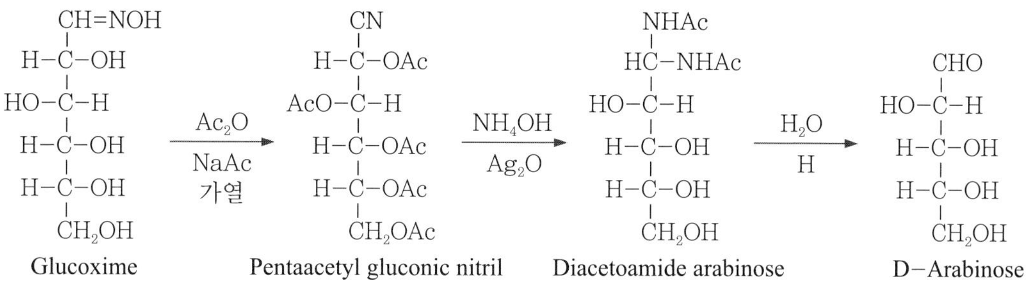

(4) Alcohol로서의 반응

단당류 분자의 −OH기는 ether 및 ester화되며, 특히 glycoside성 OH기에서 더욱 일어나기 쉽다.

① Ether화

Hexose를 dimethyl황산과 알칼리로 methyl화시키면 pentamethyl hexose가 얻어진다. 이것을 묽은 산으로 가수분해하면 glycoside성 OH기에 결합된 methyl기가 없어지고 tetramethyl hexose로 된다.

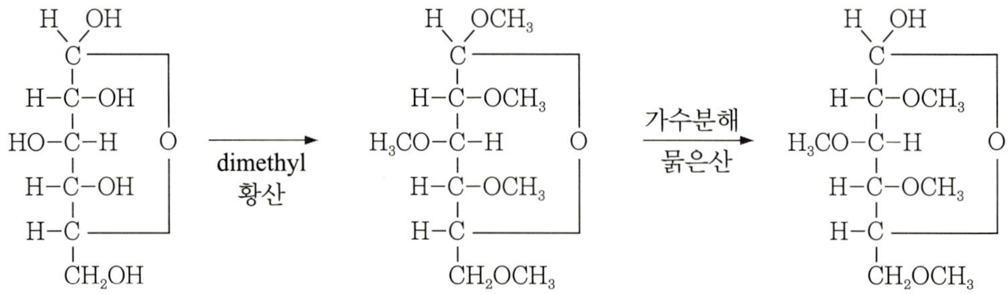

D-glucose　　Pentamethyl glucose　　Tetramethyl glucose

② Ester화

Hexose에서 5개의 -OH기는 산과 ester결합을 하여 pentaacetyl glucose를 형성한다. Tannin도 일종의 ester이다. 당 인산 ester는 당대사의 중간 생성물로 생체 내에서 중요한 구실을 한다.

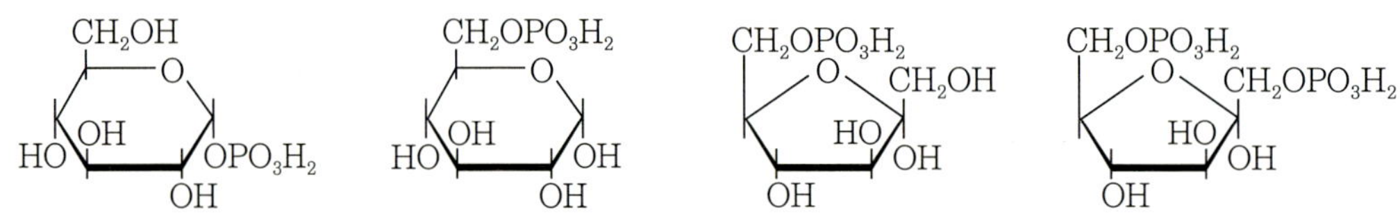

Glucose-1-phosphate　Glucose-6-phosphate　Fructose-6-phosphate　Fructose-1,6-diphosphate

4. 천연에 존재하는 주요 단당류

1) 5탄당

5탄당(pentose)은 자연계에서 주로 다당류 혹은 핵산의 구성 성분으로 널리 분포되어 있으며 유리상태로는 극히 드물게 존재한다. 5탄당으로 이루어진 다당류들은 초식동물에 있어서는 중요한 사료 성분이 되나 인체 내에서는 소화 이용되지 못하므로 영양 성분으로서의 가치는 적다. 자연계에 존재하는 주요 5탄당은 D-xylose, L-arabinose, D-ribose, 2-deoxy-D-ribose 등이다.

(1) D-xylose

D-xylose는 밀짚이나 볏짚, 옥수수 속대, 나무껍질, 종자의 껍질, hemicellulose 등에 다당류인 xylan의 구성당으로 존재한다. 이 xylose는 설탕의 약 60% 정도로 비교적 단맛이 강하며, 효모에 의해서 발효되지 않는다.

(2) L-arabinose

아라비아 검(arabic gum)의 주요 다당류인 araban의 구성당으로 존재한다. 그 외에 pectin이나 hemicellulose의 구성 성분으로 발견된다. 이들을 묽은 산으로 가수분해하여 얻을 수 있으며 효모에 의해 발효되지 않는다.

(3) D-ribose와 2-deoxy-D-ribose

D-ribose는 ribo핵산(ribonucleic acid, RNA) 및 조효소(coenzyme)의 구성 성분으로, 그리고 2-deoxy-D-ribose는 deoxyribo핵산(deoxyribonucleic acid, DNA)의 구성 성분으로 존재한다.

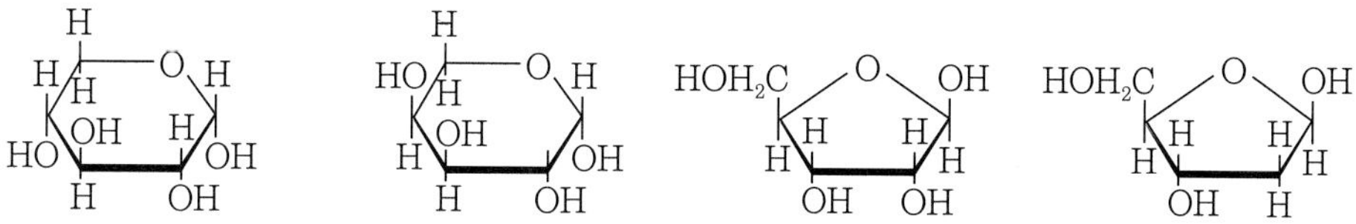

D-xylose L-arabinose D-ribose D-deoxyribose

2) 6탄당

6탄당(hexose)은 동·식물계에 유리 형태 또는 결합한 형태로서 광범위하게 분포되어 있다. 식품 중에 함유되어 있는 대표적인 6탄당은 aldose인 D-glucose, D-galactose, D-mannose와 ketose인 fructose이며 이들은 모두 효모에 의하여 발효되므로 zymohexose라고 불리어진다.

(1) D-glucose

D-glucose는 포도에서 처음 발견되어 포도당(grape sugar)으로 불리어지며, 한편 우선성의 당이란 의미에서 관습적으로 dextrose라고도 한다.

Glucose는 유리상태로서는 과실에 많이 함유되어 있으며 그 외에 식물의 잎, 줄기에도 분포되어 있다. 또 포유동물의 혈액 중에도 0.07~0.1% 함유되어 있다. 결합상태로는 전분, 섬유소 등의 다당류, sucrose, maltose, lactose 등의 소당류 및 각종 배당체의 성분으로서 식물계에 널리 분포되어 있으며 또 동물체 내에서는 glycogen의 형태로 저장되어 있다.

Glucose는 환원당이며 α-형과 β-형의 두 개의 이성체가 존재한다. 이 α-형이나 β-형의 glucose 수용액을 방치해 되면 α형과 β형이 약 2 : 3의 비율로 이루어진 평형 혼합액을 만든다. 현재 가공식품에 감미료 등으로 널리 사용되고 있는 glucose는 공업적으로는 전분을 산 또는 효소에 의하여 가수분해하여 얻은 것이다.

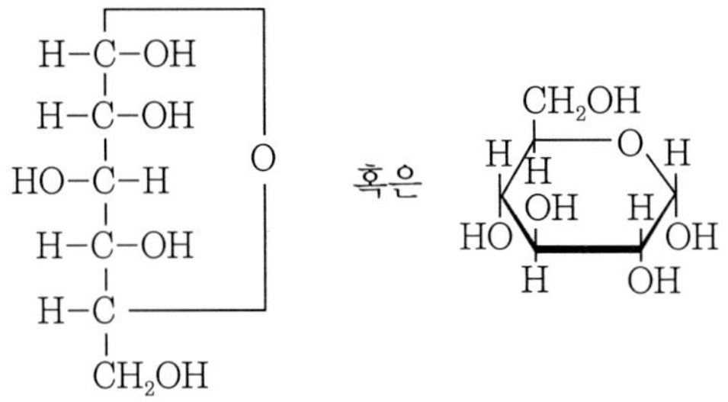

α-D-glucose 혹은 α-D-glucose

(2) D-fructose

Fructose는 과당(fruit sugar)이라고 하며, 한편 좌선성의 당이란 의미에서 levulose라고도 부른다.

Fructose는 glucose와 함께 유리상태로 과일, 벌꿀 등에 함유되어 있으며, 결합상태로는 sucrose, raffinose 등의 소당류와 특히 돼지감자에 많이 들어있는 다당류인 innulin의 구성당으로 존재한다. fructose는 유리상태로 존재할 때는 주로 안정한 pyranose형태를 취하고 있으나 sucrose, inulin 등에서와 같이 결합상태로 존재할 때는 불안정한 furanose형으로 존재한다. Fructose도 환원당이며, α-형과 β-형의 두 개의 이성체가 존재한다.

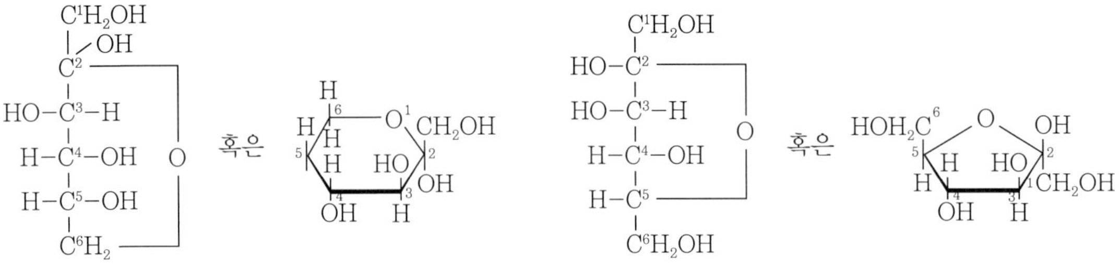

α-D-fructose 혹은 α-D-fructopyranose β-D-fructose 혹은 β-D-fructopyranose

Fructose는 천연 당류 중에서 가장 단맛이 강하고 상쾌하여 감미료로서 중요시되고 있으나 물에 대한 용해도가 커서 과포화되기 쉬우며, 점도가 작고 매우 강한 흡습 조해성을 갖고 있어서 아직 널리 이용되지 않고 있다. 최근에 와서 glucose isomerase를 이용하여 공업적으로 glucose용액 중의 일부 glucose를 fructose로 이성화시켜 얻어진 glucose와 fructose의 평형혼합물이 감미료로 이용되고 있다.

$$\text{glucose} \underset{}{\overset{\text{glucose isomerase}}{\rightleftharpoons}} \text{fructose}$$

이 경우 이성화된 glucose용액 중의 glucose와 fructose의 비율은 50 : 50에 달하므로 단맛이 증가하여 설탕의 가수분해물인 전화당의 단맛과 같아진다.

(3) D-galactose

Galactose는 자연계에 유리상태로는 존재하지 않으며, 결합상태로 이당류인 lactose, 삼당류인 raffinose, 그리고 다당류로서 한천의 주성분인 galactan과 아라비아 검의 구성당으로 존재한다. 한편 뇌와 신경 조직에 함유되어 있는 당지질인 cerebroside의 구성 성분으로 존재한다. 이 galactose도 환원당으로서 α-형과 β-형의 두 개의 이성체로 존재하며, 보통 얻어지는 galactose는 α-형이고, β형은 alcohol 용액에서 결정화시켜 얻는다. 단맛은 있으나 glucose보다도 약하다.

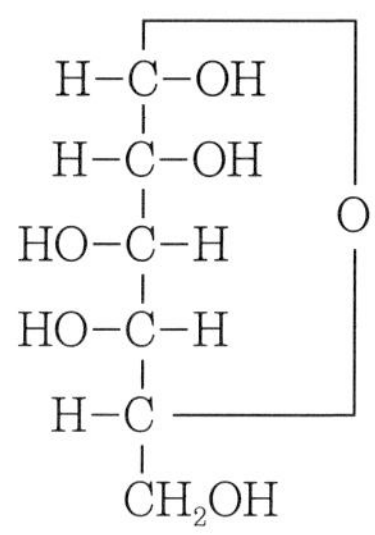

혹은

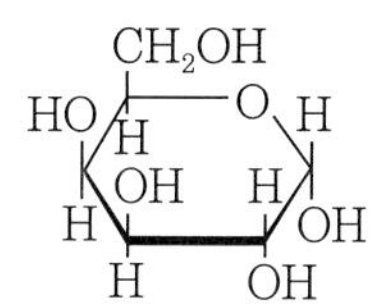

α-D-galactose α-D-galactopyranose

(4) D-mannose

D-mannose는 오렌지의 과피나 발아종자 등에서 발견되고 있으나 극히 드물게 존재하며 거의 모두가 결합상태로 konjak의 주성분인 다당류 mannan의 구성당으로 존재한다.

한편 동물 조직에서 당지질, 당단백질, 특히 혈액형 물질[4]의 구성분으로 발견된다.

Mannose도 환원당이며 α형과 β형의 두 이성체로 존재한다. 단맛은 있으나 약하며 galactose의 단맛의 경우와 비슷하다.

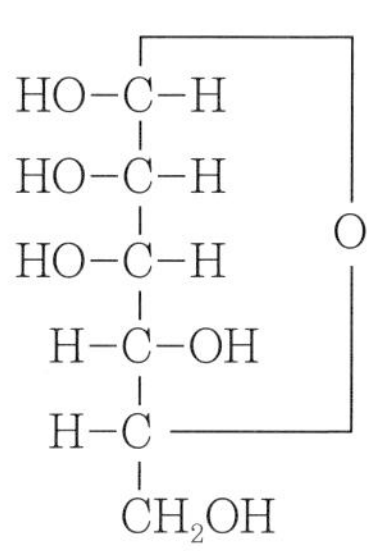

혹은

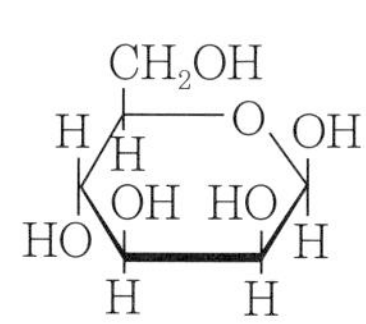

α-D-mannose α-D-mannopyranose

[4] 혈액형 물질(blood group substance) : 적혈구 표면에 존재하며 혈액형에 대해 특이성을 갖는 물질을 말한다.

5. 단당류의 유도체

1) Deoxy sugars

Deoxy sugar는 보통의 단당류에서 산소가 하나 제거된 것으로서 당의 −OH기가 −H로 치환된 환원형의 화합물이다.

(1) D−deoxyribose

D−deoxyribose는 D−ribose의 C_2에서 산소가 제거된 것으로 세포핵 중의 DNA(deoxy ribonucleic acid)의 구성분으로서 동·식물계에 널리 분포하는 5탄당이다.

(2) L−rhamnose

L−rhamnose는 L−mannose의 C_6에서 산소가 제거되어 methyl pentose화된 것으로서 flavonoid와 결합하여 배당체를 이루어 자연계에 식물 색소 성분으로 존재한다.

(3) L−fucose

L−fucose는 L−galactose의 C_6에서 산소가 제거되어 methyl pentose화된 것으로서 해조류의 다당류인 fucan의 구성당이다.

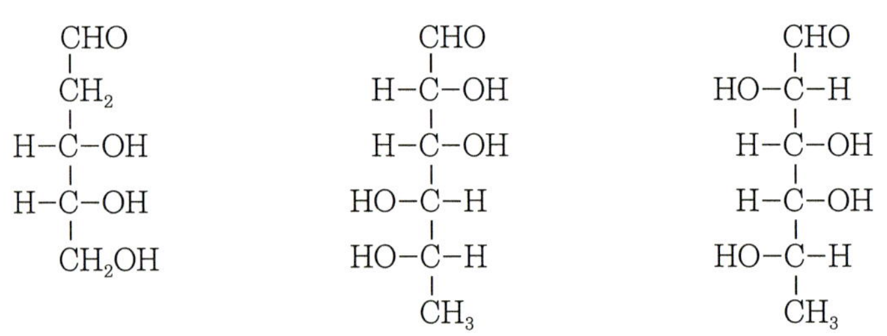

D−2−deoxyribose　　L−rhamnose　　L−fucose

2) Aldonic acid, saccharic acid 및 uronic acid

(1) Aldonic acid

단당류의 C_1의 aldehyde기(−CHO)가 산화되어 carboxyl기(−COOH)로 된 것으로 환원성이 없다. D−gluconic acid는 D−glucose의 aldehyde기가 산화되어 aldonic acid로 된 것으로 곰팡이, 세균에 존재한다.

(2) Saccharic acid

단당류의 C_1의 aldehyde기(−CHO)와 C_6의 제1급 alcohol기(−OH) 양쪽이 다 같이 산화되어 carboxyl기(−COOH)로 된 것으로 당산이라고도 하며 환원성이 없다.

D−glucosaccharic acid(D−glucaric acid)는 D−glucose의 C_1과 C_6가 −COOH기로 된 것으로 인도 고무나무에 존재하며 물에 잘 녹는다. 그러나 D−mucic acid(D−galactaric acid)는 D−galactose에서 유도된 것으로 물에 녹지 않는다.

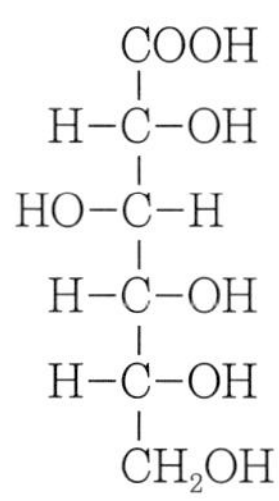
D−gluconic acid

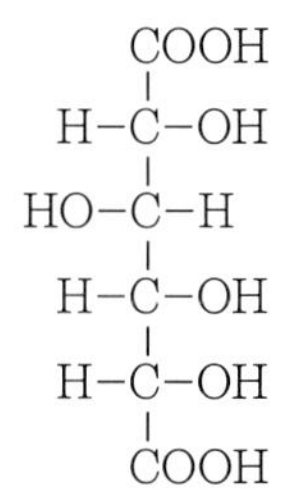
D−glucosaccharic acid

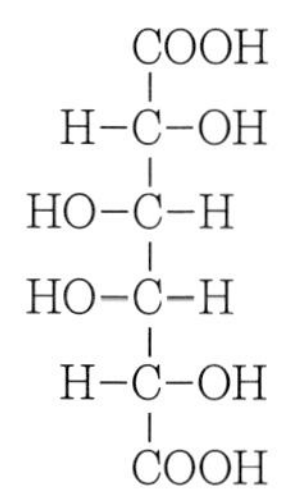
D−mucic acid

(3) Uronic acid

단당류의 C_6의 제1급 alcohol기(−OH)만이 산화되어 carboxyl기(−COOH)로 된 것으로 aldehyde기(−CHO)와 carboxyl기를 동시에 가지고 있으며 환원성이 있다.

자연계에는 glucuronic acid, galacturonic acid, mannuronic acid 등과 같이 aldohexose에서 유도된 uronic acid가 주로 분포되어 있다.

① D−glucuronic acid

D−glucuronic acid는 식물계에서는 식물 gum질의 구성분으로 존재하며, 동물체에서는 heparin, chondroitin sulfate, hyaluronic acid의 구성 성분이기도 하나 유리상태로 존재하여 간장에서 해독작용에 관여한다. 즉, 동물 체내에 phenol계의 독성물질이 생기면 glucuronic acid와 결합하여 무독한 conjugated glucuronide를 형성하여 뇨중에 배설된다.

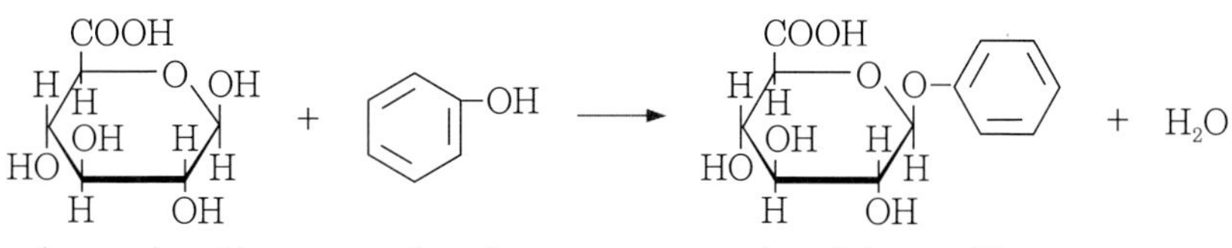
glucuronic acid　　phenol　　phenylglucuronide

② D−galacturonic acid

Methyl ester로서 과실 중의 다당류인 pectin의 구성분으로 존재한다.

③ D-mannuronic acid

갈조류의 다당류인 alginic acid의 구성 성분으로 존재한다.

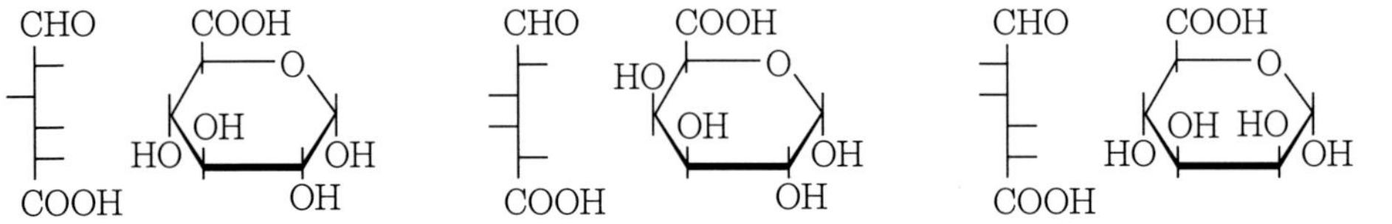

D-glucuronic acid　　D-galacturonic acid　　D-mannuronic acid

3) 당 alcohol(sugar alcohol)

당 alcohol은 단당류의 carbonyl기(=CO)가 환원되어 alcohol기(-OH)로 된 것으로, carbonyl기가 없기 때문에 inositol 이외에는 환상구조를 갖지 않는다. 일반적으로 단맛이 있고 체내에서 이용되지 않으므로 저 칼로리 감미료가 된다.

(1) D-sorbitol(sorbit)

D-sorbitol은 glucose가 환원된 것으로 사과, 배 등 과실 중에 존재한다. 주로 vitamin C, L-sorbose의 합성원료로서 이용되며 최근에는 흡습성을 이용하여 건조를 방지하기 위해 식품에 첨가되고 있다.

(2) D-mannitol(mannit)

D-mannitol은 mannose의 환원에 의해서 얻어지며, 식물계에 널리 분포되어 있고 특히 다시마, 미역, 양파, 버섯 등에 많이 함유되어 있다. 고등동물에서는 이용되지 않으며 흡습성이 없다. 당뇨병 환자의 감미료로서 사용된다.

D-mannitol과 D-sorbitol은 C_2-epimer로서, ketose인 fructose의 환원에 의해서는 두 종류의 당 alcohol이 얻어진다.

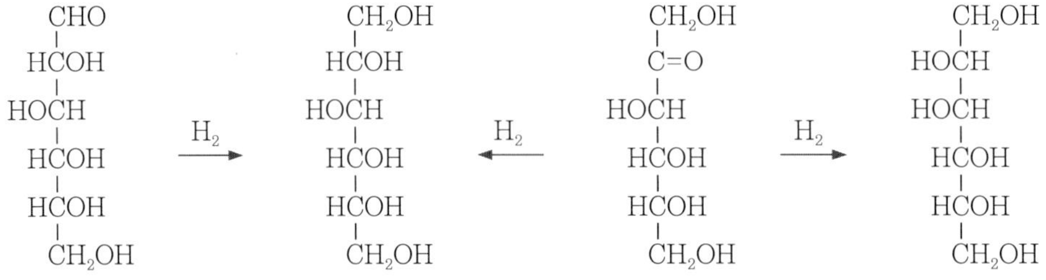

D-glucose　　D-sorbitol　　D-fructose　　D-mannitol

(3) D−dulcitol(dulcit)

D−galactose가 환원된 것으로서 여러 식물에서 얻어지며 약간의 단맛을 가진다.

(4) Inositol(inosit)

환상구조의 당 alcohol로서 9개의 입체 이성체가 존재하며, 이 중에서 광학 불활성체의 meso−inositol이 잘 알려져 있다. Meso−inositol은 동·식물계에 널리 분포되어 있으며 곡류의 껍질, 포도 또는 감귤류와 같은 과실, 대두, 소맥배아 등에 많이 함유되어 있다. 동물체 중에는 근육과 내장에 유리상태로 존재하기 때문에 근육당(muscle sugar)이라고도 한다. Meso−inositol을 일명 myo−inositol이라고도 하는데 그 의미는 근육당이라는 데서 유래된 것이다.

Meso−inositol은 vitamin B 복합체의 하나로서 중요한 영양소가 되며 효모나 쥐의 성장 인자로도 알려져 있다.

두류나 쌀겨 및 곡류의 종피에 다량 함유되어 있는 phytic acid 또는 그 염인 phytin은 각각 meso−inositol의 6−인산 ester(meso−inositol hexaphosphate)의 Ca 및 Mg염이다.

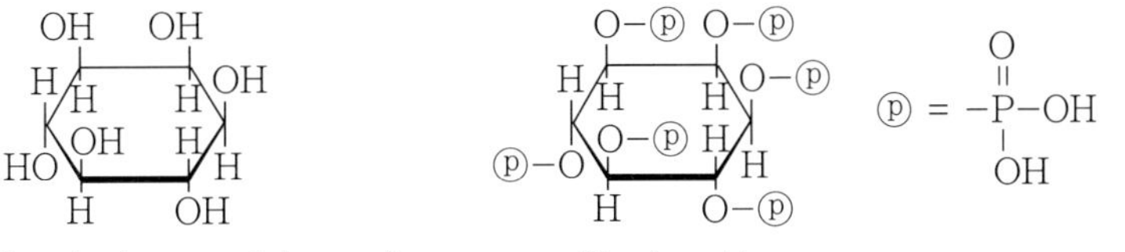

Inositol(hexahydroxycyclohexane)　　Phytic acid

(5) Erythritol

Erythrose가 환원된 것으로서 해조류, 이끼류의 성분으로서 존재한다.

(6) Ribitol

Ribose가 환원된 것으로서 vitamin B_2의 구성 성분으로 중요하다.

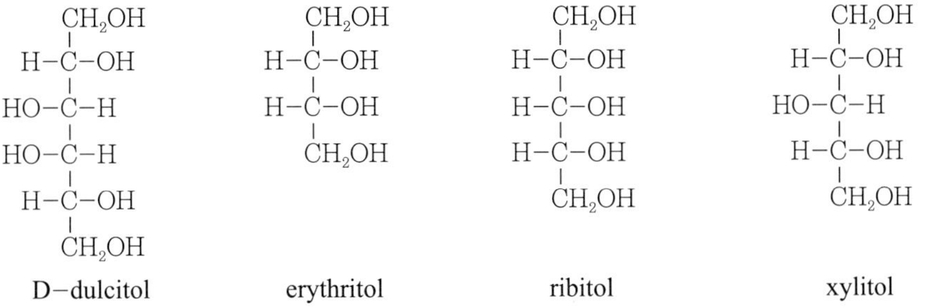

D−dulcitol　　erythritol　　ribitol　　xylitol

(7) Xylitol

Xylose가 환원된 것으로서 설탕의 80~100%의 감미를 갖지만 칼로리는 설탕의 40% 정도이다. 용해열을 흡수하는 특성 때문에 입 안에서 용해될 때 청량감을 주고, 치아의 플라크를 생성하는 세균에 의하여 이용되지 않기 때문에 충치를 방지하여 추잉검 제조 시에 많이 이용된다. 또한 당뇨 환자의 설탕 대용으로도 사용된다.

4) 아미노당(amino sugars)

단당류의 C_2의 수산기(−OH)가 amino기(−NH_2)로 치환된 것으로, 자연계에는 glucosamine과 galactosamine 등 두 종류의 아미노당이 주로 발견되는데 이것들은 거의가 N−acetyl 유도체로 존재한다.

(1) D−glucosamine(chitosamine)

곤충이나 새우 및 게와 같은 갑각류의 각질을 구성하는 다당류 chitin의 구성 성분이다. Chitin은 amino기의 수소원자 한 개가 acetyl기로 치환된 N−acetylglucosamine의 중합체이다. 또 난백, 혈청, 위점막 중의 당단백질인 mucoitin sulfate의 구성 성분으로 존재한다.

(2) D−galactosamine(chondrosamine)

연골이나 건의 당단백질 중의 chondroitin sulfate의 구성 성분이다.

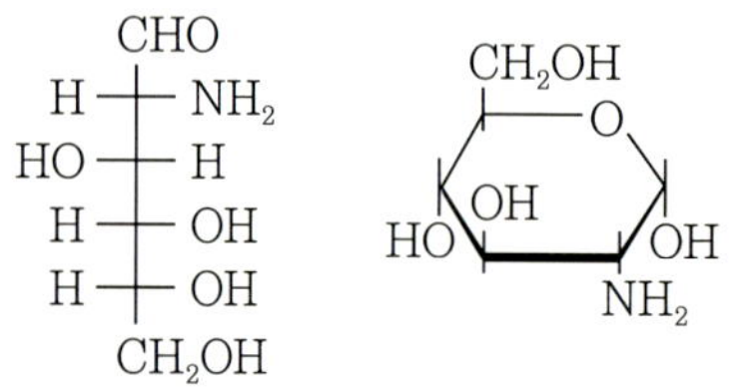

D−glucosamine

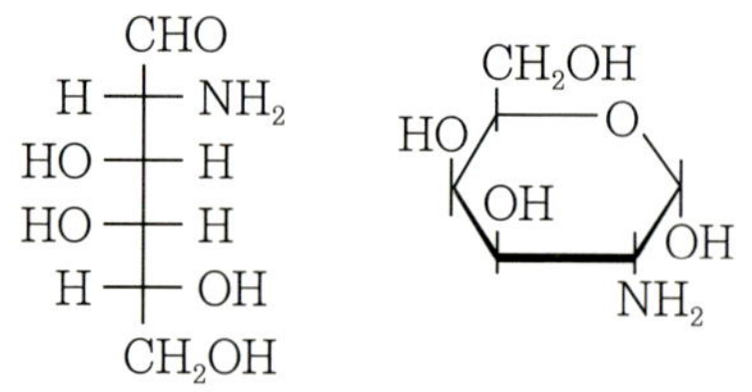

D−galactosamine

5) Thio sugar

단당류의 aldehyde기(−CHO)의 산소원자가 유황으로 치환된 것이다 그 중에서 α−D−thioglucose가 대표적인 것으로 무, 마늘, 고추냉이의 매운맛 성분인 sinigrine 구성당으로서 배당체로 존재한다.

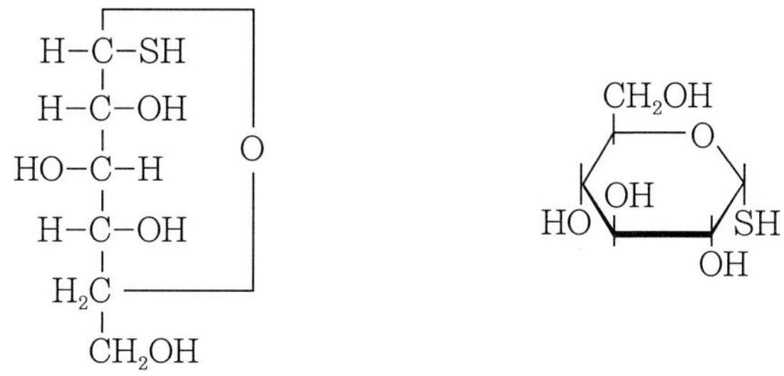

α−D−thioglucose

6) 인산 ester

단당류의 수산기(−OH)는 산과 반응하여 ester를 형성한다. 당의 인산 ester에는 핵산계 정미 물질의 구성당인 ribose−5−phosphate, 생체 내에서 당대사의 중간체인 glucose−6−phosphate, glucose−1−phosphate, fructose−1, 6−diphosphate 및 청주 양조의 저해물질인 phytic acid 등이 있다.

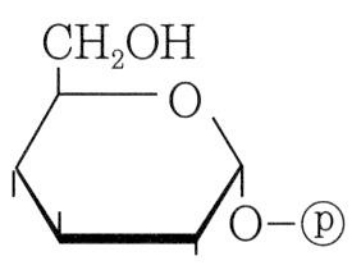

D−glucose−1−phosphate

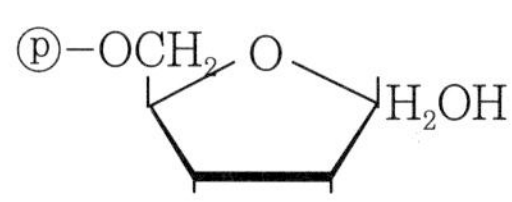

D−ribose−5−phosphate

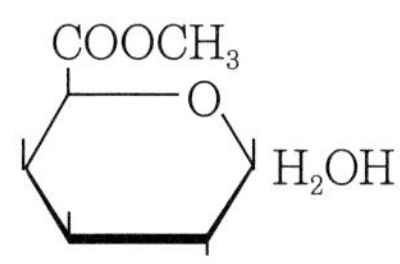

D−methyl galacturonate

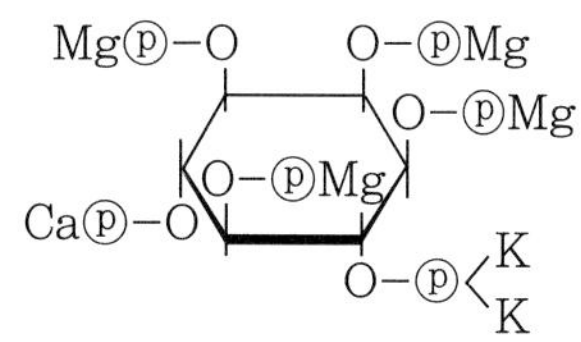

Phytin

7) 배당체(glycoside)

배당체(glycoside)는 단당류의 carbonyl기의 수산기(glycosidic OH기)가 비당질 aglycone의 수산기와 ether결합을 한 것으로서 식물계에 광범위하게 분포되어 있으며 약리 작용을 나타내는 것이 많다.

제3절 소당류

소당류(oligosaccharide)는 그 말이 뜻하듯이 소수(oligo는 그리스어로서 a few라는 의미이다)의 단당류들이 축합에 의하여 결합된 당류로서 일반적으로 2~10개의 단당류 잔기가 glycoside 결합을 형성하고 있다.

소당류는 이것을 구성하는 단당류의 수에 의하여 2당류, 3당류, 4당류, 5당류 등으로 구별되며 구성 단당류는 대부분이 hexose이다. 소당류 중의 glycoside 결합에는 α, β의 2종류가 있으며 결합 위치는 1→1, 1→2, 1→3, 1→4, 1→6 등이 있다. 또 소당류에 있어서는 동일분자로 이루어진 것과 또는 2종 이상의 상이한 분자로 혼합된 것이 있다.

1. 2당류

자연계에는 여러 종류의 소당류들이 발견되어 있으나 그것들 중에서 식품으로 중요한 것은 2당류(disaccaharide)이다. 2당류는 단당류 2분자가 glycoside 결합을 한 것이다. 이것의 결합방식에 따라 환원당과 비환원당으로 구별되고 있다. 예를 들면 maltose와 lactose의 경우와 같이 한 분자의 단당류의 glycoside성 OH기가 다른 단당류의 비 glycoside성 OH기와 glycoside 결합을 이루어 만든 2당류는 분자 내에 하나의 단당류 잔기에 유리상태의 glycoside성 OH기를 가지고 있으므로 환원력을 가질 뿐만 아니라 osazone형성 작용, 변선광 등의 현상을 나타낸다. 그러나 두 분자의 단당류가 모두 glycoside OH기로 결합하여 만든 2당류인 sucrose나 trehalose 등은 유리상태의 glycoside성 OH기를 가지고 있지 않기 때문에 환원력도 없고 변선광 현상도 나타내지 않는다.

1) 환원성 2당류

(1) 맥아당(maltose)

Maltose는 맥아나 발아한 곡류 중에 다량 함유되어 있다. 또한 물엿의 주성분이며 전분이나 glycogen을 amylase나 산에 의하여 가수분해할 때 생성된다.

Maltose는 α−glucose의 C_1의 glycoside성 OH기와 α− 또는 β−glucose의 C_4의 OH기가 α−1,4−glycoside 결합으로 축합된 화합물로서 환원당이며 α−maltose($[\alpha]_D^{20}$ =+173°)와 β−maltose($[\alpha]_D^{20}$ =+112°)의 두 이성체가 있다. 유리상태, 즉 결정 상태로서는 β−maltose

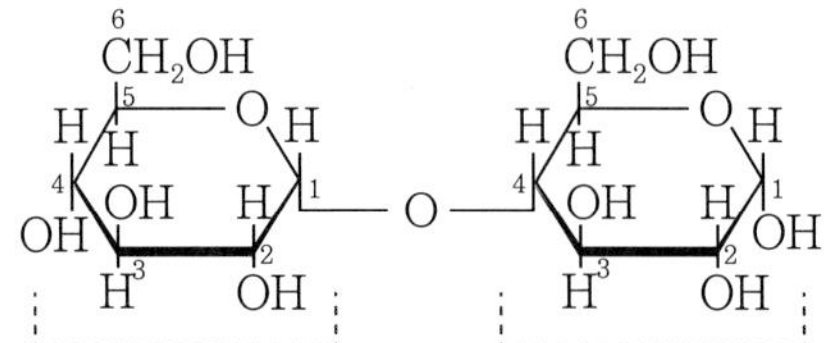

α−maltose
(4−O−α−D−glucopyranosyl−α−D−glucopyranoside)

의 수화물의 형태로 존재한다.

Maltose는 물에 녹기 쉽고 산 또는 효소(maltase)에 의하여 가수분해되어 2분자의 glucose로 되며 효모에 의해 발효된다. 공업적으로는 전분을 가수분해하여 얻으며 감미도는 60정도이다.

(2) 유당(lactose)

Lactose는 포유동물의 유즙 중에 존재하며 식물계에서는 발견되지 않는다. 동물의 종류에 따라서 유즙 중의 그 함량은 다르나 일반적으로 1.5~8%이며 우유 중에 약 5%, 모유에는 6~7% 함유되어 있다.

Lactose는 β−galactose의 C_1의 glycoside성 OH기와 α− 또는 β−glucose의 C_4의 OH기가 β−1,4−galactoside 결합으로 축합된 화합물로서 glucose가 α형인 것을 α−lactose($[\alpha]_D^{20}$ =+85°), β형인 것을 β−lactose($[\alpha]_D^{20}$ =+34.9°)라 한다. 보통의 유즙 중에는 $\alpha : \beta$ = 2 : 3의 비율로 존재한다.

보통 α−lactose의 수화물($C_{12}H_{22}O_{11} \cdot H_2O$)의 형태로 얻어진다. 한편 β형은 무수물로 얻어지며, 이 β형은 α형보다 감미가 강하다.

식품 중에 적당량의 lactose가 들어 있으면 유산균의 발육을 왕성하게 하여 다른 유해균의 발육을 억제하므로 정장작용의 역할을 한다. 또한 유산균의 왕성한 번식으로 장내의 pH를 산성으로 기울어지게 하여 Ca의 흡수를 촉진하는 효과가 있다.

Lactose는 보통 효모에 의하여 발효되지 않으며, 공업적으로는 치즈 제조에 사용하다 남은 여액으로부터 얻는다.

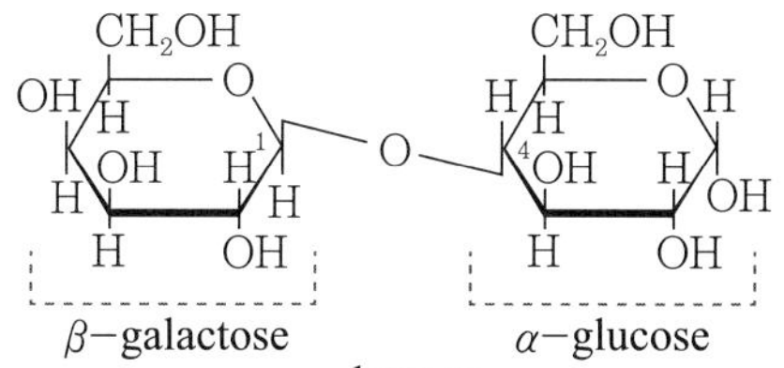

α−lactose
(4−O−β−D−galactopyranosyl−β−D−glucopyranoside)

(3) Cellobiose

Cellobiose는 자연계에서 유리상태로는 발견되지 않으며 주로 cellulose의 구성단위로 존재한다.

Cellobiose는 β−D−glucose 2분자가 β−1, 4결합으로 축합된 화합물로서 단맛이 없으며 비선광도는 $[\alpha]_D^{20}$ =+14.2° 이다.

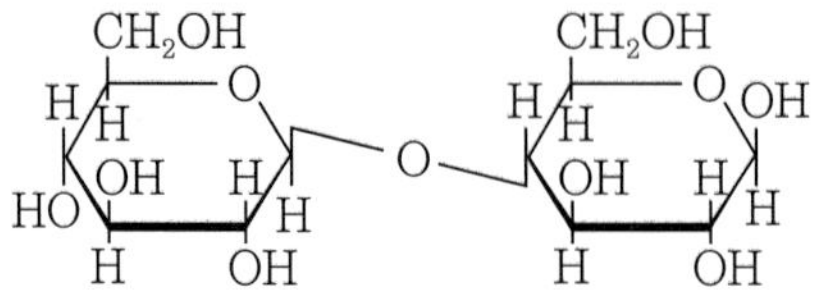

β-cellobiose
(4-O-β-D-glucopyranosyl-β-D-glucopyranoside)

(4) Gentiobiose

Gentiobiose는 삼당류(trisaccharide)인 gentianose 또는 복숭아, 살구씨 등의 쓴맛 성분인 amygdalin의 성분으로 존재한다.

Gentiobiose는 β-glucose의 C_1과 glucose의 C_6가 축합한 것으로서 glucose가 α인 것을 α-gentiobiose($[\alpha]_D^{20}$ =+21.4°), β인 것을 β-gentiobiose($[\alpha]_D^{20}$ =+8.7°)라고 한다.

Gentiobiose는 효모에 의해서 발효되지 않으며, 쓴맛을 갖고 있고 전분의 가수분해 과정에서 maltose와 함께 소량 생성되기도 한다.

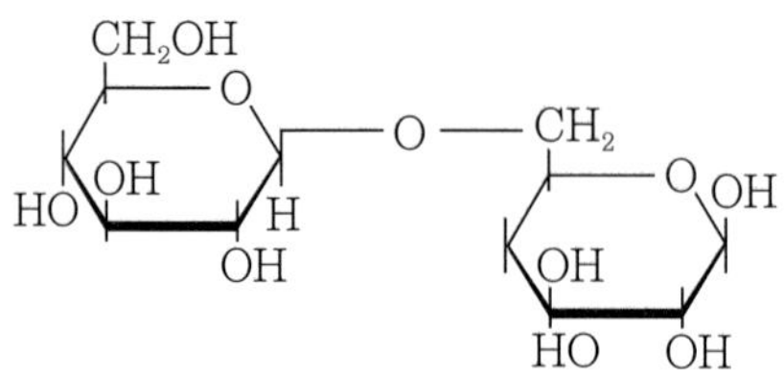

β-gentiobiose
(6-β-D-glucopyranosyl-β-D-glucopyranoside)

(5) Melibiose

Melibiose는 삼당류인 raffinose의 구성 성분으로 자연계에 존재한다. 이것은 α-galactose의 C_1과 glucose의 C_6가 축합한 것으로서 glucose가 α인 것이 α-melibiose($[\alpha]_D^{20}$ =+166°), β인 것이 β-melibiose($[\alpha]_D^{20}$ =+123.5°)이며, β-melibiose는 수화물($C_{12}H_{22}O_{11} \cdot 2H_2O$)로 존재한다. 상면 효모에 의해서는 발효되지 않으나 하면 효모에 의해서 발효된다.

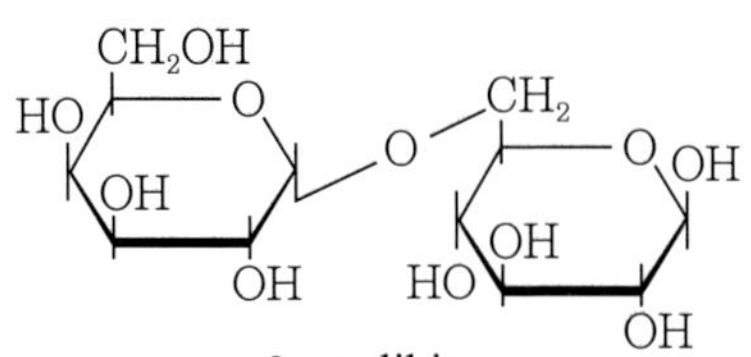

β-melibiose
(6-α-D-galactopyranosyl-β-D-glucopyranoside)

(6) Isomaltose

Isomaltose는 α-glucose의 C_1과 glucose의 C_6가 축합한 것으로서 amylopectin, glycogen, dextran 등에 함유되어 있다. Isomaltose는 gentiobiose와 같이 전분의 가수분해에 의하여 얻어진 물엿 등에 가수분해 과정의 부산물로 존재하며, 또는 전분의 최종 가수분해 생성물인 glucose에서 역생성되기도 한다.

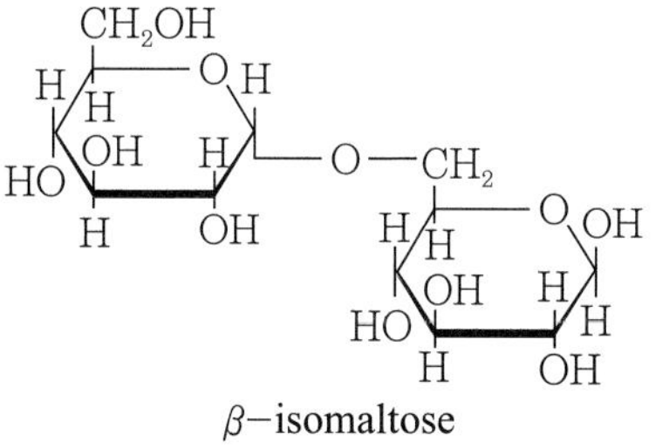

β-isomaltose
(6-α-D-glucopyranosyl-β-D-glucopyranoside)

2) 비환원성 2당류

(1) 설탕(sucrose)

Sucrose는 식물계에 소당류 중에서 가장 널리 분포되어 있는 당으로서, 특히 사탕수수의 줄기, 사탕무의 뿌리에 약 15% 정도로 가장 많이 함유되어 있다. 우리가 일상 감미료로 사용하는 설탕은 사탕수수나 사탕무에서 공업적으로 추출하여 정제한 결정상의 sucrose이다.

Sucrose는 α-D-glucose의 C_1의 glycoside OH기와 β-D-fructose의 C_2의 glycoside성 OH기가 축합한 화합물로서 비환원당이며, 또 α, β형의 이성체가 존재하지 않는다.

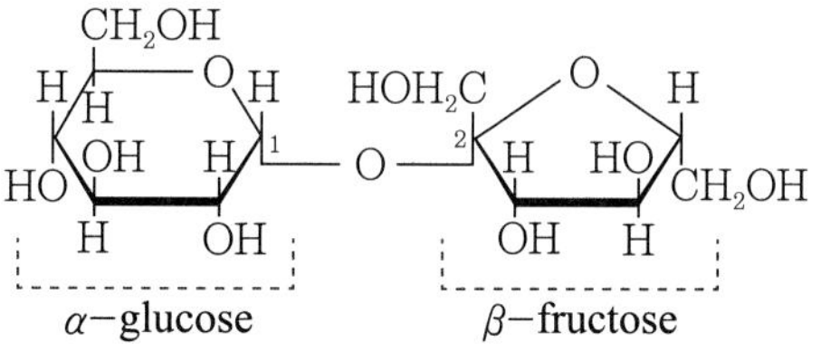

sucrose
(1-α-D-glucopyranosyl-β-D-fructofuranoside)

$$C_{12}H_{22}O_{11} + H_2O \xrightarrow[\text{invertase}]{\text{HCl 또는}} C_6H_{12}O_6 + C_6H_{12}O_6$$

sucrose: $[\alpha]_D^{20}=66.4°$

D-glucose: $[\alpha]_D^{20}=52.5°$ D-fructose: $[\alpha]_D^{20}=-92°$

$[\alpha]_D^{20}=(+52°-92°)/2=-20°$

Sucrose의 비선광도는 $[\alpha]_D^{20}$ =+66.5° 이다. 묽은 산, 알칼리 또는 효소(invertase)에 의하여 가수분해되면 D-glucose($[\alpha]_D^{20}$ =+52.5°)와 D-fructose($[\alpha]_D^{20}$ =-92°)의 등량 혼합물이 되며, 이 혼합물의 비선광도는 D-fructose의 좌선성이 D-glucose의 우선성보다 강하므로 $[\alpha]_D^{20}$ = -20° 의 좌선성으로 된다. 이와 같이 우선성의 sucrose가 가수분해되면 그 혼합물은 좌선성으로 선광성이 변화하므로 succose의 가수분해를 특히 전화(inversion)라 하고, 생성된 glucose와 fructoose의 등량 혼합물을 전화당(invert sugar)이라고 한다.

일반적으로 순수한 설탕보다는 그 중의 일부가 가수분해되어 전화당으로 존재할 때가 전체의 용해도는 크다. 그림 4.11은 여러 가지 온도에서 설탕의 전화에 따른 용해도의 변화를 나타낸 것이다. 즉, 0℃에서는 설탕의 최대 용해도는 64%이며 설탕 중의 58%가 전화된 당의 혼합용액에서는 그 혼합물의 최대 용해도는 73%이다. 또 40℃에서는 설탕의 최대 용해도는 70%이나 설탕의 82%가 전화되었을 때는 그 혼합물의 용해도는 86%나 된다.

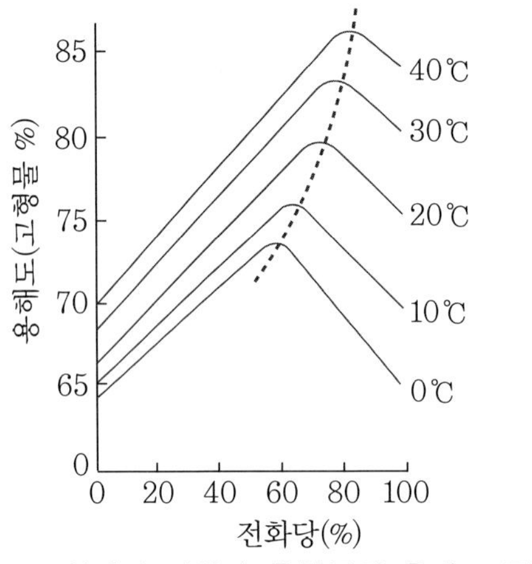

그림 4.11 설탕과 전화당 혼합물의 용해도 곡선

그림 4.12는 설탕과 당류의 단맛을 비교한 것이며 fructose만이 천연의 당류 중에서 대등한 선(equality) 위에 나타나 있다. 전화당은 설탕보다 단맛이 더 강한데 이것은 가수 분해에 의하여 더 단맛이 강한 fructose가 생기기 때문이다.

벌꿀의 주성분은 벌의 타액의 효소(invertase)에 의하여 설탕이 가수분해된 전화당이다 전화당은 설탕보다 더 달기 때문에 캔디 제조에 이용된다.

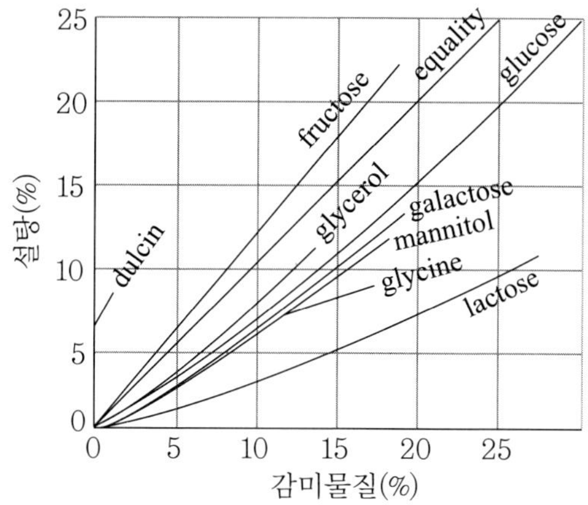

그림 4.12 설탕과 감미물질의 감미도 비교 곡선

(2) Trehalose

Trehalose는 다당류(polysaccharide)인 trehamannan이나 효모 등에 존재하며, α-glucose의 C_1의 glycoside성 OH기끼리 α-1, 1 결합으로 연결되어 있기 때문에 환원성이 없다.

보통 α형은 2수화물($C_{12}H_{22}O_{11} \cdot 2H_2O$)로 존재하며 비선광도는 $[\alpha]_D^{20}$ =+178.3° 이다. 효모에 의하여 발효되지 않는다.

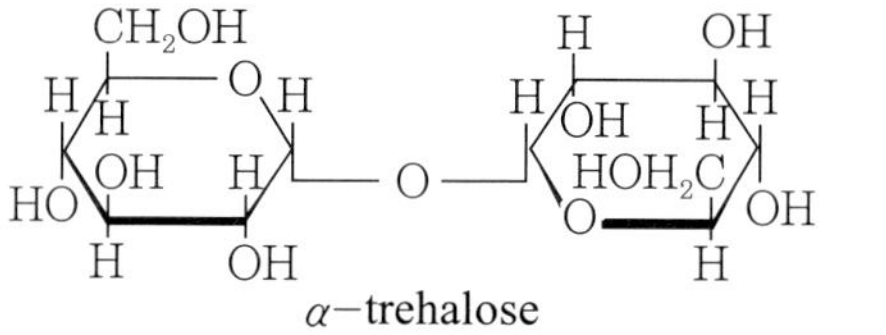
α-trehalose
(1-α-D-glucopyranosyl-α-glucopyranoside)

2. 3당류 및 4당류

1) Raffinose

Raffinose는 식물의 종자, 뿌리와 지하경 등에 광범위하게 분포되어 있으며 특히, 두과식물의 종자 중에 많고 사탕무, 면실 등에도 소량 함유되어 있다. Raffinose는 galactose, glucose 및 fructose로 이루어진 3당류로서 galactosyl-glucosyl-fructoside의 구조를 가지며 비환원성이다. Raffinose는 약한 단맛을 가지고 있으며, 효모에 의하여 가수분해되어 melibiose와 fructose를 생성한다. 또한 Raffinose는 보통 5수화물($C_{18}H_{32}O_{16} \cdot 5H_2O$)의 결정으로 얻어지며, 비선광도는 $[\alpha]_D^{20}$ =+105.2° 이다.

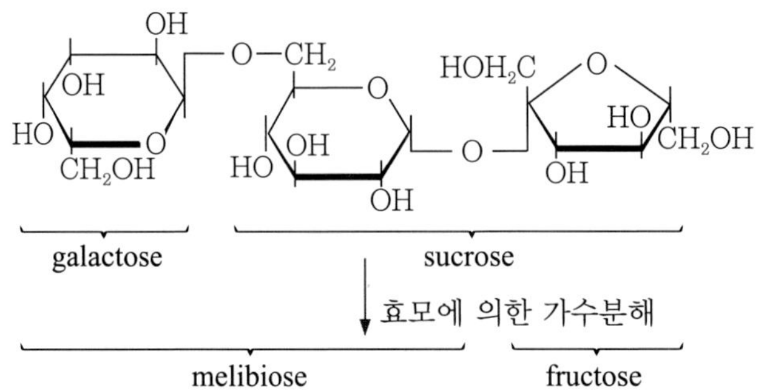

raffinose
(6−O−α−D−galactopyranosyl−α−D−glucopyranosyl−β−D−fructofuranoside)

2) Gentianose

Gentianose는 용담속에 속하는 식물의 뿌리에 존재하는 3당류로서, gentiobiose의 glucose기의 C_1에 β−D−fructose가 α, β−1, 2 결합으로 축합된 구조를 가지고 있다. 그러므로 산이나 효소 invertin에 의해 가수분해되면 gentiobiose와 fructose가 생성된다.

Gentianose는 비환원성이며, 단맛이 없고 비선광도는 $[\alpha]_D^{20}$ =+31.5° 이다.

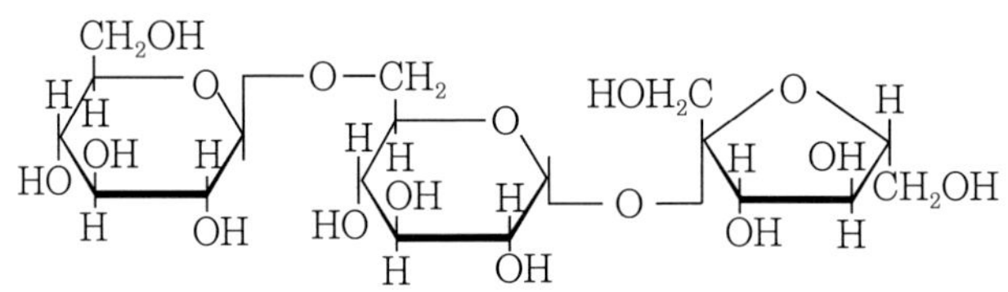

gentianose

3) Panose

Panose는 청주 속에 있는 비발효성 3당류로서 glucose 3분자가 1,6 결합으로 연결된 것이며, isomaltosyl−glucose의 구조를 가지고 있다.

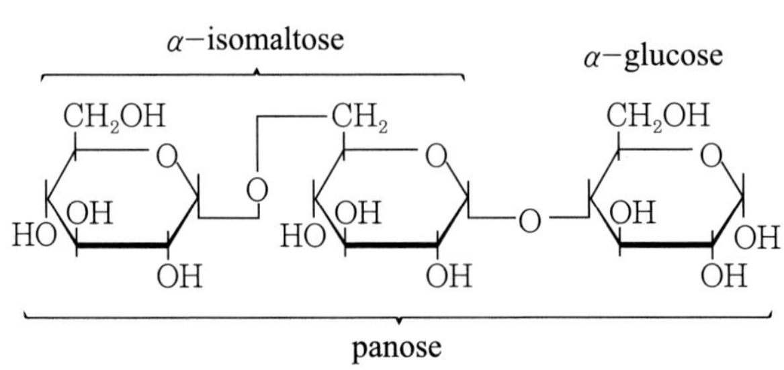

panose

4) Stachyose

4당류(tetrasaccharide)의 대표적인 stachyose는 raffinose와 같이 면실과 대두에 그 함량이 비교적 많다. Stachyose는 raffinose의 galactose의 C_6에 또 하나의 galactose가 α-1, 6 결합을 통해서 결합된 구조를 가지고 있으며 비환원성이다. Stachyose는 효모에 의하여 부분적으로 가수분해되며, 비선광도는 $[\alpha]_D^{20}$ =+148° 이다.

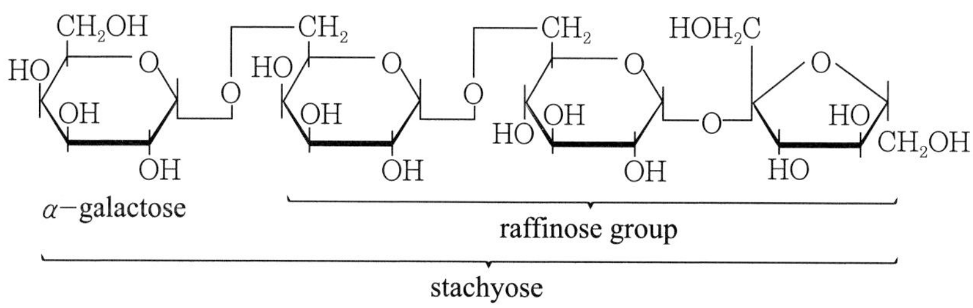

이 외에 fructose 4분자로 구성된 scorodose가 알려져 있으며 이것은 파, 마늘 등에 존재한다.

이상과 같이 식품 중에 존재하는 주요 소당류는 D-glucose, D-galactose 및 D-fructose로 조성되어 있으며 그 상호간의 관계는 그림 4.13과 같다.

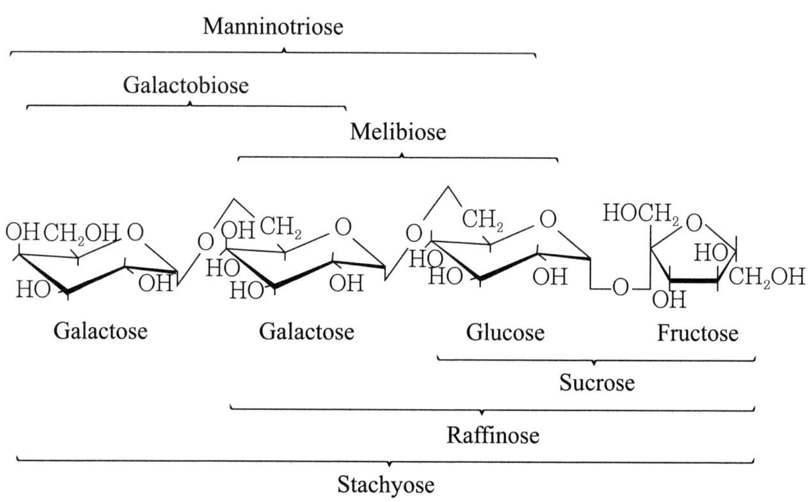

그림 4.13 식품 중에 존재하는 주요 소당류의 조성

제4절 다당류

다당류(polysaccharides)는 다수의 단당류(monosaccharide) 또는 그 유도체들이 glycoside 결합에 의해 연결된 분자량이 큰 탄수화물을 말하며 자연계에 존재하는 탄수화물의 대부분을 차지하고 있다. 다당류는 대개 분자량이 수만 내지 수백만에 이르는 탄수화물들로서 분자량이나 그것을 구성하는 당의 종류 및 조성에 따라 차이가 있을 뿐만 아니라 그의 구조적 특성에 있어서도 큰 차이가 있다. 즉, 어떤 것은 직쇄상으로 결합되어 있고 또 어떤 것은 분지상으로 결합되어 있으며, 결합 위치에 있어서도 1→2, 1→3, 1→4, 1→6 등 매우 다양하다.

다당류는 구성당의 종류에 따라 단순 다당류와 복합 다당류로 분류한다. 단순 다당류(simple polysaccharides)는 전분, cellulose, glycogen 등과 같이 단일 종류의 단당류만으로 이루어진 다당류이고 복합 다당류(conjugated polysaccharides)는 pectin, hemicellulose, agar 등과 같이 두 가지 이상의 단당류로 구성된다. 또한 그 출처에 따라 식물성 다당류와 동물성 다당류로, 그리고 그 기능에 따라 구성 다당류와 저장 다당류 등으로 분류하기도 한다.

한편, 다당류는 영양학적으로 소화 효소에 의하여 분해 흡수되는 소화성 다당류와 소화되지 않는 난 소화성의 다당류, 즉 식물섬유(dietary fiber)로 분류한다.

1. 단순 다당류

1) 전분(starch)

(1) 전분 입자의 형태

전분은 식물의 저장 탄수화물(reserve carbohydrate)로서 종자, 뿌리, 줄기 등에 널리 분포되어 있다. 특히, 곡류, 감자류에는 다량 함유되어 있으며 그 고형물의 1/2~3/4을 차지하고 있다. 덜 익은 사과, 바나나에도 다량으로 함유되어 있으나 익어감에 따라 포도당으로 변화된다.

전분은 무색, 무미, 무취의 가루이며 물에 잘 녹지 않고 비중이 1.55~1.65로서 물보다 무거워 물속에 침전되므로 전분이라고 불리게 된 것이다.

전분은 일반적으로 식물의 탄소동화 작용으로 생성되며, 식물 세포 내에 있는 색소체

(plastid) 내부에서 동심원 모양으로 축적하기 시작하여 전분 입자의 형태로 존재한다. 그 크기와 형태는 식물의 종류와 부위에 따라 다르나 일반적으로 표 4.1에서 보는 바와 같이 종자의 전분 입자는 소형이고(직경 2~10μ) 그 대소의 차이가 적은 데 비하여 뿌리 및 줄기의 전분 입자는 대형이고 (직경 3~150μ) 그 대소의 차이가 심하다.

전분 입자의 모양은 대부분이 원형 내지 타원형이나 바나나의 경우처럼 막대형의 것도 있고 쌀의 전분 입자는 모진 육각형과 비슷하다. 전분이 특이하게 전분 입자를 둘러싸고 있는 막(membrane)이 존재하지 않는데도 불구하고 식물체 내에서 일정한 형태의 입자를 유지하고 있는 것은 전분 입자들 상호간에 수소결합에 의하여 강하게 결합되어 있기 때문이라고 한다.

표 4.1 각종 전분입자의 크기

출처	전분입자의 크기	출처	전분입자의 크기
쌀	2~10μ	감자	13~100μ
보리	25~50μ	고구마	15~55μ
밀	2~38μ	칡	7~75μ
옥수수	4~26μ	타피오카	5~46μ

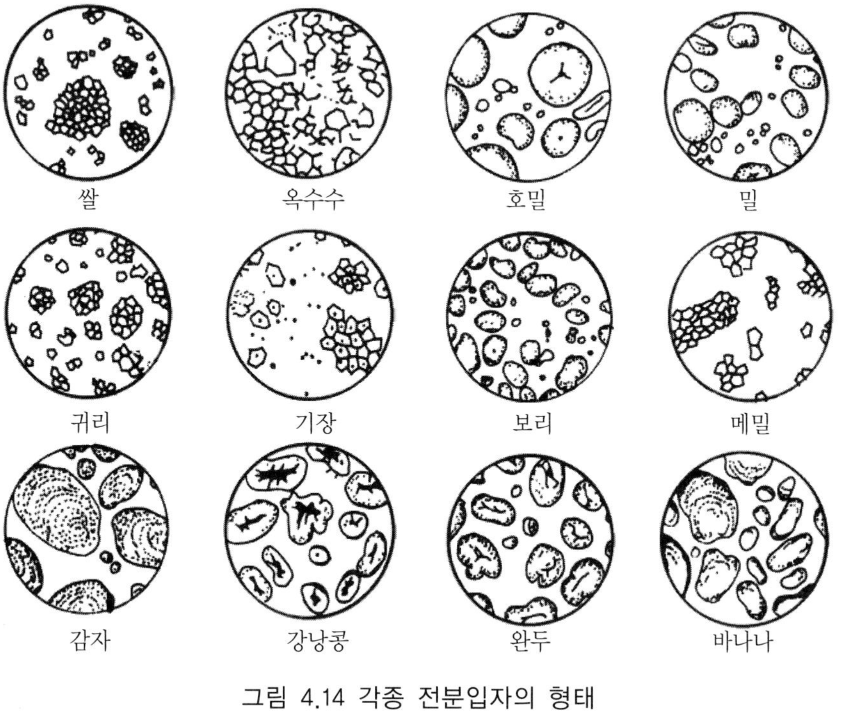

그림 4.14 각종 전분입자의 형태

(2) 전분의 분자구조

전분은 다수의 glucose분자가 중합된 것으로서 분자식은 $(C_6H_{11}O_5)_n$으로 표시되나 실제로는 amylose와 amylopectin이라고 하는 두 종류의 구조가 다른 동족체의 혼합물이다.

전분 중의 amylose와 amylopectin의 비율은 일반적으로 20 : 80정도이다. 그러나 표 4.2에서와 같이 전분 중의 amylose와 amylopectin의 함량은 전분의 종류에 따라 다르다. 찹쌀, 찰옥수수 등의 전분은 amylose는 함유되어 있지 않고 거의 amylopectin만으로 되어 있다.

Amylose는 glucose가 α-1,4 결합에 의하여 중합된 고분자 화합물로서 그 평균 중합도(degree of polymerization)는 전분의 종류에 따라 다르나 일반적으로 200~3,000정도이다. 대체적으로 뿌리나 구경 중에 들어있는 amylose의 중합도가 곡립 중에 들어있는 것보다 크다.

Amylose분자는 부분적으로는 α-D-glucose끼리 C_1과 C_4 위치에서 결합하여 직쇄상으로 연결되어 있으나 전체적으로는 glucose 6분자가 모여 하나의 나선을 형성하면서 회전하여 길게 연결된 나선상의 구조(α-helical structure)를 이루고 있다.

표 4.2 각종 전분입자의 amylose와 amylopectin의 비율(%)

출처	전분입자의 크기	amylose 함량	amylopectin 함량
메밀	-	28	72
보리	25~50μ	27	73
수수	-	27	73
옥수수	4~26	26	74
밀	2~38	25	75
감자	15~100	23	77
칡	7~75	21	79
고구마	15~55	20	80
타피오카	5~36	18	82
찰옥수수	-	0~6	100~94
쌀	2~10	20	80
찹쌀	-	0	100
찰보리	-	3	97

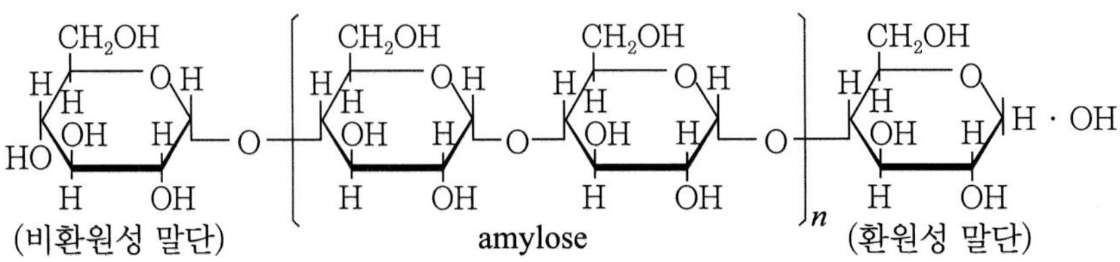

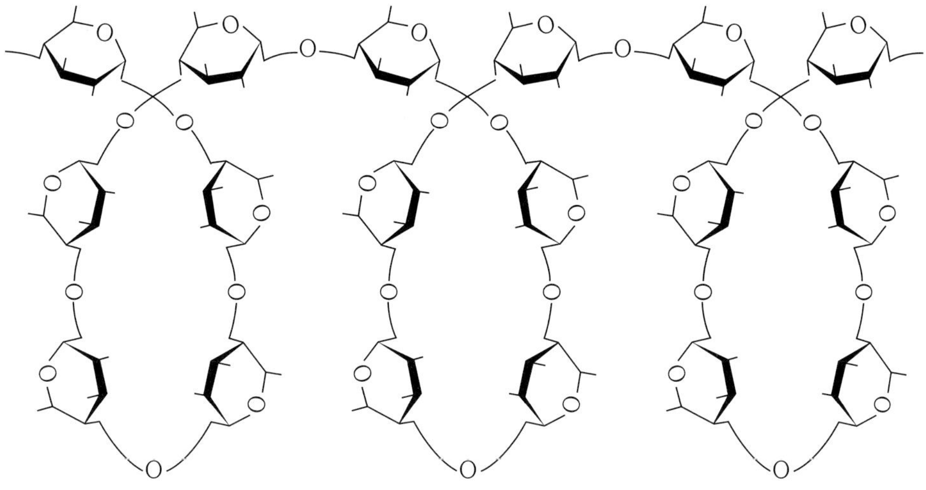

Amylose의 나선구조

Amylopectin은 glucose가 α−1, 4 결합에 의해 연결된 amylose 사슬의 군데군데에서 다른 amylose사슬이 α−1, 6 결합에 의하여 가지를 친 형태의 분자구조를 형성하고 있으며 전체적으로는 그물 모양의 구조를 이루고 있다.

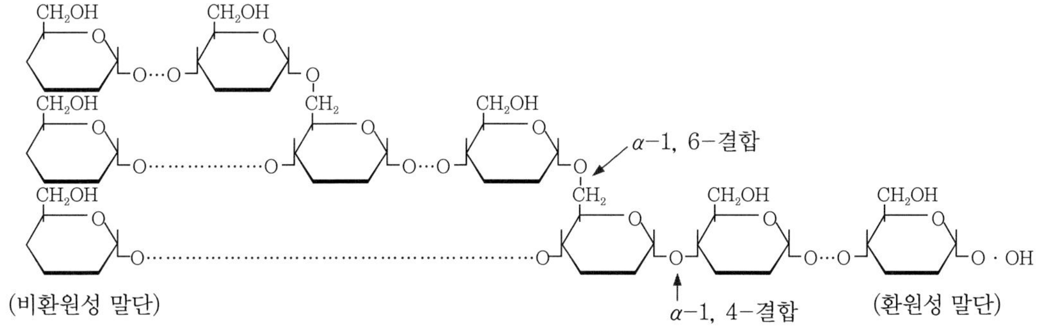

amylopectin

Amylopectin 분자 중의 glucose 중합도는 전분의 종류에 따라 차이가 있으나 일반적으로 6,000~37,000정도로 amylose보다는 훨씬 크다. 그리고 amylopectin에 있어서 분지된 가지의 glucose 잔기수는 말단지에서는 20개 내외, 중간지에서는 5~9개 정도로 추정되고 있다.

한편, amylopectin 분자의 전체적인 구조 형태에 대하여 *Haworth* model, *Staudinger* model, *Meyer* model 등 3가지 model이 제안되고 있다(그림 4.15).

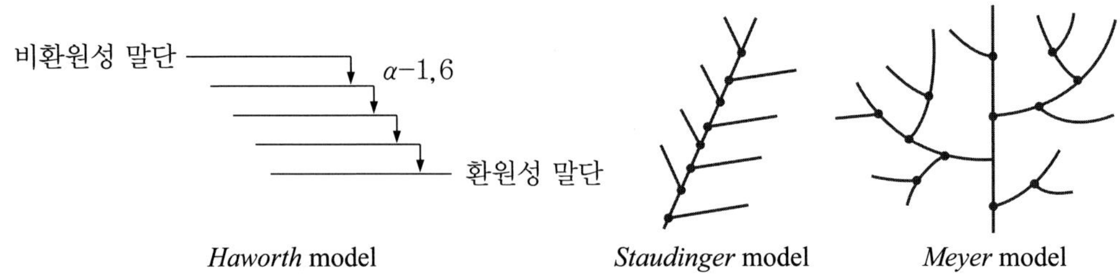

그림 4.15 Amylopectin의 분자형태에 관한 3가지 모형

Haworth model은 amylose사슬이 다음의 amylose사슬에 α-1, 6 결합에 의하여 마치 얇은 층을 이루면서 곁가지가 난 model이며, *Staudinger* model은 긴 amylose의 주된 사슬에 α-1, 6결합에 의하여 마치 빗살 모양의 많은 곁가지가 난 model이다. 그리고 *Meyer* model은 *Haworth*와 *Staudinger* model을 합친 것과 같은 model로서 amylose의 주된 사슬에 α-1, 6 결합에 의하여 마치 나무가지 모양으로 곁가지가 난 model이다.

전분의 micelle 구조에 대하여 전에는 amylopectin이 다수 방사선상으로 집합되어 있고 그 내부 사이사이에 amylose가 채워져 전분 micelle을 형성하고 있다고 하였으나, 최근에는 amylose와 amylopectin이 일정한 비율로 서로 뒤섞여 존재하며 amylose의 일부, amylopectin의 가지 등이 서로의 인력에 대하여 규칙적으로 배열하여 부분적으로 결정과 같은 miclle을 이루고 이들이 다시 모여 그물 모양의 구조를 이룬다고 알려져 있다. 이때 micelle을 형성하고 있는 부분은 전체의 약 30% 정도이며 나머지는 비결정질이다(그림 4.16).

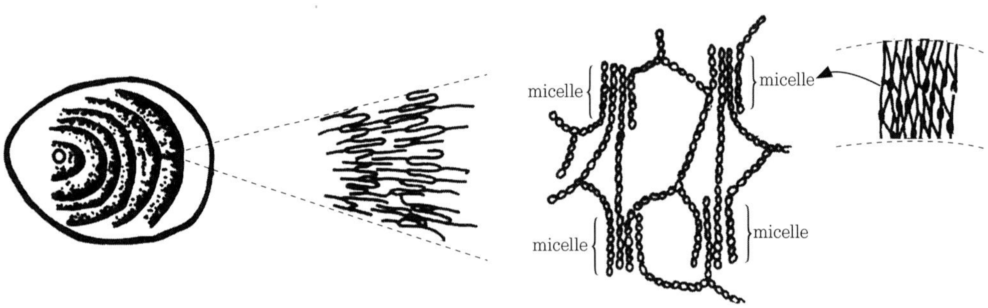

그림 4.16 Amylose와 amylopectin 분자의 micelle 구조와 전분입자에서의 배열

(3) 전분의 화학적 성질

전분은 요오드와 반응하면 청남색을 띤다. 이와 같은 반응을 요오드-전분 반응이라고 하며 전분의 검출반응으로 옛부터 잘 알려져 있다. 이것은 전분 중의 amylose분자가 나선

형 구조를 하고 있으므로 그 내부의 공간에 요오드 분자들이 복합되어 포접화합물(inclusion compounds)을 형성하여 특유한 정색반응을 나타내는 것이다. 즉, 나선형 구조의 내면을 향한 OH기의 전자쌍이 전자공여체로, 요오드 분자가 전자 수용체가 되어 전하 이동 복합체(charge transfer complex)를 이루어 정색하는 것으로 생각된다.

요오드 이외에 직쇄상의 지방산들(fatty acid residues)도 전분과 수용체 내지는 포접화합물을 형성한다. 실제로 일부 전분에는 소량의 지방질이 이와 같은 형태로 존재하기 때문에 이와 같은 지방질은 ether 등에 의하여 잘 추출되지 않는 사실이 알려져 있다.

이와 같이 전분 중의 amylose는 요오드와 특유한 정색반응에 의하여 청남색을 나타내지만 amylopectin은 분지 구조를 이루고 있으므로 요오드와 포접화합물을 형성하지 않으며 그 정색반응은 적자색을 나타낸다.

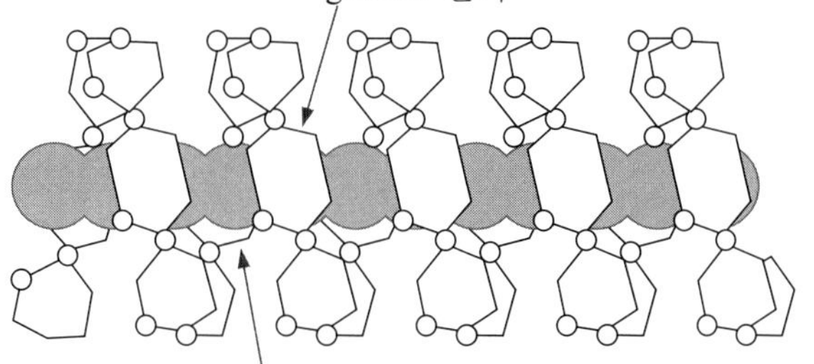

그림 4.17 나선형 구조를 가진 amlyose 분자 중에 내포된 요오드분자

한편, 요오드-전분 반응에 의하여 생성된 포접화합물의 색깔은 표 4.3에서와 같이 amylose의 사슬의 길이, 즉 glucose의 분자수와 나선의 수에 따라 다르게 나타난다. 즉, 평균 중합도가 20정도에서는 적색이고, amylose의 사슬의 길이가 길어질수록 청색이 짙어지며 평균 중합도 45 이상이면 청색이 된다.

표 4.3 Amylose 사슬길이에 따른 요오드 정색반응

사슬길이(glucose 분자수)	나선구조의 회전수	요오드반응 색깔
12	2	무색
12~15	2	갈색
20~30	3~5	적색
35~40	6~7	자색
<45	9	청색

전분 중의 amylose의 함량은 blue value를 측정함으로써 알 수 있다. Blue value란 전분 입자의 구성 성분과 요오드와의 친화성을 나타낸 값으로 전분 분자 중에 존재하는 직쇄상 분자인 amylose의 양을 상대적으로 비교한 값이다. 일반적으로 amylose의 blue value는 0.8~1.2이고 amylopectin의 blue value는 0.15~0.22정도이다.

2) Dextrin

전분을 효소나 산으로 가수분해하면 maltose를 거쳐서 glucose가 된다. 이들의 분해를 도중에 정지시키면 가수분해 정도에 따라 여러 중합도를 가진 중간생성물이 얻어진다. 이때 maltose나 glucose가 되기 이전의 모든 가수분해 중간 생성물을 총칭하여 dextrin이라고 한다. 이 dextrin은 요오드 반응의 정색에 의하여 가수분해 정도를 추정할 수 있으며 분자량이나 중합도에 의해 가용성 전분(soluble starch), amylodextrin, erythrodextrin, achromodextrin, maltodextrin으로 구분한다.

(1) 가용성 전분(soluble starch)

가용성 전분은 생전분을 묽은 염산 용액에 침지하여 실온에서 7일 정도 방치한 후 산성을 띠지 않을 때까지 수세하여 건조시켜 얻는다. 이것은 전분의 가수분해 생성물이라는 점에 있어서는 dextrin과 다를 바 없으나 보통의 dextrin과 구별하여 전분의 유도체처럼 취급하고 있다.

생전분은 냉수나 뜨거운 물에 잘 분리되지 않는데 대하여 가용성 전분은 냉수에는 잘 분산되지 않으나 뜨거운 물에는 잘 분산되어 투명한 colloid 용액을 만든다. 그리고 가용성 전분은 전분과 마찬가지로 Fehling용액을 환원하지 않으며 요오드 정색반응도 청색을 나타낸다.

(2) Amylodextrin

가용성 전분보다 가수분해가 약간 더 진행된 것으로 가용성 전분과 거의 비슷한 성질을 나타낸다. 요오드 정색반응도 청색을 나타낸다.

(3) Erythrodextrin

Amylodextrin보다 가수분해가 더 진행된 것으로 냉수에 녹는다. 그리고 1~3%의 maltose를 함유하고 있기 때문에 환원성을 가지고 있다. 요오드 정색반응은 적색을 나타낸다.

(4) Achromodextrin

Erythrodextrin보다 가수분해가 더 진행된 것으로 환원성이 있으며 요오드 정색반응을 일으키지 않는다.

(5) Maltodextrin

Achromodextrin보다 가수분해가 더 진행된 것으로 maltose나 glucose로 가수분해되기 직전의 dextrin이다. 따라서 dextrin 중에서 중합도가 가장 적은 반면에 환원성이 가장 크며 요오드 정색반응을 일으키지 않는다.

이상의 여러 dextrin의 성질을 비교하여 보면 표 4.4와 같다.

표 4.4 각종 dextrin의 성질 비교

종류	요오드반응	$[\alpha]_D^{20}$	환원력(maltose=100)	침전시키는데 필요한 alcohol 농도
Amylodextrin	청색	190~195°	0.6~2	40% alcohol
Erythrodextrin	적갈색	194~196°	3~8	65% alcohol
Achromodextrin	무색	192°	10	70%에 녹음
Maltodextrin	무색	181~182°	20~43	70%에 녹음

3) Cellulose

Cellulose는 자연계에 가장 광범위하게 분포되어 있는 다당류로서 고등식물의 세포벽(cell wall)의 주요 구성 성분으로 lignin 등과 함께 존재하며 그 함량은 식물의 종류, 상태에 따라 다르다.

(1) Cellulose의 분자구조

Cellulose는 전분과 마찬가지로 glucose가 중합된 탄수화물이나 중합도는 전분보다 훨씬 크다. 그리고 결합의 형태는 전분은 α-1,4 결합의 나선 구조를 취하고 있는데 대하여 cellulose는 β-glucose끼리 C_1과 C_4의 위치에서 결합한, 즉 β-1,4 결합으로 연결된 긴 직쇄상의 분자구조로서 micelle 구조가 견고하다.

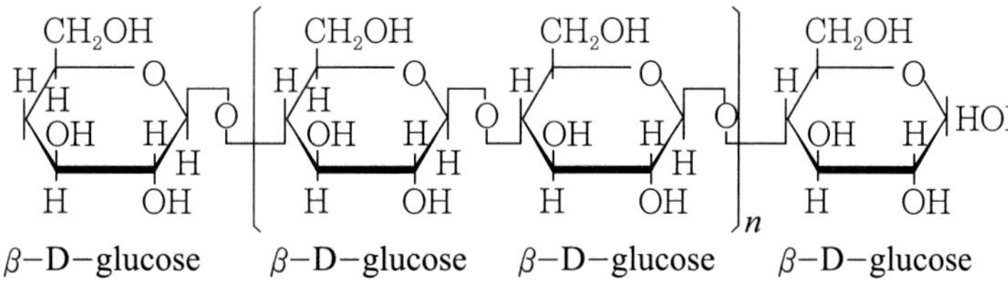

cellulose

Cellulose의 중합도는 솜, 모시, 삼 등 그 출처에 따라 다양하지만 대체적으로 β-glucose 2,800~10,000개가 중합된 것으로서 그 분자량은 450,000~1,620,000 정도로 추정하고 있다.

Cellulose 섬유는 X선 회절도에 의하면 결정성 영역(crystalline region)과 무정형 영역(amorphous region)의 두 개의 영역으로 형성되어 있으며 전체적으로 볼 때는 결정질로서의 성질이 더 강하다. Cellulose 분자들은 상호간의 수소결합에 의하여 규칙적으로 강하게 결합되어 결정상의 micelle을 형성한다. 이 micelle을 구성하는 cellulose 분자의 다발은 세포벽에서 다시 몇 개가 모여 보다 큰 다발의 미섬유(microfibril)를 이루며 이 미섬유가 다시 모여서 cellulose 섬유(fiber)를 형성하고 있다.

한편, cellulose 섬유 중의 일부 영역에서는 cellulose 분자들이 불규칙하게 배열되어 무정형 영역을 이루고 있다. Cellulose 섬유 중의 결정성 영역의 비율은 출처에 따라 다소 차이가 있으나 대체적으로 30~70% 정도이다. 예를 들어 솜에서 얻은 cellulose 섬유의 경우 70%가 결정성 영역이며 나머지 30%가 무정형을 이루고 있다. 결정성 영역이 크면 섬유의 탄성과 인장강도를 증가시키며, 이러한 섬유질 식품은 질기다.

한편, 무정형 영역은 물을 흡수하여 팽윤하거나 cellulose섬유가 부스러지지 않고 휘어지기 쉬운 성질 등에 기여한다. 식품으로부터 수분을 제거하면 섬유소의 무정형 부분은 점차 결정성으로 된다. 예를 들어 채소를 건조하면 질겨지고 가소성과 팽윤력이 감소한다. 그러나 cellulose 섬유를 가열하면 수소결합이 어느 정도 감소하여 팽윤력이 증가한다.

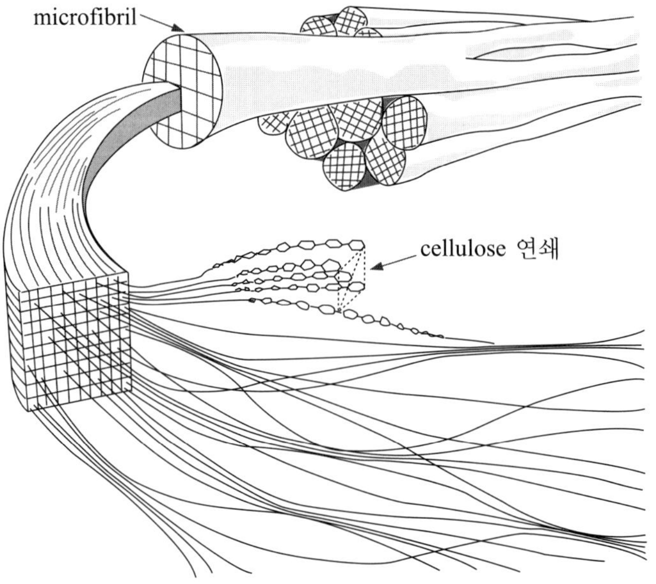

그림 4.18 미섬유(microfibril)의 구조

(2) Cellulose의 이용 가치

Cellulose의 β-1,4 결합은 수분 존재하에서 가열하거나 또는 산, 알칼리, 효소에 의해서 가수분해되어 β-glucose를 만든다.

Cellulose를 분해하는 효소인 cellulase는 달팽이(snail), 흰개미(termite)에서 분비되고 또 소와 같은 반추동물의 제1위에 기생하는 세균이나 *Aspergillus*, *Rhizopus*, *Neurospora*, *Penicillium*속에 속하는 곰팡이들에 의하여 분비된다. 인체의 소화기관에는 반추동물의 경우와는 달리 cellulose를 분해하는 효소가 없으므로 식품 중의 cellulose는 일부만이 장내 세균에 의하여 분해되어, 흡수 이용될 뿐 거의가 소화되지 않고 체외로 배설되어 영양적 가치는 적다. 그러나 식품 중에 함유된 적당량의 cellulose는 장의 유동을 자극하여 변통을 좋게 하는 효과가 크다.

한편, cellulose는 소화가 되지 않는 점을 이용하여 저칼로리 식품 제조에, 또 염색성이 좋은 점을 이용하여 식품첨가물용 착색안료로서 식품의 착색에, 그리고 보향성이 좋아서 식품에 첨가하여 휘발성이 강한 향기 성분을 흡착 또는 유지하는데 이용된다.

(3) Cellulose의 유도체

Cellulose의 구조를 화학적으로 일부 변경시켜 cellulose의 유도체로 하여 식품첨가물로 사용되는 것이 있다. Cellulose에 NaOH를 작용시키면 cellulose는 알칼리를 흡수하여 팽윤된 알칼리 cellulose를 얻는다.

$$\underset{\text{cellulose}}{ROH} + NaOH \longrightarrow \underset{\text{alkali cellulose}}{RONa} + H_2O$$

① Methyl cellulose(MC)

알칼리 cellulose를 CH_3Cl과 반응시키면 methyl cellulose를 얻는다.

$$\underset{\text{alkali cellulose}}{RONa} + CH_3Cl \longrightarrow \underset{\text{methyl cellulose}}{ROCH_3} + NaCl$$

Methyl cellulose는 친수성 colloid를 형성하므로 액체 식품의 안정제로 사용된다. 또한 methyl cellulose는 매우 흡습성이 강하여 가공식품 제조시 수분 유지가 필요할 때 사용된다.

② Carboxymethyl cellulose(CMC)

Carboxymethyl cellulose는 알칼리 cellulose에 monochloroacetic acid($ClCH_2COOH$)를 작용시켜 얻는다.

$$\underset{\text{alkali cellulose}}{RONa} + \underset{\text{monochloroacetin acid}}{ClCH_2COOH} \longrightarrow \underset{\text{carboxy methyl cellulose}}{ROCH_2COOH} + H_2O$$

Carboxymethyl cellulose는 물에 잘 녹고 점성을 크게 해 주므로 식품의 안정제, 호료 등으로 사용된다. 보통 CMC의 Na염이 시판되고 있으며 아이스크림, 청량음료, 과자류 등에 널리 사용된다.

③ Hydroxypropyl cellulose(HPC)

Hyoxypropyl cellulose는 알칼리 cellulose에 propylene oxide를 작용시켜 얻는다.

$$\underset{\text{alkali cellulose}}{RONa} + \underset{\text{propylene oxide}}{CH_2\text{–}CH\text{–}CH_3 \ (\text{–O–})} \longrightarrow R\text{–}O\text{–}\underset{|\atop ONa}{CH_2}\text{–}CH\text{–}CH_3$$

$$R\text{–}O\text{–}\underset{|\atop ONa}{CH_2}\text{–}CH\text{–}CH_3 + HCl \longrightarrow R\text{–}O\text{–}CH_2\text{–}\underset{|\atop ONa}{CH}\text{–}CH_3 + NaCl$$

Hydroxypropyl cellulose는 methyl cellulose와는 반대로 수분을 잘 흡수하지 않는 성질이 있으므로 분말상 건조식품의 건조 상태를 유지하는 데 사용된다.

4) Inulin

Inulin은 β–D–fructofuranose가 β–1, 2 결합으로 이루어진 중합체로 대표적인 fructan이며, 다알리아 뿌리, 우엉, 돼지감자 등에 전분 대신의 저장 물질로 함유되어 있다.

중합도는 약 30정도의 작은 분자이며 fructose의 β–1, 2 결합 사슬의 hemiacetal형 말단의 fructose가 D–glucose와 α–glucopyranoside 결합을 하고 있다고 생각되고 있다.

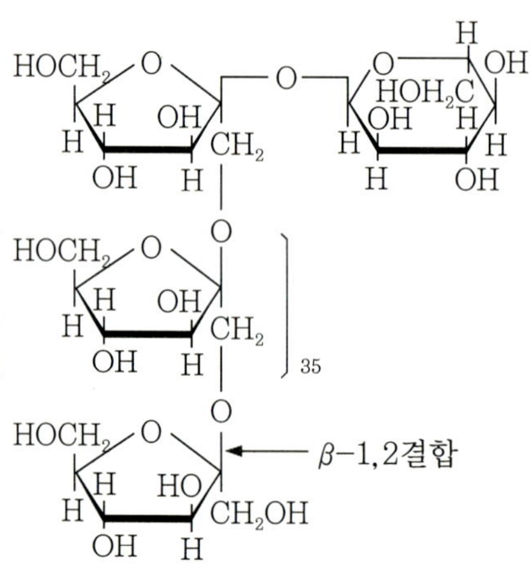

inulin

Inulin은 산에 의하여 전분보다 더 쉽게 가수분해되며 또한 효소 inulase에 의하여 가수분해되어 fructose로 된다. 한편, inulin은 전분과 달리 요오드 정색반응에 의하여 청색을 나타내지 않는다.

5) Lichenin

Lichenin은 glucose가 β-1, 4 결합 및 β-1, 3 결합으로 이루어진 cellulose와 비슷한 저장성 다당류로서 lichenan이라고도 한다.

중합도는 100~200 정도의 분자로서 island 이끼 등의 지의류에 분포하며 북구에서는 식용으로 하고 있다. 흰 가루로서 끓는 물과 염산에 용해된다. Lechenin은 산으로 가수분해하면 96~98%의 D-glucose가 생기며 효소 lichenase에 의해서는 cellobiose로 가수분해된다.

6) Glycogen

동물체 내에서 glucose의 농도가 높을 때는 그 일부가 glycogen의 형태로 간, 근육, 조직 등에 저장되며, glucose가 필요할 때는 다시 분해되어 이용된다. 이와 같이 glycogen은 동물의 저장 다당류로서 주로 간 및 근육에 다량 함유되어 있으며 또 굴이나 효모에도 존재한다.

Glycogen은 α-glucose가 α-1, 4 결합과 α-1, 6 결합에 의하여 결합된 중합체로서 전분의 amylopectin과 매우 유사하나 amylopectin보다 가지가 더 많고 사슬의 길이도 짧다. 즉, 가지와 가지 사이의 glucose는 3~4개 정도로서 극단적으로 가지가 갈라져 말단의 가지의 glucose 중합도가 약 6~7 정도이다

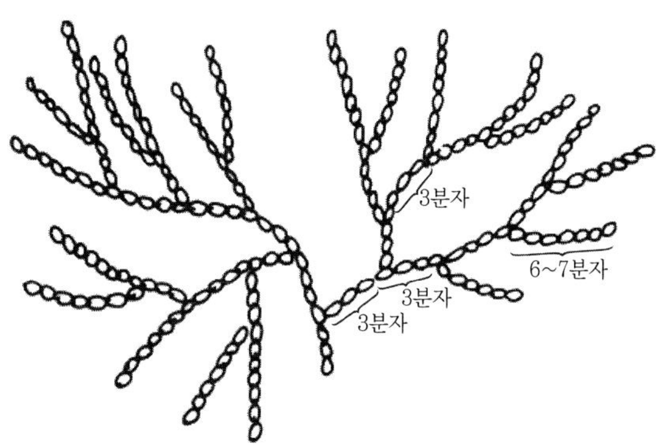

그림 4.19 Glycogen의 구조

Glycogen의 분자 형태는 전체적으로 가지가 많기 때문에 구형(spherical form)을 가지는 것으로 생각되며 분자량은 약 3×10^6~5×10^7 정도로 추정된다. Glycogen은 백색, 무정형의 분말로서 무미, 무취이고 냉수에 녹아서 colloid용액을 이룬다. 전분과 같이 호화를 일으키지 않으므로 노화현상도 없으며 요오드 반응은 적갈색을 나타낸다.

한편, 생체조직내에 저장된 glycogen은 필요에 따라 glucose로 일단 분해된 후 일련의 효소반응을 거쳐서 pyruvic acid로 분해되며, 이와 같이 형성된 pyruvic acid는 산소 존재하에서는 다시 산화되어 물과 탄산가스로 되는 동시에 다량의 ATP가 형성된다. 그러나 산소의 공급이 불충분한 경우에는 glycogen에서 분해된 glucose는 lactic acid로 된다. 이때 형성된 lactic acid는 산소공급이 원활해지면 다시 pyruvic acid로 거쳐서 계속 산화된다.

$$\underset{\text{glycogen}}{2(C_6H_{11}O_5)_n} + 5n[O] \longrightarrow \underset{\text{pyruvic acid}}{4_nCH_3COCOOH} + 3nH_2O$$

$$CH_3COCOOH + 5[O] \longrightarrow 3CO_2 + 2H_2O$$

$$\underset{\text{pyruvic acid}}{CH_3COCOOH} + H_2O \longrightarrow \underset{\text{lactic acid}}{CH_3CH(OH)COOH} + [O]$$

7) Chitin

포유동물과 같은 고등동물의 골격조직은 collagen을 주로 하는 망상조직이 인산칼슘 [$Ca_3(PO_4)_2$]에 의해서 경화되어 있고, 그 반면에 갑각류, 곤충과 같은 하등동물은 chitin을 주로 하는 망상조직이 탄산칼슘($CaCO_3$)에 의하여 경화된 형태를 유지하고 있다.

Chitin은 2−N−acetyl glucosamine이 β−1, 4 결합으로 연결된 직쇄상의 단순 다당류로 생각되고 있다.

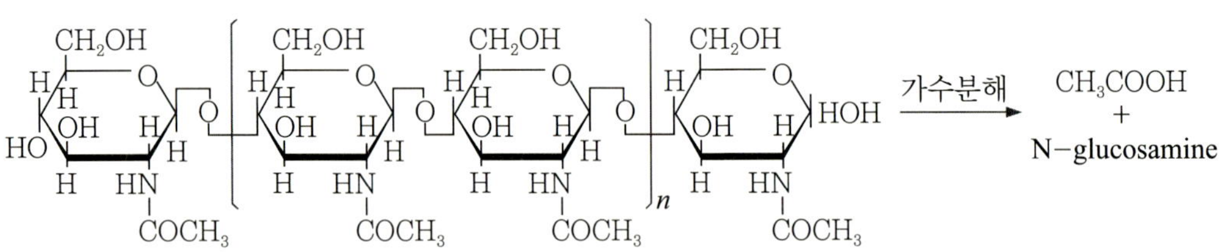

chitin

새우, 게 등의 갑각류의 껍질을 모아 염산을 작용시켜 탄산칼슘을 녹여서 제거한 후 묽은 알칼리, alcohol, ether 등으로 씻어 유기물질과 불순물을 제거하여 정제하면 흰색의 펄프상의 chitin을 얻는다. 이 chitin을 강산으로 가수분해하면 acetic acid와 2−N−glucosamine을 얻는다.

한편, chitin의 β−1, 4 결합을 절단하는 lysozyme은 동물 조직에, chitinase는 달팽이에 존재한다.

2. 복합 다당류

1) Hemicellulose

Hemicellulose는 식물의 세포벽을 구성하고 있는 성분 중에서 cellulose를 제외한 각종 다당류 혼합물에 주어진 명칭이나, 식품학적으로는 전분과 cellulose 중간 정도의 용해성을 가지며 알칼리에 의하여 추출되는 복잡한 당류를 가리킨다.

Hemicellulose는 hexose, pentose, uronic acid 등이 결합한 복합 다당류로서 그 구성 성분은 식물의 종류에 따라 다르다(표 4.5). Hemicellulose의 분자량은 그 명칭에서 알 수 있듯이 cellulose에 비하여 반 정도이며 보통 10,000~40,000 정도로 추정하고 있다. 그러므로 hemicellulose는 식물의 세포벽의 구성분으로 cellulose와 함께 존재할 뿐 cellulose와는 아무 관련이 없으며 그의 물리적 화학적 성질도 다르다.

표 4.5 Hemicellulose의 구성 성분

식물의 종류	구조
밀가루	X1…4X1…4X…4X1…4X 3 3 2 1A 1A 1A
밀짚	X1…4X1…4X1…4X1…4X1…4X 3 3 1A 1GA
귀리짚	X1…4X1…4X1…4X1…4X 3 2 1A 1GA
배나무	X1…4X1…4X1…4X1…4X1…4X 3 3 X1…4X1 1GA
밤나무	X1…4X1…4X1…4X1…4X 2 1MGA
낙엽송	……Galβ1−6Galβ 1…… 3 1βGal 6

X: xylopyranose, A: arabofuranose, G: D−glucopyranose,
Gal: D−galactopyranose, GA: D−glucuronic acid, MGA: 4−methyl glucuronic acid

Hemicellulose와 cellulose의 일반적인 차이점은 대체로 다음과 같다

① Hemicellulose는 cellulose보다 분자당 중합도가 훨씬 작다.

② Cellulose는 hemicellulose보다 알칼리에 잘 녹지 않으며 또 묽은 산에 의하여 가수분해도 잘 되지 않는다.

③ Hemicellulose는 비섬유상인데 비하여 cellulose는 섬유상이다.

④ Hemicellulose는 가수분해되면 주로 D−xylose를 생성하고 그 이외의 단당류도 생성하는 대하여 cellulose는 D−glucose만 생성한다.

⑤ Hemicellulose는 cellulose보다 인화점이 낮다.

2) Pectin 물질

Pectin 물질(pectic substances)은 식물 조직의 세포벽(cell wall)이나 세포와 세포 사이를 연결해 주는 세포간질(middle lamela)에 주로 존재하는 다당류이며, 이들 세포들을 서로 결착시켜 주는 물질로서 작용한다. 따라서 pectin은 채소류, 과실류의 가공, 저장 중의 조직의 유지와 신선도의 유지 등을 위해서 매우 중요하다. 만일 식물 조직의 세포 간질을 구성하고 있는 pectin이 분해하면 세포가 각각 분리되어 버리기 때문에 식물의 조직은 견고성을 잃고 연하여진다. Pectin 물질은 식물의 뿌리, 줄기 또는 과실이나 채소의 어린 조직에 다량 함유되어 있다.

(1) Pectin 물질의 종류

Pectin 물질은 protopectin, pectic acid, pectinic acid, pectin으로 구분되며, 이들은 모두 기본단위가 galacturonic acid의 긴 사슬로 되어 있고 galacturnic acid의 carboxyl기가 자유로이 ester화 될 수 있다. 이들 중 가장 중요한 것은 물론 그 분자 내의 carboxyl기의 일부가 methyl ester 또는 염의 형태로 되어 있는 pectin이다.

① Protopectin

Protopectin은 pectin의 전구체로서 식물체의 유연조직에 다량 존재한다. 덜 익은 과실에는 불용성의 고분자 화합물인 protopectin 형태로 존재하지만 과실이 익어감에 따라 그 일부가 protopectinase의 작용에 의하여 가용성의 pectin 등으로 가수분해된다.

식물 세포 내에서 protopectin의 구조는 그림 4.20과 같으며, Ca이나 Mg을 중개로 하여 pectin분자의 사슬끼리 결합하고 또한 수소결합 등에 의해 cellulose, hemicellulose 등과 결합하여 망상 구조를 이루고 있다.

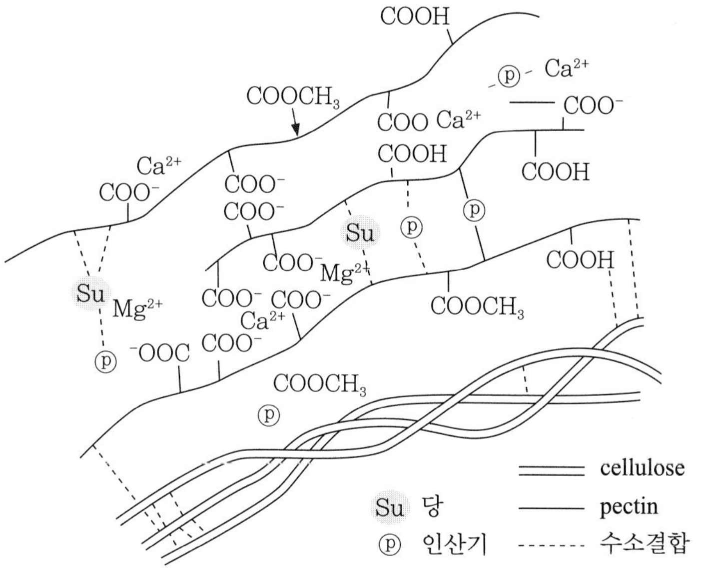

그림 4.20 세포 내에서의 protopectin의 구조

② Pectic acid

Pectic acid는 α-D-galacturonic acid 100~800개 정도가 α-1, 4 결합에 의하여 결합된 중합체로서 그 분자 중의 carboxyl기에 methyl ester 형태가 전혀 존재하지 않는 polygalacturonic acid이다. Pectic acid는 유리 carboxyl기를 가지고 있기 때문에 Ca이나 Mg과 결합하여 염을 형성하며 Ca과 결합한 경우에 불용성의 calcium pectate가 되어 침전한다.

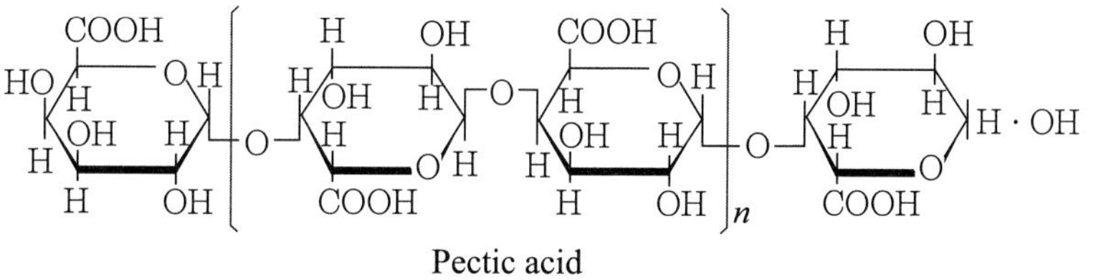

Pectic acid

③ Pectinic acid

Pectinic acid는 pectic acid의 유리 carboxyl기의 10~20% 정도가 methyl ester 형태로 존재하는 수용성의 polygalacturonic acid이다.

Pectinic acid는 methyl ester화 되어 있지 않은 유리 carboxyl기가 완전히 염의 형태를 이루고 있는 중성염, 유리 carboxyl기의 일부만이 염의 형태를 이루고 있고 나머지 일부는 그대로인 산성염 또는 그 혼합물로 존재할 수 있다.

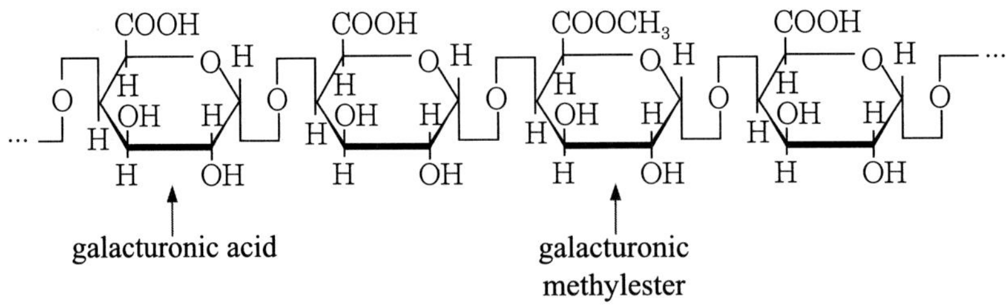

Pectinic acid

④ Pectin

Pectin은 단일 물질이 아니라 pectnic acid의 유리 carboxyl기의 일부가 염의 형태로 되어 있을 때의 이름이다. 즉, pectin분자의 구성단위인 galacturonic acid의 carboxyl기가 methyl ester형태($-COOCH_3$), 유리 형태 또는 각종의 염의 형태($-COO^{-}Ca^{2+}$) 등의 여러 형태로 존재한다.

Pectin의 분자량은 그 출처에 따라 약간 다르나 일반적으로 20,000~30,000 정도로 추정하고 있으며, 이것은 galacturonic acid 분자 1,000~1,500개에 해당된다.

(2) Pectin의 구조

Pectin은 *Kertesz*에 의하면, 그 분자 내의 여러 carboxyl기의 일부가 methyl ester, 또는 염의 형태로 되어 있는 친수성의 polygalacturonic acid로서 교질성을 갖고 있으며 적당한 양의 당과 산이 존재할 때 gel을 형성할 수 있는 물질들에 대한 일반명이라고 정의되고 있다.

Pectin은 α-D-galacturonic acid가 α-1, 4 결합으로 연결된 polygalacturonic acid를 기본 구조로 하고 있으며, amylose와 비슷한 α-나선형을 가진 직선상의 분자들로 생각되고 있다.

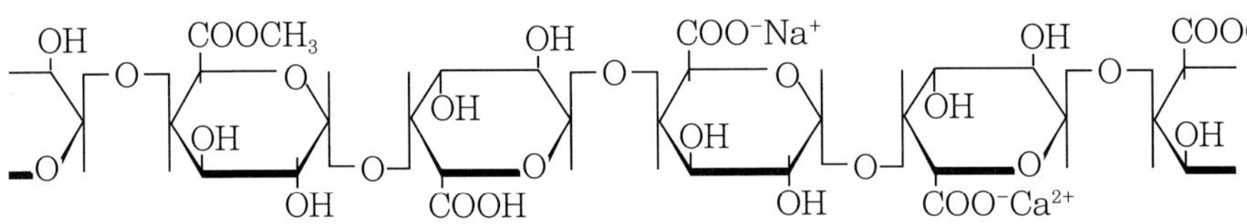

이 직선상의 pectin 분자들은 그림 4.21과 같이 분자들 상호간에 수소결합을 통해서 하나의 집합체를 형성하여 거대 분자(macro molecule)로 존재하는 것으로 생각된다.

한편, pectin을 가수분해하면 물론 주성분인 galacturonic acid가 가장 많이 생성되나 표 4.6에서 보는 바와 같이 거의 언제나 arabinose, galactose, rhamnose, xylose 등의 당류와 acetic acid 등이 함께 생성된다.

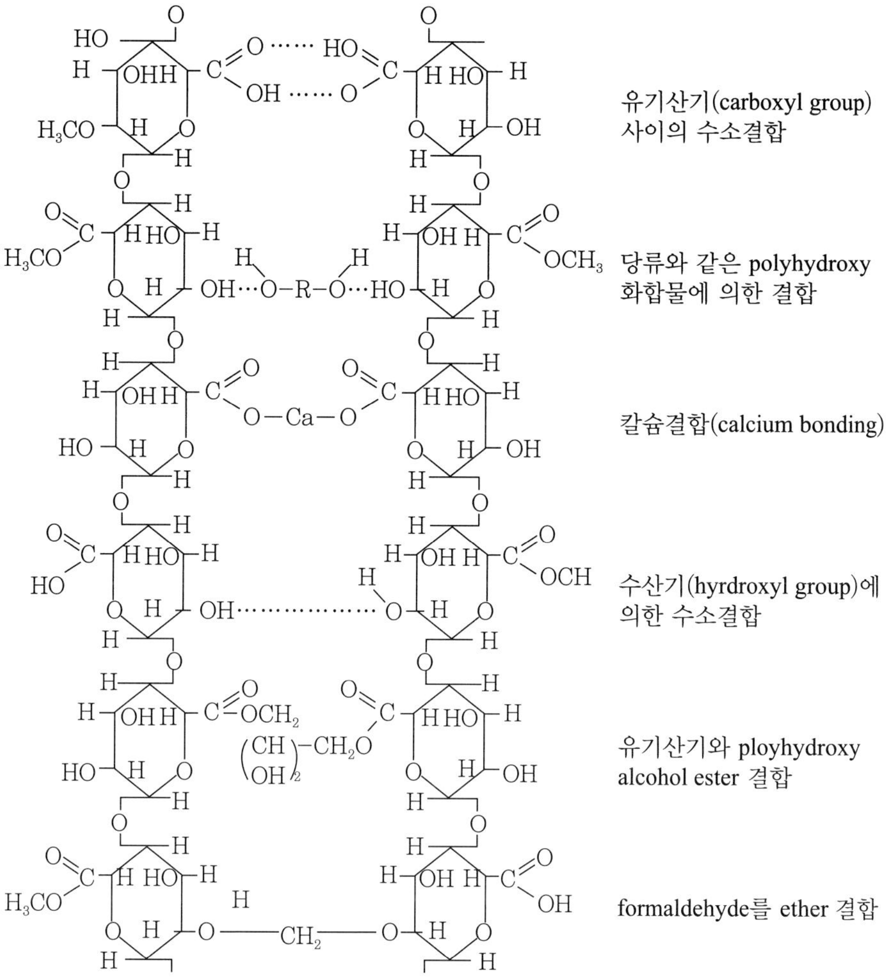

그림 4.21 Pectin 분자간의 가능한 화학결합

표 4.6 과실에서 추출된 pectin 성분

사과에서 추출된 pectin 성분		레몬에서 추출된 pectin 성분	
구성 성분	%	구성 성분	%
galacturonic acid	87%	galacturonic acid	87~95.2%
arabinose	9.3%	arabinose	3~7.7%
galactose	1.4%	galactose	0.05~6.4%
rhamnose	1.2%	acetic acid	1.9~4.7%
xylose	0.9%		
fucose	소량		

이들 성분들이 pectin 분자의 정상적인 구성 성분인지 또는 pectin의 정제 과정에서 불순물로 오염된 araban, galactoaraban, xylan 등과 같은 pentosan류나 기타의 다당류에 기인한 것 인지에 대해서는 아직 분명하지 않다. 따라서 pectin이 반드시 galacturonic acid만으로 된 중합체인지에 대해서도 확실하지 않다.

(3) Pectin의 methoxyl기 함량과 기타의 성질

Pectin분자 중의 methyl ester($-COOCH_3$)의 함량 즉 methoxyl기($-OCH_3$)의 함량은 pectin분자의 크기와 함께 pectin의 성질에 큰 영향을 준다. 만일 pectin분자 속의 galacturonic acid의 carboxyl기가 모두 methyl ester 되었다고 가정할 때의 methoxyl기의 함량은 전체 분자에 대하여 다음과 같은 계산에 의해서 약 16.32%가 된다.

$$\%\ \text{methoxyl 함량} = \frac{\text{pectin분자 속의 methoxyl기의 수} \times CH_3O}{\text{pectin분자 속의 galacturonic acid의 수} \times C_7H_{10}O_6} \times 100$$

$$= \frac{n \times CH_3O}{n \times C_7H_{10}O_6} \times 100 = \frac{31}{190} \times 100 = 16.32(\%)$$

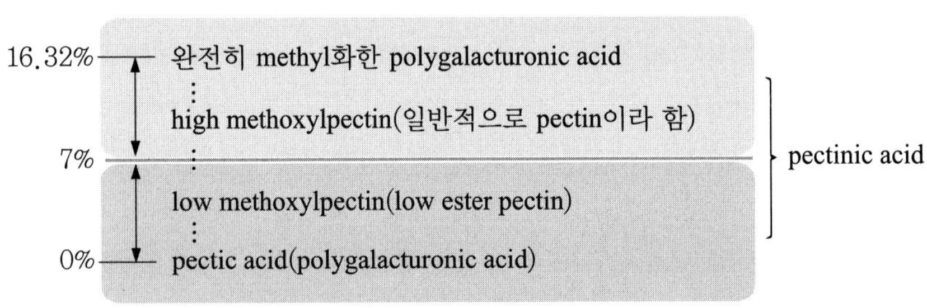

그림 4.22 Pectin 물질의 methoxyl 함량과 그 명칭

한편, pectin분자 속에 있는 모든 carboxyl가 전혀 methyl ester되어 있지 않다고 가정한다면 % methoxyl 함량은 0이 되며 이 분자는 곧 pectic acid를 나타낸다.

실제로 과실류나 채소류에서 얻어지는 pectin의 % methoyxl 함량의 범위는 14~0%로서 그 함량이 7% 이상의 것을 high-methoxyl pectin, 7% 이하의 것을 low-methoxyl pectin이라고 한다.

Pectin은 물에서는 colloid용액을 형성하며 그 점도는 매우 크다. 물에 대한 용해도는 pectin분자 중의 methyl ester 함량이 적고, pectin분자의 길이가 짧으며, 수소이온 농도가 낮을수록 물에 잘 녹는다. 한편 pectin용액의 점성은 pectin분자가 크면 클수록 커진다. 그러나 pectin은 acetone이나 alcohol에 불용이며 특히 alcohol에 녹지 않는 성질은

pectin의 추출액에서 pectin을 침전 분리시키는 데 흔히 사용되고 있다. Pectin은 polygalacturonic acid의 중합체이므로 알칼리에 용해하며, 또한 알칼리에 의해 쉽게 그 methyl ester group은 가수분해된다.

Pectin은 분자 말단에 있는 galacturonic acid에 환원성을 갖고 있으며 알칼리성 용액에서 요오드(I_2)를 환원한다.

3) Lignin

Lignin은 조섬유질의 한 성분으로서 식물 조직 내에 cellulose나 hemicellulose들과 함께 존재하나, 본질적으로 이 물질은 탄수화물이 아니며 전혀 성질이 다른 방향족 탄화수소에 속하는 화합물이다. 이 lignin은 중합체로서 고등 식물 세포의 세포막에 존재하여 결착제로서 작용하고 있으며 식물 세포막의 목질화를 가져오는 주요 성분이다.

Lignin의 구조는 매우 복잡하며 propyl phenol을 기본물질로 구성하고 있는 것으로 알려져 있다. 산소의 공급 없이 가열분해시킬 때 각종의 휘발성 방향족 화합물들이 형성된다.

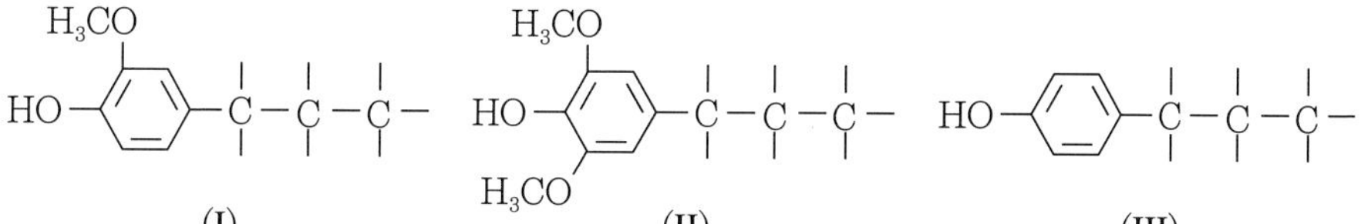

(I) (II) (III)

그림 4.23 Lignin의 구성 성분인 propylphenol의 구조

또한 이 lignin을 산, 알칼리 등으로 분해시킬 때는 coniferyl alcohol, eugenol, catechol, phenol, n-propyl guaiacol, methyl alcohol 등이 얻어지는 사실이 알려져 있다.

4) Mucopolysaccharides

생체의 점성 물질, 연조직, 결체조직의 성분으로서 amino당, uronic acid 등이 주요 구성 성분으로 이루어진 다당류이다. 그러나 식품성분으로서의 중요성은 현재로서는 그다지 크지 않다.

(1) Chondroitin sulfate

Chondroitin sulfate는 연골 및 결체조직의 주성분이며 특히 연골에는 20~40% 함유되어 있다. Chondroitin sulfate의 구조는 2-N-acetyl chondrosamine(N-acetylgalactosamine)과

D−glucuronic acid가 β−1, 3과 β−1, 4 결합으로 번갈아 결합되어 있으며, 2−N−acetyl chondrosamine의 C_6에 있는 수산기는 황산과 ester 결합으로 연결되어 있다. 이 황산기와 glucuronic acid의 carboxyl기는 보통 염의 형태로 존재한다.

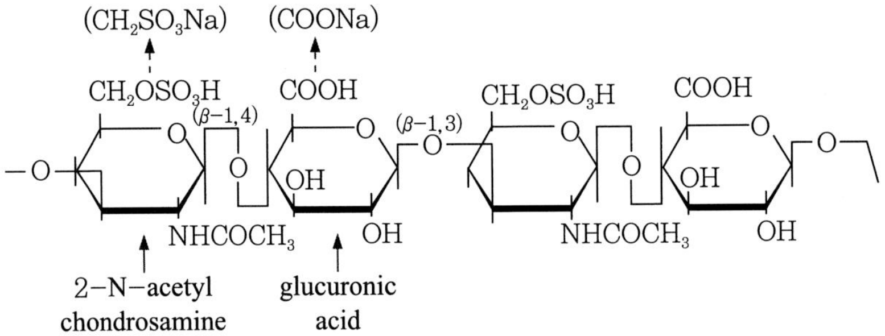

Chondroitin sulfate

(2) Hyaluronic acid

Hyaluronic acid는 동물 조직의 세포와 세포 사이에 존재하며 이들 세포를 결합하는 접합 물질로서 생각된다. Hyaluronic acid의 구조는 2−N−acetyl glucosamine과 D−glucuronic acid가 β−1, 4 및 β−1, 3 결합으로 번갈아 연결된 것으로 가지가 많은 것으로 알려져 있다.

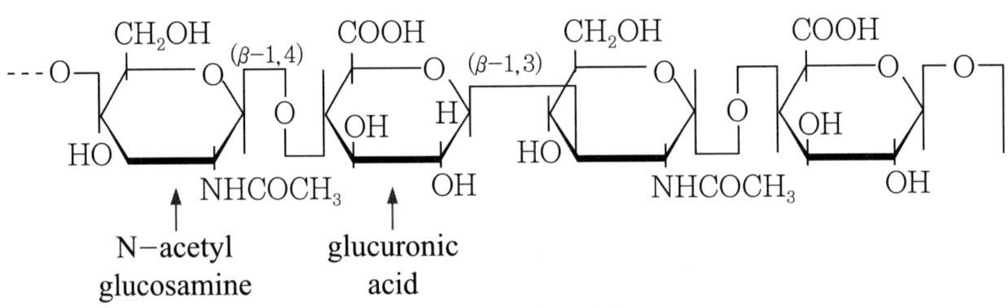

Hyaluronic acid

(3) Heparin

고등동물의 각 조직에 널리 분포하고 glucosamine, glucuronic acid, H_2SO_4로 이루어진 다당류이다. 이것은 혈액응고를 방지하는 작용을 가지고 있다.

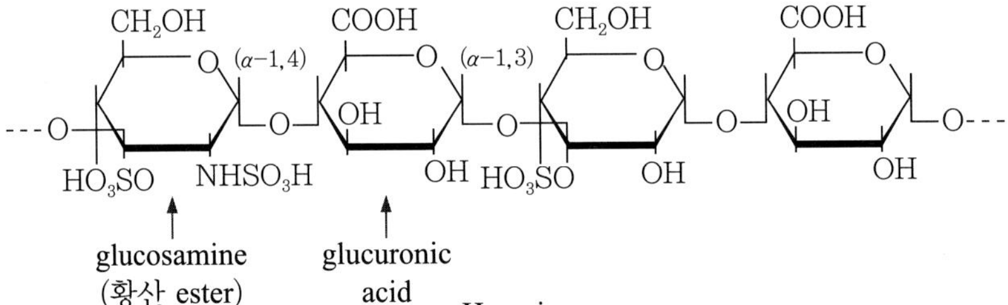

Heparin

3. 천연 gum질

Gum질은 적은 양의 용액으로 높은 점성을 나타내는 다당류 및 그 유도체를 말한다. 이들은 모두 물과 결합하여 점성의 용액이나 gel을 형성하는 친수성 분자(hydrophillic molecule)를 가지며, 분자의 성질이 gum질의 특성에 크게 영향을 미친다.

자연의 동식물에서 분비되는 gum질 중의 어떤 것은 옛부터 안정제(stabilizer), gel형성제(gelling agent), 결착제(binding agent), 유화제(emulsifier), 팽윤제(swelling agent) 등으로 식품공업에 널리 이용되어 왔다

천연 gum질은 출처에 따라 식물 조직에서 삼출되는 gum질(exudate gums), 식물 종자에서 얻어지는 gum질(seed gums), 해조에서 추출되는 gum질(seaweed gums), 미생물이 생성하는 gum질(microbial gums) 등으로 분류되고 있다.

1) 식물 조직에서 삼출되는 gum질

(1) Gum arabic

아라비아 gum은 인도, 아프리카 등 열대 또는 아열대 지방에서 자라는 *Acacia verek*의 나무껍질에서 얻어지는 분비물이다.

아라비아 gum의 분자구조는 β-D-galactose가 β-1, 3 결합으로 연결된 주사슬에 L-rhamnose, L-arabinose, D-glucuronic acid가 β-1, 6 결합으로 연결되어 가지가 많은 복잡한 구조를 이루고 있다. 분자량은 그 출처에 따라 다르나 대체로 25,000~1,000,000 정도로 추정하고 있다.

아라비아 gum은 물에 잘 녹으나 다른 gum질 용액에 비하여 점성이 낮은 것이 특징이다.

```
                    1-L-arabinose 3-1-β-D-galactose
                                  1
                                  |
                                  6
1-β-D-galactose-3-1-β-D-galactose-3-β-D-galactose-3-1-β-D-galactose-3
       6                                    6
       |                                    |
       1                                    1
  L-rhamnose-1-3-β-D-galactose       β-D-galactose-3-1-L-rhamnose
                       6                    6
                       |                    |
                       1                    1
              D-gluconic acid       D-gluconic acid
                       4                    4
                       |                    |
                       1                    1
                 L-arabinose          L-arabinose
```

Gum arabic의 분자구조

표 4.7 식품첨가물로 사용되고 있는 gum의 종류

천연 gum	변형 gum	합성 gum
수액 및 추출물 Arabic Tragacanth Karaya Larch Ghatti	섬유소 유도체 Carboxymethyl cellulose Methyl cellulose Hydroxypropylmethyl cellurose Hydloxypropyl cellulose Hydroxyethyl cellulose Ethylhydroxyethyl cellulose Microcrystalline cellulose	vinyl 중합물 Polyvinyl pyrrolidone Polyvinyl alcohol Carboxyvinyl polymer
종자 · 뿌리 Locust bean Guar Psyllium seed Quince seed	전분 유도체 Carboxymethyl starch Hydroxyethyl starch Hydroxypropyl starch	acryl 중합물 Polyacrylic acid Polyacryl amide Ethylene oxide
해조추출물 Agar Algin Carrageenan Furcellaran	발효 gum Dextran Xanthan gum	
기타 Pectin Gelatin Starch	기타 Low methoxyl pectin Propylene glycol alginate Triethanolamine alginate Carboxymethyl Locust bean gum Carboxymethyl guar gum	

아라비아 gum은 점착체(thickening agent), 안정제 등으로 쓰이며 특히 제빵, 제과, 청량음료 등에 유화제로 사용된다.

(2) Gum tragacanth

이란 지방에서 자라는 관목(*Astragalus gummifer*)으로부터 수용성 침출액으로 얻어지는 gum질이다. Tragacanth gum의 구조는 아직 확실히 규명되어 있지 않으나 주 사슬로서 D-galacturonic acid 중합체를 가지며 D-xylose, D-galactose, D-fucose, L-arabinose 등을 함유하고 있는 복잡한 다당류이다. 또한 그 carboxyl기는 Ca, Mg, K의 염 형태로 존재한다고 한다.

Tragacanth gum은 물 속에서 팽윤되어 gel을 형성하는 성질이 있으며 샐러드 드레싱, 마요네즈, 아이스크림, 치즈 등의 안정제로 사용되고 있다.

(3) Gum Karaya

인도에서 자라는 나무 *Sterculia urens*에서 삼출되는 gum질이다. 이것은 D-galacturonic acid, galactose, rhamnose 등으로 구성된 복잡한 다당류이다.

Karaya gum은 물에 녹지 않으나 가루로 만들어 물에 가하면 퍼져서 불투명한 colloid용액을 만든다 치즈, 아이스크림 등의 안정제로 사용된다.

2) 식물 종자에서 얻어지는 gum질

(1) Locust bean gum

지중해 연안과 미국 캘리포니아에서 널리 재배되고 있는 두과식물인 *locust bean*의 종자에서 얻어지는 gum질이다. 이것의 구조는 D-mannose가 β-1, 4 결합으로 결합한 직쇄상의 중합체에 D-galactose가 mannose 4~5개 단위마다 α-1, 6 결합에 의하여 결합된 galactomannan의 중합체이다. 분자량은 약 300,000 정도로 추정되고 있다.

Locust bean gum은 매우 강한 친수성을 가지고 있으며, 냉수에도 풀어지나 최대의 점도를 얻기 위해서는 가열이 필요하다. 샐러드 드레싱, 아이스크림, 치즈, 육류 충전제 등에 사용되고 있다.

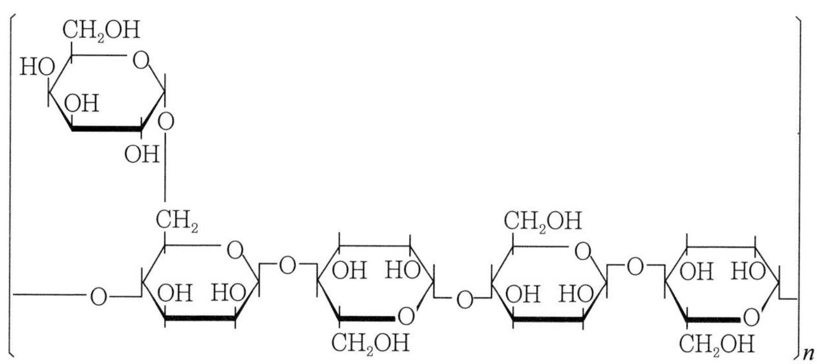

Locust bean gum의 분자구조

(2) Gum guar

인도나 파키스탄 등에서 재배되는 두과식물인 *guar*의 종자에서 얻어지는 gum질이다. 이것의 구조는 D-mannose의 β-1, 4 결합의 직쇄에 D-galactose가 mannose 2개마다 α-1, 6 결합에 의하여 결합된 매우 가지가 많은 galactomannan이다. 분자량은 220,000정도이다.

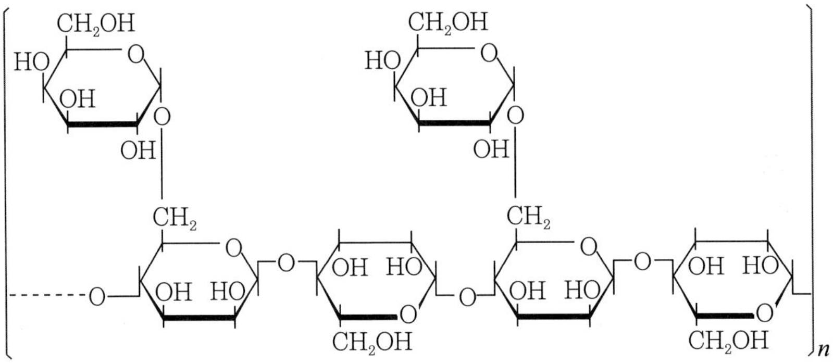

Guar gum의 분자구조

Guar gum은 천연 gum질 중에서 가장 점도가 크며, 냉수에서 팽윤하고 가열 조리에 의하여 점성을 잃지 않는다. 빵, 치즈, 샐러드 드레싱, 아이스크림 등에 사용한다.

(3) Gum tamarind

두과 식물의 하나인 *tamarind*에서 얻어지는 gum질로서 glucose, xylose, galactose로 이루어져있다. 분자량은 약 120,000이다.

Tamarind gum의 특징은 pectin과 마찬가지로 당을 가하면 jelly를 만든다. Pectin jelly에 비하여 보형성은 적으나 탄성은 매우 세다.

3) 해조에서 추출되는 gum질

(1) 한천

한천(agar)은 홍조류에서 추출되는 다당류이며 amylose와 같은 직선상의 분자구조를 가진 agarose와 amylopectin과 같이 분지 구조로 된 agaropectin의 두 성분으로 구성되어 있다.

Agarose는 β-D-galactose와 α-L-3, 6-anhydro galactose가 β-1, 4 결합에 의하여 형성된 이당류인 agarobiose가 α-1, 3 결합을 통하여 연결된 중합체이다. 한편 agaropectin은 agarose와 마찬가지로 구성단위인 agarobiose 10~50개마다 한 개 정도로 galactose의 황산 ester 그룹을 가지고 있다. 실제로 agaropectin분자들은 이상의 황산 ester의 황산기와 칼슘이온(Ca^{2+})과의 이온결합을 통해서 서로 횡적으로 결합되고 있다.

한천은 특히 gel 형성력이 강하여 0.2~0.3%에서도 gel을 형성한다. 또한 비교적 고온에서도 gel의 상태를 잘 유지하므로 빵류, 과자류, 우유, 유제품, 과즙, 청량음료 등의 안정제로서 널리 사용되고 있다

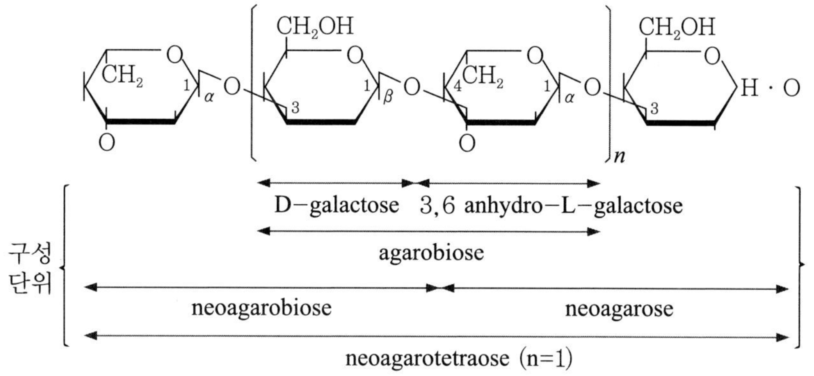

Agarose의 분자구조

(2) Alginic acid와 algin

Alginic acid와 그 염인 algin은 미역, 다시마 등의 갈조류의 세포벽 성분으로 존재하는 다당류이다. Alginic acid는 β−anhydromannuronic acid가 β−1, 4 결합을 통해서 중합된 직선상의 분자구조를 가지고 있으며, 최근에 L−glucuronic acid도 또 하나의 주요 구성 성분으로 알려지고 있다. 그 분자량은 30,000~200,000 정도이다

Alginic acid는 냉수에 녹지 않으나 뜨거운 물에는 조금 녹는다. 그러나 이것의 나트륨, 칼륨 등의 염인 algin과 propyleneglycol의 ester인 propyleneglycol alginate(PGA)는 물에 잘 녹으며, 이것의 칼슘염은 물에 녹지 않는다.

Algin은 그 농도가 충분하고 칼슘, 마그네슘이온 등의 2가 이상의 이온이 존재할 때는 gel을 형성한다. 또한 산성 용액에서도 반고체의 gel을 형성하므로 산성인 과즙, 청량음료

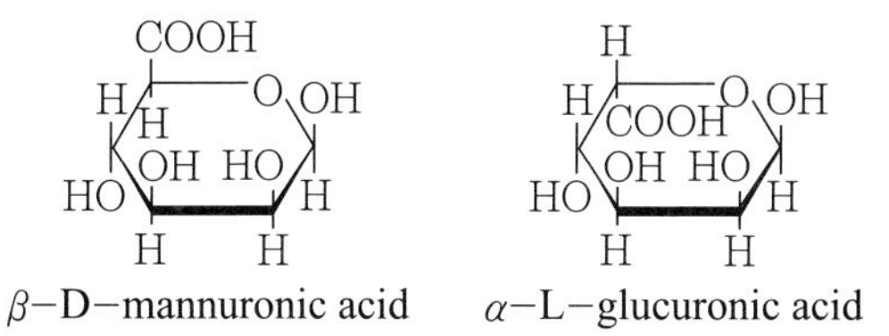

…−M−M−M−M…. …G−G−G−G….
…−M−G−G−M−G−G−…,
…−M−M−G−M−M−G−…
…M−G−M−G−M−G−…

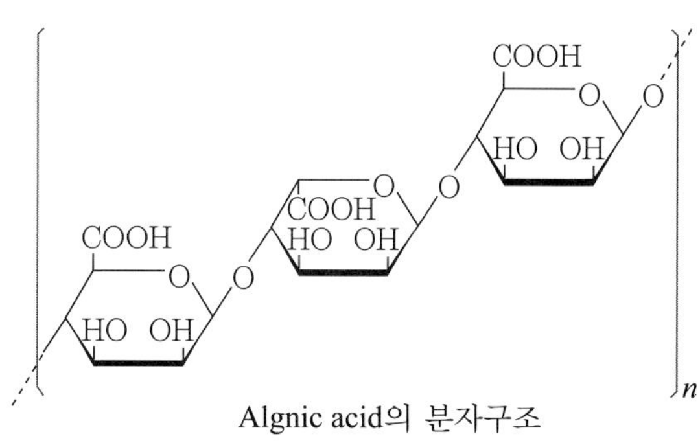

Algnic acid의 분자구조

등에 사용할 수 없는 결점이 있으나 PGA는 산성에서도 gel화 되는 성질이 없으므로 algin 대용으로 사용된다.

Algin은 gel 형성제보다는 치즈, 아이스크림, 농축 오렌지 주스, 맥주 등에 안정제, 농화제로서 사용된다.

(3) Carrageenan

Carrageenan은 홍조류에 속하는 해조류의 추출물로서 gel을 형성할 수 있는 kappa(κ) carrageenan과 iota(ι) carrageenan, 그리고 gel을 형성하지 않는 lamda(λ) carrageenan 등으로 구분된다.

κ-carrageenan은 β-D-galactose-4-sulfate와 α-3, 6-anhrdro-D-galactose가 β-1, 4 결합으로 결합된 것을 기본 단위로 하여 이들이 α-1, 3 결합으로 연결되어 있다. ι-carrageenan은 β-D-galactose-2-sulfate와 α-D-galactose-2, 6-disulfate가 β-1, 4 결합으로 결합된 것을 기본 단위로 하여 이들이 α-1, 3 결합으로 연결된 직선상의 분자로 생각되고 있다.

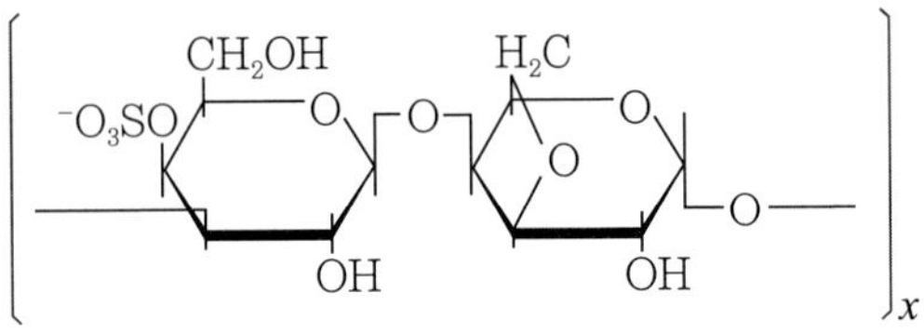

κ-carrageenan의 분자구조

일반적으로 carrageenan은 한천에 비하여 gel의 탄력성이 있고 보수성이 강하다. Carrageenan의 칼륨염은 나트륨염에 비하여 단단한 gel을 형성하므로 carrageenan의 수용액에 칼륨염을 첨가함으로써 gel 형성력을 증가시킬 수 있다. 그러므로 carrageenan은 gel 형성제, 점착제, 안정제 등으로 사용된다.

(4) Furcellaran

Furcellaran은 한천의 대용품으로 덴마아크에서 개발된 gum질로서 홍조류에 속하는 해조류의 추출물이다. Furcellaran의 구조는 아직 확실하지 않으나 D-galactose-4-sulfate와 3, 6-anhydro-D-galactose로 구성되어 있는 것으로 알려져 있으며 분자량은 20,000~80,000 정도로 추정되고 있다.

Furcellaran은 유제품의 점착제 또는 jam, jelly 등에서 pectin 대용으로 사용되며, 이때 pectin을 사용한 것보다 장시간 가열하지 않아도 되기 때문에 색깔과 향기 등의 품질 유지에 있어서 유리하다.

4) 미생물이 생성하는 gum질

(1) Dextran

Dextran은 미생물이 생성하는 gum질 중 대표적인 것으로서 *leuconostoc*에 속하는 세균이 surcose 또는 fructose를 소비하여 dextran을 생산한다.

Dextran의 구조는 α−glucose가 α−1, 6 결합으로 연결된 것에 대략 glucose 분자 10~20개마다 α−1, 3 결합에 의한 분지 구조를 이루고 있다.

Dextran은 점싱이 매우 크며 대용 혈청으로 이용된나. 또 이것의 철 복합체와 황산 ester는 각각 철 보급제, 혈액응고 저지제로 이용한다.

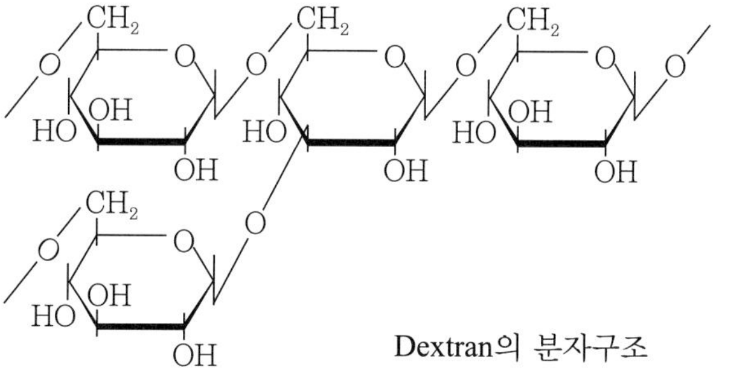

Dextran의 분자구조

(2) Xanthan gum

Xanthan gum은 glucose에 대하여 *Xanthomonas campestris*의 발효과정에서 형성되는 극히 점도가 큰 gum질이다.

Xanthan gum의 구조는 cellulose와 같이 β−D−glucose가 β−1, 4 결합으로 연결된 주된 사슬에 매 두 번째의 β−D−glucose의 C_3의 수산기를 통해서 두 개의 mannose와 한 개의 glucuronic acid로 된 가지가 연결되어 있다.

Xanthan gum은 식품에 사용되고 있는 gum질 중 가장 의사가소성이 강한 gum질로 알려져 있다. 즉, 강하게 교반할수록 외관상의 점성이 감소하는 성질을 가지고 있다. 따라서 식품가공시 매우 바람직한 유동성을 준다.

제 5 장

탄수화물의 변화 (changes in carbohydrates)

제1절 전분의 호화

1. 전분의 호화와 그 메카니즘

전분 입자(starch granules)들은 곡류 속에 존재할 때 보통 10~17%의 수분을 함유하고 있다. 전분 입자들 속에 존재하는 전분 분자들은 직접 또는 물분자를 통하여 서로 수소결합에 의해서 결합되어 단단한 micelle 구조를 형성하고 있다.

전분 입자에 물을 가하여 다량의 수분의 존재하에서 가열하면 온도가 상승함에 따라 전분 입자들의 분산액은 점도가 매우 큰 투명한 또는 유백색의 colloid 용액을 형성하며, 농도가 클 때나 또는 냉각할 때는 반고체의 gel을 형성한다.

이와 같은 전분입자의 물리적 변화를 호화(gelatinization)라고 한다. 전분의 호화 과정은 일반적으로 그림 5.1과 같은 4단계로 구분된다.

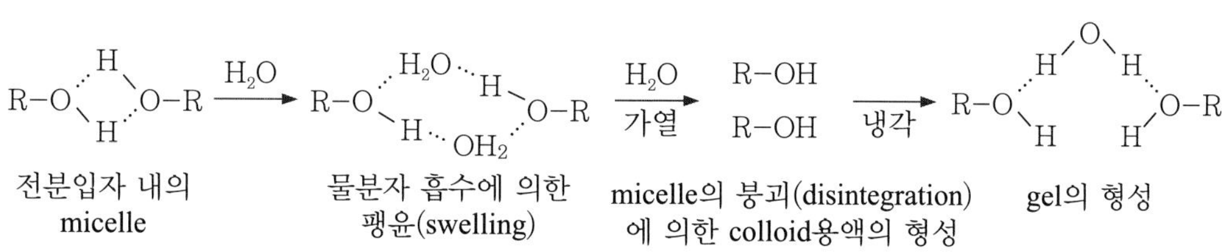

R−OH : amylose 또는 amylopectin 분자

그림 5.1 전분 입자의 호화과정

1) 수화

전분 입자에 물을 가하면 물 분자들은 쉽게 전분 입자 내에서 micelle을 형성하고 있는 amylose나 amylopectin 분자들 사이에 침투해 들어가게 된다. 전분 입자가 냉수 중에서는 일부 물 분자가 흡수되어 수화 현상(hydration)이 일어나나 외관상의 형태나 현탁액의 점도에 있어서 별다른 변화가 없다. 이 전분 입자들의 현탁액의 온도가 약간 상승함에 따라 약 25~30%의 물을 흡수하게 된다. 이 단계에서 흡수된 수분은 건조시키면 쉽게 제거되어 원래 상태로 되돌아가므로 전분 입자들의 물의 흡수과정은 가역적(reversible)이다.

2) 팽윤

전분 입자들의 현탁액의 온도가 계속 상승함에 따라 전분 입자들은 물의 흡수량이 증가되어 급속하게 팽윤(swelling)을 일으킨다. 전분 입자의 형태는 아직 유지되고 있으나 내부적인 변화는 계속된다. 즉, amylose와 amylopectin 분자들 사이에 많은 물 분자들이 수소결합을 통하여 침투해 들어가 분자들 사이의 간격은 계속 늘어나게 된다. 예를 들어 옥수수 전분의 경우에 60℃에서는 자기 중량의 약 300%의 물을, 70℃에서는 약 1,000%의 물을 흡수하며 온도가 계속 상승하여 최고의 팽윤에 달하였을 때, 즉 팽윤된 전분 입자들이 붕괴하기 직전에는 약 2,500%의 물을 흡수한다고 한다. 이 단계에서 물의 흡수 과정은 비가역적이며 전분 중의 가용성 성분들이 전분 입자 속에서 빠져 나와 물에 녹게 된다.

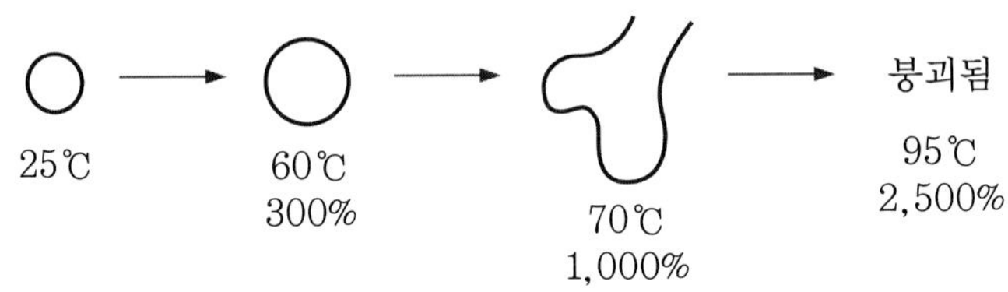

그림 5.2 전분입자의 온도에 따른 물 흡수현상

3) Micelle의 붕괴

전분 현탁액의 온도가 계속 상승해서 각 전분의 특유한 호화 온도에 도달하면 전분 입자들은 붕괴되고 그 속의 amylose나 amylopectin 분자들은 퍼져나가게 된다. 즉, 이 단계에서 전분 입자들은 붕괴(integration)되고 amylose, amylopectin 분자들이 분산되어 전분 현탁액은 colloid 용액으로 변하게 되어 호화는 완결된다. 호화가 완결된 colloid 용액은 점도가 크게 증가하고 광선의 투과율이 증가하며 결정성의 전분 입자들이 가지는 비등방성(anisotropy)[1]의 성질이 없어진다.

4) Gel의 형성

호화된 전분의 이 colloid 용액을 냉각할 때는 amylose나 amylopectin 분자들은 운동성을 잃고 농도가 충분히 높을 때에는 반고체의 gel[2]을 형성한다. 또 이 gel을 가열할 때는 다시 colloid 상태, 즉 sol[3] 상태로 가역적으로 변화한다. 또한 전분 gel은 밀가루 풀의 경우와 같이 교반하면 쉽게 액상인 sol로 되고 또 방치하면 다시 gel을 형성하는 thixotropic gel의 성질을 나타낸다.

보통 생전분은 β−전분이라고 하고 호화전분을 α−전분이라고 한다. β−전분은 규칙적인 분자 배열을 가진 미세한 결정 상태이며, α−전분은 불규칙적인 분자 배열을 가지는 무정

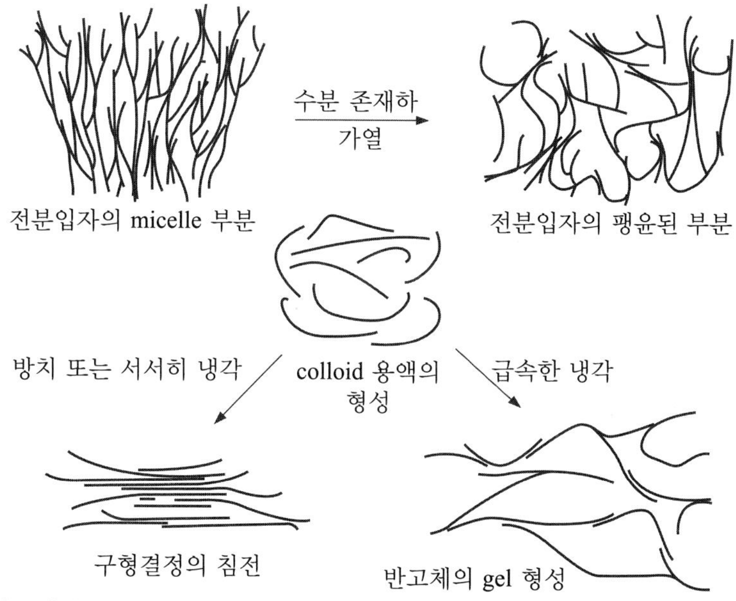

그림 5.3 전분입자의 호화에 의한 colloid용액의 형성과 그의 냉각시 침전 및 gel의 형성

[1] 비등방성(非等方性, anisotropy) : 물리학에서 어떤 특성이 측정하는 방향에 따라서 서로 다른 값을 갖는 성질이다. 비등방성은 고체원소나 화합물의 단결정에서 쉽게 관찰되는데, 단결정은 원소 · 이온 · 분자들이 규칙적인 격자구조를 이루고 있다.

[2] gel : 다량의 분산질 입자 사이에 소량의 분산매가 존재하여 입자는 서로 접촉하고 전체적으로 유동성을 잃은 것을 말하며, 그 예로 풀, 두부, 생선묵 및 삶은 달걀 등이 있다.

[3] sol : 분산매가 액체이고 분산질이 고체 또는 액체의 colloid 입자로서 전체가 유동상을 이루고 있는 것을 말하며, 그 예로 우유, 전분유, 된장국물 및 수프 등이 있다.

형 상태의 것이다. 따라서 전분의 호화를 α-화라고도 하며, 이것은 β-전분이 α-전분으로 변화되는 현상이다. β-전분은 물분자나 효소와의 친화력이 작기 때문에 소화되기 어려우나 α-전분은 효소 작용을 받기 쉬우므로 소화되기 쉽다. 따라서 쌀 등의 곡류, 감자, 고구마 등의 전분질 식품을 가열 조리하는 것은 소화되기 어려운 생전분(β-전분)을 호화전분(α-전분)으로 만들기 위한 것이다

2. 호화 전분의 X-선 회절도

자연에서 얻어진 상태의 생전분의 전분 입자에 대한 X-선 회절도(X-ray diffraction pattern)[4]를 보면 비교적 뚜렷한 반점(spot)이나 동심원륜(concentric ring)이 나타난 회절도를 볼 수 있다. 이것은 전분 입자들 내부에 일부 micelle을 형성하고 있는 amylose나 amylopectin 분자들이 부분적으로 어느 정도 규칙적으로 배열되어 있는 결정성 영역이 존재하기 때문이다.

생전분의 종류에 따라 얻어지는 회절도의 종류는 다르다. 예를 들어 쌀, 옥수수 전분과 같은 곡류 전분은 A도형, 감자, 밤 등의 생전분은 B도형, 그리고 고구마, 칙, 완두, 타피오카 등의 생전분은 C도형으로 알려진 X-선 회절도를 각각 나타낸다.

한편, 전분의 호화가 일어나면 전분의 micelle구조가 붕괴되므로 전분 내에는 결정성을 가진 규칙적인 분자 배열이 없어지게 된다. 따라서 어떤 종류의 전분에서 얻어진 호화 용액이든간에 호화된 전분 용액에 butyl alcohol을 가하여 흩어진 전분 분자들을 침전시킨 후 건조시켜 얻은 호화된 상태의 전분은 X-선에 대하여 뚜렷한 회절도를 나타내지 않고 V

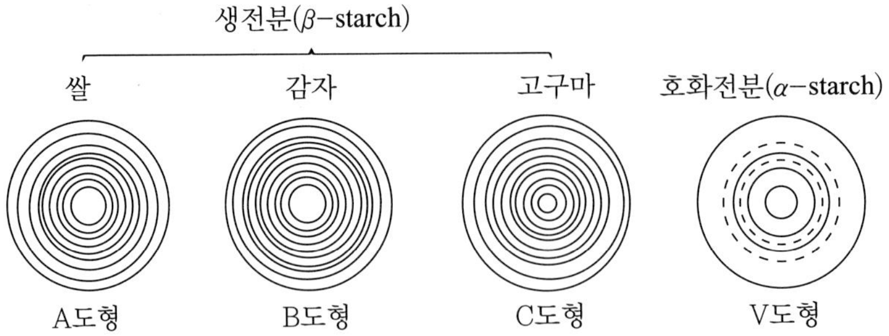

그림 5.4 전분의 X선 회절도의 모형

[4] X-선 회절도(X-ray diffraction pattern) : 회절이란 빛이나 소리의 파동이 장애물을 돌아서 그 뒷쪽까지 전파하는 현상을 말하며, X-선 회절은 X-선이 일으키는 회절이다. 전분에 X-선을 조사하면 회절에 의하여 입사 X-선 빔(beam)의 진행 방향과 다른 방향에서 X-선이 검출된다. 이 위치에 사진 건판을 놓아두면 다수의 회절 반점으로 된 X-선 회절 사진을 얻게 되는데 이것을 전분의 X-선 회절도라고 한다.

도형으로 알려진 매우 불명료한 무정형의 X-선 회절도를 나타낸다. 일반적으로 A, B나 C도형의 X선 회절도를 나타내는 전분은 β-전분, V도형을 나타내는 전분은 α-전분이라고 불린다.

3. 전분의 호화에 영향을 미치는 요인

1) 전분의 종류

전분 입자의 구조는 전분의 출처에 따라 큰 차이가 있기 때문에 전분의 종류에 따라 비교적 호화가 되기 쉬운 전분도 있고 반대로 호화가 되기 어려운 전분도 있다.

일반적으로 곡류 전분의 호화 온도는 감자, 고구마와 같은 감자류 전분의 호화 온도보다 높다. 예를 들면, 감자 전분의 경우 일반적으로 56℃에서 호화되기 시작하며 64℃에서 완결되나, 수수의 전분은 68℃에서 호화되기 시작하며 76℃에서 완결된다. 이와 같은 차이는 전분 입자의 크기나 내부 micelle 구조의 안정성에 기인하는 것으로 생각된다.

2) 수분

전분의 호화 과정에서 전분 입자의 팽윤과 그 붕괴는 물 분자가 전분 입자 안으로 흡수되어 수소결합으로 결합된 전분 분자들 사이에 들어감으로써 일어난다. 따라서 수분 함량이 많을수록 호화가 잘 일어난다. 예를 들면, 밥을 지을 때 물을 충분히 넣으면 부드러운 밥이 되나 물이 적으면 호화가 잘 안된다. 또 식빵을 구울 때 높은 온도가 필요한 것은 밀가루의 수분 함량이 적기 때문이다.

3) 온도

전분의 호화 과정에서 온도를 높이면 수화가 쉽게 일어나 팽윤이 증가한다. 호화에 필요한 최저 온도는 전분의 종류나 수분의 함량에 따라 다르기는 하나 대개 60℃ 정도이다. 쌀은 70℃에서 호화되는 데 3~4시간이 필요하나 100℃에서는 20분 정도이다.

4) pH

전분 입자 자체를 구성하고 있는 amylose나 amylopectin 분자들 사이의 수소결합은 산,

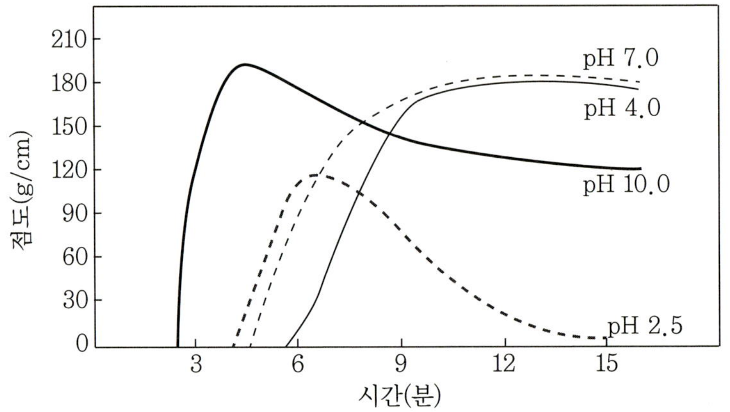

그림 5.5 호화에 미치는 pH의 영향(20% 옥수수 전분, 호화온도 90℃)

알칼리의 농도, 즉 pH에 의해서 크게 영향을 받는다. 특히 알칼리성에서는 전분의 팽윤과 호화가 촉진된다. 예를 들면 전분 현탁액에 NaOH의 농도가 높은 용액을 가해줄 때는 가열하지 않아도 호화가 일어난다고 한다. 산의 호화 촉진 작용은 알칼리와 같이 강하지 않으며 전분 분자들을 가수분해하는 경향이 있다.

5) 염류

염류는 일반적으로 수소결합에 크게 영향을 주어 전분의 호화 온도를 내려준다. 이와 같은 염류들은 전분 입자의 팽윤과 호화를 촉진시켜 주므로 팽윤제라고도 한다. 전분의 호화를 촉진시켜 주는 대표적인 음이온 중 호화 작용의 크기의 순서는 대체로 다음과 같다.

$$OH^- > CNS^- > I^- > Br^- > Cl^-$$

한편, 황산염(sulfates)들은 예외적으로 호화를 억제하여 준다고 한다. 예를 들어 $MgSO_4$의 진한 용액에서는 전분을 115℃까지 가열하여도 호화되지 않는다고 한다.

6) 당류

일부 당류들이 전분의 gel 형성 능력과 점도를 증가시켜 주는 것으로 알려져 있다. 예를 들면, 5% 옥수수 전분에 당류를 첨가한 경우 점도가 약간 증가하지만, 20% 이상의 농도로 당류를 첨가하면 혼합물 중에 함유된 물 분자와 설탕이 수화되기 때문에 오히려 전분 입자의 팽윤을 크게 억제한다(그림 5.6). 보통 단당류가 소당류보다 점도 증가 효과를

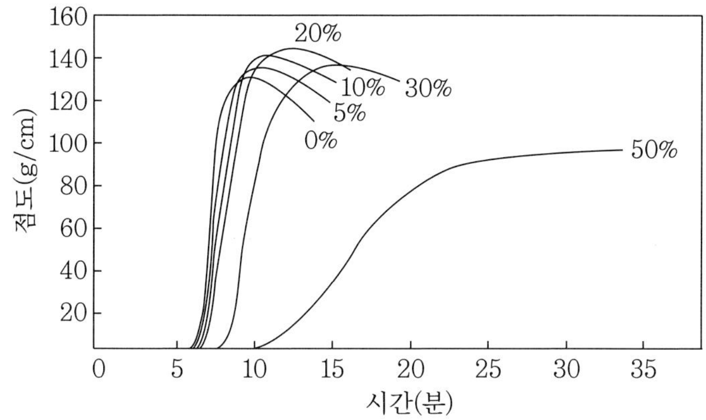

그림 5.6 호화에 미치는 설탕 농도의 영향(5% 옥수수 전분)

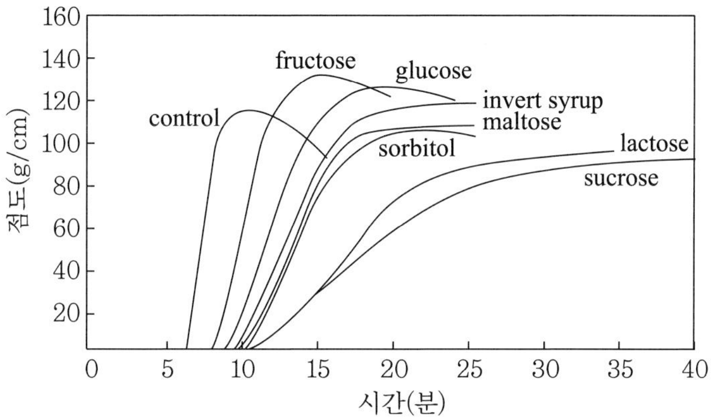

그림 5.7 호화에 미치는 당류의 영향(5% 옥수수 전분)

크게 한다(그림 5.7).

제2절 전분의 노화

1. 전분의 노화와 그 메카니즘

호화된 전분, 즉 α-전분의 colloid 용액을 낮은 온도에서 장시간 방치할 때 amylose 분자들은 서서히 부분적인 결정성을 다시 갖게 되어 β-전분으로 되돌아가는 현상을 노화(retrogradation) 또는 β-화라고 한다. 이와 같은 현상은 전분 분자들끼리의 수소결합에 의한 결합이 전분 분자와 물 분자간의 수소결합에 의한 결합보다 강하기 때문에 불규칙적인 배열을 하고 있던 전분 분자들이 시간이 경과됨에 따라 부분적으로나마 규칙적인 배열을 한 micelle 구조로 되돌아가기 때문에 나타난다. 떡이나 밥, 빵이 굳어지는 것은 전분의 노화현상에 기인하는 것이다.

α화된 전분이 노화되어 β-전분으로 되돌아가면 전분 입자는 다시 micelle의 모양으로 되돌아가게 되므로 X-선 회절도는 명료하게 나타나며 원료 전분의 종류에 관계없이 항상 B도형의 회절도를 나타낸다.

전분의 노화는 호화의 반대 현상이라고 볼 수 있으나 일단 노화된 전분은 재차 용액상태로 분산시킬 수는 없다. 따라서 노화된 전분은 호화 전분보다 효소의 작용을 받기 어려우며 소화가 잘 안된다.

전분의 노화 과정을 모형으로 표시하면 그림 5.8과 같다. 호화된 전분의 분자는 많은 물분자가 수화되어 따로 떨어져 있으나 낮은 온도에서 방치하는 동안 가까이에 있는 다른 분자와 어떤 일정한 거리에서 수소결합을 형성하게 된다. 이 수소결합은 인접한 분자의 OH기와 직접 결합되는 수도 있고 두 분자 사이에 물 분자를 두고 결합하는 수도 있다.

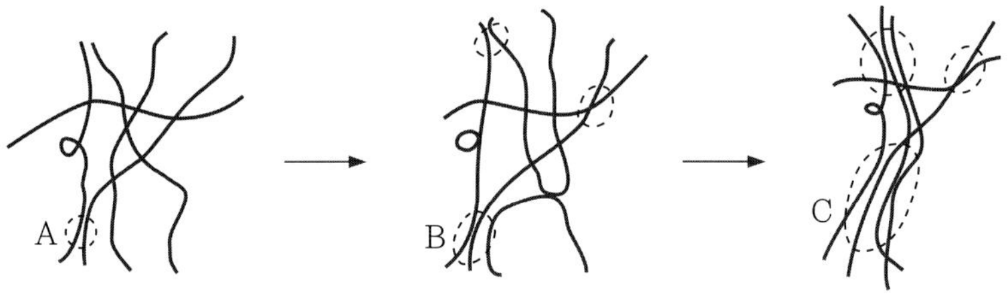

그림 5.8 전분의 노화에 의한 micelle의 형성

이와 같이 분자의 회합점(association point)[5)]이 생기면 그물 모양의 구조를 갖게 되고 그 회합점을 기점으로 점차로 수소결합을 형성하여 분자의 회합점이 성장한다. 이와 같이 분자의 회합 부분이 증가하면 용해도가 감소되고 대부분의 수화수는 손실되며 또한 점차로 성장된 회합 부분은 micelle 상태의 분자 배열로 변하게 된다.

[5)] 회합점(association point) : 같은 종류의 분자 2~10개 정도가 결합하여 하나의 분자와 같이 행동하는 현상을 회합이라 하며 그 집단 위치를 회합점이라 한다. 물과 같이 회합하기 쉬운 액체의 특성은 분자구조 중에 수산기(-OH)나 carboxyl기(-COOH)를 갖기 때문에 이 현상은 주로 수소결합에 의한다.

2. 노화에 영향을 미치는 요인

1) 전분의 종류

전분의 노화 역시 호화와 마찬가지로 전분 입자들의 내부 구조와 전분 분자들의 크기, 형태 등과 밀접한 관계가 있다. 일반적으로 옥수수, 밀과 같은 곡류 전분은 노화되기 쉬우며 감자, 고구마, 칡, 타피오카 등의 전분은 노화되기 어렵다. 한편, 찹쌀, 찰보리, 찰옥수수와 같은 곡류 전분은 잘 노화되지 않는다. 이들 전분은 amylopectin 함량이 100~94%로서 주로 amylopectin만으로 이루어져 있음을 알 수 있다(그림 5.9).

그러나 각종 전분의 노화되는 경향은 그 전분의 amylose나 amylopectin 함량 이외에 전분 입자 그 자체나 그 속의 amylose나 amylopectin 분자들의 구조상의 특징도 중요하다.

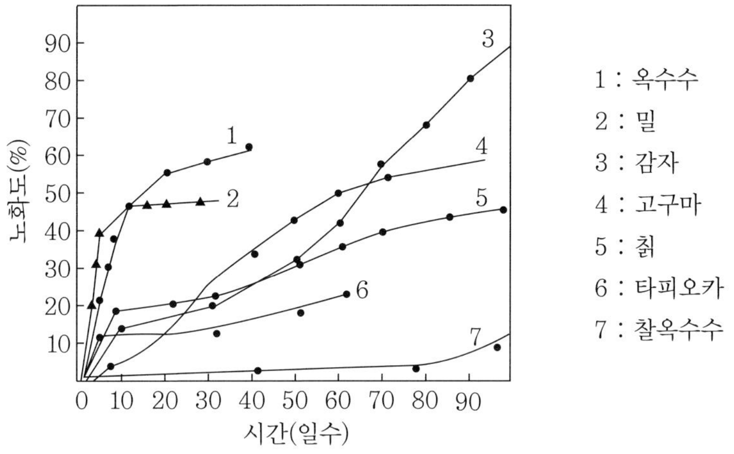

그림 5.9 각종 전분(2% 수용액)의 노화속도

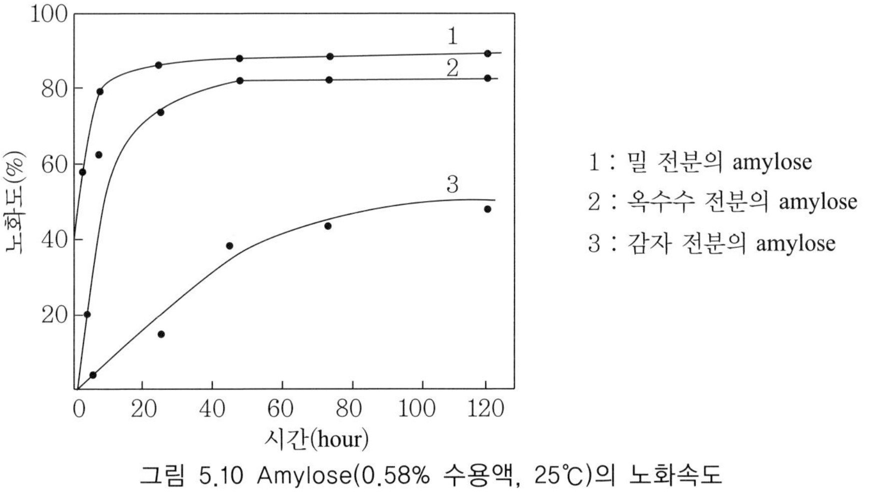

그림 5.10 Amylose(0.58% 수용액, 25℃)의 노화속도

예를 들면, 밀, 옥수수, 감자 등의 전분에서 얻은 amylose의 노화속도를 보면 밀과 옥수수에서 얻은 amylose는 급속도로 노화되는 데 비해서 감자 전분의 amylose는 쉽게 노화되지 않는다(그림 5.10).

2) Amylose 및 amylopectin의 함량

전분의 노화 속도는 amylose와 amylopectin의 함량 비율에 따라 다르다.

Amylose는 그 분자 형태가 직선상이고 분자량이 작기 때문에 호화되기 쉽고 또 노화되기도 쉽다. 그러나 amylopectin은 분자량도 amylose보다 훨씬 크고 분자 형태도 가지가 많은 분지 구조로 이루어져 있어 입체 장해를 받기 때문에 노화되기가 어렵다. 따라서 amylose 함량이 많은 전분은 노화가 더 빨리 일어나며 거의 amylopectin만으로 된 찹쌀, 찰옥수수 등은 일단 호화되면 멥쌀, 옥수수, 밀 전분에 비해서 노화되기가 어렵다.

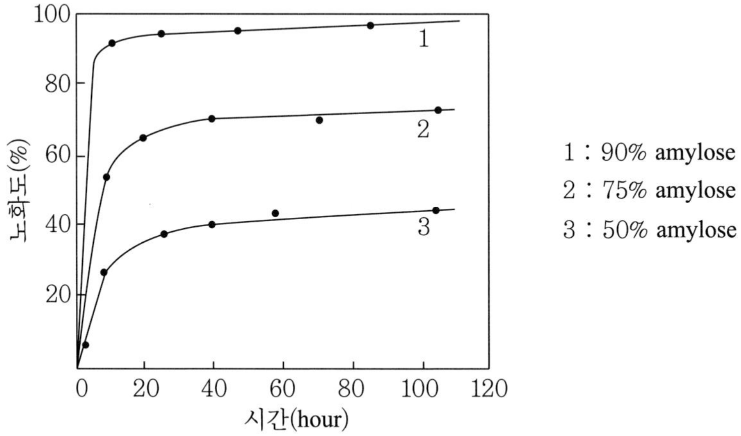

그림 5.11 Amylose와 amylopectin 혼합물(0.85% 수용액, 0℃)의 노화속도

3) 수분

전분의 노화가 가장 잘 일어나는 수분의 함량은 30~60%이다. 전분 분자들이 호화된 상태에서 수분 함량이 30% 이하가 되면 전분 분자가 교착 상태로 고정되어 amylose 분자들의 침전과 회합이 방해되므로 노화가 억제된다. 그리고 수분 함량이 증가함에 따라 노화는 촉진되나 수분 함량이 60%를 넘으면 오히려 노화는 억제된다. 이것은 회합 또는 침전할 분자들의 농도가 희석되기 때문인 것으로 생각된다.

그림 5.12는 쌀밥의 수분 함량에 따른 노화 상태를 나타낸 것으로 수분 함량이 많은 것

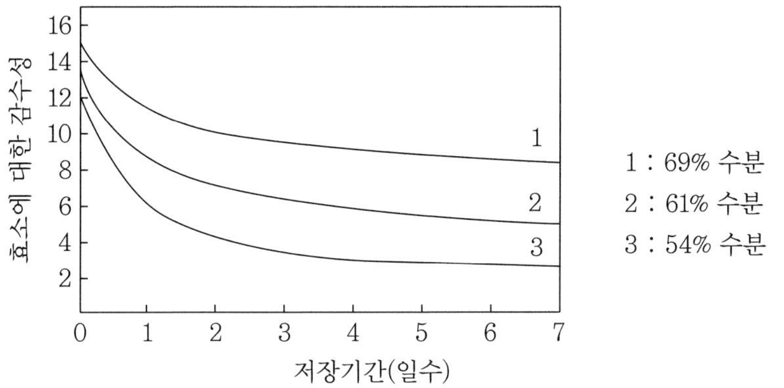

그림 5.12 쌀밥의 노화와 수분 함량의 관계

이 노화가 늦게 일어남을 알 수 있다.

4) 온도

전분의 노화가 가장 잘 일어나는 온도는 0~5℃로 냉장 온도이다. 일반적으로 60℃이상의 높은 온도에서는 노화는 잘 일어나지 않는다. 한편 온도가 이보다 낮을 때는 온도가 낮을수록 노화가 잘 일어난다. 그러나 식품의 빙점(-2℃ 정도) 이하로 온도가 내려가 -20~-30℃에 이르러 냉동된 상태가 되면 물분자간의 수소결합이 안정화되어 전분 분자의 자유로운 이동이 억제되기 때문에 전분의 노화는 잘 일어나지 않는 것으로 알려져 있다.

밥이나 빵을 냉장고에 저장하지 않는 것은 상온에 두거나 얼리는 것보다 냉장 온도에서 노화가 빨리 일어나기 때문이다.

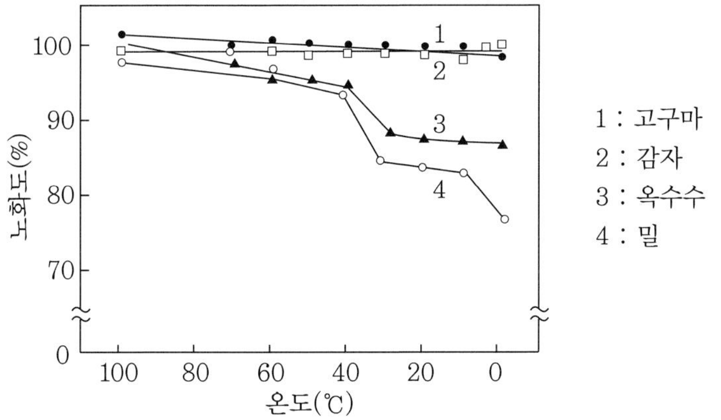

그림 5.13 각종 전분의 노화와 온도와의 관계
(5% 호화용액을 일정온도에서 1시간 보존한 후 호화도 측정)

5) 전분의 농도

일반적으로 전분의 노화 속도는 전분의 농도가 증가함에 따라 증가한다. 이와 같은 경향은 전분 자체보다 그 구성 amylose의 경우에 더욱 현저하다. 예를 들면, 옥수수 amylose의 용액에서는 전분의 함량이 1.0%인 경우에는 10시간 내에 90%이상이 노화되는 데 비하여 0.2%에서는 20시간이 지난 후에 겨우 노화가 일어난다고 한다(그림 5.14).

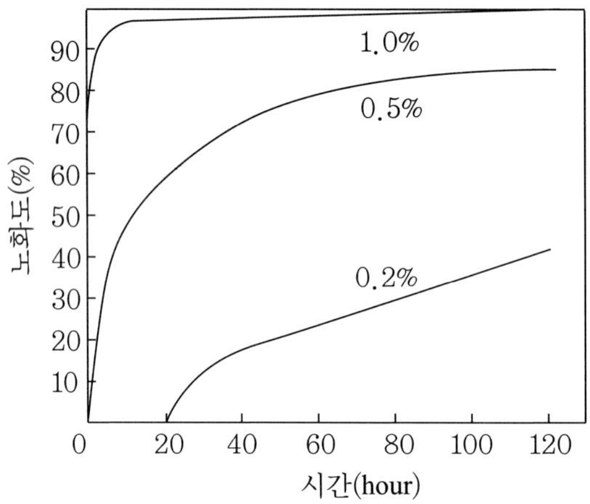

그림 5.14 Amylose의 농도가 노화속도에 미치는 영향(옥수수 amylose 수용액)

6) pH

전분의 노화는 주로 수소결합에 의한 분자들의 회합에 의하여 이루어지므로 수소 이온 농도에 의하여 영향을 받는다. pH가 중성 영역에 있거나 탄산, 붕산 등의 약산의 존재의 경우에는 노화의 속도에 별로 영향을 주지 않는 것으로 알려져 있다. 그러나 황산(H_2SO_4), 염산(HCl), 인산(H_3PO_4) 등의 강산의 경우에는 비록 그 농도가 낮은 경우에도 노화속도를 현저히 증가시킨다. 노화 속도는 pH 2에서 최고치를 나타내며 이 속도는 pH 6에서의 속도의 약 4배나 된다고 한다.

한편, 강산이 존재하는 경우에는 전분 분자의 가수분해가 일어나므로 노화 속도는 일단 급속도로 증가하여 어떤 최고치에 이른 후 산에 의한 가수분해에 의하여 노화된 전분의 양은 서서히 감소한다(그림 5.15).

반면에, 알칼리는 전분의 팽윤, 용해, 호화 등을 촉진시켜 준다. 따라서 pH 7보다 알칼리성인 용액에서는 노화가 잘 일어나지 않는다.

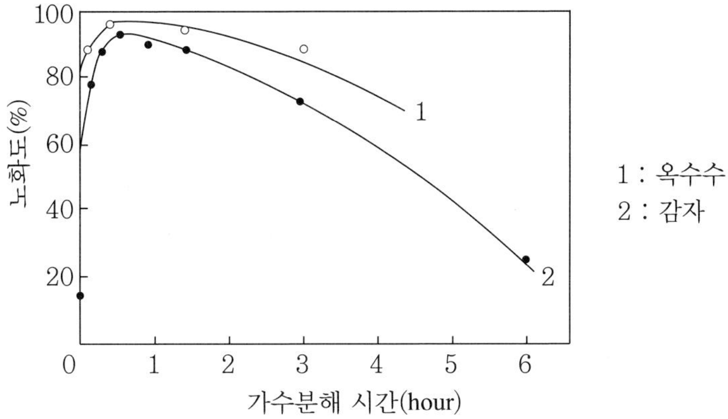

그림 5.15 노화 정도에 영향을 주는 산 가수분해의 효과(25℃)

7) 염류 또는 이온

전분 분자들 사이의 수소결합에 영향을 주는 것으로 알려진 각종 염류 또는 이온의 존재는 전분의 노화에 큰 영향을 미친다. 예를 들면, $CaCl_2$, $ZnCl_2$와 같은 대부분의 염류, Ba^{2+}, Sr^{2+}, Ca^{2+}, K^+, Na^+, Li^+ 등의 양이온과 CNS^-, PO_4^{3-}, CO_3^{2-}, I^-, NO_3^-, Br^-, Cl^-, COO^-, F^- 등의 음이온들은 호화를 촉진하는 반면에 노화를 억제하는 작용이 크다.

다만, $MgSO_4$와 같은 황산염(sulfates)들은 노화를 촉진하는 것으로 알려져 있다.

3. 노화의 억제방법

1) 수분 함량의 조절

전분의 노화는 수분 함량이 30% 이하, 또는 60% 이상에서는 그 속도가 급격히 감소되며, 특히 수분 함량이 10~15% 이하에서는 거의 일어나지 않는다.

따라서 호화 전분의 상태로 있는 식품에 있어서 노화를 억제하기 위해서는 80℃ 이상에서 그 수분 함량을 15% 이하로 급속히 제거시키는 것이 가장 효과적이다. 실제로 비스킷류, 건빵류, 라면류 등과 같은 식품은 전분이 호화 전분의 형태로 존재하나 이들을 장기간 두어도 노화되지 않는 것은 이들의 수분 함량이 10%이하로 낮기 때문이다.

2) 냉동 방법

수분 함량이 많은 호화 전분의 상태로 있는 식품을 냉동시키면 그 속의 전분의 노화는 일시적으로 방지된다. 그러나 냉동만으로 노화를 방지하는 방법은 만족스럽지 못하며, 한 식품의 빙점 이하에서 그 수분 함량을 15% 이하로 동시에 탈수하는 것이 효과적이다. 이와 같은 방법을 이용한 식품으로는 냉동 건조미, 냉동 빵류 등이 있다.

3) 설탕의 첨가

설탕은 탈수제로 작용하므로 호화 전분을 단시간에 건조시킨 것과 같은 효과를 가진다. 실제로 양갱의 전분은 30~60%의 수분을 함유하고 있어 노화가 잘 일어날 수 있는 조건에 있음에도 불구하고 장기간 저장하여도 맛이나 소화성이 저하되지 않는 것은 다량의 설탕이 첨가되어 있기 때문이다.

4) 유화제의 사용

일부 유화제는 전분 colloid 용액의 안정도를 증가시켜 주므로 전분 분자들의 침전이나 부분적인 결정성 영역의 형성을 방지하기 때문에 노화를 억제하여 준다.

이와 같은 유화제로는 monoglycerides, diglycerides, fatty acid lactylates, sucrose fatty acid ester 등이 있으며 빵이나 과자류의 노화(stailing)를 방지하는 데 효과적인 것으로 알려져 있다.

제3절 전분의 호정화

전분에 물을 가하지 아니하고 150~190℃ 정도의 비교적 높은 온도로 가열하면 전분분자의 부분적인 가수분해 또는 열분해가 일어나 가용성 전분(soluble starch)을 거쳐 호정(dextrin)으로 변화한다. 이와 같은 현상을 호정화(dextrinization)라고 하며 물리적 상태의 변화만을 일으킨 호화와는 달리 전분의 분해라고 하는 화학적 변화를 수반한 것이다.

따라서 호정은 호화전분보다 물에 잘 녹고 효소 작용을 받기 쉬워 소화성이 향상된다. 전분질 식품을 볶는다든가 빵을 구울 때 또는 팽화 식품(puffed food)을 만드는 과정에서 전분의 호정화가 일어난다.

제4절 전분의 가수분해

1. 효소에 의한 가수분해

1) α-amylase

α-amylase는 endoenzyme으로서 전분 분자의 α-1, 4 결합을 무작위적으로 가수분해하여 소당류, 저분자의 dextrin, maltose 및 glucose 등을 생성시킨다. 이 효소는 전분 분자의 α-1, 6 결합을 분해하지 못하나 분자 내부의 α-1, 4 결합을 임의의 위치에서 절단하므로 전분 현탁액은 점도가 감소하고 급속도로 맑은 용액으로 된다. 또한 요오드에 의한 정색반응도 청색을 소실하게 되며 환원력은 점차 증가한다. 그러므로 이 α-amylase를 액화효소(liquefying enzyme)라고도 한다.

α-amylase는 발아 중인 종자에 많이 함유되어 있고 그 외에 타액이나 췌장액 등에 존재하며 그 성질은 출처에 따라 다르다. 일반적으로 α-amylase의 최적 pH는 4.7~6.9이며 Ca^{2+}에 의하여 열에 대한 변성에 보호를 받는다. 또 일부 α-amylase는 Cl^{-}에 의하여 활

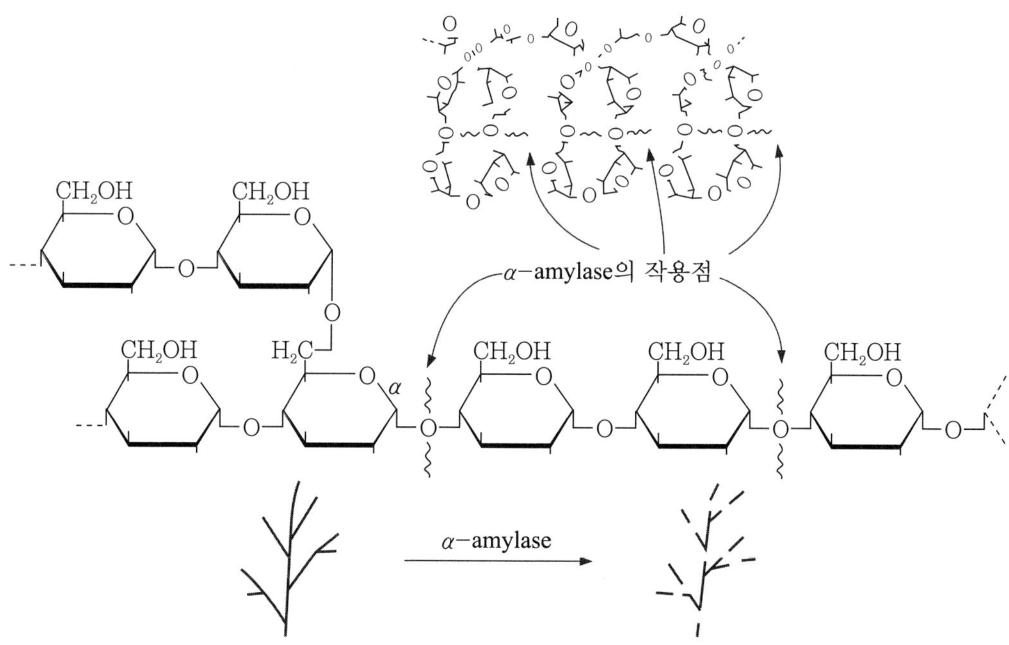

그림 5.16 α-Amylase에 의한 전분의 가수분해

활성화한다.

2) β-amylase

β-amylase는 exoenzyme으로서 전분 분자의 비환원성 말단에서부터 차례로 α-1, 4 결합을 maltose 단위로 분해해 나가며 α-1, 6 결합의 분지점에서 가까운 2~3개의 glucose를 남기고 작용이 정지한다. 이 효소는 전분 분자를 maltose 단위로 가수분해하므로 환원력이 급증한다. 그러므로 β-amylase를 당화효소(saccharifying enzyme)라고도 한다. 그러나 분자 내부는 분해되지 않고 남기 때문에 전분 현탁액은 점도가 쉽게 저하하지 않고 요오드 반응도 적자색을 나타낸다.

β-amylase는 감자류, 두류, 엿기름, 타액 등에 널리 존재하며 그 성질은 출처에 따라 약간 다르나 최적 pH는 4.0~6.0 범위이다.

한편, 전분이 직쇄상의 amylose 분자로만 되어 있으면 α-, β-amylase에 의하여 완전히 가수분해되지만 분지상의 amylopectin 분자와 함께 존재하므로 amylopectin의 α-1, 6 결합은 가수분해되지 않고 dextrin 형태로 남게 된다. 이와 같은 dextrin을 한계 dextrin(limit dextrin)이라고 한다.

예를 들면, β-amylase는 amylose에 작용할 때는 maltose 단위로 완전히 가수분해하지만 amylopectin에 대해서는 55%, 보통 전분은 60%, glycogen은 45% 정도 분해한다.

α-한계 dextrin은 α-amylase에 의하여 생긴 것으로 중합도는 5~8개이며 1분자 중에 1개의 α-1, 6 결합을 가진다. 요오드 반응은 무색이다.

β-한계 dextrin은 β-amylase에 의하여 생긴 것으로 중합도는 amylopectin 분자의 반 정도이다. 요오드 반응은 적자색을 나타낸다.

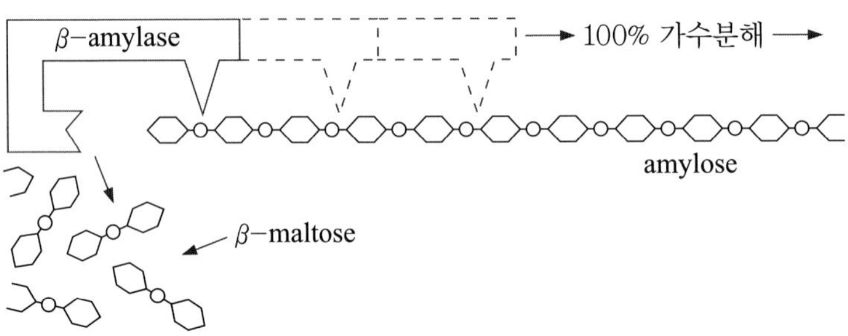

그림 5.17 β-Amylase에 의한 amylose의 가수분해

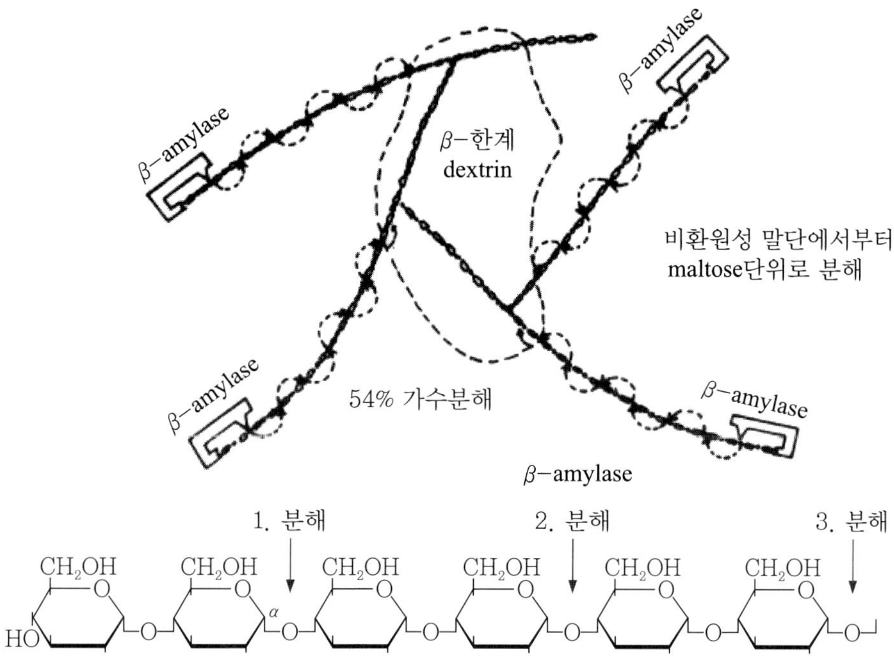

그림 5.18 β-amylase에 의한 amylopectin의 가수분해와 β-한계 dextrin

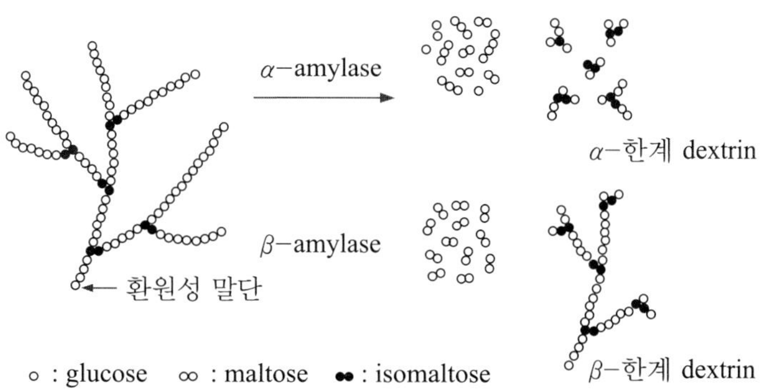

그림 5.19 Amylase 작용에 의한 amylopectin의 분해산물

3) Glucoamylase

Glucoamylase는 exoenzyme으로서 전분 분자의 비환원성 말단에서부터 α-D-glucose 단위로 α-1, 4 결합뿐만 아니라 α-1, 6 결합과 α-1, 3 결합도 분해하는 효소이다. 따라서 이 효소는 amylose는 물론 amylopectin 분자도 80~90% 분해하므로 전분을 거의 glucose까지 분해한다.

Glucoamylase는 곰팡이에 존재하고 일부 효모, 세균, 동물의 간조직 등에 널리 분포한다.

4) Isoamylase

Isoamylase는 전분의 α-1, 6 결합에만 작용하는 효소이다. 이 효소는 β-한계 dextrin과 같은 중합도가 4~5 이상의 α-1, 6 glucoside에는 작용하지만 glucose 2~3개가 α-1, 6 결합된 isomaltose, isomaltotriose, panose 등에는 작용하지 않는다.

5) Phosphorylase

Phosphorylase는 amylose에 작용하여 glucose를 생성하는 동시에 glucose를 인산화하는 효소이다. 즉, 이 효소는 amylose를 분해하여 glucose-1-phosphate를 생성하는 가인산분해 효소이다.

Amylase와 phosphorylase에 의한 분해반응의 차이는 amylase는 glucoside 결합에 물분자를 가하여 주는 데 대하여 phosphorylase는 인산을 가하여 주는 데 있다.

Phosphorylase는 두류, 고구마 등에 존재한다.

6) Amylo-(1, 6)-D-glucosidase

Amylo-(1, 6)-D-glucosidase는 효모, 동물 조직 등에 존재하는 exoenzyme으로서, amylopectin과 glycogen의 α-1, 6 결합을 가수분해하며 또한 한계 dextrin에도 작용한다. 그러나 이 효소는 특이하게도 α-1, 6 결합으로 중합된 dextran에는 작용하지 않는다.

7) 1, 4-α-D-glucan branching glycosyltransferase

Q-enzyme이라고도 알려진 이 효소는 동물 및 식물 조직에 분포하며 실제로 감자, 옥수수 등에서 분리 정제되었다. 이 효소는 α-1, 4 결합으로 이루어진 glucose 중합체에 작용하여 분자 중의 α-1, 4 결합을 절단한 후 다른 glucose 중합체에 작용하여 α-1, 6 결합을 형성시켜 가지를 만들어 주는 효소이다. 그러므로 이 효소는 아직 확실하지는 않으나 식물체에서 amylose를 amylopectin으로 전환시키는 데 관련된 효소로 생각되고 있다.

2. 산에 의한 가수분해

전분 분자의 α-1, 4 및 α-1, 6 glucoside 결합은 묽은 산을 가하여 가열하면 쉽게 가수분해된다. 이와 같은 전분의 산에 의한 가수분해반응은 산의 수소 이온에 의한 촉매 반응이다. 가수분해에 이용되는 산으로서는 염산, 황산, 수산($H_2C_2O_4$) 등이 있다.

산에 의한 전분의 가수분해로 생긴 glucose는 α형과 β형의 두 가지 이성체가 생기나 수용액 중에서 변선광을 일으켜 $\alpha : \beta = 2 : 3$의 비율로 평형에 이르게 된다. 그러나 실제로 전분의 가수분해시 생성된 glucose는 더욱 분해되어 5-hydroxymethyl furfural을 형성하며, 다시 이것이 중합하여 착색 물질을 생성하거나 또는 분해하여 levulinic acid와 formic acid가 된다.

한편, 이때 생성된 glucose는 역합성에 의하여 isomaltose, gentiobiose, panose, maltotriose 등의 당을 생성하기도 한다.

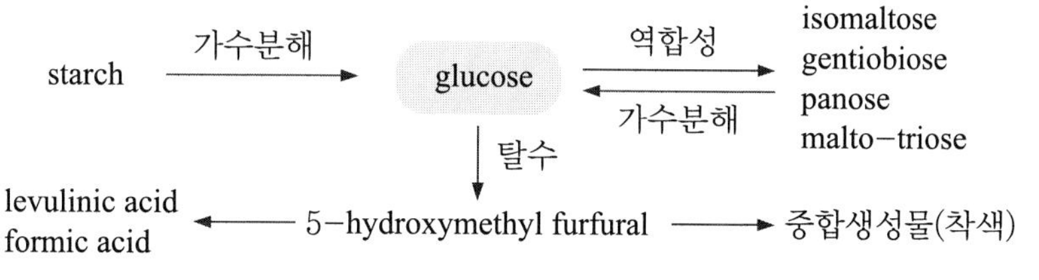

3. 전분의 당화와 전분당

전분을 가수분해하면 maltose, glucose와 함께 각종의 dextrin류가 형성된다. 특히 전분의 가수분해물 중 물엿 등과 같이 단맛에 기여하는 glucose와 maltose의 함량이 클 때 일반적으로 전분당으로 불려지며, 이와 같은 전분당을 얻을 목적으로 전분을 가수분해하는 과정을 당화라고 부른다.

한편, 전분의 가수분해물 중 dextrin류는 물엿의 굳기, 점도 등에 큰 영향을 준다.

일반적으로 전분을 가수분해할 때 그 가수분해 정도(degree of hydrolysis)를 나타내기 위하여 다음과 같은 포도당 당량(dextrose equivalent, D.E.)으로 표시한다.

$$\text{D.E.} = \frac{\text{포도당으로 표시된 전분의 가수분해물 중의 환원당량}}{\text{전체 고형 성분량}} \times 100$$

각종 전분당의 D.E.와 그 성질을 보면 표 5.1과 같다. 즉, 가수분해도가 낮은 물엿의 D.E.는 20~50이며, 결정 포도당과 같이 순수한 것의 D.E.는 거의 100에 가깝다.

표 5.1 전분당의 종류와 그의 일부 성질

전분당	포도당 당량(D.E.)	감미도	점도
결정 포도당	100	크다	적다
분말 포도당	92~94	↑	↓
고형 포도당	80~85	↑	↓
액상 포도당	55~65	↑	↓
물엿	35~50	↑	↓
분말상 물엿	20~40	적다	크다

제5절 Pectin질의 변화

1. Pectin 분해 효소

1) Protopectinase

Protopectinase는 식물 조직의 세포막 사이에 존재하는 불용성인 protopectin을 가수분해하여 수용성인 pectin으로 하는 효소이다. 이 효소의 작용으로 세포막 구성 성분 사이의 결합이 분리 또는 약화되어 결과적으로 식물 조직의 연화를 가져온다.

$$\text{불용성 protopectin} \xrightarrow{\text{protopectinase}} \text{수용성 pectin}$$

2) Pectin esterase

Pectin esterase(PE)는 pectin 분자에서 methyl ester 부분을 가수분해하여 methanol을 유리시키는 효소로서 pectase, pectin methyl esterase 또는 pectin methoxylase라고도 한다.

이 효소는 pectin 함량이 많은 밀감이나 토마토 등에 많이 존재하나 사과에서는 활성이 약하며 당근, 사탕무에서는 발견되지 않고 있다. 또한 곰팡이에는 이 효소를 가지는 것이 많으나 효모에는 없다.

Pectin esterase는 exoenzyme으로서 그 성질은 출처에 따라 다르나 최적 pH는 6.0~7.5, 최적 온도는 40℃ 정도이다. 그러나 저온에서도 활성을 유지하며, 예를 들어 냉동 저장 조건에서도 효소 작용은 파괴되지 않는다고 한다. 또한 이 효소는 0.15M NaCl, 0.03M

$CaCl_2$ 등의 염류의 존재에 의하여 활성이 증진된다.

이 효소는 대부분의 경우 세포벽에 결합되어 존재하며, 한편 오렌지 주스에서 이 효소가 불용성 효소로 존재하고 있음이 발견되었다. 과실주 속에 미량으로 존재하는 methanol은 이 효소에 의하여 생성된 것이다.

3) Pectin polygalacturonase

Pectin polygalacturonase(PG)는 pectic acid(polygalacturonic acid)의 glycoside 결합을 가수분해하여 D−galacturonic acid를 생성하는 효소로서 pectinase, polygalacturonase, pectolase라고도 부른다.

이 효소는 주로 곰팡이류와 세균류에 존재한다. 최적 pH는 3.5~5.0 정도이며, 과실에 있어서는 덜 익었을 때에 비하여 완전히 성숙하였을 때 그 활성이 200배나 크게 증가하는 것으로 알려져 있다.

Polygalacturonase(PG)는 실제로 pectin, 즉 polymethyl galacturonic acid에 작용하는 polymethyl galacturonase(PMG)와 methyl ester가 모두 가수분해된 pectic acid, 즉 polygalacturonic acid에 작용하는 polygalacturonase로 구분된다. 또한 이 두 종류의 효소는 각각 pectin에 작용하는 방식에 따라 다음과 같이 구분된다. 즉, PMG는 polymethyl galacturonic acid에 무작위적으로 작용하여 가수분해하는 endopolymethyl galacturonase(Endo−PMG)와 말단에서부터 galacturonic acid의 형태로 하나씩 차례로 가수분해해 나가는 exopolymethyl galacturonase(Exo−PMG)로 구별되고, 그리고 PG는 methyl ester가 모두 가수분해되어 버린 pectic acid에 무작위적으로 작용하여 가수분해하는 endopolygalacturonase (Endo−PG)와 말단에서부터 하나씩 차례로 galacturonic acid로 가수분해해 나가는 exopolygalacturonase(Exo−PG)로 구별된다.

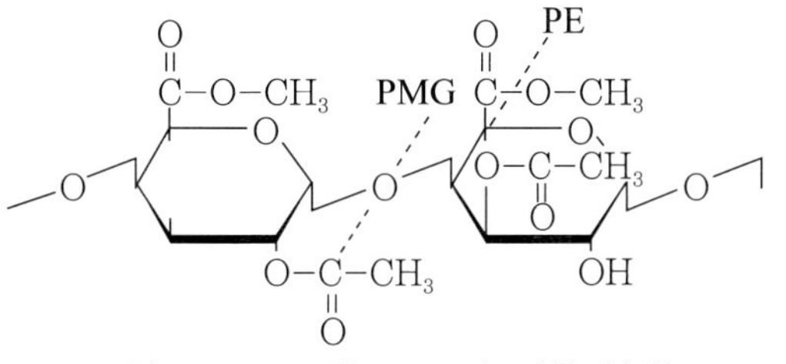

그림 5.20 PE와 PMG의 작용 부위

2. Pectin의 gel 형성

1) Pectin의 gel 형성 조건

Pectin은 물 속에서 친수성의 colloid 용액을 만든다. 이 pectin 수용액은 어떤 특정 조건을 주면 gel화하여 gel 또는 jelly를 형성한다. Pectin의 gel 형성에는 pectin 이외에 설탕과 같은 탈수제가 필요하고 적당량의 유기산이 존재하여야 한다. High-methoxyl pectin의 경우에 jam, jelly를 만들기 위한 가장 적당한 조건은 그림 5.21과 같다.

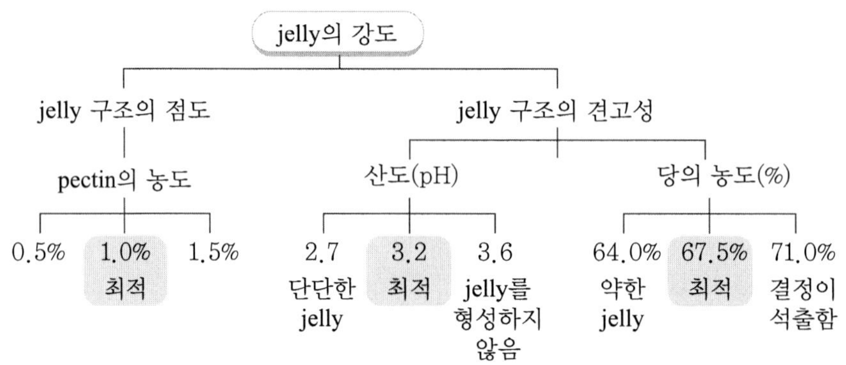

그림 5.21 High-methoxyl pectin에 의한 jam, jelly 제조시의 최적조건

Pectin 함량이 큰 과실류를 설탕과 함께 끓여 일정한 당 농도로 농축한 후 냉각하면 굳어져서 반고체의 gel, 즉 jam이 만들어진다. Pectin 함량이 적은 과실류나 과즙의 경우도 시판되고 있는 pectin을 첨가하고 설탕을 충분히 넣어서 가열 조리하면 jam을 만들 수 있다.

2) Pectin의 gel 및 jelly화 메카니즘

(1) High methoxyl pectin

Pectin 분자들은 본질적으로 polygalacturonic acid 분자들이며, 이들 분자 중의 methyl ester화되어 있거나 비해리 상태에 있는 유기산기를 제외한 모든 carboxyl기는 음하전을 갖는다. 따라서 pectin 분자들은 음으로 하전된 친수성의 colloid 용액을 만들며 이 용액 내에서 pectin 분자들은 물 분자들에 의한 강한 수화 현상(hydration)과 pectin 분자들 상호간의 음하전에 의한 반발 현상(repulsion)에 의해서 안정화되어 있다.

실제로 pectin 분자들끼리 서로 결합하여 입체적인 망상 구조를 만들고 그 내부에 물을 함유하는 gel 및 jelly를 형성시키기 위해서는 설탕을 가하여 pectin 분자에 수화되어 있는 물 분자를 제거하여 pectin 분자끼리의 접촉을 용이하게 하여 주고 또 methylation이 적당히 되어 있는 pectin 원료를 사용하든가 용액의 pH를 낮추어 산성 조건을 만들어 pectin 분자의 전하를 감소시켜 전기적인 반발을 줄여주는 등의 방법을 이용한다.

High methoxyl pectin의 경우에 있어서 pectin의 gel 및 jelly화에 영향을 주는 주요 요인은 다음과 같다.

① Pectin

Pectin의 gel 형성은 그 pectin의 분자량, 구조나 구성 성분, methoxyl기의 함량 등에 영향을 받는다. 일반적으로 pectin의 분자량이 클수록 물을 흡수 유지하는 능력이 크고 pectin gel에서 함유된 물의 분리 현상, 즉 이수현상(syneresis)[6]이 덜 일어난다. 또한 pectin의 분자량이 클수록 gel을 형성하는 속도는 느리나 형성된 gel은 단단하다.

Pectin의 gel 형성은 또 pectin의 methyl ester화되어 있는 정도에 따라서 달라진다. Pectin의 jelly화가 가장 잘 일어나려면 약 8%의 methyl ester화가 필요하며, pectin이 완전히 methyl ester화 되면 그 비율은 16.32%인데, 이때는 jelly화를 일으키는 데 산이 필요없다고 한다. 한편, 과숙한 과실이나 jam 제조시 지나치게 가열하면 pectin의 methyl ester 부분이 가수분해되어 pectic acid 형태로 되므로 아주 약한 jelly가 된다. 보통 high methoxyl pectin의 jelly화에 있어서 가장 적당한 pectin의 농도는 1%가 그 기준이 되어 있다.

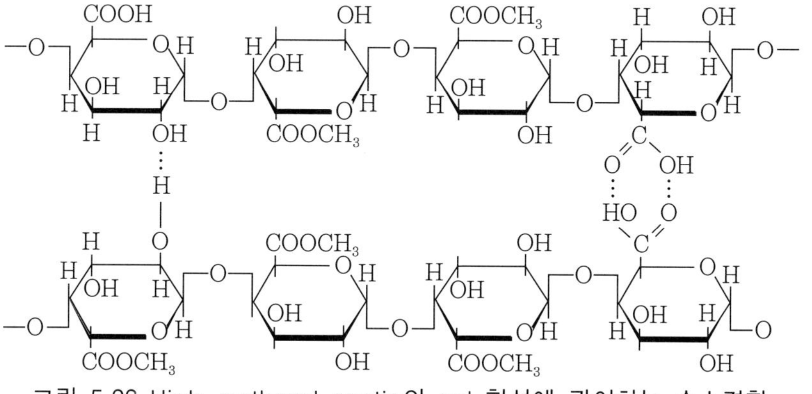

그림 5.22 High-methoxyl pectin의 gel 형성에 관여하는 수소결합

[6] 이수현상(syneresis) : 식품의 수분 분리 현상. 즉, 겔에 함유되어 있는 분산매(수분)가 겔 밖으로 분리되어 나오는 현상을 말한다. 이것은 팽윤과 반대 현상으로 식품가공이나 저장 중에 구성 성분들이 분자구조가 변화하면서 식품 중의 소수성 그룹이 밖으로 노출되고 그 결과 이들 사이에 소수성 결합이 형성된다. 소수성 결합 주변의 존재하던 물 분자가 빠져나와 발생하는 것이다. 요구르트 위에 고여나오는 물이나 두부로부터 스며나오는 물 등이 좋은 예이며 잼이나 치즈에서도 관찰할 수 있다.

② 설탕

Pectin 분자들의 colloid 용액에 설탕을 첨가하면 설탕 분자들은 자신의 수화를 위해서 colloid 용액 내의 물 분자나 pectin 분자에 수화되어 있는 물 분자를 일부 제거함으로써 pectin 분자의 탈수제로서 작용한다. 따라서 그 결과로 pectin 분자들의 수화에 의한 안정 상태는 파괴되고 불안정하여 pectin 분자끼리 서로 결합 침전되기 쉬운 상태로 된다. 보통 pectin의 jelly화를 일으키기 위해 적당한 당의 농도는 약 65% 정도이다.

③ pH

산에 의해서 형성된 수소 이온들은 pectin 분자가 가진 음하전을 중화시켜 줌으로써 pectin 분자들의 안정성을 감소시켜 pectin 분자들이 결합하여 3차원의 망(three dimensional network)의 형성을 쉽게 하여준다. 보통 pectin은 pH가 3.5 정도로 내려가지 않으면 jelly화가 되지 않는다. 한편 pH가 2.5보다 산성에서는 pectin 분자들 자체의 가수분해가 서서히 일어난다.

(2) Low methoxyl pectin

Low methoxyl pectin의 경우에는 gel을 형성할 때 일정한 pH나 일정량의 당을 필요로 하지 않으며, 대신 칼슘이온(Ca^{2+})과 같은 2가 이상의 多價이온(polyvalent ions)의 존재가 필수적이다.

Low methoxyl pectin의 colloid 용액에 칼슘이온 등이 존재하면 low methoxyl pectin 분자들의 유기산기와 칼슘이온 사이에 이온결합이 형성되어 pectin 분자들을 횡적으로 연결해 준다.

이와 같이 pectin 분자들 사이의 횡적인 결합의 결과로 3차원의 망상구조가 형성되게 되며, 물 분자들은 역시 pectin 분자들과 수소결합에 의해서 이 3차원의 망상구조 속에 유지되어 반고체의 gel을 형성한다.

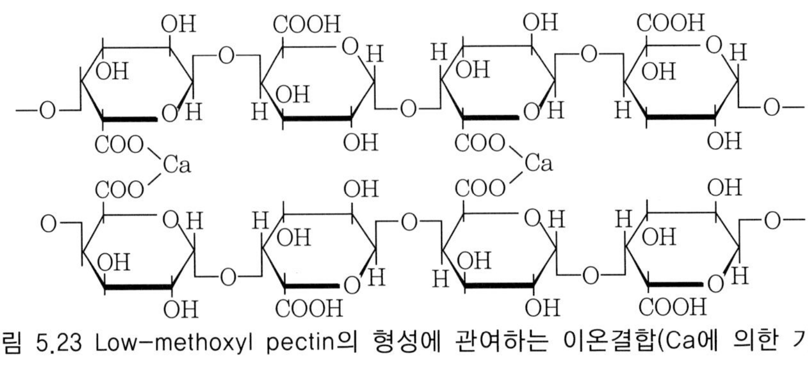

그림 5.23 Low-methoxyl pectin의 형성에 관여하는 이온결합(Ca에 의한 가교)

제 6 장

지방질 (lipids)

지방질은 여러 생체 및 식품의 성분으로서 광범위하게 분포하고 있으며, 대부분이 C, H, O로 이루어져 있으나 그 이외에 P, N, S 등을 함유하고 있다.

한편, 지방질은 1g당 9kcal의 열량을 공급해줄 뿐만 아니라 영양학적으로도 매우 중요한 식품성분의 하나이다.

지방질은 구조가 매우 다양하여 한 마디로 정의하기는 어려우나 일반적으로 *Bloor*(1925)의 정의가 수정되어 다음과 같이 널리 사용되고 있다.

① 물에 녹지 않으며 ether, chloroform, acetone, benzene, 이황화탄소(CS_2), 사염화탄소(CCl_4) 등과 같은 비극성 용매에 녹는 물질이다.
② 지방산의 ester로 존재하거나 ester를 형성할 수 있는 물질이다.
③ 생체에 의해서 이용될 수 있는 물질이다.

그러나 이와 같은 정의에 어긋나는 지방질도 많다. 예를 들면 lecithin은 다소 물에 녹으며 acetone에는 녹지 않는다. 또한 squalene이나 carotenoid 색소 등은 탄화수소에 속하는 물질들이나 지방질에 포함시키고 있다. 그리고 위의 세 번째의 조건은 원래 석유화합물을 지방질에서 제거하기 위해서 제시한 조건이나 실제로 석유를 직접 이용할 수 있는 미생물들이 최근에 발견되어 별 의미가 없게 되었다.

제1절 지방질의 분류

지방질은 종류가 많고 그 구조가 매우 복잡하기 때문에 일반적으로 그 구조와 화학적 성질에 따라 다음과 같이 분류한다.

1. 단순지질(simple lipids)

단순지질은 지방산과 여러 alcohol류와의 ester 화합물이다.

① 유지(oil and fats) : 중성지방이라고도 하며, 지방산과 glycerol의 ester이다.
② 왁스류(waxes) : 고급 지방산과 고급 1가 alcohol의 ester이다.
③ Cholesterol ester : 지방산과 cholesterol의 ester이다.

2. 복합지질(compound lipids)

복합지질은 단순지질에 다른 원자단이 결합된 화합물이다.

① 인지질(phospholipids) : 지방산과 glycerol 이외에 인산이 결합한 것이다
② 당지질(glycolipids) : 지방산, sphingosine, 당이 결합한 지방질이다.
③ 단백지질(proteolipids) : 단백질과 결합한 지방질이다.
④ 황지질(sulfolipids) : 유황을 함유한 지방질이다.

3. 유도지질(derived lipids)

유도지질은 단순지질이나 복합지질의 가수분해로 얻어지는 것으로서, 지방질을 구성하는 기본적인 성분이므로 일명 구성지질이라고도 한다.

① 지방산 : 직쇄상의 carboxyl산
② Alcohol : glycerol, 고급 1가 alcohol, sterol
③ 탄화수소 : 지방족 탄화수소, squalene
④ 지용성 색소 및 지용성 vitamin도 분류상 지방질에 속하지만 여기서는 취급하지 않

고 별항에서 설명한다.

또한 지방질은 알칼리에 의해서 가수분해되는 지방질, 즉 검화가 되는 지방질(saponifiable lipid)과 알칼리에 의해서 가수분해되지 않는 지방질, 즉 검화가 되지 않는 지방질로 분류하기도 한다. 검화가 되는 지방질로는 유지, 왁스류, 인지질 등이 있으며 검화되지 않는 지방질로는 sterol류, 일부의 탄화수소 그리고 지용성 색소 또는 vitamin류 등이 있다.

제2절 지방산

분자 중에 carboxyl기를 가지고 있는 화합물을 carboxylic acid, 그 중에서 지방족의 것을 지방산(fatty acid)이라고 한다. 지방산은 지방질의 중요한 구성 성분이다. 천연에 존재하는 지방산은 대부분이 짝수 개(4~30개)의 탄소원자로 이루어진 직쇄상의 일염기산으로 일반식은 RCOOH로 표시된다.

가지를 친 것과 홀수 개의 탄소수의 지방산도 분리되어 있지만 미생물을 제외하고는 보통은 미량 성분이다.

일반적으로 C_{12} 이하의 것을 저급 지방산, C_{14} 이상의 것을 고급 지방산이라고 하며, 지방산의 분자 내에 이중결합을 가지고 있지 않은 것을 포화 지방산, 이중결합을 가지고 있는 것을 불포화 지방산이라고 한다.

1. 포화 지방산(saturated fatty acids)

포화 지방산은 일반식 $C_nH_{2n}O_2$, 또는 $C_nH_{2n+1}COOH$로 표시되는 지방산으로서 탄소수가 4개인 butyric acid에서 30개인 melissic acid까지 알려져 있다. 일반적으로 저급 지방산은 휘발성이고 고급 지방산은 비휘발성이다. 주요 포화 지방산은 표 6.1과 같다. 탄소수가 증가함에 따라서 물에 녹기 어렵게 되고 융점은 상승하여 상온에서 고체로 된다.

포화 지방산의 계열 중에서 천연 유지에 가장 많이 존재하는 것은 C_{16}의 palmitic acid와 C_{18}의 stearic acid이다. 이보다 탄소수가 많거나 적은 것은 점차 감소된다.

표 6.1 포화 지방산

일반식	탄소수	일반명	계통명	녹는점(℃)	소재
$C_nH_{2n}O_2$ 또는 $C_nH_{2n+1}COOH$	C_4	Butyric	Butanoic	−7.9	버터
	C_6	Caproic	Hexanoic	−3.2	버터, 야자유
	C_8	Caprylic	Octanoic	16.3	
	C_{10}	Capric	Dodecanoic	31.3	
	C_{12}	Lauric	Dodecanoic	43.9	
	C_{14}	Myristic	Tetradecanoic	54.4	
	C_{16}	Palmitic	Hexadecanoic	62.9	일반 동·식물성 유지
	C_{18}	Stearic	Octadecanoic	69.6	
	C_{20}	Arachidic	Eicosanoic	75.4	땅콩기름, 돼지기름
	C_{22}	Behenic	Docosanoic	80.0	땅콩기름, 콩기름
	C_{24}	Lignoceric	Tetracosanoic	84.2	당지질, 땅콩기름
	C_{26}	Cerotic	Hexacosanoic	87.7	밀랍
	C_{28}	Montanic	Octacosanoic	90.9	Montan랍
	C_{30}	Melissic	Triacontanoic	93.6	밀랍

2. 불포화 지방산(unsaturated fatty acids)

불포화 지방산은 분자 내에 이중결합을 갖는 지방산이며, 이중결합의 수에 의하여 monoenoic acid(oleic acid 계열), $C_nH_{2n-2}O_2$, dienoic acid(linoleic acid 계열), $C_nH_{2n-4}O_2$, trienoic acid(linolenic acid 계열), $C_nH_{2n-6}O_2$, polyenoic acid(고도의 불포화 지방산 계열), $C_nH_{2n-2p}O_2$ 등으로 구분한다.

주요 불포화 지방산은 표 6.2와 같다. 일반적으로 불포화 지방산은 상온에서 액체이며, 이중결합을 많이 가지고 있는 것은 중합을 잘 일으킨다.

식품 중에 가장 많이 존재하는 것은 C_{18}의 이중결합 1개를 가진 oleic acid이며 그 다음이 linoleic acid, linolenic acid 순으로 분포되어 있다.

불포화 지방산은 이중결합을 가지고 있으므로 기하 이성체(geometrical isomer)[1]가 존재한다. 이중결합이 붙어있는 탄화수소 사슬(R)의 공간 배치에 따라서 *cis*형과 *trans*형으로 나눌 수 있으나 천연 유지 중에 존재하는 불포화 지방산은 대부분이 불안정한 *cis*형을 취하고 있다.

[1] 기하 이성체(geometrical isomer) : 입체 이성체의 일종으로 분자 내에서 원자나 원자단의 상대적 입체 위치가 다른 이성체를 말한다. 불포화 지방산과 같이 이중결합을 지니는 분자에서는 이중결합을 기준으로 양측에 있는 원자나 원자단의 입체적 배치가 같은 방향으로 있으면 *cis*형, 반대 방향으로 있으면 *trans*형이라고 한다.

표 6.2 불포화 지방산

계열	일반식	탄소수	일반명	계통명	녹는점(℃)	소재
Oleic acid 계열	$C_nH_{2n-2}O_2$	C_{10}	Caproleic	9-Decenoic	-	버터
		C_{12}	Lauroleic	12-Dodecenoic	-	버터
		C_{14}	Myristoleic	9-Tetradecenoic	-	어유, 고래기름
		C_{16}	Palmitoleic	9-Hexadecenoic	0.5	어유, 고래기름
		C_{18}	Oleic	9-Octadecenoic	16.3	일반 동·식물성 유지
		C_{18}	Vaccenic	11-Octadecenoic	39.5	버터, 쇠기름, 돼지기름
		C_{18}	Ricinoleic	12-hydroxy-9-octadecenoic	5.5	피마자기름
		C_{20}	Gadoleic	9-Eicosenoic	23.5	어유, 고래기름
		C_{22}	Erucic	13-Docosenoic	33.5	채종유
		C_{24}	Nervonic	15-Tetracosenoic	42.5	어유
Linoleic acid 계열	$C_nH_{2n-4}O_2$	C_{10}	Stillingic	2, 4-Decadienoic	-	Stillingia유
		C_{18}	Linoleic	9, 12-Octadecadienoic	-5.0	일반 동·식물성 유지
Linoienic acid 계열	$C_nH_{2n-6}O_2$	C_{16}	Hiragonic	6, 10, 14-Hexadecatrienoic	-	정어리기름
		C_{18}	Linolenic	9, 12, 15-Octadecatrienoic	-11.0	일반 동·식물성 유지
Polyethenoid 계열	$C_nH_{2n-8}O_2$	C_{18}	Moroctic	4, 8, 12, 15-Octadecatetraenoic	-	정어리기름
		C_{20}	Arachidonic	5, 8, 11, 14-Eicosatetraenoic	-49.5	인지질, 간유
	$C_nH_{2n-10}O_2$	C_{22}	Claupanodonic	4, 8, 12, 15, 19-Docosapentaenoic	-	정어리기름, 어유
		C_{24}	Nisinic	4, 8, 12, 15, 18, 21-Tetracosahexenoic	-	정어리기름

따라서 천연의 불포화 지방산은 그림 6.1에 나타낸 바와 같이 이중결합이 많아짐에 따라서 크게 구부러진 구조를 취하며, 직선형의 포화 지방산이나 *trans*형의 불포화 지방산과는 형태가 크게 다르다. 또한 polyenoic acid의 이중결합은 사이에 1개의 methylene기를 가진 divinyl methane형(또는 1, 4-penta diene형) $-CH=CH-CH_2-CH=CH-$의 배치를 취하고 있는 것이 대부분이다.

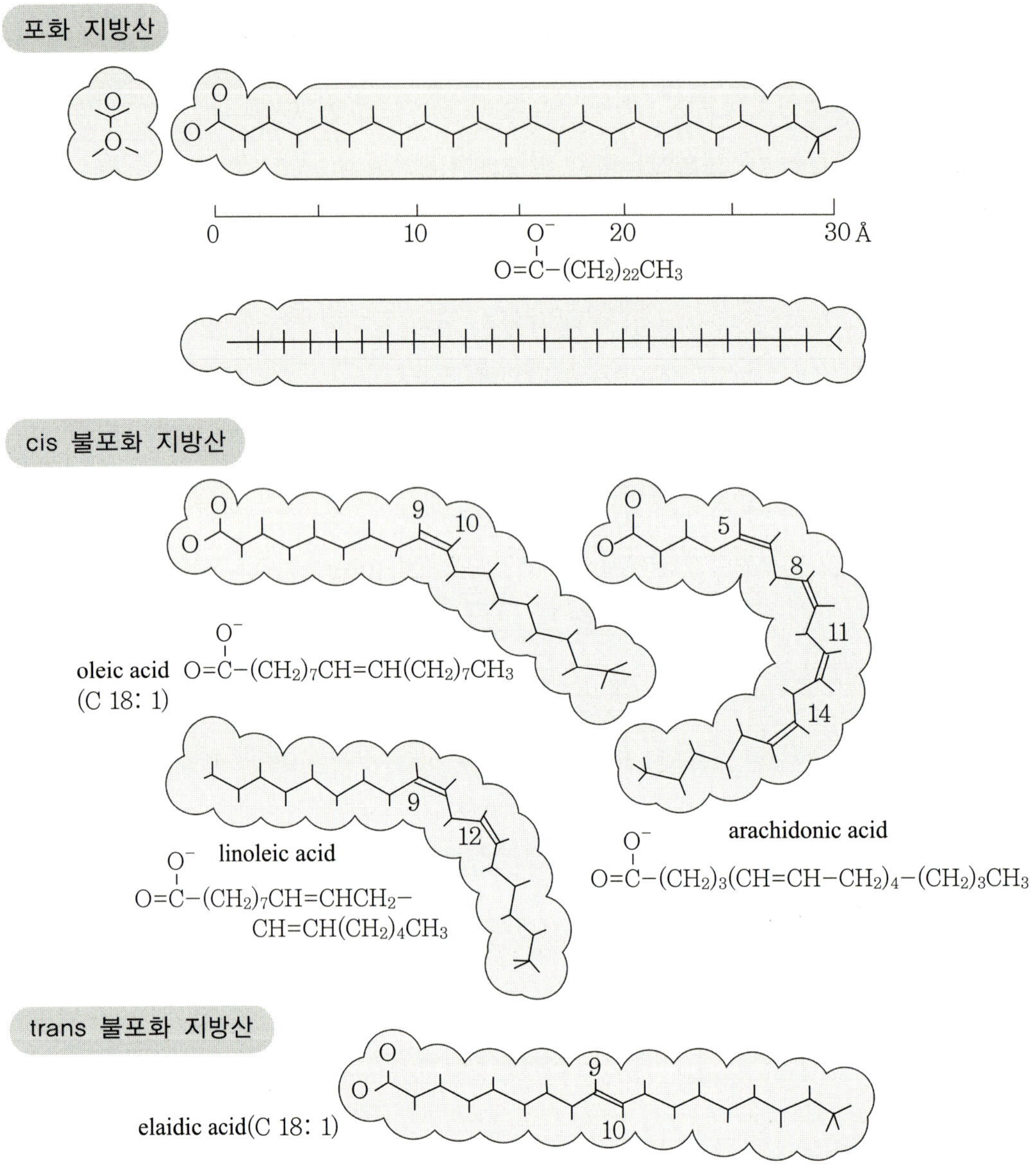

그림 6.1 지방산 분자의 형태

3. 지방산의 명명법

대부분의 지방산은 관용명을 갖고 있지만 그 이외에 지방산의 구조를 나타낸 계통적인 명칭이 있다 포화 지방산의 경우 상당하는 탄화수소의 어미 −e를 빼고 대신에 −oic을 붙인다. 예를 들면 C_{18}은 탄화수소 octadecane이 octadecanoic acid가 된다. 불포화 지방산의 경우 monoene산은 상당하는 포화 지방산의 어미 −anoic을 −enoic으로 한다. 또한 이중결합의 위치를 나타내는 방법은 carboxyl기가 있는 말단으로부터 센다. 예를 들면 9와 10번째의 탄소 사이에 이중결합을 갖는 oleic acid(C_{18})는 9−octadecenoic acid가 된다.

이중결합이 2개 이상인 불포화 지방산에 대해서는 상당하는 포화 탄화수소의 어미의 −ne를 빼고 그 대신에 이중결합 수에 따라서 2개−dienoic, 3개−trienoic, 4개 −tetraenoic과 같이 한다. 따라서 9, 10째의 사이, 12, 13번째의 사이 및 15, I6번째의 사이의 3군데에 이중결합을 가진 linolenic acid(C_{18})는 9, 12, 11−octadecatrienoic adid가 된다.

4. 주요 유지의 지방산 조성

식용 유지의 성질은 주로 그의 지방산 조성에 의해 결정된다. 표 6.3에 대표적인 식용 유지의 지방산 조성을 표시하였다. 대부분의 경우 oleic acid($C_{18:1}$), linoleic acid($C_{18:2}$), palmitic acid($C_{16:0}$), stearic acid($C_{18:0}$)의 4가지 지방산이 가장 보편적으로 존재하며 주요 구성 지방산이 되고 있다.

그러나 유지방, 채종유, 피마자유 등과 같은 일부 유지는 특수한 지방산을 주요 지방산으로 하고 있다. 즉, 유지방에는 buryic acid, caproic acid, caprylic acid, lauric acid, myristic acid와 같은 저급 지방산을 많이 함유하고 있는 것이 특징이다.

채종유의 경우는 30~50%의 elucic acid를 함유하고 있었으나 elucic acid와 심장 장해와의 관계가 지적되고 나서 카나다에서 품종 개량이 급속히 진행되어 elucic acid를 거의 함유하지 않은 품종이 개발되었다. 피마자유는 C_{18}의 1개의 이중결합과 1개의 수산기를 가지고 있는 ricinoleic acid를 전체 구성 지방산의 80% 이상을 함유하고 있다. 한편, 야자유, palm핵유는 lauric acid($C_{12:0}$)가 풍부하기 때문에 lauric acid형 유지라고 불리운다.

육상 동물유는 일반적으로 포화 지방산을 많이 함유하고 있으므로 융점이 높다. 그러나 정어리를 비롯한 어유는 이것과는 대조적으로 고도의 불포화 지방산($C_{20:5}$, $C_{22:6}$)을 많이 함유하고 있다. 이들의 polyenoic acid는 생선을 잘 먹는 에스키모인에게 심근경색이 극히 적은 사실로부터 그의 필요성과 생리작용이 최근 다시 인정되고 있다.

표 6.3 천연 유지의 지방산조성

유지	야자유	올리브유	피마자유	채종유	대두유	아미인유	체지	버터기름	고래기름	정어리유
검화가	256~264	187~196	176~187	168~179	189~195	188~196	192~202	218~235	184~202	186~197
요오드가(Wijs법)	7~10	79~90	81~91	97~107	117~141	170~204	57~71	25~38	90~146	154~196
지방산	전체지방산에 대한 각 성분 지방산의 중량(%)									
butyric acid	–	–	–	–	–	–	–	3.1	–	–
caproic acid	0.3	–	–	–	–	–	–	1.8	–	–
caprylic acid	3.2	–	–	–	–	–	–	1.2	–	–
capric acid	9.7	–	–	–	–	–	–	2.2	–	–
lauric acid	44.1	–	–	–	0.4	–	0.1	3.8	0.2	–
myristic acid	15.9	1.2	3.5	–		–	2.7	8.5	9.3	6
palmitic acid	9.6	15.6		1.9	10.6	8.2	24.0	24.3	15.6	10
stearic acid	3.2	2.0		3.5	2.4	6.8	8.4	11.9	2.8	2
arachidonic acid	0.2	–	–	0.7	2.4	–	–	0.1	–	–
behenic acid	–	–	–	0.7		–	–	0.1	–	–
lignoceric acid	–	–	–	0.8	–	–	–	–	–	–
decenoic acid	–	–	–	–	–	–	–	0.1	–	–
dodecenoic acid	–	–	–	–	–	–	–	0.2	–	–
tetradecenoic acid	–	–	–	–	–	–	0.2	1.1	2.5	–
hexadecenoic acid	–	1.6	–	1.5	1.0	–	5.0	5.8	14.4	13
oleic acid	6.3	64.6	5.5	12.3	23.5	13.9	46.9	31.3	35.2	24
linoleic acid	1.5	15.0	3.5	15.8	51.2	14.4	10.2	2.4		
linolenic acid	–	–	–	8.7	8.5	56.2	–	1.1	–	
$C_{20\sim23}$ linolenic acid	–	–	–	54.1*	–	–	2.5	1.4	19.7	45
dioxy stearic acid	–	–	2.0	–	–	–	–	–	–	–
ricinoleic acid	–	–	85.5	–	–	–	–	–	–	–

*eicosanoic acid 4.8%, erucic acid 47.8%, docosadienoic acid 1.5%

5. 필수 지방산(essential fatty acids)

동물은 체내에서 여러 가지 지방산을 생합성할 수 있으나 지방산의 불포화화에 관해서는 제한이 있으며 지방산의 methyl 말단으로부터 3과 6 위치에 이중결합을 도입할 수 없다.

즉, oleic acid($C_{18:1, n-9}$)는 합성할 수 있지만 lioleic acid($C_{18:2, n-6}$)와 linolenc acid($C_{18:3, n-3}$)는 생합성할 수 없다. 따라서 이들의 polyenoic acid는 식사를 통해서 섭취하지 않으면 안 되므로 필수 지방산(essential fatty acid)이라고 부른다.

단, linoleic acid 및 linolenic acid의 carboxyl 말단으로부터 사슬 길이를 연장하는 것과 methyl 말단으로부터 12 및 15의 위치에 이중결합을 도입하는 것은 가능하다. 결국 전자로부터 arachidonic acid, 후자로부터 eicosapentaenoic acid와 docosahexaenoic acid를 유도하는 것이 가능하다. 따라서 인체의 정상적인 성장, 활동과 신체기능 유지를 위해 외부로부터 공급하지 않으면 안 되는 필수 지방산은 모두 불포화 지방산들로서 linoleic acid, linolenic acid, arachidonic acid 등이 있다.

제3절 단순지질

1. 유지(fats and oils)

지방산과 glycerol과의 ester를 glyceride라고 부른다. Glycerol은 3가 alcohol이므로 1분자의 glycerol에 1~3분자의 지방산이 결합할 수 있다. 그리하여 glycerol 1분자에 결합하는 지방산 분자의 수에 따라서 monoglyceride, diglyceride, triglyceride로 구분된다.

천연적으로 존재하는 유지는 주로 triglyceride로 이루어져 있다. Triglyceride를 구성하는 지방산 R_1, R_2, R_3가 3개 모두 동일한 지방산일 경우는 단순 triglyceride라고 부르며 다른 종류의 지방산이 ester결합을 한 경우는 혼합 triglyceride라고 한다. 대부분의 천연 유지는 혼합 triglyceride의 형태를 취하고 있다.

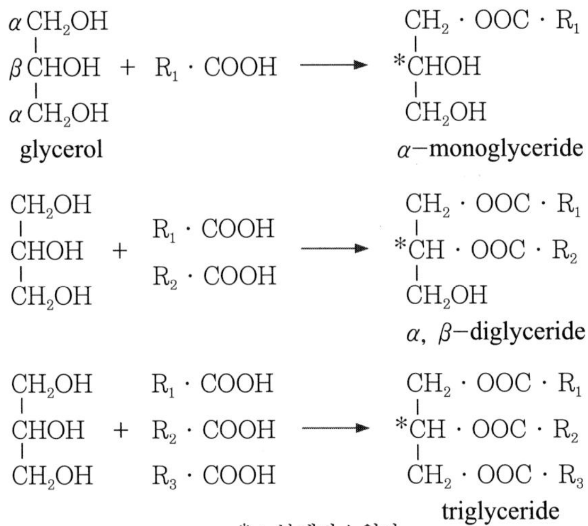

* : 부제탄소원자

유지는 실제로 수많은 triglyceride 분자들의 혼합물이며 한 유지를 구성하고 있는 지방산의 종류가 많으면 많을수록 구성 triglyceride의 종류는 급격히 증가한다.

일반적으로 한 유지가 n개의 지방산으로 구성되어 있을 때 가능한 구성 triglyceride의 수(N_1)는 다음 식에 의해 표시된다.

$$N_1 = \frac{1}{2}(n^2 + n^3)$$

한편, 위치 이성체를 고려하지 않고 같은 것으로 생각할 때 가능한 triglyceride의 수(N_0)는 다음과 같다.

$$N_0 = \frac{1}{6}n(n + 1)(n + 2)$$

예를 들어 한 유지를 구성하는 지방산이 3개인 경우에 가능한 triglyceride의 수는 18개이며, 만일 위치 이성체를 고려하지 않을 때는 10개가 된다(그림 6.2).

유지는 분자내 극성을 갖고 있지 않아 중성지방(neutral fats)이라고 하며 일반적으로 상온에서 액체인 것을 油(oil), 고체인 것을 脂(fat)라 부르고 있다. Glycerol과 결합하는 지방산의 종류에 따라 유지의 성상이 다르게 된다. 불포화 지방산을 많이 함유하는 glyceride는 포화 지방산을 많이 함유하는 glyceride에 비하여 융점이 낮고 상온에서 액상을 나타낸다.

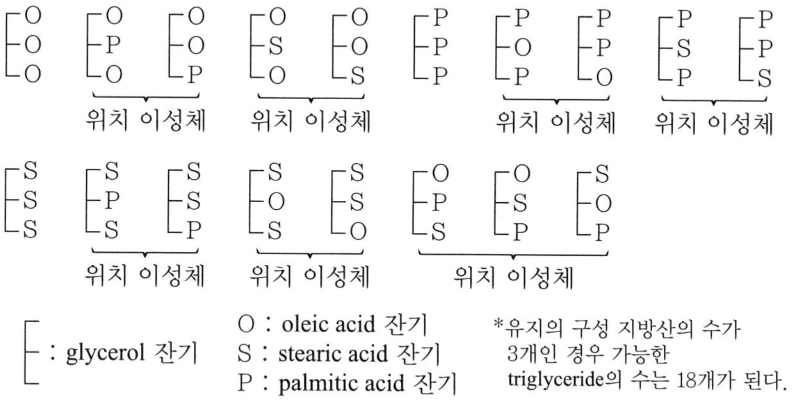

그림 6.2 3개의 지방산으로 구성된 가능한 triglyceride의 구조

표 6.4 유지의 분류

- 유지
  - 천연 유지
    - 식물성 유지
      - 식물성유
        - 건성유[a] – 아마인유, 동유, 들기름
        - 반건성유[b] – 참기름, 대두유, 면실유
        - 불건성유[c] – 올리브유, 땅콩기름, 피마자유
      - 식물성지 – 야자유, 코코아유
    - 동물성 유지
      - 동물성유
        - 해산동물유
          - 어유
          - 간유
          - 해수유
        - 육산동물유 – 번데기유
      - 동물성지
        - 체지 – 쇠기름, 돼지기름
        - 유지 – 버터
  - 가공 유지 – 마가린, 쇼트닝

주 a) 건성유 : 식물성유를 공기 중에 방치하여 놓으면 종류에 따라 표면이 서서히 건조하여 피막을 만드는 것이 있다. 건성유는 요오드가 130 이상의 것으로 linoleic acid, linolenic acid 등 다가의 불포화 지방산 함량이 많다.
b) 반건성유 : 반건성유는 요오드가 100~130의 것으로 oleic acid, linoleic acid 함량이 많다.
c) 불건성유 : 불건성유는 요오드가 100 이하의 것으로 oleic acid 함량이 많다.

일반적으로 식물성 유지에는 액상의 것이 많고 동물성 유지에는 고체의 것이 많은 것도 이러한 이유에 기인하는 것이다.

천연의 유지는 일반적으로 표 6.4와 같이 분류되고 있다.

2. 왁스류

왁스류(waxes)는 고급 1가 alcohol과 고급 지방산이 ester화된 것으로서 식물의 줄기, 잎, 종자, 동물의 체표부, 뇌, 지방부, 골 등에 분포하며 일반적으로 피복 보호물질로서 존재하는 경우가 많다.

천연의 왁스는 그 출처에 따라 식물성 왁스와 동물성 왁스로 구분할 수 있으며 인체 내의 소화 효소로는 분해되지 않으므로 영양적 가치는 없다고 할 수 있다. 그러나 최근 천연의 왁스가 감귤류의 과피의 광택제로 많이 사용되게 되었다. Carnauba wax를 주체로 하여 여기에 밀납과 잘 녹게 하기 위해 유화제로서 morpholine 지방산염을 3% 정도 가하고 있다. 이러한 왁스처리는 수분의 증발을 억제하기 때문에 표피가 건조되는 것을 막아서 표면적으로 신선함을 유지하는 효과는 있으나 표면이 덮혀있기 때문에 호흡이 되지 않아 체내의 성분을 소모하므로 감귤류의 맛의 생명인 당과 유기산이 감소되어 맛이 떨어질 뿐 아니라 내부에서의 부패를 촉진한다고 한다.

1) 식물성 왁스류

(1) Carnauba wax

이것은 *Copernica cerifera*라는 식물의 잎 표면에 존재하는 것으로 융점이 83~93℃인 황색의 왁스이다. 이의 주성분은 myricyl cerotate($C_{25}H_{51}COOC_{30}H_{61}$), carnaubyl cerotate($C_{25}H_{51}COOC_{24}H_{49}$) 등이다.

(2) Candelilla wax

이것은 *Candelila shrub*의 잎이나 줄기 중에 존재하는 것으로 융점이 67~70℃인 황갈색의 반투명한 왁스이다 그의 주성분은 carnauba wax와 유사하다.

(3) Japan wax

이것은 일본산 옻나무(*Rhus vernicifera*)의 열매에서 추출된 것으로 융점이 53℃인 황색의 고체 왁스이다. 이의 구성 지방산으로서 palmitic acid와 japanic acid[$HOOC(CH_2)_{19}COOH$]를 함유하고 있다.

2) 동물성 왁스류

(1) 밀랍(bee wax)

이것은 벌꿀에서 얻어지는 것으로 융점이 62~65℃인 황백색의 왁스이다. 이의 주성분은 myricyl palmitate($C_{15}H_{31}COOC_{30}H_{61}$)이며, 그 외에 C_{24}~C_{34}의 alcohol류와 C_{24}~C_{34}의

지방산을 함유하고 있다.

(2) 경랍(supermolceti wax)

이것은 말향고래기름에 존재하는 것으로 융점이 41~46℃이다 이의 주성분은 cetyl palmitate($C_{15}H_{31}COOC_{16}H_{33}$)이다.

(3) Shellac wax

이것은 곤충(*Laccifer lacca*)에서 분비되는 왁스이다. 이의 주성분은 cetyl cerotate($C_{25}H_{51}COOC_{26}H_{53}$)이다.

3. Sterol ester

Sterol과 지방산과의 ester를 sterol ester라고 한다. 각종의 sterol은 천연적으로 steroid핵의 제3의 위치의 -OH가 지방산과 ester 결합을 하여 존재하거나 또는 배당체의 형태로 존재한다.

제4절 복합지질

1. 인지질

인지질(phospholipids)은 모든 동식물 및 미생물의 세포막이나 mitochondria막의 중요 성분이며 특히 대사기능이 왕성한 기관인 뇌, 심장, 신장, 난황 등에 많고 식물 중에는 콩에 많이 함유되어 있다.

인지질은 glycerol의 2개의 OH기가 지방산과 ester화되어 있고, 3번째의 OH기에 인산이 결합한 phosphatidic acid를 기본 구조로 하고 있다.

Phosphatidic acid는 그 자체로서 동·식물 조직 중에 K, Mg, Cu 등의 양이온과 결합하여 분포되어 있으나 그 외에도 표 6.5와 같이 이의 유도체인 phosphatidyl ester로서 자연계에 널리 존재한다.

표 6.5 주요 인지질(phosphatidic acid 유도체)

인지질명	번호	구조-X	분포			주요소재 및 기타
			동물	식물	미생물	
Phosphatidic acid	IX	$-H$	±	+	+	식물체잎, glycerol지질의 생합성 중간물질
Phosphatidyl choline(lecithin)	X	$-CH_2CH_2N^+(CH_3)_3$	+++	+++	+	뇌, 난황, 종자
Phosphatidyl-(N, N-dimethyl) ethanolamine	XI	$-CH_2CH_2N(CH_3)_2$	+++		+	lecithin 생합성 중간물질
Phosphatidyl-(N-methyl) ethanolamine	XII	$-CH_2CH_2NHCH_3$	+		+	lecithin 생합성 중간물질
Phosphatidyl ethanolamine	XIII	$-CH_2CH_2NH_2$	+++	+++	+++	뇌, 난황, 종자
Phosphatidyl serine	XIV	$-CH_2CH(NH_2)COOH$	++	+	±	뇌, 간장, 폐, 종자 엽록체
Phosphatidyl glycerine	XV	H_2COH $HCOH$ $-CH_2$	+	++	++	*Bacillus cereus* 세균
Phosphatidyl glycerine-O-amino acid ester	XVI	$H_2CO-CO-CH(NH_2)-R$ $HCOH$ $-CH_2$			++	*Staphycococcus aureus*, 기타
diphosphatidyl glycerine	XVII	$R \cdot CO \cdot OCH_2$ $R' \cdot CO \cdot OCH$ $-CH_2CHOHCH_2 \cdot O-P(=O)(O)-OCH_2$	++	+	++	심장. 종자, 세균
Phosphatidyl inositol (monophosphoinositide)	XVIII		++	++	+	뇌, 간장, 종자, 효모, 결핵균
Phosphatidyl inositol-4-phosphate (diphosphoinositide)E	XIX		++			
Phosphatidyl inositol-4, 5-phosphate (triphosphoinositide)F	XX		++			뇌, 신경조직, 간장, 효모, 부신, 내장. 기타

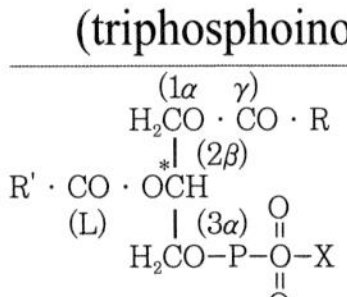

*는 부제탄소원자, 괄호 안은 탄소번호 및 입체배치를 표시한다.

1) Lecithin

이것은 동물의 뇌, 신경계, 간장, 심장, 난황 및 두류와 같은 식물의 종자에 많이 함유되어 있다. Lecithin은 phosphatidic acid의 인산기에 choline이 결합한 phosphatidyl choline의 구조로 되어 있다. Lecithin의 구조에서 2개의 지방산 중 적어도 하나는 불포화 지방산이며. 이 불포화 지방산으로는 oleic acid, linoleic acid 및 arachidonic acid 등이며 포화 지방산으로는 palmitic acid, stearic acid 등으로 구성되어 있다.

Lecithin은 한 쪽에는 친유성이 강한 지방산기를 두 개나 갖고 있으면서 다른 한 쪽에는 친수성이 강한 인산, choline 부분을 갖고 있는 양성물질의 하나이다. 따라서 물과 유지의 혼합물을 안정화시켜 주는 유화제로서 마가린, 샐러드, 드레싱, 아이스크림 등의 제조에 이용된다.

그리고 lecithin은 ether, chloroform, 따뜻한 alcohol에는 잘 녹으나 예외적으로 acetone에는 녹지 않는 특이한 성질을 갖고 있다.

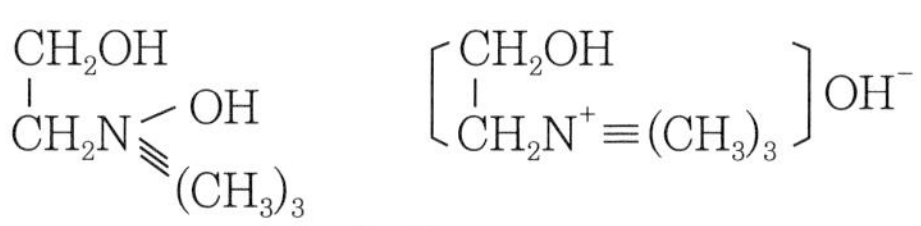

choline

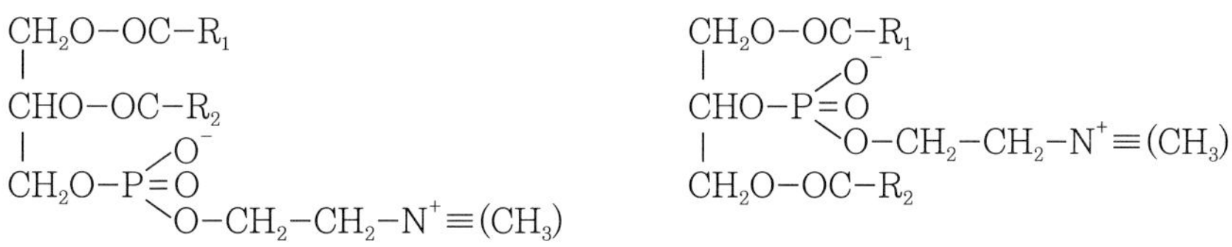

α-lecithin β-lecithin

(phosphatidyl choline)

2) Cephalin류

Cephalin류는 동물의 조직 특히 뇌, 신경조직 중의 지방질, 두류, 대두유 등의 식물의 종자유에 존재한다. Cephalin은 phosphatidic acid의 인산기에 serine이 결합한 phosphatidyl serine과 ethanolamine이 결합한 phosphatidyl ethanolamine의 두 종류가 있다. 이 cephalin류의 화학적 성질들은 lecithin과 매우 유사하다. Lecithin과 같이 지용성 용매에는 잘 녹으나 acetone에는 녹지 않는다. 그러나 cephalin의 $CdCl_2$의 착염은 ether에 잘 녹으나 lecithin의 $CdCl_2$에 착염은 ether에 녹지 않으므로 cephalin과 lecithin을 분별할 수 있다.

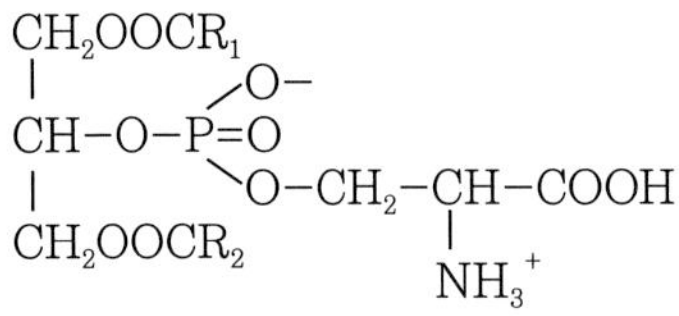

serine cephalin
(phosphatidyl serine)

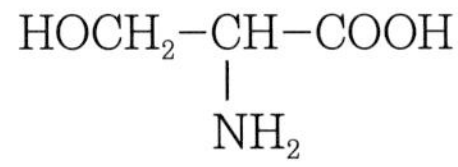

serine

$HO-CH_2CH_2-NH_2$
ethanolamine

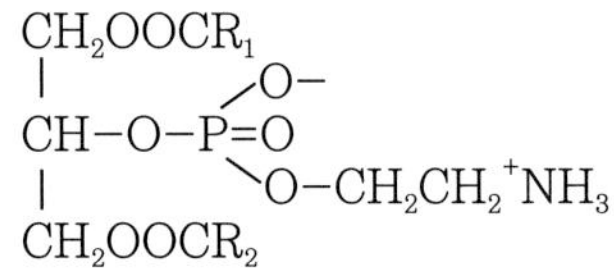

β−ethanolamine cephalin
(phosphatidyl ethanolamine)

3) Phosphoinositide류

Phosphoinositide는 phosphatidyl inositol류라고도 하며 phosphatidic acid의 인산기에 mesoinositol이 ester 결합한 것이다. 이들은 동물의 뇌, 심장, 신경 조직 중의 지방질, 대두, 밀 등의 곡류의 배아, 효모 등에 존재한다.

구성 지방산으로는 stearic acid, palmitic acid, oleic acid, linoleic acid 등이며 특히 stearic acid와 linoleic acid의 함량이 많다.

한편, monophosphoinositide 이외에 diphosphoinositide와 triphosphoinositde류가 뇌조직 등에 상당량 존재하는 것으로 알려져 있다.

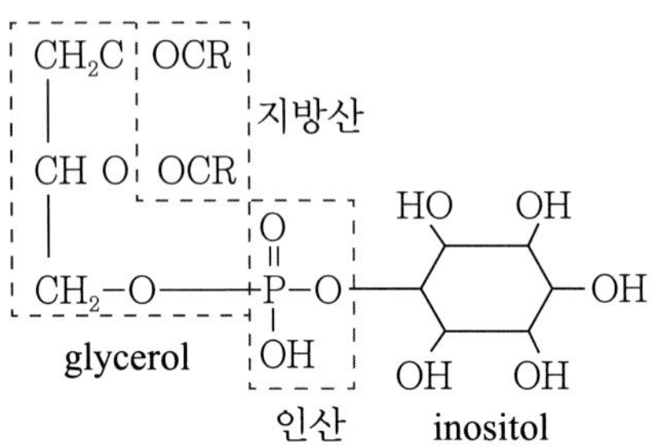

monophosphoinositide

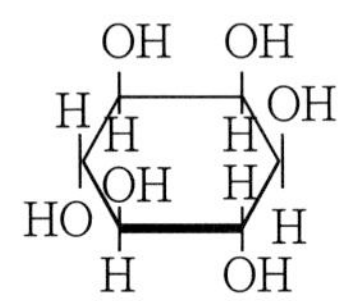

meso-inositol

4) Lysophosphatide류

이것은 여러 phosphatide들의 부분적인 가수분해로서 얻어지는 물질이며 자연식품 중에도 존재한다.

Lysolecithin은 쌀이나 기타 곡류에 미량 존재하는데, 이것은 용혈작용(hemolysis)을 가진 독성물질로 알려져 있으나 경구적으로 섭취하면 독성이 매우 적다.

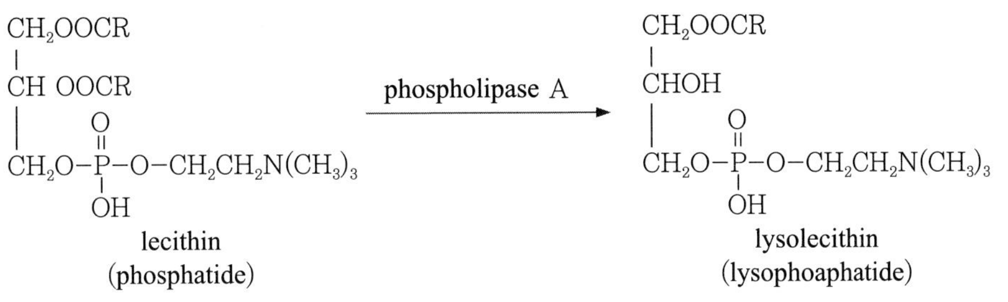

독사의 독액에 존재하는 효소 lecithinase A는 lecithin의 β−위치에 있는 지방산을 가수분해시켜 lysolecithin을 생성한다.

5) Plasmalogens

Plasmalogens은 특히 심장근에서 얻어지는 인지질 중에 많이 함유되어 있으며 그 구조는 phosphatidyl 유도체와 매우 유사하다. 그러나 이 plasmalogens에 있어서는 지방산이 구성 성분이 되고 있지 않으며 가수분해될 때는 지방산 대신에 palmitic aldehyde, stearic aldehyde, oleic aldehyde 등의 고급 지방산의 aldehyde가 생성되는 것이 특징이다. 그리고 질소화합물로서는 ethanolamine 이외에 serine, choline 등이 결합되어 있다. 그러나 plasmologen의 acetal결합을 형성하고 있는 물질들이 과연 고급 aldehyde인지에 대해서는 아직 의문이 많다.

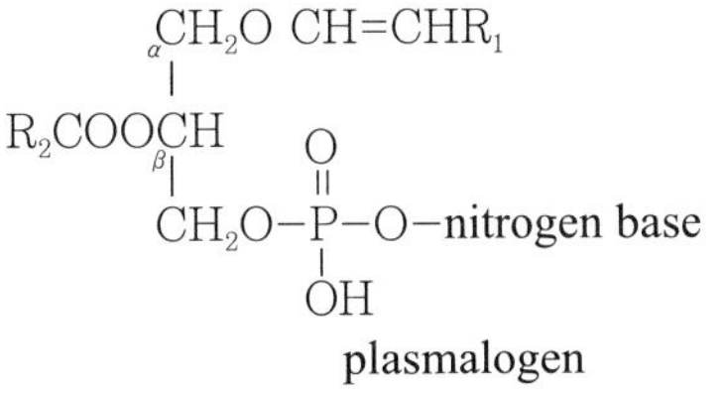

α =불포화 ether
β =지방산

6) Sphingomyelin류

Sphingomyelin은 sphingosine과 지방산, 인산 및 choline으로 구성되어 있다. 이와 같이 분자 내에 sphingosine이라고 하는 화합물을 가지고 있는 지방질을 sphingolipid라 한다. Sphingolipid는 뇌, 신경조직 중의 지방질에 존재하며 sphingomyelin과 같이 인산기를 포함하고 있는 것과 cerebroside와 같이 인산기를 포함하지 않는 것으로 구분한다.

Sphingomyelin의 구성 지방산은 lignoceric acid가 주가 되며 그 외에 nervonic acid, stearic acid, palmitic acid 등이 발견된다.

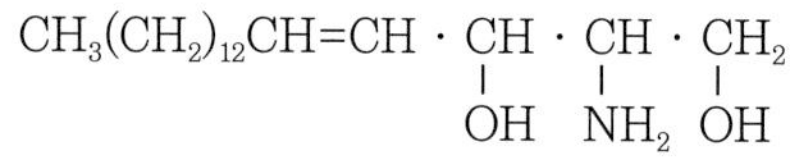

sphingosine
(1, 3-dihydroxy-2-amino-octadecen-4)

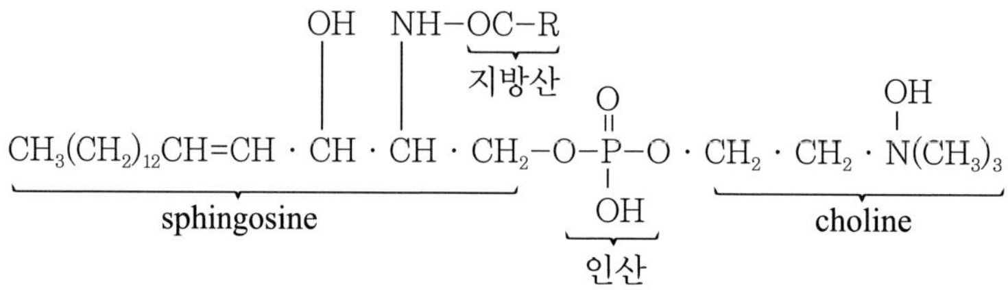

sphingomyelin

2. 당지질

1) Cerebroside류

Cerebroside는 동물의 뇌, 비장 등의 지방조직에서 발견되며, 인산기를 포함하지 않는 대표적인 sphingolipid이다. 즉 이것은 가수분해되어 sphingosine, 지방산, 6탄당 등이 생성되므로 당지질에 속하며 구성하고 있는 당은 주로 galactose이지만 최근에는 glucose, sucrose 등도 발견되고 있다.

Cerobroside는 단일 물질이 아니며 그 구성 지방산의 종류에 따라 lignoceric acid가 결합한 것은 kerosin, α-hydroxylignoceric acid가 결합한 것은 cerebron, nervonic acid가 결합한 것은 nervon, α-hydroxynervonic acid가 결합한 것은 hydroxynervon으로 구분한다.

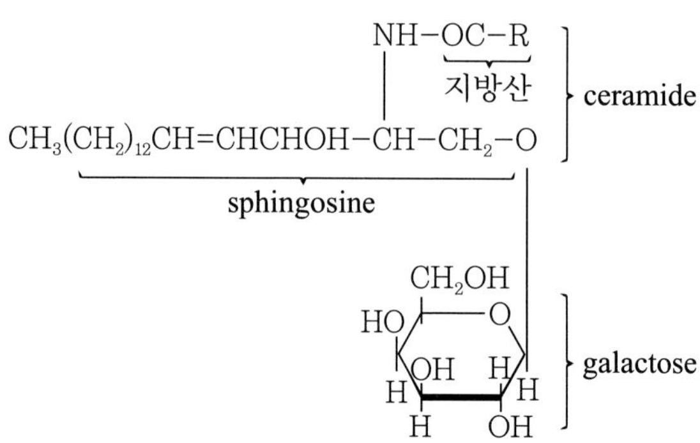

cerebroside

2) Ganglioside류

Ganglioside는 신경절 세포(ganglion cell)에 주로 존재하며, sphingosine, 지방산, 하나 또는 그 이상의 당질로 이루어진 복잡한 sphingolipid이다.

Ganglioside는 적어도 한 분자의 N-acetyl-neuraminic acid를 함유하고 있다는 것이 큰 특징이나 아직 그의 화학구조가 확실히 알려져 있지 않다.

3. 황지질

Cerebron의 황산 ester가 황지질(sulfolipid)이다. 즉, galactose의 C_6의 $-OH$기에 sulfon기가 붙은 것으로 뇌, 간, 비장 등에 존재한다.

4. 단백지질

단백지질(proteolipid)은 지방질과 단백질이 주로 소수결합에 의해 결합한 것으로 지단백질(lipoprotein)이기도 하며 뇌단백, 심근, 신장, 간장, 세포핵 및 mitochondria 등에 존재한다.

단백지질은 구성하는 지방질 성분으로는 triglyceride, 인지질, cholesterol 또는 그 ester이며 단백질 성분으로는 비극성의 아미노산이 많다.

제5절 유도지질

1. Sterol류

동·식물 조직 중에 존재하는 steroid핵을 가진 환상 alcohol의 일군을 sterol이라 부르며 천연지질의 불검화성 지질의 대표적인 것이다. 생체조직에서는 유리상, 지방산 ester상 또는 배당체로 존재하고 있다.

Sterol류는 steroid 기본구조의 3번 탄소에 OH기, 18번과 19번 탄소에 $-CH_3$기 그리고 17번 탄소에 탄소수가 8~10개인 탄화수소 곁사슬(R기)을 가진 특징을 갖고 있으며 그 출처에 따라 동물성 sterol과 식물성 sterol로 분류된다.

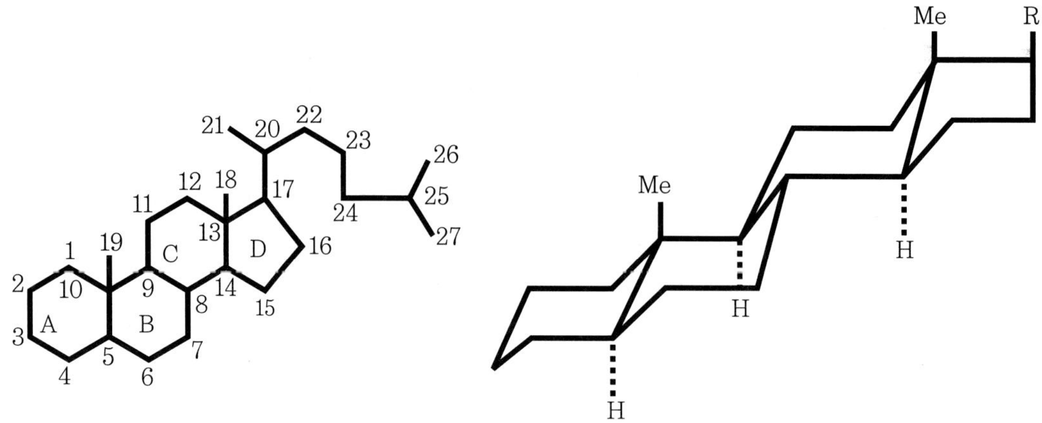

그림 6.3 Steroid 핵(왼쪽)과 그 입체구조(오른쪽)

1) 동물성 sterol

(1) Cholesterol

Cholesterol은 고등동물의 근육조직에 대부분 함유되어 있으며 특히 뇌, 신경조직, 혈액 등에 많다. Cholesterol 함량이 많은 식품을 열거하면 표 6.6과 같다.

표 6.6 식품 중의 cholesterol 함량

식품명	함량(mg%)	식품명	함량(mg%)
굴	150	쇠고기	70
대구	75	돼지고기	83
연어	95	닭고기	112
살꼴두기	433	닭기름	111
새우	200	소간장	260
바다가재	170	달걀	630
대합조개	190	베이컨	182
바지락조개	135	버터	284
가리비	175	치즈	120
게	140		

Cholesterol의 분자식은 $C_{27}H_{45}OH$이며, 융점이 149℃인 백색의 고체이다. 대부분이 유리상태로 지방 중에 존재하나 그 중의 약 6% 정도가 지방산과 ester형태로 존재한다.

Cholesterol은 특유한 결정형을 갖고 있으며, C_3의 β형의 −OH기에 의해서 alkaloid인 digitonine과 정량적으로 반응하여 백색의 결정성 침전인 digitonide를 형성한다.

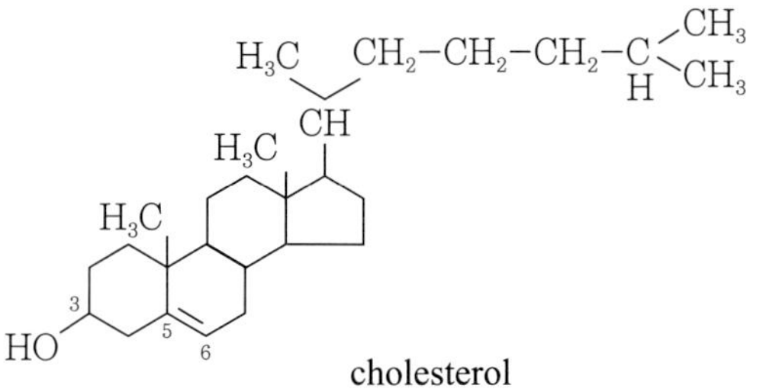

cholesterol
(5, 6-cholesten-3-ol)

2) 식물성 sterol

(1) Sitosterol

Sitosterol은 대표적인 식물성 sterol로서 식물성 유지에 널리 분포되어 있으며 특히 밀의 배종유, 옥수수유에 많이 함유되어 있다. Sitosterol의 분자식은 $C_{29}H_{49}OH$이며, 융점은 137.5℃이다.

동물성 sterol인 cholesterol의 초산 ester(cholesterol acetate)의 융점이 114℃인데 비해서 식물성 sterol인 sitosterol의 초산 ester(sitosterol acetate)의 융점은 125℃이다. 따라서 초산염의 융점을 측정하여 두 종류의 sterol을 식별할 수 있으며 실제로 동물성 유지와 식물성 유지를 구분하는 데 이용된다.

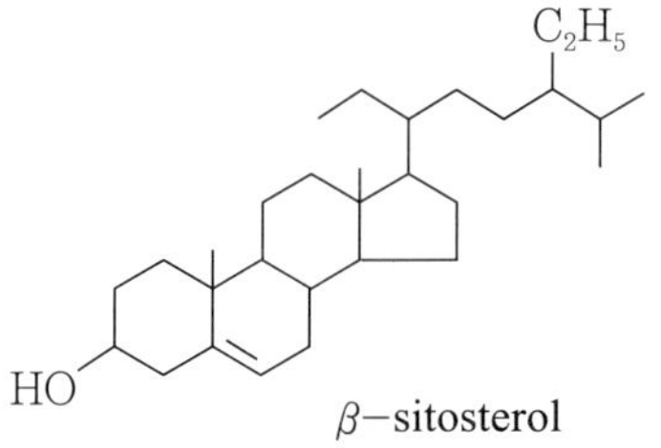

β-sitosterol

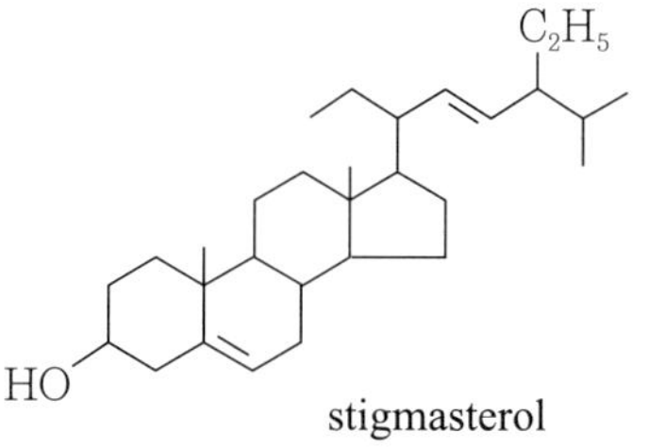

stigmasterol

(2) Ergosterol

Ergosterol은 효모, 곰팡이, 버섯 chlorella 등에 함유되어 있는 sterol로서, 분자식은 $C_{28}H_{43}OH$이며 융점은 163℃이다.

Ergosterol은 자외선 조사에 의해서 B환이 쉽게 개열되어 calciferol 즉, vitanmin D_2로 된다. 따라서 ergosterol은 자외선 조사에 의해서 vitamin D_3가 되는 7-dehydrocholesterol과 함께 provitamin D로 알려져 있다.

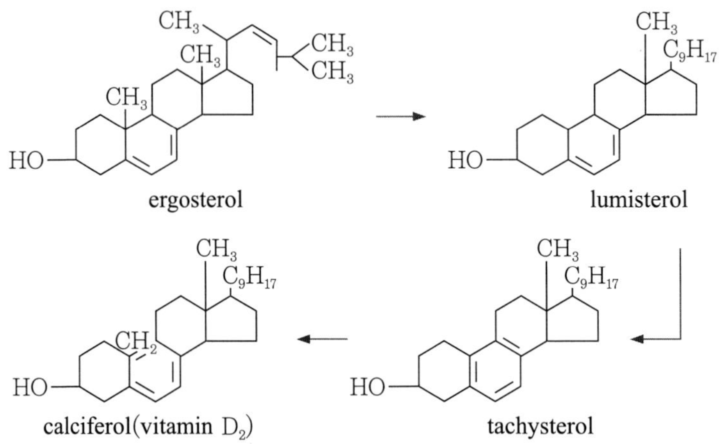

(3) Stigmasterol

Stigmasterol은 대두유 중에 sitosterol과 공존하는 외에 미강유, 옥수수유 야자유 등의 식물성 유지에 널리 분포한다. Stigmasterol의 분자식은 $C_{29}H_{49}OH$이며 융점은 169~170℃이다.

2. 일부 탄화수소

1) Squalene

Squalene은 불검화물의 일종이며 대표적인 불포화 탄화수소로서 상어 간유에 85%, 올리브유에 0.4~0.7%, 기타 미강유, 효모에도 존재한다.

Squalene의 분자식은 $C_{30}H_{50}$으로서, 6개의 isoprene 단위를 가진 구조를 취하고 있으며 각종 sterol류의 전구물질로 알려져 있다.

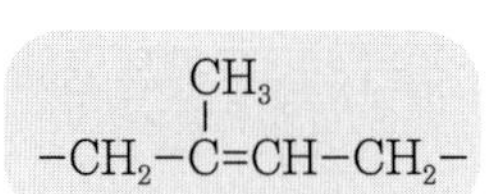

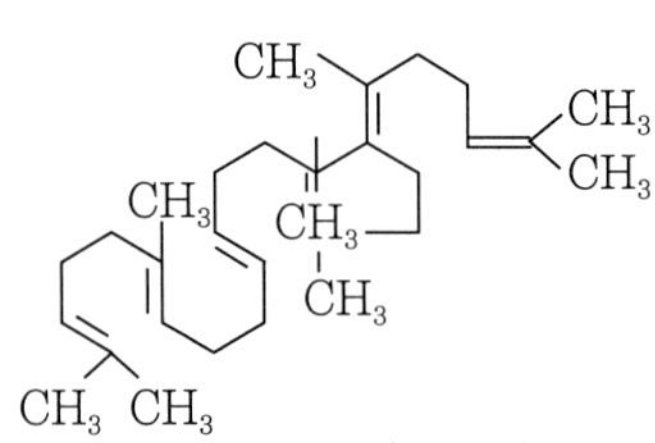

squalene ($C_{30}H_{50}$)

2) 지방족 탄화수소

불검화물인 지방족 탄화수소(aliphatic hydrocarbon)로는 직쇄상의 n−paraffins은 물론 분지상의 구조를 한 iso−paraffins과 ante−iso−paraffins이 존재한다.

식물성 유지에 함유된 탄화수소의 조성을 나타내면 표 6.7과 같다.

표 6.7 식물성 유지 중 탄화수소의 조성(%)

유지	n−Paraffins	iso 또는 ante−iso Paraffins	미확인	총탄화수소
옥수수유	$C_{11\sim31}$	$C_{11\sim21}$	8	40
땅콩유	$C_{11\sim30}$	$C_{11\sim23}$	7	40
채종유	$C_{11\sim31}$	$C_{11\sim17}$, $C_{19\sim21}$	6	36
아마인유	$C_{11\sim35}$	$C_{11\sim21}$	7	43~45
올리브유	C_{11}, $C_{13\sim30}$	−	6	29

제6절 유지의 성질

1, 유지의 물리적 성질

1) 용해성(solubility)

유지는 glycerol의 −OH기와 지방산의 −COOH가 ester결합하여 친수기(극성기)가 나타나지 않게 되므로 극성 용매인 물에 녹지 않고 ether, benzene, chloroform 등과 같은 비극성 유기용매에 잘 녹는다.

같은 용매에 대해서는 탄소수가 많고 불포화도가 적은 지방산으로 이루어진 유지일수록 그 용해도는 감소한다. 일반적으로 유지는 alcohol에 녹기 어려우나 피마자유는 alcohol과 자유로이 혼합된다. 또 유지는 스스로 용매가 되어 steroid, carotenoid 등을 녹일 수 있다.

한편, 지방산 분자는 탄화수소 사슬(비극성기)과 carboxyl기(친수성기)로 되어 있으므로 분자량이 커짐에 따라 탄화수소 사슬이 길어지기 때문에 친수성기의 분자 내에서 점하는 비율이 작아진다. 따라서 butyric acid(C_4)까지는 물과 임의의 비율로 혼합하지만 caproic acid(C_6)는 일부 가용, caprylic acid(C_8)는 뜨거운 물에 소량 가용으로 탄소수가 증가함에 따라서 성질은 탄화수소에 가깝고 물에 녹기 어렵게 된다. 단 비누와 같이 알칼리 금속염으로서는 물에 가용이다.

2) 융점(melting point)

포화 지방산의 융점은 일반적으로 탄소수의 증가와 더불어 높아진다. 또한 불포화 지방산은 이중결합수의 증가에 따라 융점이 낮아진다. 예를 들면 C_{18}의 4종의 지방산으로 비교하면 융점은 이중결합수에 따라 다음과 같이 낮아진다.

stearic acid($C_{18:0}$, 70℃) > oleic arcd($C_{18:1}$, 14℃) > linoleic acid($C_{18:2}$, −5℃) > linolenic acid($C_{18:3}$, 11℃)

한편 홀수 개의 탄소수를 가진 지방산은 탄소수가 하나 적은 짝수 개의 것보다, 지방산의 methyl 또는 ethyl ester는 원래의 지방산보다 그리고 *cis*형의 지방산에 있어서 이중결합의 위치가 carboxyl기에서 멀어질수록 각각의 융점은 낮아진다.

천연의 유지는 다른 순수한 화합물과 같이 일정한 온도에서 융해하는 것이 아니고 광범위한 온도에서 융해하기 때문에 유지의 융점은 매우 불명확하다. 이와 같이 일정한 융점을 갖고 있지 않은 것은 어떤 종류의 유지라도 예외 없이 성질이 다른 많은 종류의 triglyceride의 혼합물이라는 것과 구성 triglyceride의 하나하나가 동질이상현상(polymorphism)으로 알려진 특유한 성질을 나타내기 때문이다.

동질이상현상이란 단일 화합물이 2개 이상의 결정형을 갖는 현상을 말하며 융점도 그 결정형에 따라 달라진다. 지방산 분자도 triglyceride와 같은 동질이상현상을 나타낸다.

예를 들면, tristearin을 높은 온도에서 가열하여 완전히 액체상으로 한 후 급히 냉각할 때는 무정형으로 고체화된다. 이 무정형은 유리형 또는 γ−형이라고도 한다.

이 γ−형을 서서히 가열하면 54.5℃에서 일단 녹은 후 같은 온도를 유지하면서 액체상으로 된 분자들이 재배치되고 다시 고체화되어 α−형의 결정형을 갖는다. 이 α−형을 계속 가열할 때는 65.0℃에서 녹은 후 유지 내부에서 유지분자들의 재배치가 다시 일어난 후 고체화, 즉 결정화되어 β−형의 결정을 만든다.

이 β−형의 결정은 그 융점인 72℃에서 다시 녹기 시작하며 72℃ 이상의 온도에서는 완전히 액체상으로 존재하며, 이것을 급냉할 때는 다시 무정형인 γ−형이 된다(그림 6.4).

각종 단순 triglyceride의 동질이상현상에 의한 무정형 및 결정형의 융점을 보면 표 6.8과 같다.

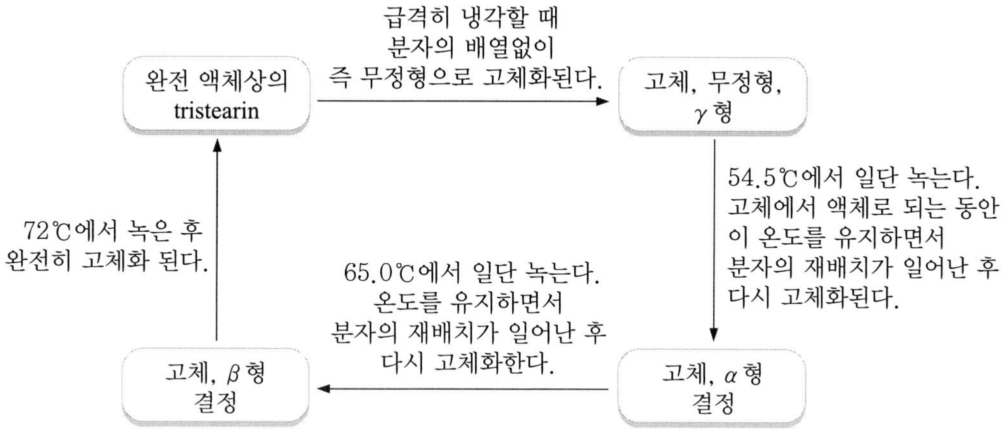

그림 6.4 Tristearin의 동질이상현상

표 6.8 각종 단순 triglyceride의 무정형과 3결정형의 융점(℃)

단순 triglyceride의 종류	무정형 또는 γ형	α-결정형	β'-결정형	β-결정형
Tricaprin, C_{10}	−15	18	−	31.5
Trilaurin, C_{12}	15	25	−	46.4
Trimyristin, C_{14}	33	46.5	54.5	57
Tripalmitin, C_{16}	45	56	63.5	65.5
Tristearin, C_{18}	54.5	65	70.0	72
Triolein, C_{18}	−32	−12	−	4.9
Trielaidin, C_{18}	15.5	37	−	42
Trierucin, C_{22}	6	17	25	30
Trilinolein, C_{18}	−43∼−47	−27∼−29	−	−10.5

이상과 같이 triglyceride 분자들은 보통 무정형인 γ-형과 α-, β-형의 두 결정형 또는 무정형인 γ-형과 α-, β'-, β-형의 세 가지 결정형을 가지므로 각각 고유의 융점을 가진 서로 다른 형태로 존재한다.

예를 들어 한 식용 유지가 10개의 지방산으로 구성되어 있다고 가정하면 그 유지를 구성하는 가능한 triglyceride의 종류는 550개에 달한다. 또한 동질이상현상에 의해서 각각의 triglyceride 분자는 3개 또는 4개의 융점이 서로 다른 결정형을 가질 수 있다. 그러므로 식용 유지의 융점은 일정하지 않다는 사실을 쉽게 이해할 수 있다.

이와 같은 현상은 유지 제품의 물리적 성질을 결정하는 데 중요한 역할을 한다. 예를 들면 버터와 같은 반고체 유지의 경우 여름에는 일부 triglyceride 분자들은 고체로 남아 있기 때문에 완전히 액상이 되지 않고 반고체의 형태를 그대로 유지한다. 겨울에도 버터를 구성하고 있는 triglyceride 분자들 중의 일부는 액체 상태로 존재하므로 부드러운 느낌을 준다.

3) 연화점(softening point)

연화점은 모세관에 들어있는 유지가 연화되면서 부피의 팽창에 따라 모세관 내에서 약간 위로 움직일 때의 온도를 말한다.

연화점은 측정하고자 하는 유지를 모세관에 넣은 후 얼음물(0℃)에서 하룻밤을 두고 평형에 이르게 한 후 물이 든 비이커 내에서 서서히 가열하여 시료가 연화되면서 부피의 팽창으로 올라가는 온도를 정하여 측정한다.

이 연화점은 어떤 특정 유지의 식별을 위해 고안된 경험적인 성질이며, 재현성이 적다.

4) 비중(specific gravity)

유지의 비중은 일반적으로 0.92~0.94로서 물보다 가볍다. 유지는 저급 지방산의 함량이 많을수록, 또 지방산의 불포화도가 높을수록 비중은 커진다. 또한 -OH기를 가지고 있거나 지방산이 산화하여 분자량이 작은 지방산이 생기면 비중이 커진다.

유지의 비중은 그 유지를 구성하고 있는 모든 유지분자들이 완전히 액체이거나 또는 고체인 경우는 유지의 종류에 따라 비교적 일정한 수치를 나타낸다(표 6.9). 그러나 한 유지 속의 고체상과 액체상의 분자들의 비율이 달라지면 비중도 달라지므로 반고체 유지에 있어서 온도의 변화에 따른 비중의 변화를 측정하여 유지 속의 고체상과 액체상의 유지분자들의 비율을 측정할 수 있다.

표 6.9 각종 유지의 비중(15℃)

유지	비중	유지	비중
쇠기름	0.895	팜야자유	0.924
버터기름	0.907~0.912	땅콩기름	0.917~0.926
파마자유	0.960~0.967	참기름	0.919
코코야자유	0.926	대두유	0.924~0.927
옥수수유	0.921~0.928	채종유	0.913~0.917
면실유	0.917~0.918	해바라기기름	0.924~0.926
아마인유	0.930~0.938	돼지기름	0.934~0.938
올리브유	0.915~0.920	간유	0.922~0.931

5) 굴절률(refractive index)

유지의 굴절률[2)]은 일반적으로 1.45~1.47 정도이며, 유지의 분자량 및 불포화도의 증가에 따라 그 굴절률은 증대한다.

즉, 버터지방과 같이 저급 지방산이 많은 유지의 굴절률은 낮고 아미인유와 같이 불포화도가 높은 지방산으로 이루어진 유지의 굴절률은 높다.

한편, 같은 유지의 경우에 굴절률은 그 요오드가의 변화에 따라 대체로 비례한다. 즉, 수소첨가에 의해 요오드가가 감소될 때 이 유지의 굴절률도 대체로 이와 비례하여 감소한다.

유지의 일정 온도에 있어서의 굴절률은 재현성 있는 일정한 값을 주므로 굴절률의 측정은 한 유지의 식별을 위하여 매우 유용한 방법이다.

표 6.10 각종 유지의 굴절률(25℃)

유지	굴절률	유지	굴절률
쇠기름		팜야자유	1.4603~1.4639
버터기름	1.455~1.4578	땅콩기름	1.4620~1.4653
피마자유	1.4771	참기름	1.4704~1.4717
코코야자유	1.4477~1.4495	대두유	1.4723~1.4756
옥수수유	1.4733	채종유	1.4649~1.4721
면실유	1.4743~1.4752	해바라기기름	1.4659~1.4721
아마인유	1.4797~1.4802	돼지기름	1.4607
올리브유	1.4657~1.4667	간유	1.4758~1.4783
동유	1.515~1.520	고래기름	1.4679~1.4724

6) 비점(boiling point)

지방산의 비점도 또한 탄화수소 사슬의 길이와 관계가 있고 분자량이 커짐에 따라 높아

2) 굴절률(refractive index) : 빛은 동일한 매질에서는 직진한다. 그런데 서로 다른 매질의 경계면에서는(예를 들면 공기에서 물로 들어가면 공기와 물은 빛의 서로 다른 매질이 되고 공기와 물 사이의 경계가 되는 경계면을 말한다) 빛의 일부는 반사하고 일부는 굴절한다.

입사광선과 수선 사이의 각 θ_1을 입사각이라 하고 반사광선과 수선 사이의 각 θ'_1은 반사각, 그리고 굴절광선과 수선 사이의 각 θ_2을 굴절각이라 한다. 입사각(θ_1)과 반사각(θ'_1)은 항상 같으나 입사각(θ_1)과 굴절각(θ_2)은 같지 않다. 이 때 스넬의 법칙에 의해 $\sin\theta_1/\sin\theta_2 = n_{12}$(상수)이고 상수 n_{12}를 매질2의 매질1에 대한 상대 굴절률이라 한다.

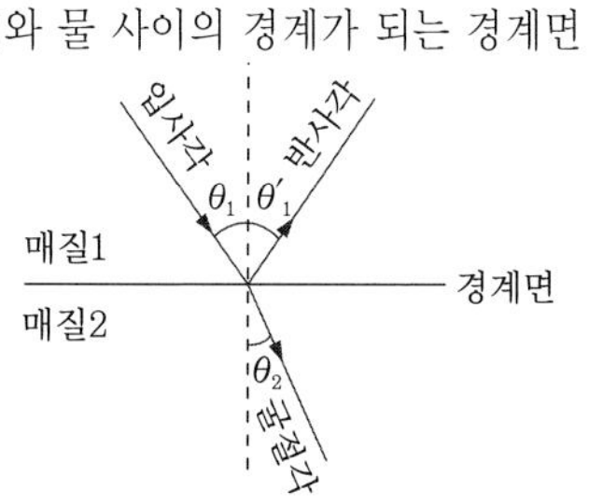

진다. 그러나 이중결합의 존재는 그다지 영향을 주지 않는다.

지방산의 비점을 대응하는 탄화수소와 비교하면 butyric acid(164℃) : butane(0℃), caproic acid(hexanoic acid, 205℃) : hexane(69℃)과 같이 현저히 높다. 이것은 두 분자의 지방산이 carboxyl기 사이의 수소결합에 의해 이중체(dimer)를 형성하고 있기 때문이다.

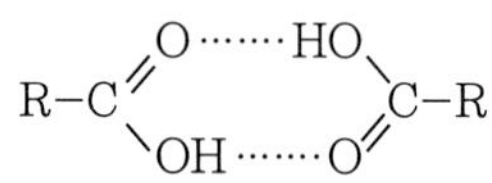

수소결합에 의한 지방산의 이중체 형성

유지의 비점은 매우 높아서 200℃ 이상의 것이 많으나 이들 중 대부분이 끓기 전에 분해되고 만다. 이 경향은 불포화도가 높을수록 심하다.

7) 발연점, 인화점, 연소점

(1) 발연점(smoke point)

발연점은 유지를 강하게 가열할 때 유지의 표면에서 엷은 푸른 연기가 발생할 때의 온도를 말한다. 발연점에서 발생되는 연기는 고온으로 유지를 가열할 때 유지가 분해되어 발생되는 것이므로 이 연기들이 유지를 사용해서 만든 식품들에 흡수되면 좋지 않은 맛이나 냄새를 주므로 가급적이면 발연점이 높은 유지를 사용하는 것이 바람직하다.

일반적으로 유지의 발연점은 유지 중에 유리지방산 함량이 많을수록, 노출된 유지의 표면적이 커질수록, 그리고 유지 중에 외부에서 들어간 미세한 입자상의 물질들이 많을수록 낮아지는 사실이 알려져 있다.

(2) 인화점(flash point)

인화점은 유지를 발연점 이상으로 계속 가열할 때 유지에서 발생되는 연기가 공기와 섞여서 발화되는 온도를 말한다. 일반적으로 발연점이 높은 유지는 인화점도 높다.

(3) 연소점(fire point)

연소점은 유지가 인화되어 계속적인 연소를 지속하는 온도를 말한다. 일반적으로 발연점이 높을수록 연소점도 높다.

각종 유지들의 발연점, 인화점 및 연소점은 표 6.11과 같다.

표 6.11 각종 유지의 발연점, 인화점 및 연소점

유지	발연점(℃)	인화점(℃)	연소점(℃)
피마자유(정제)	200	298	335
옥수수유(조제)	178	294	346
옥수수유(정제)	227	326	359
아마인유(조제)	163	287	353
아마인유(정제)	160	309	360
올리브유(조제)	199	321	361
콩기름(조제, expeller 추출)	181	296	351
콩기름(조제, 용매추출)	210	317	354
콩기름(정제)	256	326	356

8) 유화성(emulsification)

유지는 glycerol의 -OH기와 지방산의 -COOH기가 결합하여 극성이 없어지게 되어 물에 녹지 않는다. 그러나 lecithin, sterol과 같은 지방질은 분자내에 극성기(친수기)와 비극성기(소수기)를 아울러 가지고 있어 이것을 유지와 물 사이에 넣으면 비극성기는 유지와 극성기는 물과 약하게 결합하여 양자의 교량 역할을 하며 유지가 물에 분산한 유탁액(emulsion)을 만든다. 이와 같은 성질을 가지는 물질을 유화제(emulsifying agents)라 한다.

유탁액에는 두 가지 형태가 있다. 즉, 물 속에 유지의 입자가 분산되어 있는 수중유적형(oil in water, O/W)과 유지 속에 물이 분산되어 있는 유중수적형(water in oil, W/O)이 있다. 전자에 속하는 것은 우유, 아이스크림, 마요네즈 등이고 후자에 속하는 건은 버터, 마가린 등이다.

유탁액이 수중유적형, 유중수적형의 어느 쪽이 되는가는 유화제의 성질, 전해질의 존재, 유지의 성질, 유지와 물의 비율 등에 따라 결정된다. 일반적으로 친수성 유화제는 수중유적형을, 친유성 유화제는 유중수적형을 이루게 한다.

2. 유지의 화학적 성질

1) 검화가(saponification value)

유지는 KOH나 NaOH의 alcohol 용액에서 가열하면, glycerol과 지방산의 알칼리염(비누)으로 분해되어 물에 녹게 된다.

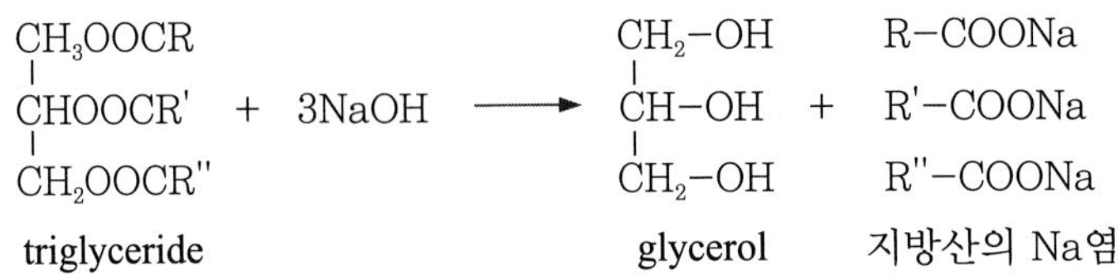

유지는 산, 알칼리, 과열 증기, lipase에 의하여 분해되는데, 특히 알칼리에 의하여 분해되는 것을 검화 또는 비누화라고 하며, 유지 1g을 검화하는 데 필요한 KOH의 mg수를 검화가라고 한다. Triglyceride 1몰을 검화하는 데는 KOH 3몰이 필요하다. 따라서 tristearin의 검화가는 $(3KOH/C_{57}H_{110}O_3) \times 1,000 = (3 \times 56/890) \times 1,000 \fallingdotseq 188$이다.

검화가는 구성 지방산의 평균 분자량에 반비례하므로 저급 지방산의 함량이 많을수록 커지고 반대로 고급 지방산이 많은 유지일수록 작아진다. 보통 유지의 검화가는 180~200 정도이다.

각종 유지의 검화가는 표 6.12와 같다.

표 6.12 각종 유지의 검화가

유지	굴절률	유지	굴절률
쇠기름	196~120	팜야자유	200~205
버터기름	210~230	땅콩기름	186~194
피마자유	175~183	참기름	188~193
코코야자유	253~262	대두유	189~194
옥수수유	187~193	채종유	168~179
면실유	194~196	해바라기기름	188~193
아마인유	188~195	돼지기름	193~198
올리브유	185~196	간유	171~189
동유	190~197	고래기름	160~202

2) 요오드가(iodine value)

불포화 지방산을 함유한 유지의 이중결합에 수소나 halogen 원소가 쉽게 부가반응을 일으킨다. 이중결합에서의 halogen 원소의 부가는 trans 부가이므로 *cis*형 지방산은 threo형으로 되고 *trans*형 지방산은 erythro형을 생성한다.

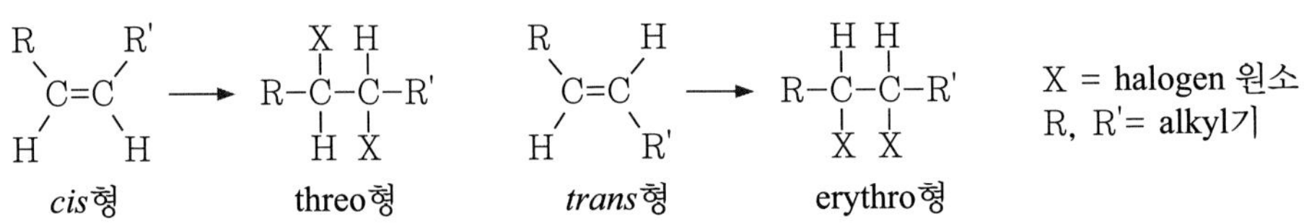

유지 100g에 부가되는 요오드의 g수를 요오드가라고 한다. 예를 들어, triolein의 요오드가는 $(3\times I_2/C_{57}H_{104}O_6)\times 100=(3\times 127\times 2/884)\times 100=86.2$이다.

요오드가는 유지분자 내의 이중결합수, 즉 구성 지방산의 불포화 정도를 나타내는 척도가 된다. 따라서 불포화 지방산을 많이 함유하고 있는 유지의 요오드가가 크다.

또한 수소 첨가에 의하여 불포화 지방산은 융점이 높은 포화 지방산으로 되며 액체 유지가 고체 지방으로 변한다. 그리하여 액체 유지에 수소를 첨가하는 반응을 경화(hardening)라고 하며 생성된 고체 지방을 경화유(hardened oil)라고 한다. 경화유는 마가린이나 비누제조의 원료로 사용된다.

각종 유지의 요오드가는 표 6.13과 같다.

표 6.13 각종 유지의 요오드가

유지	요오드가	유지	요오드가
쇠기름	35.4~42.3	팜야자유	49.2~58.9
버터기름	26~28	땅콩기름	88~98
피마자유	84	참기름	103~117
코코야자유	6.2~10	대두유	122~134
옥수수유	111~128	채종유	94~105
면실유	103~111.3	해바라기기름	129~136
아마인유	171~202	돼지기름	62.5~79
올리브유	79~88	간유	137~166
동유	163~171	고래기름	90~146

3) 산가(acid value)

신선한 유지는 본래 유리지방산을 함유하고 있지 않으나 저장 중의 가수분해로 인하여 보통의 유지는 다소의 유리지방산이 혼재하는 경우가 많다.

산가는 유지 1g 중에 함유된 유리지방산을 중화하는 데 필요한 KOH의 mg수로 표시한다. 따라서 산가는 사용 중의 유지의 품질 저하의 정도를 나타내는 하나의 척도이다. 정제 식용유에서는 산가가 대체로 1.0 이하이며 이보다 높은 것은 변질되었거나 정제 정도가 낮은 것을 의미한다. 예를 들어 유지 1g 중에 oleic acid 3mg을 함유하고 있을 때 그 산가는 $(KOH/C_{18}H_{34}O_2)\times 3=(56/282)\times 3\fallingdotseq 0.6$이다.

한편, 유지 속의 유리지방산이 모두 oleic acid로 구성되어 있다는 가정 하에 유지의 산가를 oleic acid로 산출된 % 유리지방산 함량으로 표시하는 경우가 있다. 만일 어떤 유지

표 6.14 각종 유지의 산가

유지	산가	유지	산가
쇠기름	0.25	팜야자유	10
버터기름	0.45~35.4	땅콩기름	0.8
피마자유	0.12 ~0.80	참기름	9.8
코코야자유	2.5~10.0	대두유	0.3~1.8
옥수수유	1.37~2.02	채종유	0.36~1.0
면실유	0.6~0.9	해바라기기름	11.2
아마인유	1.0~3.5	돼지기름	1.56
올리브유	0.3~1.0	간유	5.6
동유	2.0	고래기름	1.9

의 산가를 A라고 하면 유지 1g 중에 oleic acid로 표시된 유리지방산 함량은 A×282.42/56.1mg이 된다. 그러므로 산가와 oleic acid로 표시된 % 유리지방산 함량과의 관계는 A×282.42/56.1×100/1,000=A×0.5034가 된다. 즉, oleic acid로 표시된 % 유리지방산 함량은 산가의 반 정도임을 알 수 있다.

각종 유지의 산가는 표 6.14와 같다.

4) Acetyl가(acetyl value)

Acetyl가는 유지에 무수초산을 반응시켜 acetyl화한 유지 1g을 다시 가수분해할 때 얻어지는 초산을 중화하는 데 필요한 KOH의 mg수이다. 이 acetyl가는 유지중의 유리 수산기(-OH)의 함량을 표시하는 척도이다.

피마자유의 acetyl가는 다른 유지에 비해서 월등히 크다. 이것은 피마자유의 구성지방산 중 한 개를 가진 ricinoleic acid 함량이 전체 구성 지방산의 거의 88%나 되기 때문이다.

한편, monoglyceride나 diglyceride와 같은 유리 수산기를 가진 화합물이 많이 함유되어 있을 경우에도 acetyl가는 증가한다.

5) Reichert-Meissl가(Reichert-Meissl value)

유지를 검화한 후 황산으로 처리하고 수증기 증류를 하면 수용성 휘발성 지방산과 불용성 휘발성 지방산으로 구분된다. Reichert-Meissl가는 유지 5g을 검화한 후 산성에서 증류하여 얻은 휘발성 수용성 지방산을 중화하는 데 필요한 0.IN-KOH의 ml수로써 정의된다.

즉, Reichert-Meissl가는 그 유지 속에 함유된 butyric acid($C_{4:0}$)와 caproic acid($C_{6:0}$)의 함량을 나타낸다. 버터의 Reichert-Meissl가는 보통 23~34로서 다른 식용 유지보다 높으며 마가린은 0.5~5.5이다. 따라서 이 값은 특히 버터의 순도나 위조검정에 이용되고 있다.

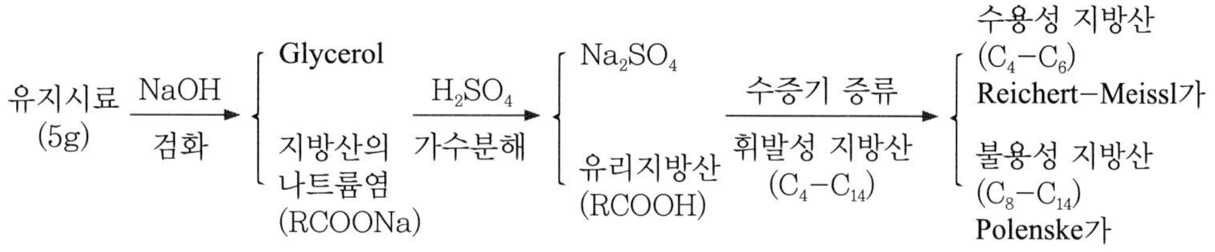

6) Polenske가(Polenske value)

Polenske가는 5g의 유지 속에 함유된 비수용성인 휘발성 지방산을 중화하는 데 필요한 0.1N-KOH의 ml수로서 표시된다. 이 Polenske가는 caprylic acid($C_{8:0}$), Capric acid($C_{10:0}$), lauric acid($C_{12:0}$)와 myristic acid($C_{14:0}$)의 함량을 나타낸다.

버터의 Polenske가는 1.5~5.5이고 야자유는 16.8~18.2로서 비수용성 휘발성 지방산이 많다. 따라서 이 값은 버터 중의 야자유 검사에 이용된다.

7) Kirschner가(Kirschner value)

Kirschner가는 유지 중의 butyric acid 함량을 표시하는 수치이다. Reichert-Meissl가를 측정할 때와 같은 방법을 통하여 얻은 휘발성 수용성 지방산 중에서 butyric acid의 Ag염은 수용성이나 다른 휘발성 수용성 지방산의 Ag염은 불용성인 점을 이용하여 butyric acid 함량을

표 6.15 일부 유지의 Reichert-Meissl가, Polenske가 및 Kirschner가

유지	Reichert-Meissl가	Polenske가	Kirschner가
버터기름	17~35	2~3	19~26
코코야자유	7~8	-	2
면실유	1	-	-
올리브유	1~2	-	-
팜야자유	1~2	15~20	1
팜야자씨기름	5~7	10~12	-
참기름	1	-	-
대두유	1~3	-	-

측정한다. 대부분의 유지의 Kirschner가는 0.1~0.2 정도이나, 유지방의 경우는 19~26이다.
각종 유지의 Reichert-Meissl가, Polenske가 및 Kirschner가는 표 6.15와 같다.

8) Hener가(Hener value)

Hener가는 유지 중에 물에 녹지 않는 지방산들의 함량을 전체 유지에 대한 %로 표시한 수치이다. 즉, Hener가는 유지를 검화한 후 형성되는 비누를 무기산으로 분해할 때 물에서 분리되는 지방산의 양을 표시한다.

보통 유지의 Hener가는 95 정도이며, 유지방은 87~90, 코코낫유는 82~90으로 낮은데 비해서 쇠기름은 96~97, 돼지기름은 97 정도로 높은 값을 나타낸다.

제 7 장

유지의 변패
(deterioration of oils & fats)

제1절 유지의 산패

식용 유지 또는 지방질 식품을 장기간 저장할 때 산소, 광선, 효소, 미생물 등의 작용을 받아 불쾌한 냄새(off flavor)를 발생하고 착색이 되며 맛이 나쁘게 된다. 이와 같은 유지의 품질 저하 현상을 일반적으로 산패(rancidity)라고 한다.

유지의 산패는 일반적으로 다음과 같이 분류된다.

- 산패(rancidity)
  - 산화형 산패 (oxidative rancidity)
    - 비효소적 산화형 산패 (non-enzymatic oxidative rancidity)
    - 효소적 산화형 산패 (enzymatic oxidative rancidity)
  - 비산화형 산패 (non-oxidative rancidity)
    - 가수분해형 산패 (hydrolyic rancidity)
    - Ketone 생성형 산패 (ketonic rancidity)

산화형 산패는 유지가 산소를 흡수함으로써 일어나는 산패를 말하며, 비효소적 산화형 산패는 자동산화에 의한 산패이고 효소적 산화형 산패는 주로 lipoxidase에 의한 불포화 지방산의 산화에 의하여 일어나는 것이다.

비산화형 산패는 산화에 의하여 일어나는 산패가 아니며, 이것은 가수분해형 산패와

ketone 생성형 산패로 구분할 수 있다.

1. 비효소적 산화형(자동산화) 산패(autoxidation)

1) 자동산화의 개요

식용 유지나 지방질 성분은 공기와 접촉이 있는 한 비교적 낮은 온도에서도 자연발생적으로 산소를 흡수하여 서서히 산화가 일어난다.

일반적으로 유지가 산소를 흡수하는 속도는 처음 어느 일정한 기간은 거의 일정하고 산소 흡수량도 적지만 어느 기간을 지난 후에는 유지의 산소 흡수속도가 급격하게 증가하고 산화생성물의 양도 급증하여 유지의 여러 가지 화학적 물리적 성질의 급격한 변화를 가져와 산패가 일어나게 된다(그림 7.1). 이와 같이 유지의 산소 흡수속도가 매우 느린 어느 일정 기간 즉, 유지를 저장하여 산패가 발생하기 직전까지의 기간을 그 유지의 유도기간(induction period)이라고 한다.

유지가 산화하면 초기의 생성물로서 hydroperoxide가 축적한다. 더욱 산화가 진행하면 hydroperoxide의 분해와 중합이 일어난다. 즉, 저분자의 aldehyde류, ketone류 등이 생성하여 좋지 않은 냄새가 발생하게 되고 동시에 중합하기 때문에 점도가 상승한다. 이러한 변화는 맛과 냄새가 나빠질 뿐만 아니라 영양가의 저하와 나아가서는 유독성분의 생성도 가져오므로 식품저장에 있어서 매우 중요한 문제 중의 하나이다.

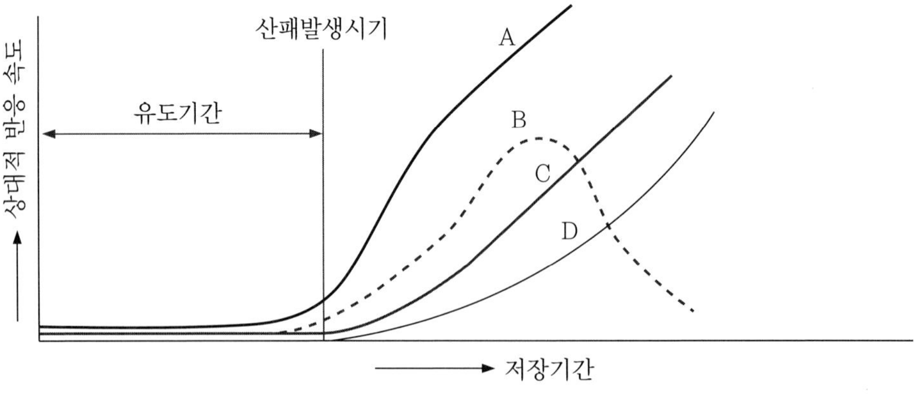

A. 산소의 흡수속도(O_2 uptake) B. 과산화물(hydropetroxide)의 생성속도
C. 최종산화생성물(carbonyl compounds)의 생성속도 D. 점도(viscosity)의 증가속도

그림 7.1 유지의 자동산화 과정 중 나타나는 주요 반응의 속도

2) 자동산화의 연쇄반응 메카니즘

유지의 자동산화는 일종의 연쇄반응으로서 다음과 같이 4단계를 거쳐 일어난다.

① 초기반응(Initiation reaction)

R : R —(열, 광선에너지)→ R · + R · (활성유리 라디칼)

M · + R : H —(수소원자 교환반응)→ M : H + R · (활성유리 라디칼)

(M ·: 금속이온)

② 전파반응(Propagation reaction)

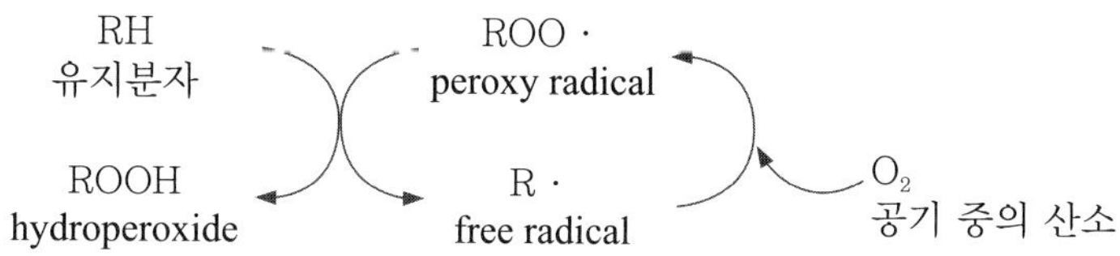

③ Hydroperoxide의 분해반응

ROOH ——→ RO · + · OH

④ 종결반응(Termination reaction)

R · + R · ——→ R : R

R · + ROO · ——→ ROOR

ROO · + ROO · ——→ ROOR + O_2

유지의 자동산화는 산소가 불포화 지방산 분자의 이중결합에 직접 결합하는 것이 아니라 이중결합에 인접한 α-methylene기($-CH_2$)의 수소가 열, 광선 및 금속 등의 충격 에너지에 의하여 이탈되어 활성 유리라디칼(free radical, allyl radical)[1]을 생성함으로써 개시된다. 생성된 활성 유리라디칼은 공기 중의 산소와 결합하여 새로운 peroxy radical을 형성한다. 이 peroxy radical은 활성이 커서 다른 유지분자 중의 α-methylene기에서 수소를 이탈시켜 새로운 유리라디칼을 만드는 동시에 그 자체는 자동산화 과정의 중간 생성물인 hydropexide가 된다.

이때 형성된 새로운 유리라디칼은 공기 중의 산소와 결합하여 peroxy radical을 형성하

[1] 유리라디칼(free radical) : 한개 또는 그 이상의 부대전자를 갖는 분자 혹은 원자를 말하며 자유라디칼이라고도 한다. 주로 전자의 이동 또는 균등 분해(homolysis, A−B → A · +B ·)에 의해 생성되지만, 그 원인으로서는 광 분해, 방사선 분해 및 열 분해 등을 들 수 있다. Halogen, halogen 화합물, 과산화물 및 유기금속 화합물 등에서 생성되기 쉬우며, 안정한 것도 있지만 일반적으로 반응성이 강하여 빠르게 반응하여 변화한다.

는 등의 연쇄적인 반응을 되풀이하게 되며, hydroperoxide는 다시 분해되어 유리라디칼을 생성함으로써 결국 자기촉매적 자동산화(auto catalytic autoxidation)를 일으킨다. 이상과 같은 변화를 요약하여 반응식으로 표시하면 다음과 같다.

1. 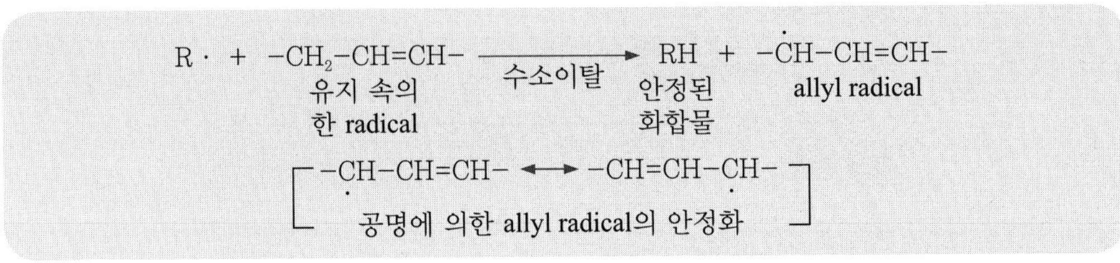

2. 

3. 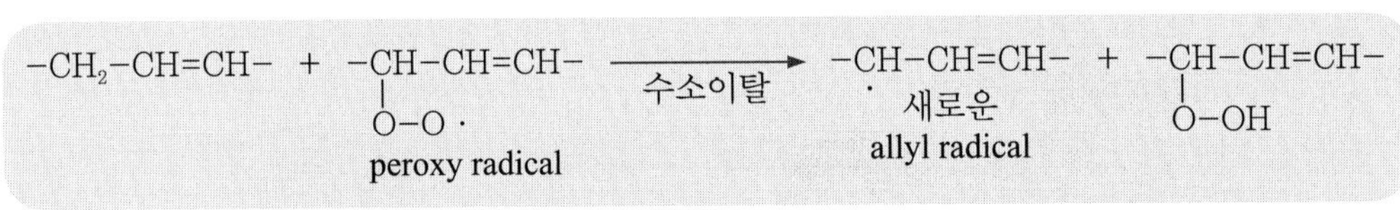

한편, 자동산화 과정에서 생성된 일부 유리라디칼들은 연쇄반응의 종결 반응을 통해서 이중체(dimer), 삼중체(trimer) 등의 중합체를 형성한다.

일반적으로 유지의 자동산화는 표 7.1에서 보는 바와 같이 유지의 불포화도가 클수록 유도기간은 짧아지고 그 산화속도는 크다.

표 7.1 지방산의 유도기간과 상대적인 산화속도(25℃)

지방산	탄소 및 이중결합수	유도기간(hr)	상대적 산화속도
Stearic acid	18 : 0		1
Oleic acid	18 : 1(9)	82	100
Linoleic acid	18 : 2(9, 12)	19	1,200
Linolenic acid	18 : 3(9, 12, 15)	1.34	2,500

예를 들어 linoleic acid의 자동산화 과정을 보면, 처음에 수소원자가 이탈되어 유리라디칼이 되면 *cis*, *trans* 및 이중결합의 전위가 일어난다. 이어 생성된 과산화물의 90% 이상은 짝이중결합(conjugated diene)으로 바꾸어지는 동시에 주로 *cis*-*trans*형 및 *trans*-*trans*형 이성체로 된다.

그림 7.2는 linoleic acid의 자동산화에 의한 hydroperoxide 생성을 나타낸 것이다.

이중결합 사이에 끼어있는 활성 methylene기($-CH_2$)로부터 수소원자가 이탈되어 유리라디칼이 생성된다. 이 유리라디칼에 산소가 결합하여 peroxy radical이 생성되고 이것을 다른 온전한 linoleic acid로부터 수소를 빼앗아 hydroperoxide로 된다. 이 경우 순수한 linoleic acid를 문제로 하고 있기 때문에 peroxy radical의 상대가 linoleic acid이지만 실제 혼합물의 경우에는 다른 불포화 지방산이라도 관계가 없다. 반응의 도중에 유리라디칼과 이중결합의 이동이 일어나기 때문에 linoleic acid의 경우에는 2개의 hydroperoxide 이성체(9-hydroperoxide와 13-hydroperoxide)가 생성된다.

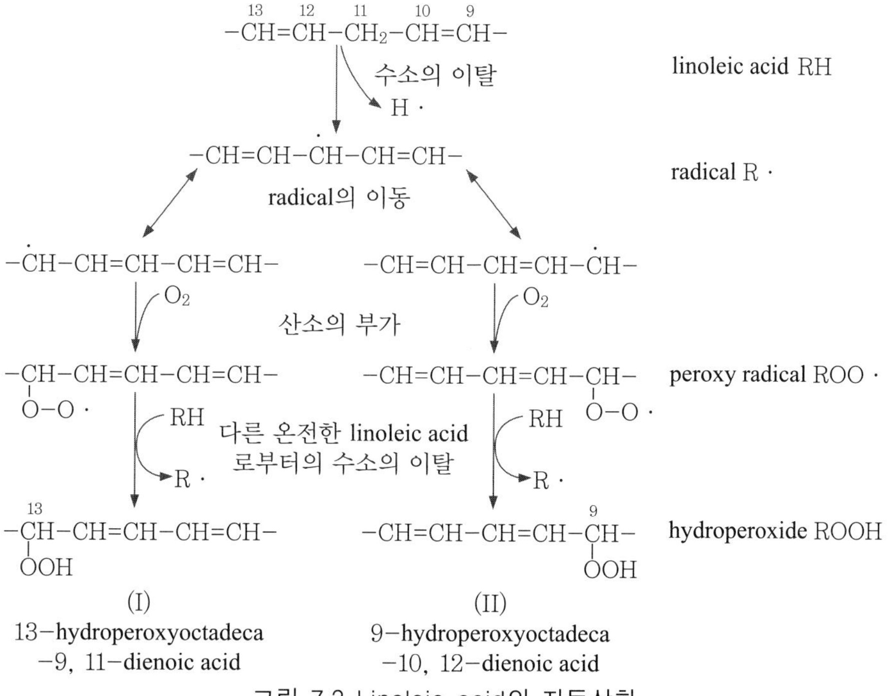

그림 7.2 Linoleic acid의 자동산화

한편, 9, 10 사이에 이중결합 1개를 가지고 oleic acid의 경우는 그림 7.3과 같이 4개의 hydroperoxide 이성체(8-, 9-, 10- 및 11-hydroperoxide)가 각각 같은 양이 생성된다.

Hydroperoxide는 자동산화의 1차 생성물로서 축적되어 어느 정도 반응시스템에서 분리할 수도 있지만 안정하지 못하므로 여러 가지 물질로 분해한다.

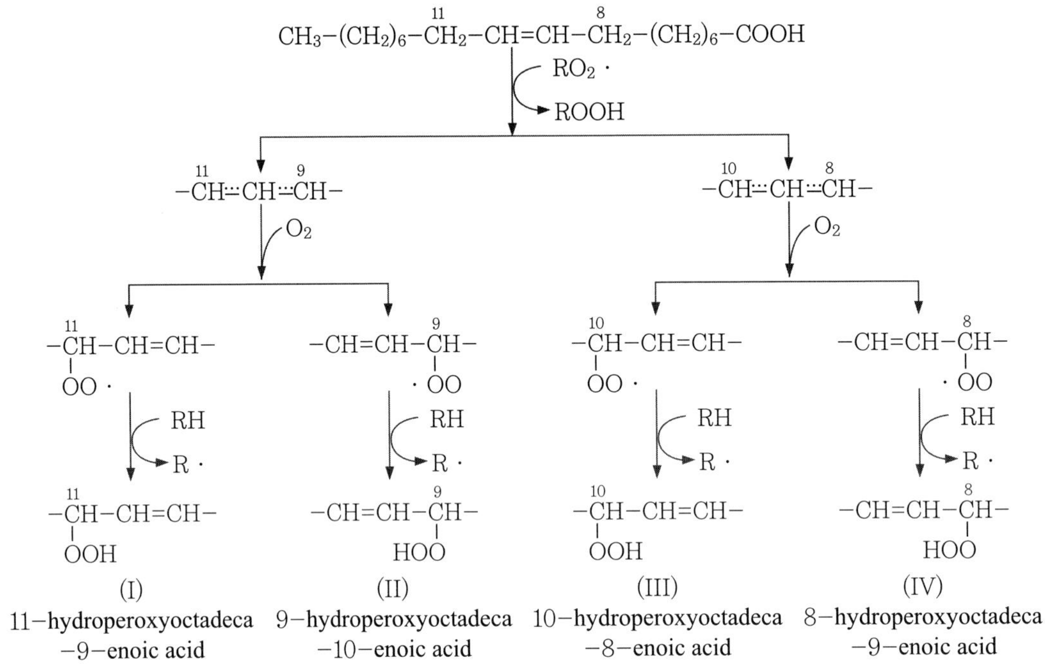

그림 7.3 Oleic acid의 자동산화

3) Hydroperoxide의 분해 생성물

자동산화의 진행에 따라 hydroperoxide가 축적해 가지만 hydorperoxide 그 자체도 비교적 안정하지 못하기 때문에 분해된다. 특히 튀김유와 같은 고온(180℃)에서는 생성된 hydroperoxide가 즉시 분해하여 거의 축적되지 않는다.

또한 hydroperoxide의 안정성은 지방산의 종류에 따라서도 다르다. Linoleic acid 이상의 고도의 불포화 지방산은 linoleic acid와 비교하여 hydroperoxide의 안정성이 현저히 낮으며, 더욱 산화가 진행된 환상의 peroxide를 생성하는 것으로 알려져 있다.

Hydroperoxide의 분해는 먼저 peroxide의 산소원자 간의 결합이 절단되어 다음과 같이 alkoxy racidal과 hydroxy radical이 생성된다.

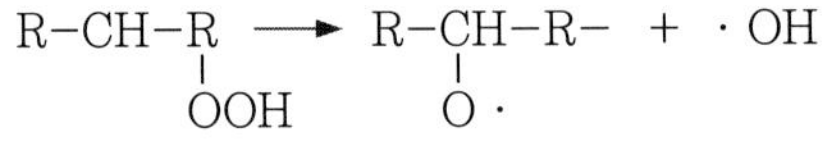

여기서 생성된 alkoxy radical은 다음과 같은 반응에 의하여 aldehyde, alcohol, ketone 등의 carbonyl 화합물을 생성하며, 실제로 유지의 산패과정에서 검출된다.

①
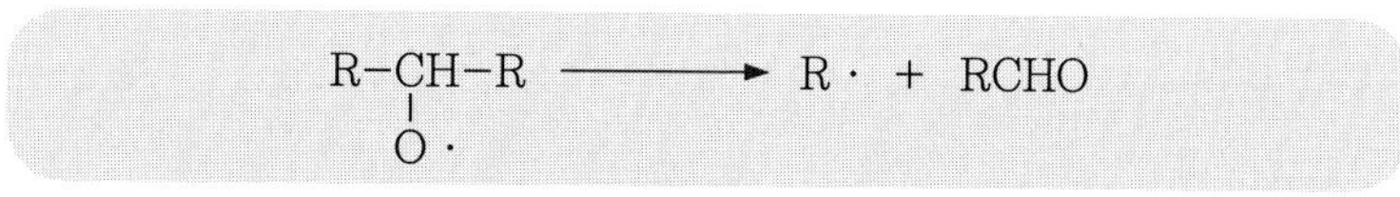

②
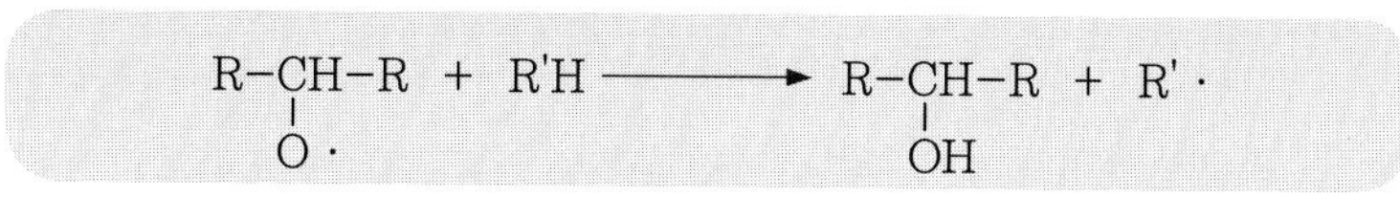

③
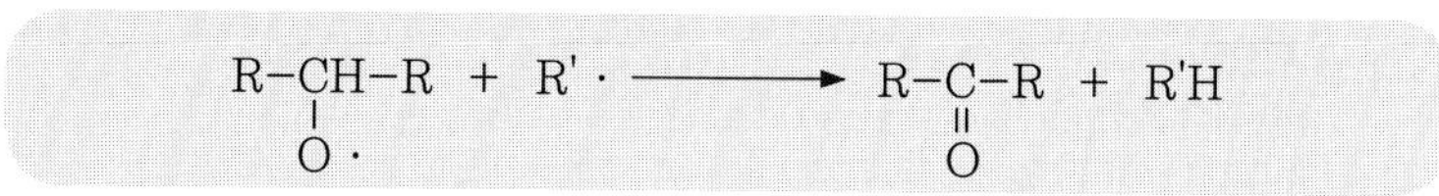

④
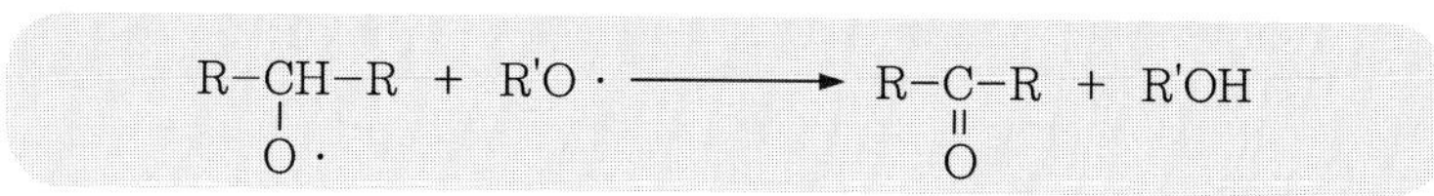

한편 hydroperoxide와 이의 radical은 다음과 같이 이중결합과 반응하여 epoxide를 생성하고, 또 한 유기산이 존재하면 triol형의 ester를 형성하는 등의 2차 반응을 일으킬 수 있다.

①
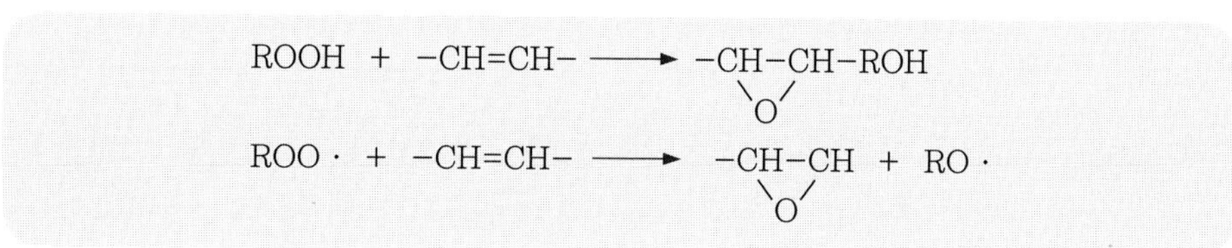

②
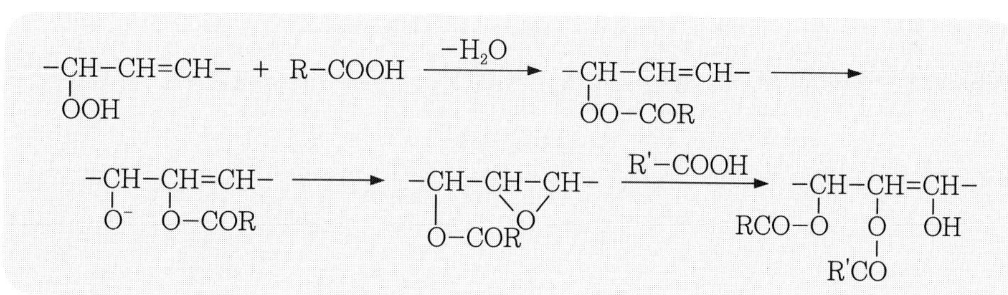

예로서 표 7.2에 산화 대두유로부터 발견된 휘발성 화합물들을 표시하였다.

표 7.2 산화 대두유로부터 검출된 휘발성 화합물

종류	화합물
Aldehyde	alkanal : C_1, C_2, C_3, C_4, C_5, C_6, C_7, C_8, C_9 alkenal $\triangle^{2}$: C_4, C_5, C_6, C_7, C_8, C_9, C_{10}, C_{11} alkenal $\triangle^{3}$: C_6 dienal $\triangle^{2,4}$: C_6, C_7, C_8, C_9, C_{10}, C_{11} dienal $\triangle^{2,5}$: C_8 dienal $\triangle^{2,6}$: C_9 trienal $\triangle^{2,4,7}$: C_{10} dialdehyde : malondialdehyde, maleindialdehyde, hexene-1, 6-dial
Ketone	2-alkanone : C_4, C_5, C_6, C_7, C_8 3-alkanone : C_8 불포화 : 1-pentene-3-one, 4-octene-3-one, 2-methyl-5-octene-4-one, 7-methyl-2-octene-4-one, 3, 6-nonadiene-5-one
Alcohol	포화 : C_2, C_3, C_4, C_5, isoC_5, C_6, C_7 불포화 : 1-pentene-3-ol, 1-octene-3-ol
Ethylester	C_1, C_2
탄화수소	포화 : C_2, C_3, C_5, C_6, C_8, C_9, C_{10}, C_{11} 불포화 : 2-pentene, 1-hexene, 2-octene, 1-decene
기타	2-pentylfuran, lactone류, benzene, benzaldehyde, actophenone

한편 hydroperoxide는 저분자 화합물 이외에 유지의 물성에 큰 영향을 미치는 중합체도 생성한다. 특히 자동산화의 후기에서는 유지의 점도가 상승할 정도로 다량으로 생성되지만 소량은 산화의 초기단계부터 존재하고 있다. 예를 들면 linoleic acid로부터 다음과 같은 이중체가 분리되어 있다.

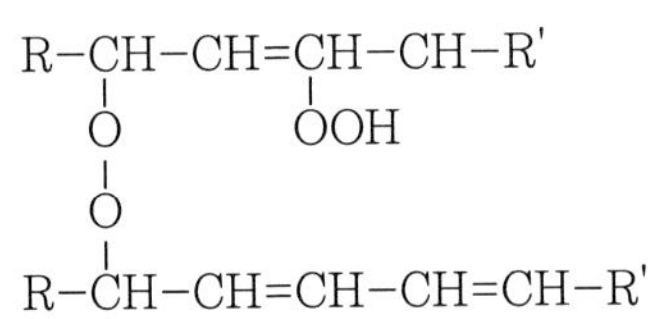

자동산화에 의해 생긴 이중체는 -O-O-형태로 가교하는 것이 특징이며 후에 기술할 고온 가열시의 이중체의 대부분이 -C-C-결합에 의해 중합하고 있는 것과 대조적이다.

이상에서 논의한 유지의 자동산화에서 일어날 수 있는 반응을 종합하여 보면 그림 7.4와 같다.

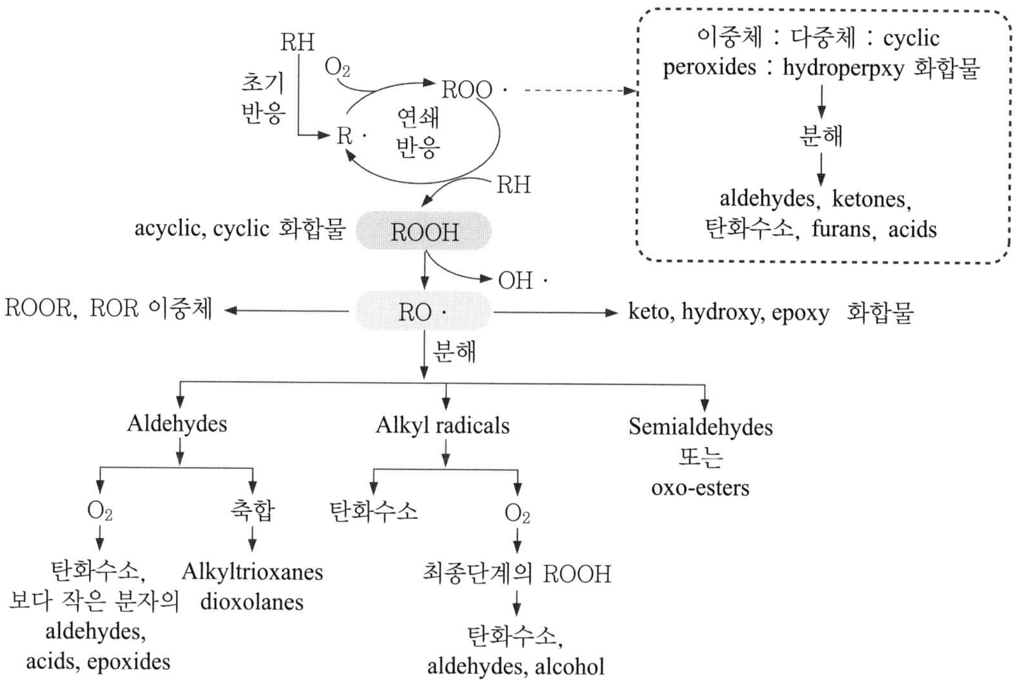

그림 7.4 유지의 자동산화반응 경로

2. 효소적 산화형 산패

식물 조직 중에 존재하는 지방질 성분의 산화는 역시 그 식물체 내에 존재하는 여러 산화효소들에 의해서 촉진된다. 지방질의 산화를 촉진하는 효소에는 lipoxidase(lipoxygenase라고도 함)와 lipohydroperoxides의 2종류가 있다. 이들 효소는 두과식물의 종자, 곡류 등의 식물에 광범위하게 분포되어 있다. Lipoxidase는 불포화 지방산을 산화하여 hydroperoxide를 만드는 반응을 촉매하는데 반하여 lipohydroperoxidase는 hydroperoxide를 분해하는 반응을 촉매한다.

$$\text{RH} + \text{lipoxidase} \longrightarrow \text{RH–lipoxidase}$$
$$\text{RH–lipoxidase} + O_2 \longrightarrow \text{RH–}O_2\text{–lipoxidase}$$
$$\text{RH–}O_2\text{–lipoxidase} \longrightarrow (\text{R}\cdot + \cdot\text{OOH})\text{–lipoxidase}$$
$$(\text{R}\cdot + \cdot\text{OOH})\text{–lipoxidase} \longrightarrow (\text{ROOH})\text{–lipoxidase}$$
$$(\text{ROOH})\text{–lipoxidase} \longrightarrow \text{ROOH} + \text{lipoxidase}$$

RH : 불포화 지방산으로 이루어진 유지분자　ROOH : 과산화물(hydroperoxide)

그림 7.5 Lipoxidase에 의한 자동산화 과정

이들 효소의 성질은 식물의 종류에 따라 다소 차이가 있으나 일반적으로 최적 pH는 중성부근이며, 최적 온도에 있어서는 lipoxidase는 hydroperoxide 형성과정에 있어서 활성화에너지가 4.3kcal/mole 정도로 매우 낮아 극히 낮은 온도에서도 진행되나 lipohydroperoxidase는 어느 정도 가열하지 않으면 활성화되지 않는다.

예를 들면 콩을 물에 침지시켰을 경우 lipoxidase는 직접 작용을 개시하여 hydroperoxide를 생성시키나, 이 단계에서는 lipohydroperoxidase는 작용을 하지 않는다. 그러나 가열을 시작하면 lipohydroperoxidase는 활성화되어 hydroperoxide를 분해하여 aldehyde 등의 풍미에 영향을 미치는 물질을 생성하게 된다.

Lipoxidase의 기질이 되는 지방산은 반드시 1, 4-pentadiene 결합(-CH=CH-CH_2-CH=CH-)을 가지고 있어야 하며 또 *cis*형의 이중결합이어야 한다. 그러므로 oleic acid와 같은 monoene산에는 작용하지 않으며, 또 linoleic acid나 linolenic acid에 있어서 *trans*형의 이중결합을 하나라도 가지고 있으면 lipoxidase는 작용하지 않는다.

그림 7.6은 lipoxidase의 작용 메카니즘을 그림으로 설명한 것이다. 즉, *cis*, *cis*-1, 4-diene 구조를 가지고 있는 기질 지방산(R-CH=CH-CH_2-CH=CH-R′)은 lipoxidase와 (A)와 같이 이른바 "enzyme-bound"의 중간체를 형성한다. 이 경우 이중결합의 하나가 *trans*형이면 입체배치에 무리가 생긴다. (A)의 상태로 결합하였을 때 2개의 이중결합에 끼어 있는 활성 methylene으로부터 수소원자(H·)가 이탈되어 (B)에서도 같이 유리라디칼이 생성된다. 여기서 이탈된 수소원자는 효소 단백질로 이행한다. 또 이 경우 (A)에 있어서 methylene과 효소를 연결하는 수소가교를 사이에 두 1개의 전자가 methylene탄소로써 효소로 이행하는 것도 있을 수 있다. 그 경우에 수소는 수소 이온(H^+)으로써 이탈되며 용매중으로 이행한다. (B)와 같이 지방산의 유리라디칼은 공명(resonance)에 의하여 이중결합의 이동이 일어난 후 산소가 결합하며 peroxy radical이 되지만 이때 이동한 이중결합은 *trans*형으로 되며, 그의 입체배치는 (C)와 같이 된다. 그리고 이 peroxy radical에는 먼지 이탈된 수소원자 또는 수소 이온과 전자가 다시 결합하여 hydroperoxide가 생성한다.

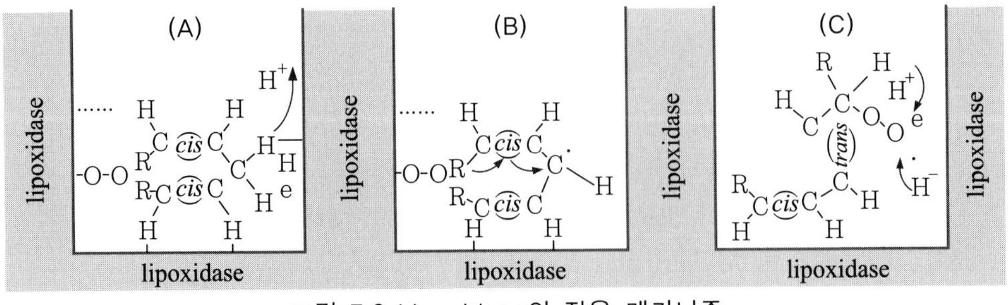

그림 7.6 Lipoxidase의 작용 메카니즘

3. 가수분해형 산패

유지의 구성 성분인 triglyceride는 물, 산, 알칼리, 효소(lipolytic enzyme)에 의하여 분해되어 유리지방산과 glycerol을 생성한다.

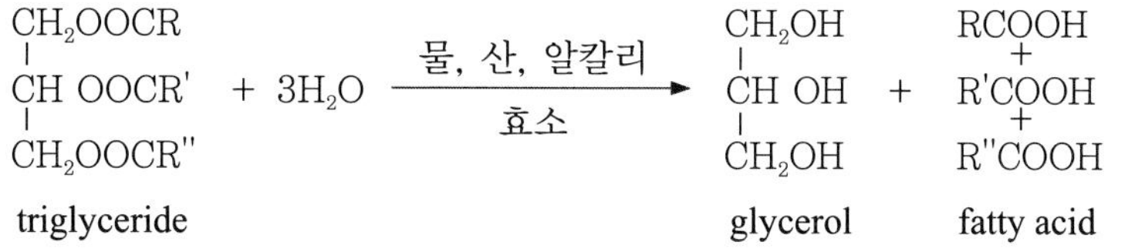

여기서 생성된 각종 유리지방산들은 유지에 대하여 비정상적인 불쾌한 냄새와 맛을 줄 뿐 아니라 이차적으로 유지의 자동산화를 촉진하는 등의 유지의 품질을 저하시키는 직접적 또는 간접적인 원인물질이 된다. 이와 같은 가수분해에 의한 유지의 산패는 유지가 물과 접촉에 의해 일어나는 화학적인 가수분해(chemical hydrolysis)에 의한 산패와 동식물 조직 중에 존재하는 lipase, esterase, phospholipase에 의해 촉진되는 효소적 가수분해(enzymatic hydrolysis)에 의한 산패로 구분할 수 있다.

화학적인 가수분해에 의한 유지의 산패는 비교적 수분 함량이 많은 낙농 제품에서 특히 문제가 된다. 즉, 평균 87~88%의 수분을 함유하고 있는 우유나 30~40%의 수분을 함유하고 있는 치즈 등의 경우는 유지방이 물에 의해 둘러싸여 접촉하는 면이 많기 때문에 가수분해에 의한 유지의 산패가 일어나기 쉬운 조건에 있다.

효소적인 가수분해에 의한 유지의 산패는 미강유, 올리브유 등의 식물성 유지 또는 어유 등의 조제유에서 문제가 된다. 이들 유지 중에는 착유시 식물과 동물의 조직 중에 포 함되어 있는 지방분해 효소가 다량 혼입되어 존재하므로 효소에 의한 유지의 가수분해가 일

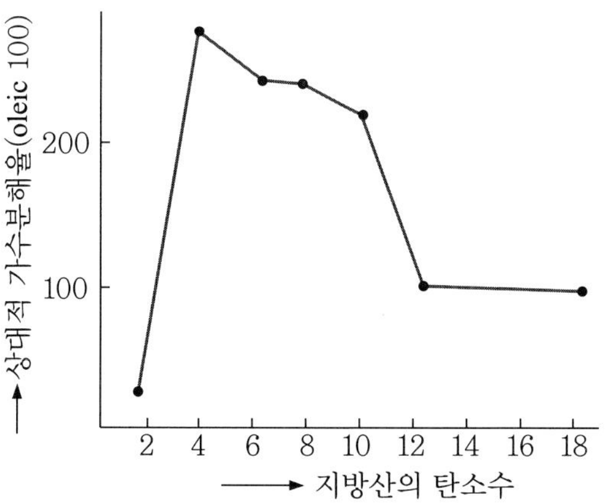

그림 7.7 Glyceride 구성지방산의 탄소수와 lipase 작용과의 관계

어나기 쉽다. 한편, lipase를 분해하는 일부 미생물이 번식하는 지방질 식품에 있어서 가수분해에 의한 유지의 산패가 촉진되기도 한다. 일반적으로 고급 지방산보다 저급 지방산으로 이루어진 유지가 lipase의 작용을 받기 쉬우므로 butyric acid, capric acid, caprylic acid 등의 저급 지방산을 생성한다.

4. Ketone 생성형 산패

Ketone 생성형 산패는 보통 야자유, palm유, 유지방 등과 같이 저급 지방산을 함유한 지방질 식품에서 볼 수 있는 현상이다. 즉, 저급 지방산이 미생물이 생산하는 산화효소작용에 의하여 ketone산을 거쳐 탄소수가 적은 methyl ketone으로 가수분해되는 것을 말한다.

$$RCH_2CH_2COOH \xrightarrow{+O} RCHOHCH_2COOH \xrightarrow{-2H} RCOCH_2COOH \xrightarrow{-CO_2} RCOCH_3$$

제2절 유지의 산패에 영향을 미치는 인자

1. 산화촉진제(prooxidants)

1) 온도

유지나 지방산의 산화도 화학반응의 일종이므로 온도가 높을수록 반응속도는 커진다. 예를 들어, 옥수수유를 빛에 유도한 산화에 대하여 온도의 영향을 조사한 결과는 그림 7.8과 같다. 온도가 유지의 산화속도에 큰 영향을 미치고 있는 것을 알 수 있으며 동결상태의 낮은 온도에서도 완전히 산화를 방지할 수 없다.

실온에 가까운 온도 범위에서는 온도가 상승하면 유지의 산화반응의 속도가 촉진될 뿐만 아니라 hydroperoxide의 분해도 촉진되어 고농도의 유리라디칼을 생성 축적한다. 그러나 100℃ 이상의 고온에서는 100℃ 이하의 경우와 반응 메카니즘이 다르다. 고온의 경우는 산소가 이중결합에 직접 결합하기 때문에 hydroperoxide가 생성되기 어려우며, 생성된 hydroperoxide도 쉽게 분해되기 때문에 축적되지 않는다.

또 식품을 0℃ 이하에 저장했을 경우는 0℃이상의 경우보다 유지의 산화속도가 빠르다.

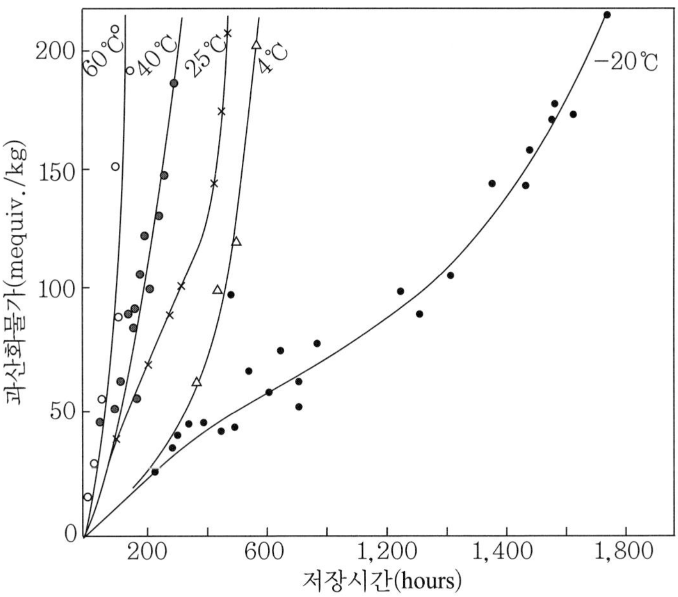

그림 7.8 옥수수유의 산화속도에 미치는 온도의 영향

이것은 동결에 의하여 얼음의 결정이 석출되고 그 수용성 잔여 부분에 금속염의 농도가 증가하므로 자동산화가 촉진되는 것으로 생각되고 있다.

2) 산소의 분압

유지나 지방산의 산화에 있어서 산소가 필수적인 요소임은 말할 필요 없으나 유지의 산패가 일어나는 데 필요한 산소의 분압은 아주 적어도 된다.

지방산의 자동산화는 산소분압의 대소에 따라 메카니즘이 약간 다르다. 예를 들어 ethyl linoleate를 45℃에서 산화시켰을 때의 산화속도에 미치는 산소 압력의 영향은 그림 7.9와 같다. 즉, 산소의 분압이 낮은 조건에서는 산화속도가 산소압에 비례하나, 산소의 분압이 약 150mmHg 이상의 조건에서는 산화속도가 산소압과 무관하게 된다. 이와 같은 사실은 통조림 제품의 저장에 있어서 내부의 산소분압을 일정한 값 이하로 감소시키지 않으면 산화억제의 효과가 나타나지 않는 것이 좋은 예이다.

한편, 산소분압이 적은 경우와 큰 경우에 종결단계에서 이합체의 생성물이 다르다 예를 들면 그림 7.9에서 산소분압 150mmHg를 경계로 하여 그 이하의 경우에는 종결단계에서 산소함량이 적은 이합체가 지배적으로 생성된다.

$$R\cdot + R\cdot \longrightarrow R\text{-}R$$

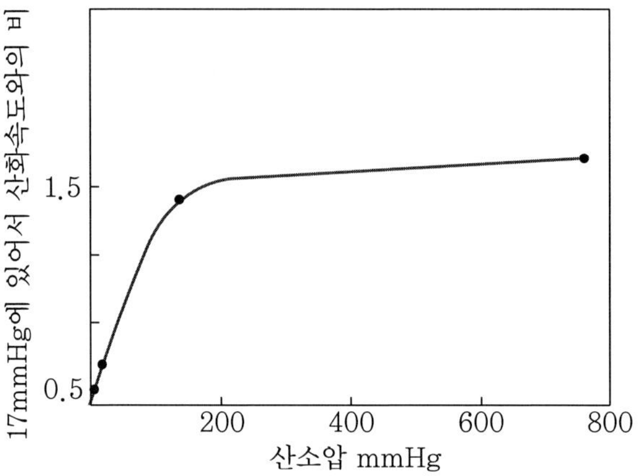

그림 7.9 Ethyl linoleate의 산화속도와 산소 압력과의 관계

그러나 산소분압이 150mmHg 이상의 경우에는 산소함량이 많은 이합체가 지배적으로 생성된다.

$$ROO\cdot + ROO\cdot \longrightarrow R{-}O{-}O{-}R + O_2$$

3) 광선

가시광선으로부터 자외선 및 이온화 방사선에 이르기까지 모든 광선은 유지나 지방산의 산화를 촉진하며, 그중에서도 파장이 짧은 광선일수록 산화효과가 크다. 직사광선은 강력한 자외선을 함유하고 있으므로 그 산화촉진 작용은 매우 강력하며, 또 살균등, 형광등 및 백열등의 광선들도 유지의 산화를 촉진시킨다고 한다. 일반적으로 가시광선은 325~400nm 파장의 광선이 산화가 가장 잘 일어난다. 이것은 광선이 초기단계에 있어서 유리라디칼 생성에 큰 영향을 미치기 때문이다.

즉, 식품 중의 지방산(RH)은 광선에 의하여 다음과 같이 유리라디칼(R ·)을 생성한다.

$$RH \xrightarrow{h\upsilon} R\cdot + H\cdot$$

또한 식품 중에 존재하는 chlorophyll, heme 화합물 혹은 azo계의 식용색소(D) 등은 감광성 물질(photosensitizer)로서 광선의 조사에 의해 들뜨게 되고 들뜬 색소(D*)가 지방산에 작용하여 유리라디칼을 생성한다.

$$D + h\upsilon \longrightarrow D^*$$
$$D^* + RH \longrightarrow DH + R\cdot$$

한편, 광선의 조사에 의하여 hydroperoxide의 분해도 촉진되며, 분해 생성물인 aldehyde가 증가되어 이취(off flavor) 발생이 현저해진다.

4) 금속 또는 금속이온

금속 또는 금속이온은 미량으로써 유지 및 지방산의 자동산화를 현저하게 촉진한다. 이것은 금속 또는 금속이온이 산소 분자를 활성화시켜 자동산화의 초기 반응에 관여하거나, hydroperoxide의 분해를 촉진함으로써 유지의 자동산화의 연쇄반응의 속도를 증대시키는 것으로 생각되고 있다.

즉, 자동산화 과정의 초기단계에서 대부분의 경우 낮은 원자가 상태의 금속 M^{n+}(구리는 Cu^{+}, 철은 Fe^{2+})은 분자 상태의 산소를 활성화한다. 산화형의 금속 $M^{(n+1)+}$(구리는 Cu^{2+}, 철은 Fe^{3+})은 산소와의 활성화물(active complex)$[M^{(n+1)+}O_2^{-}]$은 직접 지방산(RH)에 작용하여 유리라디칼을 생성한다. 여기서 금속은 다시 환원형 M^{n+}으로 되며, 외관적으로는 금속이 반응 시스템에 관여하지 않는 것처럼 보인다.

$$M^{n+} + O_2 \rightleftharpoons [M^{(n+1)+}O_2^{-}]$$
$$[M^{(n+1)+}O_2^{-}] + RH \longrightarrow M^{n+} + HO_2\cdot + R\cdot$$
$$RH + O_2 \longrightarrow R\cdot + HO_2\cdot$$

한편, 금속에 의하여 hydroperoxide의 분해가 촉진된다. 이 경우에 낮은 원자가 상태의 금속 M^{n+}은 hydroperoxide(ROOH)와 반응하여 자신은 산화형 $M^{(n+1)+}$로 되고, 지방산의 alkoxy radical(RO·)를 생성한다. 그리고 높은 원자가 상태의 금속 $M^{(n+1)+}$은 hydroperoxide의 분해를 촉매하여 자신은 환원형 M^{n+}로 되고, hydroperoxide로부터 peroxy radical(RO_2·)를 생성한다. 이 경우에도 외관적으로는 금속이 개입하지 않는 것처럼 보여 전형적인 촉매 반응을 나타낸다.

$$M^{n+} + ROOH \longrightarrow M^{(n+1)+} + RO\cdot + OH^{-}$$
$$M^{(n+1)+} + ROOH \longrightarrow M^{n+} + RO_2\cdot + H^{+}$$
$$2ROOH \longrightarrow RO\cdot + RO_2\cdot + H_2O$$

여기서 생성된 alkoxy radical과 peroxy radical은 새로이 연쇄반응의 개시 물질로서 자동산화를 더욱 촉진시킨다.

표 7.3 Oleic acid의 자동산화에 대한 금속의 영향

(A) 실온에서의 변화

이화학적 성질	저장기간(월)			
	3	6	12	24
요오드가	79	78	63	59
검화가	9	10	41	46
휘발성 중성물질(%)	0.31	0.37	0.55	0.48
휘발성 유기산(m.eq)	10	23	54	28
Carbonyl 화합물(%)	0.49	0.68	0.87	1.24

(B) 실온에서 0.5%의 Co 존재하에서의 변화

이화학적 성질	저장기간(일)					
	1	2	4	7	14	28
요오드가	78	74	66	61	50	32
검화가	7	10	17	22	33	45
휘발성 중성물질(%)	흔적	흔적	0.20	0.35	0.35	0.35
휘발성 유기산(m.eq)	4	–	–	18	23	64
Carbonyl 화합물(%)	0.69	1.22	2.02	2.26	2.63	3.03

각종 금속의 산화촉진 작용의 크기는 연구 결과마다 다소 다르나 한 예를 들면 대두유에 대해서 다음과 같은 순서로 알려져 있다.

Cu 〉 Fc 〉 Cr, Co, Zn, Pb 〉 Ca, Mg 〉 Al, Ni, Sn, Na

예를 들어 0.5%의 Co 존재 하에서의 oleic acid의 자동산화를 대조 상태와 비교하여 보면 표 7.3과 같다.

일반적으로 충분히 정제되었다고 생각되는 유지중에도 0.2ppm 정도의 Cu와 미량의 Co, Fe 등을 함유하고 있으며, 이 정도의 금속 함량도 산화촉진 작용을 나타낸다.

5) 수분

수분은 지방산의 자동산화에 여러 가지 영향을 미친다. 수분이 자동산화를 촉진시키는 예로서는 유지의 가수분해에 의한 유리지방산의 생성과 분해생성물로 ketone이 생성되는 경우가 있으며, 특히 주목해야 될 것은 금속의 촉매작용에 대한 영향이다. 금속은 주로 수분층 및 수분층과 유기층의 계면에서 촉매작용을 나타낸다. 따라서 수분 함량이 많아지면 촉매작용은 강해진다. 그러므로 수분은 자동산화 과정의 초기 반응에서 유리라디

칼의 형성을 촉진시켜 준다.

한편, 적당량의 수분은 식품 중에 들어있는 유지의 자동산화를 오히려 억제한다. 이것은 산화촉진제 구실을 하는 중금속의 활성을 억제하거나 또는 식품성분에 보호막을 형성하여 산소와의 접촉을 차단하기 때문이라고 생각된다. 실제로 건조식품에 있어서 그 식품의 수분 함량이 단분자층 형성 수분 함량보다 많을 경우에는 유지의 산패는 억제되며, 이 수분 함량보다 적을 때는 유지 성분의 산화는 촉진된다. 단분자층 형성 수분 함량은 식품의 종류에 따라 다르지만 대개 5% 정도이다.

6) Heme 화합물

Heme 화합물은 일반적으로 산화촉진제로 알려져 있으며, 특히 동물성 지방 및 육제품 등에 큰 영향을 미친다. 예를 들면 hemoglobin이 각종 유지 및 지방산의 자동산화에 미치는 영향은 표 7.4와 같다. 즉, hemoglobin의 촉매작용으로 산화속도가 증가되고 유도기간이 크게 단축되었다.

표 7.4 지방산 및 유지의 자동산화와 hemoglobin에 의해 촉매되는 산화와의 비교

지방질	hemoglobin 촉매		자동산화		비율(I)/(II)
	유도기간 (hr)	속도(I) (ml.O_2/hr/g)	유도기간 (hr)	속도(II) (ml.O_2/hr/g)	
Linoleic acid	2.3	2.8	7.5	0.45	6.2
Linolenic acid	0	9.0	2.5	6.1	1.5
Methyl linoleate	0.3	0.96	10.0	0.08	12.0
Methyl linolenate	0.4	1.3	2.2	0.68	1.9
정어리기름	1.2	2.6	2.0	2.9	0.87
청어기름	1.8	0.88	23.0	0.3	2.9
대구간유	7.4	1.6	11.3	0.4	4.0

Heme 화합물 중 촉매작용이 강한 순서로 열거하면 cytochrome C, myoglobin, hemin, hemoglobin의 순이다. Linoleic acid를 기질로 한 경우를 예를 들어 이들의 화합물의 농도가 기질의 산화속도에 미치는 영향은 그림 7.10과 같다.

Heme 화합물의 산화촉진 작용은 그림 7.11과 같은 cycle에서 보는 바와 같이 hydroperoxide를 분해시켜 alkoxy radical(RO·)을 생성하고, 지방산으로부터 수소를 이탈시켜 유리라디칼(R·)을 생성하는 두 가지 반응에 관여하는 것이다. 즉, 1회 cycle을 회전함으로써 1개씩의 R·과 RO·의 유리라디칼을 생성하게 된다.

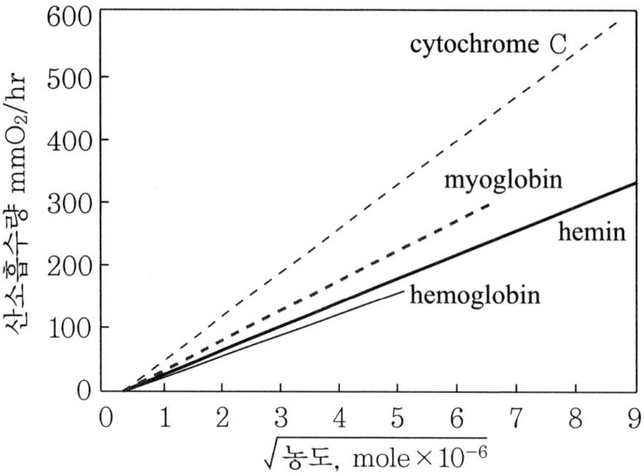

그림 7.10 Heme 화합물의 농도와 linoleic acid의 산화속도와의 관계

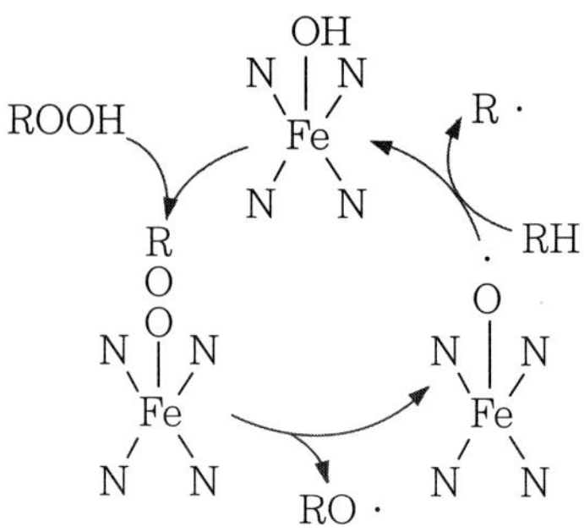

그림 7.11 Heme 화합물의 촉매작용 메카니즘

2. 항산화제(antioxidants)

산화촉진제와는 반대로 유지의 산패의 진행을 억제하여 주는 물질, 즉 유도기간을 연장시켜 주는 물질을 항산화제 또는 산화방지제라고 한다.

1) 항산화제 작용 메카니즘

항산화제는 유지의 자동산화의 초기단계에서 생성되는 hydroperoxide나 기타의 과산화물의 생성 속도를 효과적으로 억제하여 주나, 일단 형성된 hydroperoxide나 기타의 과산화물이 분해되어 최종 생성물인 carbonyl 화합물의 형성 속도에는 별 효과가 없다. 따라서 이미 산화가 상당히 진행된 유지에 대해서 항산화제 첨가에 의한 효과는 별로 기대할 수 없다.

항산화제는 대체로 활성이 큰 유리라디칼이나 과산화물과 쉽게 작용할 수 있는 활성을 가진 수소원자를 가지고 있고 안정화된 공명(resonance)[2] 구조를 가지고 있다 따라서 항산화제의 작용 메카니즘은 유지의 자동산화 과정 중의 hydroperocide 형성과정에 있어서 각

---

[2] 공명(resonance) : 어떤 화학결합 또는 어떤 분자의 결합 실체가 전형적인 결합형식이나 하나의 구조식으로 표시할 수 없고 몇 개가 혼합된 것으로 설명할 수 있을 때 그 결합 또는 분자는 이들 결합이나 구조식 사이에 공명하고 있다고 한다. 공명구조를 갖는 화합물의 안정도는 그들의 갯수에 비례한다. 즉, 하전의 분산으로 특정한 곳에 편중되어 있는 하전을 각각의 공명구조가 나누어 가짐으로서 분자가 보다 중성화되어 안정화되는 것이다.

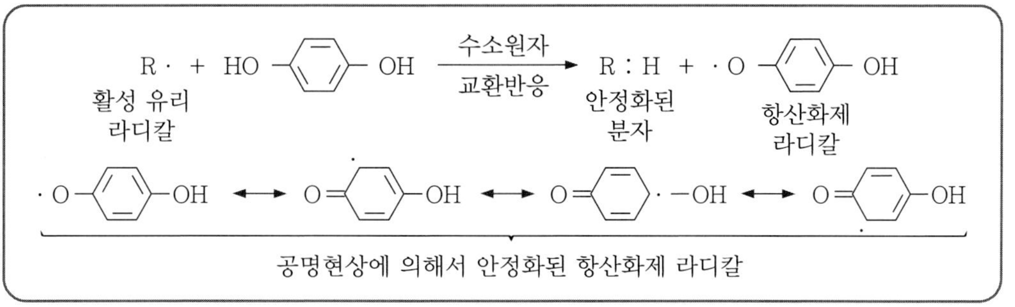

I. phenol계 항산화제인 hydroquinone의 작용

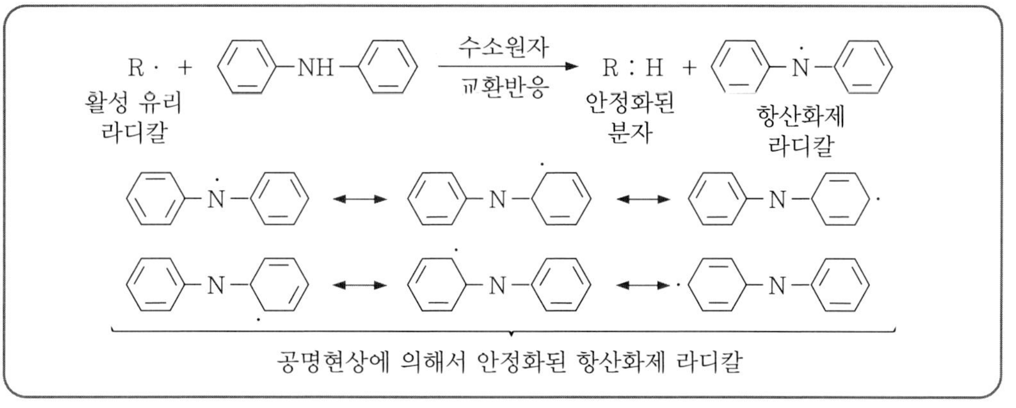

II. Amine계 항산화제인 diphenylamine의 작용

그림 7.12 항산화제의 작용 메카니즘

종 활성의 유리라디칼에 대하여 항산화제 분자 자체가 가지고 있는 활성 수소원자를 내줌으로써 활성이 없는 안정한 화합물을 만들어 주는 대신 자신은 공명에 의하여 안정화된 활성이 낮은 라디칼로 된다는 것이다(그림 7.12). 이와 같은 결과로 hydroperoxide를 형성하는 연쇄반응에 있어서 연쇄반응을 일으킬 유효 라디칼의 수를 대폭 감소시켜 주거나 연쇄반응의 속도를 늦추어 주는 효과를 가져옴으로써 hydroperoxide의 생성 속도를 억제하여 주는 것이다.

한편, 자신은 항산화 효력을 가지고 있지 않으나 항산화제와 함께 사용하였을 경우 항산화제의 항산화 효력을 크게 증진시켜 주는 물질이 있다. 이와 같은 물질을 상승제(synergist)라고 하며 ascorbic acid, citric acid, phytic acid, carboxymethyl mercaptosuccinic acid, 중합 인산염 등의 산성 상승제(acidic synergist)가 식용 유지에 대부분이 사용된다. 이러한 물질들은 유리상태가 된 항산화제에 수소를 주어 분자를 재생시키거나 또는 유지나 지방질 식품 속에 있는 산화촉진제인 철, 구리와 같은 금속과 chelate결합을 하여 금속의 촉매작용을 차단시켜 줌으로써 항산화제의 작용을 결과적으로 증가시켜 준다.

2) 천연 항산화제

천연 항산화제는 주로 식물성 유지에 자연적으로 함유되는 경우가 많고 동물성 유지 속의 함량은 매우 적다. 식물성 유지가 동물성 유지보다 불포화도가 높으면서도 산화에 대하여 보다 안정하고, 또 식물성 유지는 정제한 것이 정제하지 않은 것보다 산화되기 쉬운 것은 유지 중에 함유된 천연 항산화제 때문이다. 친연 항산화제로서 널리 분포되어 있거나 뚜렷한 효과가 인정되는 것으로는 다음과 같은 것이 있다.

(1) Tocopherol류

Tocopherol류는 일반 채소류, 곡류, 두류, 난황 및 일반 식물성유 등에 널리 분포되어 있으며, 특히 밀이나 옥수수의 배종유에 그 함량이 비교적 크다. 각종 식품 및 일부 식물성유와 동물성 지방 중의 tocopherol 함량을 보면 표 7.5와 같다. 동물성 지방에는 그 함량이 매우 적으며 식물성유에 비하여 10~100분의 1정도 밖에 안 된다.

표 7.5 각종 식품 및 유지중의 tocopherol의 함량(mg/100g)

식품의 종류	함량	식품의 종류	함량
달걀(전체)	2.0	밀배종유	300
곡류배종	27.0	옥수수기름	100
채소류	1.0	땅콩기름	40
토마토	0.4	야자유	3
소의 간	1.4	쌀배종유	250
고구마	4.0	미강유	90
당근, 세로리	0.5	아마인유	23
감자	0.1	간유	0~20
육류제품	0.5	대두유	150
백미	0.5	면실유	90
밀가루	0.5	돼지기름, 버터	2

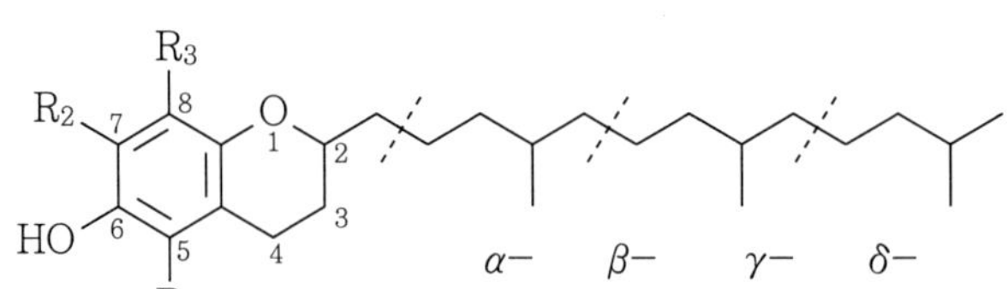

	α-	β-	γ-	δ-
R_1	CH_3-	CH_3-	H-	H-
R_2	CH_3-	H-	CH_3-	H-
R_3	CH_3-	CH_3-	CH_3-	CH_3-

R_1, R_2, R_3의 치환기의 종류에 따라 α-, β-, γ-, δ-tocopherol 등의 동족체를 나타낸다.

그림 7.13 Tocopherol 동족체의 기본 구조

Tocopherol류는 그림 7.13과 같은 기본 구조를 가지고 있으며, 치환기의 종류에 따라 그 동족체(homologs)로서 α-, β-, γ-, δ-tocopherol이 알려져 있다. 이들 동족체의 화학적 성질은 대체로 유사하나 항산화 효력의 크기는 $\delta > \gamma > \beta > \alpha$의 순서이다.

Tocopherol류는 vitamin E 또는 항불임성 vitamin(antisterility vitamin)으로 알려져 있다. 일반적으로 항산화성은 vitamin E 효과가 적은 것이 강하다. 이와 같은 vitamin E의 생체 내에서의 작용과 유지에 대한 항산화 작용 사이의 관계에 대해서는 아직 확실히 규명되어 있지 않다.

(2) Sesamol

Sesamol은 참기름(sesame oil)에 존재하는 천연 항산화제이다 참기름이 산패에 대하여 안정성이 큰 것은 전술한 tocopherol류 이외에도 sesamol을 함유하고 있기 때문이며, 참깨 중에는 배당체인 sesamolin과 sesamin의 형태로 존재한다.

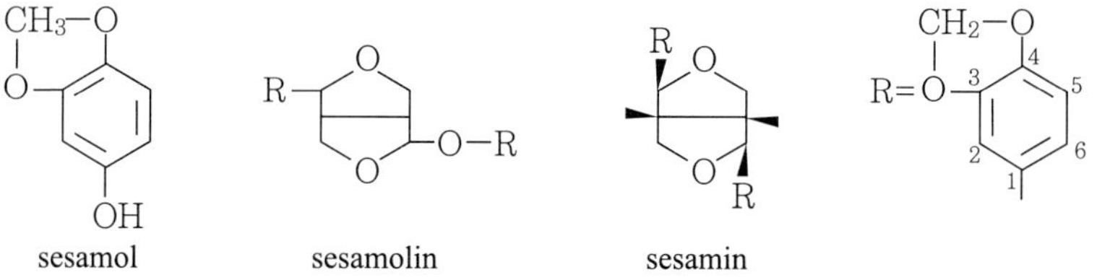

그림 7.14 참기름 중의 항산화 성분

(3) Gossypol

Gossypol은 면실유(cotton seed oil) 중에 상당량 함유되어 있는 천연 항산화제이다. 그러나 gossypol은 비교적 강력한 항산화 효력을 가지고 있으나 독성이 강한 물질이기 때문에 정제할 때 반드시 제거하지 않으면 안된다. 따라서 면실유 제조시에는 거의 완전히 제거되기 때문에 실제적인 의의는 별로 없으나 면실박의 효율적인 이용을 어렵게 한다. Gossypol의 화학구조는 다음과 같다.

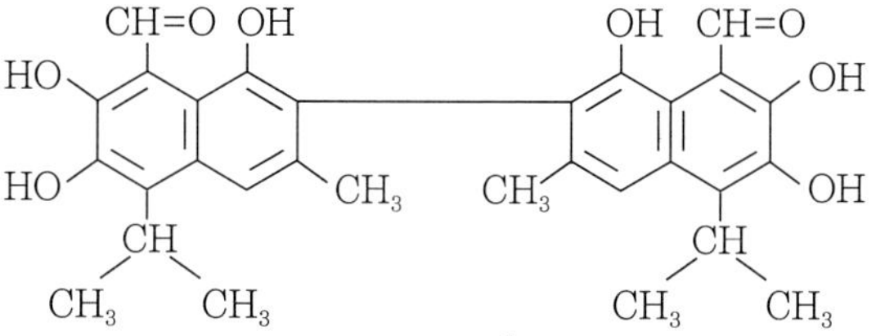

gossypol

(4) Gum guaiac

Gum guaiac는 인도 고유의 상록수 *Guaiacum offcinalis*에서 얻어지는 수지상의 분비물로서, 단일 물질이 아니라 guaiacol, guaiaretic acid, guaiaconic acid 등의 항산화 작용을 가진 여러 phenol화합물을 함유하고 있어서 항산화제로 이용되고 있다.

항산화 효력은 강한 편이 아니나 조리, 가공 후에도 제품에서의 항산화 작용이 유지된다는, 즉 이행성(carry through property)을 가지고 있는 것이 특징이다.

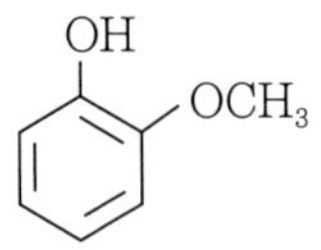

guaiacol

(5) Lecithin

Lecithin을 비롯한 인지질에 속하는 phosphatide류는 옥수수유, 대두유와 같은 식물 종자유에 다량 함유되어 있으며 정제 후에도 상당량 남는다. 이와 같은 phosphatide류는 약한 항산화 작용을 가지고 있다.

인지질의 항산화 작용의 메카니즘에 대해서는 여러 가지 학설이 있으나 유지 중에 포함되어 있는 철, 구리 등의 금속 산화촉진제와 결합하여 이들의 산화촉진 작용을 제거하는 것으로 생각되고 있다.

(6) 기타

Polyphenol 물질의 gallic acid, digallic acid 등과 flavonoid류의 hesperidin, rutin, quercetin, catechin 등은 항산화성을 가지고 있다. 또한 일부 향신료로서 생강의 curcumin, 정향의 eugenol 등도 미약하나 항산화제로서 작용하며, amino carbonyl 반응의 초기에 생성되는 amino reductone 등도 항산화성을 가지고 있다.

3) 합성 항산화제

합성 항산화제는 그 구조에 따라 phenol계 항산화제, amine계 항산화제, 유황계 항산화제로 구분한다. 그러나 식용 유지와 지방질 식품에 사용할 수 있는 항산화제는 다음과 같은 조건을 충족시켜야 한다.

① 저농도(0.01~0.001%)에서 유효하여야 한다.

② 독성이 없거나 매우 약해야 한다.
③ 첨가될 유지나 식품에 이미, 이취 등을 주어서는 안된다.
④ 유지에 녹기 쉬어야 한다.
⑤ 가격이 저렴하여야 한다.

따라서 식용 유지와 지방질 식품에 사용되는 항산화제로서는 일부 phenol계 항산화제이며, 독성이 강한 amine계 항산화제나 특유한 냄새를 줄 우려가 있는 유황계 항산화제는 사용이 허용된 것이 거의 없다. 식품에 사용되는 대표적인 항산화제로는 다음과 같은 것이 있다.

1) BHA(butylated hydroxyanisole)

식품 항산화제로서 시판되고 있는 BHA는 보통 2-BHA(2-tert, -butyl-4-hydroxyanisole)와 3-BHA(3-tert, -butyl-4-hydroxyanisole)의 혼합물이며, 3,5-diBHA(3,5-di-tert, -butyl-4-hydroxyanisole)가 혼합되어 들어갈 때도 있다. 각 성분의 항산화 효과의 크기는 3,5-di-BHA > 3-BHA > 2-BHA의 순이다. 이 항산화제는 유지에는 잘 녹으나 물에는 거의 녹지 않는다. 독성도 비교적 적기 때문에 정상적인 사용에서는 별로 문제가 되지 않으며 첨가된 제품에 냄새와 맛의 영향을 주지 않는다. 그러나 휘발성이 있어서 장기간 고온에서 사용되는 기름의 경우 그 함량은 급격히 감소한다.

이 항산화제는 단독으로는 물론, propyl gallate(PG)나 citric acid 등과 함께 쇼트닝, 돼지기름과 같은 동물성 유지, 옥수수유 등과 같은 정제된 식물성 유. 지방질 식품, 곡류제품 등에 널리 사용되고 있다. 사용량은 대체로 0.1% 이하이다.

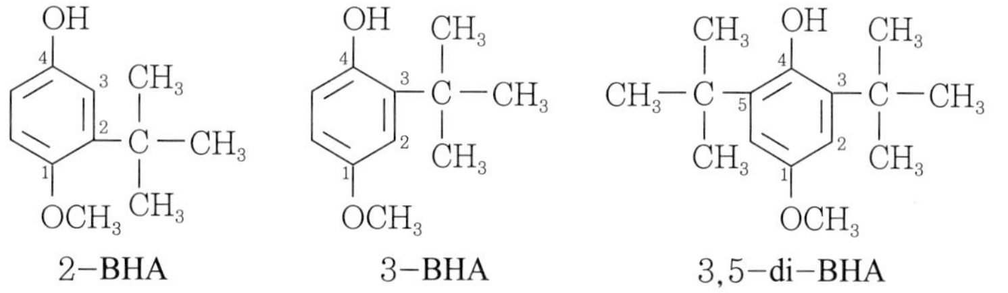

2-BHA 3-BHA 3,5-di-BHA

(2) BHT(butylated hydroxytoluene)

식품 항산화제로서 시판되고 있는 BHT는 보통 3, 5-di-tert, -butyl-4-hydroxytoluene이 주성분이고 여기에 소량의 3-tert, -butyl-4-hydroxytoluene이 혼합되어 있다. 이

항산화제는 BHA와 함께 식용 유지를 비롯한 각종 식품과 가공식품에 가장 널리 사용되고 있는 phenol계 합성 항산화제의 하나이다.

BHT의 항산화력은 동일 농도에서 BHA와 비슷하나 그 가격은 BHA보다 훨씬 싸기 때문에 합성 항산화제 중 가장 많이 사용되고 있다. 그 용도 및 사용 기준은 BHA와 거의 같으며, 역시 BHA와 같이 휘발성이 큰 것이 결점이다.

최근에 와서 BHT와 BHA는 동물실험을 통하여 항암작용이 있는 사실이 알려져 주목되고 있다.

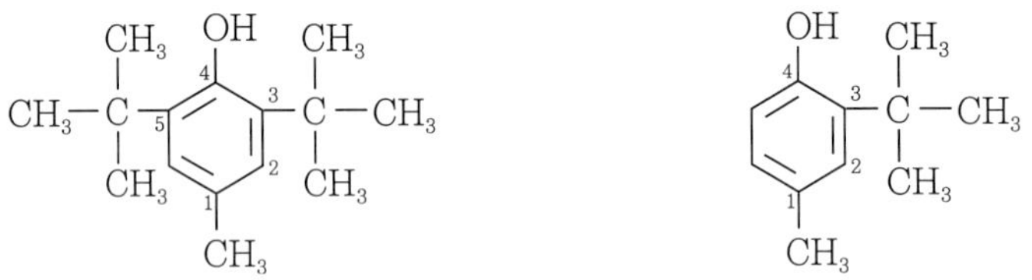

3,5-di-tert-butyl-4-hydroxytoluene　　3-tert-butyl-4-hydroxytoluene

(3) PG(propyl gallate)

PG는 gallic acid의 propyl alcohol ester이며, gallic acid의 carboxyl기에 ester 결합을 하고 있는 alcohol의 탄소수가 증가할수록 항산화력과 열에 대한 안정성이 커진다고 한다. 이 항산화제는 항산화력도 비교적 강하고 약간의 수용성을 갖고 있기 때문에 수분 함량이 많은 지방질 식품에도 사용할 수 있는 장점이 있다. 그러나 수분 존재 하에서 철 이온이 존재할 때 이들과 상호 반응하여 청색이나 녹색으로 착색되며, 또한 이행성(carry through property)을 갖고 있지 않기 때문에 유지를 사용하여 만든 가공식품에 그 항산화력이 옮겨지지 않는 결점이 있다. 사용량은 대체로 0.01% 정도이다.

PG(propyl gallate)　　EP(ethyl protocatechuate)

(4) EP(ethyl protocatechuate)

EP 역시 phenol계 합성 항산화제의 하나로서 식용 유지나 버터 등에 사용된다. 사용량은 대체로 0.05% 정도이다.

(5) NDGA(nor－dihydro－guaiaretic acid)

이 NDGA는 미국 남서부 사막지대에서 볼 수 있는 식물(*Larrea divaricata*)에서 추출된 성분으로 phenol계 항산화제였으나 지금은 그 독성 때문에 사용이 전면 금지되고 있다.

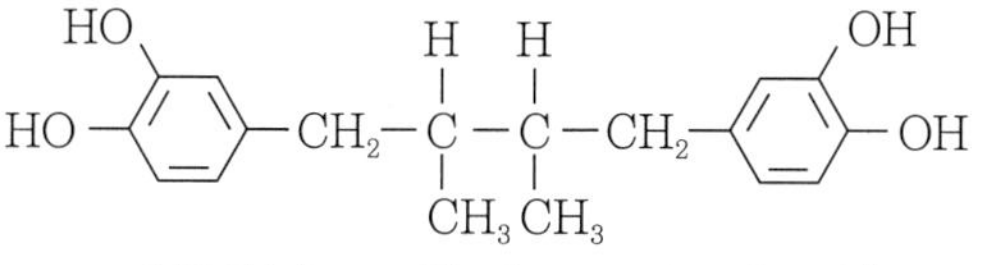

NDGA(nor－dihydro－guaiaretir acid)

(6) Thio dipropionic acid 및 alkyl ester류

식용 유지에 사용되고 있는 phenol계 항산화제가 아닌 유일한 항산화제이다. 그러나 그 특유한 냄새로 인하여 식용 유지나 가공식품에 사용되고 있지 않다. 우리나라에서 현재 그 사용이 허용되고 있는 항산화제와 사용되는 식품의 종류를 보면 표 7.6과 같다.

표 7.6 우리나라에서 그 사용이 허용되고 있는 항산화제들

항산화제	사용되는 식품의 종류	사용량	독성(toxicity)
BHT(butylated hydroxytoluene)	식용 유지, 쇼트닝, 버터, 크래커 등의 유지제품, 어류염장품, 어류냉동품의 침지액	0.02%이하 0.1%이하	LD_{50}=1.70~1.97g/kg 쥐 체중
BHA(butylated hydroxyanisole)	검(chewing gum) 식용 유지, 유지제품, 어류염장품, 어류 냉동품의 침지액	0.75% 0.02%이하	LD_{50}=4.13g/kg쥐 체중
PG (propyl gallate)	식용 유지, 유지제품들	0.10%	LD_{50}=3.8g/kg쥐 체중
Isoamylgallate	식용 유지, 유지제품들 어류냉동품의 침지액	0.01% 0.01%	LD_{50}=1.28~1.85g/kg 쥐 체중
EP(ethyl protocatechuate)	식용 유지, 버터 등	0.05%	LD_{50}=8.0g/kg쥐 체중
Sodium L-ascorbate	햄, 소시지 등 vitamin C 강화제		

3. 유지의 산패에 따른 영양가 저하

불포화 지방산을 다량 함유한 유지는 산화되기 쉬우며, 산화가 진행함에 따라 맛과 냄새가 좋지 않게 될 뿐만 아니라 영양가도 저하되고 결국에는 독성을 나타내게 된다.

자동산화가 진행된 유지 중의 유독성분으로서는 주로 과산화물인 hydroperoxide를 들 수 있지만 이 외에도 저분자 분해 생성물과 중합물에도 독성이 인정되고 있다. 이들의 산화 생성물은 각종 효소를 불활성화하고 단백질과 불용성의 복합체를 형성하며 소화율

을 저하시킨다. 특히 반응하기 쉬운 methionine 등의 아미노산이 소실되기 때문에 영양가도 저하한다.

또한 고온 가열시에 생기는 열산화 유지는 hydroperoxide를 함유하지 않는데도 불구하고 영양가의 저하가 현저하다. 예를 들면, 대두유를 60℃로 가열하면서 공기를 불어넣어 과산화물가(peroxide value, Po. V.)가 100, 400, 800, 1,200으로 산화한 대두유를 조제하여 이것을 사료 속에 15% 또는 20% 첨가하여 흰쥐를 사육한 결과, 그림 7.15에서 보는 바와 같이 과산화물가가 100을 초과하여 증가되어 감에 따라서 동물의 성장은 저해되고 성장 감퇴를 보였으며 독성을 나타내게 되었다.

또한 면실유를 60℃에서 16~29일간 통기하여 여러 단계의 산화유를 조제하여, 이것을 사용하여 흰쥐를 사육한 결과 그림 7.16에서 보는 바와 같이 과산화물가는 100을 초과하면 급격하게 증가하고 이에 따라 지방의 에너지원으로서의 이용율이 급격히 저하되면서

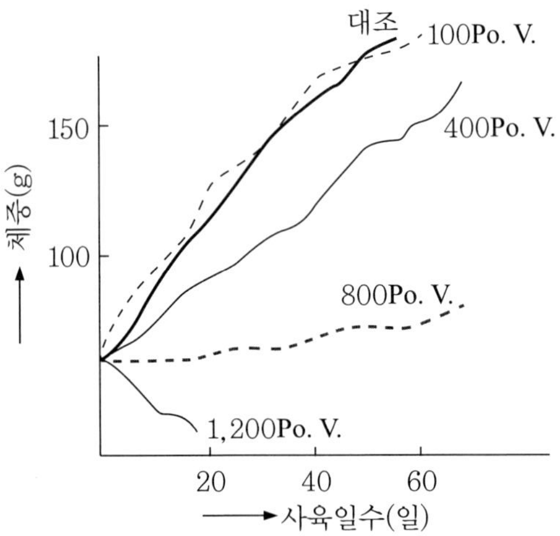

그림 7.15 과산화물가(Po.V.)의 차이가 흰쥐의 생육에 미치는 영향

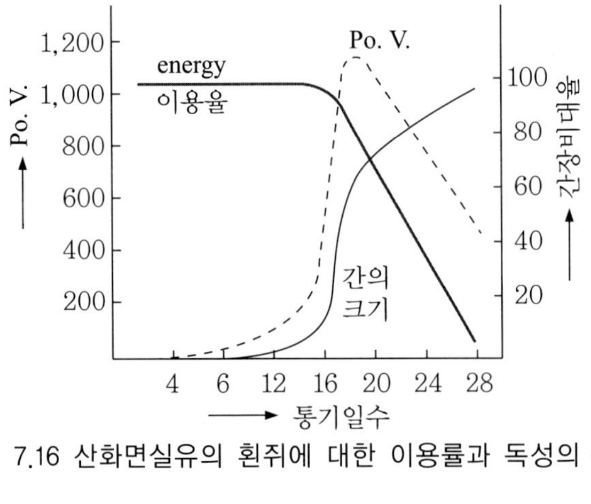

그림 7.16 산화면실유의 흰쥐에 대한 이용률과 독성의 관계

간장이 비대해져서 독성을 나타내게 되었다.

이와 같이 산패유를 동물에 주었을 때 성장이 억제되고 유해 작용을 나타내는 원인으로서는 다음과 같은 것이 생각되고 있다.

① 과산화물 또는 생성 물질에 의한 독성, 즉 동물의 간장, 세포 중의 mitochondria에 들어 있는 효소계를 불활성화한다.
② 산패유에 의한 vitamin A · D · E · K, carotene, pantothenic acid, pyridoxin, biotin, ascorbic acid 등의 vitamin을 파괴한다.
③ 산패에 의해 지방의 칼로리원으로서의 영양가를 저하시킨다.
④ 불쾌한 냄새의 발생으로 인해 사료의 섭취량을 저하시킨다.

제3절 유지의 변향

일부 식용 유지 예를 들어 대두유 등은 정제 과정에서 원래의 풀냄새 또는 콩비린내가 제거된다. 그러나 정제한 대두유를 잘못 저장하였을 때 산패가 시작되기도 전에 원래의 풀 냄새 또는 콩비린내와 같은 비슷한 냄새가 다시 나는 경우가 있다. 이와 같은 현상을 변향(變香) 또는 냄새의 복귀 현상(flavor reversion)이라고 한다. Reversion이라는 어원은 고도의 불포화 지방산을 함유하는 어유는 잘 정제된 것이라도 생선 비린내가 「되돌아온다」는 의미에서 나온 말이다. 유지의 변향은 시기적으로도 산패가 발생하기 훨씬 전에 일어난다. 즉, 과산화물가가 1~2의 비교적 낮은 산화상태에서도 불쾌취가 발생한다. 또한 유지의 변향이 일어났을 때 나타나는 냄새의 변화는 산패가 진행되었을 때 발생하는 냄새와 뚜렷이 구별되므로 변향과 산패는 분명히 다르다.

변향의 원인에 대해서는 아직 확실히 규명되어 있지 않으나 일반적으로 유지 중에 존재하는 linolenic acid 또는 isolinoleic acid에 의해 일어난다고 생각되고 있다. 실제로 linolenic acid 함량이 많은 대두유, 아마인유, 어유 등은 변향이 일어나기 쉽고 또한 수소 첨가된 유지 중 isolinoleic acid 함량이 많은 유지에서 일어나기 쉽다. 그리고 linolenic acid 함량이 적은 옥수수유는 변향이 일어나기 어려우나 인위적으로 linolenic acid를 첨가시키면 변향이 쉽게 일어난다.

유지의 변향이 일어났을 때 발생하는 불쾌한 냄새의 주요 성분으로서는 이상의 linolenic acid 또는 isolinoleic acid의 자동산화의 초기단계에서 형성된 휘발성 carbonyl 화합물 중 3-*cis*-hexenal($CH_3CH_2CH=CHCH_2CHO$), 2-*trans*-4-*cis*-heptadienal($CH_3CH_2CH=CHCH=CHCHO$), 2-*trans*-4-*trans*-heptadienal 등의 aldehyde와 ethylvinyl ketone($CH_3CH_2COCH=CH_2$) 등의 ketone 등으로 알려져 있다.

변향은 식용 유지의 유통 과정에서의 보존 상태의 불량 또는 과자를 구울 때나 식품을 튀길 때 너무 높은 온도에서 조리를 한 후에 특히 잘 일어난다.

일반적으로 유지의 변향에 영향을 미치는 외부 조건으로는 다음과 같은 것이 있다.

(1) 온도

고온에서는 특히 변향이 잘 일어난다. 대두유 같은 것은 상온에 방치하면 10~14일이면 변향이 일어난다고 한다.

(2) 산소

진공 중에서는 변향이 제대로 일어나지 않으나 소량의 산소, 즉 산화적 산패를 일으키기에 필요한 산소량의 1/50 이하에서도 일어날 수 있다.

(3) 광선

광선은 특히 청색~보라색, 즉 파장 325~400nm의 광선으로 가장 잘 일어나나 325nm 이하의 자외선은 변향을 일으키는 데 별로 영향이 없다고 한다.

(4) 미량 금속

철(Fe)은 0.3~1.0ppm만 있어도 대두유의 경우 60℃에서 4일 만에 변향이 일어난다. 그 외에 Cu, Co, Cr, Zn 등의 금속이 변향을 촉진시킨다고 한다. 따라서 변향의 억제방법으로서는 식용 유지를 가능한 한 저온에 저장하도록 하며 각종의 광선의 조사를 피하고 금속의 오염을 방지해 주는 것 등이다.

제4절 유지의 가열 변화

유지는 착유, 정제 및 가공 과정에서 가열 처리를 하는 경우가 많다. 예를 들어 식품을 유지 중에서 튀김하는 경우에 유지는 공기의 접촉하에서 보통 180℃ 전후의 온도에서 가열된다.

이와 같이 유지를 고온에서 가열하면 자동산화 과정이 급속도로 촉진되는 동시에 고온에서의 가열에 의한 변화도 함께 일어난다.

실제로 튀김에 사용한 유지들은 착색이 되고 점도와 비중 및 굴절률이 증가하며 발연점이 저하되는 등의 물리적인 변화와 산가, 검화가, 과산화물가가 증가하고 요오드가가 저하하는 등의 화학적 성질에도 변화가 나타난다.

따라서 유지가 고온에서 산소 접촉하에 가열되는 동안 산화반응, 중합반응, 열분해반응 등이 진행되고 있음을 알 수 있다. 이와 같은 유지의 가열 변화는 표 7.7과 7.8에서 보는 바와 같이 가열온도가 높을수록 또는 가열시간이 길수록 더욱 심해진다.

표 7.7 옥수수유의 가열산화에 대한 가열온도의 영향 (24시간, 통기 150ml/min/Kg유지)

이화학적 성질	가열 온도			
	120℃	160℃	180℃	200℃
요오드가	122	105	102	100
과산화물가	1.0	81.0	6.0	2.0
산가	0.16	1.90	1.8	1.3
굴절률	1.4730	1.4752	1.4762	1.4792
점도	0.65	1.00	1.65	2.50

표 7.8 옥수수유의 가열산화에 대한 가열시간의 영향(200℃)

이화학적 성질	가열 시간				
	0	8	16	24	48
요오드가	122	115	108	102	90.0
과산화물가	1.1	1.6	1.7	2.0	
산가	0.20	0.42	1.23	1.44	1.60
굴절률	1.4730	1.4760	1.4788	1.4797	1.4814
점도	0.65	0.85	1.25	3.00	7.55

1. 산화반응

유지를 고온으로 가열하여 높은 온도에서 급격한 자동산화가 일어날 경우에는 과산화물인 hydroperoxide는 축적하지 못하고 자동산화 초기에 낮은 최대치를 나타낸 후 그 생성 속도보다 분해 속도가 더 커져서 hydroperoxide량은 감소한다(그림 7.17).

또한 고온에서는 공기 중의 산소가 유지분자 속의 이중결합과 직접 결합하여 moloxide형의 과산화물을 형성하는 비율이 증가한다.

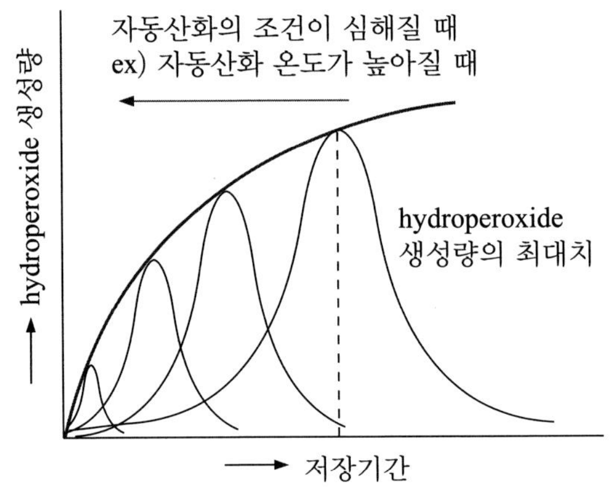

그림 7.17 고온의 자동산화반응에 있어서 hydroperoxide의 생성량의 최대치

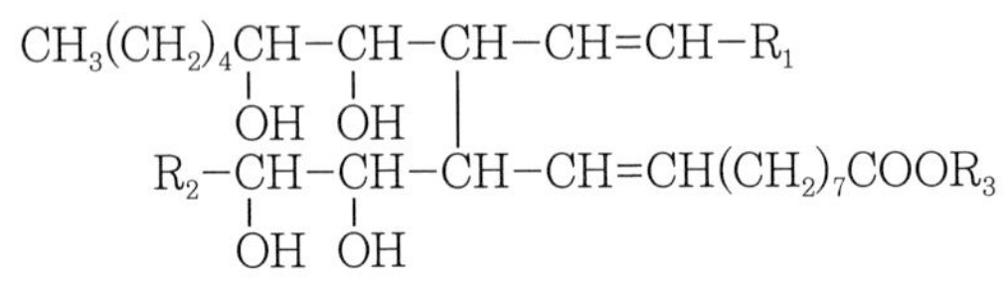

2. 중합반응

유지를 가열하면 점차로 점도가 증가하게 되는데 이것은 유지분자들의 중합반응이 일어나기 때문이다. 유지의 가열에 의한 중합반응은 자동산화 중합, 열 중합, 열산화 중합으로 구분하여 생각할 수 있다.

1) 자동산화 중합

유지를 공기 접촉하에서 100℃ 이하로 가열하였을 때 일어나는 반응으로서 불포화 지방산의 자동산화 과정에 있어서 연쇄반응의 종결단계에서 일어나는 활성 유리라디칼의 결합에 의한 중합반응이다.

$$R\cdot + R\cdot \longrightarrow R{-}R$$
$$RO_2\cdot + R\cdot \longrightarrow ROOR$$
$$RO_2\cdot + RO_2\cdot \longrightarrow ROOR + O_2$$

이때의 중합체는 −COOC−, −C−O−C−와 같은 산소 가교를 형성하는 것으로 생각된다.

2) 열 중합

유지를 진공 또는 CO_2, N_2 등 산소가 없는 상태에서 200~300℃의 고온으로 가열하면 이중체(dimers), 삼중체(trimers) 등의 중합체가 형성된다. 즉, 유지 중의 linoleic acid, linolenic acid 등이 가열에 의하여 이중결합의 재배치(rearrangement)가 일어나 그 분자 중의 독립된 이중결합 형태가 공액 이중결합[3] 형태를 취하게 되고, 이 공액 이중결합에 다른 유지분자들의 이중결합들이 *Diels-Adler* 부가반응(addition reaction)을 일으켜 환상의 이중체를 생성한다. 이와 같은 부가반응에 의하여 생성된 이중체에 이중결합을 가진 유지

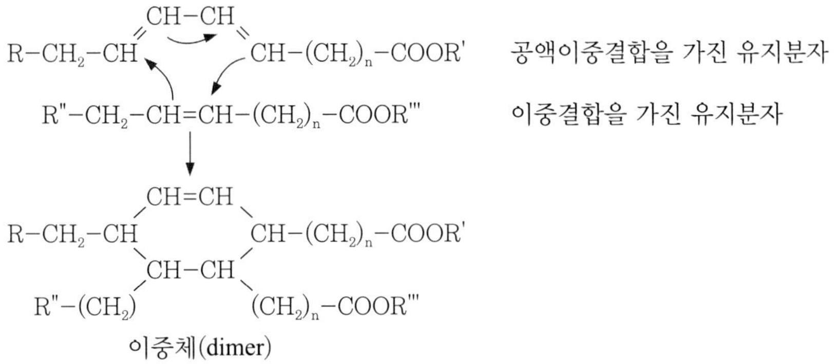

그림 7.18 Diels-Adler 부가반응에 의한 중합체의 형성

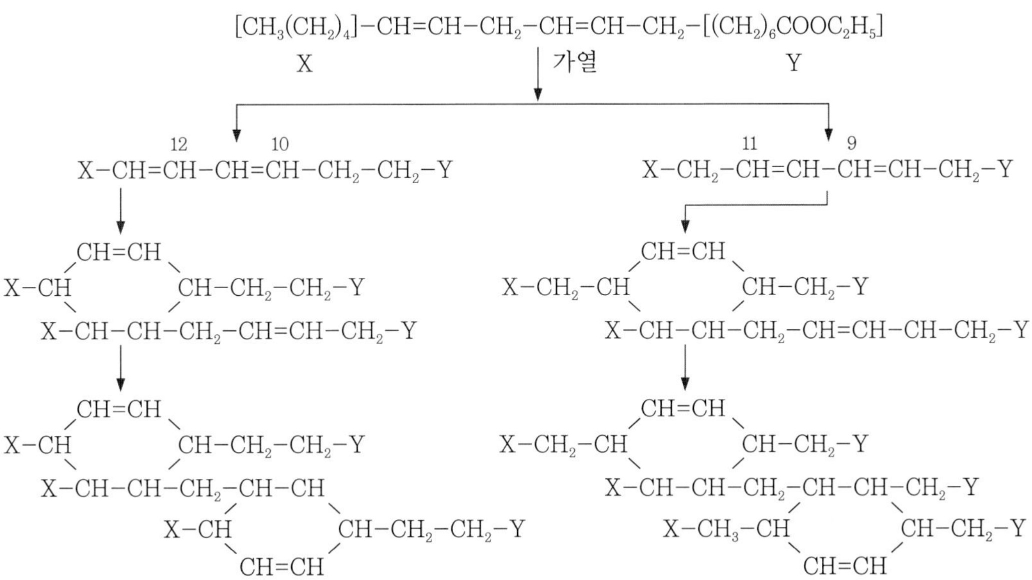

그림 7.19 Ethyl linoleate의 가열중합 과정

---

[3] 공액 이중결합 : 탄화수소 분자 내의 탄소 원자 사이에 이중결합과 단일결합이 교대로 나타나는 배열. 예를 들면 $H_2C{=}CH{-}CH{=}CH_2$와 같은 형태이다.

분자가 다시 부가하여 삼중체, 사중체도 계속 형성될 수 있다. 실제로 ethyl linoleate를 200℃에서 가열하였을 때 이중체, 삼중체의 형성과정을 보면 그림 7.19와 같다.

3) 열산화 중합

유지를 공기와 접촉하에서 200~300℃의 고온으로 가열하였을 때 열산화 중합이 일어난다. 튀김유의 중합은 주로 이것에 의한다. 유지의 열산화 중합의 정도는 유지의 종류에 따라 차이가 있다. 예를 들면 아마인유, 동유 등의 건성유는 가장 중합하기 쉽고 대두유, 참기름 등의 반건성유가 다음이며, 올리브유. 땅콩기름 등의 불건성유는 중합하기 어렵다. 특히 건성유 중에서도 동유는 중합하기 쉽고 중합이 진행되면 jelly상으로 굳어진다.

열산화 중합에 있어서는 주로 -C-C-결합에 의한 중합체가 생긴다고 한다. 열중합의 경우에서 볼 수 있는 *Diels-Adler* 부가반응에 의한 환상화합물이나 자동산화의 경우에 볼 수 있는 -C-O-O-C-, -C-O-C-와 같은 산소가교에 의한 중합은 거의 생성하지 않는 것으로 생각되고 있다. 예를 들면 옥수수유를 200℃에서 48시간 가열하면 다음과 같은 이중체가 생긴다.

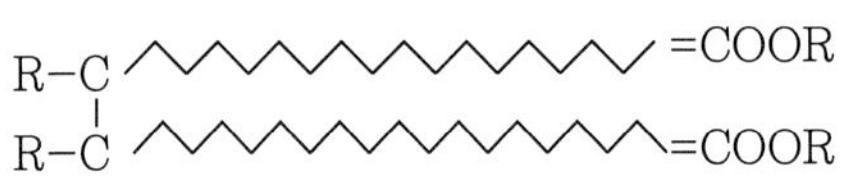

이와 같은 열산화 중합에 의한 중합체의 이중결합의 수, OH기 및 carbonyl기의 수는 반응온도, 수분, 촉매의 유무, 산소와의 접촉상태 등에 의하여 항상 일정하지 않고 크게 변동된다.

3. 열분해 반응

유지를 150℃ 이상의 고온으로 가열하면 연기를 내면서 분해되기 시작하여 각종 분해물이 생성된다. 유지의 가열온도가 높아짐에 따라 특히 유지분자의 열분해로 유리지방산이 급격하게 증가한다.

유리지방산은 수분이 존재할 때는 물론 수분이 존재하지 않을 때도 형성된다. 수분이 존재할 때는 가수분해 과정에 의해서 유리지방산이 형성되나, 수분이 존재하지 않는 경우의 ester 결합의 분해에 있어서는 β-위치에 수소를 가진 지방산의 ester들이 먼저 6개의 원자로 구성된 chelate 고리를 만든 후 유리지방산과 olefin들로 열분해된다고 한다. 이와 같은 열분해 과정시 유리지방산 이외에 지방산의 무수물, aldehyde류, ketone류 등의 휘발성 물질들이 형성되기도 한다(그림 7.20).

한편, 고급 지방산의 ester들은 가열 중에 −C−C− 결합을 형성하고 있는 전자쌍(electron pair)의 분열에 의해서 라디칼을 형성한다. 이때 동일 지방산의 경우라도 분열이 일어나는 위치가 다를 때는 서로 다른 라디칼이 형성될 것이므로 형성되는 라디칼의 종류도 많을 것이다.

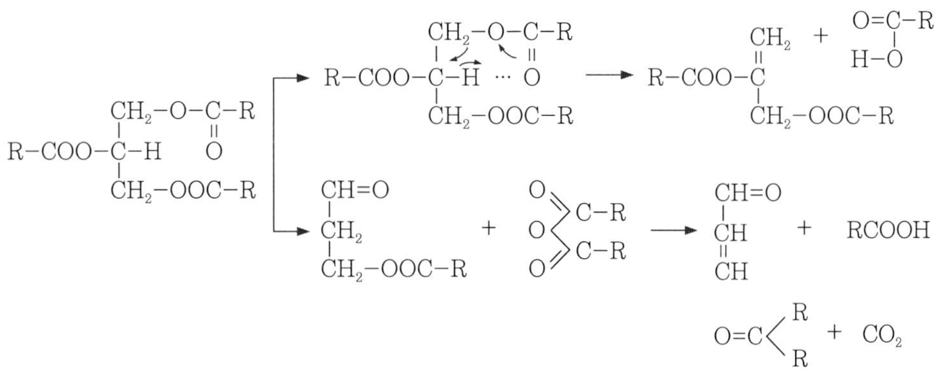

그림 7.20 수분이 존재하지 않는 상태에서 유지(triglyceride)를 가열하였을 때의 각종 분해생성물들

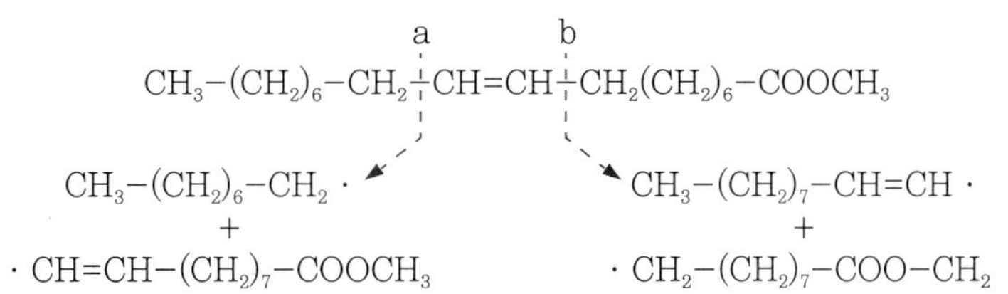

그림 7.21 Methyl oleate를 가열하였을 때 형성되는 유리라디칼(free radicals)

이상의 라디칼들은 활성이 매우 크므로 탈수소 반응(hydrogen abstraction reaction), 재결합반응(recombination reaction) 등의 여러 반응들이 일어날 수가 있으며 또한 자동산화 과정 중의 연쇄반응을 유발할 수 있다.

제5절 유지의 산패 측정방법

유지의 산패가 진행되면 산소흡수 속도가 증가되고 hydroperxide와 같은 과산화물이 생성되는 동시에 carbonyl 화합물의 생성도 증가된다. 또한 여러 가지 불쾌한 냄새와 맛도 나타난다. 그러므로 식용 유지 또는 지방질 식품에 대하여 이와 같은 변화를 수시로 측정하여 산패의 발생 시기나 산패의 정도를 알 수 있다. 일반적으로 유지의 산패를 측정하는 방법으로는 다음과 같은 것이 있다.

1. 물리적 방법

1) 산소흡수 속도 측정

유지의 산소흡수 속도는 그의 산패 발생시기를 전후해서 급증한다. 따라서 밀폐된 용기에 식용 유지나 지방질 식품을 산소와 함께 넣어 시간에 따른 산소흡수 속도를 용기 내에 남아있는 산소의 압력 또는 부피의 변화를 측정하여 산패 발생시기를 알아내는 방법이다. 이 방법은 식용 유지나 지방질 식품보다는 각종 공업제품에 널리 사용되고 있다.

2. 화학적 방법

1) 과산화물가(peroxide value) 측정

유지 중에 존재하는 과산화물의 함량을 측정하는 방법으로서, 유지의 산패 정도와 유도기간의 길이를 알 수 있다.

과산화물가는 유지 1kg에 함유된 과산화물의 밀리 몰수 또는 밀리 당량수로서 표시한다.

실제로 유지를 초산 또는 chloroform과 초산의 혼합액의 용매에 용해시킨 후 요오드화칼륨(KI)을 용해시켜 형성되는 요오드 이온(I^-)을 용해된 유지 중의 과산화물과 반응시켜 요오드(I_2)로 산화시킨다. 이때 생성된 요오드를 $Na_2S_2O_3$의 표준용액으로 적정하여 그 소비량으로부터 과산화물의 함량을 계산한다.

$$ROOH + 2I^- + 2H^+ \longrightarrow ROH + I_2 + H_2O$$

$$I_2 + Na_2S_2O_3 \longrightarrow 2NaI + Na_2S_4O_6$$

이 방법의 결점은 유지의 산패에서 생성되는 hydroperoxide의 함량이 자동산화의 진행에 따라 일단 최고치에 도달한 후 다시 감소하기 때문에 산패가 발생한 지 오래된 유지나 지방질 식품의 과산화물가가 의외로 낮을 때가 있다는 점이다.

일반적으로 식물성 유지의 경우에는 과산화물가가 60~100meq/kg, 동물성 유지의 경우에는 20~400meq/kg에 도달하는 시기를 산패 발생시기로 보아 그 시기까지의 저장기간을 유도기간으로 정하고 있다.

2) TBA가(thiobarbituric acid value) 측정

산패가 진행된 유지 중에 존재하는 carbonyl 화합물의 하나인 malonaldehyde는 2-thiobarbituric acid와 HCl의 존재 하에서 적색의 복합체를 형성하므로 이 적색을 비색정량하여 산패를 측정하는 방법이다.

TBA가는 1kg의 유지 중에 함유되어 있는 malonaldehyde의 mg수 또는 시료가 일정한 조건 하에서 나타내는 흡광도(absorbance)로 정의된다. TBA가는 과산화물가와는 달리 산패의 진행에 따라 계속 증가하므로 아주 오래된 유지에서도 사용할 수 있다. 그러나 식용유지나 지방질의 종류에 따라 malonaldehyde의 생성량이 크게 다르므로 서로 종류가 다른 유지나 지방질 식품의 TBA가의 비교는 의미가 없으며 또한 2-thiobarbituric acid와 색깔을 가진 복합체를 형성하는 화합물이 많다는 결점이 있다.

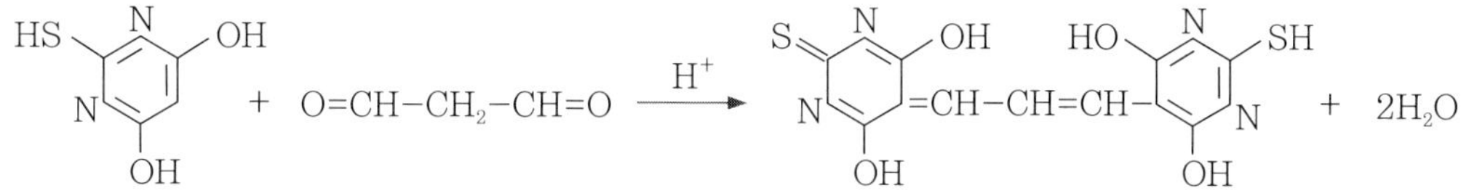

그림 7.22 TBA(2-thiobarbituric acid)와 malonaldehyde와의 반응

3) Carbonyl가(carbonyl value) 측정

Carbonyl가 측정법은 TBA가와 같이 유지의 산패과정에서 형성되는 어떤 특정 carbonyl 화합물을 대상으로 한 것이 아니라 전체 carbonyl 화합물의 양을 측정하여 산패 정도를 알고자 하는 방법이다. 즉, 2, 4-dinitrophenylhydrazine을 산패된 유지에 작용시켜서 그 속의 carbonyl 화합물들을 적색 결정의 phenylhydrazone 유도체로 만든 다음 이 유도체를 진한 KOH 용액에 용해시켜 비색정량하는 방법이다.

이 방법은 이론적으로는 매우 좋은 방법이나 carbonyl 화합물과 2, 4-dinitrophenylhydrazine과의 반응이 가역반응이기 때문에 2, 4-dinitrophenylhydrazone 유도체의 형성이 완전히 정량적으로 진행되지 않으며 또한 형성된 유도체의 색깔도 안정하지 않기 때문에 경우에 따라서는 정확한 결과를 주지 못하는 결점이 있다.

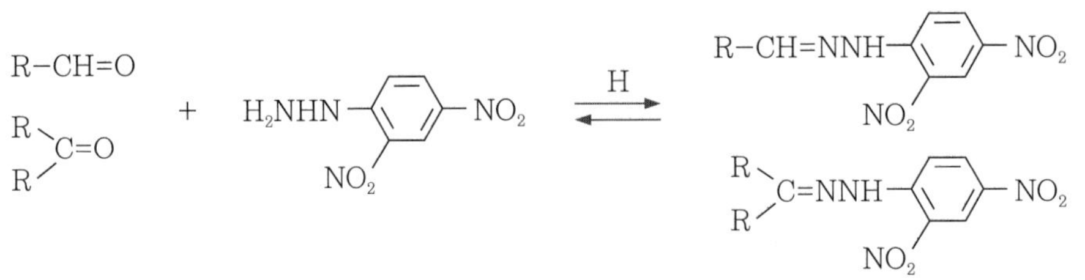

carbonyl 화합물　　2,4−dinitro−phenylhydrazin　　2,4−dinitrophenyl−hydrazone 유도체
(430~460nm에서 최대흡광도를 가지는 적색의 화합물)

그림 7.23 carbonyl 화합물과 2, 4−dinitro−phenylhydrazine과의 반응

4) AOM법(active oxygen method)

식용 유지나 지방질 식품의 실제의 유도기간을 측정하는 것이 아니라 서로 다른 유지의 산패에 대한 안정성의 비교, 항산화제의 효율의 비교 등을 위해서 가속된 조건하에서 유지를 자동산화시켜서 단축된 유도기간을 측정하는 방법이다.

실제로 이 AOM 공정 시험법은 시료 유지를 97.8℃(208℉)에서 2.33ml/sec의 일정한 속도로 공기를 주입하면서 자동산화를 촉진시켜 시간에 따른 과산화물가를 측정하여 유도기간을 조사하는 것이다 보통 유지의 경우 이 방법에 의해 측정하면 유도기간은 10시간 내외이다.

3. 관능검사에 의한 방법

1) Oven test

일명 Schaal oven test라고도 하며, 지방질 성분의 추출이 어려운 지방질 식품의 산패 시기를 측정하는 데 주로 사용되는 주관적 방법이다.

비이커나 유리항아리 속에 식용 유지나 지방질 식품을 넣은 다음 약 60℃의 oven 안에 유지하면서 수시로 냄새와 맛에 대한 관능검사를 통하여 유지의 산패가 일어나는 데 소요되는 일수를 측정한다.

이 방법은 7~8명의 전문적인 관능검사 요원으로 구성된 panel에 의해서 실시되며, 제과공업에서 비스킷, 쿠키, 크래커 등의 제품의 유지 산패에 대한 안정성 검사에 사용되기도 한다. 60℃의 oven에서 1시간 유지하는 것은 실온에서 일주일간 유지하는 것에 해당한다.

제 8 장

무기질 (minerals)

식품 및 생물체를 완전하게 태우면 C, H, O, N은 모두 휘산되고 무기질인 각종 원소들이 산화물로서 남는다. 이것이 재(ash)이다. 식품 분석에서는 식품을 회화하여 얻어지는 재의 중량을 회분이라고 부르며 식품 중의 무기질의 양을 표시하는 수치로 널리 사용되고 있다. 그러나 실제로는 회화 조작 중에 각 원소는 산화물로 되고, Cl 등 일부 무기 원소는 공기 중에 소실된다. 한편, 유기물에서 유래한 C가 탄산염으로서 존재하기 때문에 식품 중의 무기질의 총량과 회분량은 반드시 일치하지는 않는다.

무기질은 생물체 내에서 칼로리원은 되지 않으나 생물체의 구성분으로서 중요한 생리작용에 관여하고 있다. 예를 들면, 무기질은 체액의 산-알칼리 평형[1)]에 관여하며, 삼투압[2)]을 조절하는 중요한 역할을 한다. 또한 무기질은 뼈와 치아, 단백질 및 효소의 구성 성분이 되기도 하고, 이온으로서 생체효소의 작용을 촉진하기도 한다. 무기질은 약 100여 종의 금속 및 비금속 원소로 되어 있는데 이러한 원소는 대부분 무기염의 형태로 식품 중에 존재한다. 그러나 단백질, chlorophyll, 혈색소, 효소 등의 유기물 속에 들어있는 무기질도 있다. 식품 및 인체의 구성분으로, 또 중요한 생리작용을 나타내는 무기질은 약 20여 종에 불과하다.

식품 중에 비교적 많이 함유되어 있는 주요 무기성분으로서는 Na, K, Ca, Mg, P, S,

---

1) 산-알칼리 평형(acid-base balance) : 체내에 존재하는 총산과 총염기가 생명체에 적합한 정도로 평형을 이루어 체내의 pH가 거의 일정하게 유지되는 상태를 말한다.

2) 삼투압(osmotic pressure) : 농도가 다른 두 액체를 반투막으로 막아 놓았을 때 용질의 농도가 낮은 쪽에서 농도가 높은 쪽으로 용매가 옮겨가는 현상에 의해 나타나는 압력이다.

Cl 등의 원소가 있으며 그 외에 Fe, Cu, Mn, Zn, Co, I 등이 미량으로 존재한다.

제1절 주요한 무기질

1. 칼슘(Ca, calcium)

체중 50kg인 성인의 Ca 함량은 약 1kg으로서 이것의 약 99%는 뼈대와 치아에 인산염[$Ca_3(PO_4)_2$] 또는 탄산염($CaCO_3$)의 형태로 존재하고 나머지는 혈액과 근육 중에 분포되어 있다.

Ca은 뼈대의 형성, 신경의 흥분성 억제, 효소의 활성화 등의 중요한 역할을 한다. Ca은 뼈대가 있는 어류와 우유 및 해초류에 많이 함유되어 있으나 우리 일상 식품 중에는 비교적 적게 들어 있는 성분이다. 또 Ca의 흡수는 식품 속에 있는 다른 성분의 영향을 받게 되므로 흡수율은 식품의 종류에 따라 현저한 차이가 있다. 식품 중에는 시금치의 수산(oxalic acid)이나 쌀겨 속의 phytic acid 등과 같이 Ca의 흡수를 저해하는 물질을 함유하는 것도 있다. 따라서 이들을 함유하는 식품은 Ca의 이용을 방해하게 된다.

한편, 식품 중의 Ca과 P의 비율도 흡수에 영향을 주며 Ca : P = 1 : 1 정도일 때가 가장 좋다고 한다. 예를 들면, Ca이 적고 P이 많은 식품을 먹으면 Ca은 과잉의 P과 더불어 배설되고, 또 Ca이 많고 P이 적은 식품을 먹어도 같은 현상이 나타난다. 일반적으로 한국인의 식생활에서는 이 비율이 P쪽으로 크게 기울어져 있다. 그러나 vitamin D, 단백질, 유당이 있으면 Ca은 흡수가 좋아진다. 즉, Ca의 흡수는 식품에 존재하는 Ca의 형태와 다른 영양소의 함량의 비에 따라 달라진다. 일반적으로 동물성 식품의 Ca이 식물성 식품의 Ca보다 흡수가 좋으며, 보통의 식사에서 흡수율은 약 40%이다.

표 8.1 주요 식품 중의 Ca 함량(mg/100g)

식물성 식품	함량	동물성 식품	함량
녹미채	1,400	멸치	2,200
곤포류	700~1,200	보리새우	1,800
참깨	630	탈지분유	1,200
얼린두부	590	전지분유	390
김	500	가공치즈	630
한 천	400	요구르트	150

우리나라 식생활에서 Ca의 섭취량은 하루에 약 300g에 불과하다. Ca의 1일 소요량은 성인 600g, 임부 700~1,400g, 수유부 1,700g, 어린이 400~600g인데 비하여 Ca의 섭취량은 너무도 부족한 형편이다. 주요 식품 중의 Ca함량은 표 8.1과 같다.

2. 인(P, phosphorus)

체내의 P은 75%가 뼈대에 있고 나머지는 각 조직 중에 광범위하게 분포되어 있으며, 체액의 완충작용, 조효소의 구성 성분이 되어 생화학반응에 관여하므로 생명에 대하여 가장 본질적인 역할을 하는 원소의 하나이다.

식품 중의 P는 모두 인(PO_4^{3-})의 형태로 함유되어 있으며 일반 식품 중에 널리 분포한다. 곡류, 어패류, 육류 등에 특히 풍부하게 함유되어 있으므로 P의 섭취량이 부족되는 경우는 없다. P의 섭취량은 Ca과의 관계도 있어 너무 과잉으로 섭취하지 않는 것이 바람직하다. 한국인은 쌀이나 어패류의 섭취량이 많으므로 Ca과 P의 섭취 비율을 보면 1 : 3 정도가 되어 P에 대해서는 오히려 과잉 섭취가 문제가 된다.

주요 식품 중의 P 함량은 표 8.2와 같다.

표 8.2 주요 식품 중의 P 함량(mg/100g)

식물성 식품	함량	동물성 식품	함량
쌀겨	1,500	탈지분유	980
효모	1,100	난황	570
참깨	850	오징어	1,000
얼린두부	710	가공치즈	800
코코아	700	멸치	1,500
콩	470	보리새우	1,100
김	510	대구	500

3. 나트륨(Na, sodium)과 염소(Cl, chlorine)

Na은 체내에 약 50g 함유되어 있으며 주로 세포 외액에 염화물(NaCl), 인산염(Na_2HPO_4), 탄산염(Na_2CO_3, $NaHCO_3$)으로 존재한다. Na은 K과 같이 체액의 산-알칼리 평형 및 삼투압을 조절하는 데 관계한다. 염소는 Na과 K의 생리작용을 보조하여 준다.

일상 사용하는 식염은 Na과 Cl가 결합한 것으로 조미료로서 상당히 중요함과 동시에 Na과 Cl의 보급에도 중요한 역할을 가지고 있다. 또 식염은 가공식품, 특히 보존 식품에는 저장성 향상을 위하여 다량으로 사용되고 있다. 따라서 천연의 식품이 갖는 Na과 Cl는 극히 소량이지만 보통의 식생활을 하는 한 Na과 Cl의 부족은 일어나지 않는다.

Na의 소요량은 하루 약 10g이며 식염으로 섭취한다. 식염의 1일 소요량은 성인이 약 20g이다. 우리나라 사람의 소금 섭취량은 하루에 약 15~30g 정도로 필요량보다 상당히 많은 양이다. 단백질 섭취 부족과 소금의 과잉 섭취는 각종 질병을 유발할 우려가 있다. 특히 동물실험에서 소금의 섭취량은 혈압의 상승과 정비례한다는 보고가 있으며 인체에서도 고혈압, 각종 부종, 혈액 순환계 질병에서는 염분의 섭취량을 제한하고 있다.

식품에 함유되어 있는 식염량을 식물성 식품과 동물성 식품으로 나누어 표시하면 표 8.3과 같다.

표 8.3 식품(식염 가공품 제외) 중의 NaCl 함량(g/100g)

식물성 식품	함량	동물성 식품	함량
미역	5.7	새우류	10.7
김	2.2	대구	8.2
아스파라거스	0.9	꽁치	2.2
셀러리	0.5	해삼	1.9
파슬리	0.4	청어	1.1
귤	0.2	오징어	1.0
사과	0.1	다랑어	0.5
당근	0.1	닭고기	0.1

4. 칼륨(K, potassium)

K는 인체 내에 약 100g 함유되어 있으며 Na과 대조적으로 주로 세포 내액 중에 염화물(KCl), 인산염(K_2HPO_4), 탄산염(K_2CO_3, $KHCO_3$)으로 존재한다. K도 Na과 같이 체액의 산-알칼리 평형과 세포의 삼투압을 조절하며 또 근육의 수축과 신경의 자극 전달에 관여하고 있다.

K은 동·식물성의 식품에 널리 함유되어 있으며 그 중에서도 채소류, 감자류, 두류 등에 특히 많다. 따라서 보통의 식생활을 하면 충분히 섭취되어 부족되는 일은 없다. 그러나 K과 Na 사이에는 상호관련이 있으며, K을 다량으로 섭취하면 잉여분은 뇨중으로 배설되지만 이때 Na을 동반한다고 한다.

K의 하루 소요량은 2~4g이다. 옛부터 한국인의 식염 섭취량은 비교적 많고 그 중에서도 농촌 생활자에게는 매우 높은 경우가 있다 이러한 현상은 섭취 식품의 식물성 식품에

표 8.4 주요 식품 중의 K 함량(mg/100g)

식물성 식품	함량	동물성 식품	함량
감자	495	쇠고기	340
밀	465	우유	145
당근	310	달걀	140
사과	115	치즈	130

대한 의존도가 높기 때문에 K의 섭취가 많아지고 이것의 배설에 따라 Na도 함께 배설되므로 Na의 요구가 증가하게 되는 것이라 생각되고 있다. 감자 등의 식물성 식품에 식염을 첨가하여 식용으로 하는 것은 이 때문이며 자연의 이치에 합치되는 것이다.

식품 중의 K의 함량은 표 8.4와 같다.

5. 마그네슘(Mg, magnesium)

Mg은 인체 내에 약 25g 함유되어 있으며, 이의 대부분은 $Mg_3(PO_4)_2$로서 골격에 존재하며 나머지는 혈액과 근육 중에 있다. Mg은 Ca과 같이 신경의 흥분을 억제하고 또 효소의 작용을 촉진시키는 작용이 있다. Mg은 Ca과 화학적으로 비슷한 성질을 가지고 있으며 생리적으로도 여러 면에서 길항작용[3)]을 가지고 있다. 예를 들면, 근육이나 신경의 기능은 양자의 길항적인 작용에 의해서 유지된다. 또 Mg을 다량으로 섭취하였을 경우 나머지는

표 8.5 주요 식품 중의 Mg 함량과 Ca 함량의 비교(mg/100g)

식품명	Mg	Ca	식품명	Mg	Ca
쌀	46	6	땅콩	192	56
밀가루	26	18	고등어	35	7
고구마	25	24	대구	17	15
감자	13	5	전광어	25	12
두부	50	120	쇠고기	17	4
된장	113	90	양파	8	40
콩	193	190	시금치	76	98
팥	132	75	당근	19	35
양배추	11	45	무	9	38
순무	6	25	달걀	13	65
사과	4	3	식염	449	–

3) 길항작용(antagonisem) : 상반되는 두가지 요인이 동시에 작용하여 그 효과를 상쇄시키는 작용을 말한다.

배설되지만 이때 Ca의 손실을 수반한다고 한다. 따라서 식품 중의 Mg과 Ca이 비율이 문제가 되며 Ca은 Mg의 4배 이상을 섭취하는 것이 바람직하다고 한다.

Mg은 chlorophyll 중에 함유되어 있으므로 일반 식물계에 널리 분포하며 1일 소요량은 0.4~0.6g이므로 부족을 일으키지 않는다.

식품 중의 Mg 함량과 Ca함량을 비교하여 보면 표 8.5와 같다.

6. 유황(S, sulfur)

S은 인체에 약 100g 함유되어 있으며, cysteine, cystine, methionine 등의 함황 아미노산, 단백질의 구성 성분으로도 존재한다. 또 vitamin류(vitamin B_1, lipoic acid, biotin), 담즙산, 당지질, chondroitin 황산, mucoitin 황산 등에 함유되어 있다. 일반 식품의 단백질 중에 광범위하게 분포되어 있으며 또 무의 methyl mercaptan, 파의 allyl sulfide, 겨자의 sinigrin 등으로도 함유되어 있다. 따라서 S의 결핍은 일어나지 않는다.

제2절 미량 원소

1. 철(Fe, iron)

Fe은 체내에 약 3g 함유되어 있는데, 이의 2/3는 혈액 중의 혈색소(hemoglobin)에 있고 나머지는 근육 중의 myoglobin, 간, 내장의 ferritin[4]에 함유되어 있으며 그리고 일부가 철효소(cytochrome[5], catalase, peroxidase)에 존재한다.

Fe은 동·식물성 식품에 널리 분포되어 있으며, 식품에 함유되어 있는 Fe은 제1철(Fe^{2+}) 또는 제2철(Fe^{3+}) 화합물로서 존재한다. 그러나 사람이 흡수할 수 있는 것은 제1철 뿐이며 제2철은 거의 흡수되지 않는다. 따라서 식품에 함유되어 있는 모든 Fe이 영양적으로

[4] ferritin : 생체 내에 존재하는 철 결합 단백질의 일종으로 간, 비장, 골수, 근육 등에 많고 hemosiderin(철과 단백질이 결합한 갈색의 입상 색소)과 함께 철 저장 단백질로 작용하고 있다. 철이 결합되어 있지 않는 것은 apoferritin이라고 하는 수용성 단백질이며, 1분자 내에 약 2,000개의 3가 철이온이 결합한 것이 ferritin이다.

[5] cytochrome : 체내 대사 과정 중 산화적 인산화 반응에 관여하는 전자전달계의 구성 성분이며 철을 함유하는 헴 단백질이다. 구성분인 철의 가역적 전하 변화($Fe^{2+} \rightleftharpoons Fe^{3+}$)에 의한 산화환원 반응으로 전자 전달에 관여한다.

유효한 Fe이라고는 할 수 없고 식품의 종류에 따라서는 공급원으로서의 가치에 차이가 있다. 그래서 식품 중의 제1철을 측정하여 유효 Fe(available iron)로 생각하는 방법이 있다. 그러나 Fe의 흡수는 생리적으로 조절되고 있으며 제1철 모두가 흡수되는 것은 아니다. 식품 중의 인산염이나 phytic acid는 Fe과 불용성 화합물을 만들기 때문에 Fe의 흡수를 방해한다. 또 제2철도 vitamin C에 의하여 환원되면 제1철로 변화한다.

Fe의 소요량은 하루 성인 남자 10mg, 여자 15mg 정도이며 사춘기는 40mg, 임산부는 45mg의 Fe이 매일 필요하다.

식품 중의 Fe의 함량과 유효 Fe을 표시한 것은 표 8.6과 같다.

표 8.6 주요 식품 중의 Fe 함량과(mg/100g) 유효 Fe(%)

식품명	Fe 함량	유효 Fe	식품명	Fe 함량	유효 Fe
양배추(생)	0.98	72	복숭아(생)	0.39	100
당근	0.56	100	배(생)	0.21	100
양파(생)	0.40	100	토마토(생)	0.37	64
파슬리(생)	10.00	50	땅콩	1.19	100
감자(조리)	0.62	97	흑당밀	9.17	100
시금치(조리)	4.15	57	쇠고기(로스트)	5.20	19
사과(생)	0.24	100	햄(조리)	4.45	15
살구(생)	0.37	95	송아지(로스트)	1.35	55
건포도	3.80	97	계란	2.50	100

2. 구리(Cu, copper)

인체 내의 Cu의 양은 매우 적어 100~150mg이고 간 속에 2mg%로 가장 많으며 혈액 속에 0.05~0.25mg% 존재한다. 연체 동물이나 갑각류의 혈색소인 hemocyanin, 생물체의 여러 효소인 ascorbate oxidase, polyphenol oxidase 등은 Cu를 가지고 있는 단백질이다. Cu는 체내에서 hemoglobin이나 cytochrome 등 철단백질이 새로 만들어질 때의 촉매작용에 관여한다. 따라서 Cu의 결핍은 빈혈이 된다.

Cu는 여러 가지 식품에 널리 분포하며, 특히 간, 조개류, 두류, 어육, 달걀 및 채소에 많이 들어 있다. 우유, 채소, 과실 중에 있는 미량의 Cu는 식품을 산화하고 vitamin C를 파괴한다. Cu의 소요량은 하루 0.6~2mg 정도이며 정상적인 음식에는 2~5mg이 들어 있어 부족되지 않는다.

3. 망간(Mn, mangane)

Mn은 인체 내에 신장, 간, 뼈, 근육 등에 많이 함유되어 있으며 kinase[6]를 비롯하여 몇 가지 다른 효소의 구성 성분이 된다. 그리고 일반적으로 체내에서 Mg을 보조 인자(cofactor)로 요구하는 여러 가지 효소반응에 있어서 Mg 대신 똑같은 효과를 갖는다. 그러나 인체에 있어서 결정적인 결핍증은 아직 발견되지 않고 있다.

Mn은 곡류의 외피, 두류, 채소, 해초 등에 비교적 많이 함유되어 있다.

4. 아연(Zn, zinc)

Zn은 동·식물체에 널리 분포되어 있다. 인체에는 췌장의 hormone인 insulin 생성에 관여한다. 또 단백질과 결합하여 탄산 탈수 효소($H_2CO_3 \rightarrow H_2O + CO_2$)로서 작용하는 외에 어떤 효소들의 보조 인자가 되고 있다.

5. 코발트(Co, cobalt)

항빈혈 vitamin인 vitamin B_{12}의 구성 성분으로서 존재하며 동물성 식품에 널리 분포한다. 식물체에는 별로 존재하지 않기 때문에 소나 양 등의 초식동물은 소화관 내의 미생물이 이 vitamin을 합성하고 이것을 흡수 이용하고 있다. 따라서 토양 중에 Co가 부족되어 있는 지대에서는 이들의 동물이 빈혈에 걸리는 일이 있다.

6. 요오드(I, iodine)

I는 갑상선 hormone인 thyroxine의 구성 성분으로서 대부분이 갑상선에 존재한다. I는 해초에 상당히 다량으로 함유되어 있다. 한국인의 식생활에서는 해초를 위시하여 해산물의 이용이 많아서 부족될 염려는 없다. 그러나 I의 섭취량이 부족될 염려가 있는 나라에서는 식염에 KI의 첨가가 행하여진다.

이상의 미량 무기성분의 식품 중의 함량은 표 8.7과 같다.

---

[6] kinase : 주로 ATP같은 고 에너지 결합을 지닌 인산기를 다른 기질에 붙여주는 효소를 총칭한다.

표 8.7 식품 중의 미량 무기성분의 함량

식품명		S(mg%)	Cu(mg%)	I(γ%)	Zn(mg%)	Co(γ%)
밀가루		100	0.28	–	0.89	9
쌀		–	0.25	39	1.16	13
콩		300	1.22	79	3.20	19
우유		34	0.02	6	0.36	2
달걀	난백	–	0.71	5	1.13	3
	난황	194		48		7
쇠고기		230	0.12	16	3.47	4~9
돼지고기		106	0.15	18	4.08	4~8
대구		203	0.25	–	0.40	–
전광어		–	–	31	–	4
사과		5	0.05	8	0.01	3
밀감		8	0.03	–	0.05	–
양배추		67	0.04	8	0.15	3
양파		–	0.04	8	0.25	2
당근		21	0.04	1	0.14	3
감자		26	0.13	3	0.21	2
고구마		29	0.24	9	0.20	3

7. 몰리브덴(Mo, molibdenum)

Mo은 인체의 정상적인 성장에 필요한 미량원소로 xanthine 탈수소효소나 잔틴 산화효소, 알데히드 산화효소 등 여러 효소의 보조인자로서 대사작용에 관여한다. 밀배아, 전곡류, 말린콩, 간 등의 내장육, 우유 및 유제품에 다량 함유되어 있다.

8. 셀레늄(Se, selenium)

Se은 인체의 간, 심장, 신장, 비장에 주로 분포되어 있으며 glutathione peroxidase의 성분으로 작용하여 항산화 작용 및 vitamin E 절약 작용을 하고, 암을 예방하는데도 도움이 될 것으로 연구되고 있다. Se은 육류, 어류, 내장류, 패류, 전밀, 밀배아, 종실유, 견과류 등에 많이 함유되어 있다.

9. 불소(F, floride)

F는 체내의 95% 정도가 뼈와 치아에 존재하며, 충치 발생을 억제하는 작용을 하므로 우리나라의 일부 지역에서는 식수에 불소를 첨가하고 있다. 불소는 해조류, 고등어, 정어리, 연어 등의 어류 및 불소가 첨가된 식수와 차 등에 함유되어 있다.

제3절 알칼리성 식품과 산성 식품

식품 중에 함유되어 있는 무기질 중에서 Na, K, Ca, Mg, Fe, Cu, Mn, Co, Zn 등은 각각 Na^+, K^+, Ca^{2+}, Mg^{2+}, Fe^{2+}, Cu^{2+}, Mn^{2+}, Co^{2+}, Zn^{2+}을 만들어 양이온이 되므로 알칼리 생성 원소라고 하며, P, S, Cl, Br, I 등은 PO_4^{3-}, SO_4^{2-}, Cl^-, Br^-, I^-을 만들어 음이온이 되므로 산생성 원소라고 부른다. 또 C가 잔존하는 경우 이것은 CO_3^{2-}를 만든다.

모든 식품은 그것에 함유되어 있는 알칼리 생성 원소와 산 생성 원소의 어느 쪽의 성질이 큰가에 따라서 알칼리성 식품과 산성 식품으로 구분된다.

과실류, 채소류, 해조류는 무기 염류로서 Ca, Fe, Mg, Na, K 등을 많이 가지고 있으므로 알칼리성 식품이다. 곡류는 탄수화물을 많이 가지고 있어 생체 내에서 분해되어 CO_2와 H_2O로 되고 H_2CO_3를 생성하므로 산성 식품이다. 육류와 어류는 단백질과 지방질을 많이 가지고 있으며 단백질 중에는 S을, 지방질 중에는 P을 많이 가지고 있다. 지방 중의 지방산과 glycerol은 체내에서 완전히 분해되어 탄수화물과 같이 CO_2와 H_2O로 된다. 그리고 S은 SO_4^{2-}를, P은 PO_4^{3-}를 생성한다. 그리하여 지방질, 단백질이 많은 식품은 산성 식품이 된다.

식품의 산성 및 알칼리성의 정도를 각각 산도(acidity) 및 알칼리도(alkalinity)라고 한다. 이것은 식품 100g을 연소시켜 얻은 회분의 수용액을 중화하는 데 요하는 0.1N-NaOH 또는 0.1N-HCl의 ml수로 측정한다.

주요 식품을 산성 식품과 알칼리성 식품으로 구분하여 산도 및 알칼리도를 표시하면 표 8.8과 같다.

표 8.8 주요 식품의 알칼리도 및 산도

알칼리성 식품	알칼리도	산성식품	산도
대두	9~10	백미	3~5
고구마	6~10	현미	9~14
감자	5~9	보리	10
무류	6~10	밀가루	3~5
당근	9~15	귀리	15
시금치	5~12	옥수수	5
양파	1~2	쌀밥	1
토마토	3~5	흰빵	2~3
사과	1~3	잠두	5~10
감귤류	5~10	달걀	10~20
흑설탕	15	육류	10~20
다시마	40	뱀장어	7
우유	2	어류(오징어, 문어류)	10~20
혈액(정상)	3	버터	4

사람은 체액을 항상 pH 7.2~7.4 정도의 약 알칼리성으로 유지하려는 항상성(homeostasis)[7] 및 완충작용[8]이 있다. 따라서 식품을 섭취할 때 극단적인 산성 또는 알칼리성으로 치우치는 것은 피해야 한다. 만일 우리가 산성 식품을 너무 지나치게 섭취하면 혈액은 산성으로 기울어져서 산중독증(acidosis)이 되며 여러 가지 질병을 유발시킨다. 그러므로 알칼리성 식품을 산성 식품보다 조금 많이 섭취하는 것이 좋다.

제4절 식품의 가공조리 중 무기질의 변화

1. 물리적 변화

일반 채소를 조리할 때에는 세포 내외의 삼투압(osmotic pressure)의 차이에 의하여 무기

[7] 항상성(homeostasis) : 생물체가 끊임 없이 외부와 내부의 환경 변화를 받으면서도, 스스로 생리적인 안정된 상태를 유지하는 기능이다. 척추동물 혈액의 화학적, 물리적 성질은 먹이 등에 의해 영향을 받지 않고 항상 일정하게 유지되고 있다. 예를 들어 사람이 아주 더운 환경하에 있더라도 체온이나 체액의 삼투압은 일정하게 유지되고 있다.

[8] 완충작용(buffer action) : 용액에 산 또는 염기를 가하였을 때 생기는 수소이온 농도의 변화를 작게 하는 작용이다.

질 및 수분의 용출이 일어난다. 이 현상은 온도가 높을수록 빨리 일어난다.

세포 내의 삼투압이 높을 때 세포 내의 무기질은 세포 외로 용출되고 세포 외의 수분은 세포 내로 침투하여 세포 내외의 삼투압이 같아지려고 한다. 따라서 세포는 흡수 팽윤하게 되고 세포 외액에는 무기질이 많아진다. 예를 들면, 물 속에서 가열할 때 일반 채소에서는 K염이 많이 용출된다. 시금치에서는 Fe이 용출이 되며 국물이 갈색으로 된 것은 용출된 성분의 색깔이다. 다시마 속의 I는 단순한 침수만으로도 20%가 용출되며 가열하면 60%가 용출된다. Ca과 Mg은 단순히 가열하는 것만으로 용출되지 않으나 산성으로 하면 용출된다.

반면에, 세포 외의 삼투압이 높을 때 세포 내의 수분은 세포 외로 빠져 나오고 세포 외의 성분은 세포 내로 침투하여 세포 내외의 삼투압이 서로 같아지려고 한다. 따라서 세포는 탈수 수축하고 세포 외액은 수분이 많아진다. 예를 들어 채소에 소금을 넣으면 채소 중의 수분이 빠져나와 원형질 분리를 일으키고 세포가 죽게 되며, 전골 조리시 간장을 넣으면 채소나 고기 속의 수분이 빠져나와 빨리 끓게 된다.

그러나 세포 즙액과 삼투압이 같은 생리적 식염수에서는 세포 내 무기질의 유실이 매우 느리므로 생리적 식염수에 단시간 담갔다가 삶는 정도로서는 외관은 물론 풍미도 크게 변화하지 않는다. 따라서 이 원리를 채소의 가공 조리에 응용하면 풍미를 그대로 유지하는 방법이 된다.

2. 화학적 변화

식품 중의 무기질의 화학적 변화는 pH 이동에 의한 염류 $\rightleftharpoons$ 이온의 가역 반응 및 효소에 의한 유기태 $\rightleftharpoons$ 무기태의 가역 반응이 약간 일어날 뿐이고 본질적인 화학 변화는 거의 일어나지 않는다.

한편, 무기질은 식물성 색소를 고정하고 변색을 방지하기도 한다. 예를 들면, Fe과 Al은 가지의 색소 anthocyanin을 고정하므로 색의 고정에 철과 명반이 쓰이기도 한다. 또 green peas로 통조림을 만들 때에 chlorophyll의 고정을 위하여 $CuSO_4$ 용액을 소량 넣거나 오이김치를 담글 때에 놋그릇 닦은 수세미를 넣는다.

또한 무기질에 의하여 단백질을 응고시키는 경우가 있다. 채소나 과실의 설탕 조림에 명반을 사용하면 Al^{3+}이 단백질을 응고하여 그의 모양을 유지하는 효과를 갖는다. 두부제조에 Ca^{2+}나 Mg^{2+}가 이용되는 것도 마찬가지 원리이다.

3. 금속이온의 용출

금속은 이온화 경향을 가진다. 물에 담그거나 수분에 접하면 금속의 표면에서 이온으로 되어 물 속에 녹아 나온다. 즉, 가공 기계, 조리 기구, 냄비, 칼 등의 표면에서 용출하는 금속이온이 식품의 맛, 색, 영양가에 크게 영향을 미친다. 예를 들면, 물속의 Cu^{2+}은 vitamin C의 산화를 촉진하며, Fe^{2+}나 Cu^{2+}는 산화효소의 작용을 촉진하여 과일이나 채소를 자를 때 철제를 사용하면 갈변이 심하다.

한편 Ag^{2+}, Cu^{2+}는 살균 작용도 갖는다.

4. 조리에 의한 무기질의 손실

조리에 의한 무기질의 손실은 식품의 종류, 조리 방법, 무기질의 종류에 따라 손실량이 각각 다르며 일반적으로 그 손실은 다른 영양소보다 훨씬 크다.

① 무기질 전체로서의 손실
- 구울 때 : 거의 변화가 없다.
- 찔 때 : 생선 10~30%, 채소 0~50%가 손실된다.
- 삶을 때 : 생선 13~25%, 채소 25~30%가 손실된다.

② Fe의 손실
- 삶을 때 : 생선과 고기 50~70%, 채소 30~50%가 손실된다.

③ CU의 손실
- 삶을 때 : 생선과 고기 50~70%, 채소 30~50%가 손실된다.

④ I_2의 손실
- 삶을 때 : 23~80%가 손실된다.

제 9 장

비타민 (vitamins)

Vitamin은 미량으로 동물의 영양을 지배하고 생체 내에서 대사나 생리기능에 대하여 촉매적으로 작용하는 유기 화합물로서 체내에서는 합성되지 않거나 또는 충분한 양이 합성되지 않기 때문에 식품으로부터 보급하지 않으면 안 되는 필수성분이라 할 수 있다.

Vitamin과 비슷하고 또한 밀접한 관계에 있는 hormone과 효소가 있는데 이들은 영양이 충분한 건강체의 체내에서 자유로이 합성·분비되기 때문에 음식물로서 반드시 섭취할 필요는 없다. 그러나 vitamin 중에서 vitamin C는 토끼, 개, 쥐, 조류들이 자기 체내에서 스스로 합성이 가능하기 때문에 그들로서는 hormone이라고 할 수 있겠으나 사람, 원숭이, marmot에 있어서는 이것을 스스로 합성할 수 없으므로 분명히 vitamin이라 할 수 있다. 또한 vitamin B_1, B_2, niacin, B_6, pantothenic acid 등은 효소와 밀접한 관계가 있는 것으로 효소의 조효소(coenzyme)로 작용한다.

한편, 아미노산 중에서 필수 아미노산은 vitamin과 마찬가지로 생리상 반드시 필요한 것이나 vitamin에 비하여 훨씬 다량이 필요하다. 그리고 vitamin은 가역 반응에 의하여 같은 분자가 반복 이용되므로 미량으로 충분하며, 단지 극히 일부가 분해 손실되므로 그만큼만 항상 보충하면 된다.

그러나 vitamin 중에서 folic acid와 p-aminobenzoic acid는 아미노산과 밀접한 관계가 있는 것으로 그 구조 속에 amino기를 가지고 있기 때문에 이들은 아미노산의 결합으로 이루어진 peptide형 또는 아미노산 그 자체라고 할 수 있다. 또 아미노산의 tryptophan은 체

내에서 vitamin인 niacin으로 변할 수 있다. 이상과 같이 vitamin, hormone, 효소, 아미노산은 서로 밀접한 관계가 있으므로 이것들은 서로 명확히 구별하기는 어려운 점이 많다.

1912년에 폴란드의 *Funk*는 쌀겨로부터 항 각기병 물질을 추출·정제하여 이 물질을 생명(vita)에 필요한 일종의 amine이라는 뜻으로 vitamine이라고 명명하였다. 그러나 1920년에 영국의 *Drummond*는 이 물질들이 amine과 무관하다고 주장하면서 amine의 e를 뺀 vitamin으로 하여 지금까지 사용하고 있다.

현재까지 vitamin으로 발견된 물질은 상당히 다수가 있으며 화학적으로도 광범위하게 걸쳐 있어 그것을 화학적인 구조상으로 분류하기는 곤란하다. 그러므로 편의상 그 용해성에 따라 다음과 같이 분류한다.

① 지용성 vitamin(fat−soluble vitamin) : A, D, E, F, K

② 수용성 vitamin(water−soluble vitamin)

- B복합체 : B_1, B_2, nicotinic acid, B_6, pantothenic acid, biotin, folic acid, B_{12}, choline, inositol
- C
- Vitamin같이 작용하는 인자 및 vitamin 유사 인자 : P, lipoic acid, ubiquinone, orotic acid, carnitine, vitamin U, p−aminobenzoic acid, ferulic acid

또 체내에서 쉽게 vitamin으로 변화하는 화합물을 provitamin이라고 하며, 천연으로는 존재하지 않으나 vitamin과 똑같은 작용을 갖는 물질을 vitamer라고 한다.

Vitamin은 극히 미량으로 취급되기 때문에 중량으로는 mg, μg, mμg 등의 단위가 널리 사용되나 효력이 다른 여러 가지 작용 물질이 존재하는 일부의 것에 대해서는 효과의 기준을 정한 국제단위(international unit, I.U.)가 사용되고 있다.

제1절 지용성 vitamins

1. Vitamin A(axerophthol)

Vitamin A는 axerophthol(항건조안염성 alcohol이라는 뜻)이라고도 하며, 천연에는 vitamin A_1(retinol) 및 A_3(3−dehydroretinol)가 있다. Vitamin A_1은 해산물의 간유에, A_2는

민물고기의 간유에 주로 많이 들어 있다. 이 외에 고래의 간유 중에는 kitol이 들어 있어 150~300℃로 가열하면 가수분해되어 vitamin A로 변한다. Vitamin A가 동물에서 부족하거나 결핍되면 정상적인 뼈대의 성장이 되지 않고 야맹증, 안구 건조증, 각막 연화증 등이 생긴다.

1) 화학구조 및 성질

Vitamin A의 구조는 β−ionone핵과 isoprene사슬로 되어 있다. 그리고 vitamin A의 구조식 끝에는 alcohol기(−CH_2OH)가 있으므로 vitamin A alcohol이라고도 하며 식품에는 대부분 이러한 구조로 들어 있다.

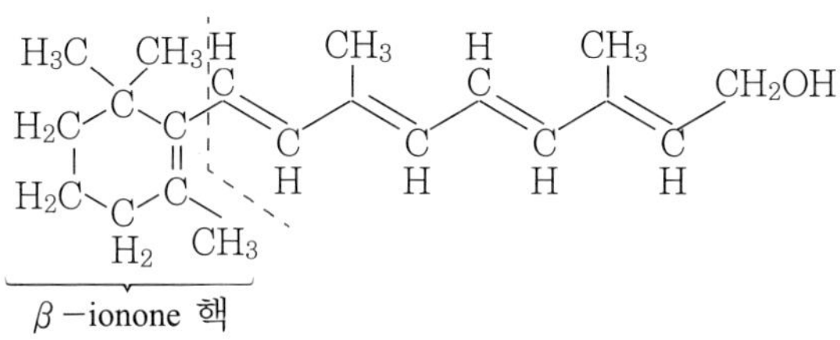

그림 9.1 Vitamin A_1(모두 *trans*)의 화학구조

Vitamin A_1의 구조식은 입체적 배치로 보아 isoprene사슬은 모두 *trans*형($-\overset{H}{C}=\underset{H}{C}-$)이나, 일부 *cis*형($-\underset{H}{C}=\underset{H}{C}-$)을 가진 vitamin A_1도 존재한다. 모두 *trans*형인 것이 생물학적으로 활성이 가장 강하며, *cis*형을 가진 이성체로 neovitamin A_1 등이 알려져 있으나 그 생물학적인 활성은 모두 *trans*형의 활성의 75%에 지나지 않는다.

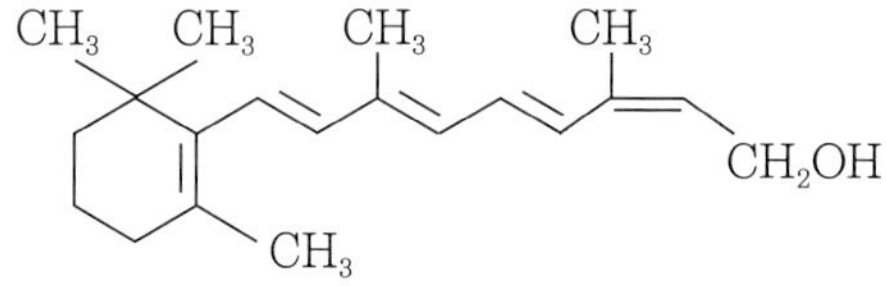

neovitamin A_1

간유 중에 있는 vitamin A_1의 약 70%는 모두 *trans*형이나 약 30%는 *cis*형으로 존재한다. 이 외에 vitamin A의 alcohol기가 palmitic acid, 기타의 고급 지방산과 결합하여 ester 상태(−CH_2OOCR)가 되어 함유된 것도 있다. 민물고기 간유 중의 vitamin A는 바다물고기에 들어있는 vitamin A_1과 다른 vitamin A_2의 구조를 가지고 있다.

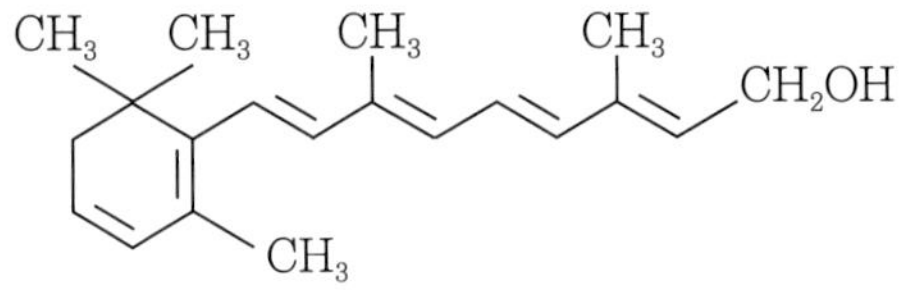

vitamin A_2

Vitamin A_1은 물에 녹지 않으나 기름 및 유기 용매에 잘 녹는 황색의 침상 결정이다. 상온에서 점조성을 가진 수지상태를 띤다. 열에 대하여서는 비교적 안정하나 이중결합을 많이 가지고 있으므로 빛이나 공기 중의 산소에 의하여 산화 분해되기 쉽다. 그러나 알칼리성에서는 비교적 안정하다.

2) Provitamin A

Carotenoid계 색소 중의 어떤 것은 그 구조가 vitamin A와는 다르나 이것을 섭취하면 체내에서 vitamin A로 변하므로 provitamin A라고 한다.

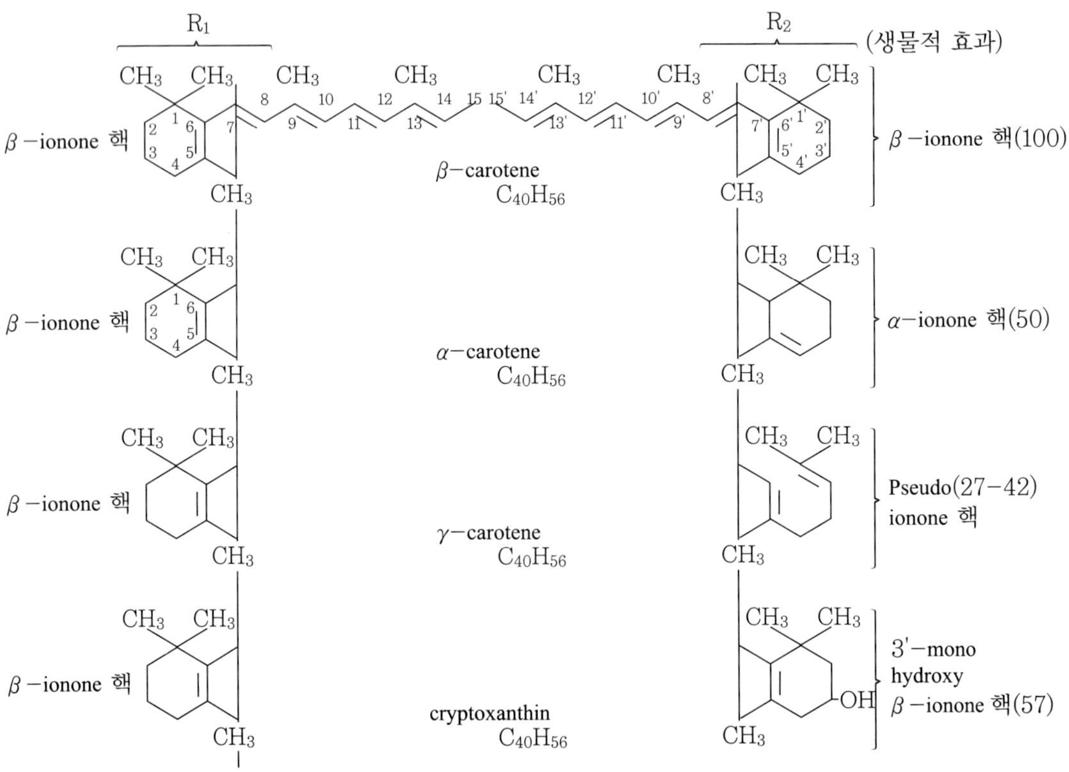

그림 9.2 Provitamin A의 종류와 그의 생물적 효과

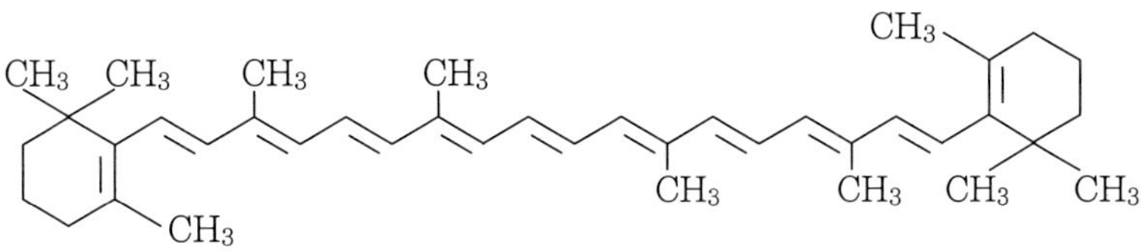

β−carotene

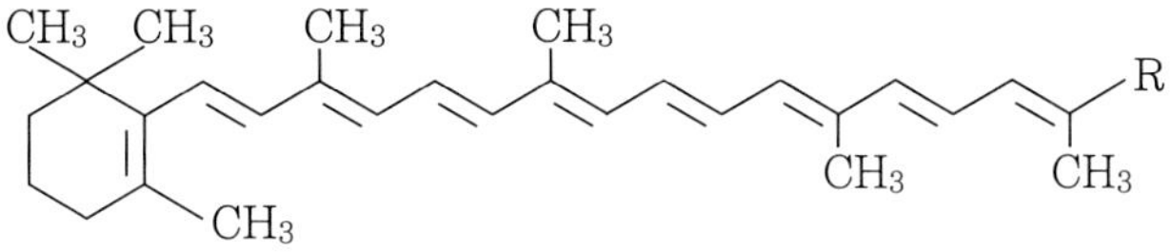

apocarotenal(R : CHO) 및 apocarotenoic acid ester(R : $COOC_2H_5$)

그림 9.3 Provitamin A의 β−carotene과 그 유도체

Carotenoid계 색소 중에서 provitamin A가 되는 것은 구조상 β−ionone핵을 가진 α−carotene, β−carotene, γ−carotene 및 cryptoxanthin이다(그림 9.2). 이 중 가장 중요한 것은 β−carotene이며, 실제로 이용되는 것은 이것으로부터 유도된 β−apo−8′−carotenal과 β−apo−8′−carotenoic acid ethyl ester이다(그림 9.3).

3) Vitamin A의 단위 및 소요량

Vitamin A 함량은 흔히 국제단위(international unit, I.U.)로 표시되나 이것은 공식적으로 사용되지는 않는다. 1 I.U.는 0.344μg의 vitamin A acetate결정, 0.300μg의 vitamin A alcohol 또는 0.600μg의 β−carotene에 해당된다.

그러나 vitamin A와 provitamin A간에는 흡수율에 차이가 있어 체내에서 vitamin A의 활성도가 다르게 나타나므로 최근에 와서 FAO/WHO와 미국의 국립 과학원(national academy of science, NAS)에서는 vitamin A 역가를 retinol 당량(retinol equivalent, R.E.)으로 기록하도록 권장하고 있다. 총 retinol 당량을 계산하기 위해서 식품 분석치는 retinol, β−carotene 및 provitamin A 그리고 그 밖의 carotenoid를 별도로 수록하도록 제안하였다. 즉, 1 R.E.는 1μg의 retinol에 해당하고 6μg의 β−carotene 또는 12μg의 다른 provitamin A carotenoid에 해당된다. NAS 보고서에는 1 R.E.는 3.33 I.U.의 retinol 또는 10 I.U.의 β−carotene과 같다고 한다.

1 I.U.= 0.3μg retinol(1μg retinol = 3.33 I.U.) = 0.6μg β−carotene

한편, vitamin A의 소요량은 나라에 따라 다르다. 우리나라에서는 성인 남녀의 vitamin

A의 권장량을 700 R.E.로 정하였는데, 이것은 일본의 600 R.E.보다는 많고 미국의 1,000 R.E.보다는 적다.

4) 식품 중의 vitamin A의 분포

Vitamin A는 동물성 식품에만 들어있고 식물성 식품에는 들어있지 않다. 동물성 식품 중의 vitamin A도 식물 중의 carotene이 동물체 내에 들어가서 변화된 것이다. Vitamin A는 물고기의 간유 중에 많이 들어 있고 일반적으로 고기의 살에는 거의 들어 있지 않으나 조개류 및 뱀장어 등에는 다소 들어 있다. 그리고 난황에도 vitamin A가 많이 들어 있다.

식물성 식품의 carotene 함유량은 당근에 가장 많이 들어 있으며 시금치, 무 등의 녹색 채소에도 비교적 많다. 김 등에도 특히 carotene을 많이 함유하고 있으나 흡수율이 대단히 나쁘다. 주요 식품 중의 vitamin A의 효력은 표 9.1과 같다.

표 9.1 주요 식품 중의 Vitamin A 효력(R.E./100g)

동물성 식품	함량	식물성 식품	함량
간유	30,000~50,000,000	당근	40,000
쇠간	1,500	김	3,000
뱀장어	900	시금치	2,500
성게	900	고춧잎	1,000
버터	700	무잎	1,000
난황	600	파슬리	500
치즈	400	오렌지	12

2. Vitamin D(calciferol류)

Vitamin D는 석회화(calcifcation)와 관계가 있어 calciferol이라고도 한다. Vitamin D에는 vitamin D_2, D_3, D_4, D_5, D_6 등이 있으나 D_4 및 D_5는 그 분포가 제한되어 있어 이중에서 중요한 것은 D_2(ergocalciferol)와 D_3(cholecalciferol)이다. D_1은 불순물로서 D_2와 D_3의 혼합물이다.

Vitamin D는 동물체 내의 인산과 Ca을 결합시켜서 인산칼슘[$Ca_3(PO_4)_2$]을 만들어 뼈에 침착시킨다. 따라서 vitamin D가 부족하면 동물체 내에 석회화가 잘 안되어 구루병(rickets), 골연화증(osteromalacia)에 걸리며 임산부나 수유부에 있어서는 뼈나 치아의 탈회현상이 나타난다.

1) 화학구조 및 성질

Vitamin D는 sterol핵을 가진 provitamin D가 자외선의 조사를 받아 생긴다. 즉, provitamin D는 sterol핵의 C_5와 C_6, C_7과 C_8 사이의 이중결합을 가지고 있는데 이것이 자외선 조사에 의하여 C_9와 C_{10} 사이의 결합이 끊어져서 C_{10}에 결합된 methyl기가 methylene기 ($=CH_2$)로 변화하여 vitamin D가 되는 것이다(그림 9.4). 이때 provitamin D에 있어서 R의 종류에 따라 표 9.2와 같이 각기 다른 vitamin D가 생기게 된다.

Vitamin D는 일반적으로 안정한 지용성 vitamin으로서 열에 안정하나 알칼리성에서는 불안정하여 쉽게 분해되며 산성에서도 서서히 분해된다.

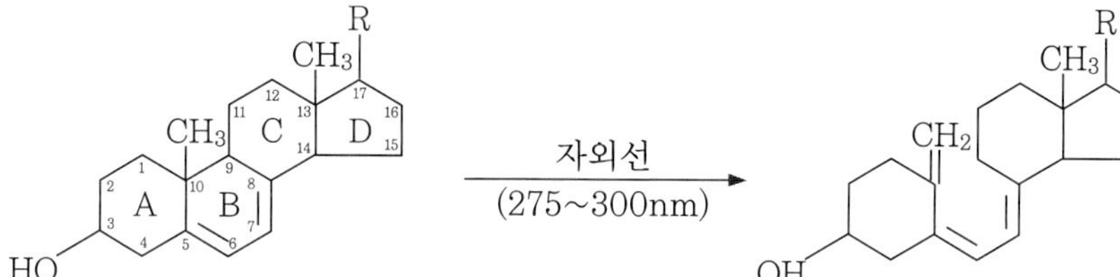

provitamin D　　　　vitamin D

그림 9.4 Provitamin D의 자외선 조사에 의한 변화

표 9.2 Provitamin D의 종류와 자외선 조사에 의한 vitamin D로 전환

Provitamin D의 종류	R	생성된 vitamin D	생물적 효과
Ergosterol	$-CH(CH_3)-CH=CH-CH(CH_3)-CH(CH_3)-CH_3$	vitamin D_2	1
7-Dehydrocholesterol	$-CH(CH_3)-CH_2-CH_2-CH_2-CH(CH_3)-CH_3$	vitamin D_3	1
2, 2-Dehydroergosterol	$-CH(CH_3)-CH_2-CH_2-CH(CH_3)-CH(CH_3)-CH_3$	vitamin D_4	1/2~3/4
7-Dehydrositosterol	$-CH(CH_3)-CH_2-CH_2-CH(C_2H_5)-CH(CH_3)-CH_3$	vitamin D_5	1/40

2) Vitamin D의 단위 및 소요량

Vitamin D의 활성단위 역시 I.U.를 사용하며 1 I.U.는 WHO에서 제의한 표준품 1mg의 활성에 해당되는 것으로서, 이것은 순수한 결정성 vitamin D_2 또는 D_3 0.025μg을 함유한다.

Provitamin D는 일반 식품에 들어 있으나 이것을 섭취하면 피부 밑에 저장되는데 이것이 햇볕에 노출하여 자외선에 쪼이게 되면 vitamin D로 변한다. 따라서 정상적으로 햇볕을 쪼이는 성인은 충분히 공급을 받는 듯하며 오히려 과량 섭취시는 중독 증상을 나타낸다.

우리나라의 vitamin D의 권장량은 적당히 옥외 활동을 하는 성인은 체내에서 vitamin D를 충분히 합성하므로 권장량에서 제외하고 성별, 연령, 임산부, 수유부에 관계없이 일률적으로 하루에 400 I.U.로 정하고 있다.

3) 식품 중의 vitamin D의 분포

식물성 식품에는 vitamin D가 들어 있지 않다. 그러나 provitamin D인 ergosterol은 버섯, 효모 등의 식물계에 많다.

Vitamin D_2는 어간유에 소량 들어있으나 D_3는 어간유에 다량 들어있으며 동물체에 널리 분포하지만 우유, 달걀, 버터 및 치즈에는 비교적 적다. Vitamin D가 많은 식품이 적으므로 다른 vitamin에 비해서 결핍증이 많다. 마가린과 우유와 같은 일부 식품에 이 vitamin을 강화하기도 한다. 주요 식품 중의 vitamin D의 함량은 표 9.3과 같다.

표 9.3 주요 식품 중의 Vitamin D 함량(I.U./100g)

식품	함량	식품	함량
방어간유	4,000,000	정어리	530
대구간유	10,000	버섯	60
뱀장어	150	달걀	50
소, 돼지의 간장	100	우유	2
버터	80	소, 돼지고기	0

3. Vitamin E(tocopherol류)

Vitamin E는 출산(tocos)과 관계가 있다고 하여 tocopherol이라고도 한다. Vitamin E는 α, β, γ, δ, η의 5가지 종류가 있으며, 이중에서 가장 중요한 것은 α-tocopherol이다.

흰쥐에 있어서 vitamin E가 결핍되면 숫놈에서는 고환의 퇴화, 암놈에서는 유산 및 태아 흡수가 일어난다. 이와 같은 현상을 토끼, maromot, 개, 닭에서도 볼 수 있으나 사람에 있어서는 vitamin E의 결핍증이 아직 알려져 있지 않다.

1) 화학구조 및 성질

Vitamin E는 tocol의 유도체로서 chroman핵에 결합하는 methyl기의 수와 위치에 따라

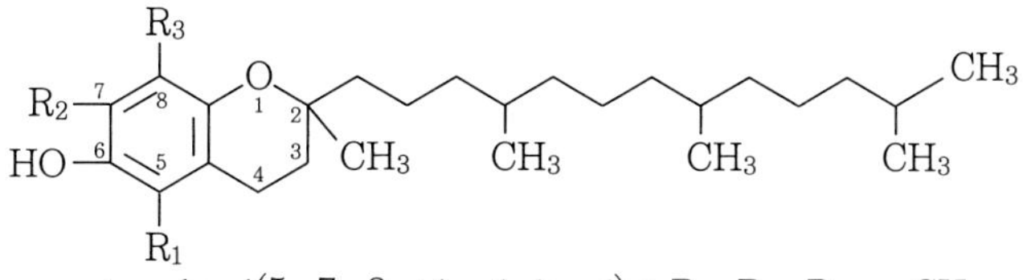

α−tocopherol(5, 7, 8−trimethyltocol) : R_1, R_2, R_3 → CH_3
β−tocopherol(5, 8−dimethyltocol) : R_1, R_3 → CH_3
γ−tocopherol(7, 8−dimethyltocol) : R_2, R_3 → CH_3
δ−tocopherol(8−monomethyltocol) : R_3 → CH_3

그림 9.5 Vitamin E의 화학구조

α, β, γ, δ, η−tocopherol로 구분한다. Vitamin E는 물에는 녹지 않으나 ether, benzene 등에 잘 녹는다. 공기 중의 산소, 열 및 빛 등에 대하여 비교적 안정하다.

2) Vitamin E의 단위 및 소요량

Vitamin E의 단위 α−tocopherol 1mg이 나타내는 활성을 1 I.U.로 정하고 있으나 보통 mg 단위로 나타낸다. 흰쥐의 vitamin E의 소요량은 하루에 3mg이며 사람에게는 그 결핍증이 확실하지 않아 그 소요량을 확정하기는 곤란하다. 우리들은 이상 식품에서 하루 약 30mg의 vitamin E를 섭취하고 있다.

3) 식품 중의 vitamin E의 분포

Vitamin E는 일반 동식물성 식품에 광범위하게 분포되어 있으며, 특히 식물유와 배유에 많이 들어있다. 주요 식품 중의 vitamin E의 함량은 표 9.4와 같다.

표 9.4 주요 식품 중의 Vitamin E 함량(mg/100g)

식품	함량	식품	함량
우유	3.3	밀배아	30.0
쇠간	1.6	밀배아유	520.0
달걀	1.9	올리브유	8.0
난황	3.0	땅콩기름	16.0
참기름	5.0	아마인유	23.0

4. Vitamin F(essential fatty acid)

흰쥐를 지방이 없는 사료로 사육하면 성장이 정지되고 탈모증이 생기며 피부염 등이 나타난다. 이와 같은 증상은 불포화 지방산을 급여하여 줌으로써 치료할 수 있었는데, 이 인자가 바로 필수 지방산인 것이 밝혀졌으며 지방(fat)에 연유하여 vitamin F로 명명하였다.

Vitamin F로 작용하는 것은 linoleic acid, linolenic acid 및 arachidonic acid이며, 이들의 소요량은 다른 vitamin보다 많으므로 현재 보통 필수 지방산이라고도 부르는 경우가 많다.

1) 화학구조 및 성질

Vitamin F, 즉 필수 지방산인 linoleic acid, linolenic acid 및 arachidonic acid의 구조는 다음과 같다.

linoleic acid $C_{18}H_{32}O_2$
$CH_3(CH_2)_4(CH=CHCH_2)_2(CH_2)_6COOH$

linolenic acid $C_{18}H_{30}O_2$
$CH_3(CH_2)_4(CH=CHCH_2)_3(CH_2)_3COOH$

arachidonic acid $C_{20}H_{32}O_2$
$CH_3(CH_2)_4(CH=CHCH_2)_4(CH_2)_2COOH$

이들 3개의 지방산은 모두 CH_3측으로부터 6번과 9번의 탄소가 이중결합을 이루고 있으며, 어느 것이나 lecithin의 구성 성분이다. 이들 지방산의 ester나 glyceride도 마찬가지로 유효하지만, 기타의 불포화 지방산은 효력이 없다.

2) Vitamin F의 소요량 및 분포

사람에 있어서 하루의 소요량은 비교적 많아서 1~2g이다. 결핍증으로는 습진, 기관지염 등이 나타나나 vitamin F는 보통 식사를 통하여 하루에 지방을 30g 내외 섭취하면 그 필요량은 충분하다. 흰쥐에는 하루에 20~100mg의 linoleic acid를 주면 효과가 있다.

대부분의 식물성 유지에는 linoleic acid, linolenic acid가 주성분으로 들어있으나 동물성 유지에는 적게 들어있다. 그리고 우유에는 모유의 약 1/10정도 밖에 들어 있지 않다.

주요 식품 중의 vitamin F의 함량은 표 9.5와 같다.

표 9.5 주요 식품 중의 Vitamin F 함량(%)

식품	linoleic acid	linolenic acid	arachidonic acid
대두유	40~60	2~8	–
면실유	40~48	–	–
옥수수유	34~42	–	–
미강유	33	+	–
올리브유	0.5~9	–	–
돼지기름	6	–	0.4
쇠기름	1~3	–	–
버터	1~4	–	±
모유	8.2	1.4	1.7
우유	0.96	0.19	0.1

5. Vitamin K

Vitamin K는 혈액응고(koagulation)와 관계가 있어 그 첫자를 따서 vitamin K라고 이름이 붙여졌다. Vitamin K에는 K_1, K_2, K_3, K_4, K_5, K_6 및 K_7이 있으나 이 중에서는 K_1과 K_2만이 주로 천연에 존재하며 나머지는 합성품이다.

조류에서는 비교적 vitamin K의 결핍증이 일어나기 쉬우나 포유동물에서는 장내 세균에 의하여 합성되므로 식이성 결핍증은 드물고 간 장해나 담즙의 부족 등에 의하여 vitamin K의 흡수 작용이 저해될 때 결핍증이 일어나기 쉽다.

Vitamin K가 결핍되면 피부에 출혈 증상이 나타나고 혈액응고가 잘 일어나지 않는다. 한편, vitamin K는 소장 내에서 Ca의 흡수를 높이는 효과가 있다.

1) 화학구조 및 성질

Vitamin K는 모두 naphthoquinone의 유도체이다. K_1은 2–methylnaphthoquinone기에 phytyl기가 축합한 것으로 phylloquinone이라고도 부르며, 녹엽 식물에서 추출한 지방질에 많이 포함되어 있다. K_2는 farnoquinone이라고도 하며, 부패된 어류에서 추출한 지방질과 야채류와 녹엽류에 많이 포함되어 있다. K_3는 menadione 또는 menaphthone이라고 하며 옥수수털에 많이 포함되어 있고 K_4는 menadiol이라고 하며 K_3의 환원체이다. K_5는 K_3의 oxime을 환원하여 얻는 염산염으로 각종 가공식품의 저장 수명을 연장하여 주므로 식품 보존제로 사용된다.

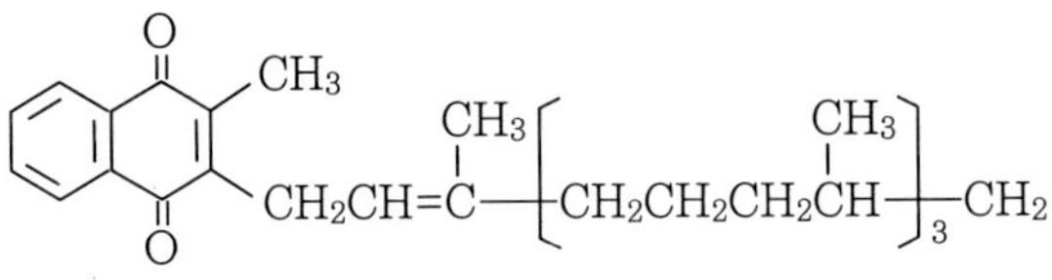

vitamin K_1(2−methyl−3−phytyl−1, 4−naphthoquione)

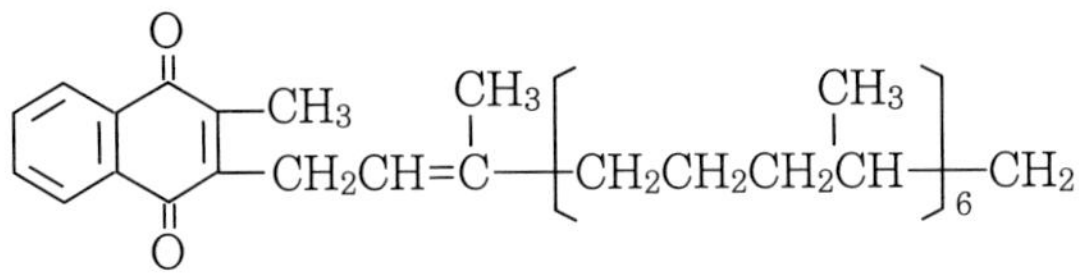

vitamin K_2(2−methyl−3−farnesyl−1, 4−naphthoquione)

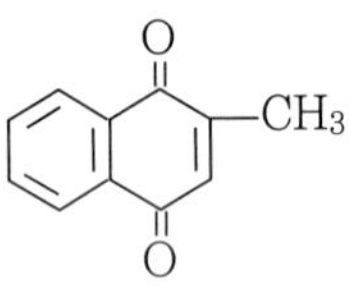

vitamin K_3(menadione, 2−methyl −1, 4−naphthoquione)

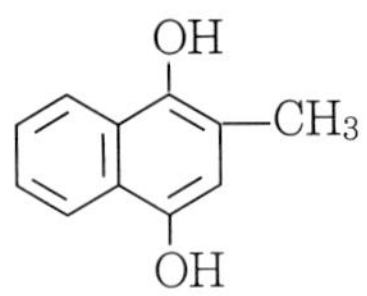

vitamin K_4(menadiol, 2−methyl −1, 4−dihydroxynaphthalene)

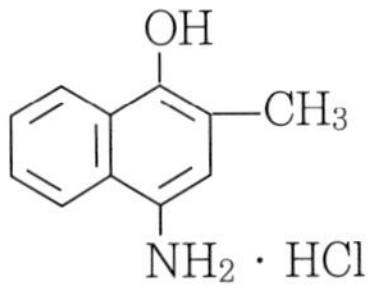

vitamin K_5

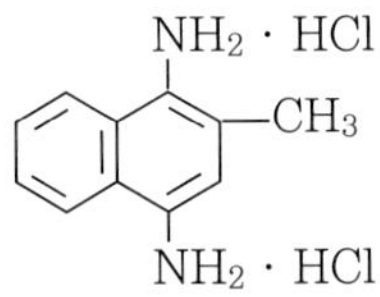

vitamin K_6

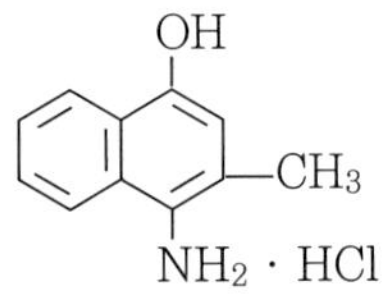

vitamin K_7

그림 9.6 Vitamin K의 화학구조

K_6는 K_4를 amino화하여 얻는 2염산염이고, K_7은 K_5의 구조 이성체로 모두 K_4와 유사한 생리 작용을 나타낸다.

Vitamin K_1은 상온에서 담황색 유상 물질로서 저온에서 결정이 된다. 물에는 녹지 않으나 유지 용매에는 잘 녹는다. 또한 열에는 비교적 안정하나 강한 산 또는 산화에 불안정하며 광선에 의하여 쉽게 분해된다. K_2는 담황색 결정이나 광선 및 알칼리에 대하여 K_1보다 안정하다. K_3와 K_4는 물에 잘 녹지 않으나 alcohol에는 잘 녹는다. K_5는 물에 녹지 않으나 염산염들은 물에 잘 녹는다.

2) Vitamin K의 소요량 및 분포

사람에 있어서는 실제로 vitamin K의 결핍증이 나타나지 않으므로 그 소요량을 정하기 어려우나 담석이나 폐색성 황달의 경우에는 vitamin K의 흡수가 나쁘게 되므로 이때는 하루에 vitamin K_3를 1~2mg 투여한다.

표 9.6 주요 식품 중의 vitamin K 함량(menadione 단위/100g)

식품	함량	식품	함량
양배추(백색)	70	완두	50
양배추(적색)	18	감자	10
양배추	23	시금치	161
당근	5	토마토(미숙)	24
꿀	25	토마토(성숙)	12
간(닭)	13	밀	17
간(돼지)	111	밀기울	36
우유	8	밀배아	18

Vitamin K는 여러 식품 중에 광범위하게 분포되어 있으며 특히 K_1은 식물의 녹색부에 많고 또 K_2는 효모, 세균류에 들어있다.

주요 식품 중의 Vitamin K의 함량은 표 9.6과 같다.

제2절 수용성 vitamins

1. Vitamin B_1(thiamine)

Vitamin B_1은 vitamin 중에서 가장 먼저 발견된 것으로서(1919년) thiamine(함유황성 amine의 뜻) 또는 aneurin(항다발성 신경염의 뜻)이라고도 한다.

Vitamin B_1이 결핍되면 사람에 있어서는 각기(beriberi)[1]가 되고 동물에서는 신경염 증상(polyneuritis)에 걸리며 피부 및 수족이 마비되고 부종을 일으킨다.

1) 화학구조 및 성질

Vitamin B_1은 pyrimidine핵과 thiazole핵이 결합된 것으로서 일반적으로 염산염으로 결정화 된다.

[1] 각기(beriberi) : 각기병은 백미를 주식으로 하는 극동지역에서 잘 알려진 vitamin B_1 결핍 때문에 생기는 질환으로 신경과 심장 장애가 특징적으로 나타난다. 일반적인 증상으로는 입맛이 없고, 늘 피로하며 소화가 잘 안되고 팔다리에 힘이 없으며 감각이 무디어진다. Beriberi는 팔다리의 힘이 없어진다는 뜻의 스리랑카 말에서 유래되었다.

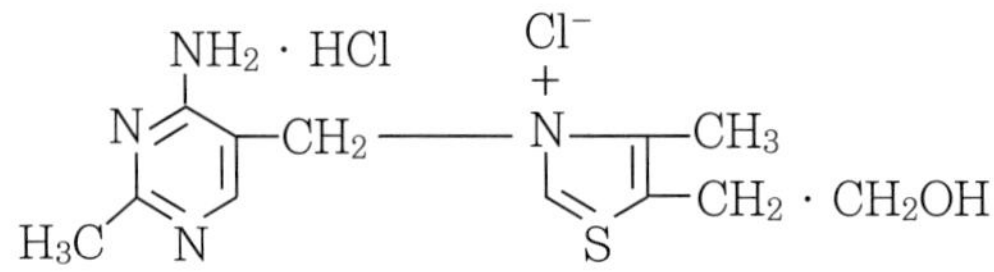

그림 9.7 Vitamin B_1 염산염의 화학구조

Vitamin B_1은 수용액 중에서 ammonium형, pseudo형 및 thiol형의 3가지 형이 평형 상태를 유지하고 있으며, 산성에서는 ammonium형, 알칼리성에서는 thiol형의 방향으로 평형이 기울어진다.

Thiol형의 vitamin B_1의 마늘의 매운맛 성분인 allicin(CH_2=CH−CH_2−S−S−O−CH_2−CH=CH_2)과 결합한 것이 allithiamine으로, 이것은 마늘 속에 있는 유효한 vitamin B_1이다. 이 외에 allithiamine의 allyl기(−CH_2−CH=CH_2) 대신에 propyl기(−CH_2−CH_2−CH_3)가 결합한 것이 allinamine으로 allithiamine와 함께 vitamin B_1 제제로 사용되며, allithiamine 의 benzoyl 유도체인 dibenzoylthiamine은 물에 난용성이어서 쌀 및 그 밖의 식품에 vitamin B_1 강화에 이용된다.

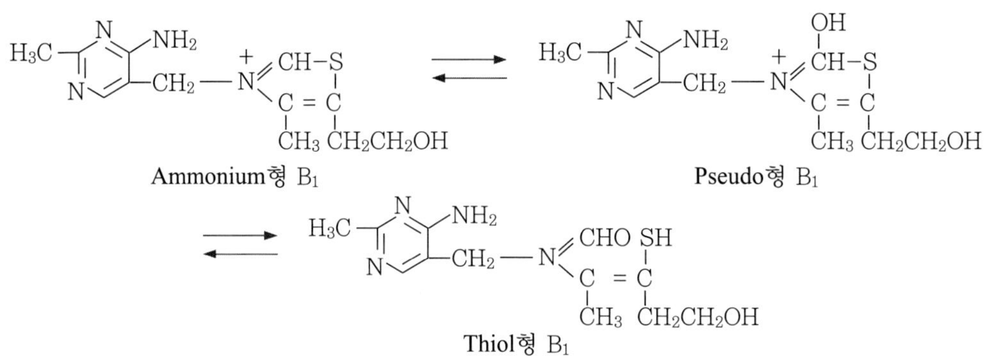

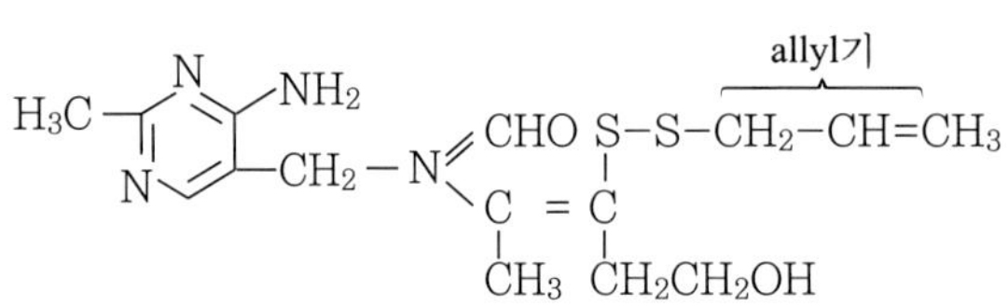

Allithiamine
(thiamine allyldisulfide : TAD)

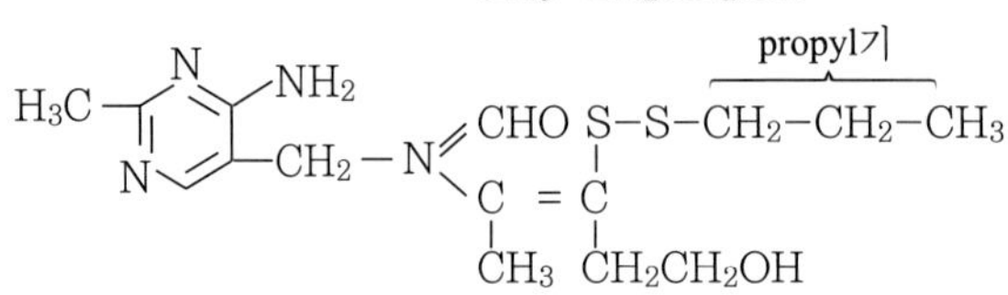

Allinamine
(thiamine propyldisulfide, TPD)

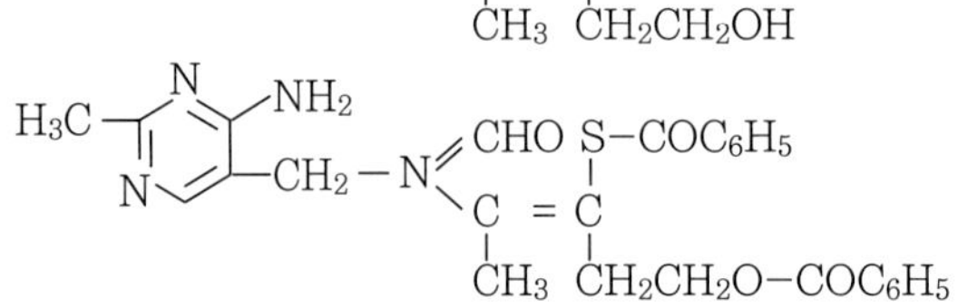

Dibenzoyl thiamine(DBT)

2) Vitamin B_1의 소요량 및 분포

Vitamin B_1은 thiamine 염산염의 3㎍가 나타내는 효력을 1 I.U.로 정하고 있으나 보통 mg 또는 ㎍단위로 표시된다.

Vitamin B_1은 당질대사에 관여하므로 vitamin B_1의 소요량은 탄수화물 섭취량에 비례하여 요구된다. 우리나라 사람은 탄수화물성 식품을 많이 섭취하기 때문에 1,000kcal 당 0.5mg을 기준으로 하여 하루의 성인 남자는 1.4mg, 여자는 1.2mg으로 정하고 있다.

Vitamin B_1은 동·식물계에 널리 분포되어 있으며 일반적으로 동물성 식품보다 식물성 식품에 많이 들어있다. 식물성 식품에는 두류, 곡류에 비교적 많고 동물성 식품에는 육류, 어패류 등에 많다.

주요 식품 중의 vitamin B_1의 함량은 표 9.7과 같다.

표 9.7 식품 중의 Vitamin B_1 함량(mg/100g)

식품	함량	식품	함량
콩	0.6	소간	0.3
고추장	0.35	돼지고기	0.6
간장	0.1	난황	0.25
콩나물	0.15	우유	0.03
쌀겨	1~3	마늘	0.33
시금치	0.12	풋고추	0.2
땅콩	1.09	고기눈(명태)	25.6
효모	2.5	대구	2.5

2. Vitamin B_2(riboflavin)

Vitamin B_2는 riboflavin이라고 부르며 성장(growth)인자라는 뜻에서 vitamin G라고도 한다. 또한 우유에서 분리한 것을 lactoflavin, 난백에서 분리한 것을 ovoflavin, 간에서 분리된 것을 hepatoflavin이라 하기도 하지만 모두가 동일 물질이다.

Vitamin B_2는 생체 내의 산화환원효소에 관여하는 조효소의 본체로서 결핍되면 성장 정지, 피로, 식욕 감퇴, 구각염, 설염, 피부염 등의 증상을 나타낸다.

1) 화학구조 및 성질

Vitamin B_2는 isoalloxazine핵에 당alcohol인 ribitol이 결합한 구조를 가지고 있으며, 화

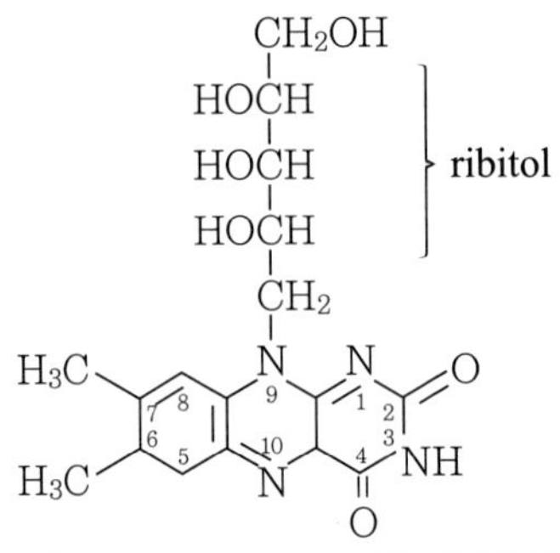

그림 9.8 Vitamin B_2의 화학구조

학적으로는 6, 7-dimethyl-9-D-ribitol-isoalloxazine이다.

Vitamin B_2는 수용성 황색 결정인데 순수한 결정은 물에 잘 녹지 않을 뿐 아니라 ether, acetone, chloroform 등의 유기 용매에도 잘 녹지 않는다. 산성 또는 중성에서는 열에 대하여 안정하여 보통의 가열 조리의 경우 대부분이 그대로 남게 된다. 그러나 광선에 대해서는 매우 불안정하여 분해되기 쉬운데 중성 또는 산성에서는 lumichrome이 되고 알칼리성에서 lumiflavin으로 변화한다.

2) Vitamin B_2의 소요량 및 분포

Vitamin B_2의 소요량은 B_1과 같이 체중, 식사의 종류, 근육 활동의 정도 등에 따라 달라진다. 예를 들면 지방을 많이 섭취하면 B_2의 소요량이 많아진다. 이것은 지방질 과다시에 장내세균에 의한 vitamin B_2의 합성이 방해되기 때문이다. 우리나라에서는 특히 vitamin B_2가 부족되기 쉬우므로 성인 남자는 하루에 약 0.6~0.7mg/1,000kcal가 필요하다.

Vitamin B_2는 동·식물계에 널리 분포하고 있으며, 간, 어류에 특히 많고 효모, 우유, 달

표 9.8 식품 중의 Vitamin B_2 함량(mg/100g)

식물성 식품	함량	동물성 식품	함량
효모	2.6	칠성장어	6.0
셀러리	1.0	우유	0.15
시금치	0.3	분유	1.3
낙두	0.5	치즈	0.45
간장	0.08	소간	2.2
녹채	1.2	쇠고기	0.05
송이버섯	1.4	고기눈	1~2
된장	1.0	명란	0.2

걀, 채소 등에도 많으나 해조류에는 적다.

주요 식품 중의 vitamin B_2의 함량은 표 9.8과 같다.

3. Vitamin B_6(pyridoxine)

Vitamin B_6는 pyridoxine(pyridine 유도체의 뜻) 또는 adermin(항피부염의 뜻)이라고도 한다. Vitamin B_6가 부족하면 흰쥐에는 피부염, pellagra와 같은 증상이 가장 심하고 사람에게는 구각염, 설염, 피부염 등 B_2의 결핍과 유사한 증상을 나타낸다.

1) 화학구조 및 성질

천연에 존재하는 vitamin B_6는 pyridoxine, pyridoxal, pyridoxamine의 3가지 종류로서 모두 pyridine 유도체이며, 자연계에서는 서로 평형 상태로 이루고 있고 동물 체내에서는 상호 전환이 가능하다고 생각되고 있다.

이들의 대부분은 천연에 인산 ester형태로 들어있다. 산성에서는 가열에 대하여 안정하나 중성 또는 알칼리성에서는 광선에 의하여 분해되며 산화제에 약하다. Vitamin B_6의 인산염은 아미노산 대사에 관여하는 조효소이다.

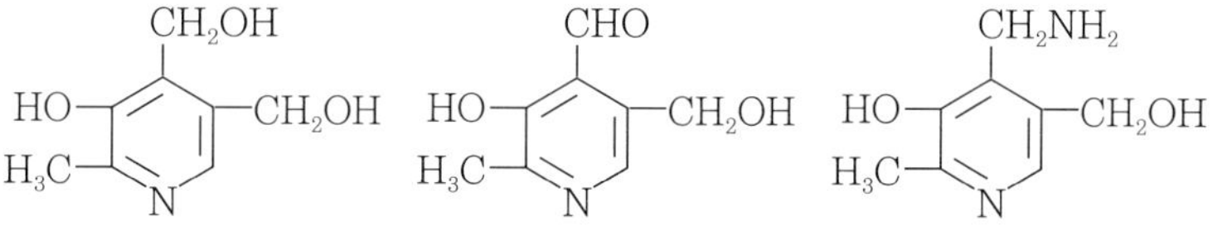

Pyridoine Pyridoxal Pyridoxamine

2) Vitamin B_6의 소요량 및 분포

Vitamin B_6는 일반식품에 널리 분포되어 있고 또 인체 내의 장내 세균에 의하여 합성되므로 실제로 B_6의 결핍증은 나타나지 않는다. 따라서 하루의 소요량도 확실히 정해져 있지 않으나 동물실험으로 추산하여 1~2mg 정도면 충분하다고 한다.

Vitamin B_6는 동·식물계에 널리 분포되어 있으며 동물성 식품과 효모 중에는 pyridoxal, pyridoxamine의 형태가 많고, 식물성 식품 중에는 pyridoxine의 3종류가 혼합되어 함유되어 있다. 특히 육류, 간, 어육, 효소 등에 많고 우유 및 채소 등에는 적다.

주요 식품 중의 vitamin B_6의 함량은 표 9.9와 같다.

표 9.9 식품 중의 Vitamin B_6 함량(mg/100g)

식물성 식품	함량	동물성 식품	함량
밀배아	600	소간	800
밀(전체)	220	돼지고기	200
고구마	320	닭고기	100
땅콩	300	쇠고기	80
바나나	300	치즈	70
양배추	290	우유	6
시금치	83	달걀	21

4. Niacin

Niacin은 nicotinic acid라고 하며 자연계에는 nicotinic acid amide, 즉 niacin amide로서 존재한다. Niacin이 결핍되면 특수한 피부염인 pellagra[2)]가 발생되어 설사, 소화 장애, 지능 저하 등이 나타나고 개에서는 흑설병(black tongue)이 발생된다.

1) 화학구조 및 성질

Niacin은 pyridine-3-carboxylic acid이며, niacin amide는 pyridine-3-carboxylic amide로서 이들의 구조는 다음과 같이 vitamin 중에서 가장 간단하다.

Niacin (pyridine-3-carboxylic acid)   Niacinamide (pyridine-3-carboxylic amide)

Niacin은 백색의 결정으로서 물이나 alcohol에 잘 녹는다. 그리고 열, 산, 알칼리, 산화제, 광선 등에 안정하므로 가열 조리 중에 파괴로 인한 손실은 거의 없다. 그러나 물에 의한 용출 손실이 크다. 예를 들면, 채소 가공 중 데치기 조작에서 niacin은 약 15%가 손실되며, 이때 소금물을 사용하면 30%의 손실을 가져온다고 한다.

Niacin은 동물과 미생물에서 tryptophan으로부터 생합성되므로 tryptophan을 많이 섭취

---

2) pellagra : 주로 vitamin B군인 niacin의 결핍으로 생기는 영양장애로 열대나 아열대 지방에 많다. 피부질환과 소화계 및 신경계 장애인 pellagra의 전형적인 3D, 즉 피부염(dermatitis), 설사(diarrhea), 치매(dementia)가 특징이다.

하면 niacin을 섭취하지 않아도 되리라고 생각되나 그 전환율은 매우 낮다. 즉, 60mg의 tryrtophan으로부터 1mg의 niacin이 합성된다. Niacin은 탈수소 효소의 조효소인 NAD[3] 및 NADP[4]의 구성 성분으로서 체내에서 산화환원 반응에 중요한 역할을 한다.

2) Niacin의 소요량 및 분포

Niacin은 체내에서 장내 세균에 의하여 합성되나 그 양만으로는 부족하므로 식품을 통하여 섭취하지 않으면 안된다. Niacin의 필요량은 하루 에너지 섭취량과 관련이 있으며 또한 식사 중의 tryptophan의 섭취량에 따라 달라진다. Niacin의 성인 1일 권장량은 1,000kcal당 6.6mg이며, 에너지 섭취량이 2,000kcal 이하일 때는 하루에 13mg 이상을 섭취하도록 하였다.

Niacin은 일반식품 중에 널리 분포되어 있으며, 특히 효모, 간, 육류, 땅콩, 곡류 등에 많이 들어있다. 우유나 달걀에는 적으나 tryptophan이 많이 들어 있으므로 pellagra 방지에 유효하다.

주요 식품 중의 niacin의 함량은 표 9.10과 같다.

표 9.10 식품 중의 niacin의 함량(mg/100g)

식물성 식품	함량	동물성 식품	함량
효모	30.0	소간	17.0
땅콩	20.0	소, 돼지고기	5.0
녹두	13.2	돼지간	12.0
보리	7.0	닭고기	8.6
현미	4.5	햄	4.1
찹쌀	5.0	연어(통조림)	7.8
보리쌀	7.8	멸치(통조림)	4.0
감자	1.0	상치(통조림)	10.2
참깨	7.8	달걀	0.1
마늘	0.4	우유	0.1

[3] NAD(nicotinamide adenine dinucleotide) : 체내 대사에서 산화환원 반응에 관여하는 효소(탈수소 효소)의 보효소로서, 해당작용, 발효 및 산화적 인산화 등의 산화환원 반응에서 수소 수용체로 작용한다. 생체 내에서 환원형 NADH가 재산화하여 NAD를 만드는 과정에서 에너지를 방출하여 ATP를 생성하기 때문에 에너지 획득에 중요한 역할을 한다.

[4] NADP(nicotinamide adenine dinucleotide phosphate) : NAD와 같이 산화환원 반응에 관여하는 효소(탈수소 효소)의 보효소이다. NADP와 NAD는 구조와 반응 양식이 비슷하지만 생체 내의 효소는 이 두 개를 엄밀히 구분하여 사용하는데 지방산이나 steroid 생합성 등의 반응에 환원형인 NADPH가 사용된다.

5. Pantothenic acid

Pantothenic acid는 그 이름 pantothen(어느 곳에나 존재한다는 뜻)이 뜻하듯이 모든 동·식물 식품 중에 널리 분포되어 있다. 아직 사람에게는 결핍증이 발견되지 않고 있으나, 동물에서 이 vitamin이 결핍되면 닭은 피부염을 일으키고 쥐는 털이 회백색으로 변하며 성장 정지, 간 지방 변성 등이 나타난다.

Pantothenic acid는 물에 잘 녹고 산성 백토에 잘 흡착되지 않아 inositol 및 biotin과 함께 여과성 인자(filtrate factor)라고 한다.

1) 화학구조 및 성질

Pantothenic acid는 pantoic acid, 즉 α, γ-dihydroxy-β, β-dimethyl butyric acid와 β-alanine이 amide결합으로 연결된 구조를 가지고 있다.

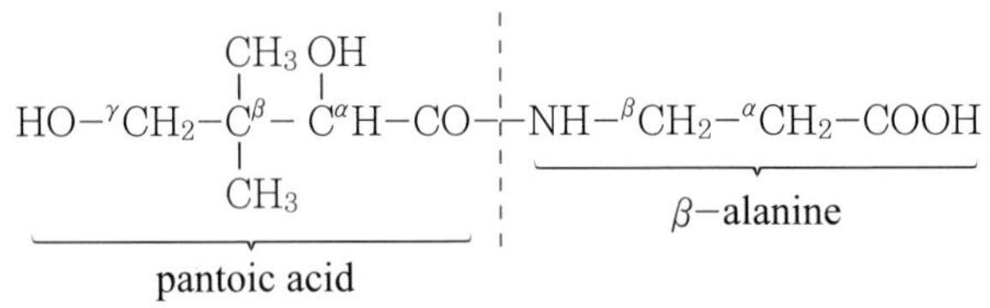

그림 9.9 Pantothenic acid의 화학구조

Pantothenic acid는 수용성의 불안정한 유상의 화합물이나 보통 Ca염으로 합성되며 백색의 고체로서 vitamin제제로 사용된다. 산이나 알칼리 용액에서는 쉽게 가수분해되거나 중성용액에서는 비교적 열에 대하여 안정하다.

Pantothenic acid는 체내에서 β-mercaptoethylamine과 결합하여 pantotheine이 되며, 이 pantotheine은 ATP와 결합하여 coenzyme A(CoA, CoASH)를 형성한다. 이 CoA는 생체 내에서 중요한 조효소이며 acetyl CoA로 되어 여러 가지 당질 및 지방 대사에 관여한다.

2) Pantothenic acid의 소요량 및 분포

Pantothenic acid의 하루 소요량은 5~10mg 정도라 하는데 이 정도는 보통 식사로서 충분하다.

Pantothenic acid는 자연계에 널리 분포되어 있으며, 특히 효소, 간, 두류 등에 비교적 많이 들어있다. 주요 식품 중의 pantothenic acid의 함량은 표 9.11과 같다.

표 9.11 식품 중의 Pantothenic acid 함량(mg/100g)

식품	함량	식품	함량
건조효모	20.00	쌀겨	2.40
쇠간	6.10	쌀	0.40
쇠고기	0.90	밀가루	0.57
돼지고기	1.00	양배추	0.18
달걀	1.70	고구마	1.10
닭고기(적색)	1.70	토마토	0.37
닭고기(백색)	0.70	우유	0.28

6. Biotin(vitamin H)

Biotin은 *Boas*(1927)가 항난백장해 인자(anti-egg white injury factor)로서 발견하였으며, *Györgi*(1931)는 이것을 피부염과 관계가 있는 항피부염 인자(haupto factor)라고 한 점에서 vitamin H라고도 한다. 한편 *Kögl*(1936)은 인공 배지에서 효모를 배양할 때 미지의 증식 인자를 분리하여 biotin이라고 명명하였는데, 이것이 또한 vitamin H와 같은 것으로 확인되었다.

Biotin이 결핍되면 사람, 닭, 쥐에서 피부염, 신경염, 탈모, 식욕 감퇴 등이 나타난다.

1) 화학구조 및 성질

Biotin은 urea, thiophene, valeric acid로 이루어져 있다. Biotin은 S을 함유한 것이 특징이며, 3개의 부제탄소를 가지고 있어 8개의 입체 이성체가 있다. 자연에는 우선성의 D-biotin이 존재하며 vitamin 활성을 가진다.

Biotin은 각종 대사 반응, 특히 지방산 합성에 중요하며 대부분이 장내 세균에 의하여 생성되며 일부만이 식품에 의해 공급된다.

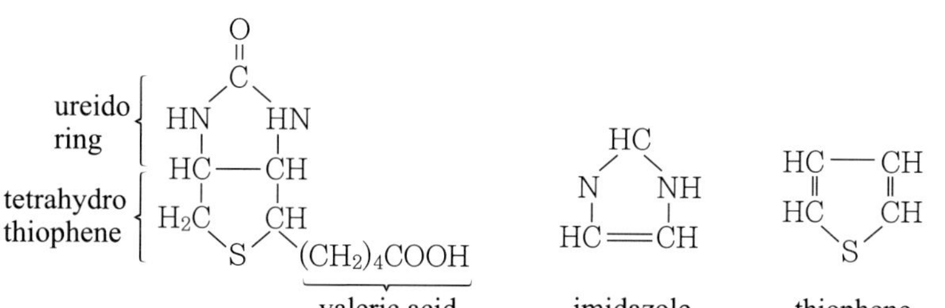

그림 9.10 Biotin의 화학구조

Biotin은 더운 물과 묽은 알칼리에는 녹으나 보통의 물과 묽은 산에는 잘 녹지 않는다. 그 수용액은 열에 안정하나 강한 산과 알칼리와 함께 장시간 가열하면 분해된다.

한편, biotin은 난백의 당단백질인 avidin에 의해서 불활성화되는데 avidin을 가열하면 그 저해 작용이 없어진다.

2) Biotin의 소요량 및 분포

Biotin은 일반 식품에 널리 분포되어 있으며 또한 장내 세균에 의하여 합성되므로 사람에게 biotin의 결핍증은 별로 나타나지 않는다. 그러나 항생 물질을 장기간 복용하면 장내 세균에 의한 biotin의 합성이 방해되므로 biotin이 결핍되는 수가 있다. 사람의 biotin 소요량은 분명하지 않으나 하루에 0.15mg정도면 충분하다고 한다.

식품 중에 biotin이 특히 많은 것은 간이며 그밖에 우유, 효모, 난황 등에도 상당량 들어 있으나 육류와 곡류에는 그 함량이 적다.

주요 식품 중의 biotin의 함량은 표 9.12와 같다.

표 9.12 식품 중의 biotin 함량(mg/100g)

동물성 식품	함량	식물성 식품	함량
달걀	0.009	효모	0.16
굴	0.009	콩	0.01
우유	0.005	시금치	0.007

7. Folic acid(folacin)

Folic acid는 *Mitchell*(1941)이 유산균(*Lactobacillus casei*)의 증식에 유효한 것이 식물의 잎(folium)에 들어있다는 뜻에서 folic acid라는 이름이 붙어졌으며, *Day*(1938)가 인공 사육한 원숭이(monkey)에 나타나는 빈혈에 유효한 간, 또는 효모 중의 성분을 원숭이의 첫 자를 따서 vitamin M이라고도 하였다. 한편, *Stokstadt*(1943)는 별도로 간엑스 및 효모 중의 유산균의 발육에 필요한 성분을 LC인자라 하였으며, 또 병아리의 빈혈에 효과가 있어 닭(chick)이란 뜻에서 vitamin Bc라고도 하며, 미국에서는 folacin이라고도 부른다.

Folic acid가 결핍되면 악성 빈혈, 임산부의 빈혈(macrocytic anemia), 성장 불량 등의 증상이 나타난다.

1) 화학구조 및 성질

Folic acid는 pteridine과 p-aminobenzoic acid 및 glutamic acid가 결합된 pteroyl glutamic acid의 구조를 가지고 있다.

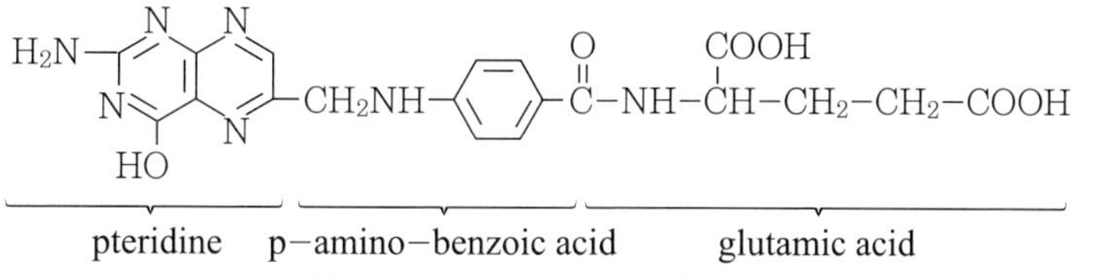

그림 9.11 folic acid의 화학구조

Folic acid는 glutamic acid가 1개 결합한 pteroyl monoglutamic acid이나, 이 이외에 glutamic acid가 3개 결합한 것(LC인자 해당)과 7개 결합한 것(vitamin Bc 해당)인 pteroyl polyglutamic acid가 있으며 이것들을 folic acid 복합체(folic acid conjugate)라고도 한다. 이것들은 효소 carboxypeptidase의 일종인 conjugase에 의하여 분해되어 pteroyl monoglutamic acid가 된다.

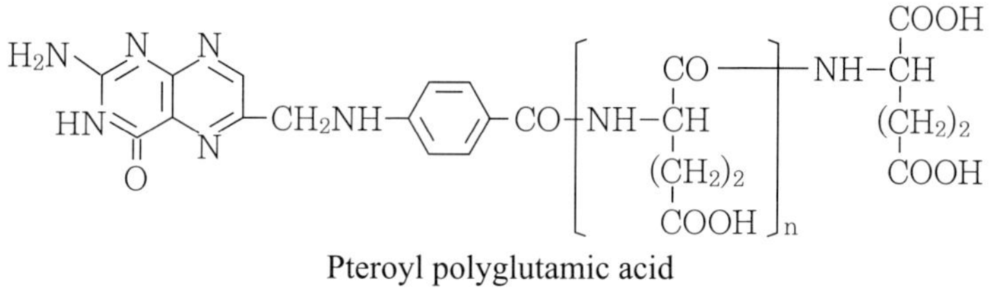

Pteroyl polyglutamic acid

Folic acid는 체내에서 vitamin C 존재로 formyl화가 된 다음에 환원되어 folinic acid가 되며 folic acid와 folinic acid와의 가역적 변화는 단백질, 핵산, thymine, porphyrin 핵 등의 합성에 관여한다.

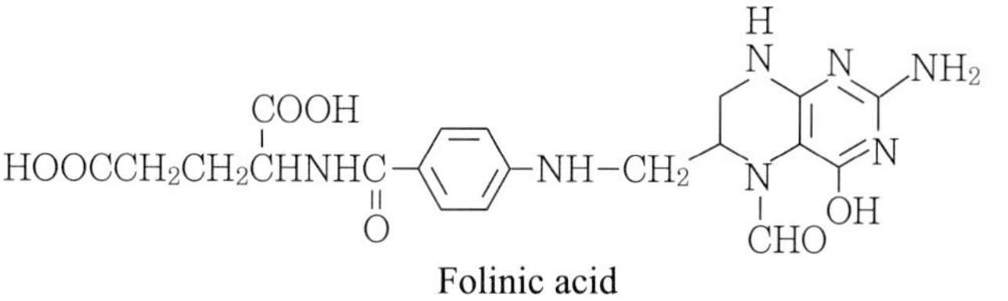

Folinic acid

Folic acid는 물에 녹기 쉽고 산에 불안정하며 광선에 의하여 쉽게 파괴되나 열에는 비교적 안정하다.

2) Folic acid의 소요량 및 분포

Folic acid도 장내 세균에 의하여 합성되므로 인체 내에서 결핍증은 알려져 있지 않으며, 또 그 소요량도 아직 명확하지 않으나 하루에 0.5~1.0mg으로 충분하다고 한다. folic acid는 일반 동·식물성 식품에 널리 분포되어 있으며, 특히 간, 콩, 채소류 등에 많이 들어 있다.

주요 식품 중의 folic acid의 함량은 표 9.13과 같다.

표 9.13 식품 중의 folic acid 함량(μg/100g)

식물성 식품	함량	동물성 식품	함량
밀배아	300	연어	860
시금치	280	쇠간	380
땅콩	280	닭고기	200
밀	190	돼지고기	100
바나나	100	쇠고기	100
당근	100	달걀	85

8. Vitamin B_{12}(cobalamine)

Vitamin B_{12}는 항악성 빈혈 인자, 동물 성장 인자, 동물 단백질 인자(animal protein factor, APF) 또는 유산균(*Lactobacillus lactis* Dorner)의 발육을 촉진시키는 효과가 있으므로 LLD인자라고도 하며 또한 분자 중에 Co를 함유하고 있으므로 cobalamine이라고 보통 부른다.

Vitamin B_{12}가 결핍되면 악성 빈혈을 가져온다. Vitamin B_{12}는 매우 미량으로 유효하기 때문에 흡수에 장해가 없는 건강한 사람에서는 결핍증은 거의 없으나 위를 절제한 사람이나 노인은 내인자(intrinsic factor)[5]의 공급이 불충분하여 결핍하는 수가 있다.

1) 화학구조 및 성질

Vitamin B_{12}는 그림 9.12의 구조식과 같이 vitamin 중에서 가장 복잡한 구조를 이루고 있

[5] 내인자(intrinsic factor) : 위장에서 분비되며 vitamin B_{12}와 결합하는 뮤코 단백질(다당류와 단백질 구성물이 함께 들어있는 복합산물)로 악성 빈혈을 예방할 수 있을 만큼 vitamin B_{12}를 흡수할 수 있게 해준다. 내인자로 부르는 것은 우리 몸 안에서 만들어내는 물질로 여겼기 때문이며, 몸 밖에서 들어온 물질(외인자: 후에 vitamin B_{12}로 밝혀졌음)에 작용하여 적혈구 생성요인이 되는 물질을 만들어낸다.

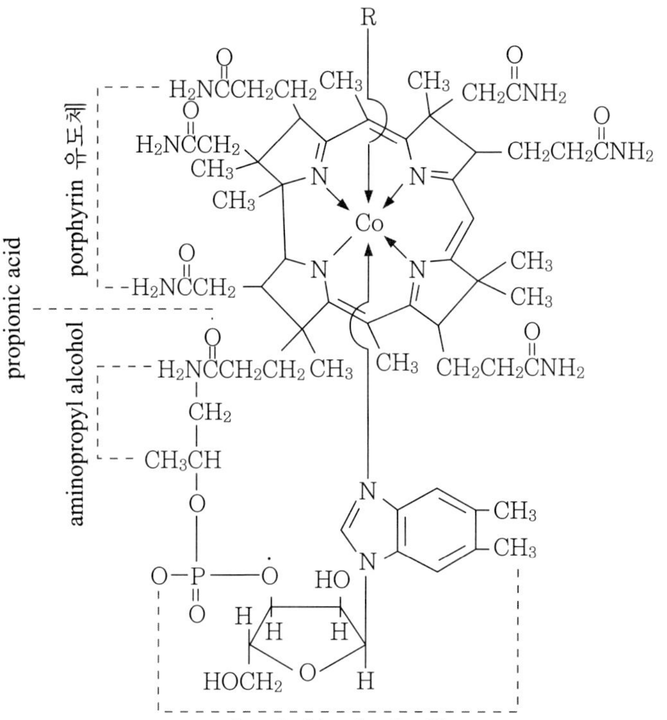

그림 9.12 Vitamin B_{12}의 화학구조

다. Vitamin B_{12}는 4개의 pyrrole핵으로 이루어진 porphyrin과 유사한 corrin고리의 중심에 Co가 결합되어 있다. 그리고 Co 원자와 배위 결합을 하고 있는 benzimidazole riboside가 인산과 aminopropyl alcohol을 통하여 하나의 pyrrole핵과 결합되어 있다.

한편, Co 원자에 R이라 표시된 부분에 CN, OH, 또는 Cl 등이 결합되는데 이것들은 생물체로부터 분리하는 방법에 따라 다르다. 즉, CN기가 결합된 것을 cyanocobalamine, OH기가 결합된 것을 hydroxycobalamine, Cl이 결합된 것을 chlorocobalamine이라고도 한다. 이것들은 모두 vitamin 효력을 가지고 있으며, 보통 cyanocobalamine을 vitamin B_{12}라고 한다.

Vitamin B_{12}는 물에 약간 녹는 암적색의 결정으로서 약산성에서는 안정하나 강한 산이나 알칼리 용액에서는 불안정하다. 그리고 일광에 노출되면 불활성화된다.

2) Vitamin B_{12}의 소요량과 분포

Vitamin B_{12}는 장내 세균에 의하여 합성되고 보통 식사를 통하여 충분히 섭취할 수 있으므로 사람에는 결핍증이 잘 나타나지 않는다. 사람에 대한 소요량도 정확하지 않으나 성인은 하루에 1~3μg이 필요하다고 한다.

Vitamin B_{12}는 동물성 식품에 주로 많으며 특히 소, 돼지 등의 간에 많이 들어있다. 그러나 식물성 식품에는 해조류, 밀 등에 소량이 들어 있고 그 외에는 거의 없다.

주요 식품 중의 vitamin B_{12}의 함량은 표 9.14와 같다.

표 9.14 식품 중의 vitamin B_{12} 함량(μg/100g)

동물성 식품	함량	식물성 식품	함량
쇠간	30~50	납두	0.32
돼지간	18~22	된장	0.15~0.90
정어리 내장	6	간장	0.10~0.5
정어리	2.6	효모	0.1
굴	1.0	맥주	0.2~0.4
쇠고기	0.5~2.9	청주	0.05~0.08
돼지고기	0.1~2.8	쌀	0
우유	0.24	밀	0

9. 그 밖의 vitamin B군(vitamin B-complex)

이상에서 논의한 것 이외에 vitamin B군에 속하는 것으로는 choline, inositol, p-aminobenzoic acid 등이 있다.

Choline은 *Griffith*(1939)가 지방간(fatty liver)을 방지하는 인자로서 발견한 것이며, 이것이 결핍되면 지방간, 빈혈 등이 생긴다.

Choline은 인지질인 lecithin의 성분으로 식품 중에 널리 분포되어 있어 실제로 결핍되지 않는다. 그리고 유리상태로 난황, 간장, 콩 등에 많이 들어있다. Choline은 강한 염기성 물질로서 물에 잘 녹는 안정한 화합물이나 알칼리에는 불안정하다.

Inositol은 쥐의 탈모, 성장 정지 그리고 미생물의 생육에 필요한 인자로서 동·식물계 및 미생물계에 널리 분포되어 있다. 수용성으로서 대단히 안정하다.

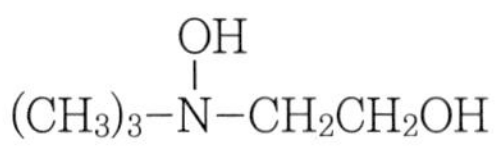

Choline

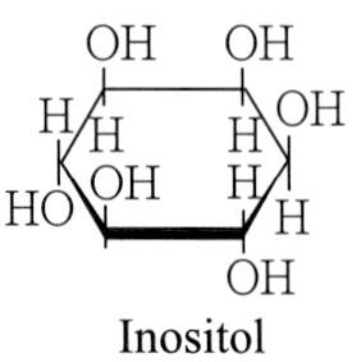

Inositol

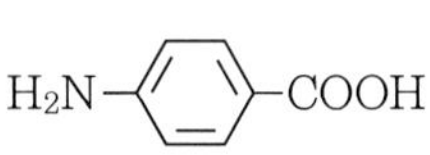

p-Aminobenzoic acid

P-aminobenzoic acid(PABA)는 모발의 착색에 관여한다고 하여 항회발성인자(antigray hair factor)라고 하기도 하며, folic acid의 전구체로서 중요하다. P-aminobenzoic acid는 자연계에 널리 분포되어 있고 장내 세균에 의하여 합성되므로 사람에게는 결핍증이 나타나지 않는다. 그러나 병아리의 발육에 유효하며 특히 미생물의 생육에 필요하다.

10. Vitamin C(ascorbic acid)

Vitamin C는 항괴혈병성 vitamin(antiscorbutic vitamin)이라는 뜻에서 ascorbic acid라고도 부른다. Vitamin C가 결핍되면 빈혈이 일어나고 치근, 점막, 피부의 출혈이 생긴다. 또한 vitamin C가 결핍되면 섬유조직, 뼈, 상아질 등에 gel상 물질이 형성되지 못하므로 골격과 치아가 약해진다. 그밖에 생체 내에서 tyrosine, phenylalanine, tryptophan의 대사에도 관여한다.

1) 화학구조 및 성질

Vitamin C는 enol형의 3-keto-1-gulonic acid의 lactone으로서 6탄당과 유사한 구조를 가지고 있다. Vitamin C는 물에 잘 녹고 강한 환원력을 갖는데, 이 성질은 lactone 고리 중에 carbonyl기와 공역된 endiol의 구조에 기인한다. 또 vitamin C의 수용액이 강한 산성을 띠는 것은 분자 중에 carboxyl기를 가지고 있지 않으나 C_3에 결합된 OH기가 쉽게 이온화되어 H^+가 해리되기 때문이다. 그러나 C_2에 결합된 OH기는 이온화되기 어렵다.

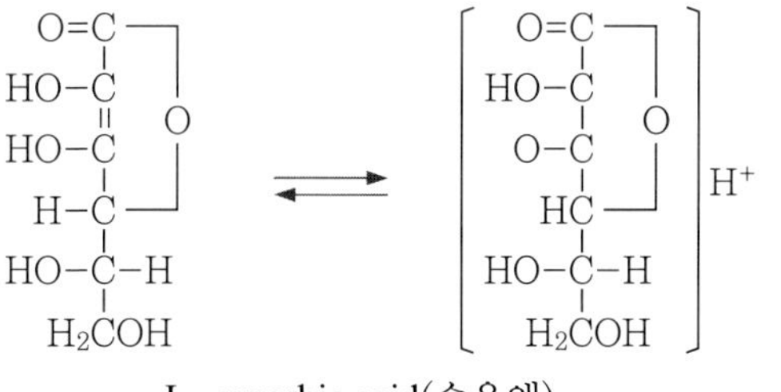

L-ascorbic acid(수용액)

Vitamin C, 즉 ascorbic acid는 식품 중에서 환원형(L-ascorbic acid)과 산화형(dehydro-ascorbic acid)으로 존재한다. 환원형은 vitamin C의 작용을 강하게 나타내나 산화형은 2, 3-diketogulonic acid로 변화되므로 vitamin C의 활성은 1/2밖에 나타나지 않는다.

Vitamin C는 약한 산화환원제에 의하여 쉽게 산화환원이 된다.

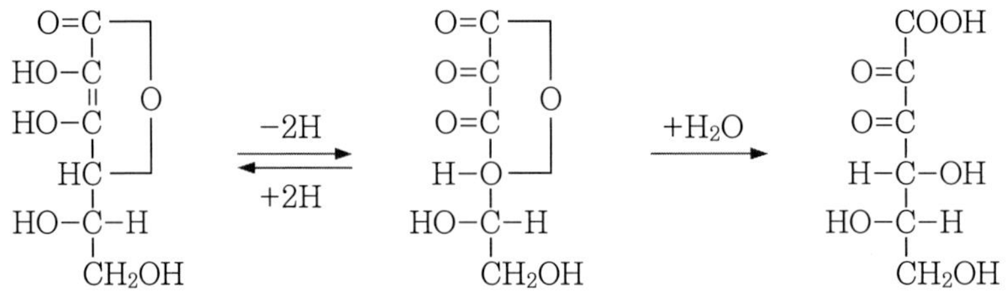

L-ascorbic acid (환원형) L-dehydroascorbic acid (산화형) 2, 3-diketogulonic acid

Vitamin C의 수용액은 공기에 의하여 산화되며 Cu, Fe 등의 금속이온에 의하여 촉진된다. 공기가 없을 때는 열 자체에 대해서 비교적 안정하다.

2) Vitamin C의 소요량 및 분포

Vitamin C의 소요량은 성인이 하루에 최소 35mg이므로 안전율을 고려하여 65~75mg으로 하고 있다. 우리나라에서는 성인 남녀 모두 하루에 55mg을 권장량으로 하고 있다. 그러나 임산부, 수유부는 더 많은 양이 필요하다.

Vitamin C는 신선한 채소, 과실에 많으며 특히 감귤류와 딸기에 많이 들어있다. 또 채소에는 담색 부분보다 녹색 부분이 많다. 반면에 곡류, 두류와 일반 동물성 식품에는 적게 들어 있다.

주요 식품 중의 vitamin C의 함량은 표 9.15와 같다.

표 9.15 식품 중의 vitamin C 함량(mg/100g)

식품	함량	식품	함량
양배추(바깥잎)	240	귤	40
파슬리	200	배추	40
홍차	204	고구마	30
무잎	150	콩나물	25
고추(생)	128	토마토	20
시금치	100	김	20
파	50	돼지간	10

11. Vitamin L

이 vitamin은 젖의 분비(lactation)에 관여한다는 뜻에서 vitamin L이라고 명명되었으며 vitamin L_1과 L_2의 두 가지 종류가 있다. Vitamin L_1은 p−aminobenzoic acid의 이성체인 anthranilic acid이며, L_2는 nucleotide의 thiomethyl 유도체인 adenine thiomethyl pentose이다.

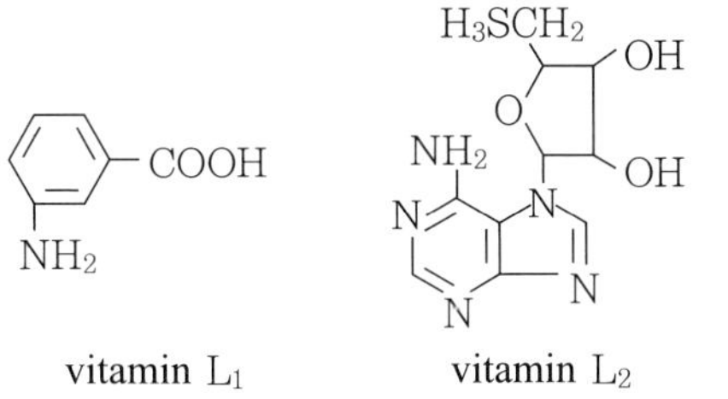

그림 9.13 Vitamin L의 화학구조

Vitamin L은 뇌하수체 전엽을 비대시켜 젖의 분비 hormone인 prolactin의 생성을 촉진시켜서 젖의 분비를 촉진시킨다.

Vitamin L은 다른 vitamin과 달리 L_1과 L_2가 서로 대용될 수 없으며 두 가지가 함께 있어야 이들 효과를 나타낼 수 있다.

Vitamin L은 장내 세균에 의하여 합성되므로 결핍 증상은 별로 없으며 이에 대한 소요량도 분명하지 않다. Vitamin L_1은 간에 많고 L_2는 효모에 많이 들어 있으며, 백미에는 두 가지 모두 적다.

12. Vitamin P

Vitamin P는 모세혈관의 침투성(permeability)을 조절한다는 뜻에서 명명되었으며, citrin이라고도 한다. Vitamin P의 작용을 가진 것으로 현재 알려져 있는 것은 hesperidin, eriodictin, rutin 등이다. 이 vitamin은 flavonoid에 이당류인 rutinose가 결합한 배당체이다.

Vitamin P가 결핍되면 혈관의 침투성이 커져서 혈액이 침투되어 피부에 반점이 생긴다. Vitamin P는 vitamin C와 협동하여 모세관의 기능을 정상적으로 유지하는 작용이 있다.

Vitamin P는 그 소요량은 분명하지 않으나 vitamin C와 같이 비교적 많은 양이 요구되는 것으로 생각된다. Vitamin P는 일반적으로 엽채류에 널리 분포되어 있으며 특히 감귤류의 껍질에 많이 들어 있다.

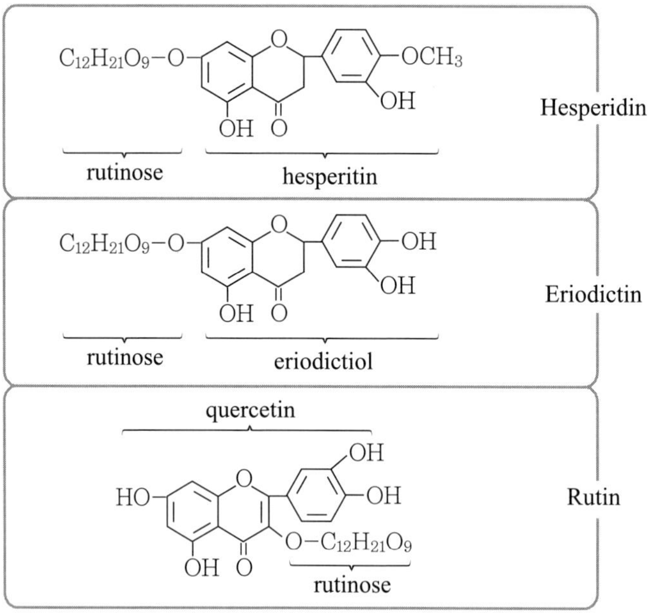

제3절 주요 vitamin의 변화

1. Vitamin A의 변화

1) 산화에 의한 변화

Vitamin A는 공기 중의 산소에 의하여 쉽게 산화되어 그 생리적 효력을 상실할 뿐 아니라 때로는 산화에 의하여 생성된 물질이 독성을 나타내는 수가 있다. Vitamin A의 자동산화는 β-ionone핵의 이중결합에 산소가 개재하여 생성되는 것으로 보인다. 이때 자동산화는 heme이 촉매로 작용하며, 불포화 지방산이 공존하면 vitamin A의 산화가 현저하게 촉진된다. 이것은 불포화 지방산에서 생긴 hydroperoxide 및 유리라디칼이 vitamin A에 작용하여 산화 분해되는 것으로 생각된다.

Vitamin A는 이와 같은 산소에 의한 산화 외에 식품 중에 들어 있는 효소 lipoxidase에 의하여 산화 분해된다. 그러나 이것은 vitamin A에 직접 작용하여 분해하는 것이 아니라 유지 중의 1, 4-pentadiene($-CH=CH-CH_2-CH=CH-$)의 구조를 가진 불포화 지방산(linoleic acid, linolenic acid) 등에 작용하여 hydroperoxide가 생기고, 이것이 이차적으로

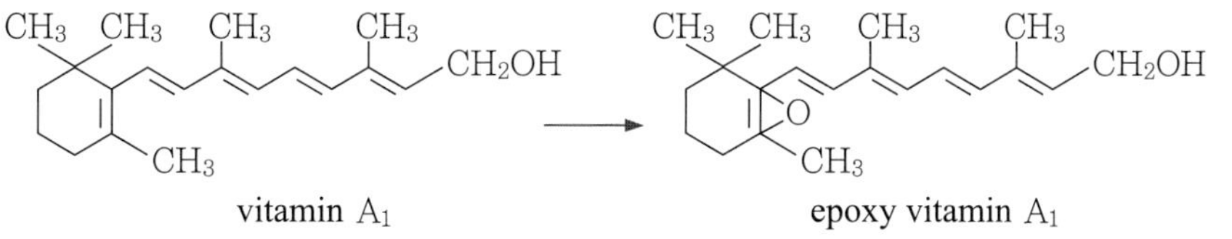

그림 9.14 Vitamin A_1의 산화

vitamin A에 작용하여 산화 분해한다. Vitamin A의 산화물로서 epoxy vitamin A_1, epoxy β-carotene이 검출되고 있다.

Vitamin A의 산화가 문제가 되는 것은, 예를 들어 마가린에 vitamin A_1을 강화하였을 때 약 10주간만 지나면 거의 분해하게 된다. 따라서 이때 항산화제로서 tocopherol을 첨가한다. 이 외에 casein, lactalbumin, lactoglobulin도 항산화제로서 효력이 있다.

2) 가열에 의한 변화

Vitamin A는 산소가 없으면 열에 대하여 안정하여 100℃로 가열하여도 그 생리적 효력은 상실하지 않는다. 예를 들면, 10^{-5}mmHg의 극단적인 감압 하에서 137~139℃에서 증류할 수 있어 간유에서 고단위의 vitamin 간유를 얻을 수 있다. 그러나 공기 중에서 가열하면 현저하게 파괴된다. 식품 중의 vitamin A는 식품을 가열 조리할 때 90% 이상은 남게 된다.

2. Vitamin E의 변화

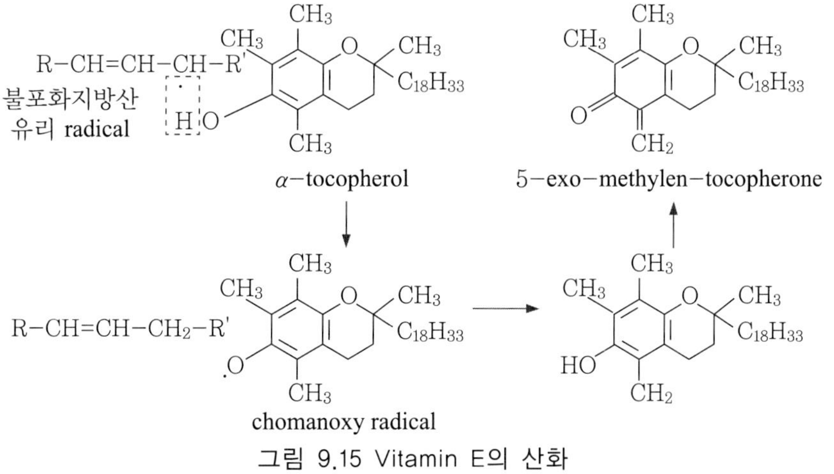

그림 9.15 Vitamin E의 산화

순수한 vitamin E는 산소, 열 및 광선 등에 대하여 비교적 안정하지만 불포화 지방산과 공존할 때에는 생체 속에서 쉽게 산화된다. 즉, α-tocopherol은 불포화 지방산과 공존할 때 지방산의 산화 도중에 생기는 유리라디칼에 의하여 탈수소되어 chromanoxy radical이 생기며, 또 그 이성체를 거쳐 5-exo-methylen-tocopherone으로 산화된다.

3. Vitamin B_1의 변화

1) 광선에 의한 변화

Vitamin B_1은 광선만으로는 거의 분해되지 않으나, 용액 중에 형광물질(vitamin B_2, lumiflavin, lumichrome 등)이 존재하면 분해되기 쉬워진다. 이때도 산성 용액에서는 안정하며, 중성 및 알칼리성 용액에서는 급속히 파괴된다. 이때 분해 산물로서 강한 형광을 가지는 thiochrome이 생기는데 이 반응을 이용해서 vitamin B_1을 정량한다.

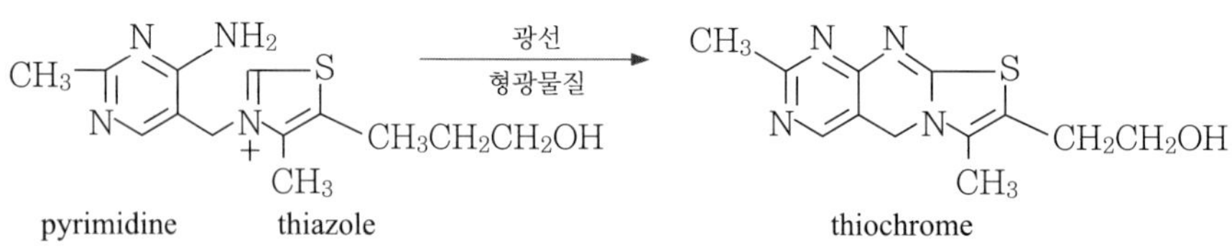

그림 9.16 Vitamin B_1의 형광물질 존재하에서 광선에 의한 변화

2) 가열에 의한 변화

Vitamin B_1은 pH 및 농도에 따라 다르나 일반적으로 열에 대하여 불안정하다(표 9.16). 즉, vitamin B_1은 pH 3.5 이하에서는 가열하여도 비교적 안정하나 그 외의 pH에서 가열하면 쉽게 분해되어 효력이 없어진다. pH를 산성으로 할 때도 산의 종류에 따라 다르며 염산이 가장 효과적이다.

Vitamin B_1은 농도가 높으면 가열에 의한 파괴율이 낮아진다. 이것은 vitamin B_1 자신이 보호 작용을 하는 것으로 생각된다.

한편, vitamin B_1은 건조 상태에서는 안정하지만 용액상태에서는 가열에 불안정하여 보통 가열 조리의 경우 20~30% 정도가 파괴된다. 또한 알칼리성에서는 쉽게 분해되어 조리할 때 중조를 사용하면 파괴되기 쉽다.

실제로 가열 조리할 때의 식품 중의 vitamin B_1의 잔존율을 보면 표 9.17과 같다.

표 9.16 pH 및 가열온도가 vitamin B_1의 안정성에 미치는 영향(B_1 농도 : 0.1mg/ml)

pH	가열 온도(℃)	가열 시간(hr)		
		0.5	1.0	3.0
1.0	100	100(%)	97.0(%)	89.0(%)
1.0	120	77.5	72.0	67.5
3.0	100	92.0	89.0	87.0
3.0	120	70.0	68.7	62.3
5.0	100	80.0	80.0	73.5
5.0	120	60.2	60.2	57.0
7.0	100	70.0	70.0	60.2
7.0	120	57.8	40.0	0
9.0	100	9.2	2.4	0
9.0	120	8.2	0	0

표 9.17 조리 방법에 따른 vitamin B_1의 잔존율(%)

식품	조리법	잔존율	식품	조리법	잔존율
옥수수	물로 삶은 것	81.7	강낭콩	물로 삶은 것	86.0
옥수수	볶은 것	67.5	강낭콩	중조를 2% 넣고 삶은 것	65.0
식빵	효모를 넣고 구운 것	80.0	콩	물로 삶은 것	47.5
식빵	효모를 1% 넣고 구운 것	59.7	콩	중조를 2% 넣고 삶은 것	25.2
식빵	효모를 1% 넣고 찐 것	29.3			

3) 효소에 의한 분해

Vitamin B_1을 분해하는 효소를 thiaminase 또는 aneurinase라고 하며, vitamin B_1의 thiazole부를 다른 염기로 치환하는 aneurinase I과 vitamin B_1을 pyrimidine부와 thiazole부로 가수분해하는 aneurinase II의 두 종류가 있다.

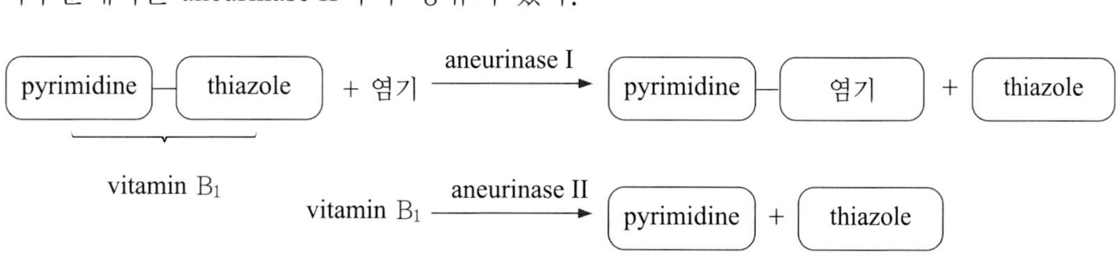

이 효소는 조개류, 민물고기의 내장, 고사리, 버섯, 장내 세균 등에서 발견되며, 식품의 세포 속이나 세균체 속에 있을 때는 불활성으로서 vitamin B_1을 분해하지 않으나 조직을 파괴하면 활성을 갖게 된다.

4. Vitamin B_2의 변화

Vitamin B_2는 열에 대하여 안정하다. 알칼리성에서 높은 온도로 가열하면 다소 분해되기도 하지만 보통의 가열 조리에서는 대부분 그대로 잔존한다. 보통 조리 가공에서 vitamin B_2의 평균 손실은 육류 15~20%, 제빵 10% 정도이다.

한편, vitamin B_2는 광선에 대하여 매우 불안정하다. 가시광선에 의해서도 파괴되며, 산성과 중성에서는 lumichrome, 알칼리성에서는 lumflavin이 생성된다(그림 9.18). 이때 vitamin B_1, vitamin C, chlorophyll 등이 공존하면 vitamin B_2의 광분해가 많이 억제된다. 이것은 이들이 vitamin B_2의 형광을 약화시키기 때문으로 생각된다.

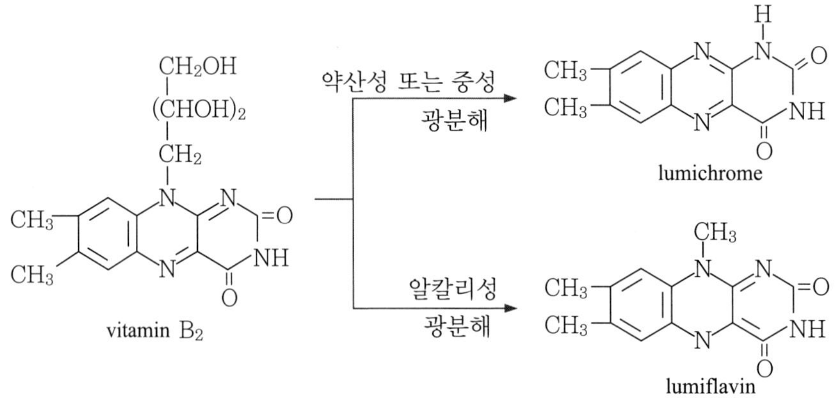

그림 9.17 Vitamin B_2의 광선에 의한 변화

표 9.18 Vitamin B_2 및 C 혼합액에 광선을 조사한 후의 잔존율(%)

액성	남은 vitamin	조사시간(시간)				
		0	1	2	3	4
산성	B_2	100 (100)	91.0 (87.5)	77.0 (50.0)	77.0 (50.0)	77.0 (47.5)
	C	100 (100)	85.0 (100)	85.0 (100)	78.0 (93.0)	78.0 (85.0)
중성	B_2	100 (100)	90.0 (60.0)	68.0 (40.0)	58.0 (40.0)	50.0 (40.0)
	C	100 (100)	74.0 (96.0)	64.0 (93.0)	60.0 (78.0)	50.0 (65.0)
알칼리성	B_2	100 (100)	70.0 (57.0)	50.0 (46.0)	39.0 (26.0)	39.0 (26.0)
	C	100 (100)	50.0 (56.6)	45.0 (52.2)	38.0 (52.5)	32.0 (51.5)

( ) : 단독으로 있을 때의 잔존율

Vitamin B_2 0.3mg% 용액과 vitamin C 10mg% 용액을 혼합하여 20℃에서 200W 전구로써 1~4시간 광선을 조사한 결과를 보면 표 9.18과 같다.

5. Vitamin C의 변화

1) 광선에 의한 변화

Vitamin C는 건조된 결정 상태에서는 광선을 조사하여도 약간 착색될 뿐 분해되지 않으나 수용액상태에서 광선을 조사하며 분해된다. 이것은 vitamin C가 수용액 중에서 공기에 의하여 산화되는 것을 촉진하는 것으로 생각된다.

한편, 앞에서 설명한 표 9.18의 실험 예에서와 같이 vitamin B_2의 광분해는 vitamin C가 있으면 억제되나 반대로 vitamin C의 광분해는 vitamin B_2가 공존할 때 촉진된다. 우유에 햇빛을 쪼이면 vitamin C의 양이 현저하게 감소되는데 이것은 우유 중의 vitamin B_2가 vitamin C의 분해를 촉진하기 때문으로 생각된다.

2) 가열에 의한 변화

Vitamin C는 산소가 없는 상태에서는 가열하여도 열 자체에 대하여는 비교적 안정하나 산소가 있든가 또는 수용액상태에서는 불안정하다.

채소를 물에 넣고 가열할 때 처음에는 vitamin C가 파괴되나 나중에 산소가 배제된 후에는 안정하게 된다. 보통의 가열 조리에서는 vitamin C의 50% 정도가 파괴된다.

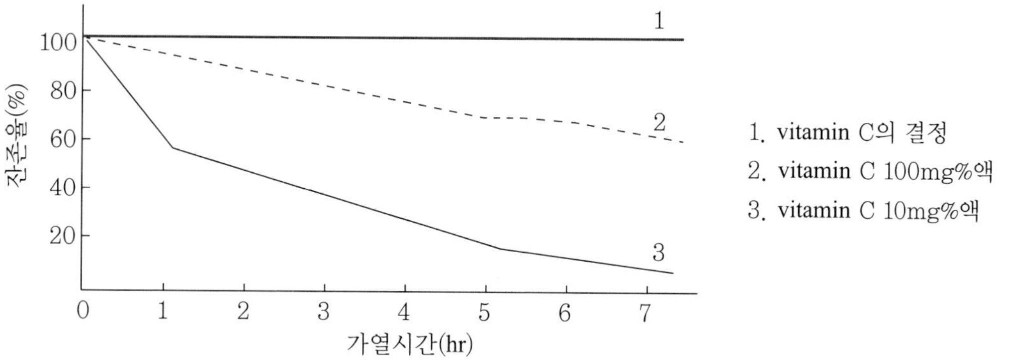

그림 9.18 Vitamin C의 가열에 의한 파괴속도(100℃)

3) 효소에 의한 분해

식품 중의 vitamin C는 식물 조직 중에 널리 들어있는 ascorbinase(ascorbate oxidase)에 의하여 산화되어 dehydroascorbic acid가 된다. 이 반응은 생체조직에서는 가역적이나 식품 중에서는 dehydroascorbic acid가 불안정하므로 그 산화가 더 진행되어 2, 3-diketogulonic acid가 됨으로써 vitamin C로서의 효력을 상실한다. 이 vitamin C의 산화는 peroxidase, phenoloxidase 등의 산화효소에 의해서도 일어난다.

Ascorbinase는 식물성 식품에 함유되어 호박, 양배추, 당근, 오이, 가지, 사과, 감, 바나나, 포도, 배 등에 존재하지만 무, 파, 밀감, 복숭아 등에는 거의 함유되어 있지 않다. 따라서 토마토, 무, 밀감 등은 혼합처리를 하여도 vitamin C가 0~1.4% 산화됨에 지나지 않으나 오이, 당근, 사과 등은 조직이 파괴됨에 따라 산화효소가 작용하여 vitamin C가 거의 산화되고 만다. 또한 무즙에 당근 즙액을 가하면 vitamin C의 파괴가 현저하게 일어난다.

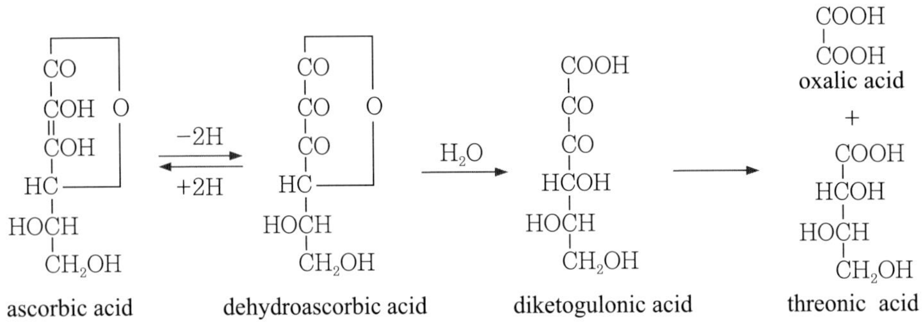

한편, 오이즙에 vitamin C를 넣으면 바로 산화 분해되지만, 여기에 가지의 즙액을 첨가하면 쉽게 산화되지 않는다. 이것은 가지 자체에는 강력한 효소가 존재하지만 가지의 색소인 nasunin이나 가지의 단백질이 오이즙의 효소 작용을 저해하는 작용을 가지고 있기 때문이다.

그러나 ascorbinase는 70℃에서 파괴되어 그 작용이 없어진다. 예를 들면, 양배추 즙액을 가열한 것과 가열하지 않은 것 사이에는 vitamin C의 잔존율이 다르다(그림 9.20). 이것은 가열 양배추즙의 산화효소가 불활성화되었기 때문이다. 따라서 산화효소가 많은 식품의 조리 가공에서는 급속히 단시간 가열함으로써 vitamin C의 손실을 막을 수 있다.

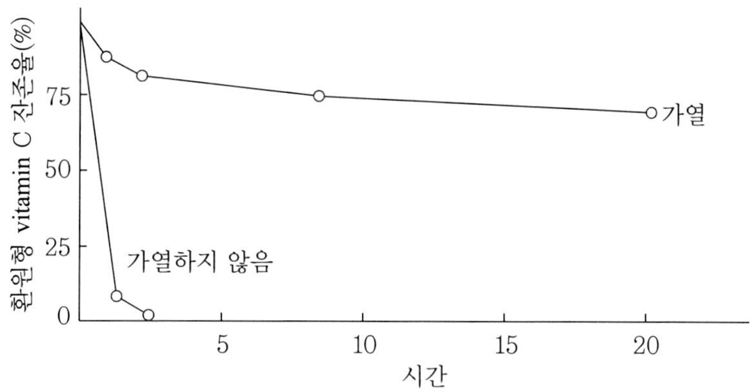

그림 9.19 가열에 의한 양배추즙 중의 환원형 vitamin C의 잔존율

4) 식품 중의 vitamin C의 안정성

식품 중의 vitamin C는 수용액 상태에서와 같이 급속히 산화되어 감소하지는 않는다. 이것은 식품에 공존하는 당류, 아미노산, 유기산류, 단백질, 전분 등에 의하여 산화가 억제되기 때문이다. 또 가공식품에 첨가하는 소금도 산화를 억제하는 효과가 있다.

예를 들면, 수용액 중의 vitamin C에 비하여 천연 오렌지 주스 중의 vitamin C가 더 안정하다(표 9.19). 이것은 주스 중의 유기산, 당, 아미노산에 의하여 vitamin C의 산화가 억제되었기 때문이다.

표 9.19 천연 오렌지 주스 중의 vitamin C의 안정도(잔존율 %)

방치 시간	0시간	0.5시간	1.0시간	3.0시간	5.0시간	7.0시간
천연 주스 중의 vitamin C	100	100	100	99.1	96.7	95.7
vitamin C 수용액*	100	97.5	85.3	70.0	50.6	25.2

* 30mg%의 vitamin C를 40℃에 방치하였을 때의 잔존율

한편, vitamin C가 산화될 때 철이나 구리가 함께 있으면 산화가 촉진된다. 특히 Cu^{2+}은 vitamin C의 산화를 가장 현저하게 촉진시킨다. 따라서 식품을 구리로 만든 그릇에 넣기만 하여도 산화가 촉진된다. 여러 가지 용기에 18.8mg%의 vitamin C액을 넣고 10분간 가열한 후의 잔존율을 비교하면 다음과 같다.

비이커 63%, 도가니 남비 62%, 알루미늄 남비 62%, 철 남비 60%, 구리 남비 22%

제 10 장

식품과 효소 (food and enzymes)

채소류와 같은 신선한 식품은 저장기간이 너무 길거나 저장 방법이 적당하지 않은 경우에 chlorophyll의 녹색이 퇴색하기도 하고 vitamin C의 함량이 감소하기도 한다. 또 채소, 과실 및 감자 등은 그 절단면이 갈색으로 변하는 경우가 있다. 이러한 현상은 식품에 함유되어 있는 효소 작용에 기인한 것이다. 따라서 적당한 방법을 이용하여 불활성화시키면 이들의 변화를 억제할 수가 있다.

일반적으로 화학반응을 촉진하는 물질을 촉매(catalyzer)라고 부르지만 효소도 일종의 생체 촉매로서 동·식물, 미생물의 생체 세포에 생성되어 촉매작용을 하며 세포 조직에서 분리되어도 그 작용을 잃지 않는 고분자의 유기화합물이다 효소의 본체는 단백질이며 특정한 물질에 작용하여 일정한 반응을 일으키는 것이라 할 수 있다.

제1절 효소의 화학적 본체

효소는 가수분해 효소와 같이 단순단백질에 속하는 것과 산화환원효소 등과 같이 단백질 부분과 비단백질 부분으로 된 복합단백질에 속하는 것이 있다. 후자에 속하는 비단백질부분을 보결분자단(prosthetic group)이라 부른다.

보결분자단에는 단백질에 단단히 결합되어 간단히 해리되지 않는 것과 단백질과 분리하기 쉽고 열에 안정한 투석성의 것이 있다. 전자는 catalase나 cytochrome 등의 Fe-porphyrin과 같은 것이며 후자의 주요한 것은 조효소(coenzyme)로서 vitamin B군이 관여하는 nucleotide인 경우가 많다. 이 경우 단백질 부분을 apoenzyme, 단백질 부분과 조효소로 구성되어 있는 것을 holoenzyme이라고 부른다. 이 외에 투석에 의해서 쉽게 해리되는 금속이온을 보조인자(cofactor)로 가진 것도 있다.

단순단백질에 속하는 효소에는 단백질 분자 자체에 기질을 흡착하는 구조와 활성기가 존재한다. 복합단백질에 속하는 것에는 그의 기질 특이성은 apoenzyme이 지배하고 활성기는 보결분자단에 존재한다. 따라서 기질은 다르나 같은 형태의 작용을 하는 수 종의 효소에는 공통된 조효소를 갖는 경우가 많다.

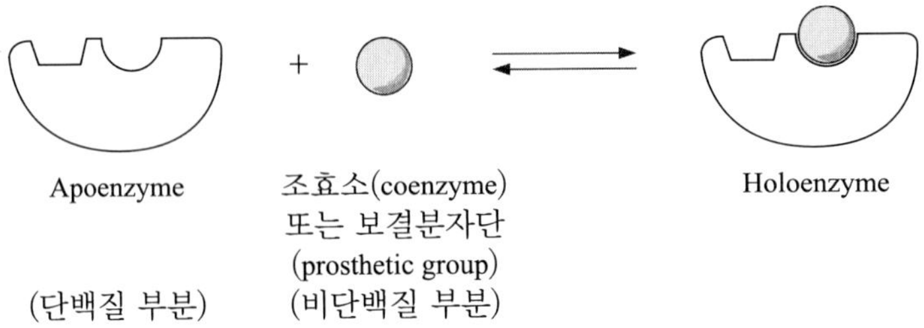

그림 10.1 Apoenzyme과 holoenzyme의 모형

제2절 효소의 작용

1. 효소 작용의 특이성

효소가 작용하는 물질을 기질(substrate)이라 한다. 효소는 특정한 기질 또는 하나의 제한된 그룹에 속하는 물질에만 작용하는 기질 선택성을 갖는다. 이것을 효소의 기질 특이성이라 한다. 그리고 하나의 효소는 한 종류의 화학반응만을 촉매한다. 이것을 효소의 작용특이성이라 한다. 즉, 동일한 기질이라도 여러 가지의 다른 효소가 작용하면 각각의 효소마다 다른 반응이 촉진된다.

2. 효소 반응의 메카니즘

효소가 반응할 때에는 일단 기질과 결합하여 효소-기질 복합체를 만든다. 즉, 그림 10-2에서와 같이 효소와 기질은 열쇠와 자물쇠의 관계에 있으며 효소 단백질의 표면 구조와 기질의 형이 일치한 것이 아니면 효소-기질 복합체는 만들어지지 않는다.

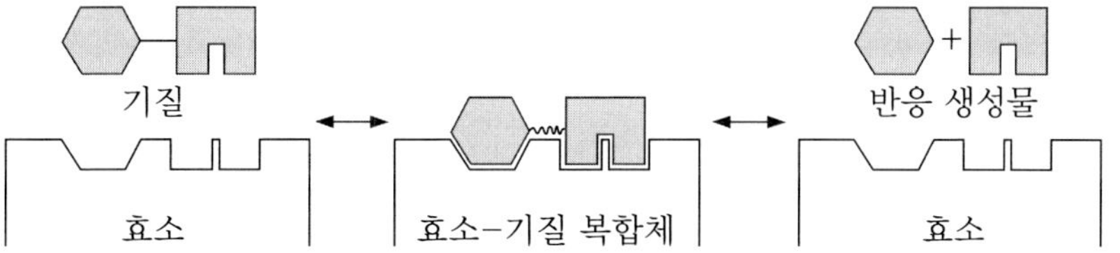

그림 10.2 효소-기질 반응의 성질

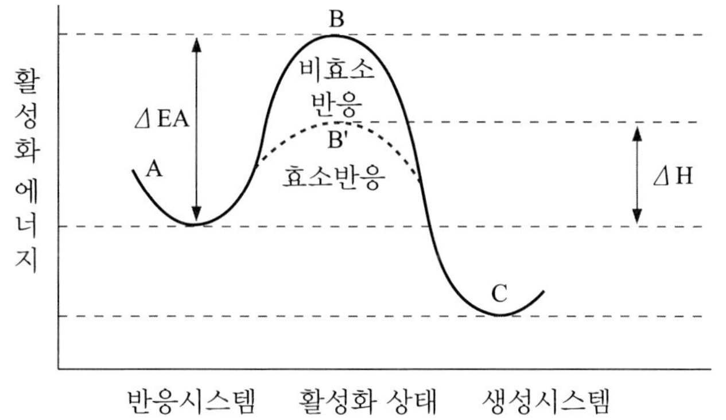

그림 10.3 효소반응에 있어서의 에너지 변화

일반 화학반응에 있어서 반응물 A를 생성물 C로 변화시키고자 할 때 먼저 가열하거나 압력을 높이거나 하여 일단 반응을 일으키기 쉬운 상태 B(활성화 화합물)로 하면 B → C의 변화는 높은 곳의 물이 낮은 곳으로 흐르듯이 쉽게 진행하여 생성물 C가 얻어진다.

효소가 존재하는 경우에는 효소-기질 복합체가 만들어지고, 이것은 일반 화학반응의 경우 활성화 에너지[1](ΔEA)에 비하여 적은 에너지(ΔH)로 활성화 화합물 B에 상당하는 상태로 B′로 되어 C를 생성한다. 효소 반응 A → B′ → C는 일반 화학반응 A → B → C에 비하여 상당히 쉽게 진행한다.

3. 효소 활성의 단위

효소의 작용은 효소 자체와 기질의 농도, 온도, pH 또는 공존하는 염류의 종류와 농도 등에 따라서 크게 변화한다. 따라서 효소 작용의 강도는 보통 특정 조건하에서의 효소 활성단위로 표시하며, 이것으로부터 시험 시스템 내에서 기질의 전환 또는 생성물의 형성

[1] 활성화 에너지(activation energy) : 활성화 에너지는 화학반응이 진행되기 위해 필요한 최소한의 에너지를 말한다. 반응물질이 모두 존재한다고 하여 화학반응이 진행되는 것이 아니다. 화학반응이 진행되려면 입자의 유효 충돌이 많아야 하고 입자 자체가 일정한 양 이상의 에너지를 가지고 있어야 하는데 이 일정한 에너지가 바로 활성화 에너지이다.

율을 측정할 수 있다.

효소의 국제 단위 체계(international system of unit, S.I.)는 mole s^{-1}으로 나타내며 그의 추천된 명칭은 katal[2](kat)이다. 즉, 효소 활성 1kat는 전환된 기질 1mole s^{-1}이며, 십진법으로 표시하면 $1\mu kat = 10^{-6}kat = 1\mu mole\ s^{-1}$이 된다.

한편, 문헌에서는 옛날 정의도 사용된다. 즉, 효소 활성 1단위(U)는 특정 조건하에서 1분간당 1 μmole의 기질을 전환시키는 것을 말한다.

제3절 효소 활성에 영향을 미치는 인자

1. 온도

화학반응의 속도는 일반적으로 온도의 상승에 따라서 증대한다. 효소 반응도 예외가 아니며 원칙적으로는 이에 따르지만 온도가 어느 정도 이상으로 상승하면 단백질의 열에 의한 변성이 일어나고 반응속도는 감소한다. 이 때문에 온도 상승에 의한 반응속도의 증대와 변성에 의한 감소의 두 가지 인자의 상호 관계에서 최대 반응속도를 나타내는 온도가

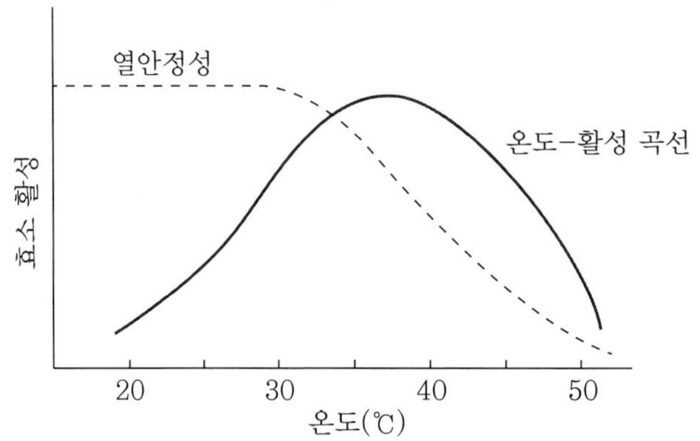

그림 10.4 효소활성과 온도와의 관계

---

[2] katal : katal은 매초 1M의 기질을 변화시키는 효소의 양을 말하며 국제 단위(I.U.)의 6×10^{7}배에 해당한다. I.U.는 25℃에서 매분 $1\mu M(10^{-6}M)$의 기질을 생성물로 변화시킬 수 있는 효소의 양을 말하며 이것을 매초 변화시키는 기질의 양으로 환산하면

$1\ I.U. = 10^{-6}M/min = (10^{-6}\div60)M/sec = (1/6\times10^{-7})M/sec = (0.167\times10^{-7})M/sec = (16.7\times10^{-9})M/sec$이다. katal은 매초 1M의 기질을 변화시키는 효소의 양이므로 $1\ katal = 1/(16.7\times10^{-9})\ I.U.$ 즉 $1\ katal = 6\times10^{7}\ I.U.$이다.

있다. 이 온도를 최적 온도(optimum temperature)라고 한다(그림 10.4). 대부분의 효소는 30~40℃의 온도 범위에서 최적 활성을 가지며 45~50℃에서는 변성되기 시작하여 50℃ 이상에서는 열에 의한 불활성화가 신속히 일어난다.

효소의 열변성은 식품공업에서 많이 이용되고 있다. 식품 중의 효소는 보통 식품 원료를 70℃ 또는 그 이상에서 수분간 가열함으로써 불활성화된다. 이때 식품의 내부에까지 열이 침투되도록 하여야 되는데 변성이 일어나기 전에도 온도가 상승되므로 오히려 효소 활성이 증가하게 된다. 식품 보존에 있어서 원하지 않는 효소 활성이나 미생물 활동에 의하여 일어나는 변화를 방지하는 것은 대단히 중요하다.

2. pH

효소 작용은 반응이 일어나고 있는 용액의 pH에 의하여 크게 영향을 받는다. 효소의 본체는 단백질이므로 강산이나 강알칼리에 의하여 단백질이 변성되게 되면 불활성화된다. 그러나 활성을 나타내는 범위의 pH에 있어서도 단백질 표면의 amino기나 carboxyl기 등의 이온화의 상태는 pH에 따라 변화한다. 이 때문에 pH에 의하여 효소 표면의 구조가 변하며 어떤 pH에 있어서 기질과 가장 결합하기 쉬운 상태로 되어 최대의 반응속도를 나타낸다. 이때의 pH를 최적 pH(optimum pH)라고 한다.

모든 효소에는 작용 최적 pH가 있는데 보통 pH 4.3~8.0의 범위에 있다. 그러나 예외인 것으로 pepsin은 pH 1.8, arginase는 pH 10.0이 최적 조건이다. 또한 효소의 작용 최적 pH는 기질의 종류에 따라서 다를 수 있다. 따라서 실험실에서의 효소 반응이나 식품공업

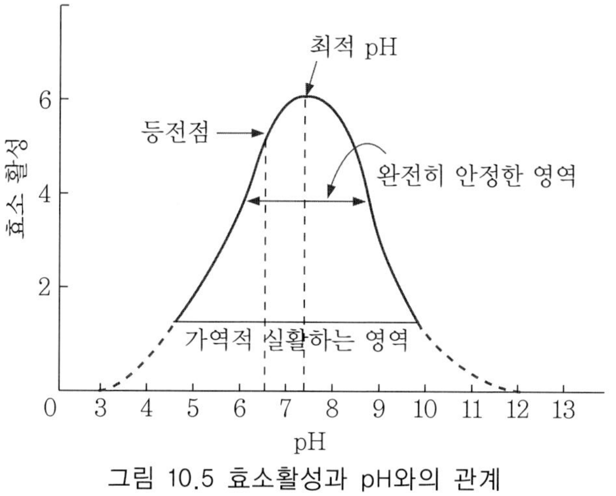

그림 10.5 효소활성과 pH와의 관계

에서 사용되는 대규모의 공업적인 효소 반응을 순조롭게 진행시키기 위해서는 pH의 조절이 매우 긴요하다.

3. 효소 농도

효소 반응에서 온도, pH 및 기질 농도가 일정할 때 효소 농도에 따른 효소 활성의 변화를 보면 그림 10.6과 같다.

반응의 초기단계, 즉 효소 농도가 낮은 경우에는 반응속도와 효소 농도가 직선적으로 변화한다. 이때 효소의 농도는 반응의 제한인자가 되며 기질은 충분하여 제한인자가 아니다.

한편, 반응의 후기 단계에는 효소 농도가 증가함에 따라 반응속도가 그리 증가하지 않는다. 이때에는 기질 농도가 제한인자가 되며 기질을 더 첨가하지 않는 한 반응속도는 증가되지 않는다.

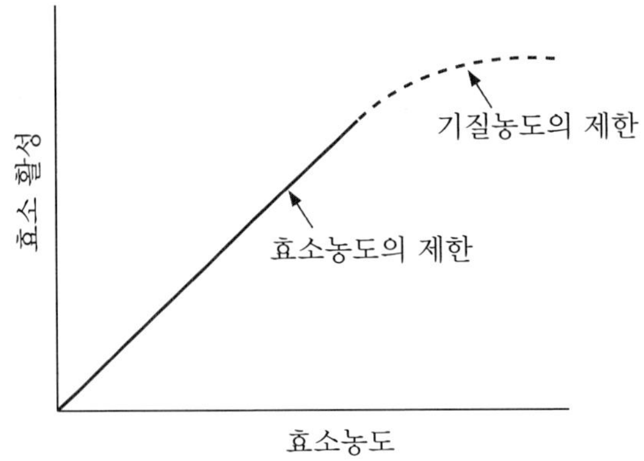

그림 10.6 반응속도에 미치는 효소농도의 영향

4. 기질 농도

효소 반응에서 효소 농도가 일정하고 기질의 농도가 낮을 경우 즉 반응의 초기단계에는 반응속도가 기질 농도에 비례하지만 어느 범위를 넘어 후기 단계에는 정비례하지 않고 일정치에 달하게 된다(그림 10.7). 다시 말해서 기질의 농도가 낮으면 기질 농도는 반응속도에 큰 영향을 주지만 고농도에서는 전혀 영향을 주지 않아 반응속도는 일정하게 된다.

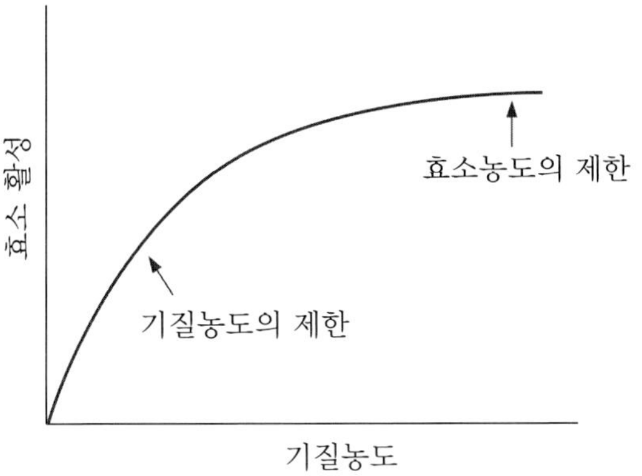

그림 10.7 반응속도에 미치는 기질농도의 영향

효소의 반응은 효소 고유의 촉매능과 효소와 기질의 충돌 빈도라는 두 가지 인자가 관계되는 것으로 생각된다. 이 경우 충돌의 빈도는 효소량이 일정하면 기질의 농도에 비례한 다. 그러나 기질 농도가 어느 일정치에 달하면 효소의 표면은 기질로 포화되어 충돌의 빈도는 결국 반응속도에 영향을 미칠 수 없게 되며 반응속도는 효소 고유의 촉매능에만 지배되어 일정한 반응속도가 얻어진다.

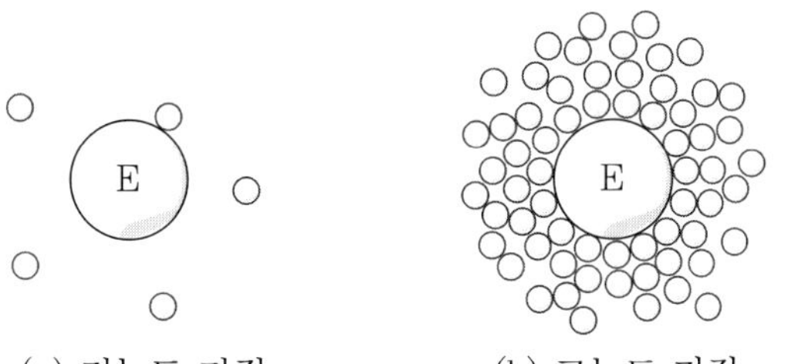

그림 10.8 효소와 기질과의 충돌 빈도

이와 같이 반응 용액 중에 존재하는 대개의 효소 분자가 완전히 고유의 촉매작용을 발휘할 때 얻어지는 반응속도를 최대 속도라 하고 V 또는 V_{max}로 나타낸다. 이때는 반응계의 모든 효소가 기질에 의해서 포화되고 효소-기질 복합체로 되어 있다.

한편, *Michaelis*와 *Menten*은 효소와 기질이 가역적으로 결합하여 효소-기질 복합체를 형성한다는 관계로부터 다음과 같은 식을 제안하였다.

$$V = \frac{V_{max}[S]}{K_m + [S]}$$

단, V = 기질 농도[S]에서 초기 단시간의 반응속도

V_{max} = 최대 반응속도
[S] = 기질의 전체 농도
K_m = *Michaelis–Menten* 상수

V = V_{max}/2일 때 K_m=[S]로 된다. 즉, K_m은 효소가 최대 반응속도의 절반으로 될 때의 기질 농도이며, K_m의 농도에서 효소는 기질에 의해 반포화 상태에 있다. 따라서 K_m값이 작을수록 기질에 대한 효소의 친화성이 크며 K_m값이 클수록 친화성이 작아진다는 것을 나타낸다. K_m값은 실험에서 얻어진 반응속도와 기질 농도의 역수를 X축과 Y축에 표시한 *Lineweaver–Burk*의 그래프을 이용하여 구할 수 있으며, 보통 10^{-2}~10^{-5}M 범위에 있다.

5. Michaelis–Menten 상수 및 Lineweaver–Burk 그래프

*Michaelis–Menten*식에서 효소 반응속도가 최대속도의 1/2이 되는 특수한 경우, 즉 V = V_{max}/2이면

$$\frac{V_{max}}{2} = \frac{V_{max}[S]}{K_m + [S]}, \quad \frac{1}{2} = \frac{[S]}{K_m + [S]}, \quad K_m = [S]\text{이다.}$$

그러므로 *Michaelis–Menten* 상수 K_m은 효소 반응속도가 V_{max}/2일 때의 기질 농도를 말한다(그림10.9).

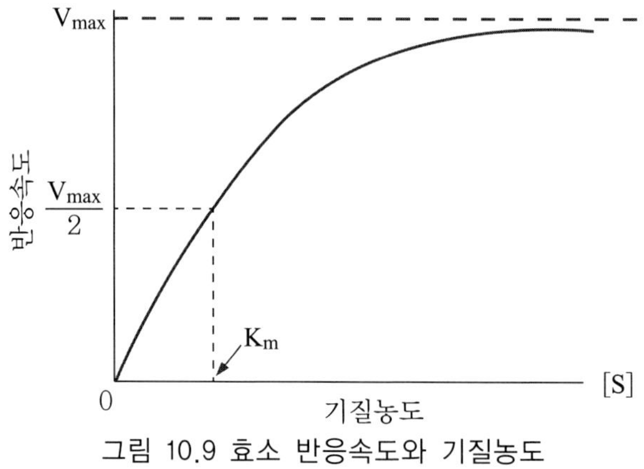

그림 10.9 효소 반응속도와 기질농도

효소에 대한 K_m과 V_{max}는 서로 다른 기질농도에서 초기 반응속도를 측정함으로써 구할 수 있다. *Michaelis–Menten*식의 양변을 역수를 취해 정확한 수치를 구할 수 있다.

$$\frac{1}{V} = \frac{K_m}{V_{max}} \cdot \frac{1}{[S]} + \frac{1}{V_{max}}$$

초기 속도의 역수는 기질농도의 역수 함수의 방정식이 된다. 이런 그래프를 *Lineweaver–Burk* 이중 역수도시 방정식(*Lineweaver–Burk* equation double reciprocal plot)이라 하는데 이 직선은 $y = ax + b$라는 식을 만들어낸다(그림 10.10).

이 직선의 기울기는 K_m/V_{max}이고, x축 절편은 $-1/K_m$, y축 절편은 $1/V_{max}$이다.

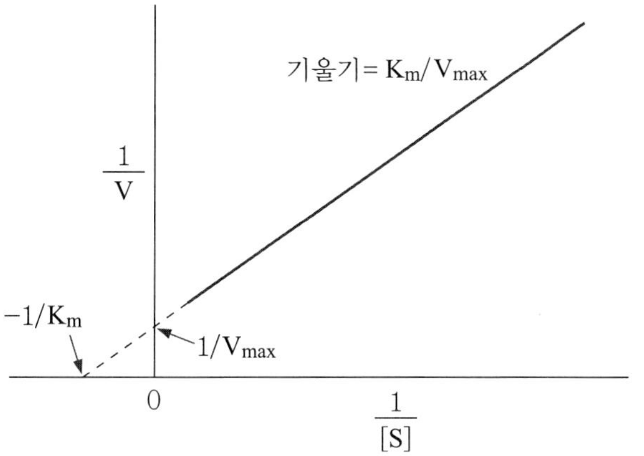

그림 10.10 Lineweaver–Burk 도시법

6. 활성제

효소의 촉매작용에 의한 반응속도가 어떤 물질의 첨가에 의해 증대하는 현상을 활성화라 하고 이러한 역할을 가진 물질을 활성제(activator)라고 한다.

예를 들면, papain, bromelain 등의 SH기를 활성 중심으로 하는 효소는 요오드산염 등의 산화제와 공기 중의 산소에 노출됨으로서 불활성화되지만 여기에 cysteine과 glutathione 등의 SH화합물을 가하면 원래의 활성으로 되돌아간다. 또 arginase는 Mn에, carboxylase는 Mn, Mg에, hexokinase는 Mg에 의해서 활성화된다.

한편, 효소의 활성을 지속시키는 역할을 하는 보호 물질이 있다. 예를 들면 Ca^{2+}은 amylase나 trypsin의 실활을 방지하는 역할을 하는 보호 물질이다.

7. 저해제

효소는 활성제와는 반대로 어떤 물질을 첨가함으로써 반응속도가 떨어지는 현상을 저해라고 하며 그러한 물질을 저해제(inhibitor)라고 한다. 저해에는 가역적인 것과 불가역적인 것이 있다. 가역적 저해에서는 효소의 활성 부위 또는 거기에 준하는 중요한 부위에 저해제가 가역적으로 결합하여 투석 등에 의해서 이것을 제거하면 활성이 회복된다. 불가역적 저해인 경우에는 저해제가 효소와 화학반응으로 결합하여 활성을 불가역적으로 잃게 한다. 가역적 저해에는 길항적 저해(competitive inhibition), 비길항적 저해(noncompetitive inhibition), 불길항적 저해(uncompetitive inhibition)의 3가지 형식이 있다.

1) 길항적 저해

효소의 활성 부위가 기질 이외에 기질과 구조가 비슷한 물질과 결합하는 경우에 볼 수 있는 저해이다. 예를 들면 succinic acid dehydrogenase는 기질인 succinic acid와 구조가 비슷한 malonic acid가 효소 활성 부위에 결합하면 본래의 기질인 succinic acid는 이 활성 부위에 결합할 수가 없기 때문에 효소 반응은 저해된다. 두 가지의 경합에 의한 저해이므로 기질 농도가 높은 경우에는 malonic acid에 의한 길항 저해는 상대적으로 약해진다.

2) 비길항적 저해

기질과 결합하는 활성 부위 이외의 부위에 저해제가 결합하여 효소-저해제 복합체를 형성하면서 효소-기질 복합체에도 저해제가 같은 세기로 결합해서 3자 복합체를 만듦으로써 생성물에 이르는 경로가 저해되는 저해이다.

3) 불길항적 저해

저해제가 유리의 효소와는 결합하지 않으나 효소-기질 복합체와는 결합해서 이것을 불활성화하는 형의 저해이다. 불길항적 저해는 일기질 반응에서 일어나는 일은 드물지만 다기질 반응에서의 생성물 저해에서는 매우 중요하다.

한편, 불가역적 저해는 중금속염(Pb, Hg, W), tannin, trichloroacetic acid 등 단백질 침전제에 의해서도 일어난다. 이러한 저해제는 특정 효소에만 작용하는 것이 아니나 자연에서 간혹 발견되는 특이적인 저해제도 존재한다. 예를 들면 trypsin은 생대두 중에 들어 있는 고분자 화합물에 의해서 특이적으로 저해된다.

제4절 효소의 명칭과 분류

효소의 명칭에는 trypsin, pepsin과 같이 옛부터 사용되어온 관용명과 「ase」라는 어미를 붙이는 계통명이 있다. 계통명을 붙이는 경우에는 maltase와 같이 기질 명칭을 쓰는 경우, oxidase와 같이 반응 명칭을 쓰는 경우, 그리고 succinic dehydrogenase와 같이 기질 명칭과 반응 명칭을 동시에 쓰는 경우가 있다.

이와 같이 불규칙한 효소의 명칭과 분류 체제를 체계적으로 통일시킬 필요를 느끼게 되어 1961년 생화학 국제연합(International Union of Biochemistry)은 효소 위원회(Commission on Enzymes)에서 제안한 명명과 분류법을 채택하게 되었다. 이 체계적 분류에서 효소들은 촉매 반응의 형식에 따라 다음과 같이 6가지 종류로 구분된다.

1) 산화환원효소(oxidoreductases)

산화환원 효소는 수소원자나 전자의 이동 또는 산소원자의 기질로의 첨가 반응을 촉매하며, 이 효소에는 탈수소 효소, 환원 효소, 산화효소, catalase, peroxidase, oxygenase 등이 있다.

2) 전이효소(transferase)

전이효소는 기 또는 원자단을 한 화합물로부터 다른 화합물로 전달하는 반응을 촉매한다.

$$A + B - X \rightleftharpoons A - X + B$$

A는 수용체, B−X는 공여체 기질, X는 전달되는 부분이다. 전달되는 원자단에는 인산기, amino기, methyl기, carboxyl기, acyl기 등이 있다.

$$\text{L−aspartate} + \alpha\text{−ketoglutarate} \underset{\text{aspartate aminotransferase}}{\rightleftharpoons} \text{oxaloacetate} + \text{L−glutamate}$$

3) 가수분해효소(hydrolase)

가수분해 효소는 H_2O분자가 개재하여 복잡한 유기화합물을 다음과 같이 분해한다.

$$R - R' + H_2O \rightleftharpoons ROH + HR'$$

가수분해 효소에는 다당류나 배당체 등의 glycoside 결합을 분해하는 것, 단백질 등의 peptide 결합을 분해하는 것, 지질 등의 ester 결합을 분해하는 것 등이 있다.

4) 제거효소(lyase)

제거 효소는 기질로부터 carboxyl기, aldehyde기, H_2O, NH_3 등을 가수분해에 의하지 않고 분리하여 이중결합을 만들거나 반대로 이중결합에 이들을 첨가하는 반응을 촉매한다.

$$\text{L-histidine} \xrightarrow[\text{histidine ammonialyase}]{} \text{urocanate} + \text{ammonia}$$

5) 이성화효소(isomerase)

이성화 효소는 기질 분자의 분해, 전위, 산화반응이 따르지 않는 분자내 상호 변화, 즉 이성화 반응을 촉매한다.

$$\alpha\text{-D-glucopyranose} \xrightleftharpoons[\text{glucose isomerase}]{} \alpha\text{-D-fructofuranose}$$

6) 합성효소(ligase, synthetase)

합성 효소는 ATP 등의 pyrophosphoric acid 결합의 분해와 공역하여 2개의 분자를 결합시키는 반응을 촉매한다.

$$\gamma\text{-L-glutamyl-cysteine} + \text{ATP} + \text{glycine} \xrightarrow[\text{glutathione synthetase}]{} \text{glutathione} + \text{ADP} + \text{phosphate}$$

체계적 명명법에 따른 각 효소들의 명칭은 두 부분으로 이루어져 있으며, 또 4단위의 숫자로 분류된다. 첫 부분은 기질을 나타내고 다음 부분은 반응의 성격을 나타낸다. 잘 알려진 β-amylase의 체계적 명칭은 α-1, 4-glucan maltohydrolase이며, 이것의 분류는 EC

3.2.1.2[3]이다. 체계적인 명칭은 혼란을 배제하고 있으나 사용하기에 너무 복잡하기 때문에 일반적으로 속명이 여전히 널리 사용되고 있다.

제5절 식품과 효소

신선한 식품조직 중에는 각종의 효소가 함유되어 있으며 또 미생물에는 특정의 효소를 다량으로 생산하는 것이 있다. 따라서 신선한 식품을 그대로 방치하거나 식품에 미생물이 오염된 경우에는 여러 가지 변화가 일어난다. 이들의 변화에는 식품의 품질을 저하시키는 것이 있는가 하면 식품 가공에 중요한 역할을 하는 것도 있다.

한편, 어떤 효소들은 식품공업에 있어서 가공 수단으로 이용된다. 예를 들면, rennin은 치즈 제조에 이용되고, pectin 분해효소는 과실주스의 청징제로 이용된다. 또 간장이나 된장제조에 있어서 미생물이 생산한 protease, amylase 등이 간접적으로 이용된다.

식품공업에 이용되는 효소들은 고등동물이나 식물에서도 얻어지지만 대부분이 미생물로부터 얻어진다. 식품 가공에 이용되는 효소와 그 용도를 열거하면 표 10.1과 같다.

표 10.1 식품가공에서 효소의 이용

효소	식품	작용
Amylase	빵, 과자	효모 발효성 당의 증가
	맥주	전분 → 발효성 당, 전분의 혼탁 제거
	곡류	전분 → 덱스트린, 당, 수분 흡수증대
	초콜릿, 코코아	유동성을 위한 전분의 액화
	사탕류	당의 회수
	과일주스	발포성 증진을 위한 전분의 제거
	젤리	발포성 증진을 위한 전분의 제거
	pectin	사과즙을 짜고난 찌꺼기에서 pectin 제조 도움
	시럽, 당류	전분 → 저분자 dextrin(콘시럽)
	채소류	완두의 연화처럼 전분의 가수분해

[3] EC(Enzyme Commission) 3.2.1.2 : 국제효소위원회에서 결정한 코드번호라는 것을 나타낸다. 첫 번째의 숫자는 효소의 대분류(class) 번호인 1~6의 6종의 대부류로 구분되며 그 중 어느 것에 속하는가를 나타냄. 두 번째의 숫자는 중분류(sub-class)를 나타냄. 세 번째의 숫자는 세분류(sub-sub-class)를 나타냄, 네 번째의 숫자는 세분류(sub-sub-class)에서의 일련번호임. 즉,

3.-.-.- Hydrolases

3.2.-.- Glycosylases

3.2.1.- Glycosidases(hydrolyzing o-glycosyl compounds)

3.2.1.2 α-1,4-glucan 4-maltohydrolase(β-amylase)

Cellulase	맥주 커피 과실류	세포벽 성분인 복합탄수화물의 가수분해 원두 건조시 섬유소의 가수분해 배의 촉감 개선, 살구, 토마토의 박피촉진
Dextran−sucrase	당시럽 아이스크림	시럽의 증점 증점제로서 dextran 첨가
Invertase	인조꿀 캔디	sucrose → glucose + fructose 초콜릿을 입힌 연질크림캔디 제조
Lactase	아이스크림 사료 우유	껄끄름한 촉감을 주는 lactose의 결정화 방지 lactose → galactose + glucose 동결우유에서 lactose를 제거하여 우유단백질 안정화
Tannase	맥주	polyphenol성 화합물의 제거
Pentosannase	도정, 제분	밀가루에서 전분의 회수
Naringinase	감귤류	naringin 가수분해로 쓴맛 제거
Pectic enzymes (유용)	초콜릿−코코아 커피 과실류 과실주스류 올리브 포도주류	코코아 발효시 가수분해 작용 원두 발효시 점성의 종피 가수분해 연화 착즙수율 증진, 혼탁방지, 농축조작 개선 유지추출 청징
Pectic enzymes (변패)	감귤주스 과실류	주스에서 pectin질의 파괴 분리 과도한 연화작용
Proteases(유용)	빵 과자류 맥주 곡류 치즈 초콜릿−코코아 달걀 가공품 사료 육류, 어류 우유 단백질 가수분해물 포도주	반죽의 연화작용, 혼합시간 단축, 신장도 증가, 가공, texture, 체적개선, β−amylase 방출 발효중 영양소, 향미 생성, 여과청징 촉진, 냉각혼탁 방지 단백질 변성으로 건조속도 단축, 취급 용이케 함. 된장·두부 제조 casein 응고, 숙성중 특유향 생성 발효 중 원두에 작용 건조특성 개선 폐기물 → 사료 연화, 뼈, 찌꺼기에서 단백질 회수, 기름의 유리 두유제조 간장, 특수식품 육즙, 건조스프, 가공육 등의 조미 청징
Proteases(변패)	달걀 게류 밀가루	신선 및 건조 전란의 선도 유지기간 단축 빨리 불활성화하지 않으면 과도한 연화 활성이 너무 강하면 용적, texture에 영향
Lipase(유용)	치즈 유지 우유	숙성, 일반적인 향미 특성 lipids → glycerol + 지방산 우유초콜릿에 사용되는 약간 숙성된 향미 생성
Lipase(변패)	곡류 우유 유제품 유지	과도한 갈변 가수분해적 변패 가수분해적 변패
Phosphatases	유아식 맥주 우유	유용한 인산염의 증가 인산염 화합물의 가수분해 저온살균효과의 검정

Nucreases	향미증진제	nucleotide와 nucleoside류의 생산
Peroxidases(유용)	채소류 포도당 정량	데치기 효과의 검정 glucose oxidase와 혼용
Peroxidases(변패)	채소류 과실류	불쾌취 갈변반응 촉진
Catalase	우유 각종 제품	냉살균시 H_2O_2 파괴 포도당이나 산소를 제거하여 갈변 또는 산화를 억제함. glucose oxidase와 함께 사용
Glucose oxidase	각종 식품	맥주, 치즈, 탄산음료, 건조달걀, 과실주스, 육류, 어류, 분유, 포도주중 산소나 포도당을 제거하여 산화, 또는 갈변방지, catalase와 함께 사용
Polyphenol oxidase(유용)	포도당 정량 차, 커피, 담배	포도당 정량, peroxidase와 병용 성숙, 발효, 숙성중 갈변
Polyphenol oxidase(변패)	과실, 채소류	갈변, 불쾌취 발생, vitamin 손실
Lipoxygenase	채소류	필수 지방산과 vitamin A의 파괴, 불쾌취 생성
Ascorbic acid oxidase	채소류, 과실류	vitamin C 파괴
Thiaminase	육류, 어류	thiamine 파괴

여기서는 주로 식품의 저장, 가공 중 색, texture, 영양가 등의 변화와 밀접한 관계가 있는 산화환원 효소와 가수분해 효소에 관해서 논의한다.

1. 산화환원효소

1) Phenolases

효소적 갈변에 관여하는 효소들을 polyphenoloxidase, polyphenolase 또는 phenolase라고 부른다. 이들은 phenol성 물질을 o-quinone으로 산화하는 능력을 가진 모든 효소들을 포함한다. o-dihydroxyphenol을 o-quinone으로 전환하는 것이 그 대표적인 예이다.

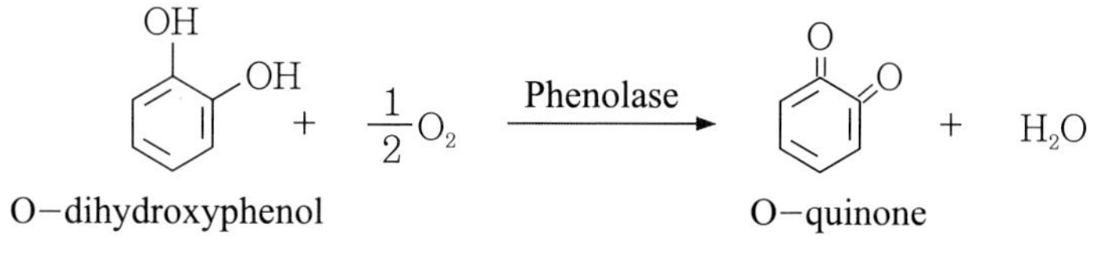

Polyphenolase류의 작용은 식물 조직의 손상시 갈변을 유도하는 데 결정적인 역할을 하나 차나 커피의 경우는 유익하다. 모든 식물체에 존재하지만 특히 감자, 양송이, 사과, 복

숭아, 바나나, 차잎 및 커피원두에 많다.

이 효소들은 o−phenol을 o−quinone으로 바꾸는 이외에 또한 monophenol류를 o−diphenol로 전환시킨다. 다음 그림에서 BH_2는 o−phenol성 화합물을 나타낸 것이다.

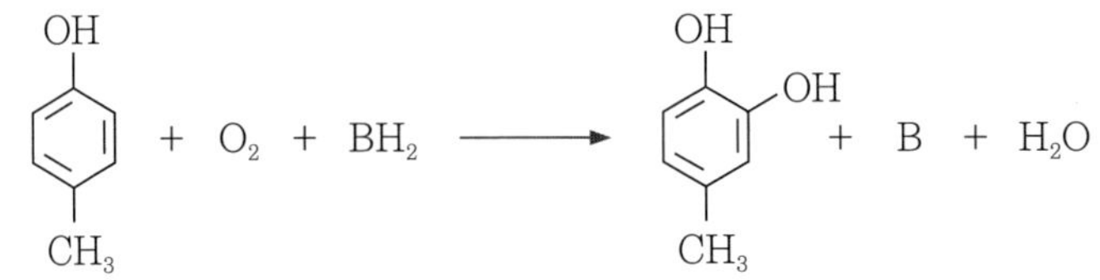

p−Cresol　　　　4−Methyl−catechol

이러한 작용을 구분하기 위하여 catecholase 활성과 cresolase 활성으로 나타낸다. 이와 같은 두 가지 활성을 위해서 구리가 필수적이며 모든 polyphenolase들의 성분으로 들어 있다.

Polyphenoloxidase류의 기질은 식물 조직에 들어있는 phenol성 화합물, 주로 flavonoid류이다. 이것들에는 catechins, anthocyanidins, leucoanthocyanidins, flavonols 및 cinnamic acid 유도체들 등이 있다.

2) Glucose oxidase(β−D−glucose : oxygen oxidoreductase)

이 효소는 산소 존재하에 D−glucose를 δ−D−gluconolactone과 과산화수소로 산화하는 것을 촉매한다.

$$\underset{\text{D-glucose}}{C_6H_{12}O_6} + O_2 \xrightarrow{\text{glucose oxidase}} \underset{\delta\text{-D-gluconolactone}}{C_6H_{10}O_6} + \underset{\text{hydrogen peroxide}}{H_2O_2}$$

많은 곰팡이에 들어있고 β−D−glucopyranose에 고도의 특이성을 나타낸다. 이 효소는 분자상의 산소와 직접 결합하여 glucose를 산화하지는 않는다. 이 반응에서는 dehydrogenase로 작용하는 산화형의 효소 EFAD가 관여한다. 두 수소원자들은 glucose로부터 제거되어 환원형의 효소인 EFAD H_2와 δ−D−gluconolactone을 형성한다. 그 다음에 분자상의 산소에 의해서 다시 산화된다. Gluconolactone은 물의 존재 하에 가수분해되어 D−gluconic acid를 형성한다.

식품 가공에서 glucose oxidase는 통조림 또는 병조림 제품의 윗공간(head space)에 잔류된 산소를 제거하거나 glucose를 제거하기 위해서 사용된다.

3) Catalase(hydrogen-peroxide : hydrogen peroxide oxidoreductase)

Catalase는 2분자의 과산화수소를 물과 분자상의 산소로 분해하는 것을 촉매한다.

$$2H_2O_2 \xrightarrow{\text{catalase}} 2H_2O + O_2$$

식물, 동물 및 미생물에 들어 있으며 4개의 세부 단위 구조로 되어있고 각각은 독립된 활성 부위를 이루는 protohemin기를 갖는다. 분자량은 240,000이고 peroxidase보다 열에 불안정하다. 예를 들면, 끓는 물에 1분간 완두콩을 데쳤을 때 70~90%의 peroxidase 활성과 80~100%의 catalase 활성이 파괴된다. 중성 pH에서 catalase는 35℃에서 활성을 신속히 잃는다. 이 효소는 위의 촉매작용 이외에 peroxidase의 활성도 갖는다. 이러한 작용은 과산화수소의 농도가 낮고, 예로 alcohol류와 같은 수소 공여체의 존재하에서 일어난다.

식물체에서 catalase는 두 기능을 가진다. 첫째는 산화 대사에서 생성된 과량의 H_2O_2를 제거하는 일이고 둘째로는 phenol류, alcohol류 및 그 밖에 수소 공여체의 산화에서 H_2O_2를 사용하는 능력이다.

Glucose oxidase와 catalase의 조합은 식품으로부터 미량의 glucose나 산소를 제거하고 glucose로부터 gluconic acid를 제조하는 등의 식품공업에 이용된다.

$$\text{glucose} + 1/2\ O_2 \xrightarrow[\text{catalase}]{\text{glucose oxidase}} \text{gluconic acid}$$

4) Peroxidase(doner : hydrogen peroxide oxidoreductase)

이 효소가 관여하는 반응에는 수용체로 과산화수소, 수소원자의 공여체로 AH_2 화합물이 각각 관여한다.

$$H_2O_2 + AH_2 \xrightarrow{\text{peroxidase}} 2H_2O + A$$

Catalase 작용에 반해서 분자상의 산소가 생성되지 않는다. Peroxidases는 철을 함유하는 것과 flavoprotein을 가지는 것으로 분류된다. 전자는 다시 ferriprotoporphyrin peroxidases와 verdoperoxidases로 세분된다. Ferriprotoporphyrin peroxidases는 보결분자단으로 ferriprotoporphyrin III(protohemin)을 갖는다. 일반 식물체(무화과, 순무 등)의 perexidase류는 이 부류에 속하며 고도로 정제하면 갈색을 띠운다.

Verdoperoxidases는 동물 조직이나 우유의 peroxidase(lactoperoxidase)가 있다. 이 효소

에는 보결분자단으로 protohemin 대신에 철-porphyrin핵을 가지며 고도로 정제하면 녹색을 띠운다. Flavoprotein peroxidases는 미생물과 동물 조직에 들어 있으며 보결분자단으로 FAD를 가지고 있다.

Peroxidase는 식물 조직 중에 널리 존재하며 ethylene의 생합성, 성숙과 과숙의 조절, chlorophyll의 분해 및 indole-3-acetic acid의 산화 등 식물 조직의 발육과 성숙에 중요한 역할을 한다.

한편, peroxidase는 배의 석세포(stone cell)[4]를 형성하는 데 관여한다. 완전한 활성을 가지지 않는 결합형의 peroxidase가 다량의 석세포를 가지는 과실에 많다. 석세포는 성질이 lignocellulose와 같다. 칼슘은 세포벽에 결합된 peroxidase를 방출하고 따라서 lignin의 축적을 감소시킨다.

Peroxidase 시험은 과실, 채소류의 데치기(blanching) 정도를 판단하는 데 이용된다. 그러나 동결저장 중 불쾌취를 내는 효소들은 어떤 조건하에서 다시 재생되는 사실이 알려졌다. 이 재생은 비교적 보편적인 것이며 대개 데치기 과정에서 어느 점까지는 온도가 올라갈수록 빨라진다. Peroxidase의 열 불활성화는 가열 시간과 온도의 함수이며, 재활성화 속도는 pH 9에서 최대치를 나타냈고 재활성 정도는 hematin을 첨가하면 증가하였다. Lactoperoxidase는 85℃로 13초간 가열하면 완전히 파괴되었으나, 고온 단시간 살균의 조건하에서는 재생될 수 있다.

그림 10.11는 우유를 85℃에서 10초간 가열시 lactoperoxidase 활성을 재생하는 것을 표

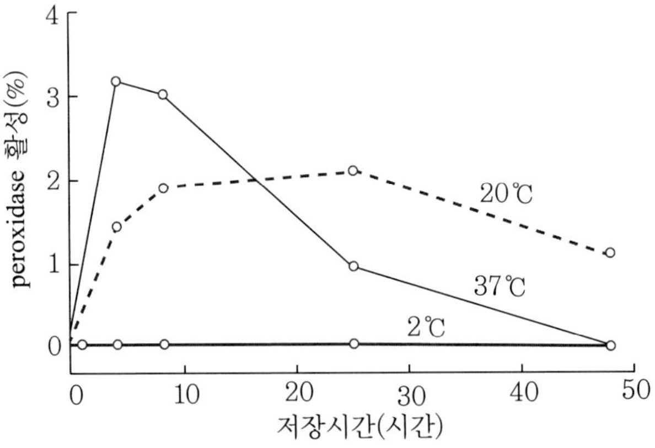

그림 10.11 저장 온도에 따른 UHT 처리 우유의 peroxidase 활성의 재생

---

[4] 석세포(stone cell) : 단면은 거의 정다각형으로 분지하지 않고 세포벽은 비후하여 벽은 명료한 층 구조를 나타내는 세포를 말한다. 배의 중과피(과육), 작약, 다알리아 덩이 뿌리 내에는 석세포가 수개씩 군을 이루어 산재하며 이상조직이 된다.

시한 것이다. 재생은 저장 온도의 영향을 크게 받아 낮은 온도일수록 재생 효과는 적다.

Lactoperoxidase는 우유의 혈청단백과 관련되어 있으며, 최적 pH는 6.8이며 분자량은 82,000이다.

5) Lipoxygenase(linoleate : oxygen oxidoreductase)

이전에는 lipoxidase로 알려져 온 이 효소는 식물체에 들어 있으며 불포화 지방의 산화를 촉매한다. 주요 급원은 콩, 강낭콩, 완두 등의 두류이며 땅콩, 밀, 감자 및 무에는 소량 들어 있다.

Lipoxygenase는 특이성이 매우 높으며, linoleic acid, linolenic acid 및 arachidonic acid에 들어있는 *cis*−*cis*−1, 4−pentadiene기(−CH=CH−CH_2−CH=CH−)를 산화하여 hydroperoxide를 형성한다.

Lipoxygenase의 최적 pH는 약 9이다. 그러나 이 값은 기질로서 linoleic acid를 사용하여 측정한 것이며, 자연계에서 기질은 triglyceride형으로 존재한다. 이 효소의 분자량은 102,000이고 등전점은 5.4이다. Lipoxygenase에 의한 peroxide의 형성은 보통 지방 항산화제에 의해서 억제된다.

대부분의 식품에서 이 효소의 작용은 바람직하지 못하나 제빵시에는 바람직한 변화를 가져온다. 밀가루 반죽에 콩가루를 첨가하면 xanthophyll 색소의 산화 때문에 표백 효과가 있다. 또 반죽의 제빵 특성이나 rheology 특성에도 영향을 미친다. 이 효소는 gluten 단백질 중 −SH기의 산화를 간접적으로 촉매하여 S−S 결합을 형성한다. 생콩을 물과 함께 갈아서 두유를 만들 때 콩 비린내로 알려진 강한 불쾌취가 생성된다. 그러나 끓는 물에서 마쇄하면 효소가 즉시 파괴되어 불쾌취가 생성되지 않는다. 따라서 콩이나 완두 등에서 lipoxygenase에 의한 불쾌취 생성을 방지하기 위해서는 데치는 것이 필수적이다. 이 효소는 불쾌취 생성 이외에 또한 carotene, vitamin A, chlorophyll, bixin 등의 색소를 파괴한다.

2. 가수분해효소

1) Proteases

식품공업에서 매우 중요한 이 효소들은 그림 10.10과 같이 peptide 결합을 가수분해한다. 효소 작용에 요구되는 특이성으로서는 그림에서 R_1과 R_2의 성질, 아미노산의 입체구조, 기질 분자의 크기 및 X와 Y기의 성질 등이며 특히 중요한 것은 R_1과 R_2기이다.

즉, α-chymotrypsin은 R_1이 tyrosine, phenylalanine 또는 tryptophan 잔기의 부분일 때만 peptide 결합을 가수분해한다. Trypsin은 R_1이 arginine 또는 lysine 잔기에 속하는 것을 필요로 하고 pepsin과 carboxypeptidase는 phenylalanine 잔기의 R_2를 필요로 한다.

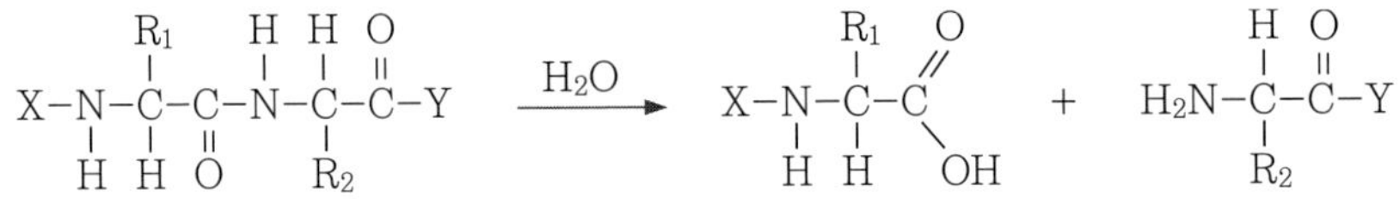

그림 10.12 Protease에 의한 반응

이 효소들은 L형의 입체구조를 가진 아미노산을 분해하지만 분자의 크기는 제한이 없다. X와 Y의 성질에 따라 endopeptidase와 exopeptidase로 구분된다. 전자는 기질 분자 내부의 peptide 결합을 임의로 분해하고 X와 Y가 유도체화 되었을 때 최대 활성을 나타낸다. Carboxypeptidase류는 Y가 hydroxyl기이고 aminopeptidase류는 X가 수소이며, dipeptidase류는 X와 Y가 유도체화되지 않은 것을 필요로 한다.

단백 분해 효소류는 산성 protease(acid protease), serine protease, sulfhydryl protease 및 금속 함유 protease(metal containing protease) 등 4가지 부류로 구분한다.

(1) 산성 proteases

이 효소들은 최적 pH가 산성이다. 이 부류에 속하는 것은 pepsin, rennin(chymosin) 및 다수의 미생물 protease 등이다.

Rennin은 젖먹이 송아지의 제4위에 들어 있다. 이것은 불활성의 zymogen의 형태인 prorennin으로 분비된다. 건조된 위에서 얻어진 정제하지 않은 추출물은 rennin과 prorennin을 함유하며, prorennin은 산의 첨가에 의해서 rennin으로의 전환이 촉진된다. 이러한 전환은 prorennin의 분자량이 14% 감소되는 제한된 단백분해가 자기촉매에 의해서 일어나며 pepsin에 의해서도 일어난다. 이때 prorennin의 N-말단으로부터 peptide가 분해되어 분자량이 약 36,000에서 대략 31,000으로 감소된다. 송아지가 자람에 따라 우유 이외에 다른 사료를 먹기 시작하면 위는 rennin 대신에 pepsin을 생산하기 시작한다. Rennin의 작용 최적 pH는 3.5이지만 5에서 가장 안정하며 치즈용 우유는 5.5~6.5 범위에서 응고한다.

Pepsin은 pepsinogen의 형태로 위의 점막에서 생성된다. 위의 강산성은 pepsin으로 되는 자기촉매작용을 촉진한다. Pepsinogen이 pepsin으로 될 때 6개의 peptide결합이 분해되고 계속된 작용으로 3개의 결합이 가수분해된다. 이때 분자량은 43,000에서 35,500으로 감소되고 등전점은 3.7에서 1 이하로 변한다. Pepsin의 작용 최적 pH는 2이고 2~5에서는 안정하나, 높은 pH에서는 효소가 쉽게 변성되어 활성을 잃는다. 치즈 제조시 rennin 대용의 다른 산성 protease들의 사용은 치즈 숙성시 쓴맛이 나는 peptide의 생성 여부와 초기의 과도한 가수분해로 수율이 저하되는지의 여부에 따라 결정된다. 치즈 제조에 사용되는 것으로 *Endothia parasitica*, *Mucor miehei*, 및 *Mucor pusillus* 등의 미생물로부터 얻는 제품들이 있다.

한편, 산성 protease는 각종 연질 치즈 숙성에도 작용한다. 예를 들면, Roquefort, Stilton, Camembert, Danish Blue 및 Brie와 같은 blue cheese에 *Penicillium* 속의 곰팡이가 이용된다. 곰팡이 산성 protease는 치즈의 표면 또는 전면에 생성된다. 또한 동남아 등의 발효식품인 장류에는 *Aspergillus oryzae*로부터 얻은 산성 protease가 사용된다.

(2) Serine protease

Chymotrypsin, trypsin, elastase, thrombin 및 subtilisin 등이 여기에 속한다. 활성 부위에 serine 잔기가 포함되어 있기 때문에 이러한 명칭이 붙었다. 따라서 이것들은 모두 serine 잔기의 hydroxyl기와 작용하는 diisopropyl phosphorofluoridate에 의해서 저해된다. 활성기로 imidazole기를 가지며 모두 endopeptidase들이다. Chymotrypsin, trypsin 및 elastase들은 췌장 효소이며 장내에서 소화 기능을 가진다. 불활성인 zymogen의 형태로 분비되며 제한된 단백 가수분해에 의해서 활성화된다.

(3) Sulfhydryl protease

효소 작용에 필수적인 성분으로 -SH기를 함유하므로 이러한 명칭이 붙었다. 대부분 식물성이고 식품공업에 널리 이용된다. 단지 cathepsin류만 이 세포 내 효소로서 동물 조직에 존재한다. 대표적인 것은 papain, ficin 및 bromelain 등이 있다.

Papain은 papaya나무(*Carica papaya*)의 열매와 잎이나 줄기에 들어있으며 미숙과의 수액을 정제하여 얻는다. 정제하여 단백질 1mole 당 1mole의 -SH기를 함유할 때 완전한 활성을 나타낸다. 정제하지 않은 papain은 충분한 활성을 나타내지 못하며 단백질 1mole당 0.5mole의 -SH기를 함유한다.

Bromelain은 파인애플 나무(*Ananas comosus*)의 줄기나 열매로부터 얻으며 줄기를 압착하고 착즙에 acetone을 첨가하여 효소를 침전시킨다. Ficin은 열대 무화과나무(*Ficus glabrata*)의 수액에서 얻으며 단일 효소가 아니고 3종류 이상의 단백분해 효소가 포함되어 있다.

이들 식물성 효소들의 활성 부위들은 작용의 필수성분으로 cystine과 histidine기를 함유한 다. 작용 최적 pH범위는 넓어서 6~7.5이고 60~80℃ 범위에서 안정하다. 분자량은 papain이 23,900이며, ficin이 25,500이고, bromelain이 20,000~33,200으로 아주 유사하다.

이들 효소들은 맥주의 냉각 혼탁 방지에 사용된다. 즉, 맥아 제조 후에는 비교적 큰 단백질 획분이 남아서 맥주를 저온에서 저장할 때 뿌옇게 혼탁된다. 이들 단백질을 잘 가수분해시키면 용액상태로 남게 된다. 또한 육류의 연화에도 사용된다. 효소를 도살육에 주입시키거나 절단육에 바른다. 내부에 주입시 불균일한 분해 작용이나 과다 분해 작용 등을 일으켜 손상을 입을 우려가 있다.

(4) 금속 함유 protease

이들 효소들은 금속을 필요로 하며 금속 흡착 화합물(metal chelating compounds)에 의해서 저해된다. 이들은 exopeptidase이며 유리 α-carboxyl기를 가지는 peptide사슬의 말단으로부터 아미노산을 제거하는 carboxypeptidase A(peptidyl-L-amino acid hydrolase)와 B(peptidyl-L-lysine hydrolase)가 있다. 또 aminopeptidase류는 peptide 사슬의 유리 α-amino 말단으로부터 아미노산을 제거한다. 이들은 보조인자(cofactor)로서 2가의 금속 이온을 필요로 하며 carboxypeptidase들은 아연(Zn)을 함유한다. 이들은 특이성이 커서 carboxypeptidase A는 C-말단 아미노산으로서 phenylalanine, tryptophan 또는 isoleucine을 요구하며, carboxypeptidase B는 arginine이나 lysine을 요구한다. Carboxypeptidase류는 비교적 분자량이 적어서 carboxypeptidase A는 34,600이고 aminopeptidase류는 약 300,000이다. 다수의 aminopeptidase류가 동물 조직에 존재하나 몇 가지는 미생물에 들어있다.

2) Esterases

이 효소들은 각종 화합물의 ester결합을 가수분해하며 생성물은 산과 alcohol이다. 이들 효소들은 triglyceride를 가수분해하며 여기에는 몇 가지 lipase류가 포함된다. 즉, Phospholipase류는 인지질들을, cholesterol esterase는 cholesterol ester류를 가수분해한다. Carboxylesterase는 tributyrin과 같은 triglyceride류를 가수분해하는 효소들이다. 이들은

lipase류와는 달리 수용성 기질을 가수분해한다. 반면에 lipase류는 emulsion의 물-지방질 계면에서만 작용한다. 따라서 물-지방질 간의 계면을 증가시키면 효소 작용도 증가한다. 예로 균질화한 우유가 그렇지 않은 것보다 lipase 활성이 강한 것은 이 때문이다.

Lipase류는 세균, 곰팡이 등의 미생물이나 생물체에 의해서 생성되며 췌장, 우유 등 동물성 식품에도 존재한다. Lipase류는 산패를 일으키는 유리지방산을 생성하므로 식품의 변질을 가져온다. 어떤 경우에 lipase의 작용은 바람직하기 때문에 일부러 생산하기도 한다. 향미(flavor)와 불쾌취(off-flavor)의 한계는 매우 좁다. 예를 들면, 우유에서 유지방의 가수분해는 매우 낮은 유리지방산 농도에서 불쾌취를 내지만 치즈에서 유지방의 가수분해는 바람직한 향미에 기여한다. 이들의 차이는 아마도 이들 지방산류가 포함된 배경과 지방산에 대한 각 효소들의 특이성에 관련되어 있는 것 같다. 유제품 중 형성된 유리지방산의 양은 표 10.2와 같다. Cheddar cheese보다 blue cheese의 경우가 유리지방산 함량이 훨씬 높다.

표 10.2 유제품 중의 유리지방산 함량

식품	유리지방산(mg/kg)
신선 우유	415
약간 산패된 크림	1,027
butter	2,733
cheddar cheese	1,793(12시료 평균)
blue cheese	23,500~66,700(3시료)

한편, 종실류 중의 lipase는 열에 의해서 파괴되지 않으면 지방의 가수분해를 일으킨다. 아프리카에서 팜유(palm oil)를 재래식으로 착유하면 10%이상의 유리지방산이 함유된다. 이러한 변패 문제는 곡류나 밀가루의 경우도 마찬가지이다. 밀이나 기타 곡류에서 lipase 활성은 수분의 함량에 크게 의존한다. 예를 들면, 밀 중에서 수분 함량이 15.1%인 것은 8.8%인 것에 비하여 그 활성이 5배나 높다.

3) Amylases

(1) α-amylase(α-1, 4-glucan 4-glucanohydrolase)

이 효소는 amylose와 amylopectin의 α-1, 4-glucan 결합을 내부에서 불규칙하게 가수분해시키는 효소로서 액화형 amylase라고도 한다. 이 효소는 동물에서는 타액, 췌장, 식물에서는 맥아 중에 들어있으며 또 곰팡이와 세균에서도 생산된다. 이 효소는 활성을 나타내기 위해서 Ca을 필요로 하며 또 Ca은 효소의 안정성을 강화한다.

맥아 중에 있는 이 효소는 맥주 제조에 가장 중요하다. 더욱이 각종 식품공업에 있어서 미생물 amylase가 많이 사용되고 있다. 최적 pH는 5.0~7.0이다.

(2) β-amylase(α-1, 4-glucan 4-maltohydrolase)

이 효소는 amylose와 amylopectin의 α-1, 4-glucan 결합을 비환원성 말단에서 maltose 단위로 규칙적으로 절단하여 dextrin과 maltose를 생성시키는 효소로서 당화형 amylase라고도 한다. 각종 식물의 조직 중에 존재하며, 특히 맥아, 밀, 고구마, 콩 등에 많다. 이 효소는 전분을 발효성 당으로 전환시키는 제빵, 맥주 제조 및 주정 공업에서 공업적으로 많이 이용된다. 이 효소의 활성 중심은 -SH기가 관계된다고 하며 Cu와 Hg에 의하여 저해된다. 최적 pH는 급원에 따라서 다르지만 5.0~7.0이다.

(3) Glucoamylase(α-1, 4-glucan glucohydrolase)

이 효소는 amylose와 amylopectin의 α-1, 4-glucan 결합을 비환원성 말단에서 glucose단위로 차례로 절단하는 효소이다. α-1, 4 결합 이외에도 분지점의 α-1, 6 결합도 서서히 분해한다. 따라서 전분을 분해하여 전부 glucose로 만든다. 세균과 곰팡이에 들어 있으며 옥수수 시럽과 포도당 제조에 공업적으로 이용된다. 최적 pH는 4.0~5.0이다.

(4) α-galactosidase(β-D-galactoside galactohydrolase)

이 효소는 lactose의 β-galactoside결합을 가수분해하여 α-D-glucose와 β-D-galactose로 분해시키는 효소로서 lactase라고도 한다. 이 효소는 고등동물, 세균, 효모 및 식물에 널리 분포한다. 사람의 장점막 세포에 lactase가 존재한다. 이 효소를 가지지 않는 사람을 유당불내증(lactose intolerance)[5] 환자라고 하며 이러한 사람은 우유를 적절히 소화하지 못한다. 이 효소는 용해도가 낮고 단맛이 적은 lactose를 가수분해하여 용해하기 쉽고 단맛이 있는 당류로 만들기 때문에 식품공업적으로 중요한 효소이다. 최적 pH는 급원에 따라 다르지만 5.0~7.0 부근이다.

---

[5] 유당불내증(lactose intolerance) : 체내 소화효소 중 lactase(β-galactosidase)가 결핍되어 우유 섭취시 우유에 있는 유당(lactose)을 분해하지 못하여 배에 가스가 차거나 설사를 일으킨다. 소화되지 못한 유당은 대장까지 이동하여 미생물에 의해 분해되고 이 과정에서 암모니아 가스와 유산을 만들어낸다. 이 물질들이 대장을 자극하여 복통과 설사를 일으키게 되는 것이다.

4) Pectin 분해효소(pectic enzymes)

이 효소들은 pectin질을 분해하며, 고등식물이나 미생물에 들어있고 달팽이를 제외하면 고등동물에는 들어있지 않다. 이들 효소들은 과일주스나 포도주 청징 및 과일 펄프의 마쇄를 촉진하는데 이용된다. Pectin의 거대 분자를 작은 분자인 galacturonic acid까지 분해시킴으로써 화합물은 수용성이 되고 현탁력을 잃으며 점도가 감소되고 불용성 펄프입자가 가라앉는다.

거의 모든 곰팡이와 많은 수의 세균들은 이들 효소를 분비하여 식물 세포 상호간을 유지하는 pectin층을 쉽게 분해한다. 그리하여 세포가 분리되고 파괴되면 식물 조직은 연화된다. 식물체 조직 중 pectin의 세균에 의한 분해는 과실, 채소의 연부(soft rot)로 알려져 있다. 식품 첨가용 시판 효소 제품은 순수한 것이 드물고 여러 종류의 효소들이 미량 들어 있지만 용도에 따라 주 효소가 다량 함유되어 있다.

(1) Pectin esterase(Pectin pectyl-hydrolase)

이 효소는 pectin으로부터 methoxyl기를 제거한다. 이것은 pectase, pectin methoxylase, pectin methyl esterase 및 pectin dimethylase 등으로 불려진다. 이 효소는 세균, 곰팡이 및 고등식물에 들어있고 감귤류나 토마토류에 많다. Pectin 분자 내의 methoxyl기의 분포가 이 효소 반응속도에 영향을 미친다고 한다.

과일주스의 혼탁 안정성(cloud stability)을 유지하기 위해서 고온단시간 살균법으로 pectin 분해효소를 불활성화한다. pectin은 불용성 입자를 현탁상태로 유지해 주는 일종의 보호교질이다. 토마토 주스나 퓨레를 생산할 때 많이 들어있는 pectin esterase를 파괴하는 것이 가장 중요하다. 이 효소는 토마토 조직이 파괴되자마자 신속하게 작용한다. 그래서 소위 "hot-break법"이라 하여 pectin 분해효소들이 즉시 파괴되도록 높은 온도로 처리한다.

(2) Polygalacturonase(poly-α-1, 4-galacturonide glycanohydrolase)

이 효소는 pectinase라고도 하며 pectin분자 내의 α-1, 4 결합에 작용하는 세포내 효소(endoenzyme)와 비환원성 말단으로부터 galacturonic acid를 차례로 가수분해하는 세포외 효소(exoenzyme)가 있다. 또 methyl화된 기질(pectins) 또는 유리 carboxyl기를 가진 기질(pectic acids) 어느 것에 주로 작용하는가에 따라 polymethylgalacturonase와 polygalacturonase로 세분하기도 한다. Endo-polygalacturonase는 과실이나 곰팡이에 들어 있으나 효모나 세균에는 없다. Exo-polygalacturonase는 당근, 복숭아 등의 식물체, 곰팡이 및 세균에 들어있다.

(3) Pectate lyase(poly-α-1, 4-D-galacturonide lyase)

이 효소는 *trans*-eliminase라고도 하며 glucuronide 부위의 C_4와 C_5로부터 수소를 전달에 의해서 제거(*trans*-elmination)함으로써 glucuronide의 glycoside성 결합을 분해한다. Pectin 중의 glycoside성 결합은 이 반응을 받기 쉽다. 이 효소는 endo형이며 곰팡이인 *Aspergillus niger*에서 특히 많이 얻는다. 정제 효소의 최적 pH는 5.1~5.2이고 등전점은 3~4이다.

5) 기타

(1) Invertase(β-D-fructofuranoside fructohydrolase)

이 효소는 sucrose를 가수분해하여 α-D-glucose와 β-D-fructose를 생성한다. 생성한 glucose와 fructose의 등량 혼합물을 전화당(invert sugar)이라고 하며, 이것은 sucrose보다 달다. 또한 결정성의 sucrose를 비결정의 전화당으로 바꾸는 작용을 이용하여 전화당, 시럽당, 인공벌꿀 등의 제조에 공업적으로 사용되고 있다. 이 효소는 효모 및 곰팡이로부터 공업적으로 생산되고 있다. 최적 pH는 4.5~5.0 부근이다.

(2) Naringinase

감귤의 과즙과 과피에 강한 쓴맛을 나타내는 성분은 주로 flavonoid 배당체인 naringin이다. 이 배당체를 분해하여 쓴맛을 감소시키는 효소를 naringinase라고 하며 곰팡이로부터 생산된다. Naringinase는 다음과 같은 형식의 두 가지 효소의 작용이라고 할 수 있다.

$$\text{naringin} \xrightarrow{\text{rhamnosidase}} \begin{matrix}\text{prunin}\\+\\\text{rhamnose}\end{matrix} \xrightarrow{\beta\text{-glucosidase}} \begin{matrix}\text{naringenin}\\+\\\text{rhamnose}\\+\\\text{glucose}\end{matrix}$$

이 효소의 최적 pH는 4이고 최적 온도는 60℃이다.

(3) Myrosinase

고추냉이, 겨자 등의 매운맛은 그들이 함유하는 sinigrin이라는 배당체가 myrosinase의 작용으로 분해되어 allylisothiocyanate를 생성하기 때문이다.

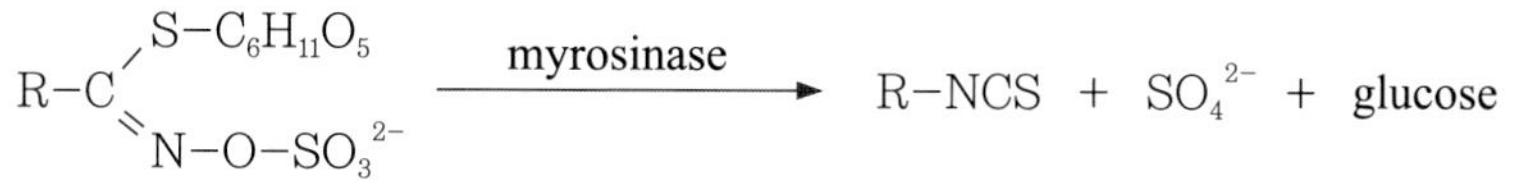

sinigrin　　R : allyl기　　겨자유(mustard oil)

원래는 이 효소가 thioglucosidase와 sulfatase의 두 가지 종류로 이루어져 있다고 알려져 왔지만, 최근에는 단일 효소로서 이러한 작용을 하는 것이 명백히 되었다. 또한 이 효소는 L−ascorbic acid에 의하여 극히 특이하게 활성화된다. 이 효소는 thioglucosidase의 일종이고 미생물도 sinigrin을 분해하는 glucosidase를 생산하지만 미생물의 것은 L−ascorbic acid에 의해서 활성화되지 않는다.

(4) Thiaminase

이 효소는 aneurinase라고도 하며 vitamin B_1(thiamine)을 분해하여 pyrimidine과 thiazole을 생성한다. 패류, 고사리 등의 동·식물계에 널리 분포하며 또한 장내 세균에도 생산하는 것이 있다.

제 11 장

식품의 색 (colors of foods)

사람이 음식물을 대할 때 가장 처음으로 느끼는 감각적 요소는 식품의 색이다. 식품은 모두 각각 특유한 색을 가지고 있으며, 우리들은 경험을 통해서 식품이 갖는 색에 의하여 그 식품의 품질 정도를 대체적으로 판정한다. 예를 들면 미숙한 푸른 사과는 신맛과 딱딱한 육질을 갖고 있으며, 싱싱한 표피를 가진 생선은 신선도가 보장된다고 생각한다. 그리고 식품의 가공 또는 저장 중 색의 변화는 그 식품의 영양가와 같은 내적인 품질의 변화를 보여주는 척도가 된다. 예를 들어 어떤 가공식품이나 저장 식품의 색이 흐리거나 회색 또는 갈색의 어두운 색깔을 가진 경우에는 본래의 색소가 변화하였거나 가공 과정 중 식품성분의 상호 작용에 의해서 새로운 색소가 형성되었음을 의미한다. 이와 같이 식품의 외적 색깔의 변화를 가져오게 한 조건들은 vitamin, 아미노산, 맛, 향기 성분 등의 내적인 성분 변화를 수반한다.

한편, 식탁에 놓인 음식물의 아름다운 색은 식욕을 한층 돋구어준다. 식품의 역사를 조사하여 보면 옛날부터 밝고 산뜻한 색깔을 갖고 있는 생원료를 그대로 사용하여 시각적으로 아름답게 한 요리가 만들어져 왔다. 한국이나 일본 요리는 특히 그러한 점을 중시하는 요리법으로 여러 가지 자연 상태의 조리법이 연구되어 왔다. 그러나 오늘날에는 식품공업의 발달로 수많은 가공식품들이 제조되고 있으며 이들 가공식품에는 인공 색소가 첨가되어 그 특징을 강조하거나 또는 결점을 감추려고 하는 노력이 지나칠 정도로 크게 나타나고 있어 사회 문제가 되기도 한다.

식품을 소비하는 입장에서 올바른 식품을 선택하기 위해서는 이와 같은 식품의 색깔을 형성하고 있는 색소들의 구조나 화학적 성질에 대하여 잘 알아두는 것이 매우 중요하다.

색소는 태양 광선의 일부 즉 파장이 780nm인 적색에서 등, 황, 녹, 청, 남색을 거쳐 파장이 380nm인 자색까지의 가시광선[1]을 흡수 또는 반사하는 물질을 말하는 것이다. 사람이 색이 있는 식품이나 물질을 감각적으로 느끼는 것은 어느 특정한 파장의 가시광선이 조사되었을 때 흡수되지 않고 반사 또는 투과한 광선이 눈의 망막을 거쳐 시각 중추에 전달되어 흡수된 광선과 대응하는 색(補色)으로서 인식하게 되는 것이다.

유색 물질의 발색에 관하여는 여러 가지 학설이 있으나 그중 색소원설이 가장 유력하다. 이 학설에 의하면 발색단(chromophore)과 조색단(auxochrome)의 두 가지가 있는데, 발색단은 발색의 기본이 되는 원자단, 즉 carbonyl기(>C=O), azo기(−N=N−), ethylene기(−C=C−), nitro기($-NO_2$), nitroso기(−NO), thiocarbonyl기(=C=S) 등과 같은 것을 말하며, 이 발색단을 가진 물질을 색소원(chromogen)이라 한다.

색소원은 광선의 자외선 부분만을 흡수하게 되어 선명한 색을 나타내지 않으나 이것에 조색단인 hydroxy기(−OH), amino기($-NH_2$) 등의 원자단이 결합하면 비로소 발색하거나 더욱 선명한 색이 된다는 것이다.

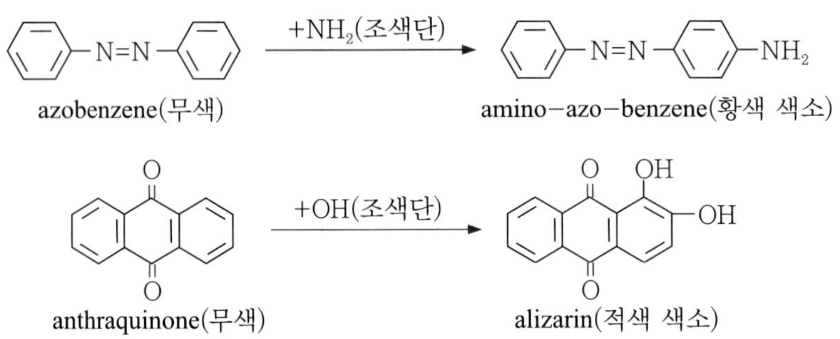

그림 11.1 조색단 결합에 의한 색소원의 발색

[1] 가시광선(visible ray) : 태양광선을 파장에 따라 구분한 것이다. 가시광선은 눈으로 볼 수 있는 보통의 광선으로 파장이 780nm인 적색에서 등,황,녹,청,남색을 거쳐 파장이 380nm인 자색까지의 광선을 말한다. 자외선은 파장이 가시광선보다 짧으며, 태양 스펙트럼에서 자색의 바깥쪽에 나타난다. 적외선은 파장이 780nm 이상으로 가시광선보다 길며 태양 스펙트럼에서 적색의 바깥쪽에 나타나고, 가시광선에서 가까운 정도를 기준으로 근적외선, 중적외선, 원적위선으로 분류한다.

제1절 식품 색소의 분류

식품에 존재하는 색소는 천연 식품에 원래 존재하는 자연 색소와 가공, 저장, 조리 중에 생성된 색소 및 착색을 목적으로 가공식품에 인위적으로 첨가하는 인공 색소로 구분할 수 있다. 그러나 여기서는 자연 색소에 대해서만 논의하기로 한다.

1. 출처에 따른 분류

자연 색소는 그 출치(sourcc)에 따라 식물성 색소(plant pigment)와 동물성 색소(animal pigment)로 크게 나눌 수 있다.

식물성 색소는 다시 용해성에 따라 물에 녹지 않고 유지 용매에 녹는 지용성 색소와 물에 녹는 수용성 색소로 세분된다. 지용성 색소는 주로 식물체의 원형질(protoplasts)의 색소체(plastids)에 존재하며 chlorophylls, carotenoids 등이 여기에 속한다. 수용성 색소는 주로 세포액(vacuole)에 녹아 있으며 flavonoids, anthochyanin, betalain, tannin 등이 여기에 해당된다.

한편, 동물성 색소는 동물의 혈액에 존재하는 hemoglobin과 근육조직에 존재하는 myoglobin이 있다. 또 일부의 동물 조직이나 기타 동물성 식품, 예를 들면 우유, 달걀 등에는 carotenoids에 속하는 색소가 존재하기도 한다.

2. 화학구조에 따른 분류

자연 색소는 또한 그 화학구조의 유사성에 따라 tetrapyrrole 유도체, isoprenoid 유도체 그리고 benzopyran 유도체로 크게 나눌 수 있다.

Tetrapyrrole 유도체는 4개의 pyrrole 핵이 서로 methine기(−CH=)에 의하여 결합하고 이중결합이 모두 공액한 고리 구조를 가진 porphyrin의 유도체로서 chlorophyll, hemoglobin, myoglobin 등이 여기에 속한다.

Isoprenoid 유도체는 8개의 isoprene 단위가 결합하여 형성된 tetraterpene의 기본 구조를 가지고 있는 것으로 다수의 공액 이중결합이 있어서 이것이 발색단을 이룬다. Carotenoid가 여기에 속한다.

Benzopyran 유도체는 phenyl benzopyran의 기본 구조를 가지고 있는 것으로서 flavonoids, anthocyanin 등이 여기에 속한다.

제2절 식물성 식품의 색소

1. Chlorophylls

Chlorophyll은 식물의 광합성 작용에 중요한 역할을 하는 색소로서, 식물의 잎이나 줄기의 세포 속에 산재하는 엽록체(chloroplast)에 단백질 또는 lipoprotein 등과 결합한 상태로 존재한다.

1) Chlorophyll의 구조

Chlorophyll에는 chlorophyll a와 chlorophyll b가 알려져 있으며, 보통 녹엽식물의 잎에는 a와 b가 대체로 3 : 1의 비율로 함유되어 있다. Chlorophyll a는 청녹색을, chlorophyll b는 황녹색을 띠나 이들은 식물체 내에서 서로 전환될 수 있다.

Chlorophyll a와 b의 구조는 그림 11.2와 같이 4개의 pyrrole유도체가 methine bridge(−CH=)로 연결된 평편한 porphyrin 고리의 중앙에 4개의 질소에 의하여 Mg 원자가 2개의 공유결합과 2개의 배위결합에 의해서 결합되어 있다. 그리고 하나의 pyrrole 고리, 즉 C_7 위치에 결합된 propionic acid 치환기에 phytol($C_{20}H_{39}OH$)이 ester 결합으로 연결되어 있고 그 옆의 고리 C_6 위치에 있는 carboxyl기에 methanol(CH_3OH)이 ester결합으로 연결되어 있다.

Chlorophyll a와 b는 C_3에 결합된 치환기에 있어서 차이를 갖는데 a에는 methyl기($-CH_3$)가 결합되어 있고 b에는 aldehyde기(−CHO)가 결합되어 있다.

Chlorophyll의 구조는 heme의 구조(그림 11.15)와 비슷하다. 단 heme에 있어서는 chlorophyll의 porphyrin 고리 중앙에 Mg이 Fe로, C_4의 ethyl기($-C_2H_5$)가 vinyl기($-CH=CH_2$)로, C_6와 C_7에 2개의 propionic acid가 결합되어 있고 C_9-C_{10}의 고리가 없는 것이 다르다.

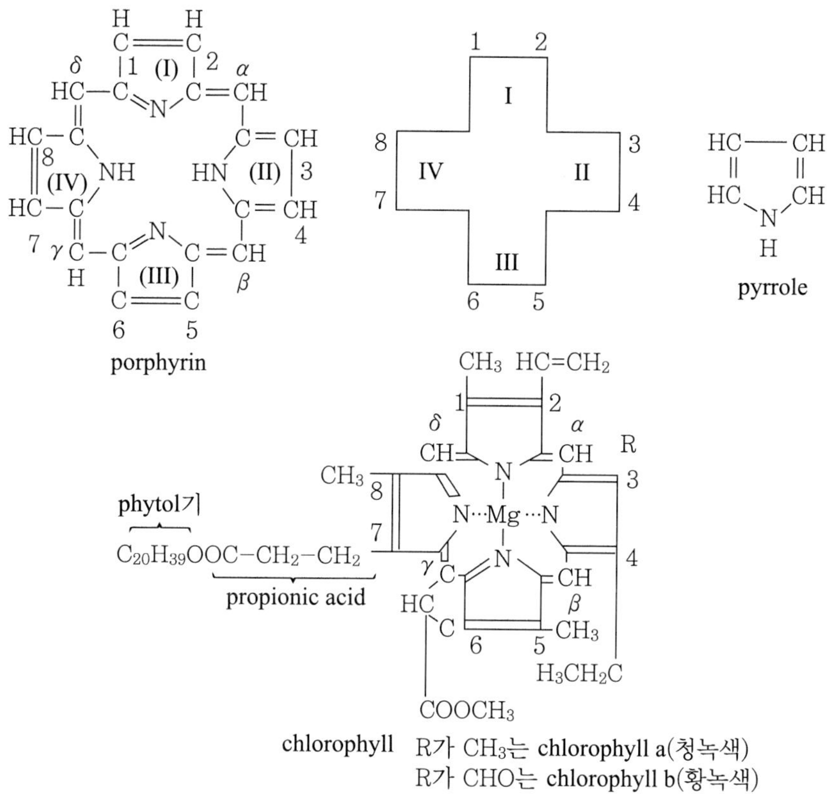

그림 11.2 Chlorophyll의 화학구조

2) 화학적 성질

Chlorophyll 색소는 불안정하기 때문에 산, 알칼리, 금속 등 여러 가지 조건에 의하여 변화를 받는다. 따라서 채소 등의 녹색 식품을 가공하거나 조리할 때 chlorophyll의 고유한 녹색을 유지하기 위해서는 chlorophyll의 화학적 성질에 대하여 잘 이해하는 것이 대단히 중요하다.

(1) 산과의 반응

Chlorophyll은 산과 반응하게 되면 porphyrin 고리에 결합되어 있는 Mg이 수소 이온(H^+)과 치환되어 비가역적으로 갈색의 pheophytin을 형성한다.

실제로 녹색 채소를 수확 후 방치하면 점차로 그 색이 갈색으로 변화되는 것을 보통 보게 되는데 이것은 자기소화(autolysis)에 의하여 채소 조직 속에 들어있는 유기산이 chlorophyll에 작용하여 pheophytin으로 변화되기 때문이다. 또한 오이나 배추의 녹색이 김치를 담갔을 때 점차로 갈색을 띠게 되는 것은 발효에 의하여 생성된 lactic acid나 acetic acid가 chlorophyll에 작용하여 pheophytin을 형성하기 때문이다.

산의 작용이 계속될 때는 chlorophyll 분자 중에 존재하는 phytyl ester나 methyl ester의 가수분해가 일어나 갈색의 pheophorbide가 형성된다.

$$\underset{\text{pheophytin}}{C_{32}H_{30}ON_4(2H^+)\left\langle\begin{matrix}COOC_{20}H_{39}\\COOCH_3\end{matrix}\right.} \xrightarrow[\text{가수분해}]{H^+} \underset{\text{pheophorbide(갈색)}}{C_{32}H_{30}ON_4(2H^+)\left\langle\begin{matrix}COOH\\COOCH_3\end{matrix}\right.} + C_{20}H_{39}OH$$

한편, chlorophyll의 phytyl ester가 먼저 가수분해되어 chlorophyllide가 형성된 다음 porphyrin 고리 속의 Mg이 H^+과 치환되어 갈색의 pheophorbide가 형성될 수도 있다.

$$\underset{\text{chlorophyll}}{C_{32}H_{30}ON_4(Mg^{2+})\left\langle\begin{matrix}COOC_{20}H_{39}\\COOCH_3\end{matrix}\right.} \xrightarrow[\text{가수분해}]{H^+} \underset{\text{chlorophyllide(청녹색)}}{C_{32}H_{30}ON_4(Mg^{2+})\left\langle\begin{matrix}COOH\\COOCH_3\end{matrix}\right.} + C_{20}H_{39}OH$$

이와 같은 산에 의한 변화는 산성에서는 매우 빠르고 pH 8 이상에서는 늦게 일어나며, chlorophyll a는 b보다 pheophytin으로 변화되는 속도가 빠르다.

(2) 알칼리와의 반응

Chlorophyll은 알칼리로 처리하면 먼저 phytyl ester 결합이 가수분해되어 선명한 녹색의 chlorophyllide가 형성되며, 다시 methyl ester 결합이 가수분해되어 선명한 녹색의 수용성인 chlorophylline을 형성한다.

$$\underset{\text{chlorophyll}}{C_{32}H_{30}ON_4(Mg^{2+})\left\langle\begin{matrix}COOC_{20}H_{39}\\COOCH_3\end{matrix}\right.} \xrightarrow[\text{알칼리}]{} \underset{\text{chlorophyllide(청녹색)}}{C_{32}H_{30}ON_4(Mg^{2+})\left\langle\begin{matrix}COOH\\COOCH_3\end{matrix}\right.} + \underset{\text{phytol}}{C_{20}H_{39}OH}$$

$$\underset{\text{chlororphyllide}}{C_{32}H_{30}ON_4(Mg^{2+})\left\langle\begin{matrix}COOH\\COOCH_3\end{matrix}\right.} \xrightarrow[\text{알칼리}]{} \underset{\text{chlorophylline(청녹색)}}{C_{32}H_{30}ON_4(Mg^{2+})\left\langle\begin{matrix}COOH\\COOH\end{matrix}\right.} + CH_3OH$$

알칼리의 농도가 클 때는 chlorophyll의 염이 되며, 이것 역시 선명한 녹색을 띤다. 또 이들은 물에 잘 녹으므로 가용성 chlorophyll(soluble chlorophyll)로 알려져 있다.

$$C_{32}H_{30}ON_4(Mg^{2+})\left\langle\begin{matrix}COOH\\COOH\end{matrix}\right. \xrightarrow[\text{알칼리}]{NaOH} C_{32}H_{30}ON_4(Mg^{2+})\left\langle\begin{matrix}COONa\\COONa\end{matrix}\right.$$

chlorophylline　　　　chlorophylline의 Na염(청녹색)

그러나 알칼리 식품은 거의 없으므로 chlorophyll과 알칼리와의 반응은 실제 식품에서는 보기가 어렵다.

한편, 녹색 채소를 가열 조리할 때 조리수에 중조($NaHCO_3$)와 같은 알칼리를 가하여 그 녹색을 보존하는 경우가 있으나 알칼리 용액 중에서는 채소 중에 들어있는 vitamin C를 비롯하여 알칼리에서 불안정한 다른 vitamin들이 파괴되고 또한 채소 조직이 지나치게 연화되기 때문에 바람직한 방법이 되지 못한다.

(3) Chlorophyllase에 의한 가수분해

Chlorophyllase는 일종의 esterase로서 chlorophyll에 작용하여 알칼리와 반응하였을 때와 같이 phytyl ester를 선택적으로 가수분해하여 선명한 녹색인 chlorophyllide를 생성시킨다. 이때 알칼리가 존재하면 chlorophyllide는 다시 chlorophylline을 생성하게 된다.

$$C_{32}H_{30}ON_4(Mg^{2+})\left\langle\begin{matrix}COOC_{20}H_{39}\\COOCH_3\end{matrix}\right. \xrightarrow{\text{chlorophyllase}} C_{32}H_{30}ON_4(Mg^{2+})\left\langle\begin{matrix}COOH\\COOCH_3\end{matrix}\right. + C_{20}H_{39}OH$$

chlorophyll　　　　chlorophyllide　　　　phytol

Chlorophyllase는 식물 조직 중에 널리 분포되어 있으며 식물 조직이 파괴될 때 유리되어 활성을 나타낸다. 이 chlorophyllase의 작용은 실질적으로 채소의 색깔에는 큰 변화를 주지 않으나 불용성인 chlorophyll을 수용성인 chlorphyllide로 전환시킴으로써 채소 조직 내의 안정된 chlorophyll의 함량의 감소를 가져온다.

(4) 조리 과정에서의 변화

시금치나 양배추 등의 채소를 물 속에서 끓이면 이들 조직의 부분적인 파괴로 인하여 세포 내에 존재하는 상당량의 휘발성 및 비휘발성의 유기산이 유리된다. 이 유기산은 채소 중에 존재하는 chlorophyll에 작용하여 갈색의 pheophytin으로 전환시킨다. 예를 들어 강낭콩의 일종(Kentucky wonder string beans)을 끓일 때 가열시간의 경과에 따른 pheophytin의 함량과 색깔의 변화를 보면 표 11.1과 같다.

표 11.1 100℃에서 강낭콩을 끓일 때 가열시간에 따른 pheophytin의 함량과 색깔과 변화

가열시간(분)	pheophytin의 함량(%)	색깔
0	0	청녹색
5	7	청녹색
13	37.5	청녹색
20	72.5	짙은 갈색의 녹색
30	86.5	짙은 황색의 녹색
60	100	짙은 황색의 녹색

한편, 통조림 등의 가공식품의 전처리 과정인 데치기(blanching)는 성분에 있어서 변화를 주는 효소는 불활성화할 수 있으나 chlorophyll이 일부 pheophytin으로 전환하는 것은 촉진하여 준다. 그 작용은 데치기의 온도가 60~80℃에서 최고였으며, 100℃에서의 극히 짧은 시간의 데치기 과정에서는 오히려 촉진 효과가 적었다고 한다.

(5) 금속과의 반응

Chlorophyll은 Cu, Fe, Zn 등의 이온 또는 염과 함께 가열하면 chlorophyll 분자 중의 Mg^{2+}은 이들의 금속이온과 치환되어 선명한 녹색의 Cu-chlorophyll, 선명한 갈색의 Fe-chlorophyll, Zn-chlorophyll 등을 형성하며, 이들의 색깔은 매우 안정하여 가열시에도 그 색깔을 그대로 유지한다.

$$C_{32}H_{30}ON_4(Mg^{2+})\left\langle\begin{matrix}COOC_{20}H_{39}\\COOCH_3\end{matrix}\right. \xrightarrow{Cu^{2+}} C_{32}H_{30}ON_4(Cu^{2+})\left\langle\begin{matrix}COOC_{20}H_{39}\\COOCH_3\end{matrix}\right.$$

chlorophyll → Cu-chlorophyll(녹색)

그러나 이것들은 물에 녹지 않으므로 강한 알칼리로 가수분해하여 수용성인 Cu-chlorophylline의 Na염 등으로 하여 식품 착색제로 사용한다.

$$C_{32}H_{30}ON_4(Cu^{2+})\left\langle\begin{matrix}COOC_{20}H_{39}\\COOCH_3\end{matrix}\right. \xrightarrow{conc-NaOH} C_{32}H_{30}ON_4(Cu^{2+})\left\langle\begin{matrix}COONa\\COONa\end{matrix}\right.$$

Cu-chlorophyll(불용성) → Cu-chlorophyllin의 Na염(수용성)

한편, 녹색 채소가 조리 가공시 산과 반응하여 갈색의 pheophytin으로 변화한 경우에도 Cu의 염류를 첨가하면 pheophytin의 H^+은 Cu^{2+}과 치환되어 선명한 녹색을 유지할 수 있다. 예를 들어, 오이김치를 담글 때 놋그릇을 닦은 수세미를 넣으면 오이의 녹색이 오랫동안 유지되는 것은 이와 같은 원리 때문이며, 또한 곤포의 가공 및 완두 등의 통조림에서 그 녹색을 유지하는 데 응용되기도 한다.

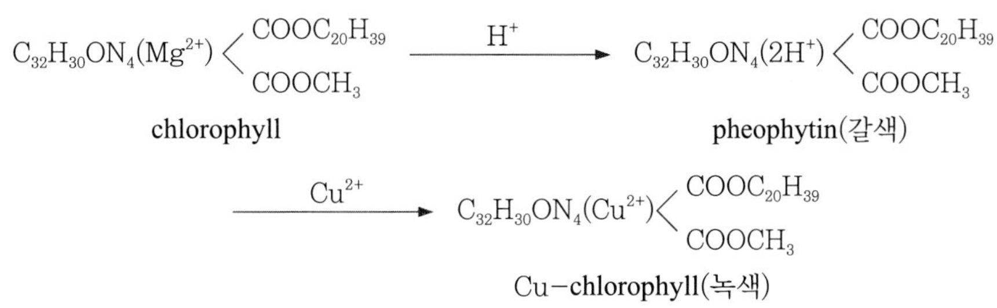

이상에서 논의한 chlorophyll의 반응 과정을 요약하여 표시하면 그림 11.3과 같다.

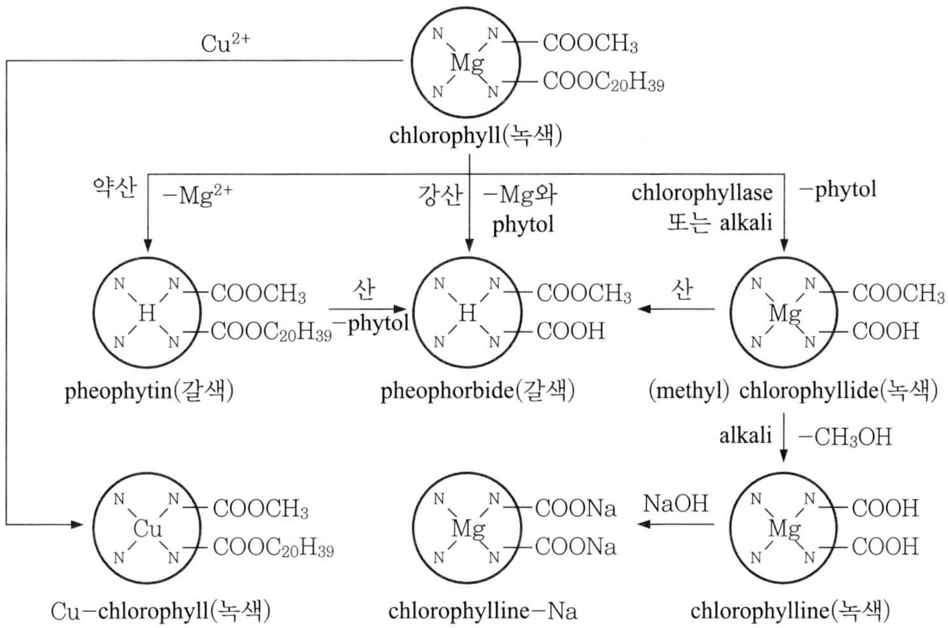

그림 11.3 Chlorophyll의 화학적 성질

2. Carotenoids

Carotenoid 색소는 오렌지색, 황색 또는 황적색을 띠며, 물에 녹지 않고 유지 또는 유기용매에 잘 녹는 구조가 비슷한 색소군을 총칭하는 것으로서, 처음에 그 이름은 당근(*Daucus carota*)의 주 색소에서 연유되어 carotene이라고 하였으나 후에 carotenoid라 부르게 되었다.

Carotenoid 색소는 식물계에 chlorophyll과 함께 널리 분포되어 있으며 동물계에도 약간 분포되어 있다. 녹엽 중에서 carotenoid는 chlorophyll의 녹색이 우세하여 육안으로 식별되지 않으나 아주 어린잎이나 가을에 단풍이 들 때는 그 존재가 뚜렷하게 나타난다. 식물과 미생물은 carotenoid를 합성할 수 있으나 동물 조직에 함유되어 있는 carotenoid는 먹이로 섭취한 식물로부터 유래된 것이다.

1) Carotenoid의 구조

Crocetin과 bixin을 제외하고 자연에 존재하는 carotenoid는 8개의 isoprene(CH_2=CH–CH=CH_2) 단위가 결합하여 형성된 tetraterpene의 기본 구조를 가지고 있으며 그 분자 내에는 색깔의 원인이 되는 공액 이중결합을 다수 가지고 있다. 황색을 나타내는 데에는 분자 중에 최소한 7개의 이중결합이 필요하며 이중결합의 수가 많을수록 보다 적색을 나타낸다.

이와 같이 carotenoid는 다수의 이중결합을 가지고 있으므로 많은 *cis*, *trans*의 기하 이성체의 존재가 가능하다. 그러나 보통 식품 중의 carotenoid는 모두 *trans*형이며 간혹 mono-*cis* 또는 di-*cis* 화합물이 존재한다. 모두 *trans*형인 화합물은 짙은 색깔을 가지고 있으며 *cis* 결합이 증가함에 따라 색깔이 밝아진다.

Carotenoid의 일반식은 그림 11.4와 같으며 R_1과 R_2에 따라 색소의 종류가 다르다. 자연계에 존재하는 carotenoid는 그 종류가 매우 다양하며 하나의 식품 중에서도 수십여 종의 carotenoid가 발견되고 있다.

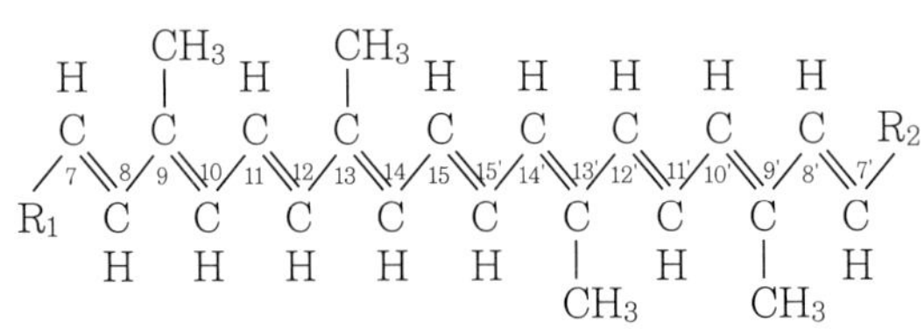

그림 11.4 Carotenoid의 일반식

2) Carotenoids의 분류

Carotenoid는 그 구조에 따라 carotenes과 xanthopylls로 크게 분류된다. 즉, carotenes은 탄소와 수소만으로 구성된 탄화수소의 carotene이며, xanthophylls은 hydroxyl, methoxyl, carboxyl, keto 또는 epoxy기의 형태로 산소를 함유하는 carotenes의 산소 유도체이다.

Carotenes은 석유 ether에는 녹으나 ethanol에는 잘 녹지 않는다. 그러나 반대로 xanthopylls은 ethanol에는 녹으나 석유 ether에는 녹지 않는다.

(1) Carotenes

Carotenes 중에서 가장 잘 알려져 있는 대표적인 것으로는 α−, β−, γ−carotene과 lycopene 등이 있다. 이것들의 구조 및 소재는 표 11.2와 같다.

α−, β−, γ−carotene은 분자 내에 β−ionone핵을 가지고 있기 때문에 체내에서 산화분해되어 vitamin A로 전환될 수 있으므로 provitamin A이다. 특히 β−carotene은 1분자에서 2분자의 vitamin A를 만들어 낼 수 있는 효율이 좋은 provitamin A이다(그림 11.5). 그러나 lycopene은 두 개의 pseudo−ionone 핵만을 가지고 있기 때문에 vitamin A의 효력이 없다.

표 11.2 식품 중에 함유된 carotene류의 색소

색조	명칭과 구조식	소재
황등색계	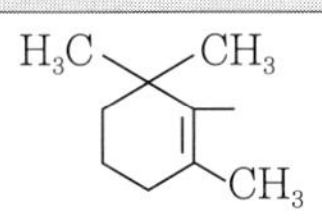 β−ionone핵 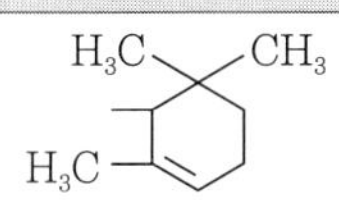 α−ionone핵 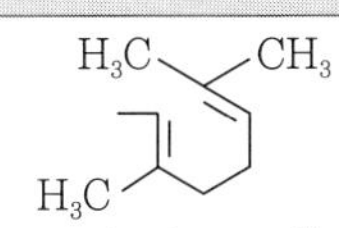 pseudo−ionone핵	
	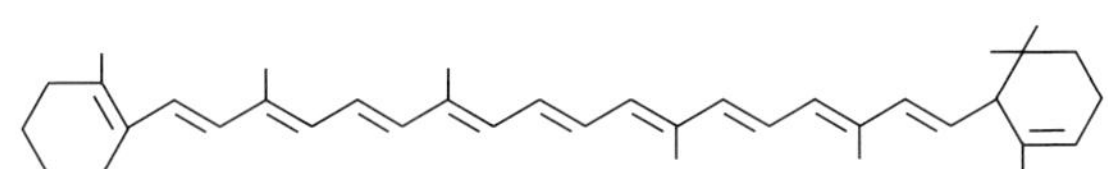 α−carotene	당근, 차, 밤, 수박, 대두유
	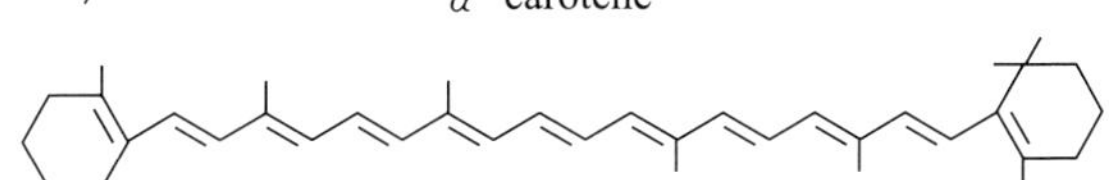 β−carotene	당근, 감자, 녹색식물, 고추, 토마토, 오렌지
적색계	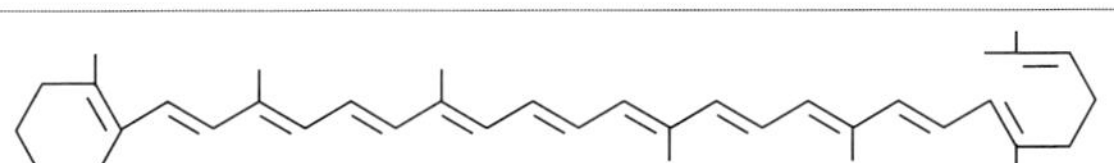 γ−carotene	당근, 살구, 야자유
	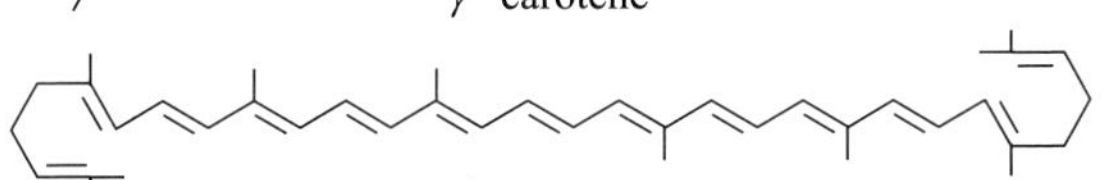 lycopene	토마토, 수박, 감

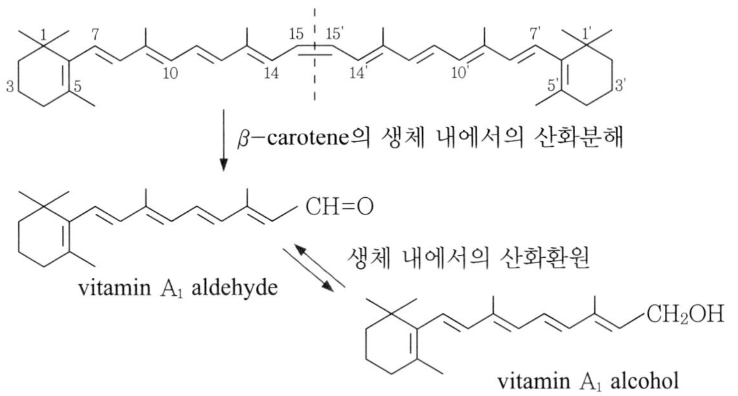

그림 11.5 β−carotene과 vitamin A의 화학구조와 상호관계

(2) Xanthophylls

Carotenes의 산화 생성물로 볼 수 있는 xanthophyll의 종류는 매우 다양하지만 그 대표적인 것으로는 cryptoxanthin, lutein, canthaxanthin, capsanthin 등이 있다. 이것들의 구조 및 소재는 표 11.3과 같다.

Cryptoxanthin은 분자 내에 β−ionone핵을 가지고 있기 때문에 체내에서 산화분해되어 vitamin A로 전환될 수 있으므로 provitamin A이나 기타의 xanthophylls은 β−ionone 핵이 없으므로 vitamin A의 효력이 없다.

표 11.3 식품 중에 함유된 xanthopyll류의 색소

색조	명칭	구조식	소재
황등색계	cryptoxanthin (3−hydroxy−β−Carotene)	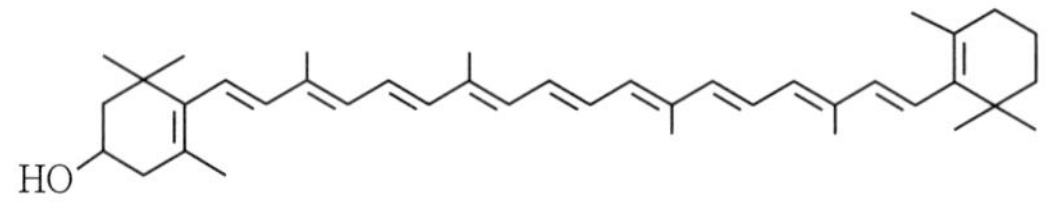	옥수수, 감, 감귤류, 호박
	zeaxanthin (3, 3′−dihydroxy−β−carotene)	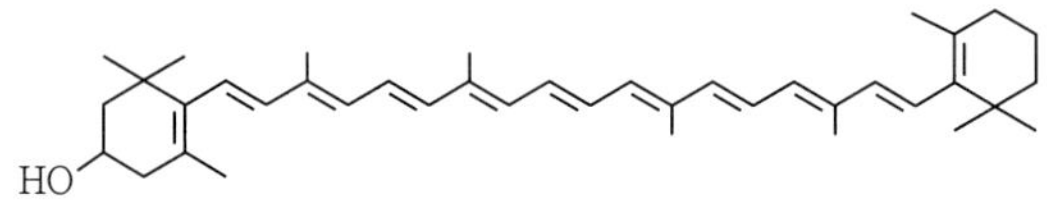	옥수수, 난황, 간장, 오렌지
	lutein (3, 3′−dihydroxy−α−carotene)	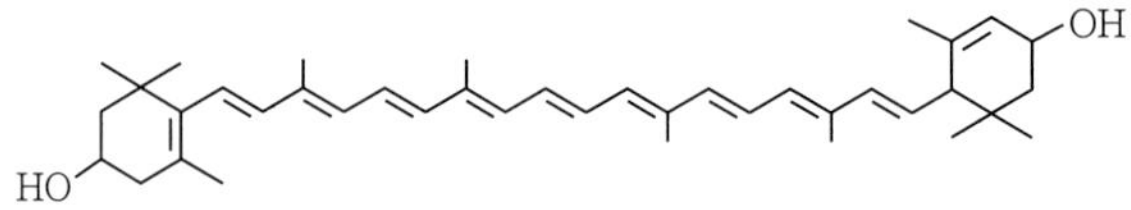	난황, 오렌지, 옥수수, 호박
	β−apo*−8′−carotinal	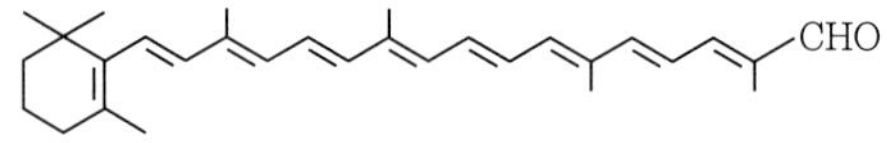	오렌지
	physalien	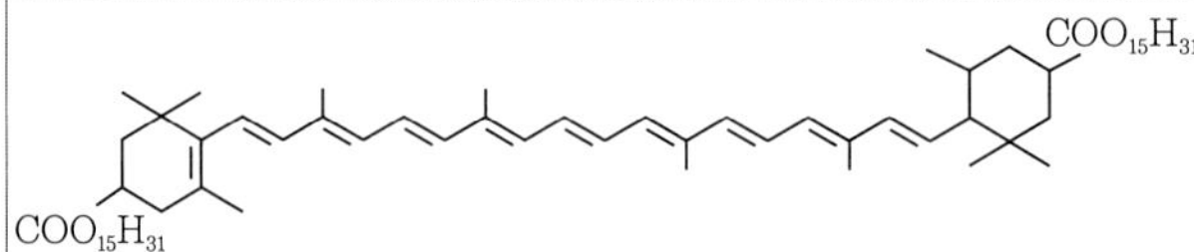	아스파라거스, 딸기류
	dimethylbixin	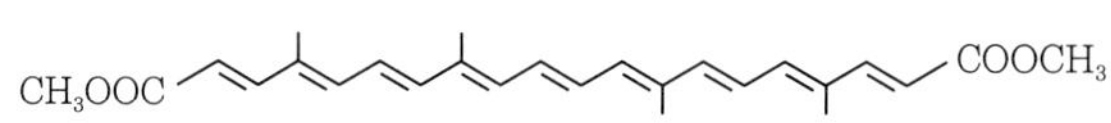	딸기류
적색계	capsanthin	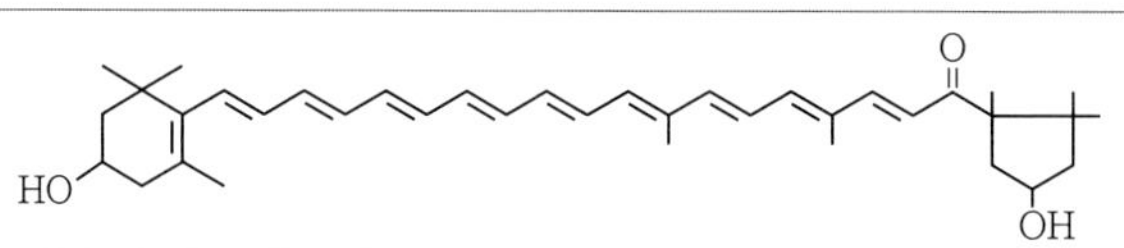	고추류
	capsorubin	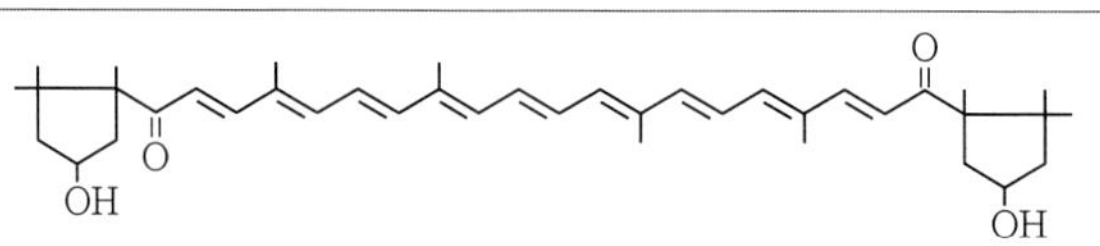	고추류
	violaxanthin (3, 3′−dihydroxy−5, 6, 5′, 6′−diepoxy−β−carotene)	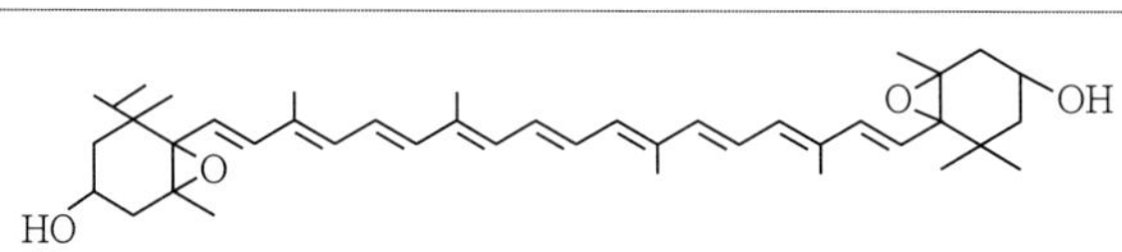	감, papaya

적색계	canthaxanthin (4, 4′-diketo-β-carotene)	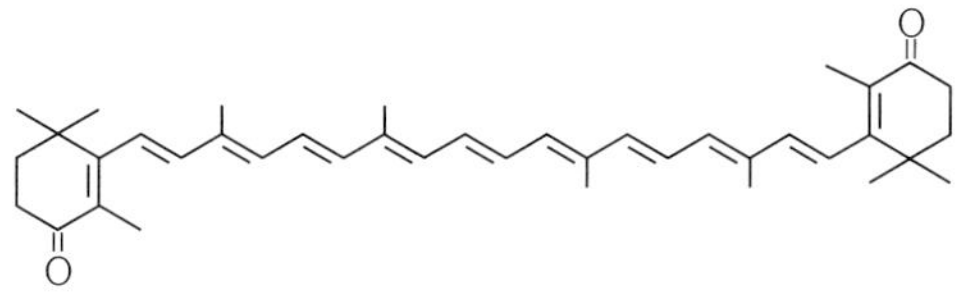	송이버섯
	myxoxanthin	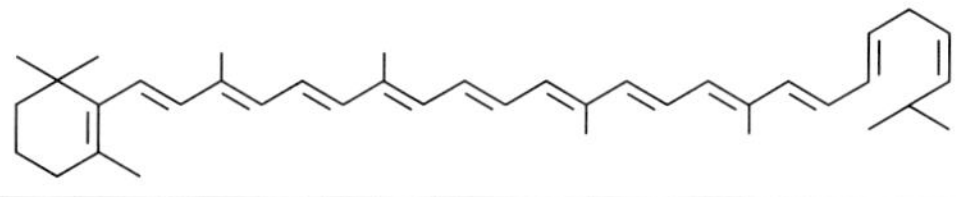	홍조류
	fucoxanthin	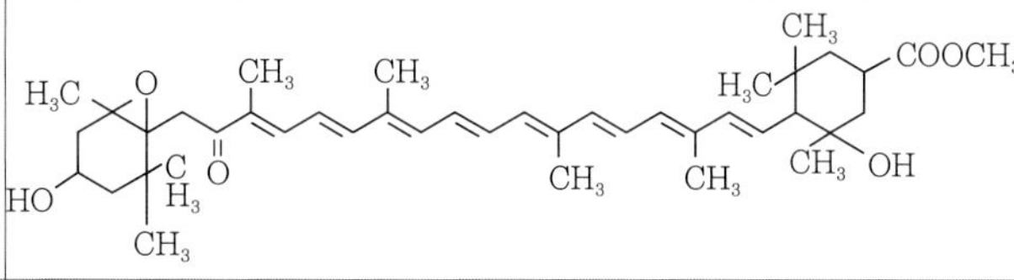	갈조류, 미역, 다시마
	torulahodin	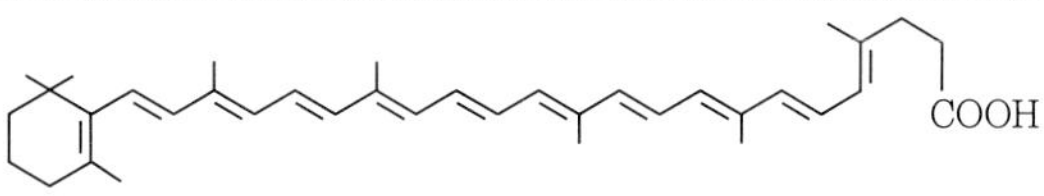	torula 효모

*aldehyde, ketone기가 존재할 때는 이름 앞에 apo를 붙인다.

3) 화학적 성질

Carotenoids에 속하는 색소는 다수의 공액 이중결합을 가지고 있으므로 산화에 대하여 매우 약하다. 일반적으로 carotenoid 색소는 산소가 없는 조건하에서는 가열하면 매우 안정하나 산소가 존재하면 쉽게 산화분해되어 그 특유한 색깔을 잃게 된다. 이 산화 과정은 각종의 광선의 조사에 의해서 촉진되나 산소가 없는 조건하에서는 광선에 의하여 별로 영향을 받지 않는다. 이와 같은 산화에 의하여 carotenoid가 파괴되어 변색되는 것은 건조식품에서 특히 심한 것으로 생각된다. 예를 들면, alfalfa로 건초를 만들 때 그 속에 함유된 carotene 함량에 의하여 가축 사료로서 가치가 있는 것인데, 이것을 태양 광선하에서 건조하면 carotene이 산화 분해되는 동시에 나쁜 냄새도 발생하므로 수확 직후 열풍건조하는 방법이 바람직하다. 또 당근과 같은 건조 채소는 공기가 없는 용기에 보존하지 않는 한 쉽게 산화되므로 이를 방지하기 위하여 건조 당근을 전분의 얇은 피막으로 코팅하는 방법이 알려지고 있다.

또한 식물성 식품을 가열처리하면 그 속에 함유된 carotenoid가 변화되어 provitamin A로서의 효과가 없어진다. 또 자연계에 존재하는 carotenoid는 대부분이 모두 *trans*형으로 존재하나 가열, 산, 광선의 조사 등에 의하여 이중결합의 일부가 *cis*형으로 이성화되는 경우가 있다. 한편, carotenoid 색소는 약한 산이나 알칼리에 의해서 파괴되지 않으며 그 색깔도 변색되지 않는다.

3. Flavonoids(anthoxanthin)

Flavonoids는 넓은 의미에서는 anthoxanthins, anthocyanins, catechin, leucoanthocyanin 등이 모두 포함되나 좁은 의미에서는 anthoxanthin만을 의미한다. 여기서는 좁은 의미의 anthoxanthin에 대하여 먼저 논의한다.

Anthoxanthin은 그 어원(antho−xanthin=flower−yellow)에서 알 수 있듯이 식물의 황색 색소를 이루므로 화황소라고도 부른다. 이들 색소는 담색 채소나 밀감류의 껍질에 많이 존재한다.

1) Anthoxanthin의 구조

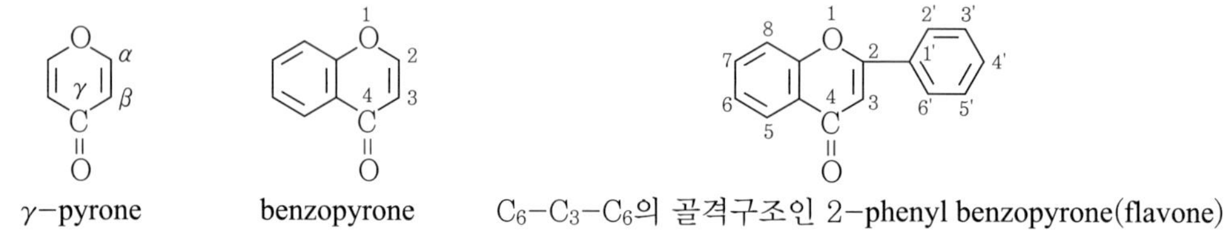

그림 11.6 Flavonoid(anthoxanthin) 색소의 기본구조

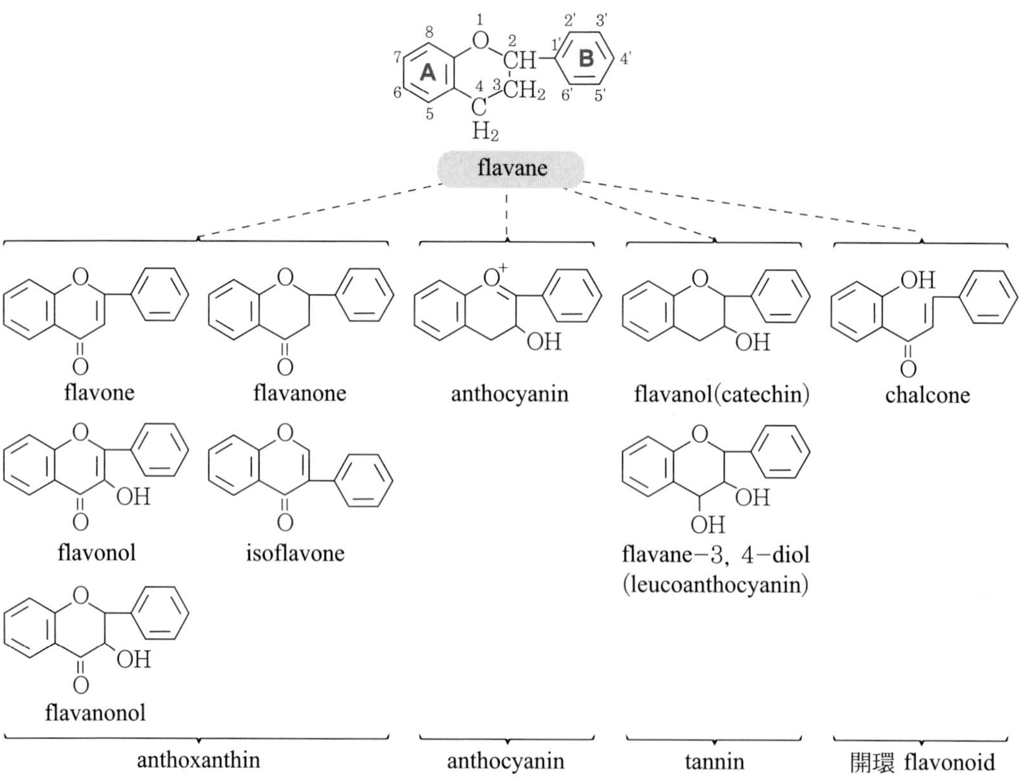

그림 11.7 Flavonoid류의 화학구조에 따른 분류와 상호관계

Anthoxanthin의 구조는 isoflavone을 제외하고는 모두 benzopyrone(chromone)의 C_2에 phenyl기를 가진 2-phenyl benzopyrone(flavone)의 기본구조를 가진다(그림 11.6).

Anthoxanthin은 기본 구조인 flavone의 C_3의 H가 OH로 치환된 flavonol(황색), C_2와 C_3 사이의 이중결합이 포화된 flavanone(무색), flavanone의 C_3 위치의 H가 OH로 치환된 flavanonol(무색), C_3에 phenyl기를 가진 isoflavone(황색) 등으로 세분되나 이들의 구조는 모

표 11.4 식품 중에 함유된 anthoxanthin계 색소

색소	구조	소재 및 색
flavone계	apigenin 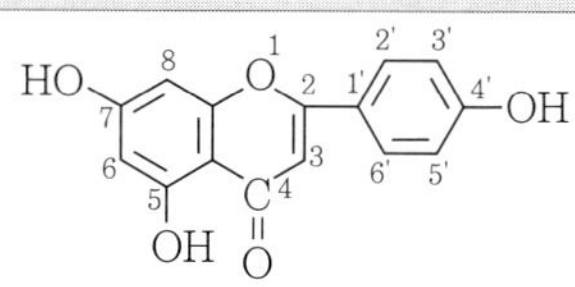	
apigenin	5, 7, 4′-trihydroxy flavone	옥수수, 황색
apiin	apigenin-7-apiosylglucoside [1]	셀러리, 파슬리, 무색
tritin	5, 7, 4′-trihydroxy-3′, 5′-dimethoxy flavone	밀, 아스파라가스, 담황색
nobiletin	5, 6, 7, 8, 3′, 4′-hexamethoxy flavone	감귤의 파괴, 담황색
flavonol계	quercetin 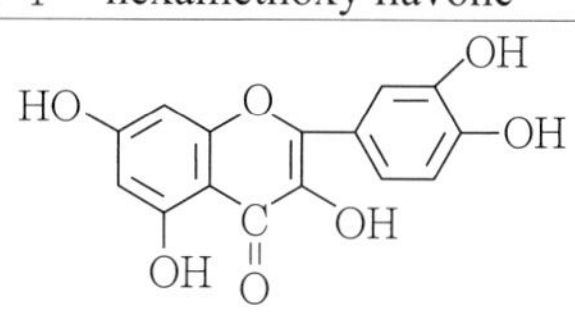	
quercetin	5, 7, 3′, 4′-tetrahydroxy flavonol	양파의 외피, 황색
rutin	quercetin-3-rutinoside [2]	메밀, 토마토, 차, 무색
flavanone계	hesperidin 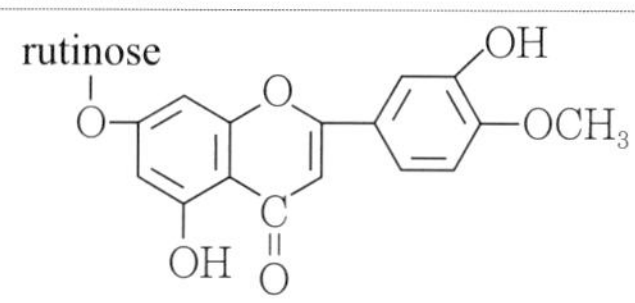	
hesperitin	4′-methoxy 5, 7, 3′-trihydroxy flavanone	감귤의 파괴, 무색
hesperidin	hesperitin-7-rhamnoglucoside	감귤의 파괴, 무색(vitamin P의 작용)
eriodictyol	5, 7, 3′, 4′-tetrahydroxy flavanone	감귤의 파괴, 무색
eriodictin	eriodictyol-7-rhamnoside	감귤의 파괴, 무색(vitamin P의 작용)
naringenin	5, 7, 4′-trihydroxy flavanone	감귤의 파괴, 무색(쓴맛 성분)
naringin	naringenin-7-rhamnoglucoside [3]	감귤의 파괴, 포도, 무색
isoflavone계	daizein 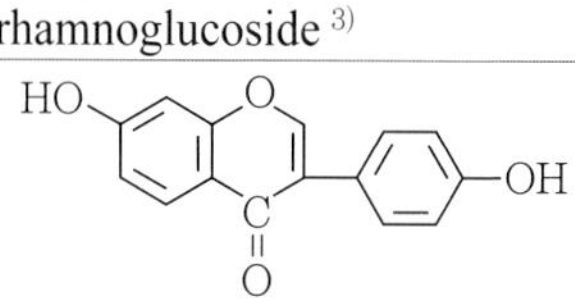	
daidzein	7, 4′-dihydroxy isoflavone	콩, 무색
daidzin	daizein-7-glucoside	콩, 무색

주 1) apiosyl glucoside(2-O-β-D-apiosyl-β-glucoside)

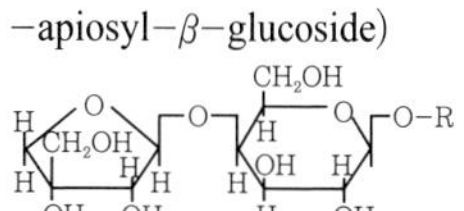

2) rutinoside(6-O-α-L-rhamnosyl-β-glucoside)

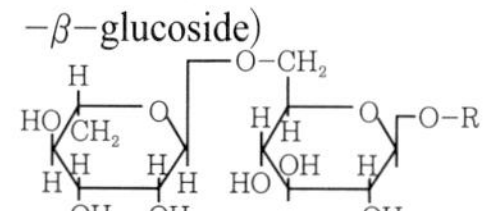

3) rhamnoglucosie(2-O-α-L-rhamnosyl-β-glucoside)

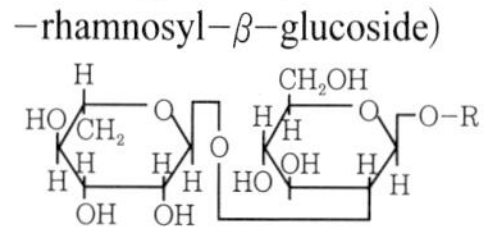

두 $C_6-C_3-C_6$의 골격상의 특징을 갖고 있다.

Anthoxanthin은 자연계에서 유리상태로 존재하기도 하지만 대부분의 경우 당류와 결합하여 배당체의 형태로 존재한다. 결합되는 당류로서는 rutinose, rhamnose, glucose 등이다. 이 배당체를 형성하고 있는 당류는 산, 알칼리, 효소 등에 의해서 쉽게 가수분해된다. 노란 색깔은 배당체의 경우보다 유리상태로 존재할 때 일반적으로 더 강한 것으로 알려져 있다.

일부 식품 중에 함유된 대표적인 anthoxanthin 색소의 명칭과 구조 그리고 그 소재를 보면 표 11.4와 같다.

2) 화학적 성질

(1) 산, 알칼리와의 반응

Anthoxanthin 배당체들은 일반적으로 산에 대해서는 안정하지만 알칼리에 대해서는 불안정하다. 일부 anthoxanthin, 특히 hesperidin은 pH 11~12에서 그 aglycone의 $C_6-C_3-C_6$ 기본구조 중 중간에 위치한 C_3의 고리 구조가 개열되어 해당되는 chalcone이 형성되며, 이 chalcone은 황색 또는 갈색을 띠고 있다. 예를 들면, 밀가루에 중조($NaHCO_3$)를 섞어 만든 빵이 황색으로 변한다든가 또 식물체를 절단한 것에 NaOH 용액이나 NH_3 용액을 한 방울 떨어뜨리면 황색 또는 갈색으로 변하는 것은 이 때문이다.

그러나 이 반응은 가역적이며, pH가 다시 산성으로 기울어지면 개환된 chalcone은 다시 고리를 재형성하여 원래의 형으로 되돌아간다.

한편, 대부분의 anthoxanthin 배당체는 알칼리에서 가수분해되어 당류가 분리된다. 이와 같이 가수분해된 후 유리된 flavone 또는 flavone 유도체는 짙은 황색을 띠며, 그 배당체와는 달리 물에는 잘 녹지 않고 유기 용매에 잘 녹는다.

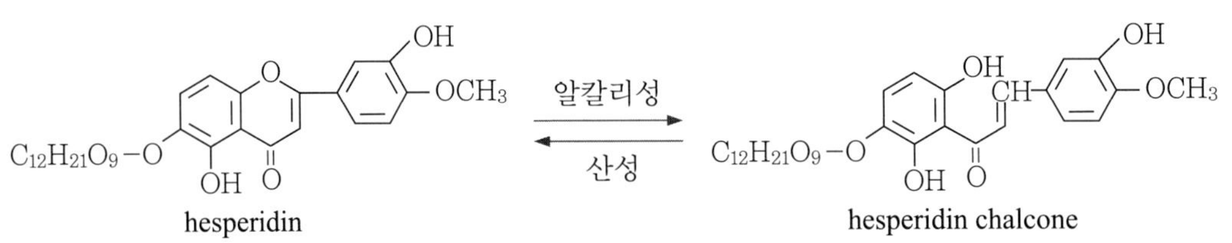

그림 11.8 Anthoxanthin 색소와 chalcone의 산성 및 알칼리성에서의 상호전환

(2) 조리 과정에서의 변화

일반적으로 anthoxanthin을 함유한 식품을 가열 조리할 때 그 배당체들은 가수분해를 일으켜 식품의 노란 색깔이 더 짙어진다. 더욱이 가열 조리할 때 사용되는 물이 알칼리염의 함량이 큰 경수(hard water)인 경우에 식품의 색깔은 더욱 선명한 노란색을 갖게 된다. 예를 들면, 감자, 고구마, 양파, 양배추, 쌀 등을 경수로 가열 조리할 때 노란색으로 착색되거나 그 색이 더욱 선명해지는 경우가 많다.

(3) 금속과의 반응

Anthoxathin은 많은 phenol성 OH기를 가지고 있으므로 금속이온과 반응하여 독특한 색깔을 가진 불용성의 복합체를 형성한다. 특히 철이온(Fe^{2+})과 반응하면 분자 중의 OH기의 수와 위치에 따라 녹색, 청갈색, 암청색의 복합체를 형성한다. 예를 들면, 감자 등을 철제의 칼로 썰었을 때 칼에 닿은 자리가 청녹색 또는 흑갈색으로 변색되는 것은 이와 같은 변화가 그 원인의 하나일 수 있다. 한편, 주석(Sn)과도 복합체를 형성하지만 뚜렷한 색깔의 변화는 없다.

(4) Anthoxanthin의 산화

일반적으로 anthoxathin에 속하는 색소들은 다른 polyphenol 화합물과 마찬가지로 쉽게 산화되며 그 산화 과정도 이들 화합물과 대체로 같은 것으로 생각되고 있다.

(5) 생리적 작용

Vitamin P로도 알려진 hesperdin, eriodictin, rutin 등은 다량의 vitamin C와 함께 존재할 때 생체 혈관의 지나친 투과성을 억제시켜 주는 약리 작용을 가지고 있다.

이와 같이 생체 반응에 중요한 구실을 하는 anthoxanthin을 bioflavonoid라고도 한다.

4. Anthocyanins

Anthocyanin은 그 어원(antho−cyanin=flower−blue)에서 알 수 있듯이 꽃, 과실, 채소류에 존재하는 적색, 자색 또는 청색의 수용성 색소들로 화청소라고도 부른다.

자연계에는 수백 종에 달하는 anthocyanin에 속하는 색소들이 존재하며, 하나의 과실 중에도 수십종의 anthocyanin에 속하는 색소가 검출되기도 한다. 이 색소들은 과실 등에 특유한 선명한 색깔을 나타내주나 그 반면에 가공 처리 과정 중 산화 또는 다른 성분과 상호 작용에 의하여 그 색깔은 쉽게 탈색(decolorization)을 일으킨다.

1) Anthocyanin의 구조

Anthocyanin은 보통 배당체로 존재하며, 이 배당체는 산, 알칼리, 효소 등에 의해서 쉽게 가수분해되어 aglycone인 anthocyanidin과 당류로 분리된다. Anthocyanidin과 결합하여 anthocyanin을 형성하는 당류로는 glucose, galactose, rhamnose 그리고 때로는 pentose 등이다.

anthocyanins(glycosides) —(산, 알칼리, 효소)→ anthocyanidin(aglycone) + sugars

anthocyanins + anthocyanidin ——→ anthocyan(화청소)

Anthocyanidin은 benzopyrylium핵과 phenyl기가 결합한 flavylium 화합물로 2−phenyl−3, 5, 7−trihydroxybenzopyrylium chloride의 기본 구조를 가지고 있다. Anthocyanidin은 anthoxanthin과 마찬가지로 $C_6-C_3-C_6$의 기본 골격을 가지고 있는 2개의 비공유 전자쌍(·Ö·)의 하나에서 전자 1개가 2위치의 탄소와 공유결합을 이루고 있기 때문에 (+)로 하전되어(·Ȯ·) oxonium 화합물을 형성하고 있는 점이 다르다.

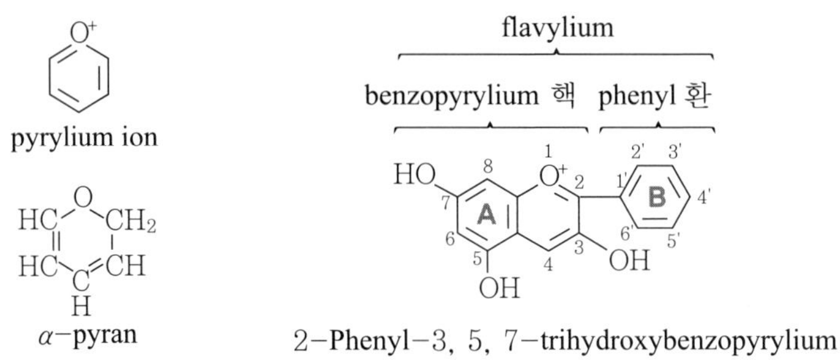

그림 11.9 Anthocyanin 색소의 기본구조

한편, anthocyanidin은 그 기본 구조에서 2의 위치에 있는 phenyl기에 수산기(−OH)가 1개 있는 것을 pelargonidins, 2개 있는 것을 cyanidins, 3개 있는 것을 delphinidins 등으로 분류된다. 그리고 phenyl기 중의 수산기(−OH)가 methoxyl기($-OCH_3$)로 치환된 것으로 peonidin, petunidin, malvidin 등으로 구분된다.

일반적으로 phenyl기 중의 수산기(−OH)가 증가하면 청색이 짙어지고 methoxyl기가 증가하면 적색이 짙어지는 경향이 있다. 일부 과실과 채소 중에 있는 대표적인 anthocyanin 색소의 명칭과 구조 그리고 그 소재를 보면 표 11.5와 같다.

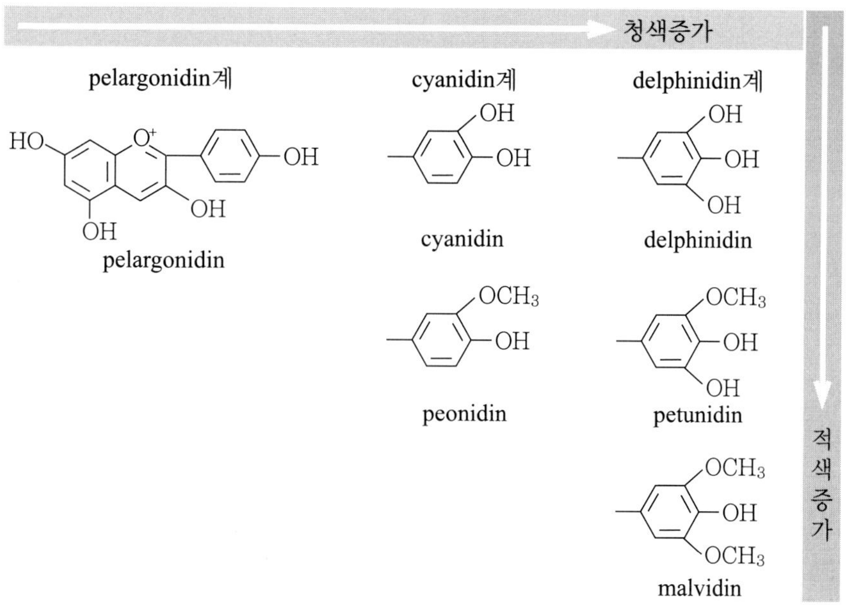

그림 11.10 Anthocyanidin류의 화학구조에 따른 분류

표 11.5 식품 중에 함유된 anthocyanin계 색소

색소	구조	소재 및 색
Pelargonidin계	Fragarin 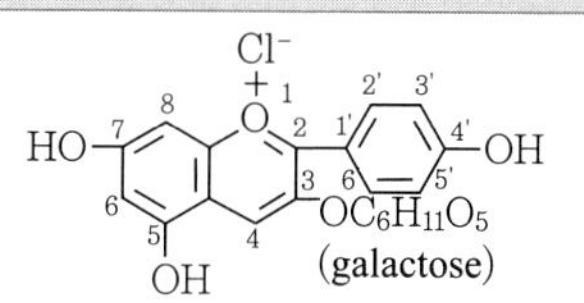	
callistephin fragarin pelargonin	pelargonidin−3−glucoside pelargonidin−3−galactoside pelargonidin−3, 5−diglucoside	양딸기, 적색 야생딸기, 적색 석류, 나팔꽃, 적색
Cyamdin계	Keracyanin 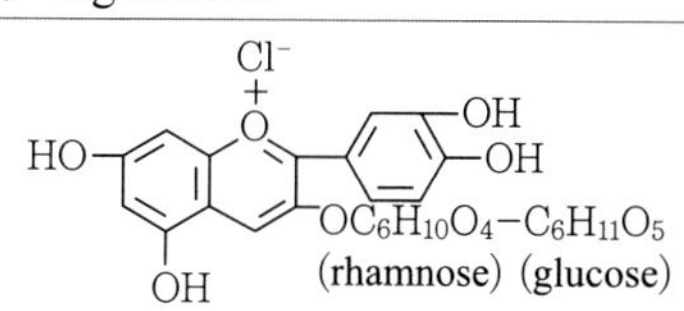	
chrysanthemin cyanin keracyanin shisonin	cyanidin−3−glucoside cyanidin−3, 5−diglucoside cyanidin−3−rhamnoglucoside cyanidin−3, 5−diglucoside의 p−coumaric acid ester	검정콩, 팥, 암적색 자소, 홍당무, 적색 버찌, 암적갈색 자소, 적자색
Peonidin계	Peonin 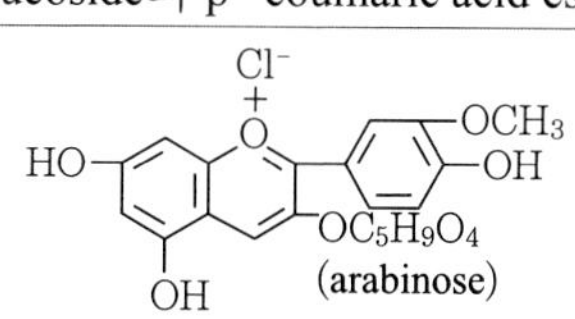	
Peonin	Peonidin−3−arabinoside	자색 양파, 작약, 자색

표 11.5 〈이어서〉

색소	구조	소재 및 색
Delphinidin계	Hyacin 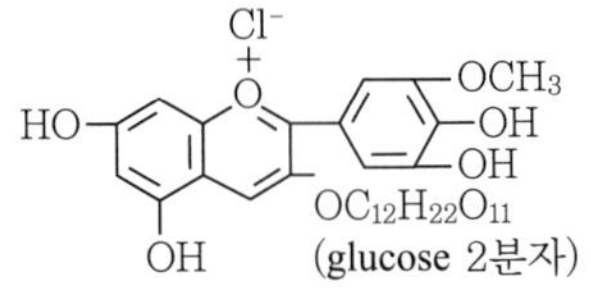	
delphinin hyacin nasunin	delphinidin−3, 5−diglucoside delphinidin−3−maltoside delphinidin−3−maltoside의 p−coumaric acid ester	포도, 적색 가지, 청색 가지의 과피, 적색
Petunidin계	Petunin 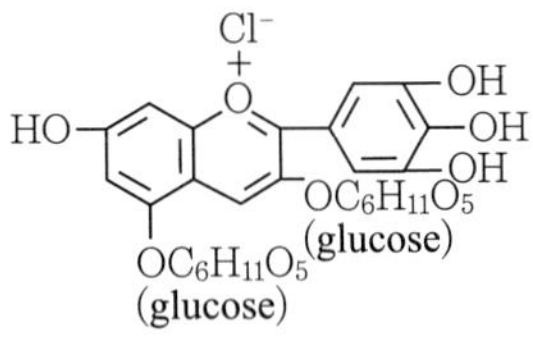	
Petunin	Petunidin−3, 5−diglucoside	포도, 적색
Malvidin계	Negretin 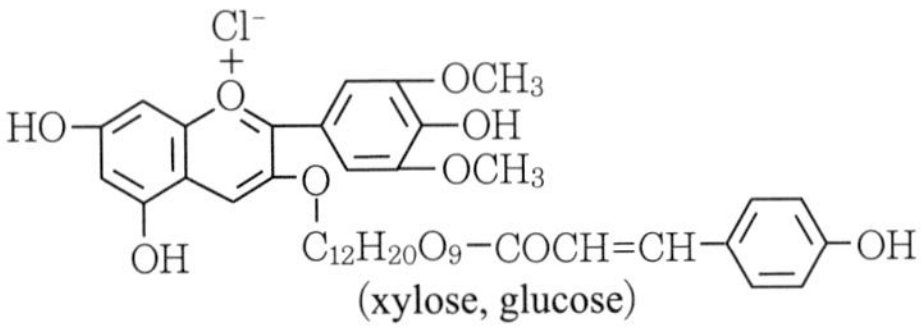	
malvin oenin negretin	malvidin−3, 5−diglucoside malvidin−3−glucoside malvidin−3−xyloglucoside의 p−oxybenzoic acid ester	포도, 적색 포도, 진홍색 자주감자, 적색

2) 화학적 성질

(1) pH 등에 따른 색깔의 변화

Anthocyanin은 산성에서는 보통 양이온, 알칼리성에서는 음이온으로 존재할 수 있는 양성 물질의 하나이며 그 색깔은 pH에 따라 크게 달라진다. 일반적으로 산성에서는 적색, 중성에서는 자색, 알칼리성에서는 청색 또는 청녹색을 나타낸다. 예를 들면, 검정콩의 색소는 chrysanthemin인데 산성 용액에서 아름다운 적색으로 변한다.

Anthocyanin에 속하는 색소 중 대표적인 cyanin의 pH에 따른 구조 및 색깔의 변화를 보면 그림 11.11과 같다.

이와 같은 색깔의 변화 과정은 일반적인 것이며, 실제로 pH에 따른 anthocyanin의 색깔 변화는 과실이나 채소에 존재하는 특정 anthocyanin 자체의 특유한 성질이다. 대표적인 과실에 존재하는 여러 anthocyanin의 산성, 중성, 알칼리성에 있어서의 색깔은 표 11.6과 같다.

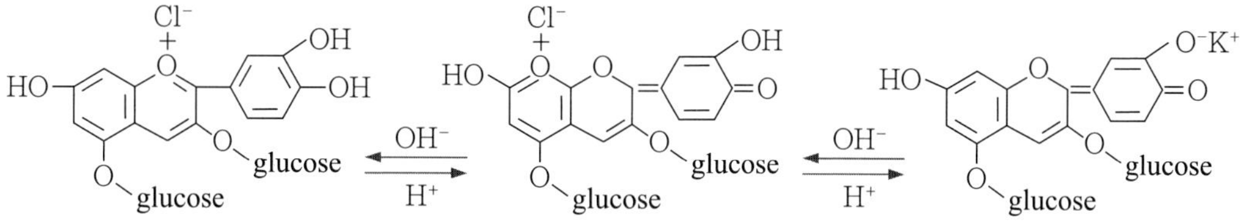

그림 11.11 Cyanin 분자의 pH에 따른 색깔과 분자구조의 변화

표 11.6 각종 과실즙의 산성, 중성, 알칼리성에서의 anthocyanin계 색소의 색깔 변화

과실 이름	pH 2.4~4.0에서의 색깔	pH 7.0~9.0에서의 색깔	pH 9.0 이상에서의 색깔
사과	적색	회색 짙은 자색	녹색
검은 딸기	적색	자색	청색 짙은 녹색
앵두	적색	자색	청색 짙은 녹색
포도	적색	자색	청색 짙은 녹색
서양자두	적색	엷은 자색	담녹색
석류	적색	자색	청색 짙은 녹색
딸기	적색	빨간색 짙은 자색	담녹색

또한 anthocynin 색소는 자연계에 보통 혼합물로 존재하는데 이 혼합물의 조성에 따라서 색깔도 변한다. 또 anthoxanthin, carotenoid, tannin 등과도 공존하고 있으며 이들 색소의 영향을 받는다. 예를 들면, 적색 과즙에 알칼리를 가하면 청색이 되지 않고 녹색이 되는 경우가 있는데, 이것은 알칼리 용액에서 anthoxanthin은 황색을 띠고 이것이 anthocyanin의 청색과 혼합되어 나타나기 때문이다. 한편, anthocyanin 색소는 그 농도에 따라 색깔이 달라진다. 예를 들면, 합성한 delphinidin의 산성 용액은 여과지에 떨어뜨리면 그 묽은 용액은 청색을, 농도가 짙으면 적색을, 그 중간 농도에서는 자색을 나타낸다.

(2) 조리 가공 중 색소의 안정성

조리 가공 중 anthocyanin 색소의 안정성에 미치는 pH의 영향을 보면, 일반적으로 한계 pH 1.8까지는 pH가 산성일수록 안정성이 더 좋아지지만 지나치게 낮은 pH에서는 anthocyanin 자체가 산에 의하여 가수분해되어 anthocyanidin이 형성되기 때문에 안정성이 오히려 감소된다. Anthocyanin 색소는 산소에 의해서 급속하게 산화되어 그 색깔을 잃는다. 예를 들면, 과즙 또는 과일 중에서 산화되면 갈색으로 변한다.

또한 sucrose, glucose, fructose, xylose 등의 당류와 이들 당류의 가열분해에 의해서 형성된 formic acid, levulinic acid, 5-hydroxymethyl furfural(5-HMF), furfural 등의 분해

물들은 anthocyanin 색소의 분해를 촉진하는데 당류 그 자체보다 당류 분해물이 더 색소의 분해를 촉진한다.

한편, anthocyanin은 ascorbinase의 작용을 억제하는 능력을 가지고 있다. 또 vitamin B_2, vitamin C와 anthocyanin이 공존하게 되면 anthocyanin의 색이 퇴색하면서 vitamin C가 급속히 감소된다(표 11.7).

표 11.7 Anthocyanin 색소가 vitamin C(ascorbic acid)의 안정성에 미치는 영향(vitamin C 잔존율(%))

조 성	방치시간(시간)			
	0	24시간	72시간	168시간
Ascorbic acid	100.0	69.6	64.1	59.7
Ascorbic acid + vitamin B_2	97.2	67.5	58.7	59.2
Ascorbic acid + Anthocyanin	92.6	74.4	62.6	46.3
Ascorbic acid + vitamin B_2 + Anthocyanin	91.0	66.2	24.8	13.6

(3) 금속과의 반응

Anthocyanin은 각종 금속이온들과 여러 가지 색깔의 복합체를 형성한다. 이들 복합체의 색깔은 청색, 자색, 회색, 갈색 등으로 원래의 anthocyanin과는 다른 색깔로 변색된다. 특히 구리(Cu^{2+})나 철(Fe^{3+}) 등의 금속은 anthocyanin의 변색을 크게 촉진시킨다. 주석(Sn)은 anthocyanin과 결합하여 회색 내지 자색을 나타낸다. 알루미늄(Al)은 다른 금속에 비하여 anthocyanin의 파괴를 덜 가져오며 복합체의 색깔도 연하다.

예를 들면, cyanidin에 속하는 anthocyanin 색소를 갖는 과일이나 채소의 통조림에서 靑變현상을 볼 수 있는데 이것은 깡통에서 용출되는 주석 또는 철이온에 의한 것이다. 그러므로 이러한 것을 통조림할 때는 내부에 enamel 칠을 한 깡통을 사용하여야 한다.

그러나 경우에 따라서는 금속의 첨가로 아름다운 색깔을 그대로 유지할 수 있다. 예를 들면, 가지절임을 할 때 쇠못을 함께 넣으면 아름다운 가지 색깔이 나타나는데 이것은 pH 4.6~4.7 부근에서 가지의 nasunin색소와 Fe^{3+}과 반응하여 청자색의 복합체를 형성하기 때문이다. 또 검정콩을 조리할 때 중조($NaHCO_3$)와 쇠못을 함께 넣으면 검정색을 그대로 유지하는데 이것은 검정콩의 chrysanthemin이 알칼리성에서 Fe^{3+}과 복합체를 형성하기 때문이다.

5. Betalains

사탕무류(beets)는 적색 색소 추출의 좋은 급원이며 자연 색소로서 그 용도가 크게 증가되고 있다. 그러나 그 화학적 구조나 성질에 대한 연구가 활발하기 시작한 것은 비교적 최근의 일이다.

사탕무에서 추출되는 적색 및 황색의 색소는 betalains으로 알려져 있으며 적색의 betacyanins과 황색의 betaxanthins으로 분류된다.

1) Betalains의 구조

사탕무에 존재하는 betalains의 구조는 그림 11.12와 같다.

적색 betacyanins는 보통 배당체로 존재하며, 이들 중에서 가장 중요한 색소는 betanin(III)으로 전체 색소의 75~95%를 차지한다. 나머지는 isobetanin(IV), prebetanin 및 iso-

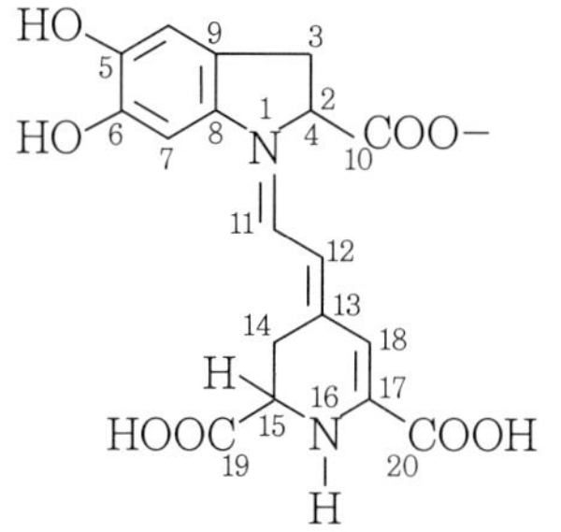

I Betanidin
II Isobetanidin(Betanidin의 C-15 epimer)

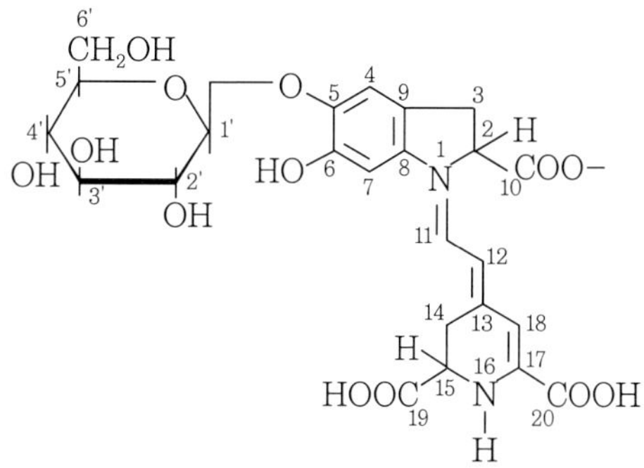

III Betanin
IV Isobetanin(Betanin의 C-15 epimer)

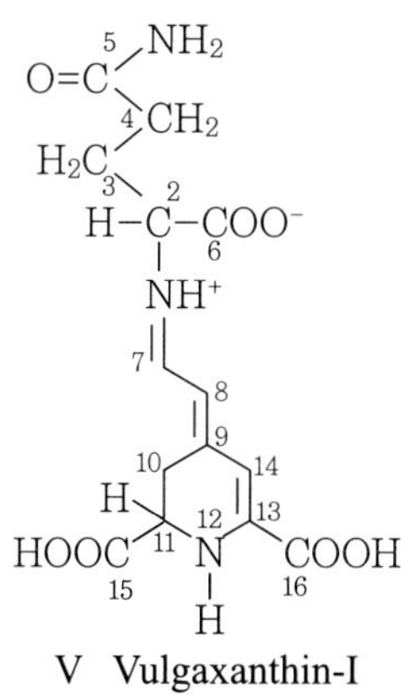

V Vulgaxanthin-I

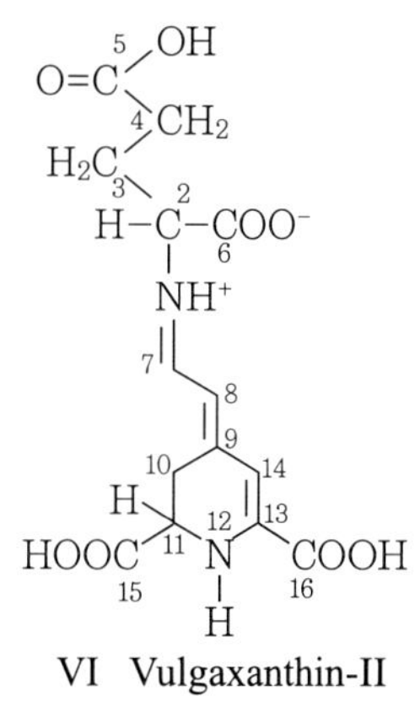

VI Vulgaxanthin-II

그림 11.12 적색 사탕무에 존재하는 betalain류의 구조

prebetanin 등이다. Prebetanin과 isoprebetanin은 각각 betanin과 isobetanin의 황산 monoester이다. Betanin은 betanidin(I)의 배당체이며 isobetanin은 betanin의 C-15 epimer이다.

한편, 황색의 betaxanthins 중에서 가장 중요한 색소는 vulgaxanthin I(V)와 vulgaxanthin II(IV) 등이 있다.

Betanidin은 3개의 carboxyl기, 2개의 phenol기 및 2와 15 위치에 부제탄소를 가지고 있다. 15 위치는 산이나 염기성 조건하에서 산소가 없을 때 쉽게 이성화되어 isobetanidin이 된다. 알칼리 조건과 glutamine 또는 glutamic acid 존재하에서 betanin은 vulgaxanthin으로 전환될 수 있다.

2) 화학적 성질

Betanin 용액의 색깔은 pH의 영향을 받는다. Betanin 색소는 대체로 산성에서는 적색이며, pH가 알칼리성으로 되면 색깔은 자색, 청색 쪽으로 변하게 된다. Betanin의 색깔은 pH 4.0~6.0에서 가장 안정하다.

한편, betalain 색소는 산화, 가열 등에 의해서 서서히 분해되며, 이 색소의 열 안정성은 pH 4.0~5.0에서 가장 높다.

Betalains 색소와 다른 색소와의 관계는 아직 확실히 규명되어 있지 않으나 특히 anthocyanin 색소와의 관계는 식물의 화학적 특성에 의한 분류상 중요한 사실로 생각되고 있다. 800여 종의 무류(beets)의 식물체 중 300여 종에서 betalain 색소가 검출되고 있으나 이 betalain 색소를 함유하고 있는 식물체에서는 anthocyanin 색소가 검출되고 있지 않다고 한다.

6. Tannins

Tannins은 식물의 줄기, 잎, 뿌리 등에 널리 분포되어 있으며, 특히 미숙한 과실과 식물의 종자 등에도 상당량 함유되어 있다.

Tannins은 그 자체로서도 식품의 떫은맛과 쓴맛을 형성하는 원인물질이 되고 있으며 또한 그의 산화 생성물들은 짙은 갈색, 흑색, 또는 홍색을 가지고 있어서 tannin을 함유한 식품의 품질에 중요한 영향을 미친다.

1) Tannins의 구조 및 분류

Tannin은 좁은 의미에서는 digallic acid, gallotannic acid를 말하나 실제로는 식물계에 광범위하게 존재하는 polyphenol성의 화합물로서 본래 단백질과 결합하여 물에 불용성의 복합체를 형성하고 가죽을 부드럽게 하는 특성을 가지고 있으며 수렴성의 떫은맛이 있는 물질에 부여된 명칭이다. 따라서 어느 일정한 구조를 갖고 있는 것이 아니며 그 종류도 다양하고 수도 많기 때문에 *Stenhouse−Proctor*의 분류법 등의 여러 가지 분류 방법이 시도되어 왔으나 아직 완전한 것은 없다. 그러나 보통 식품 중에 존재하는 tannin은 그 중 일부이며, catechin과 그 유도체들, leucoanthocyanin류, chlorogenic acid와 같은 polyphenolic acids 등의 3가지로 구분한다.

Catechin은 flavanonol의 유도체로 flavonoids의 기본 구조인 $C_6-C_3-C_6$의 기본 골격을 그대로 가지고 있다. Catechin의 C_2의 phenyl기와 C_3의 OH기가 *trans*형이면 catechin이고, *cis*형이면 epicatechin이다.

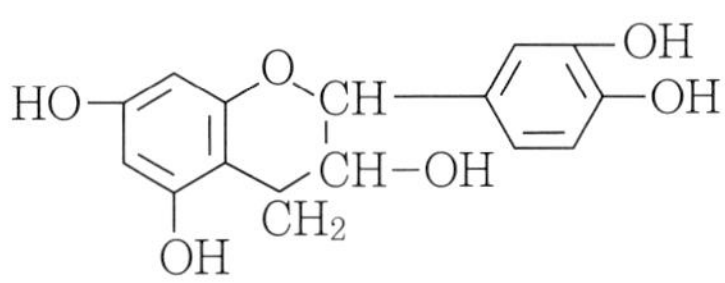

catechin

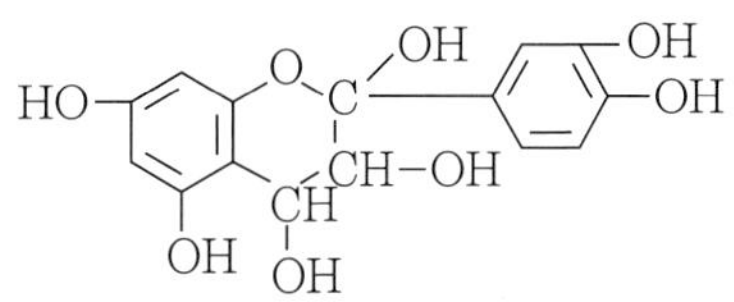

leucoanthocyanin

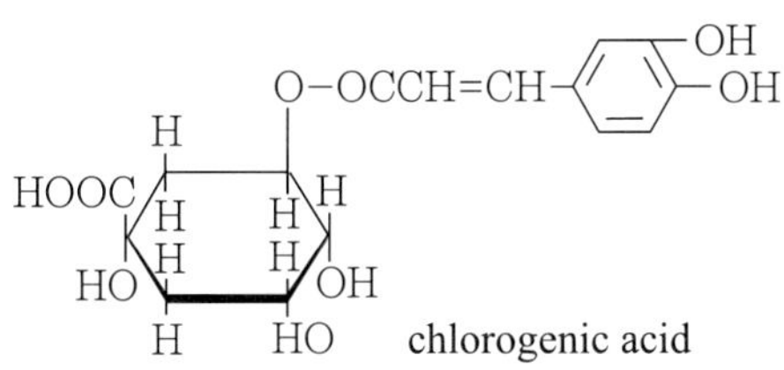

chlorogenic acid

그림 11.13 식품 중에 존재하는 주요 tannins의 구조

차의 대표적인 tannin 성분이 바로 이 catechin과 epicatechin이다. 그 중에서 특히 gallic acid와 ester화된 3−galloyl epicatechin과 3−galloyl gallocatechin이 많이 함유되어 있다.

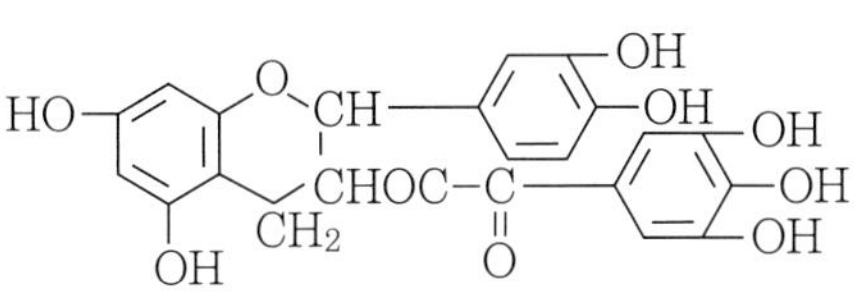

3−Galloyl epicatechin

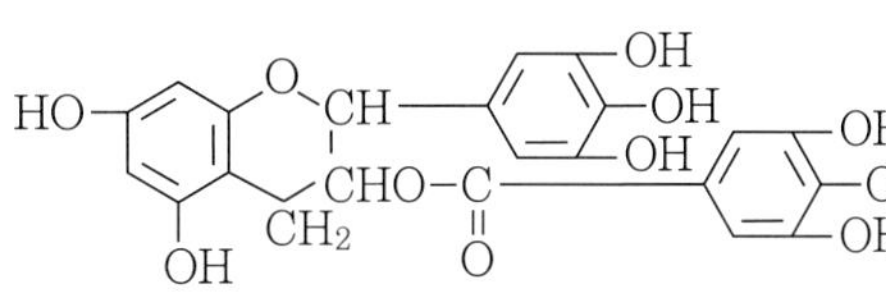

3−Galloyl gallocatechin

Leucoanthocyanin은 그 구조가 아직 확실하지 않으나 flavone 3, 4−diol의 기본 구조를 가지고 있는 것으로 추정하고 있다. Catechin과 leucoanthocyanin은 목본과 식물인 사과, 배, 포도, 살구, 감 등에 많이 존재하며, 초본과 식물에는 존재하지 않고 곡류에는 미량 존재하나 그 양이 변한다.

Polyphenolic acid도 식물계에 널리 분포되어 있다. Caffeic acid와 chlorogenic acid가 식물 조직에 주로 존재하며 그 이외에도 phenyl caffeate, cinnamic acid, gallic acid 등이 있다.

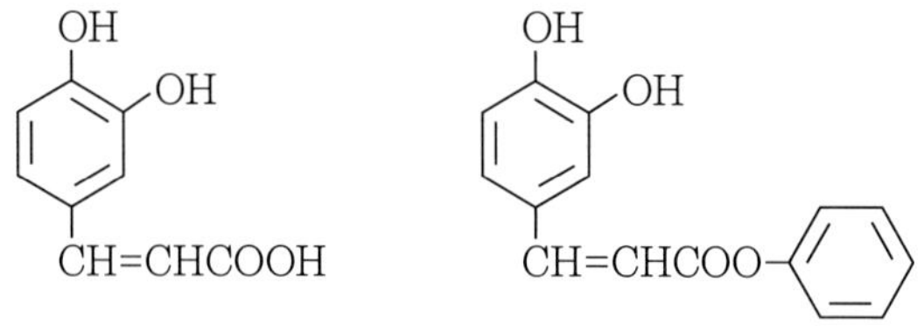

caffeic acid　　phenyl caffeate

2) 화학적 성질

(1) Tannin의 산화

Tannins은 공기 중에서 polyphenoloxidase에 의하여 쉽게 산화되어 갈변이 된다.

한편, 곡류, 과실류, 채소류의 tannin은 이들 식품이 익어감에 따라 급속하게 소실된다. 이와 같이 식물체들의 성숙 과정에서 어떤 경로로 소실되는지에 대해서는 화실하지 않으나 일부는 산화 과정에 의해서 anthoxanthin, anthocyanin 색소들로 변할 것으로 추정되고 있으며, 일부는 산화 중합되어 흑갈색의 불용성 물질을 만들어 tannin의 양은 감소되고 떫은맛이나 쓴맛이 없어지는 것으로 생각된다.

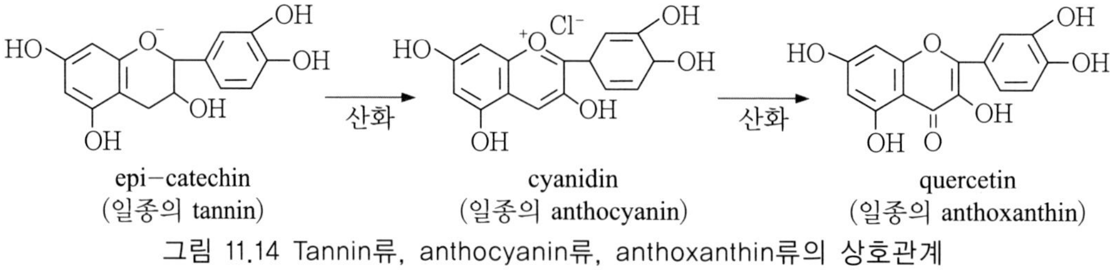

그림 11.14 Tannin류, anthocyanin류, anthoxanthin류의 상호관계

(2) 금속과의 반응

Tannins은 각종 금속이온과 반응하여 복합체를 형성하며 그 색깔은 보통 갈색, 흑청색, 청녹색, 회색 등을 띤다. 예를 들면, 차나 커피를 경수(hard water)로 탔을 때 액체의 표면

에 갈색이나 적갈색의 침전이 형성되는 것은 이 때문이다. 또한 tannin의 함량이 많은 과실이나 채소 등의 통조림에서는 깡통에서 녹아나오는 제1철이온(Fe^{2+})과 tannin이 반응하여 회색의 복합염(Fe^{2+}−tannin)을 형성하며, 이 복합염은 통조림 내부에 약간의 산소가 남아있는 경우에는 제2철이온(Fe^{3+})의 복합염(Fe^{3+}−tannin)을 형성하게 되어 흑청색 또는 청녹색으로 변한다. Mg^{2+}, Ca^{2+}와도 불용성의 복합체를 형성하여 침전하며 Sn이나 Zn이온 또는 그 염들과도 연한 회색의 복합체를 형성하나 비교적 안정하여 현저한 변색을 일으키지 않는다.

한편, tannin은 뜨거운 물이나 때로는 냉수에서 교질성 입자를 형성하며 쉽게 확산된다. 과실주나 주스를 만들 때 tannin은 과즙에 잘 용출된다.

제3절 동물성 식품의 색소

동물성 색소로서는 근육의 색소인 myoglobin과 혈액의 색소인 hemoglobin이 있다. 일반적으로 생체에 있어서 체내의 hemoglobin과 myoglobin의 비율은 90 : 10으로 추산되나 육류나 육류 가공품에 있어서는 가급적 많은 혈액이 제거되므로 이들의 비율은 반대로 5 : 95가 된다고 한다. 실제로 육류 또는 육류 가공품의 전체 색소 함량의 70 ~80% 이상이 myoglobin으로 알려져 있다.

한편, 동물성 색소가 식물성 식품에서 발견되는 경우는 없으나 식물성 색소로 분류된 일부 carotenoid 색소들이 우유, 유제품, 난황 등에 함유되고 있다. 또한 연어를 구웠을 때의 엷은 분홍색, 새우, 게 등을 삶았을 때 나타나는 적색의 색소들 역시 carotenoid 색소들이다.

1. Myoglobin

Myoglobin과 hemoglobin은 모두 철을 함유하고 있는 porphyrin 유도체인 heme과 단백질이 결합된 색소 단백질이다. 혈액 중에 있는 hemoglobin은 폐로부터 산소를 조직으로 운반하는 데 반하여 조직의 세포 중에 들어있는 myoglobin은 hemoglobin에 의하여 운반되어 온 산소를 이어받아 동물의 대사작용을 위하여 공급하면서 잠정적인 산소의 저장체의 구실을 한다.

동물의 육류 조직 내의 myoglobin 함량은 동물의 연령이 많아질수록 증가하는 경향이 있으며 또한 근육조직 중 활동이 심한 부분일수록 그 함량이 큰 것으로 알려져 있다. 소고기의 경우 1g의 조직에 myoglobin 함량은 보통 4~10mg 정도이다.

1) Myoglobin의 구조

Myoglobin은 복합단백질로서 globin으로 알려진 단백질 1분자와 heme으로 알려진 비단백질 1분자로 이루어져 있다. 이 myoglobin을 형성하고 있는 globin의 분자량은 17,000정도이다. 여기서는 주로 색의 근원이 되는 heme의 구조와 성질에 대하여 논의한다.

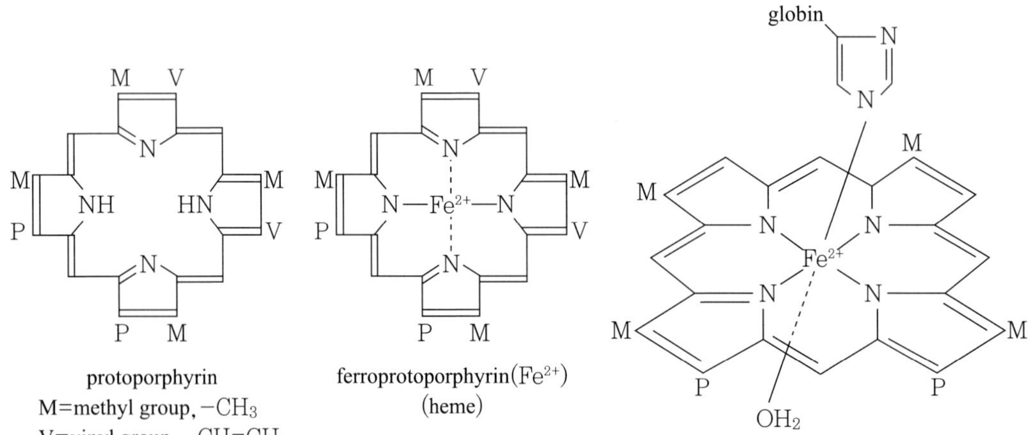

그림 11.15 Myoglobin의 구조

Heme은 protoporphyrin 고리와 2가의 철 원자(Fe^{2+})로 구성된 분자이다 따라서 heme을 ferroprotoporphyrin이라고도 한다. Protoporphyrin은 4개의 pyrrole이 4개의 methine bridge (=CH−)로 평편한 고리 모양으로 연결된 porphyrin 기본 구조에 1, 3, 5, 8의 위치에 methyl기($-CH_3$), 2, 4의 위치에 vinyl기($-CH=CH_2$), 그리고 6, 7의 위치에 propionic acid기($-CH_2CH_2COOH$)가 결합된 화합물이다. Protoporphyrin은 여러 개의 공액 이중결합을 가지고 있기 때문에 색을 갖게 된다. Heme, 즉 ferroprotoporphyrin의 중심에 있는 Fe^{2+}는 배위수가 6이므로 4개의 pyrrole 고리의 질소 원자와 서로 공명 혼성체의 배위결합으로 연결되어 있고 나머지 2개는 globin 단백질 분자 중의 histidine 잔기의 imidazole 고리의 질소 원자와 H_2O의 산소원자와 배위결합에 의하여 결합되어 있다.

2) 화학적 성질

(1) 산화에 의한 변화

Myoglobin(Fe^{2+}-Mb)은 암적색을 띠지만 공기와 접촉하여 분자상의 산소와 결합되면 선명한 적색의 oxymyoglobin(Fe^{2+}-MbO_2)으로 된다. 이 경우 heme 분자의 중심에 있는 제1철이온(Fe^{2+})은 2가 그대로이므로 산화(oxidation)가 아니고 산소화(oxygenation)라고 한다.

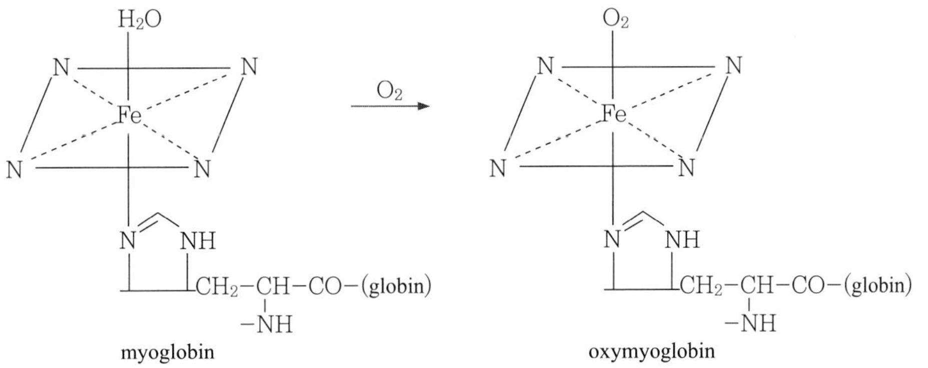

그림 11.16 Myoglobin의 산소화

그러나 이 oxymyoglobin은 그 자체로서는 비교적 안정된 색소이나 공기 중에서 서서히 자동산화되어 heme 분자의 중심에 있는 제1철이온(Fe^{2+})이 제2철이온(Fe^{3+})으로 되어 갈색의 metmyoglobin(Fe^{3+}-MetMb)이 된다.

실제로 저장 중의 육류에서는 myoglobin이 oxymyoglobin을 거쳐서 갈색의 metmyoglobin이 되어 축적된다. 따라서 육류의 색깔은 점차 갈색으로 변한다. 생육 중에서 oxymyoglobin과 metmyoglobin의 상대적인 비율은 산소분압에 따라 다르며, metmyoglobin의 생성은 산소분압이 낮을 때 우세하다. 생성된 metmyoglobin도 생육 중에서 환원형의 조효

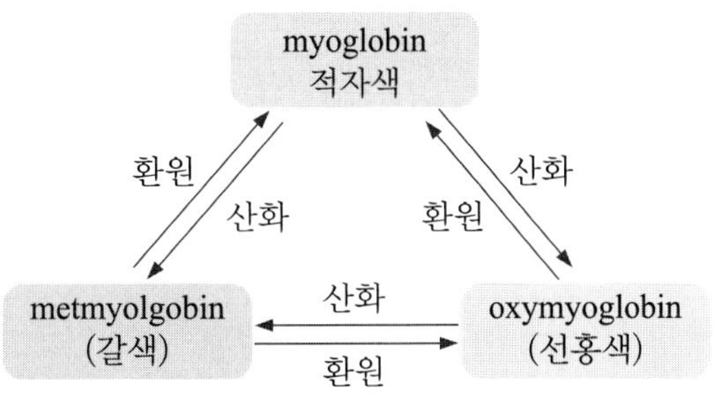

그림 11.17 Myoglobin의 가역적인 산화와 환원

소가 계속 공급된다면 다시 myoglobin으로 환원된다. 따라서 생육 덩어리 내부에 glucose와 같이 산화될 수 있는 기질의 공급이 지속되는 한 myoglobin은 암적색을 띠는 환원형(Fe^{2+})으로 존재한다. 그러나 그것들이 다 소모되어 근육의 환원력이 사라지면 heme 분자 중의 Fe^{2+}이 산화되어 갈색의 metmyoglobin으로 된다.

(2) 가열 조리 중의 변화

육류를 가열하면 일부 산화되지 않고 있던 myoglobin은 oxymyoglobin을 거쳐 metmyoglobin으로 되고, oxymyoglobin은 직접 metmyoglobin으로 된다. 가열을 계속하면 이 metmyoglobin의 단백질 부분인 globin이 변성되어 분리되며 갈색 또는 회색의 heme부분, 즉 ferriprotoporphyrin이 유리된다. 이 유리된 heme을 일반적으로 hematin(Fe^{3+}−protoporphyrin)이라고 하며, 이 hematin이 특히 염화물인 경우에 hemin(Fe^{3+}−protoporphyrin chloride)이라고 한다.

Hematin과 hemin은 가열이 계속될 때 계속 가열 산화되어 갈색, 회색 또는 무색의 산화된 porphyrin 유도체가 된다.

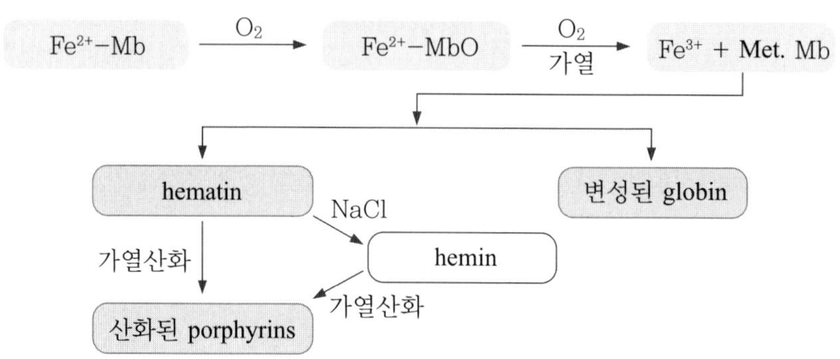

그림 11.18 Myoglobin의 가열에 의한 산화

(3) 저장 중의 녹색 변화

육류나 육류 가공품은 저장 중에 가끔 녹색으로 변화되는 경우가 있다. 이와 같은 녹변의 원인에 대해서는 아직 확실하지 않으나 저장 중 세균의 작용에 의해서 생성된 choleglobin과 sulfmyoglobin 그리고 myoglobin의 산화 생성물로 알려진 verdoglobin에 기인하는 것으로 생각된다.

Choleglobin은 세균에 의해 생성된 과산화수소(H_2O_2)에 의하여 heme의 porphyrin 고리 중 α−methine 탄소가 산화되어 생성되며, sulfmyoglobin은 세균에 의하여 생산된 황화수소(H_2S)가 porphyrin 고리에 결합되어 생성되는 것으로 생각되고 있다.

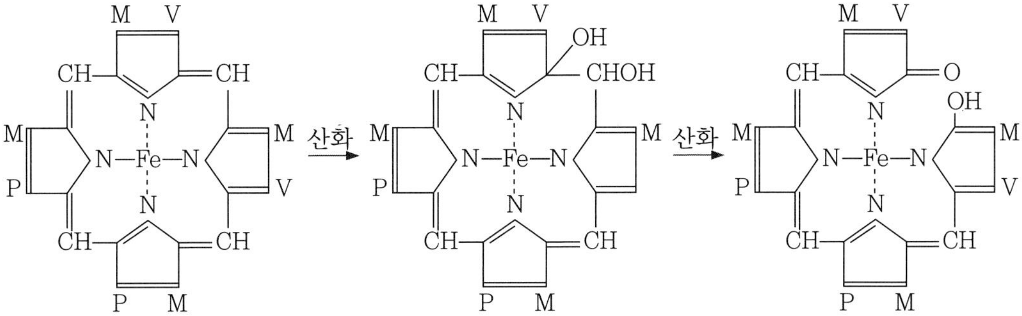

myoglobin의 heme : 적색　　choleglobin의 heme : 녹색　　verdoglobin의 heme : 녹색

그림 11.19 육류 저장중 myoglobin의 녹색 변화

(4) 가공 과정 중의 변화

햄, 소시지, 베이컨 등의 염지 육가공품(cured meat products)의 경우에는 가열조리 중에도 육류의 선홍색이 그대로 유지된다. 이와 같이 염지 육가공품에서의 색깔의 고정은 염지공정에서 사용한 초석(KNO_3)이나 $NaNO_3$가 세균의 작용을 받아서 아질산염(KNO_2)이 되고, 이것이 육류 중의 lactic acid에 의하여 다시 아질산(HNO_2)을 거쳐 형성된 산화질소(NO, nitric oxide)가 myoglobin과 결합하여 선명한 홍색의 산화질소 myoglobin(nitric oxide myoglobin 또는 nitrosomyoglobin, NO−Mb)을 형성함으로써 일어난다.

$$KNO_3 \xrightarrow[\text{환원}]{\text{세균}} KNO_2 \xrightarrow{\text{육류 중의 젖산}} HNO_2 \xrightarrow{\text{환원성 물질}} NO \begin{cases} \xrightarrow{+Mb} \text{nitrosomyoglobin} \\ \xrightarrow{+Hb} \text{nitrosohemoglobin} \end{cases}$$

한편, 이 산화질소 myoglobin은 가열 조리될 때 globin이 변성되어 유리되어 나감으로써 그 heme부분은 열에 대해서 매우 안정하며 선명한 홍색을 유지하는 산화질소 myochromogen(nitric oxide myochromogen)이 된다.

그러나 최근에 와서 염지 과정 중에 형성된 아질산과 염지 육류 중에 존재하는 각종 amine류와의 상호반응으로 생성되는 nitrosoamine류의 독성이 논란이 되어 색소 고정제로 사용하는 초석 대신에 vitamin C를 사용하기도 한다.

이상에서 논의한 myoglobin의 산화환원 과정을 요약하면 그림 11.20과 같다.

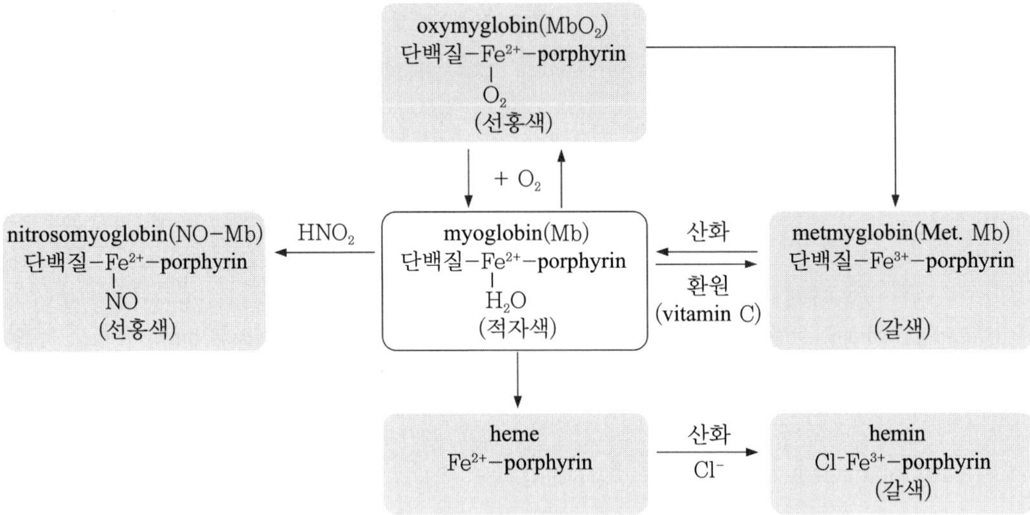

그림 11.20 Myoglobin의 화학적 성질

2. Hemoglobin

육류나 육류 가공품에 존재하는 혈액은 부패 세균이나 병원균의 좋은 영양 공급원이 되므로 도살 직후에 가급적 혈액을 많이 제거해야 한다. 따라서 육류나 육류 가공품의 hemoglobin 함량은 매우 적으나 육류의 색깔에 미치는 영향은 크다.

1) Hemoglobin의 구조

Hemoglobin은 heme, 즉 ferroprotoporphyrin과 단백질인 globin의 histidine의 imidazole 고리의 질소 원자를 통하여 결합되어 있으므로 그 결합 양식과 구조는 myoglobin의 경우와 같다.

Hemoglobin 한 분자는 1분자의 heme과 1분자의 단백질 globin이 결합된 myoglobin 분

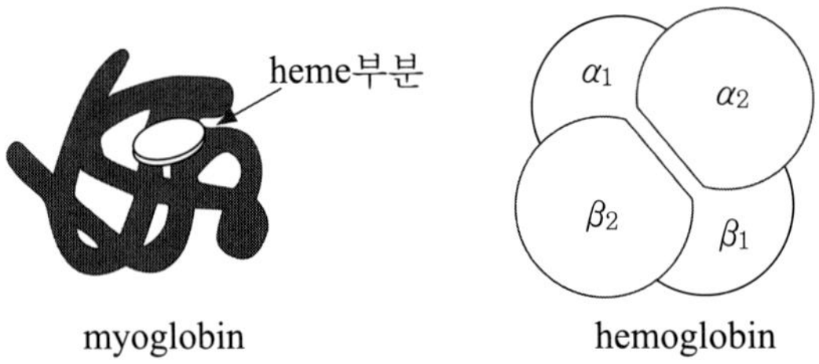

그림 11.21 Myoglobin과 hemoglobin의 분자 모형

자와 거의 같은 크기와 구조를 가진 구성 단위(sub-unit) 4개가 모여서 두 개씩 쌍을 형성하고 이 두 개의 쌍이 서로 결합하여 소위 4차 구조(quaternary structure)의 입체구조를 이루고 있다(그림 11.21). 따라서 그 분자량은 myoglobin의 4배인 68,000정도이다.

2) 화학적 성질

Hemoglobin은 혈액 내에서 산소의 운반체로 작용하며 산소와 가역적으로 결합하여 oxyhemoglonin을 형성한다.

육류 중의 hemoglobin도 myoglobin의 경우와 같이 저장 또는 가열조리 중에 oxyhemoglobin을 거쳐서 갈색의 methemoglobin을 형성한다.

$$Hb(Fe^{2+}) + O_2 \rightleftarrows Hb(Fe^{2+}) \cdot O_2 \xrightarrow{\text{산화}} Hb(Fe^{3+})$$

hemoglobin (선홍색) | oxyhemoglobin (갈색) | methemoglobin (적자색)

Methemoglobin을 가열할 때는 myoglobin의 경우와 같이 단백질인 globin은 변성되어 분리되고 무색, 갈색, 회색 또는 녹색의 산화된 porphyrin이 된다. 또한 염지 육가공품의 변화 등에 있어서도 myoglobin의 경우와 대부분 같다.

3. Carotenoids

일부 동물성 식품에도 carotenoid계 색소가 존재하여 황색 또는 등색을 띠고 있다. 우유 지방에는 carotene류가 0.5~0.6ppm, xanthophyll류가 0.1~0.7ppm정도 함유되어 있다.

한편, 난황이 황색을 띠는 것도 3~89ppm 정도 함유되어 있는 cacotenoid계 색소에 의한 것이며 그 함량이나 색깔은 사료 중의 carotenoid에 의해 영향을 받는다고 한다.

이들 carotenoid의 주성분은 xanthophyll류에 속하는 lutein이 가장 많고 그 이외에 zeaxanthin, cryptoxanthin 등이 소량 함유되어 있다.

새우, 게 등의 갑각류에는 xanthophyll류에는 속하는 astaxanthin이 함유되어 있다. 이것은 원래 적색이나 동물 조직 내에서는 단백질과 결합하여 복합체의 형태로 존재하므로 청녹색을 띠고 있다. 그러나 새우나 게를 가열하면 단백질이 변성되어 분리되고 astaxanthin이 유리된다. 이 astaxanthin은 공기 중에서 계속 가열되면 산화되어 짙은 홍색인 astacin으로 변한다. 새우나 게가 청녹색이던 것이 가열 조리하는 동안 홍색으로 변하는 것은

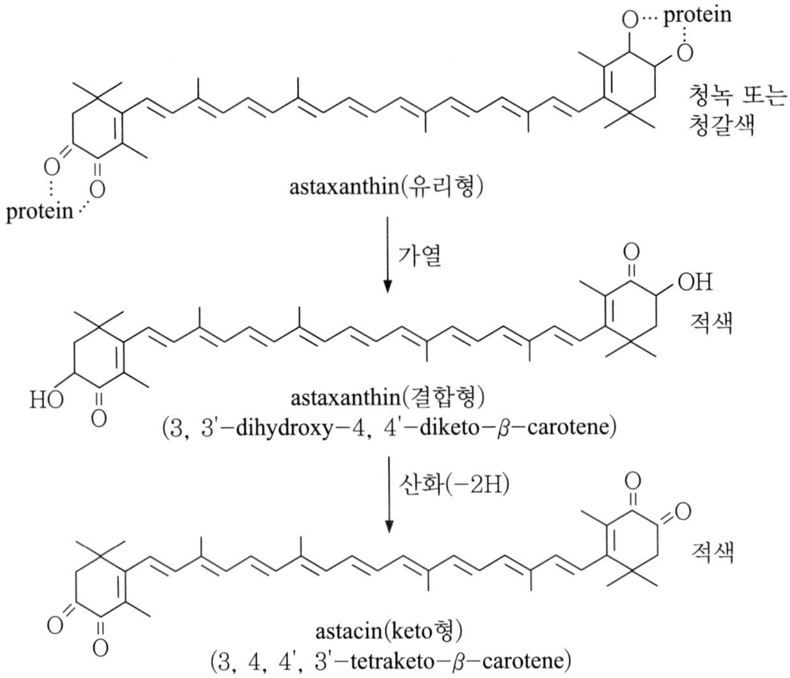

그림 11.22 Astaxanthin의 가열산화에 의한 astacin의 형성

것은 이 때문이다.

한편, 도미의 표피, 연어나 송어의 살에도 astaxanthin을 비롯한 각종의 carotenoid 색소들이 함유되어 있으며, 피조개의 근육의 적색부에는 carotene, lutein 등이 함유되어 있다.

4. 기타 물질

우유의 미황색, 난백의 미황녹색, 물고기 눈의 미황색의 형광은 riboflavin(vitamin B_2)에 의한 것이며, 생선의 표면이 아름다운 빛깔을 내는 것은 피하에 침착되어 있는 guanine($C_5H_5N_5O$)에 의한 것이다.

또한 연어, 송어의 살에서 볼 수 있는 엷은 녹색의 형광은 salmenic acid의 존재에 의한 것이며, 생선 겉표면의 검은 색이나 오징어, 문어 등의 먹물은 melanin 색소에 기인한다.

제 12 장

식품의 갈변반응 (browning reactions in foods)

식품재료를 수확, 도살, 가공, 저장하는 동안에 일어나는 색깔의 변화는 크게 두 가지로 나누어 생각할 수 있다.

하나는 본래 식품 자체에 함유되어 있는 색소, 즉 chlorophyll, carotenoid, myoglobin 등이 광선이나 열, 그 밖의 작용으로 분해 또는 산화하여 고유의 색깔이 퇴색하거나 변색하는 경우이고, 다른 하나는 본래 무색이었던 식품성분 사이에 서로 화학반응이 일어나서 갈색물질을 생성하는 경우이다.

예를 들면, 사과를 깎아 그대로 방치하면 곧 갈색으로 변하며, 과실잼 등을 만들 때도 잘못 만들면 원료 과실의 본래의 색깔과는 다른 흑갈색의 짙은 잼이 생긴다. 또한 벌꿀의 색깔은 보통 갈색이며 간장, 된장도 짙은 흑갈색을 띠고 있다.

이와 같이 가공식품의 색깔이 가공, 저장 중에 갈색 또는 흑갈색으로 변화하는 과정을 갈변(browning)이라고 부르며 갈변을 가져오는 반응을 갈변반응(browning reaction)이라고 한다.

갈변반응은 식품의 가공 또는 저장 중 단순히 색깔을 갈색으로 변화시킬 뿐만 아니라 갈변반응에서 형성된 성분들은 그 가공식품의 냄새와 맛에도 큰 영향을 주며 특히 가공식품 중의 당류와 아미노산류 그 중에서도 필수 아미노산인 lysine 등의 급격한 손실로 인하여 전체적으로 영양가의 감소를 가져오는 등 식품의 품질에 큰 영향을 미친다.

이러한 식품의 갈변은 사과, 청주, 분유, 식초, 식용유, 수산 건제품 등의 갈변의 예에서와 같이 이미, 이취의 발생이나 vitamin의 손실로 품질이 저하되는 경우가 대부분이나 반대로 홍차, 커피, 간장, 된장, 맥주의 색이나 빵, 비스킷, 땅콩 등을 구울 때의 갈변반응의 예에서와 같이 색깔 뿐만 아니라 풍미에 영향을 주어 식품의 품질을 향상시키는 경우가 있다.

식품의 갈변반응에는 여러 가지 종류가 있으나 일반적으로 효소가 직접 관여하는 효소적 갈변반응(enzymatic browning reaction)과 효소의 관여 없이 일어나는 비효소적 갈변반응(nonenzymatic browning reaction)으로 분류된다.

제1절 효소적 갈변반응

사과, 살구, 바나나, 가지, 감자, 고구마 등은 갈변이 잘 일어나는 식품의 대표적인 예이다. Polyphenol류를 함유하고 있는 식물 조직 중에는 보통 이것을 산화시키는 효소가 함께 들어있기 때문에 신선한 식물체에 상처를 내면 효소 반응이 진행되어 갈변이 일어나게 된다.

Polyphenol류를 산화하는 효소를 일반적으로 polyphenol oxidase라고 한다. Polyphenol oxidase에도 몇 가지 종류가 있으므로 식품에 따라서 갈변의 정도가 다르다. 또 이와 같은 갈변의 정도는 효소 뿐만 아니라 기질의 종류에 따라서도 차이가 있다. 기질로서는 catechol, pyrogallol, o-dihydroxyphenol, hydroquinone, resorcinol, tyrosine, 3, 4-dihydroxyphenylalanine, chlorogenic acid, gallic acid, caffeic acid 등이 알려져 있다.

효소적 갈변의 반응 경로는 아직 확실히 규명되어 있지 않으나 반응이 진행될 때 산소 흡수가 일어나고 있음이 확인되었다. 따라서 갈변이 일어나기 위해서는 반드시 효소, 기질, 산소의 3요소가 필요하다. 가열 처리한 가공식품에서는 효소가 열에 의하여 불활성화 되므로 효소적 갈변반응은 일어날 수 없고 다만 가열 처리하기 전의 식품에서 일어날 수 있다.

이 효소에 의한 갈변반응은 크게 polyphenoloxidase에 의한 갈변과 이와 본질적으로 같은 작용을 하는 tyrosinase에 의한 갈변으로 구분한다.

1. Polyphenoloxidase에 의한 갈변반응

1) 갈변반응의 메카니즘

Polyphenoloxidase(catecholase, polyphenolase, diphenoloxidase)는 주로 o-diphenol인 catechol 또는 그 유도체 등이 공기 중의 산소 존재하에 quinone 또는 그 유도체로 산화하는 반응을 촉매하여 준다. 여기서 생성된 quinone 또는 그 유도체들은 반응성이 매우 강하기 때문에 비효소적으로 계속 산화 중합 또는 축합되어 흑갈색의 melanin색소를 형성한다. Quinone 또는 그 유도체에서 최종적으로 melanin색소에 이르는 과정은 급속도로 진행되는 매우 복잡한 과정으로 그 자세한 경로에 대해서는 아직 확실하게 규명되어 있지 않다

사과나 배를 깍아서 공기 중에 방치할 때 갈색으로 변하는 것은 catechol 유도체인 chlorogenic acid와 pyrocatechin 등이 polyphenoloxidase에 의하여 quinone 유도체로 산화되고 이것이 중합하여 갈색 물질을 만들기 때문이다.

한편, 감귤은 vitamin C 함량이 많아서 거의 갈변이 일어나지 않으며, 감 등에서는 효소가 감의 tannin과 결합하여 불활성화되기 때문에 거의 갈변을 볼 수 없다.

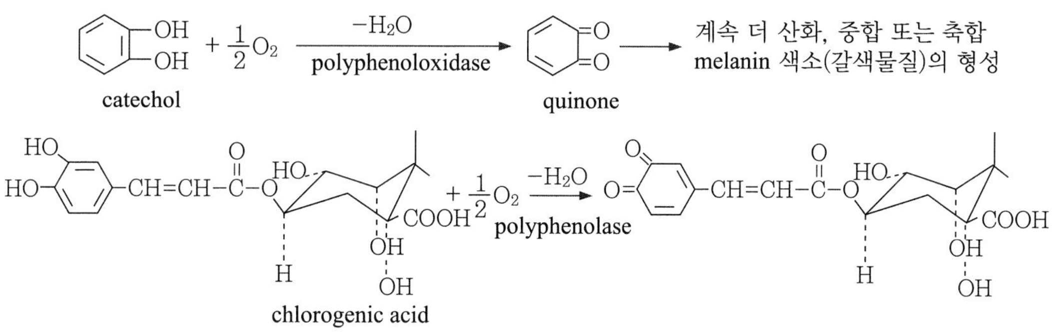

그림 12.1 Polyphenoloxidase에 의한 catechol 및 chlorogenic acid의 산화과정

2) 효소의 성질

Polyphenoloxidase는 구리(Cu)를 함유하고 있는 산화효소이다. 이 효소는 식물의 종류에 따라서 그 성질이 다소 다르며, 또한 이 효소가 작용하는 기질의 종류도 효소의 출처에 따라 다소 다르다. 일반적으로 과실에서 추출된 polyphenoloxidase는 pH 5.0~7.0에서 최고의 활성을 가지며, pH가 낮은 과실은 산성 측에, 산이 적은 과실은 중성 가까이에 최적 pH가 있다.

이 효소는 구리이온(Cu^{2+})에 의해서 활성화되며 염소이온(Cl^-)에 의해서 억제된다.

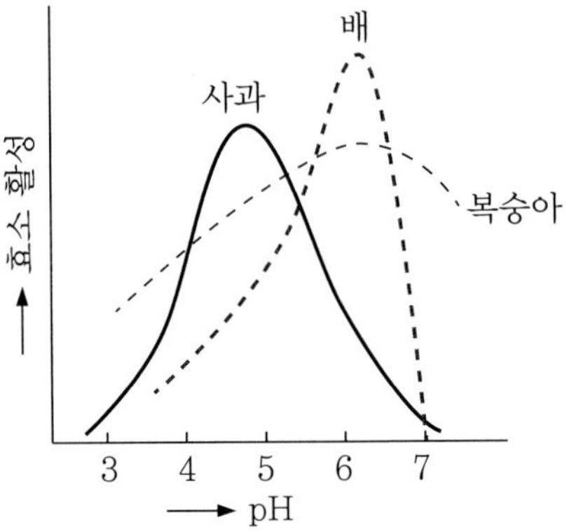

그림 12.2 과실의 polyphenolase의 pH에 따른 효소활성

한편, polyphenoloxidase는 hydroxyphenylalanine, pyrogallol, catechol, p-hydroxybenzene 등에 특히 잘 작용한다고 한다. 또한 대부분의 polyphenoloxidase는 두 개의 수산기(-OH) 중에서 하나의 수산기(-OH)에 대하여 ortho 또는 para 위치에 수산기(-OH)가 amino기($-NH_2$)로 치환된 화합물에 대해서도 작용하나, 오렌지에서 추출한 polyphenoloxidase는 하나의 수산기(-OH)가 amino기($-NH_2$)로 치환된 화합물에는 작용하지 않았으나 하나의 수산기(-OH)가 methoxyl기($-OCH_3$)로 치환된 화합물에 대해서는 작용하는 특이성을 갖고 있었다고 한다.

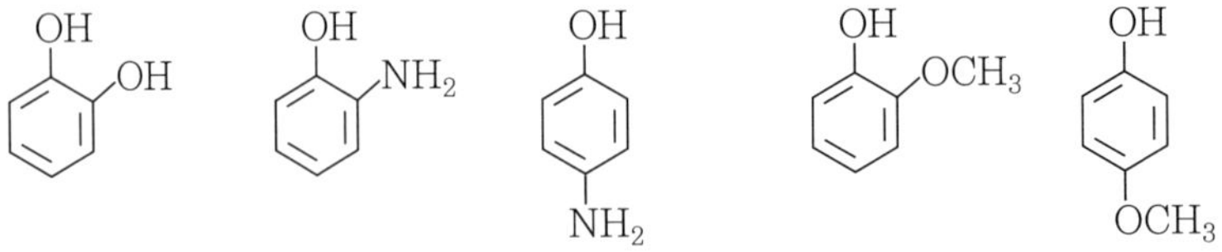

2. Tyrosinase에 의한 갈변반응

Tyrosinase는 분자 내에 구리(Cu)를 함유하고 있는 산화효소로서 여러 가지 polyphenol 화합물에 작용하므로 본질적으로 polyphenoloxidase와 같은 것으로 생각되고 있으나 유일하게 다른 점은 monophenol 화합물인 tyrosine이 catechol 유도체인 dihyoxyphenylalanine(DOPA)으로 산화되는 과정에 대해서도 촉매작용을 한다는 점이다. 따라서 polyphenoloxidase와 구별하여 monophenoloxidase라고도 한다.

아미노산 중의 하나인 tyrosine은 tyrosinase의 존재 하에 급속하게 산화되어 DOPA를 거쳐 DOPA quinone이 되고 이것은 dopachrome으로 알려진 적색의 5, 6-quinone-indole-

2-carboxylic acid를 형성한다. 이 중간 생성체는 다시 갈색의 indole-5, 6-quinone을 거쳐 계속 축합, 중합반응을 통하여 최종적으로 흑갈색의 melanin색소를 형성한다.

채소나 과실류, 특히 감자의 갈변에 있어서 이 효소에 의한 작용이 매우 현저하다.

Tyrosinase는 polyphenoloxidase와 마찬가지로 구리를 함유하고 있는 효소이므로 구리 이온(Cu^{2+})에 의해서는 더욱 활성화나 반대로 염소 이온(Cl^-)에 의해서는 억제된다.

예를 들면, 사과나 감자를 철로 된 칼이나 구리로 된 용기로 처리하면 갈변이 쉽게 일어나는 반면에 이들의 절편을 묽은 소금물에 담가두면 갈변이 방지된다. 또한 감자에 함유되어 있는 tyrosinase는 수용성이므로 감자를 깎아서 물에 담가두면 갈변이 잘 일어나지 않는다.

한편, tyrosinasc는 pH 7~8 그리고 온도 0~30℃ 범위에서 비교적 안정하다.

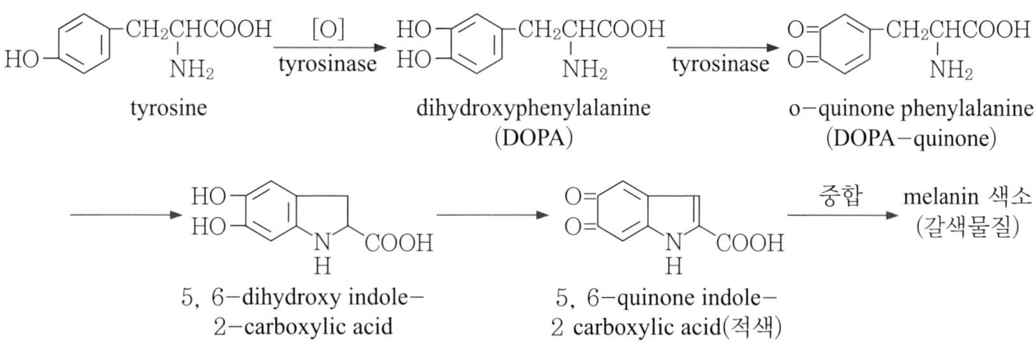

그림 12.3 Tyrosinase에 의한 tyrosine의 산화과정

3. 홍차 제조과정에서의 갈변반응

효소에 의한 갈변반응이 실제로 응용되고 있는 가장 좋은 예의 하나로 신선한 차잎(fresh tea leaves)에서 홍차(black tea)를 제조하는 과정을 들 수 있다.

홍차 제조 과정에서의 갈변반응은 신선한 차잎에서 녹차(green tea)를 제조하는 과정과 비교함으로써 잘 알 수 있다. 즉, 거의 같은 차의 녹엽이지만 녹차를 제조할 때는 건조하기 전에 수증기로 찌고 나서 말리기 때문에 효소에 의한 갈변은 일어나지 않으며 신선하였던 차잎의 색깔은 그대로 유지된다. 그러나 홍차를 제조할 때는 수증기로 쪄주는 과정 대신에 발효 과정을 거친 후 말리게 된다. 이 발효 과정 중에 효소에 의한 갈변반응이 심하게 일어난다. 따라서 홍차의 경우에는 그 차잎의 색깔은 물론 그로부터 얻은 홍차 역시 짙은 적갈색을 갖는다.

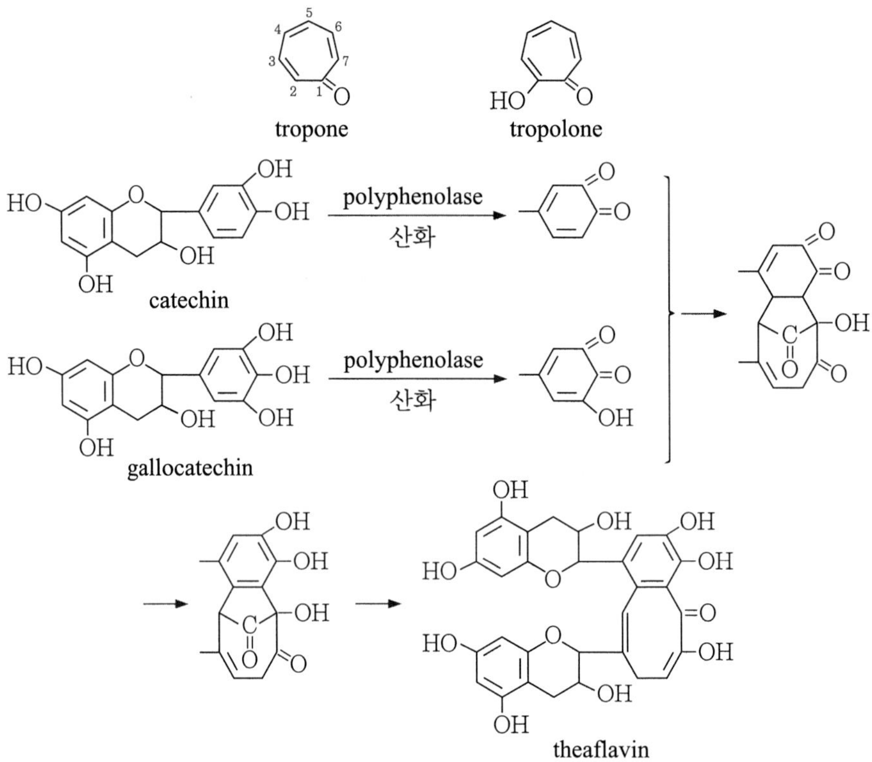

그림 12.4 Polyphenolase 작용에 의한 theaflavin의 형성

홍차 제조 과정에서 효소에 의한 갈변반응이 가장 활발하게 일어나는 발효 단계에서 catechin 또는 gallocatechin 등의 polyphenol 화합물이 산화 중합되어 theaflavin류 등과 같은 홍차 특유의 갈색 색소가 형성되는 것으로 알려져 있다(그림 12.4).

한편, 홍차 제조 과정에서 유리 아미노산은 예비 건조 단계에서는 증가하나 발효 단계에서는 그 함량이 감소하며, 일부가 홍차의 향기를 구성하는 중요한 휘발성 carbonyl 화합물로 전환되는 것으로 생각되고 있다.

제2절 효소적 갈변반응의 억제

1. 효소 작용의 억제

1) 효소의 불활성화

효소에 의한 갈변반응을 억제하는 가장 효과적인 방법은 polyphenoloxidase를 불활성화시키는 것이다. 즉, 효소의 본체는 단백질이므로 가열에 의하여 쉽게 불활성화된다. 대부분의 채소류나 과실류를 가공할 때 실시되는 데치기(blanching)는 그 본래의 목적이 통조림 또는 병조림할 채소류나 과실류 내부의 호흡가스를 제거하는 데 있으나 동시에 가열에 의한 효소들의 불활성화에 대해서도 효과적인 과정이 된다.

그림 12.5는 배 퓨레(pear puree)에 일정한 시간(8초) 동안 가열 처리하였을 때 polyphenoloxidase 활성에 미치는 온도의 영향을 나타낸 것이다. 즉, 80℃에서 8초 동안 가열하였을 때 효소 활성의 약 반이 손실되었으며 90℃에서 8초 동안 가열하였을 때는 효소 활성이 완전히 손실되었다. 그러나 과실 및 채소류의 열처리시 이취(off flavor)의 발생, 바람직하지 않은 texture의 변화 또는 연화(softening) 등을 가져오므로 효소를 불활성화시키기 위해서는 고온에서 가열 시간을 주의 깊게 조절하는 것이 필요하다.

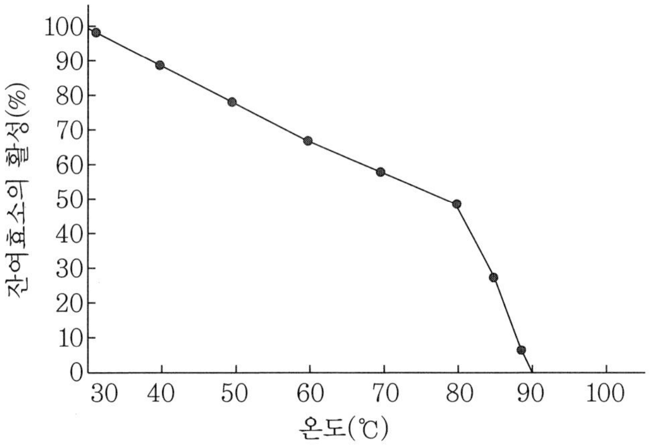

그림 12.5 배 퓨레를 일정시간(8초) 동안 가열하였을 때 ployphenolase 활성에 미치는 온도의 영향

2) 최적 조건의 변동

모든 효소들은 각각 효율적으로 작용할 수 있는 최적의 pH, 온도 및 기타의 조건들이 있다.

Polyphenoloxidase의 경우 최적 pH는 일반적으로 5.8~6.8이다. 따라서 식품의 pH를 citric acid, malic acid, 염산, 인산 등을 가하여 산성으로 변동시키면 효소작용을 억제할 수 있다. Polyphenoloxidase는 pH 3.0 이하에서는 그 활성이 완전히 상실된다. 또한 식품 자체를 저온에 둠으로써 효소 작용을 억제할 수 있으나 저온에 둘 경우 효소 작용은 −10℃까지 계속 되므로 식품의 온도를 −10℃이하로 유지하여야 한다.

한편, polyphenoloxidase의 작용은 소금, thiourea 등에 의해서도 상당히 억제되나 실제로 사용되는 소금의 농도는 1% 내외이므로 그 억제 작용은 완전하지 못하다(그림 12.6).

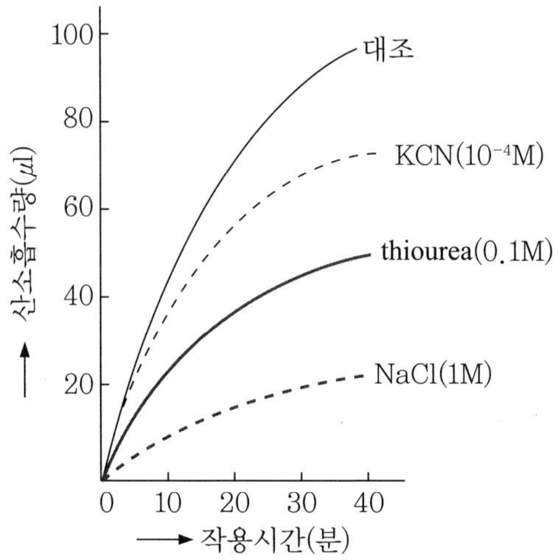

그림 12.6 사과의 polyphenolase 활성에 미치는 저해물질의 영향(기질 catechol, pH 4.8, 30℃)

2. 산소의 제거

갈변반응이 효소에 의한 것이거나 효소에 의하지 않은 것이거나 산소가 존재하지 않으면 갈변 또는 갈변반응의 중요 과정인 산화반응은 원칙적으로 일어나지 않는다. 따라서 잘 밀폐된 용기에 식품을 넣어 공기를 제거하거나 공기 대신에 탄산가스 또는 질소 등으로 대체시키면 갈변반응을 효과적으로 억제할 수 있다.

이와 같은 목적을 위해서 Oxy Bran 등의 각종의 산소 제거제(oxygen scavenger)가 개발되어왔으나 대부분의 경우 용기 내의 식품과 섞여져서는 안 되며 또한 액체 또는 액체와

고체의 혼합식품에는 사용할 수 없는 난점이 있다.

한편, ascorbic acid도 산소를 강하게 흡수하는 성질이 있어서 이와 같은 목적을 위하여 매우 효과적이며 이상적이라고 할 수 있다. Ascorbic acid는 용기 내부의 식품의 상태가 액체이거나 고체이거나 관계없이 사용할 수 있는 잇점을 가지고 있다 또한 과실 가공품에 설탕을 첨가하면 용액 중의 산소의 농도가 저하된다.

그러나 동·식물 조직 중의 산소를 제거하게 되면 혐기적인 상태가 되어 이 상태가 오래 지속되면 이상 대사물질(abnormal metabolite)이 형성되는 동시에 세포의 파괴현상이 일어난다.

3. 기질의 제거 및 변화

효소 반응의 기질을 제거한다는 것은 어려우나 고구마와 같이 기질이 대부분 껍질에 존재할 때는 가공하거나 조리할 때 껍질을 벗기고 물에 담그면 polyphenol 화합물에 의한 갈변을 억제할 수 있다.

한편, 과실 및 채소류에 있어서 효소 반응의 기질을 변화시켜 갈변을 억제하는 방법이 있다. 즉, o-dihydroxy 구조를 효소에 의하여 methyl화시켜 phenol의 반응기를 차단시키는 것이다

예를 들면, 식물 *Pampas grass*의 조직에는 효소 meta-o-methyl transferase를 함유하고 있는데, 이 효소는 S-adenosylmethionine과 같은 methyl기의 공여체와 o-diphenol과 같은 methyl기의 수용체의 존재하에서 다음과 같이 그 기능을 나타낸다.

S-adenosylmethionine +
- Catechol ⟶ Guaiacol
- Caffeic acid ⟶ Ferulic acid
- Chlorogenic acid ⟶ 3-Feruloyl quinic acid

} polyphenoloxidase의 기질이 되지 못함.

4. Ascorbic acid의 첨가

과실 조직 내부에 존재하는 ascorbic acid는 자신이 dehydroascorbic acid(DHA)로 전환될 때까지는 갈변반응을 억제하는 작용을 한다. 그 작용은 단순하지 않은데 주로 과실 조직 내에 용해되어 있는 산소를 급속히 환원시키고 또 polyphenoloxidase의 기질이 될 수 있는 물질들을 환원 상태에 둔다고 한다. 그러나 손상된 과실 조직에서는 ascorbic acid가 산화에 의해서 그 대부분이 손실되었기 때문에 polyphenoloxidase에 의해서 형성된 quinone류

는 ascorbic acid의 환원 작용을 받지 못하며 계속 산화 중합되어 갈색 물질을 생성한다.

Kertesz 등은 polyphenoloxidase에 대한 ascorbic acid의 작용 방식을 다음과 같이 표현하였다.

$$\begin{array}{lcl} \text{o-diphenol} + 1/2\ O_2 & \longrightarrow & \text{o-quinone} + H_2O \\ + \ \text{o-quinone} + \text{ascorbic acid} & \longrightarrow & \text{o-diphenol} + \text{dehydroascorbic acid} \\ \hline \text{Ascorbic acid} + 1/2O_2 & \longrightarrow & \text{Dehydroascorbic acid} + H_2O \end{array}$$

즉, quinone은 대응하는 본래의 phenol로 전환되고, ascorbic acid는 dehydroascorbic acid로 산화되어 갈변이 억제된다. *Hope*(1961)에 의하면 사과 통조림을 제조할 때 사과 453g(1pound)에 대해서 ascorbic acid 300mg을 첨가하면 과실의 갈변이 억제될 뿐만 아니라 통조림 윗 공간(head space)에 남아있는 산소량도 상당히 감소되어 용기의 부식을 억제한다고 한다.

5. 환원성 물질의 첨가

1) 아황산가스(SO_2) 또는 아황산염 용액의 이용

아황산가스와 아황산염들은 갈변반응 특히 효소에 의한 갈변반응을 효과적으로 억제한다. 즉, 아황산염은 quinone과 부가 화합물을 형성하여 산화가 더 이상 진행되는 것을 억제한다(그림 12.7).

실제로 감자, 사과, 복숭아 등의 가공에 있어서 갈변반응을 억제하기 위하여 아황산가스 처리법(sulfuring)과 아황산염 용액 침지법(sulfiting)이 이용된다.

아황산가스 처리법은 이들 식품들의 건조 또는 저장 중의 갈변을 억제하기 위해서 아황산가스를 노출 흡수시켜주는 방법이다. 이 방법은 비용이 적게 드나 건조식품에 흡수되는 아황산가스의 농도를 조절할 수 없고 부식성이 큰 아황산가스를 폐기가스로 처리하여야

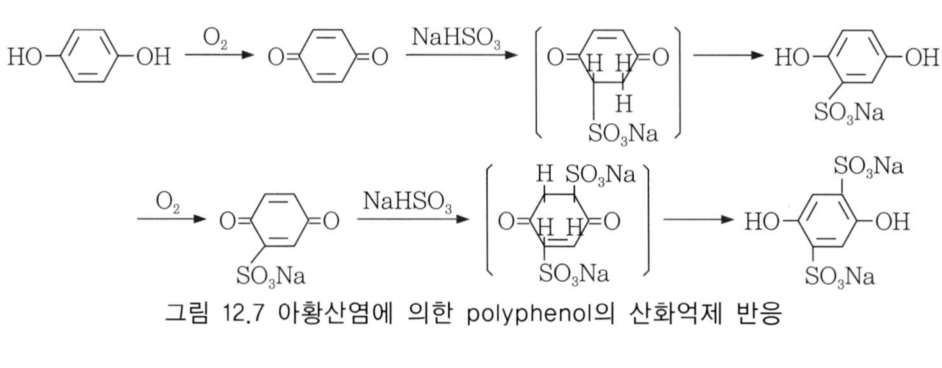

그림 12.7 아황산염에 의한 polyphenol의 산화억제 반응

하는 큰 단점이 있다.

한편, 아황산소다(Na_2SO_3), 산성 아황산소다($NaHSO_3$)의 일정한 농도의 용액에 이들 식품의 절편들을 침지한 후 건조 또는 냉동하는 아황산염 용액 침지법은 식품 속에 흡수된 아황산가스의 농도를 일정하게 조절할 수 있고 또한 부식성의 아황산가스가 발생하지 않는 등의 장점이 있으나 비용이 많이 든다.

이와 같은 아황산가스나 아황산염 용액의 처리는 미생물의 성장에도 강한 억제 작용을 갖고 있어서 부패 방지에도 도움이 되며 vitamin C를 보존하는 효과도 가지고 있으나 반면에 vitamin B_1과 B_2를 파괴시키는 결점이 있다.

2) SH 화합물

Cysteine, glutathione 등의 일부 SH화합물은 효소에 의한 갈변반응을 억제하여 준다.

예를 들면, 파인애플에 함유된 어떤 SH화합물은 파인애플의 갈변을 크게 억제하여 준다. 이와 같은 SH화합물의 갈변 억제 작용은 일반적으로 chlorogenic acid, tyrosine 또는 3, 4-dihydroxyphenylalanine 등이 산화되어 형성하는 quione류와 부가 화합물을 형성하여 산화가 더 이상 진행되는 것을 억제하는 데 있다. 실제로 cysteine은 산화된 chlorogenic acid와 결합하여 엷은 황색의 착색 물질을 형성한다.

3) 주석 이온

주석 이온(Sn^{2+})은 강한 환원력을 가지고 있어 갈변을 억제하나 이와 같은 목적으로 주석산염을 식품에 첨가하는 일은 없다. 다만 내부에 특별한 칠을 하지 않은 통조림관을 사용한 복숭아, 사과 등의 통조림에서는 그 과즙 중의 유기산에 의해서 주석이온이 상당량 용출되어 나오므로 이들 내용물에서 일어날 수 있는 갈변반응을 억제하여 준다.

6. 붕산 및 붕산염

Polyphenoloxidase는 기질의 o-dihydroxy기에 작용하므로 붕산 및 붕산염과 같이 o-hydroxy기와 ester결합을 형성하는 물질들은 이 두 개의 수산기(-OH)를 효소들이 이용할 수 없게 하여 줌으로써 효소 작용을 억제한다.

그러나 붕산이나 붕산염이 갈변을 억제하는 데 효과가 있으나, 독성을 가지고 있기 때문에 실제로 식품에 사용되고 있지는 않다.

제3절 비효소적 갈변반응

비효소적 갈변반응은 효소의 관여없이 식품 중의 어떤 성분이나 또는 성분 상호간의 화학적인 반응에 의하여 갈색 물질이 형성하는 것이다.

비효소적 갈변반응은 보통 그 반응의 메카니즘에 따라 Maillard 반응(Maillard reaction), caramel화 반응(caramelization), ascorbic acid 산화반응(ascorbic acid oxidation)에 의한 갈변의 3가지로 구분한다. 그러나 식품은 복잡한 여러 가지 성분으로 이루어져 있기 때문에 식품에서의 비효소적 갈변반응은 이상의 3가지 반응이 단독으로 일어나기보다는 대부분 혼합되어 일어난다.

1. Maillard 반응에 의한 갈변

이 반응은 프랑스 화학자 *Maillard*(1912)에 의해서 glucose와 glycine의 용액을 가열하였을 때 갈색 색소인 melanoidin을 생성한다고 처음으로 공식 논의되었기 때문에 Maillard 반응이라고 부르게 되었다. 이 반응은 활성을 가진 유리 aldehyde기나 ketone기와 같은 carbonyl기를 가진 환원당 또는 가수분해되어 환원당을 만들 수 있는 당류가 아미노산, peptide, 단백질과 같은 유리 amino기나 imino기를 가진 질소화합물과 상호 반응하여 갈색물질을 생성하는 것이므로 그 반응의 본질을 따서 amino-carbonyl 반응이라고도 하며 또한 생성되는 최종 갈색 물질의 이름을 따서 melanoidin반응이라고도 한다.

일반적으로 대부분의 식품들은 양의 차이는 있겠으나 그 성분으로써 당류 등의 carbonyl 화합물과 단백질 등의 amino기를 가진 질소화합물을 다소라도 함유하고 있으므로 Maillard 반응은 거의 모든 식품에서 일어날 수 있는 갈변반응이며 실제로도 식품 가공이나 저장 중에 있어서 가장 중요한 비효소적 갈변반응이다.

또한 Maillard 반응에 의한 갈변은 외부에서 가열과 같은 에너지 공급이 있어야 비로소 일어나는 화학반응과 달리 거의 자연 발생적으로 일어난다는 중요한 특징을 가지고 있다. 따라서 이 갈변반응은 식품 가공 과정에서는 물론 저장시에도 계속 일어날 수 있으며 또한 억제하기도 어려운 매우 중요한 반응이다.

1) Maillard 반응의 메카니즘

Maillard 반응에 의한 갈변의 진행 메카니즘에 대해서는 비교적 잘 알려져 있으며, 그 반응은 대체로 초기단계(primary step), 중간단계(intermediate step), 최종단계(final step)의 3가지 단계로 구분한다.

(1) 초기단계

① 당류와 amino 화합물의 축합반응(condensation reaction)

Maillard 반응이 진행되기 위해서는 먼저 환원당과 amino 화합물이 축합반응을 일으켜 질소배당체인 glycosylamine을 형성하여야 한다. 예를 들면, 환원당인 glucose와 amino기를 가진 glycine이 축합하여 질소배당체인 glucosylglycine이 형성된다. 이 과정이 Maillard 반응의 첫 활성화 단계라고 할 수 있다.

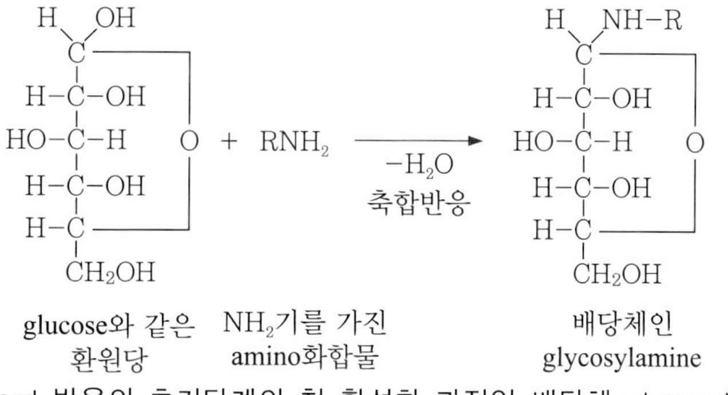

그림 12.8 Maillard 반응의 초기단계의 첫 활성화 과정인 배당체 glycosylamine의 형성

② Amadori 전위(Amadori rearrangement)

당류와 amino 화합물의 축합에 의하여 형성된 glycosylamine은 대응하는 fructosylamine으로 전위를 일으킨다. 이 과정이 두 번째의 활성화 단계이며, Amadori 전위라고 알려진 Maillard 반응에 있어서 가장 중요한 반응 중의 하나이다(그림 12.9).

Amadori 전위로 형성된 fructosylamine은 glycosylamine과는 달리 keto형과 enol형을 가질 수 있으며 enol형은 그 반응성이 매우 크다. 이 fructosylamine을 시발점으로 하여 Maillard 반응의 중간단계의 여러 가지 반응에 들어가게 된다. 이 초기단계에서는 색깔의 변화가 없다.

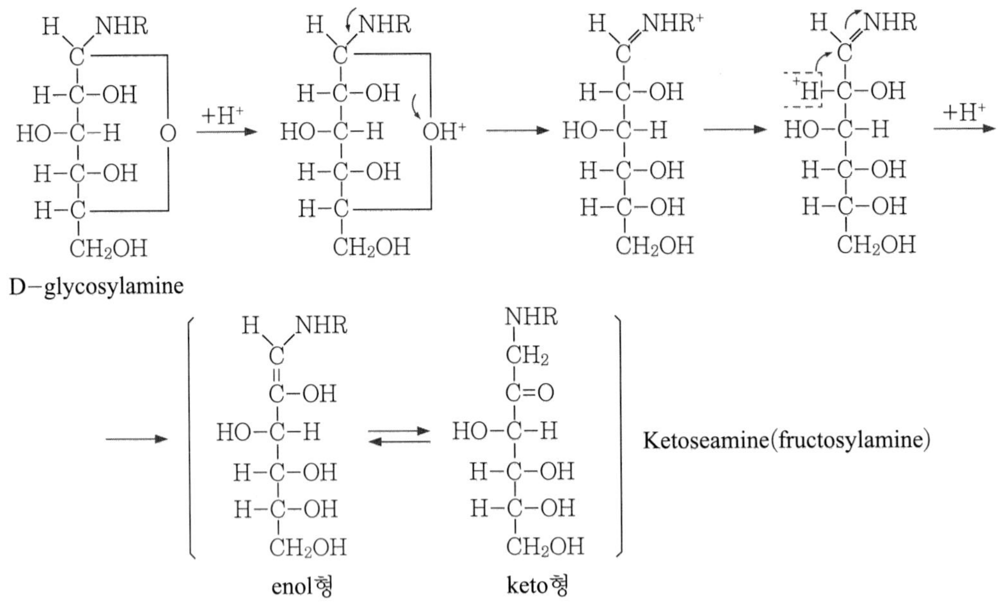

그림 12.9 Amadori 전위의 과정

(2) 중간단계

① 3-deoxyosone의 형성

Amadori 전위에 의하여 형성된 fructosylamine은 계속 분해 산화되어 3-deoxyosone을 형성한다. 즉, fructosylamine의 enol형은 C_3의 OH가 이탈되어 3-deoxyosone의 enol형을 형성한다. 이때 당이 6탄당이면 3-deoxy-hexosone, 5탄당이면 3-deoxy-pentosone이 형성된다. 실제로 3-deoxy-D-glucosone이 간장, 된장, 청주, 주스 등에서 분리된다.

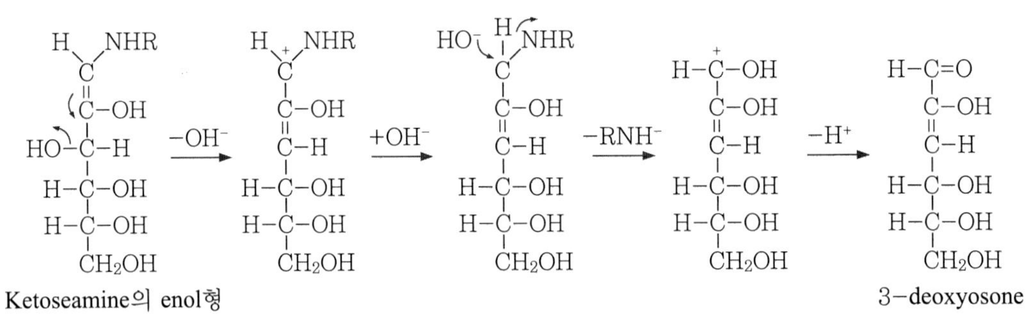

그림 12.10 Ketoseamins으로부터 3-deoxyosone의 형성과정

② 불포화 3, 4-dideoxyosone의 형성

위의 3-deoxyosone은 계속 산화되어 불포화 3, 4-dideoxyosone을 형성한다. 이 불포화 3, 4-dideoxyosone의 enol형은 그 자체가 reductone류에 속하는 당의 산화 생성물로서

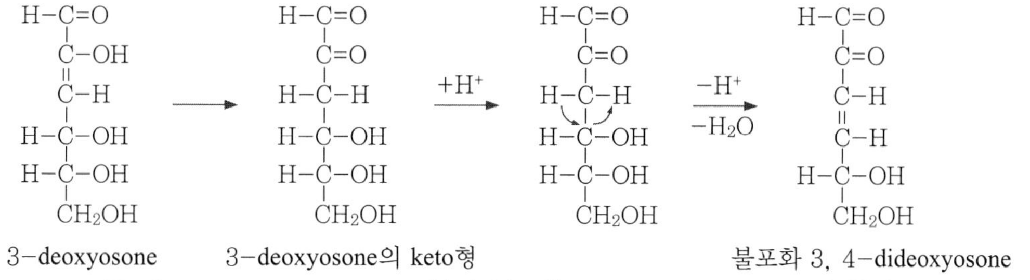

그림 12.11 3-deoxyosone으로부터 불포화 3, 4-dideoxyosone의 형성과정

서 그 반응성은 대단히 크다.

③ Reductone의 형성

Reductone은 일반적으로 ene-diol 또는 thiol-enol, ene-aminol, ene-diamine 등의 구조를 분자 내에 가지고 있으며 indophenol 화합물을 환원할 수 있는 성질을 가진 물질을 말한다. 식품 중에 함유되어 있는 가장 잘 알려진 reductone으로서는 L-ascorbic acid가 있으며 이들 reductone류는 그 환원성과 함께 반응성이 매우 큰 것이 특징이다(그림 12.12).

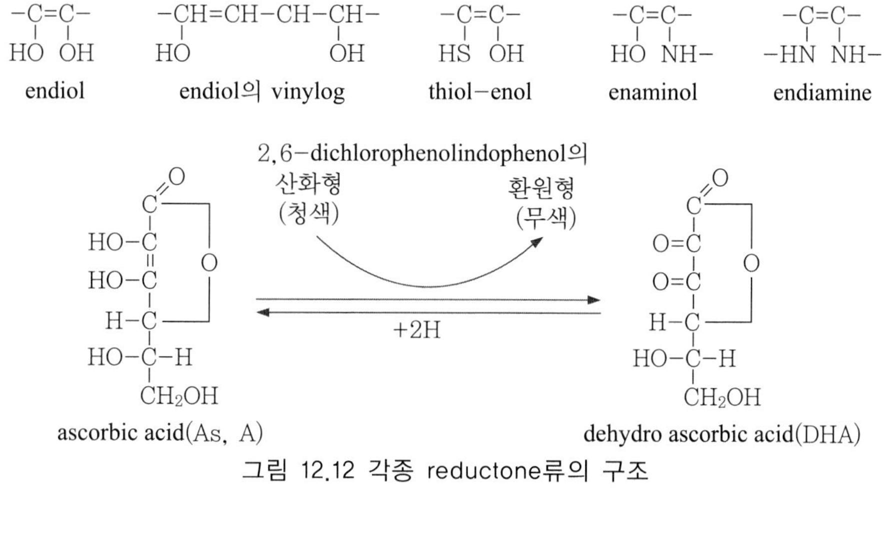

그림 12.12 각종 reductone류의 구조

Maillard반응의 중간단계에서는 그 자체를 reductone이라 볼 수 있는 3, 4-dideoxyosone을 비롯하여 각종의 반응성이 큰 reductone류가 형성된다. 예를 들면, glucose와 같은 hexose에서는 dihydroxymuconic acid와 같은 reductone이 형성되며 또한 5-hydroxymethyl furfural(HMF)가 분해되어 형성된 levulinic acid도 reductone의 하나로 볼 수 있다. 갈변이 진행됨에 따라 환원력이 증가되는 것은 이와 같은 reductone류의 형성에 기인된다.

④ Hydroxymethyl furfural(HMF) 등의 환상 물질의 형성

위에서 형성된 불포화 3, 4-dideoxyosone과 기타의 reductone류는 반응성이 강하여 5-hydroxymethyl furfural로 대표되는 각종의 환상화합물(cyclic compounds)을 형성한다. 일반적으로 aldohexose가 amino 화합물과 반응하면 HMF를 형성하고, aldopentose는 furfural을 형성한다.

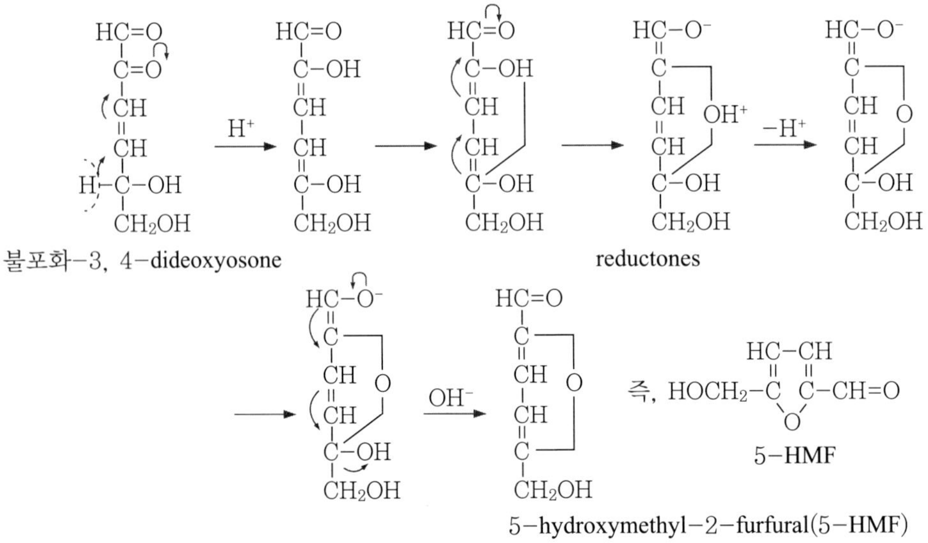

그림 12.13 Maillard 반응의 중간단계에서 HMF의 형성과정

Furfural류는 과거에는 Maillard 반응에 의한 갈변의 강력한 중간체로 생각되었으나 현재는 그렇게 생각되고 있지 않다. 그 생성량은 3-deoxyosone류에 비하여 매우 적다. 그러나 과즙이나 기타 산성이 강한 식품에서는 HMF가 다량으로 생성되므로 중요한 중간체로 생각되고 있다.

⑤ 산화 생성물의 분해

중간단계에서 형성된 산화 생성물들 특히 각종 reductone류와 일부 환상화합물들은 계속 산화에 의해서 탄소사슬이 분열되어 탄소수가 2개나 3개 또는 4개의 극히 휘발성이 강한 산화 분해 생성물들을 형성한다. 즉, glyoxal, methyl glyoxal, diacetyl, acetoin, acetol, dihydroxyacetone, acetaldehyde, glycolaldehyde 등의 carbonyl 화합물들을 형성한다.

식품 중의 이 Maillard 반응에 의해서 형성된 휘발성 carbonyl 화합물이나 휘발성 환상화합물들은 그 식품의 풍미에 크게 영향을 미친다. 한편, 이들 분해 생성물의 일부는 Maillard 반응에 의한 갈변의 최종단계의 여러 반응에 참여한다.

이상과 같이 Maillard 반응의 중간단계에서는 Amadori 전위에서 형성된 생성물의 산화 및 분해가 일어나서 osone류를 비롯한 각종 환상화합물, reductone류, furfural류가 형성되고 또한 산화된 당류의 분해가 일어나 각종 휘발성 물질들이 형성된다. 중간단계의 생성물은 무색 내지 담황색의 색깔을 띤다.

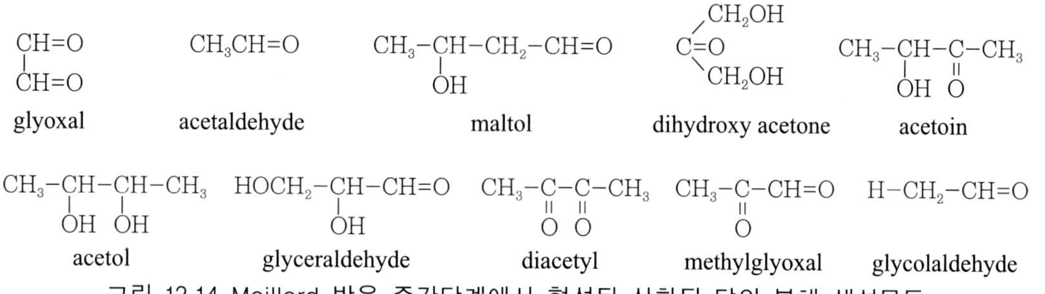

그림 12.14 Maillard 반응 중간단계에서 형성된 산화된 당의 분해 생성물들

(3) 최종단계

최종단계에 이르러서는 중간단계에서 형성된 각종 reductone류, furfural 유도체들, 분해 생성물 등이 서로 축합 또는 중합반응을 일으켜 갈색으로 착색된 melanoidin을 형성한다.

최종단계에서 일어나는 중요한 반응은 aldol형 축합반응과 Strecker형 반응이다.

① Aldol형 축합반응(aldol type condensation)

중간단계에서 reductone류의 분해에 의하여 형성된 각종 활성이 강한 carbonyl 화합물 중에 α-위치에 수소를 가진 화합물들은 aldol형의 축합반응을 일으켜 점차로 분자량이 큰 불포화 화합물을 형성한다.

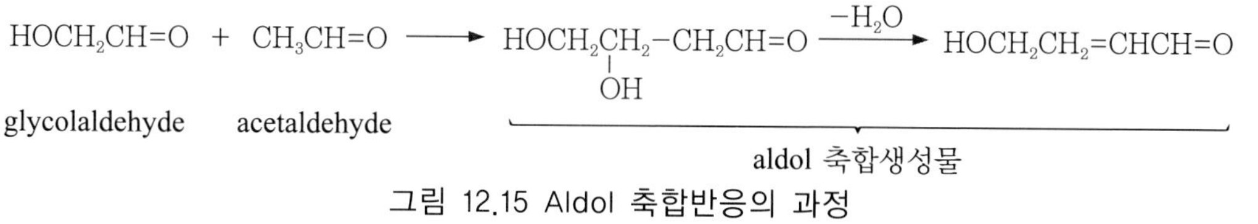

그림 12.15 Aldol 축합반응의 과정

이들 축합 화합물은 다시 amino 화합물과 계속 축합반응을 일으켜 그 분자량은 계속 증대될 것으로 생각된다.

② Strecker형 반응

Maillard 반응의 최종단계에서 상당량의 탄산가스(CO_2)의 발생과 aldehyde류의 형성이 현저하다. 이것의 대부분은 당류의 산화 생성물과 아미노산과의 상호작용, 즉 Strecker형 반응에 기여하여 생성된다.

Strecker 반응은 일반적으로 α−dicarbonyl 화합물과 α−amino산과의 산화적 분해반응이다. 이때 아미노산은 탈탄산(decarboxylation) 및 탈아미노(deamination)반응이 일어나 본래의 아미노산보다 탄소수가 하나 적은 aldehyde와 탄산가스가 생성된다. 실제로 Maillard 반응의 최종단계에서는 여러 활성 carbonyl 화합물들 중 불포화 3, 4−dideoxyosone은 아미노산 또는 amino 화합물과 Strecker 반응에 의해서 축합된 후 탈탄산되어 역시 활성이 큰 enaminol과 aldehyde를 생성한다.

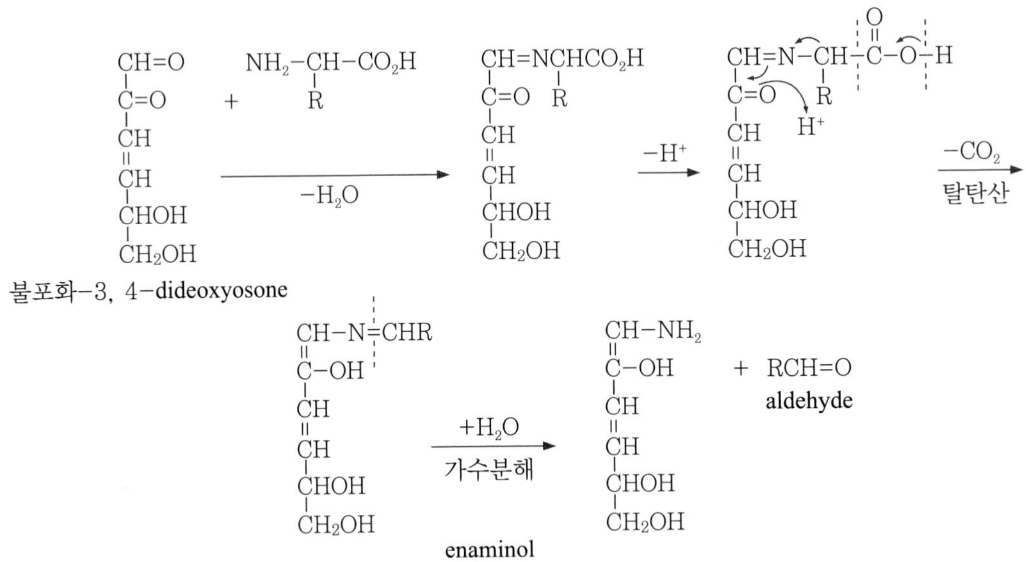

그림 12.16 Strecker 반응의 과정

여기서 생성된 enaminol은 그 자체가 일종의 reductone으로 계속하여 여러 가지 반응에 참여한다.

한편, Strecker 반응에 의하여 생성된 aldehyde류는 그 식품의 향기에 중요한 영향을 미친다. 식품을 고온으로 처리하였을 경우 발생하는 향기나 간장의 향기는 주로 이 반응에 의하여 생성된 aldehyde류에 의한 것으로 생각되고 있다.

③ Melanoidin 색소의 형성

Maillard 반응의 중간단계에서 형성된 각종 reductone류, 5−HMF 등의 furfural 유도체, aldol형 축합 생성물, Strecker형 반응 생성물 등은 모두 활성이 큰 물질들이므로 쉽게 상호 반응을 일으켜 중합체들을 형성할 것으로 생각된다. 이들 중합체가 그 분자 내에 질소를 함유하고 있고, 불포화도가 크며 형광성을 띤 갈색의 melanoidin 색소이다. 그러나 아직 그 자세한 화학구조에 대해서는 확실히 알려져 있지 않다.

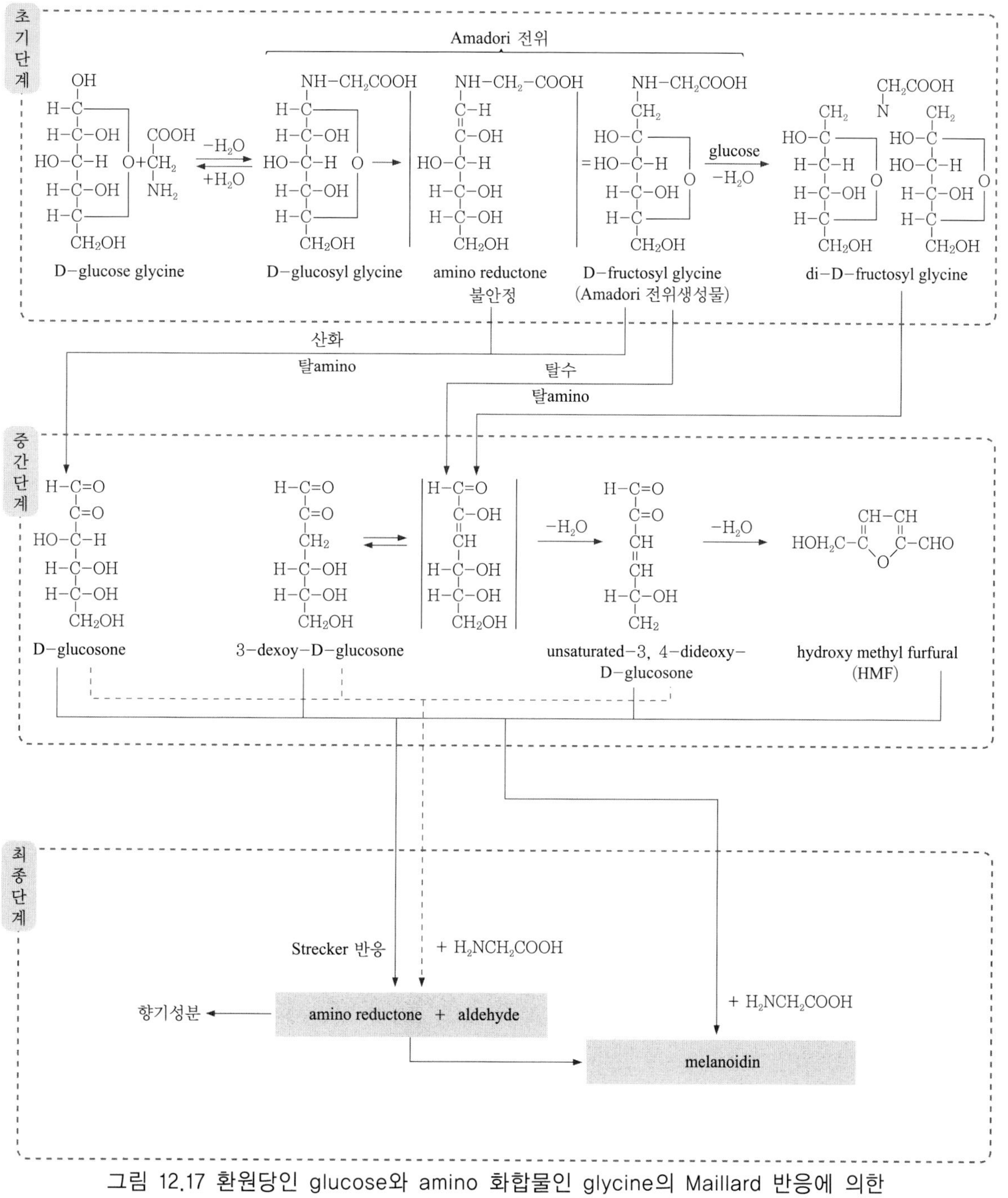

그림 12.17 환원당인 glucose와 amino 화합물인 glycine의 Maillard 반응에 의한 melanoidin 형성과정

이상에서 논의한 바와 같이 Maillard 반응에 의한 갈변은 매우 복잡한 여러 단계를 거친다. 환원당인 glucose와 아미노산인 glycine과의 반응을 예로 들어 melanoidin 형성과정을 요약하여 도시하면 그림 12.17과 같다.

2) Maillard 반응에 영향을 미치는 요인

(1) 온도

Maillard 반응은 다른 여러 화학반응에 비하여 온도의 영향을 크게 받는다. 즉, 온도가 높아질수록 반응속도는 급속도로 증가한다.

그림 12.18은 glucose(2.4M)-glycine(M)의 혼합 용액에 대하여 56.5℃와 100℃의 온도 조건에서 갈변의 경과를 나타낸 것이다. 즉, 그림에서 보는 바와 같이 두 온도 조건에서 거의 같은 형의 갈변을 나타냈으며 또한 100℃에서 2시간 가열한 결과 나타난 갈변 정도는 56.5℃에서 230시간 가열한 후에 도달되는 갈변 정도와 거의 같은 것임을 알 수 있다.

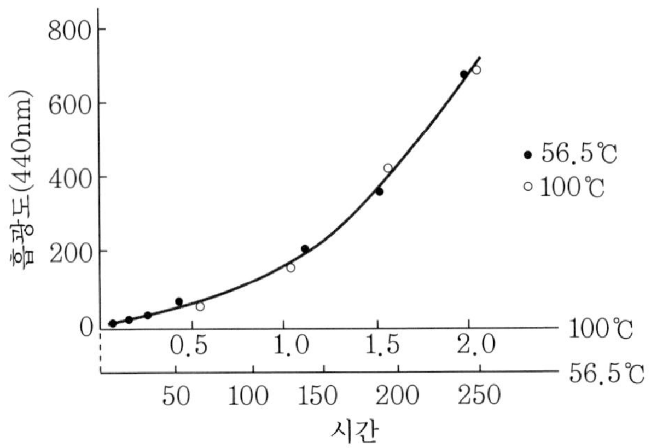

그림 12.18 Glucose-glycine 반응계에서 갈변의 정도와 온도와의 관계

한편, 그림 12.19는 위와 같은 조건 하에서의 탄산가스(CO_2) 발생량과 착색도와의 관계를 나타낸 것이다. 즉, 착색이 진행됨에 따라 CO_2의 양이 증가한다. 이 경우에 당연히 온도가 높은 쪽이 CO_2의 발생량이 많지만, 동일한 착색도에서도 온도가 높은 쪽이 CO_2 양이 많은 사실로 보아 CO_2의 발생 자체는 착색과 직접 관계가 없는 것으로도 생각된다. 실제로 100℃의 가열에서 얻은 색소는 56.5℃에서 얻어진 것에 비하여 carbonyl기의 탄소원자가 적다고 한다.

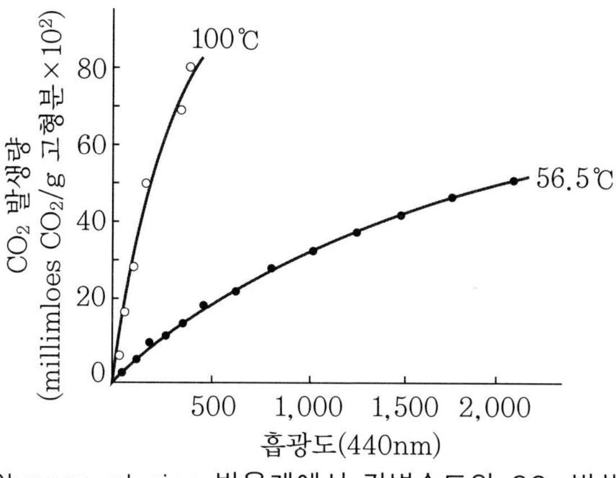

그림 12.19 Glucose-glycine 반응계에서 갈변속도와 CO_2 발생량과의 관계

(2) pH

일반적으로 Maillard 반응은 pH가 높아질수록 갈변이 현저하다. 그러나 산성~중성 부근에서의 갈변과 알칼리성 쪽에서의 갈변은 그 반응 메카니즘이 다르다. 예를 들면, D-xylose와 p-aminobenzoic acid(PABA)는 알칼리성 하에서도 반응하여 착색하지만 산성~중성 쪽의 경우와는 달리 질소배당체의 생성을 거치지 않고 갈변한다.

그림 12.20(A)는 0.25M의 D-xylose, D-fructose, D-glucose의 수용액에 0.5M의 glycine을 각각 가하여 100℃에서 1시간 가열하였을 때의 갈변을 나타낸 것이다. 즉, 갈변은 D-xylose > D-glucose > D-fructose의 순으로 pH가 높아질수록 커지며, D-xylose의 경우에는 pH 7 부근에서 최고치를 나타내고 있다. 이것은 중성 부근과 알칼리성과는 반응의 메카니즘이 다르기 때문에 생기는 것으로, 그림 12.20(B)는 이것을 설명하여 주는 그림이다. 이와 같이 D-xylose와 glycine에 의한 갈변반응은 pH 6~7에 최적 pH가 있음을 알 수 있다.

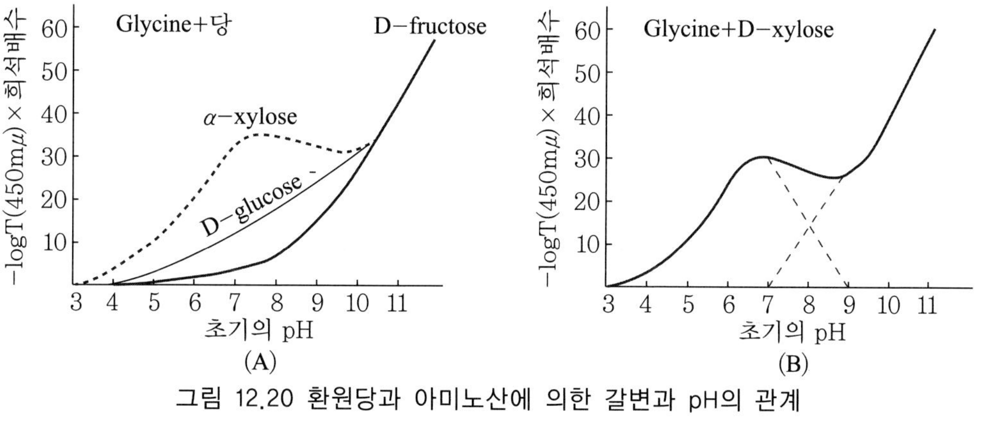

그림 12.20 환원당과 아미노산에 의한 갈변과 pH의 관계

D-glucose와 D-fructose의 경우에도 최적 pH가 있다고 생각되지만 이 반응 조건에서는 나타나 있지 않다. 일반적으로 pH가 낮아지면 갈변반응은 억제된다.

한편, 갈변반응이 진행하면 pH가 저하되는데 이것은 amino기($-NH_2$)가 결합하기 때문인 것으로 생각된다. 당도가 높고 유기산이 다량으로 존재하는 조건하에서도 산도가 저하하는 경우가 있는데, 이것은 ester화에 의한 것으로 생각된다.

(3) 수분

D-xylose와 glycine을 1 : 5의 몰 비율로 혼합하여 질소가스 하에서 반응시킨 경우, 무수상태에서는 갈변이 일어나지 않았으나 수분이 약 30%일 때에 최대가 되었으며, 90% 정도에서는 상당히 일어나기 어렵게 되었다. 또 glucose와 glycine의 건조 혼합물을 50℃에 보존할 경우에도 역시 갈변이 일어나지 않는다. α-N-acetyl-L-lysine과 glucose를 1 : 1.5의 몰 비율로 반응시킨 경우는 수분이 18%에서 최대의 갈변을 나타내었다. 이상의 결과로 보아 갈변에 수분이 필요한 것은 틀림이 없으나, 갈변의 최적 수분 함량은 반응 조건에 따라 다른 것으로 생각된다.

(4) 산소

Maillard 반응에 있어서 산소는 영향을 크게 미치지 않는 경우가 많으나, 경우에 따라서는 산소가 반응을 촉진하기도 하고 또는 그 반대이기도 하기 때문에 분명하지 않다.

예를 들면, N-D-glucosyl-n-butylamine으로부터 glucosone이 생성할 때, 산소를 통기한 경우는 질소를 통기한 경우보다 약간 갈변 정도가 높았으나 아무것도 통기하지 않은 경우에는 산소를 통기한 경우보다도 더 갈변한다. 이와 같은 경우는 용매로서 methanol과 촉매로서 초산이 상당량 들어 있기 때문에 일반적인 예라고는 할 수 없을 것이다.

일반적으로 갈변반응의 과정에서 생성하는 reductone류는 공기 중의 산소에 의해 산화되므로 엄밀히 말해서 산소가 갈변에 관여하지 않을 리가 없지만 촉진하는가 억제하는가는 조건에 따라 다르며 또한 그 영향력도 온도, pH 등에 비하여 적다.

(5) 광선

광선은 경우에 따라서는 갈변을 촉진하지만 산소의 존재하에서 갈색색소에 광선을 조사하면 퇴색하기도 한다.

일반적으로 가시광선보다는 자외선 쪽이 영향력이 큰 것으로 생각된다. γ-선과 같은 방사선의 경우는 더욱 영향이 커 갈변반응을 촉진한다. 물론 이와 같은 경우에는 라디칼(radical) 반응이 일어나기 때문에 보통의 갈변반응 메카니즘과는 약간 다른 형의 메카니즘도 생각할 수 있다.

(6) 당의 종류

Maillard 반응에 있어서 당의 성질에 따라 반응성이 다르다. 당의 반응성은 그의 구조적 안정성이나 용액 중에 존재하는 개환된 사슬 구조(open−chain structure)의 양과 관계가 있다. Pentose는 hexose보다, hexose는 환원성 2당류보다 각각 반응성이 더 크다. Pentose는 일반적으로 개환된 사슬 구조의 존재 비율이 높기 때문에 반응성이 크며, 비환원성 2당류는 가수분해가 일어난 후에만이 반응한다. Aldohexose류의 반응성의 순서는 mannose > galactose > glucose 순이다.

(7) 아미노산의 종류

Maillard 반응의 속도에 미치는 아미노산의 종류의 영향은 아직 확실하지 않으나 α−amino acid 계열에서는 glycine이 가장 반응성이 크며, 사슬이 길고 복잡한 치환기를 가질수록 갈변 속도가 감소한다고 한다. ω−amino acid 계열에서는 사슬의 길이가 증가함에 따라 갈변 속도가 증가한다고 한다. Ornithine의 갈변 속도는 lysine보다 훨씬 빠르다.

반응 물질이 단백질일 때는 분자 내의 특정 부위가 다른 부위보다 빠르게 반응하기도 한다. 단백질 분자에서 특히 lysine의 ε−amino기가 aldose나 ketose와 반응하기 쉽다. 일반적으로 아미노산의 amino기가 carboxyl기보다 멀리 떨어져 있을수록 당류의 carbonyl기와 반응하기 쉽다. 또한 아미노산들보다는 carboxyl기가 없는 amino 화합물이 반응성이 더 크다고 한다.

(8) 반응 물질의 농도

Maillard 반응에 의하여 형성되는 갈색 색소의 양은 온도가 일정할 때 다음 식으로 표시될 수 있다.

$$Y = K \times [S][A]^2T^2$$

단, K : 속도 항수
[S] : 환원당의 농도
[A] : 유리 amino기를 가진 질소화합물의 농도
T : 경과 시간

즉, 갈색 색소의 양 Y는 환원당의 농도 [S]에 비례하고 유리 amino기를 가진 질소화합물의 농도 [A]와 경과 시간 T의 제곱에 각각 비례한다고 한다.

(9) 화학적 저해물질

Maillard 반응에 의한 갈변을 억제하는 저해물질에는 아황산염 및 황산염, thiol, 칼슘염 등이 있다.

실제로 Maillard 반응에 의한 갈변은 아황산염에 의하여 정지 또는 저해되므로 갈변 방지제로 많이 사용된다. 아황산염에 의하여 갈변이 저해되는 것은 Maillard 반응의 초기단계에서 carbonyl 화합물이 amino 화합물과 결합하는 것을 아황산염이 방해하기 때문이다. 즉, 당의 aldehyde는 상온에서 SO_2와 반응하여 hydrosulfonic acid를 쉽게 형성하여 반응성이 강한 carbonyl기를 보호하게 되며 amino기와의 축합물 형성을 억제한다. Fructose는 아미노산 또는 아황산염과 축합이 일어나지 않는다. 그것은 변선광되는 동안에 fructose가 정상적인 형태를 유지하고 있지 않기 때문인 것으로 생각된다.

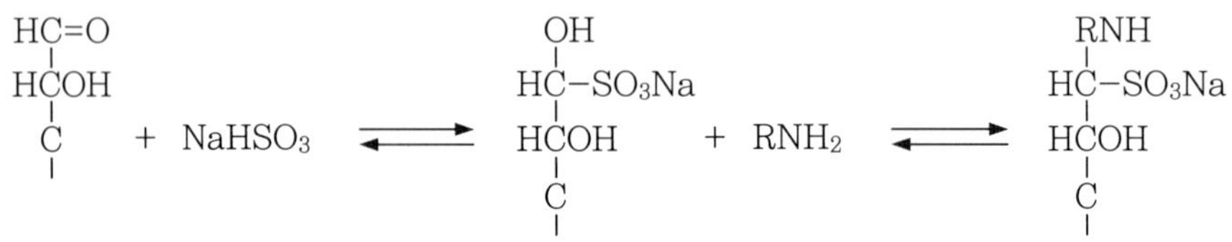

또한 glucose-glycine 혼합 용액에 2-mercaptoethanol 혹은 mercaptoacetic acid를 첨가하면 갈변이 저해된다. 그러나 thiol 화합물은 식품에 여러 가지 좋지 않은 성질을 부여하므로 식품에의 사용을 제한하고 있다.

한편, 염화칼슘($CaCl_2$)은 갈변의 저해물질로 알려져 있다. 그것은 칼슘이 아미노산과 흡착(chelation)에 의해 결합하기 때문인 것으로 생각된다.

2. Caramel화 반응에 의한 갈변

Caramel화 반응(caramelization)에 의한 갈변은 Maillard 반응과는 달리 amino 화합물 등이 존재하지 않는 상황에서 주로 당류의 가열에 의한 산화 및 분해산물이 중합, 축합에 의하여 흑갈색의 caramel을 형성하는 반응이다 이것은 또한 자연발생적으로 일어나지 않으며, 가열과 같은 외부로부터의 계속적인 에너지의 공급이 없이는 지속되지 않는다.

따라서 caramel화 반응은 당의 함량이 많은 식품들이 가열 또는 가공 중에 흔히 일어나며, 특히 캔디류 등의 과자에서 이 반응에 의한 갈변이 매우 중요하다. Caramel화 반응에서 생성되는 각종의 가열분해물들은 식품의 향기와 맛에 큰 영향을 미친다.

1) Caramel화 반응의 메카니즘

(1) 초기단계

Glucose와 같은 환원당 또는 가열에 의해서 가수분해되어 환원당을 형성하는 당류는 계속 가열되는 동안 aldose형의 환원당으로부터 대응하는 ketose형의 당으로 전위되어 활성화 된다. 이 전위를 *Lobry de Bruyn–Alberda van Eckenstein* 전위라고 하며 Maillard 반응에 있어서의 Amadori 전위에 해당하는 중요한 전위이다.

예를 들면, glucose가 대응하는 fructose로 전위되면 ketose인 fructose는 keto형과 enol형을 가질 수 있으며 enol형은 반응성이 매우 강하기 때문에 계속 반응이 진행된다.

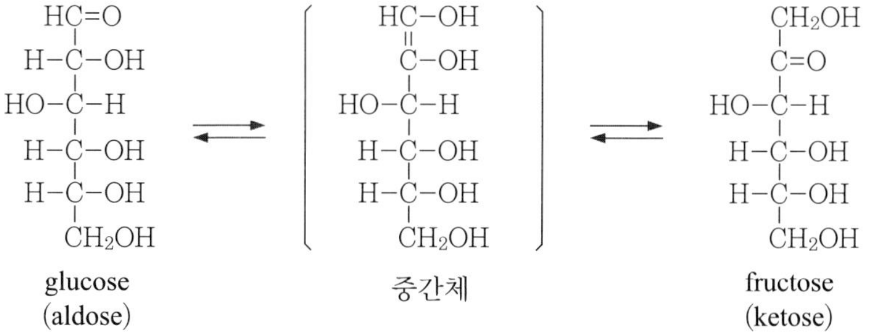

그림 12.21 Lobry de Bruyn–Alberda van Eckenstein 전위의 과정

(2) 중간단계

Lobry de Bruyn–Alberda van Eckenstein 전위에 의해 형성된 ketose의 enol형은 계속 산화되어 3–deoxyosone을 거쳐 더 반응성이 강한 불포화 3, 4–dideoxyosone을 형성한다. 이 불포화 3, 4–dideoxyosone은 Maillard 반응의 경우와 같이 5–hydroxymethyl furfural 또는 이와 유사한 furfural 유도체를 형성한다. 다만 이상과 같은 여러 반응은 Maillard 반응과 달리 고온에서 지속적인 가열에 의해서만 가능하다.

이와 같이 형성된 furfural 유도체들은 ketose의 산화 생성물들과 함께 더욱 산화되어 reductone류, levulinic acid, lactone류 등을 형성한다.

또한 이상의 불포화 3, 4–dideoxyosone, furfural 유도체, reductone류 등은 계속 산화분해에 의해서 탄소수가 적은 휘발성 carbonyl 화합물을 형성한다. 이들은 식품의 풍미에 큰 영향을 미친다.

(3) 최종단계

이상에서 형성된 reductone류, furfural 유도체, lactone류, carbonyl 화합물 등은 매우 반응성이 큰 물질들이며, 이들은 쉽게 축합 또는 중합에 의해서 humin 물질로 알려진 흑갈

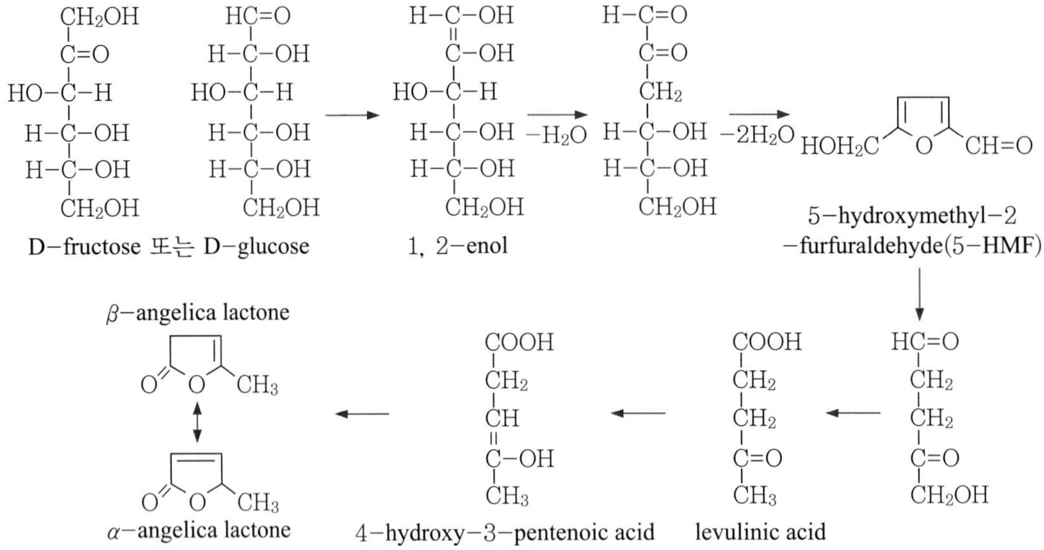

그림 12.22 Caramel화 반응에 의한 5-HMF, levulinic acid, lactone류 등의 형성과정

색의 고분자 색소를 형성한다. 이 humin 물질을 caramel이라고 하며, 아직 그 본질에 대해서는 확실하게 규명되어 있지 않다.

2) Caramel화 반응의 특성

Caramel화 반응은 산성 또는 알칼리성 조건에 따라 반응 형식에 상당한 차이가 있다. Glucose syrup의 갈변반응 메카니즘이 pH에 따라 달라지는 것을 보면 그림 12.23과 같다.

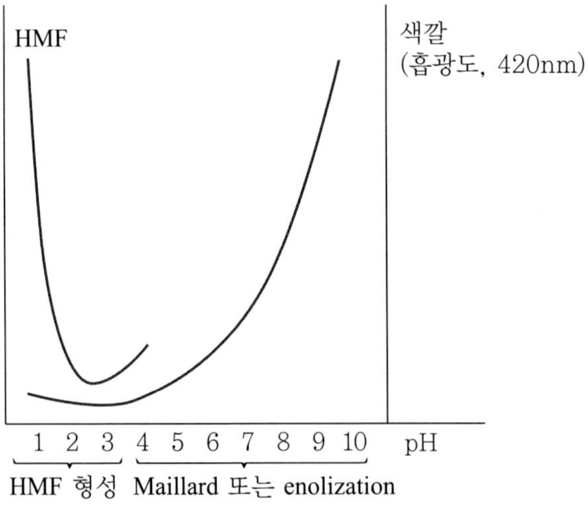

그림 12.23 Glucose syrup의 pH에 따른 caramel화 반응에 의한 갈변

알칼리성 조건에서는 앞에서 논의한 바와 같이 환원당의 *lobry de Bruyn–Alberda van Eckenstein* 전위에 의하여 1, 2–enolization이 일어나 활성화되어 갈변이 일어난다.

한편, pH 2.3~3.0일 때 caramel화 반응이 가장 일어나기 어려우나 이보다 산성 조건에서는 당류의 탈수 반응에 의하여 3–deoxyosone, 불포화 3,4–dideoxyosone 등의 중간 과정을 거쳐 갈색 색소의 전구체인 5–hydroxymethylfurfural 또는 이와 유사한 furfural 유도체를 형성하여 갈변화된다.

환원당은 유기산 또는 유기산의 염이 존재할 때는 환원당 단독의 경우보다 caramel화 반응에 의한 갈변이 일어나기 쉽다.

한편, caramel화 반응에 의한 갈변을 억제하기 위해서는 온도를 낮추어 주는 것이 효과적이다. 실제로 캔디류 등의 당과류 제조에 있어서 과도한 갈변의 진행을 억제하기 위하여 진공농축기를 이용하여 원료당의 농축시 온도를 내려준다.

3. Ascorbic acid의 산화반응에 의한 갈변

Ascorbic acid는 그 자체의 강한 환원력 때문에 항산화제(antioxidant), 항갈변제(anti-browning agent)로 널리 이용되고 있다. 그러나 ascorbic acid가 일단 비가역적으로 산화된 후에는 그 산화 생성물이 오히려 갈변반응을 수반하는 산화 과정에 들어가게 된다.

Ascorbic acid의 산화반응에 의한 갈변은 ascorbic acid 함량이 많은 감귤류의 가공품, 즉 오렌지주스나 분말 오렌지 등에서 매우 중요한 비효소적 갈변반응이다.

1) Ascorbic acid 산화반응의 메카니즘

Ascorbic acid의 산화반응에 의한 갈변반응의 메카니즘은 아직 확실하지 않으나 산소 존재하에서 reductone류를 형성하는 경로와 산소가 존재하지 않는 조건에서 osone류를 형성하는 두 가지 경로로 추정하고 있다.

Ascorbic acid는 산소 존재 하에서 자동산화되어 dehydroascorbic acid(DHA)가 되며 이 반응은 가역적이다. 이 DHA는 그 lactone 고리가 열려서 2, 3–diketogulonic acid(DKG)가 형성되고 이 것은 다시 쉽게 탈탄산되어 L–xylosone이 형성된다. 이 L–xylosone은 2, 3, 4–trihydroxypent–2–enoic acid를 거쳐 furan 유도체인 5–methyl–3, 4–dihydroxytetron을 형성한다.

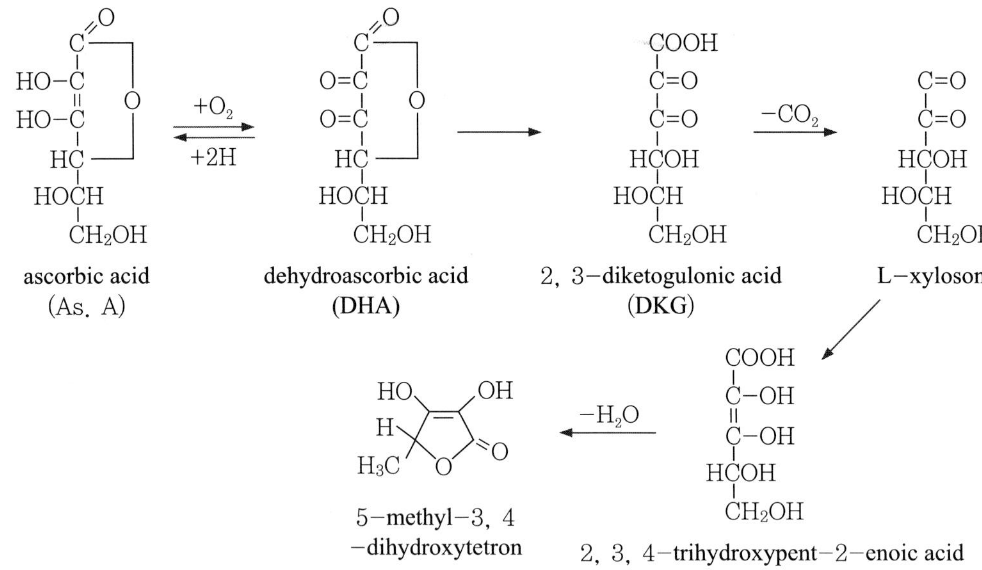

그림 12.24 Ascorbic acid의 산소존재 하에서의 산화분해 과정

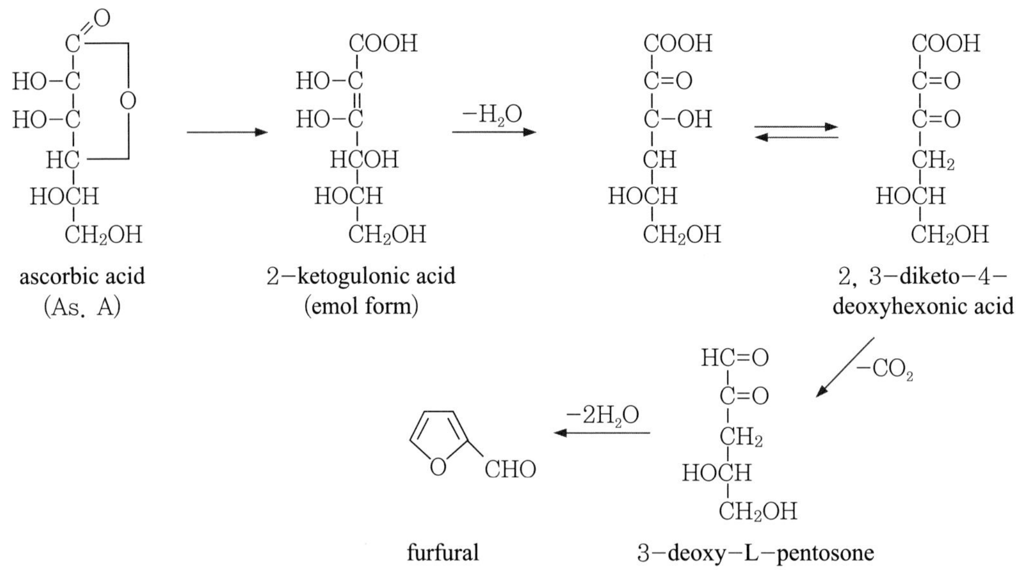

그림 12.25 Ascorbic acid의 산소가 존재하지 않는 조건에서의 분해과정

한편, ascorbic acid는 산소가 존재하지 않는 조건 하에서도 DHA를 거치지 않고 분해를 일으킨다. 즉, ascorbic acid는 그 lactone 고리가 열려서 2-ketogulonic acid의 enol형이 되고, 이것이 탈수되어 2, 3-diketo-deoxyhexonic acid를 형성한다. 이 2, 3-diketo-4-deoxyhexonic acid는 탈탄산되어 3-deoxy-L-pentosone이 형성되고, 이것은 다시 탈수되어 반응성이 큰 furfural 유도체가 된다. 이 furfural 유도체는 amino 화합물의 존재 하에

서 또는 그 자체로서 중합이나 축합되어 갈색 색소를 형성한다.

Ascorbic acid의 산화에 의한 갈변반응은 pH의 영향을 많이 받는다. 일반적으로 pH 2.0 ~3.5 범위에서의 갈변은 pH가 높을수록 잘 일어나지 않는다.

2) Dehydroascorbic acid(DHA)와 amino acid에 의한 홍변반응

식품에 산화 방지의 목적으로 ascorbic acid를 첨가하여 건조 또는 동결건조를 할 때 가끔 홍색으로 착색되는 경우가 있다. 이것은 ascorbic acid가 산화되어 형성된 dehydro-ascorbic acid와 유리 amino acid와의 반응으로 생성된 적색 색소에 기인한다.

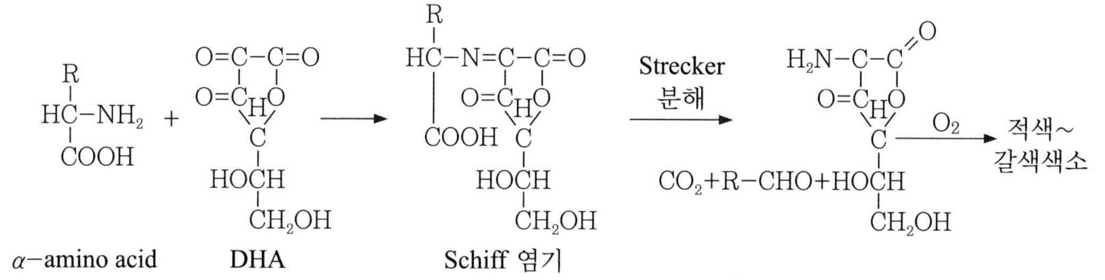

그림 12.26 아미노산과 dehydroascorbic acid에 의한 홍변반응 과정

이때 제1급 amino기를 가진 모든 α−amino acid, ammonium염, amide는 반응하여 홍변하지만, β−alanine, proline, amine류는 반응하지 않는다. 또 DHA만이 반응하여 홍변하고 ascorbic acid나 diketogulonic acid(DKG)는 홍변하지 않는다.

이 색소는 매우 불안정하여 분해되어 갈변하며, 산 또는 알칼리 처리에 의하여 퇴색하고 황화수소(H_2S)로 환원하여도 퇴색한다.

제 13 장

식품의 냄새 (odor of foods)

우리 주위에는 아직 미해결된 문제가 무수히 많다. 우주의 문제로부터 하나의 물질에 이르기까지 그 수를 헤아릴 수 없으나 그 중에서도 향기 또는 냄새라고 하는 용어로 표현되는 현상 속에는 특히 많은 문제가 있다. 다시 말하면, 이 분야는 아직 학문적으로 매우 뒤떨어져 있다고 할 수 있다. 곤충의 성유인, 물고기의 회귀성, 개의 후각의 예민성 등 냄새에 관련된 현상은 상당히 많으나 다음의 세 가지가 종합된 반응으로서 매우 복잡한 요인이 관여하고 있다고 할 수 있다. 우선 첫째로 물질로서의 냄새이다. 냄새라고 하는 점에서 이 물질은 휘발성이어야 하며 휘발성 정도와 그 물질의 구조가 냄새의 특성을 크게 좌우하게 된다. 이것은 주로 화학 분야에서 취급되는 사항이다. 둘째는 이 물질이 사람이나 동물의 감각기를 먼저 자극하고 다음에 그 자극이 뇌로 전달되어 비로소 무슨 냄새인가 하는 것이 식별된다. 이것은 주로 생리학 분야에서 취급되는 사항이다. 셋째는 환경의 영향에 관한 문제이다. 고등동물, 특히 사람의 경우에는 환경에 따라서 다른 냄새의 자극으로서 느끼기 때문에 이 사실을 명확히 하려는 것이며 주로 심리학의 입장에서 취급되는 사항이다.

식품에 있어서 냄새는 맛이나 색깔과 더불어 그 식품의 관능적 품질을 결정하여 주는 중요한 요인의 하나이다.

일반적으로 우리에게 쾌감을 주는 냄새를 향기(perfume 또는 aroma)라고 하고 불쾌감을 주는 냄새를 취기(stink)라고 한다. 모든 식품은 각각 고유의 향기 또는 냄새를 가지고 있으며, 그 향기 또는 냄새는 가열 조리, 가공 및 저장, 부패 과정 등에서 현저히 변화한다. 따라서 어떤 식품이 비정상적인 냄새를 갖고 있을 때는 색깔의 경우와 마찬가지로 그 식품의 내적인 변화, 즉 영양 성분 등의 비정상적인 화학변화가 진행된 것으로 추정할 수 있다.

한편, 식품의 맛을 평가하는 경우에도 냄새를 함께 평가하는 경우가 많으며, 따라서 식품의 맛과 냄새를 합하여 보통 풍미(flavor)라고 표현한다.

식품의 냄새는 여러 가지 성분이 복합되어 나타나며 더욱이 그들의 함량이 극히 적고 또한 변화되기 쉬우므로 그들의 본체를 하나씩 자세히 규명하는 것은 매우 어렵다. 그러나 최근에 와서 gas-liquid chromatography, 질량분석기(mass spectrometer), 적외선 및 자외선 분광분석기(infrared and ultraviolet spectrometer), 핵자기공명(nuclear magnetic resonance) 등을 이용하여 식품의 향기 성분에 대한 많은 연구가 이루어지고 있다.

제1절 후각과 냄새

1. 후각의 작용 메카니즘

냄새 성분이나 냄새를 가진 물질이 후각기관에 도달하면 냄새 물질 분자와 화학접수체(chemoreceptor) 사이에 상호 반응이 일어나며, 이 반응은 결국 뇌에 전달되는 신경 자극(neural impulse)의 직접적인 원인이 된다. 냄새 물질과 화학접수체 사이의 정확한 작용 메카니즘은 아직 확실히 규명되어 있지 않다. 후각 기관 내의 냄새 접수체의 수는 수억개나 되며 한 번 들여마시는 약 20ml의 공기 중의 강력한 mercaptan류의 최소감응 농도에 해당하는 분자수는 1×10^{10}개에 달한다. 이들 중의 일부만이 접수체와 상호 작용을 하겠지만 신경 반응을 일으키기 위해서는 많은 수의 상호 작용이 일어나야 한다. *Dravnieks*(1966)의 정보설(information theory)에 의하면 10,000종의 냄새를 식별하는 데에는 13종의 감응 부위(sensor)가 준비된다고 한다. 그러나 오차 없이 신속하게 반응하기 위해서는 20종 이상이 필요하다고 한다.

각종 냄새 중 관련이 있는 냄새를 묶어 비교적 소그룹으로 분류하여 소위 기본 냄새(primary odor)로서 냄새의 본질을 규명하려고 하는 많은 시도가 이루어졌다. 현재 여러 확설이 제안되어 있으나 분자의 크기와 형태를 기본으로 한 *Amoore*(1964) 등의 입체 화학부위설(stereochemical site theory)이 가장 유력한 것으로 알려져 있다.

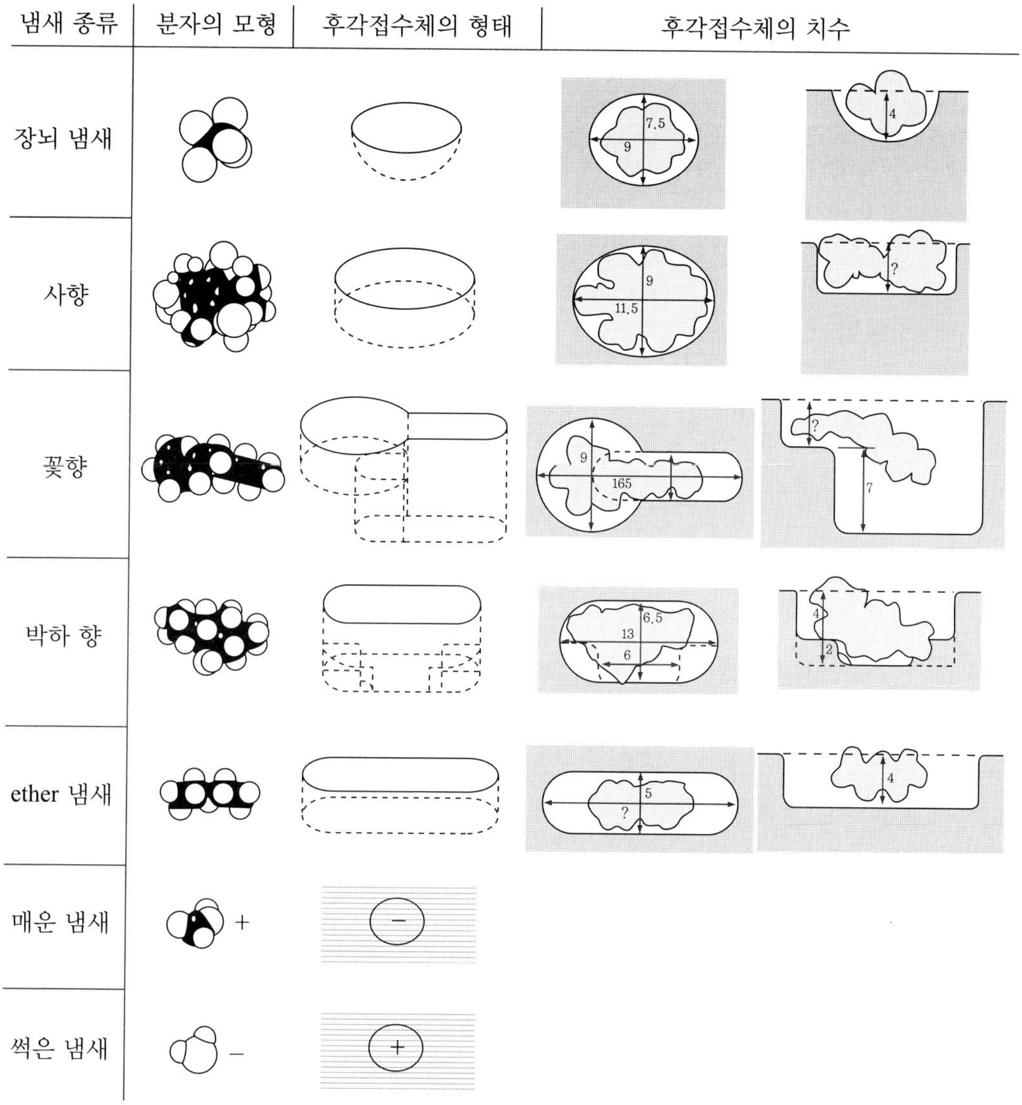

그림 13.1 Amoore의 후각의 입체화학설에 의한 7종의 기본냄새의 분자 모형과 각 후각접수체의 형태 및 기능

이 학설에 의하면, 사람의 후각 기관의 끝에는 7개의 화학접수체가 존재하며, 어떤 화합물이 이 중의 어떤 접수체에 자물쇠와 열쇠(lock and key)의 모양으로 꼭 들어맞을 때 그 주변의 물리화학적 변화가 신경자극으로서 뇌에 전달되어 냄새로 지각된다고 한다. 이것은 효소 작용의 "자물쇠와 열쇠" 이론과 유사하다. 각종 냄새는 7가지의 기본 냄새, 즉 장뇌냄새(camphoraceous), 사향(musky), 꽃향(floral), 박하향(pepperminty), ether 냄새(etheral), 매운 냄새(pungent), 썩은 냄새(putrid)에 의하여 이루어진다고 하였다. 이들

기본 냄새 중 장뇌 냄새, 사향, 꽃향, 박하향, ether 냄새의 5가지는 그 분자의 입체적 크기와 형태에 따라 받아들이는 후각의 5개의 접수체 부위에 의한 것이고 매운 냄새, 썩은 냄새의 2가지는 특정한 물리화학적 성질인 음, 양의 전하 상태에 의한 것이다.

Amoore 등의 후각의 입체 화학설에 의한 후각의 접수체 부위의 크기와 형태 또는 성질 그리고 여기에 들어맞는 냄새를 가진 물질의 분자 형태를 보면 그림 13.1과 같다.

2. 냄새와 화학구조

냄새와 냄새 물질의 화학구조간에는 많은 유사성이 있다. 일반적으로 alcohol기(−OH), carbonyl기(>C=O), aldehyde기(−CHO), ester기(−COOR), carboxyl기(−COOH), lactone기(−CH$_2$⋯CO, −O−), henyl기(−C_6H_5), nitro기(−NO_2), amino기(−NH_2), −N=C=S 등의 원자단이 향기를 내는 발향단으로 알려져 있다.

표 13.1 냄새성분들의 최소감응농도 범위

냄새성분	최소감응농도(μg/ℓ의 물)
Ethanol	100,000
Butyric acid	240
Nootkatone	170
Humulene	160
Myrcene	15
n−Amyl acetate	5
n−Decanal	0.0
α− 및 β−Sinensal	0.05
Methyl mercaptan	0.02
β−Ionone	0.007
2−Methoxy−3−isobutylpyrazine	0.002

그러나 각종 냄새 물질의 냄새 강도는 그 범위가 넓다. 예를 들면 표 13.1에서 보는 바와 같이 냄새의 물질에 따른 최소 감응 농도의 차이가 10^8 범위를 나타낸다. 이것은 휘발성의 냄새 물질이 극히 미량에서부터 비교적 다량에 이르기까지 현저하게 다른 양으로 존재하고 있다는 사실을 나타낸다.

사향류(musks)는 서로 다른 구조를 가진 화합물이면서 모두 유사한 냄새를 가지는 대표적인 예이다. 여기에 속하는 것으로 3환(tricyclic) 화합물, 거대환(marcocyclic)의 ketones 및 lactones, steroids, nitrocyclohexanes, indans, tetrahydronaphthalenes과 acetophenoses

등이 있다. 이들의 분자구조가 약간 변화되면 모두가 사향을 가지므로 질에 있어서는 변화가 없으나 강도에 있어서는 큰 변화를 가져온다.

또한 유사한 구조를 가진 화합물이면서 아주 다른 냄새를 가지는 예도 있다. 예로서 Nootkatone과 그 관련 화합물이 있다. Nootkatone은 grapefruit oil에서 얻은 향기 성분이다. 이 화합물과 1, 10-dihydronootkatone은 grapefruit향을 가지고 있으나, 몇 가지 다른 관련 화합물은 나무향을 가지고 있다(그림 13.2).

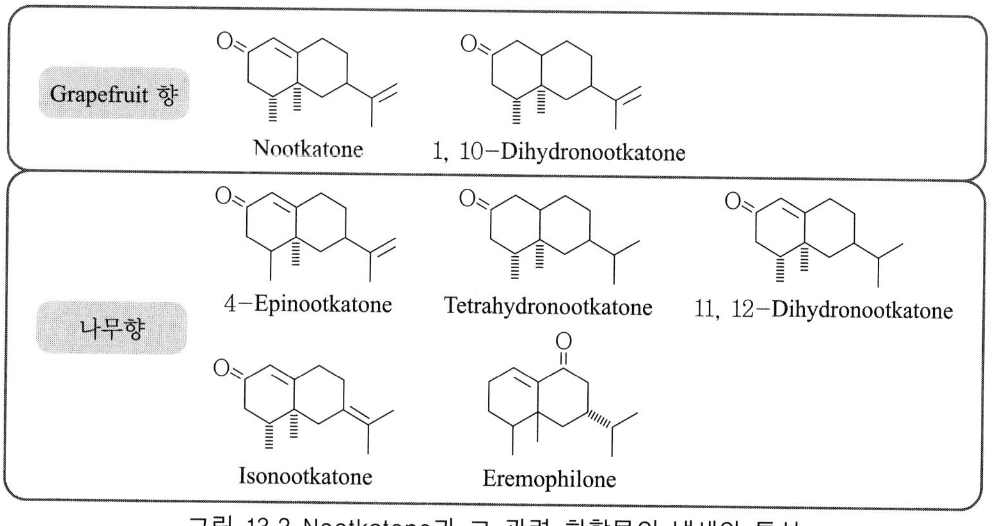

그림 13.2 Nootkatone과 그 관련 화합물의 냄새와 특성

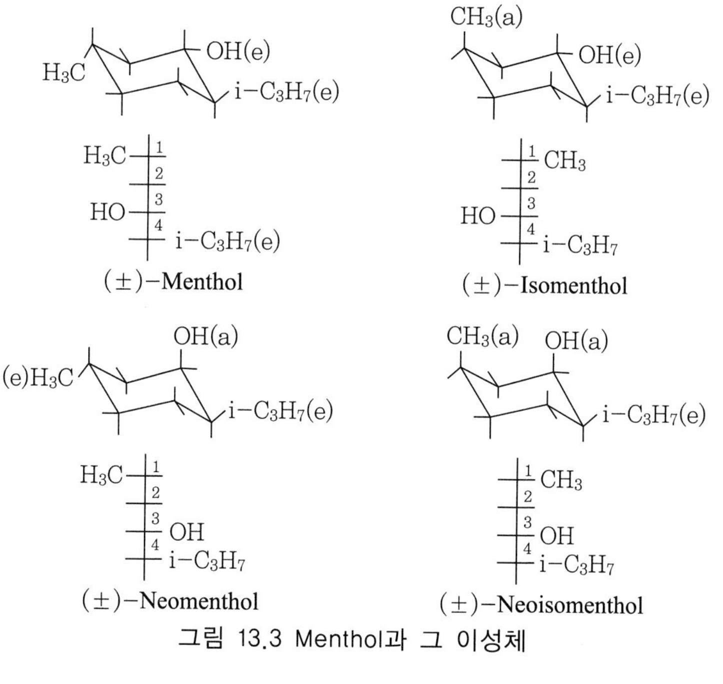

그림 13.3 Menthol과 그 이성체

입체 이성체의 냄새 특성은 아주 다르다. Menthol의 이성체들 중 (−) 및 (+) menthol만이 박하향을 가지고 있다. Iso−, neo− 및 neoiso−menthol류는 곰팡이 냄새를 나타낸다.

또한 3−hexenol($CH_2OH-CH_2-CH=CH-CH_2-CH_3$)의 *cis*− 이성체는 신선한 풋냄새를 내는 데 반해서 *trans*− 이성체는 국화의 향과 유사한 향을 나타낸다. 2−*trans*−6−*cis*−nonadienal은 오이 냄새를 내며, 그 이성체인 2−*trans*−6−*trans*−nonadienal($CHO-CH=CH-(CH_2)_2-CH=CH-CH_2-CH_3$)의 냄새와는 전혀 다르다.

탄소사슬이 길어지면 냄새 특성이 크게 달라진다. 포화된 산의 냄새는 사슬 길이가 증가함에 따라 현저하게 변한다. 저급 지방산 특히 butyric acid는 매우 강력하고 불쾌한 냄새를 가지며 사슬 길이가 증가함에 따라서 냄새의 특성이 변하고 강도가 감소한다(표 13.2).

탄소원자 16 또는 18개를 가진 지방산류는 아주 약한 정도의 냄새를 가지고 있다.

표 13.2 n−Carboxylic acid의 탄소 수에 따른 냄새 특성

산류	냄새 특성
formic acid	산, 매운냄새
acetic acid	산, 식초, 매운냄새
propionic acid	산, 매운냄새, 산패취, 치즈냄새
butyric acid	산, 산패취
hexanoic acid	땀냄새, 노린내
octanoic acid	산패취
decanoic acid	왁스냄새
lauric acid	쇠기름냄새
myristic acid	비누냄새, 마분지냄새
palmitic acid	비누냄새

한편, γ−nonalactone은 강한 코코넛향을 가지고 있으나, γ−undecalactone은 복숭아향을 가지고 있다. 탄소원자 한 개의 증가로 사슬 길이가 길어지면 냄새의 특성은 복숭아−사향으로 된다. Lactone류는 구조와 냄새 특성에 차이가 많고 각종 식품의 냄새 성분으로 알려져 있다. 탄소원자 10~16개를 가진 γ−와 δ−lactone류는 버터의 냄새 성분으로서, 단지 ppm 단위의 저농도에서도 그 냄새를 나타낸다고 한다. 약간의 γ−lactone류의 냄새 특성을 화학구조와 관련시켜 표시하면 그림 13.4와 같다. 이들 중의 하나인 탄소원자 10개를 가진 γ−lactone은 복숭아향을 가진다. α−hydroxy−β−methyl−γ−carboxy−$\Delta\alpha$−β−γ−hexeno−lactone은 단백질 가수분해물에 존재하며 매우 강한 쇠고기즙의 냄새를 가진다.

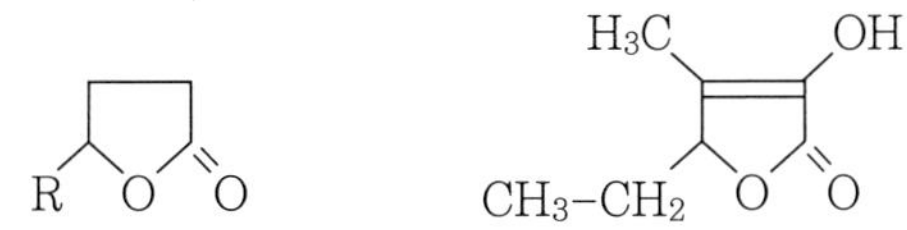

R : C_5H_{11}(코코넛)
R : C_6H_{13}(복숭아)
R : C_7H_{15}(복숭아)
R : C_8H_{17}(복숭아-사향)

쇠고기 육즙

그림 13.4 일부 γ-lactone의 냄새 특성

셀러리의 휘발성 향기 성분은 3-isobutylidene-3a, 4-dihydrophthalide, 3-isovalidene-3a, 4-hydrophthalide, 3-isobutylidene phthalide 및 3-isovalidene phthalide를 포함한 각종 phthalide류이다(그림 13.5). 이들 화합물은 물에서 0.1ppm농도에서 셀러리와 유사한 향기를 나타낸다.

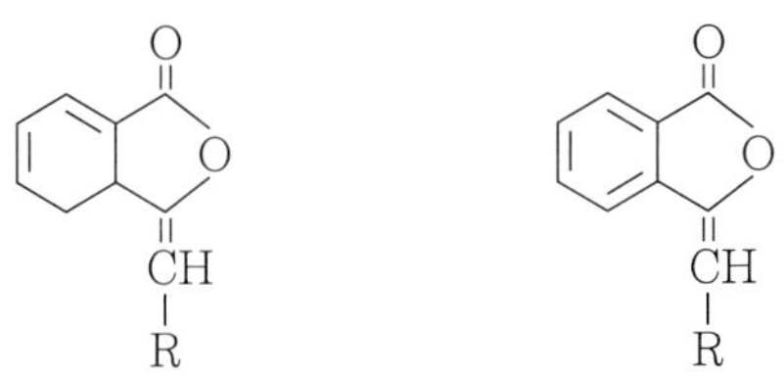

R : $-CH(CH_3)_2$ (1)　　R : $-CH(CH_3)_2$ (3)
R : $-CH_2-CH(CH_3)_2$ (2)　　R : $-CH_2-(CH_2)_3$ (4)

(1) : 3-isobutylidene-3a, 4-dihydrophthalide
(3) : 3-isobutylidene phthalide
(2) : 3-isovalidene-3a, 4-dihydrophthalide
(4) : 3-isovalitdene phthalide

그림 13.5 셀러리 휘발성분 중의 phthalide류

Pyrazine류는 풋후추 특유의 강한 냄새를 가진 화합물로서 알려져 있다. 표 13.3에서 보는 바와 같이 각종 pyrazine류의 유도체에 대한 냄새의 최소 감응 농도의 차이가 10^8의 넓은 범위에 걸쳐 있다.

표 13.3 Pyrazine과 그 유도체들의 냄새의 최종감응농도

화합물	냄새의 최소감응농도(parts/10^{12} parts의 물)
2-methoxy-3-hexylpyrazine	1
2-methoxy-3-isobutylpyrazine	2
2-methoxy-3-propylpyrazine	6
2-methoxy-3-isopropylpyrazine	2
2-methoxy-3-ethylpyrazine	400
2-methoxy-3-methylpyrazine	4,000
2-methoxypyrazine	700,000
2-isobutylpyrazine	400,000
2-5-dimethylpyrazine	1,800,000
pyrazine	175,000,000

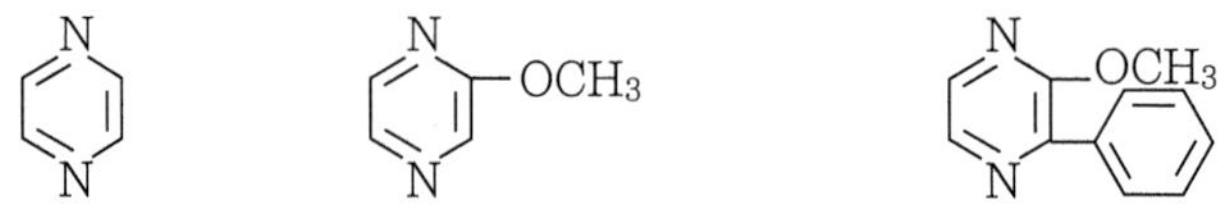

pyrazine 2-methoxypyrazine 2-methoxy-3-hexylpyrazine

그림 13.6 일부 pyrazine류의 구조

2-methoxy-3-isobutylpyrazine이 풋후추 냄새의 대표적인 화합물인 것 같다. 약간의 pyrazine류의 구조는 그림 13.6과 같다. Methoxy 또는 alkyl기를 제거하면 2-methoxy-pyrazine, 2-isobutylpyrzaine 및 2, 5-dimethylpyrazine의 경우와 같이 냄새의 강도가 10^5~10^6배 감소된다. 이와 같이 분자구조에 있어서 작은 변화는 냄새의 강도에 크게 영향을 미친다.

Pyrazine류는 또한 가공 과정 중 정상적으로 가열처리된 많은 식품의 냄새 성분으로도 알려져 있다. 예를 들면, 초콜릿향에는 7종의 alkyl치환, pyrazine류가 들어있으며 커피향으로부터는 24종의 pyrazine과 pyridine류가 분리 확인되었다.

제2절 냄새의 분류

1. 감각적 분류

냄새의 종류는 대단히 많고 말로서 적합하게 표현하기도 곤란하다. 고소하다, 비리다 등의 냄새를 묘사하는 말도 있으나 대부분은 된장 냄새, 마늘 냄새, 장미 향기 등과 같이 냄새를 발생하는 물질로서 냄새의 종류를 표시한다.

이와 같이 냄새는 매우 복잡하여 4가지 기본 맛으로 분류하는 맛이나 3원색으로 분류하는 색과 같이 정확한 분류 방법이 아직 확립되어 있지 않다.

지금까지 시도된 냄새의 분류 방법 중 대표적인 것으로 *Linnaeus*를 비롯한 몇 사람의 분류 기준을 표시하면 표 13.4와 같다.

표 13.4 냄새의 분류

Linnaeus (1752)	*Haller* (1163)	*Zwaardemaker* (1895)	*Henning* (1916)	*Crocker & Henderson* (1927)
1. 나프탈린 같은 향기(aromatic)	–	나프탈린과 같은 향기(aromatic)	매운 냄새 (spicy)	–
2. 꽃향기 (fragrant)	–	꽃향기 (fragrant)	꽃향기 (fragrant)	꽃향기 (fragrant)
3. 감미로운 냄새 (ambrosiac)	달콤 또는 감미로운 냄새(sweet or ambrosiac)	감미로운 냄새 (ambrosiac)	수지 냄새 (resinous)	–
4. 마늘 같은 냄새 (alliaceous)	–	마늘과 같은 냄새 (alliaceous)	–	–
5. 염소같은 냄새 (hircine)	–	염소같은 냄새 (hircine)	–	산 냄새 (acid)
6. 썩은 냄새 (foul)	고약한 냄새 (stencher)	썩은 냄새 (foul)	썩은 냄새 (putrid)	썩은 냄새 (caprylic)
7. 메스꺼운 냄새 (nauseous)	–	메스꺼운 냄새 (nauseous)	–	–
8. –	중간냄새 (intermediate)	에테르 냄새 (etheral)	에테르 냄새 (etheral)	–
9. –		탄 냄새 (empyreumatic)	탄 냄새 (burnt)	탄 냄새 (burnt)

1) Henning의 분류

*Henning*은 냄새를 다음과 같이 6종류의 기본 냄새로 분류하여 그 냄새의 상호 관계를 냄새의 3면체(smell prism)로 표시하여 설명하였으며, 모든 단일 냄새는 이 prism 속의 점으로 표현될 수 있다고 하였다(그림 13.7).

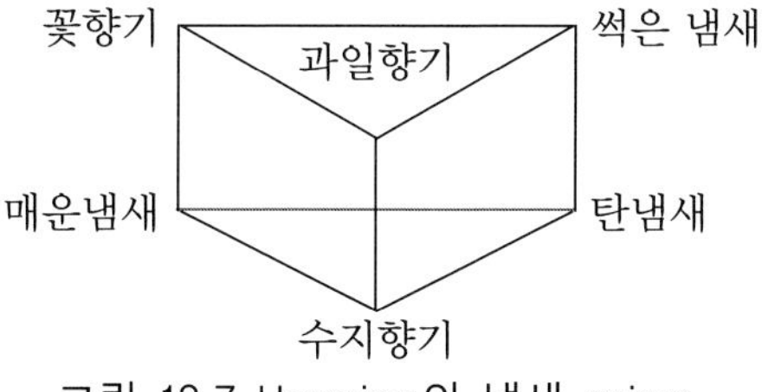

그림 13.7 Henning의 냄새 prism

① 꽃 향기(fragrant) : 장미, 재스민 등의 향기

② 과일 향기(etheral) : 오렌지유, 레몬유, ethyl acetate 등의 향기

③ 매운 냄새(spicy) : 후추, 계피, 마늘 등의 향기

④ 수지 향기(resinous) : Terpene유, 송진 등의 향기
⑤ 탄 냄새(burnt) : 커피, 캐러멜 등 냄새
⑥ 썩은 냄새(putrid) : 부패육, H_2S 등의 냄새

2) Crocker와 Henderson의 분류

*Clocker*와 *Henderson*은 냄새를 다음과 같이 4종류의 기본 냄새로 분류하고, 각 기본냄새의 강도를 1~8의 수치로 표현하도록 제안하였다. 모든 냄새는 이 4종류의 기본 냄새의 혼합으로 보고 혼합 비율을 수치로서 표현한다는 것이다. 예를 들면, 식초는 3803, vanillin은 7122로 표시되고 있으나 이와 같이 냄새 자체가 4단의 숫자로 표현될 수 있다는 데에는 의문이 많다.

① 꽃 향기(fragrant) : Methyl salicylate 등의 냄새
② 신 냄새(acid) : 20% Acetic acid 등의 냄새
③ 탄 냄새(burnt) : Guaiacol 등의 냄새
④ 썩은 냄새(caprylic) : 2, 7−Dimethyl octane 등의 냄새

3) Amoore의 분류

*Amoore*는 후각의 작용 메카니즘에서 논의한 바와 같이 냄새를 표 13.5와 같이 7종류의 기본 냄새로 분류하여, 모든 냄새를 이들 기본 냄새의 복합된 냄새로 표시될 수 있다고 하였다.

표 13.5 Amoore(1964)에 의한 7종의 기본 냄새와 그 성분

기본 냄새	냄새 성분
① 장뇌냄새(camphoraceous)	borneol, *tert*−butyl alcohol *d*−camphor, cineol, pentamethyl ethyl alcohol
② 매운 냄새(pungent)	ally alcohol, cyanogen, formaldehyde, formic acid, methylisothiocyanate
③ 에테르냄새(ethereal)	acetylene, carbon tetrachloride, chloroform, ethylene dechloride, propyl alcohol
④ 꽃향기(floral)	benzyl acetate, geraniol, α−ionone, phenyletyhl alcohol, terpineol
⑤ 박하향(pepperminty)	*tert*−butylcarbinol, cyclohexanone, menthone, piperitol, 1, 1, 3−trimethylcyclo−5−hexanone
⑥ 사향(musky)	androstan−3α−ol(냄새가 강함), cyclohexadecanone, ethylene cebacate, 17−methylandrostan−3α−ol, pentadecanolactone
⑦ 썩은 냄새(putrid)	amylmercaptan, cadaverine, hydrogen sulfide, indole(희석하면 꽃향기), skatole

2. 화학적 분류

식품의 냄새는 냄새와 화학구조에서 논의한 바와 같이 그들이 화학구조와 일관성을 갖고 있지 않는 사례가 많다. 그러나 같은 원자단을 갖는 화합물은 비교적 같은 냄새를 나타내는 것으로 알려져 있다. 일반적으로 냄새는 ① 원자단의 종류, ② 그 원자단에 붙은 탄화수소 부위의 모양, ③ 분자의 입체적 모양(감각 접수체에 꼭 맞는 모양과 크기를 갖고 있는가), ④ 분자량(휘발성이며 분자량이 작을수록 발향단의 영향을 받기가 쉽다) 등의 분자 전체의 구조와 관계가 있다고 생각된다.

1) 탄회수소류

향기는 특징이 없고 약하지만 terpene계 탄화수소는 정유(essential oil)[1]류에 들어있는 여러 가지 향기의 주성분이다.

Terpene류는 isoprene($CH_2=C(CH_3)-CH=CH_2$)의 중합체로서(그림 13.8) 향기와 관계가 있는 것은 주로 monoterpene($C_{10}N_{16}$) 및 sesquiterpene($C_{15}H_{24}$)이다.

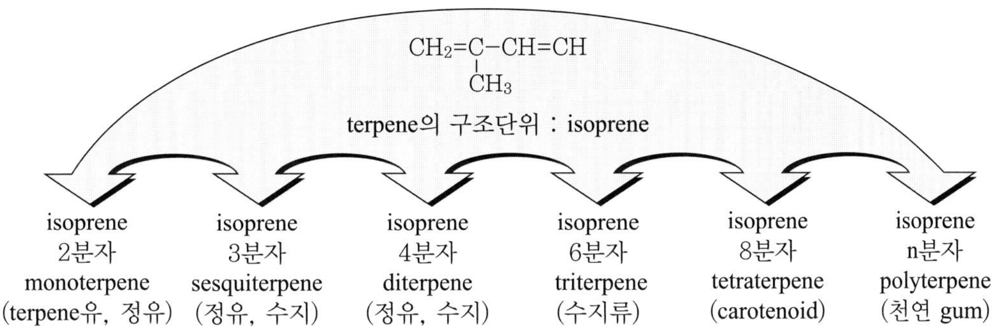

그림 13.8 Isoprene의 중합생성물

일반적으로 terpene류는 향기를 갖는 동시에 약간의 자극적인 맛이 있으므로 식품 중에서는 매운맛 성분으로도 작용한다.

한편, ethylene($CH_2=CH_2$)은 단맛을 가지는 기체로서 과실, 채소류에 함유되어 있으며 그들의 숙성과 깊은 관계가 있다.

---

[1] 정유(精油, essential oil) : 방향유(芳香油)라고도 한다. 식물체를 수증기 증류할 때 얻어지는 방향성의 유상물질로 물에 녹지 않고 알코올이나 석유 에테르에 녹는다. 중요한 구성 성분은 terpene이나 benzene계열의 탄화수소 화합물, 알코올, 알데히드, 케톤, 페놀류 및 여러 종류의 에스테르류 등이다.

표 13.6 식품 중의 각종 terpene류의 향기 성분

명칭	구조식	소재	명칭	구조식	소재
		monoterpene			
myrcene	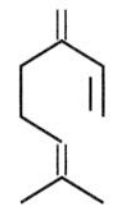	미나리	menthol	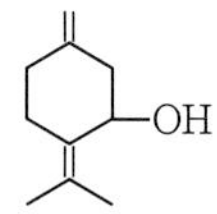	박하
lemonene	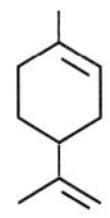	grape fruit, 레몬	1, 8−cineole	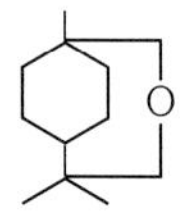	cardamon
α−phellan-drene	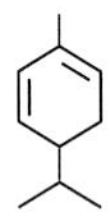	후추	β−citral	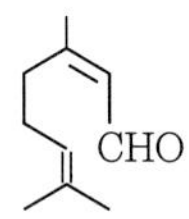	레몬
camphene	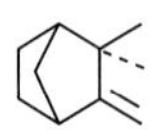	레몬	carvone	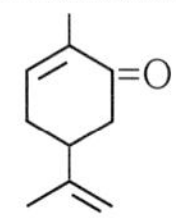	caraway油
linalool	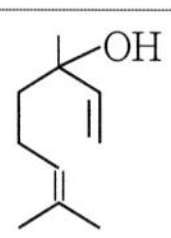	橙花油	menthone	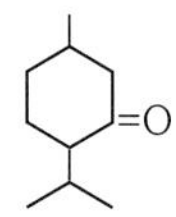	박하
geraniol	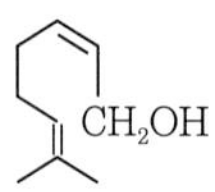	오렌지, 장미油	thujone	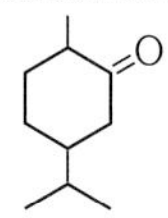	쑥
		sesquiterpene			
zingiberene	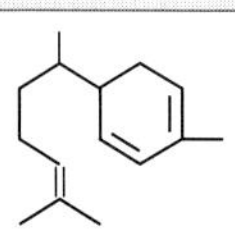	생강	humulene	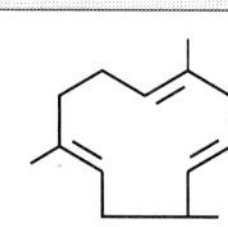	hop
β−selinene	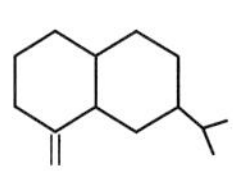	셀러리 종자油	farmesol	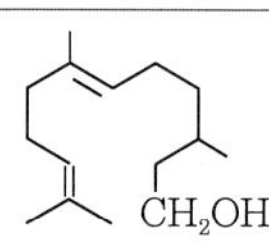	사향초油 보리수꽃油

2) Alcohol류

탄소수 C_5 이하의 쇄상구조의 저급 alcohol은 채소, 과일 등 대부분의 식품의 향기 성분으로 들어있으며 특히 청주의 향기 성분으로 중요하다. 불포화 결합을 가지는 C_6의 *cis*−3−hexenol은 차, 토마토 등을 비롯한 식물체의 어린잎의 풋내의 주성분으로 존재하여 청엽 alcohol이라고도 한다.

한편, 환상구조의 benzyl alcohol, phenylethyl alcohol 등은 꽃향기 등의 방향 성분을 가

표 13.7 식품 중의 alcohol류의 향기 성분

명칭	구조식	소재
ethanol	CH_3CH_2OH	주류
propanol	$CH_3CH_2CH_2OH$	양파
pentanol	$CH_3CH_2CH_2CH_2CH_2OH$	감자
hexenol	$CH_3CH_2CH=CHCH_2CH_2OH$	차잎, 푸른잎
linalool	$(CH_3)_2C=CH(CH)_2CCH_3OHCH=CH_2$	차잎, 복숭아
1-octen-3-ol	$CH_3(CH_2)_4CHOHCH=CH_2$	송이버섯
2, 6-nonadienol	$CH_3CHCH=CH(CH_2)_2CH=CHCH_2OH$	오이
furfuryl alcohol	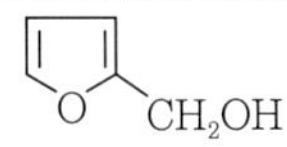	커피
eugenol	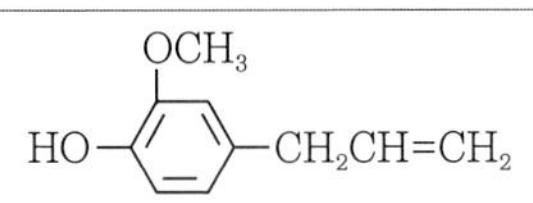	계피

지고 있다(표 13.7).

3) Aldehyde류

탄소수 C_5 정도까지는 소량씩이나마 동·식물성 식품에 널리 분포되어 있다. 쇄상구조의 저급 aldehyde는 대응하는 alcohol에 비하여 불쾌한 냄새가 많으며 최소 감량도 0.1~0.01로 감도가 높다. C_6~C_9의 aldehyde는 유지의 산화 등에 의하여 생성된다.

한편, 환상구조의 방향족 aldehyde는 향기가 진하여 향신료의 주요 성분을 이루는 경우가 많다(표 13.8).

표 13.8 식품 중의 aldehyde류의 향기 성분

명칭	구조식	소재
hexenal	$CH_3CH_2CH_2CH=CHCHO$	차잎
benzoaldehyde	CH_6CH_5CHO	almond 향
cinnamic aldehyde	$CH_6CH_5CH=CHCHO$	계피
vanillin	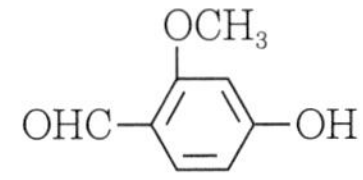	vanilla 향

4) Ketone류

쇄상구조의 저분자 ketone은 가벼운 과일향기를 가진다. Ketone기 2개를 가지는 diacetyl은 진한 버터 특유의 냄새를 나타내며, 실제로 유제품 특히 발효 제품의 향기의 주체를 이룬다.

한편, acetophenone, benzophenone 등의 방향족의 ketone은 과일향기를 가지며, terpene류의 ketone은 식물체의 방향 성분을 이룬다(그림 13.9).

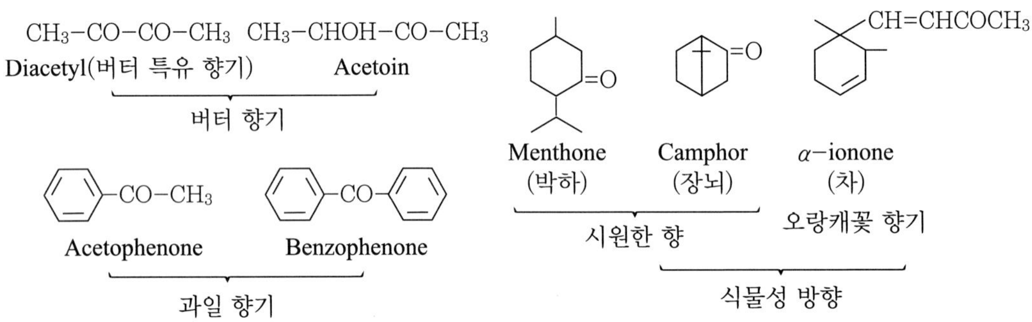

그림 13.9 일부 ketone류의 향기 성분의 구조

5) Acid류

쇄상구조의 저분자 휘발성 산 중에서 C_2의 acetic acid는 자극적인 산냄새를 가진다. 저급 지방산인 propionic acid, burytic acid, caproic acid 등은 우유, 버터, 치즈 등의 냄새의 주체를 이룬다. 탄소수의 증가에 따라 땀냄새(C_4~C_6)에서 양고기 냄새와 같은 지방 냄새(C_7~C_{12})를 나타낸다. 이들은 유지 제품의 대표적인 냄새이다.

6) Ester류

Ester류는 carboxylic acid와 alcohol의 결합으로 생성되기 때문에 그 종류가 대단히 많으며, 과일 향기의 주성분을 이룬다.

쇄상구조의 ester류는 탄소수 C_2~C_{10}까지의 화합물은 과일향기를 가지나 분자량이 커지면 향기가 진해지고 과일 향기에서 꽃향기로 되며 또한 benzene핵을 가져도 꽃향기가 강해지는 경향이 있다. Ester를 구성하는 산이나 alcohol의 탄소수가 달라도 분자 중의 탄소수가 같으면 대개 비슷한 향기를 나타낸다. 과일이나 꽃향기 중에 널리 분포되어 있으며 향료로서 합성된 것도 많다(표 13.9).

표 13.9 식품 중의 ester류의 향기 성분

명칭	구조식	소재
amyl formate	$HCO \cdot O \cdot CH_2(CH_2)_3CH_3$	사과, 복숭아
isoamyl formate	$HCO \cdot O \cdot CH_2CH_2CH<^{CH_3}_{CH_3}$	배
ethyl acetate	$CH_3CO \cdot O \cdot CH_2CH_3$	파인애플
isoamyl acetate	$CH_3CO \cdot O \cdot CH_2CH_2CH<^{CH_3}_{CH_3}$	배, 사과
methyl butyrate	$CH_3CH_2CH_2CO \cdot O \cdot CH_3$	사과
methyl valerate	$CH_3CH_2CH_2CH_2CO \cdot O \cdot CH_2CH_3$	청주
isoamyl isovalerate	$^{CH_3}_{CH_3}>CHCH_2CO \cdot O \cdot CH_2CH_2CH<^{CH_3}_{CH_3}$	바나나
methyl cinnamate	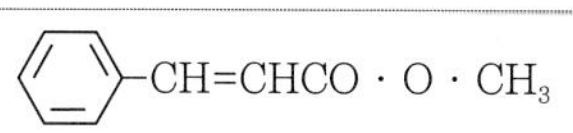	송이버섯
sendanolide	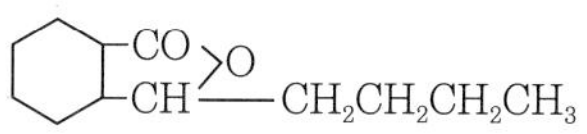	셀러리
apiol	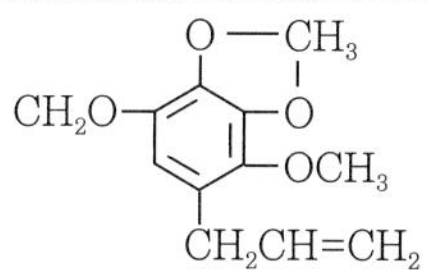	파슬리

한편, 분자 내에서 carboxyl기와 alcohol기가 탈수되어 생긴 분자내 ester를 lactone이라고 하며, γ− 및 δ−lactone이 안정하다. Lactone은 식물체의 방향 성분으로서 ester보다 특징적인 향기를 가지며 분자구조 전체가 향기에 관여하는 것으로 생각된다. Benzene 핵을 가지는 lactone인 coumalin은 o−hydroxy cinnamic acid의 lactone으로서 벚꽃, 복숭아꽃의 향기를 나타낸다(그림 13.10).

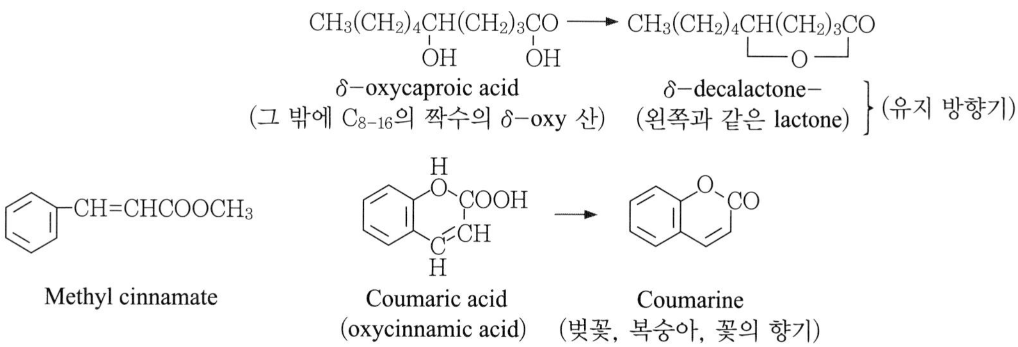

그림 13.10 일부 ester류의 향기 성분의 구조

7) 유황화합물

휘발성의 유황 화합물은 일반적으로 악취를 내지만 극히 미량으로 존재할 때에는 식품의 향기를 강하게 하여 주는 것이 많다.

(1) 황화수소(H_2S)

가장 저분자이고 휘발성인 H_2S는 유독하며 자극성의 악취를 내지만 농도가 극히 낮을 때에는 식품의 향기를 좋게 한다. 예를 들면, 미량의 H_2S는 축육이나 삶은 달걀 등에서 느낄 수 있으나 더욱 미량의 H_2S는 더운밥의 구수한 냄새를 이루는 한 요인이 된다.

(2) Thioalcohol (R−SH, mercaptane[2)])

Thioalcohol 역시 악취가 있지만 미량으로서 식품의 향기를 산뜻하게 하는 역할을 한다. Methyl mercaptane(CH_3SH)과 같은 유리형은 주로 채소의 자극성의 냄새를 가지며, methyl mercaptopropyl alcohol, methyl mercaptoethyl propionate 등의 결합형은 단백질 발효식품, 즉 된장, 간장, 치즈 등의 특유한 냄새의 원인이 된다.

(3) Alkyl sulfide[R−S−R(sulfide, thioether), R−S−S−R(disulfide)]

Methyl propyl sulfide, allyl propyl disulfide 등의 alkyl sulfide는 양파에서와 같이 온화한

표 13.10 식품 중의 유황화합물들의 향기 성분

명칭	구조식	소재
Methylmercaptane Propylmercaptane	CH_3SH $CH_3CH_2CH_2SH$	무 양파
Dimethylmercaptane	$CH_3CH<(SCH_3)(SCH_3)$	단무지
S−Methylcysteine sulfoxide	$CH_3S(=O)CH_2CH(NH_2)COOH$	양배추, 순무
Methyl β−methylmercaptopropionate β−Methylmercaptopropyl alcohol	$CH_3SCH_2CH_2COOCH_3$ $CH_3SCH_2CH_2CH_2OH$	파인애플 간장
Furfuryl mercaptane	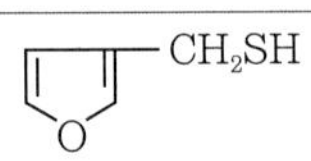	커피
Alkylisothiocyanate(겨자유) Alkyl sulfide	R−N=C=S R−S−R'	겨자, 무, 고추냉이, 파, 마늘, 양파, 무, 고추냉이, 아스파라거스

[2)] 메르캅탄(mercaptane) : 티올(thiol)이라고도 한다. 알코올 및 페놀의 산소 원자 대신에 유황 원자(S)가 치환되어 있는 유기화합물이다. (예: $CH_3OH \rightarrow CH_3SH$)

매운 향기와 약한 매운맛을 가지고 있다. 또한 dimethyl sulfide(CH_3SCH_3)는 황화물 특유의 강한 냄새를 가지고 있으나 극히 미량으로 희석하였을 때는 김의 향기가 된다.

(4) Alkyl isothiocyanate(R−N=C=S)

겨자과 식물에 들어있는 allyl isothiocynate(CH_2=CH−CH_2−N=C=S), *p*−oxybenzyl isothiocyanate 등의 alkyl isothiocyanate는 강한 매운맛과 매운 향기를 가지고 있다.

식품의 향기 성분으로 알려진 유황 화합물을 보면 표 13.10과 같다.

8) 질소화합물

일반적으로 어류, 육류 등의 동물성 식품에 많다.

(1) Ammonia(NH_3)

육류나 어류의 선도가 어느 정도 저하하였을 때 발생하는 자극성의 냄새의 원인 성분으로서, 단백질, 아미노산, urea 등이 세균의 작용으로 분해됨으로서 생기며 가열에 의해서도 생성된다.

(2) Amine

Amino군의 수소가 alkyl기로 치환된 형으로서, 선도가 저하된 어류나 육류에서 나는 비린내의 본체는 trimethyl amine[TMA, $(CH_3)_3N$]이다.

(3) 환상화합물(cyclic compounds)

민물고기의 냄새의 본체인 piperidine이나 식품을 가열하였을 때 나타나는 향기 성분인 pyrrole, pyridine, pyrazine류는 환상구조의 질소 화합물이다.

제3절 식물성 식품의 냄새 성분

1. 과실의 향기 성분

과실의 향기는 그 과실의 특성이나 선도를 알아내는 데 매우 중요하다. 과실의 향기 성분에 대해서는 비교적 많이 연구되어 있으며 terpene류와 지방산의 ester류가 주체로 알려져 있다.

세계적으로 본 과실의 생산량은 포도, 사과, 감귤류, 바나나 등이 가장 많다. 이들을 시료로 하여 수증기 증류를 통하여 정유(essential oil) 성분을 분리시켜 gas chromatography(GC) 또는 gas chromatography-mass spectrometry(GC-MS) 등으로 분석하면 수십여종 이상의 성분을 분리 동정할 수 있다. 이들 성분이 적당히 조합되어 각각의 과실의 특징적인 향기를 발생하게 되는 것이다.

그러나 이와 같이 분석된 향기 성분들은 특정한 품종의 과실과 특정한 시간에 시험에 제공된 것들에서 검출된 성분들이다. 과실은 저장 중에도 그 세포 내에서는 끊임없이 생화학반응이 진행되기 때문에 향기 성분들도 항시 변화하고 있다고 생각하여야 한다.

1) 포도의 향기 성분

Webb(1962)은 두 품종의 포도(Muscat of Alexandria 및 Concord)의 휘발성 성분을 추출하여 각종 alcohol, aldehyde, 지방산 및 그 ester 등을 동정하였다(표 13.11 및 13.12).

표 13.11 Muscat of Alexandria 품종의 포도의 향기 성분

<table>
<tr><th>향기 성분</th><th>함량(mg/ml)</th><th>향기 성분</th><th>함량(mg/ml)</th></tr>
<tr><td>methyl alcohol</td><td>3.7</td><td>methyl acetate</td><td>0.08</td></tr>
<tr><td>ethyl alcohol</td><td>111.0</td><td>ethyl caproate</td><td>0.4</td></tr>
<tr><td>butyl alcohol</td><td>0.03</td><td>butyrate ester</td><td rowspan="10">0.16</td></tr>
<tr><td>3-methylbutanol</td><td>0.01</td><td>valerate ester</td></tr>
<tr><td>n-hexanol</td><td>0.49</td><td>caproate ester</td></tr>
<tr><td>cis-3-hexanol</td><td>0.26</td><td>caprylate ester</td></tr>
<tr><td>acetaldehyde</td><td>0.85</td><td>caprate ester</td></tr>
<tr><td>n-hexenal</td><td>0.03</td><td>laurate ester</td></tr>
<tr><td>2-hexenal</td><td>0.05</td><td>ethyl esters</td></tr>
<tr><td>2-butanone</td><td>0.01</td><td>acetals</td></tr>
<tr><td>2-pentanone</td><td>0.01</td><td></td></tr>
</table>

표 13.12 Concord 품종의 포도의 향기 성분

향기 성분	함량(mg/ml)	향기 성분	함량(mg/ml)
ethanol	35.0	acetone	0.3
methanol	1.5	acetaldehyde	0.03
ethyl acetate	3.5	methyl anthranilate	0.033
methyl acetate	0.15	acetic acid	-

특히 Concord 품종의 포도에는 Muscat 품종의 포도에 함유되어 있지 않는 acetone, methyl anthranilate 등의 중요 향기 성분으로서 함유되어 있다. 따라서 포도라도 그 품종이 다르면 일부 향기 성분의 종류나 함량이 다소 다른 것으로 생각된다.

2) 사과의 향기 성분

사과의 향기 성분으로서는 대략 40여 종 이상의 화합물이 실제로 동정되어 있다.

Schults(1967)는 사과의 향기 성분 농축물을 gas-liquid chromatography로 분석하여 표 13.13과 같은 향기 성분을 동정하였다.

표 13.13 사과의 향기 성분

구분	종류
Alcohol류	ethanol, 1-propanol, isobutanol, butanol, 2-methylbutan-1-ol, 1-hexanol, 2-hexan-1-ol
Aldehyde류	acetaldehyde, hexanal, 2-hexenal
Ester류	ethyl acetate, ethyl propinate, propyl acetate, ethyl butyrate, butyl acetate, methylbutyl acetate, hexyl acetate, 2-hexenyl acetate, diethyl ether, isopentane

즉, 사과는 탄소수 $C_2 \sim C_6$의 alcohol류, 탄소수 $C_2 \sim C_6$의 aldehyde류, 그리고 이상의 alcohol류와 acetic acid, propionic acid, butyric acid들과의 ester류가 주요 향기 성분으로 생각된다.

3) 감귤류의 향기 성분

감귤류는 오렌지, 레몬, 자몽 등 종류가 많다.

감귤류의 향기 성분은 주로 과피에 함유되어 있으며, 일반적으로 ethyl acetate, ethyl butyrate, ethyl caproate, ethyl caprylate 등의 ester류와 limonene, citral, copaene, cubebene 등의 terpenoid 화합물이 중요 향기 성분으로서 분리 동정되어 있다.

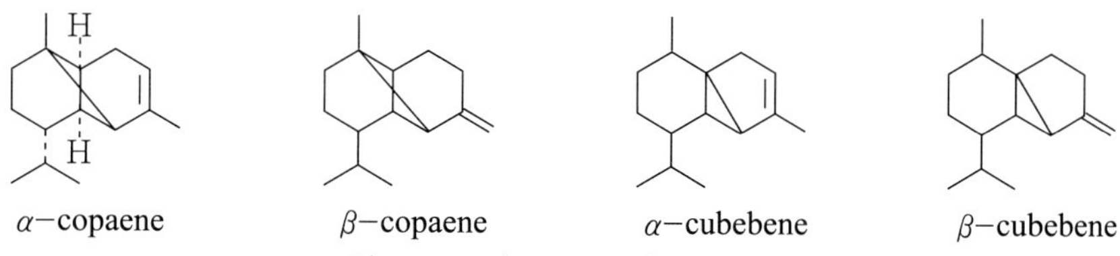

α-copaene　β-copaene　α-cubebene　β-cubebene

그림 13.11 감귤류 중의 향기 성분

4) 바나나의 향기 성분

바나나의 향기 성분에 대해서는 많은 연구가 되어 있으며 isoamyl acetate, isoamyl butyrate 등의 ester류가 주체인 것으로 알려져 있다.

Hultin(1961)은 gas chromatography에 의해서 미숙 바나나, 반성숙 바나나, 완숙 바나나, 과숙 바나나의 휘발성 성분을 분석하여 acetic acid, methyl alcohol, ethyl alcohol, isoamyl alcohol, methyl acetate, ethyl acetate, isoamyl acetate, 2-hexenal, 2-pentanone, 2-octanone 등을 동정하였으며, 이들 향기 성분의 숙성 과정에서의 변화를 조사하였다.

표 13.14 Gros Michel 품종의 바나나의 향기 성분과 여러 성숙단계에서의 그 함량 변화(함량 mg/100g pulp)

향기 성분 \ 성숙단계	미숙 바나나	반성숙 바나나	완숙 바나나	과숙 바나나
acetic acid	0.26	0.56	0.48	1.57
methyl alcohol	2.2	18.5	1.5	5.6
ethyl alcohol	1.1	0.4	0.5	22.6
isoamyl alcohol	0.3	0.4	0.1	5.6
methyl acetate	4.5	9.5	1.3	5.0
ethyl acetate	22.4	9.5	0	16.9
isoamyl acetate	0.02	0.1	0.02	1.2
2-hexenal	2.2	4.6	7.6	1.9
2-pentanone	2.1	1.4	2.7	1.1
2-octanone	0.3	0.2	0.8	0.8

5) 복숭아의 향기 성분

복숭아의 향기 성분은 사과 등의 예에서와 같이 주로 탄소수가 적은 각종 ester류, alcohol류, 유기산, aldehyde, ketone 등으로 구성되어 있다. 복숭아에서 분리 동정된 향기 성분은 표 13.15와 같으며, 주로 lactone류가 복숭아 특유의 향기 성분에 기여하는 것으로 알려져 있다.

표 13.15 복숭아의 향기 성분

acetaldehyde	acetic acid	caproic acid	methyl acetate
2-hexen-1-ol	benzyl alcohol	ethyl acetate	benzaldehyde
γ-octalactone	ethanol	iso-valeric acid	γ-nonalactone
hexyl formate	ethyl benzoate	hexyl benzoate	hexyl acetate
γ-caprolactone	γ-decalactone	2-hexenyl acetate	benzyl acetate
α-pyrone	hexyl alcohol	γ-heptalactone	δ-decalactone

6) 파인애플의 향기 성분

파인애플의 향기 성분에 대한 연구도 많이 되어 있으며, 각종 ester류, alcohol류, carbonyl 화합물 등 100여 종 이상의 향기 성분이 검출되고 있다.

파인애플의 향기 추출물에서 분리 확인된 대표적인 향기 성분은 표 13.16과 같으며, 그 외에 파인애플의 특징적인 향기 성분으로서 2, 5-dimethyl-4-hydroxy-3(2H)-furanone, γ-caprolactone, chavicol 등이 알려져 있다.

표 13.16 파인애플의 향기 성분

ethanol	methyl 2-methylbutyrate	linalool
methyl acetate	diethyl carbonate	mcthyl octanoate
ethyl acetate	ethyl butyrate	ethyl 3-hydroxyhexanoate
2-methyl-3-buten-ol	methyl pentanoate	ethyl benzoate
methyl propionate	ethyl 2-methylbutyrate	ethyl octanoate
2-methyl-1-propanol	ethyl 3-methylbutyrate	terpinen-4-ol
2-propyl acetate	3-methyl-1-butyl acetate	methyl 3-acetoxyhexanoate
benzene	2-methyl-1-butyl acetate	α-terpineol
methyl 2-methyl propionate	ethyl pentanoate	ethyl 3-acetoxyhezanoate
3-pentanone	methyl hexanoate	methyl-β-methylthiopropionate
ethyl-propionate	dimethyl malonate	methyl-β-hydroxycaproate
1-propyl acetate	ethyl hexanoate	methyl-β-acetoxycaproate
methyl butyrate	methyl heptanoate	2, 5-dimethyl-4-hydroxy-3-(2H)-furanone
1-1-diethoxyethane	methyl 3-methylthiopropionate	γ-caprolactone
3-methyl butan-1-ol	methyl 3-hydrohexanoate	ρ-ollyiphenol
2-methyl butan-1-ol	ethyl heptanoate	
2-methyl-1-propyl acetate	methyl 3-methylthiopropionate	

2. 채소의 향기 성분

채소의 향기 성분도 과실의 경우와 마찬가지로 휘발성의 ester류, aldehyde류, ketone류, 산류, terpenoid 화합물 등이나 그 이외에 채소에 함유되어 있는 휘발성 유황 화합물(volatile sulfur compounds) 또는 유황 화합물들의 분해 생성물들이 채소 특유의 향기 성분에 기여하는 것으로 생각되고 있다.

1) 양배추의 향기 성분

양배추, 배추, 무 등의 채소들은 신선한 생야채 상태에서는 냄새가 비교적 약하나 끓이거나 기타의 가열 조리를 실시할 때는 특징 있는 강한 냄새를 갖게 된다.

신선한 양배추의 특유한 향기 성분을 이루고 있는 것은 휘발성 유황 화합물들이며, 이들 중 대표적인 것은 isothiocyanate류이다. Isothiocyanate류는 양배추 조직 중에 함유되어 있는 sinigrin이 효소 thioglycosidase(myrosinase)의 작용에 의하여 생성된 것이다.

$$\underset{\text{sinigrin}}{R-C\begin{matrix} \diagup S-C_6H_{11}O_5 \\ \diagdown\!\!\diagdown N-OSO_2O^-N^+ \end{matrix}} + H_2O \xrightarrow{\text{thioglycosidase}} \underset{\text{isothiocyanate}}{R-N=C=S} + C_6H_{12}O_6 + KHSO_4$$

한편, isothiocyanate는 가수분해되어 carbonyl sulfide(COS), 황화수소(H_2S), 이황환탄소(CS_2) 등을 생성한다.

$$RCNS + H_2O \longrightarrow RNH_2 + COS$$
$$COS + H_2O \longrightarrow CO_2 + H_2S$$
$$2RCNS + 2H_2O \longrightarrow 2RNH_2 + CS_2 + CO_2$$

양배추를 가열 조리하였을 때 냄새가 더 강해지는 것은 이상과 같이 양배추 중에 함유되어 있는 유황 화합물들이 분해되어 형성된 황화수소나 기타 휘발성 유황 화합물에 기인하는 것으로 생각된다.

Baily(1961)가 gas chromatography, mass spectrometry를 이용하여 신선한 양배추로부터 분리 동정한 휘발성 유황 화합물은 표 13.17과 같으며, 이들 유황 화합물은 건조가공 중 거의 전부가 손실되다고 한다.

표 13.17 신선한 양배추의 휘발성 유황화합물

methyl isothiocyanate	dimethyl disulfide	n-butyl isothiocyanate
methyl ethyl disulfide	butenyl isothiocyanate	diethyl disulfide
allyl isothiocyanate	ethyl propyl disulfide	methyl thiopropyl isothiocyanate
dipropyl disulfide	hydrogen sulfide	propyl butyl disulfide
carbonyl sulfide	propyl allyl disulfide	dimethyl sulfide
diallyl disulfide	diethyl sulfide	methyl thiomethyl isothiocyanate
dibutyl sulfide	methyl thiobutyl isothiocyanate	carbon disulfide
diethyl trisulfide		

2) 셀러리의 향기 성분

셀러리는 특유한 향기를 가진 미나리과에 속하는 채소로서 표 13.18과 같이 각종 aldehyde류, alcohol류, ester류, 산류 외에 phthalide류를 함유하고 있다. 특히 phthalide류 중 sedanolide(3−butylidene−5, 6, 7, 7α−tetrahydrophthalide)가 셀러리 향기의 주요성분으로 알려져 있다.

표 13.18 셀러리의 향기 성분

Aldehyde류	octanol	탄화수소
formaldehyde	nonanol	d−limnoen
acetaldehyde	decanol	Ketone류
propionaldehyde	undecanol	carvone
veleraldehyde	Ester류	diacetyl
hexenal	ethyl iso−valerate	phenol류
heptanal	*cis*−3−hexen−1−yl−pyrubate	guaicol
octanal	decyl acetate	Phthalide류
undecanal	linalyl acetate	sedanolide
neral	terpinyl acetate	sedanoic anhydride
geanial	geranyl acetate	3−iso−butyliden−3α, −4−dihydrophthalide
citronelal	citronellyl acetate	
Alcohol류	neryl acetate	3−iso−validene−3α, −4−dihydrophthalide
iso−amylalcohol	carvyl acetate	
hexanol	geranyl butyrate	3−iso−butylidene phthalide
heptanol	benzyl benzoate	3−iso−validene phthalide
butanol	2−methyl hexanyl acetate	

3) 토마토의 향기 성분

신선한 토마토나 그 즙 속의 주요 향기 성분으로서는 휘발성 유기산(volatile organic acids)과 methyl alcohol로 이루어져 있으며, 그 외에도 휘발성 성분으로 acetaldehyde, ethyl acetate, isovaleraldehyde, isoamyl alcohol, pentanol, 3−hexenol−1, eugenol, 2−heptenal, deca−2, 4−dienal, 2−methylhept−2−ene−6−one 등이 존재하는 것으로 알려져 있다.

4) 오이의 향기 성분

오이의 주요 향기 성분은 청엽 alcohol과 유사한 향기를 갖는 2, 6−nonadienal(nona−*trans*−2−*cis*−6−dienal)이다.

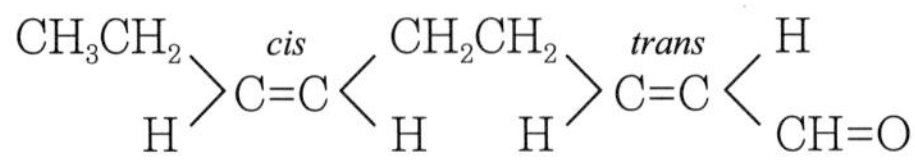

이 외에도 2−nonenal, hexenal, 2−hexenal, propanal, ethenal 등의 휘발성 carbonyl 화합물이 알려져 있다.

5) 당근의 향기 성분

당근의 주요 향기 성분으로서 terpinolens, γ−bisabolene, γ−terpinene, sabinene, caryophyllene 등의 휘발성 terpenoid 화합물과 myristicin, α−terpinol, terpinene−4−ol, falcarinol, 2−nonenal, octanal, bornyl acelate 등의 terpenoid 화합물의 산화 생성물이 검출되어 있다.

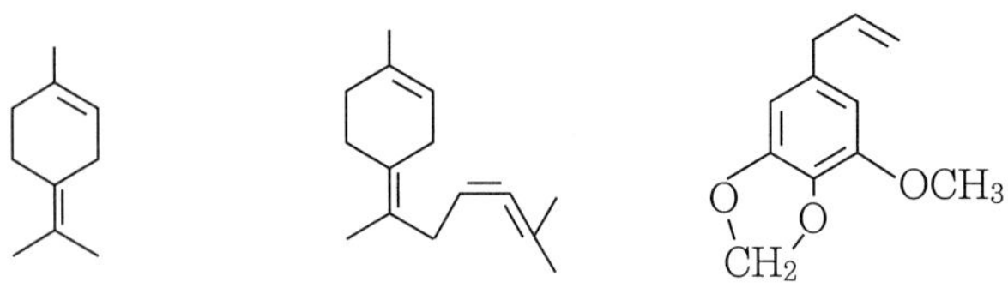

terpinolene　　γ−bisabolene　　myristicin

그림 13.12 당근의 일부 휘발성 성분의 구조

6) 버섯의 향기 성분

송이버섯의 주요 향기 성분은 methyl cinnamate이며, 여기에 1−octene−3−ol이 가해져서 독특한 향기를 형성한다.

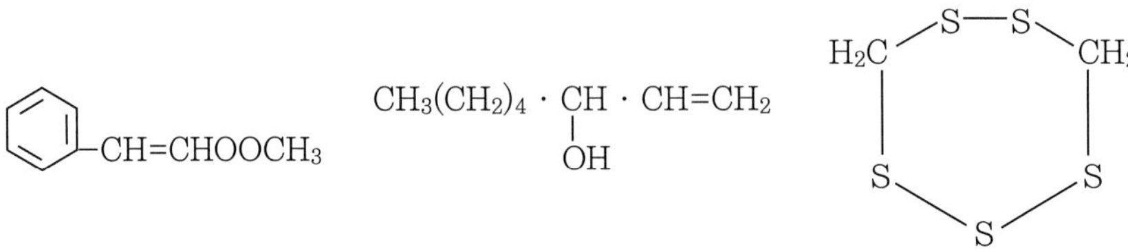

methyl cinnamate　　1−octene−ol　　lenthionine

그림 13.13 버섯의 향기 성분

한편, 표고버섯의 향기 성분은 유황 함유 화합물들이며, 이들 중 lenthionine(1, 2, 3, 5, 6-pentathiepane)이 중요한 특징적인 향기 성분으로 알려져 있다.

7) 양파의 향기 성분

양파의 특유한 휘발성 향기 성분의 주성분을 이루는 것은 휘발성 유황 화합물들이며, 이 들은 그 전구물질(precusor)인 alliin(S-allyl cysteinesulfoxide)이 효소 alliinase에 의하여 분해되어 형성되는 것으로 생각되고 있다.

Brodnitz(1969)가 유상의 양파 추출물(onion oil)로부터 분리 동정한 휘발성 유황 화합물은 표 13.19와 같다.

표 13.19 양파의 휘발상 유황화합물

methyl disulfide	allyl propyl disulfide	methyl propyl disulfide
dimethyl trisulfide	3, 4-dimerhylthiophene	methyl propyl trisulfide
methyl propenyl disulfide	methyl propenyl trisulfide	allyl methyl disulfide
methyl propenyl trisulfide	propyl disulfide	dipropyl trisulfide
propenyl propyl disulfide	propenyl propyl trisulfide	

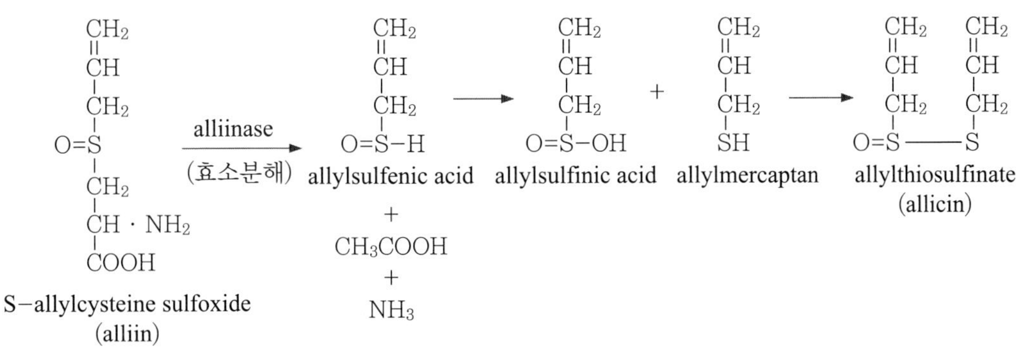

그림 13.14 양파에서 alliin의 효소분해에 의한 allicin의 형성과정

한편, 양파의 매운 성분인 최루성의 성분에 대해서는 아직 확실하지는 않으나, *Virtanen*(1962)에 의하면 그 주요 성분은 양파를 자르거나 마쇄할 때 유리 peptide류의 하나인 S-(1-propenyl)-cysteine sulfoxide가 효소에 의해 분해되어 형성된 1-propenyl sulfenic acid이며, 이것은 다시 propenyl alcohol, propionaldehyde 및 그 중합체를 형성한다고 한다.

또한, *Kohman*(1952)은 양파의 최루성의 성분을 thiopropionaldehyde(CH_3-CH_2-CH=

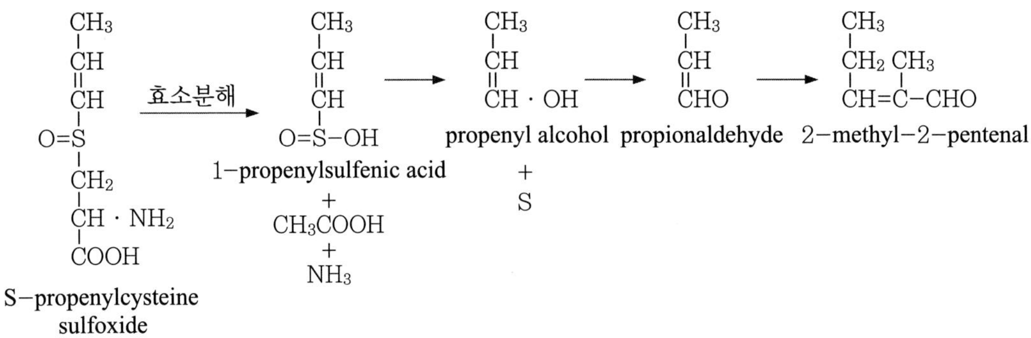

그림 13.15 효소작용에 의한 양파의 최루성분의 형성과정

S)라고 하였으며, *Niegisch*(1956) 등은 3-hydroxy thiopropionaldehyde(HO-CH_2-CH_2-CH=S)라고 하였다.

8) 마늘의 향기 성분

마늘의 향기 성분도 양파와 마찬가지로 diallyl sulfide, diallyl disulfide, diallyl trisulfide, divinyl sulfide 등의 휘발성이 매우 강한 유황 함유 화합물들이다.

그러나 양파, 파, 마늘 등의 자극적이고 강한 냄새는 배추나 무의 경우와는 반대로 가열조리 후에는 거의 완전히 사라진다.

한편, 양파, 파, 마늘 등의 식물의 조직에는 일반적으로 thiosulfinate, thiosulfonate 등의 매우 특징적인 냄새를 가진 유황 화합물이 존재하는 것으로 알려져 있다. 이들 화합물의 형성과정은 양파의 경우와 같이 먼저 S-alkyl cysteine sulfoxide가 효소에 의해 분해되어 S-alkyl sulfenic acid가 되고, 이것은 불안정하여 냄새의 주성분인 휘발성의 hydrocarbonyl thiosulfinate(S-O-O-OR), hydrocarbonyl thiosulfinate(R-S-SO_2-R) 등으로 변한다고 한다.

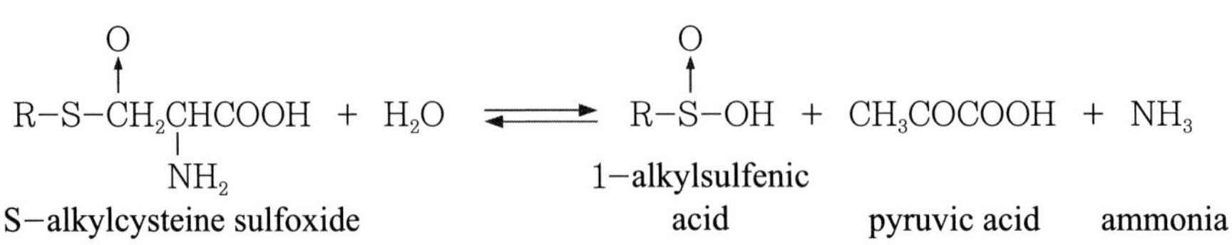

여기서 R : allyl기(CH_2=CH-CH_2-)…마늘
R : methyl기(CH_3-)
: propenyl기(CH_3-CH=CH-)
: propyl기(CH_3-CH_2-CH_2-)
(methyl기, propenyl기, propyl기)…파, 양파

9) 겨자의 향기 성분

겨자, 배추, 양배추, 순무 등의 겨자과(crucifer plant family)에 속하는 채소들은 중요한 향기 성분으로서 일반적으로 glucosinolate 또는 thioglucoside로 알려진 일군의 화합물을 함유하고 있다.

겨자씨에 존재하는 주요 glucosinolate인 sinigrin(allyl glucosinolate)은 겨자씨를 마쇄할 때 그 조직 내에 존재하는 thioglucosidase에 의하여 가수분해되어 겨자 특유의 강한 자극성의 향기 성분인 allyl isothiocyanate와 그 유도체인 allyl nitrile, allyl thiocyanate 등을 형성한다(그림 13.16).

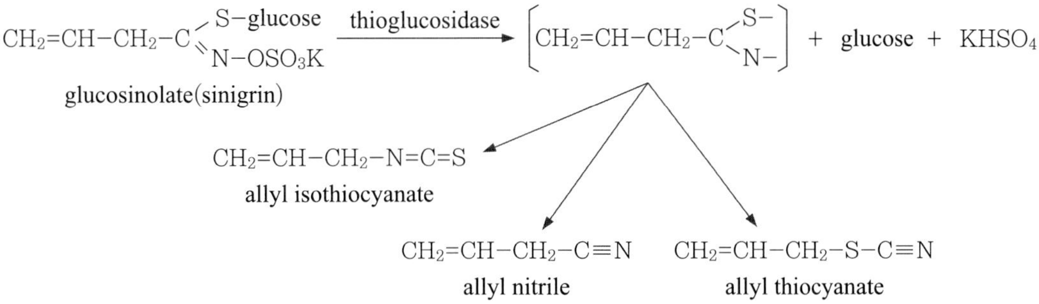

그림 13.16 Glucosinolate의 효소에 의한 가수분해 과정과 그 분해 생성물들

제4절 동물성 식품의 냄새 성분

1. 우유 및 유제품 향기 성분

1) 우유의 향기 성분

신선한 우유의 향기 성분으로서는 acetaldehyde, pentanal, hexanal, 2−hexenal, 2, 4−nonadienal, acetone, butanone−2, pentanone−2 등의 carbonyl 화합물, propionic acid, butyric acid, caproic acid 등의 유황 화합물들이 주요 성분으로 생각되고 있다.

그러나 신선한 우유를 장시간 방치하거나 또는 균질유(homogenized milk)를 만들기 위해서 강하게 교반하거나 살균 처리(pasteurization)를 할 때 우유 속의 지방질 성분의 산화에 의해서 신선한 우유에는 존재하지 않았던 휘발성 carbonyl 화합물이 형성되며 그 함량이 신선한 우유에 비하여 급증한다.

한편, 시유를 제조할 때 강하게 가열된 우유에 형성되는 냄새 성분으로서는 formic acid, acetic acid, propionic acid, lactic acid, furfural, hydroxymethyl furfural, mercapto 화합물, H_2S, δ-decalactone 등이 알려져 있다.

2) 유제품의 향기 성분

신선한 버터의 향기 성분으로서 표 13.20에 표시된 바와 같이 휘발성 지방산, diacetyl, acetoin, aldehyde, ketone류가 검출되고 있으며, 이 중에서 *Streptococcus*속의 세균의 작용에 의해서 생성되는 diacetyl은 버터의 바람직한 특징적인 향기의 주성분으로 중요하다.

표 13.20 신선한 버터의 향기 성분

휘발성 지방산(8~11mg%) $_nC_2$, $_nC_3$, $_nC_4$, $_nC_5$, $_nC_6$, $_nC_8$, $_{iso}C_4$, $_{iso}C_5$		
diacetyl(0.0146mg%)	acetoin(0.0447mg%)	formaldehyde
acetaldehyde	propionaldehyde	iso-butanal
iso-valeral	n-butanal	n-valeral
n-hexanal	n-nonanal	octanal
acetone	pentanone-2	hexanone-2
heptanone-2	octanone-2	nonanone-2
undecanone-2	tridecanone-2	

버터 중에서 diacetyl과 acetoin은 다음과 같이 평형 상태를 유지하고 있다.

$$\underset{\text{acetoin}}{CH_3CHOHCOCH_3} \underset{+H_2}{\overset{-H_2}{\rightleftharpoons}} \underset{\text{diacetyl}}{CH_3COCOCH_3}$$

그러나 diacetyl의 양이 많아질수록 불쾌한 냄새를 나타낸다.

치즈의 향기 성분은 주로 발효에 의하여 형성되는 것으로 매우 복잡하며, 사용하는 미생물의 종류와 숙성 기간에 따라 그 향기 성분은 아주 다양하다.

그러나 일반적으로 치즈의 향기 성분으로서는 ethanol, butanol 등의 alcohol류, acetone, methyl ketone, 2-pentanone, 2-heptanone, 2-nonanone 등의 ketone류, acetic acid, propionic acid, butyric acid, caproic acid, capric acid 등의 산류와 이들의 ester류, dimethyl sulfide, ethyl β-methyl mercaptopropionate 등의 유황화합물, methylamine 등의 amine류 등이 검출되고 있으며, 이 중에서 치즈 고유의 향기 성분으로서는 methionine으로부터 형

성된 ethyl β−methyl mercaptopropionate가 알려져 있다.

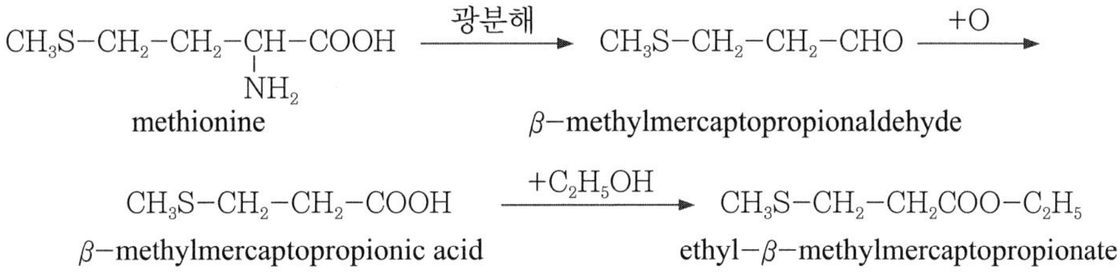

한편, blue cheese의 특유한 냄새 성분은 주로 탄소수 C_3~C_{15}인 홀수 탄소의 각종 methyl ketone류에 의한다. Methyl ketone류는 *Pen. roqueforti* 포자에 의한 지방산류의 β−산화에 의해서 형성되며, 이들 중 가장 중요한 것은 2−heptanone과 2−nonanone이다.

가열처리된 우유나 연유, 분유 형태로 가공처리된 유제품의 특유한 향기는 각종의 carbonyl 화합물의 종류와 그 함량의 차이 이외에도 이들 가공 제품 속에 함유된 고급 지방산의 lactone류의 존재에 기인하는 것으로 알려져 있다.

이 lactone류 중 대표적인 것은 δ−decalactone이며, 이것은 서양 채소인 셀러리와 유사한 향기를 가지고 있다.

Dimick(1969) 등에 의하면, 젖소 체내에서 지방산 대사 과정에서 포화 지방산의 δ−산화가 일어나 δ 위치에 수산기(−OH)나 ketone기(=CO)를 가진 δ−hydroxy fatty acid 또는 δ−keto fatty acid가 형성된다고 한다. 이 지방산들은 신선한 우유 중에서는 triglyceride의 일부를 형성하고 있으나, 장기 저장 또는 가공 과정에서 가수분해되어 δ−lactone을 형성한다고 한다(그림 13.17).

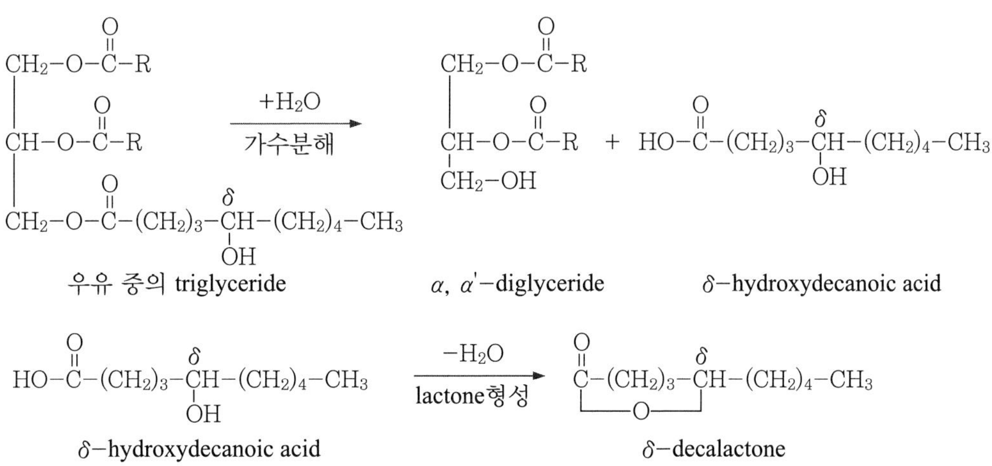

그림 13.17 우유의 가공처리에 의한 δ−lactone류의 형성과정

2. 육류의 냄새 성분

신선한 육류 살코기의 냄새는 주로 혈액에서 오는 냄새이며 acetaldehyde가 주요 성분이다. 도살 후 장시간 방치한 육류에서는 자기소화와 세균에 의한 오염이 진행되어 불쾌한 냄새가 난다. 이것은 선도 저하의 특징으로서 주로 아미노산이나 단백질이 세균의 작용에 의하여 ammonia, 황화수소, mercaptane류 등이 형성되기 때문이다.

3. 어류의 냄새 성분

어류는 신선하다 하더라도 상당히 특유한 비린 냄새를 가지고 있다. 더욱이 이 냄새는 시간이 경과함에 따라 강해지며, 신선도를 추정하는 데 있어서 하나의 척도가 된다.

선도(degree of freshness)가 저하된 어류의 특유한 비린 냄새의 본체는 trimethylamine (TMA)이며, 이것은 원래 무취였던 trimethylamine oxide가 어류가 죽은 후 세균의 작용으로 환원되어 생성된 것이다. 따라서 trimethylamine oxide의 함량이 많은 바닷고기가 그 함량이 적은 민물고기보다 더 빨리 상한 냄새가 발생한다. 즉, trimethylamine 함량은 선도의 저하를 나타내는 하나의 지표가 되며, 1μg에서 맛이 저하되고 2~3μg이 존재하면 불량식품으로 간주한다.

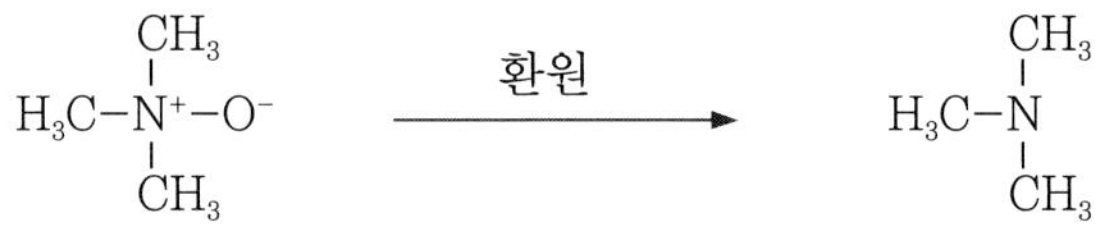

Trimethylamine oxide(무취) → Trimethylamine(비린냄새)

민물고기에는 trimethylamine oxide가 매우 적거나 거의 없으므로 죽은 후에 발생되는 강한 냄새는 바닷고기와는 달리 piperidine, δ-aminovaleraldehyde, δ-aminovaleric acid에 기인한다. 이들 amine류는 lysine 등의 아미노산이 세균의 작용에 의하여 생성된 것이다(그림 13.18).

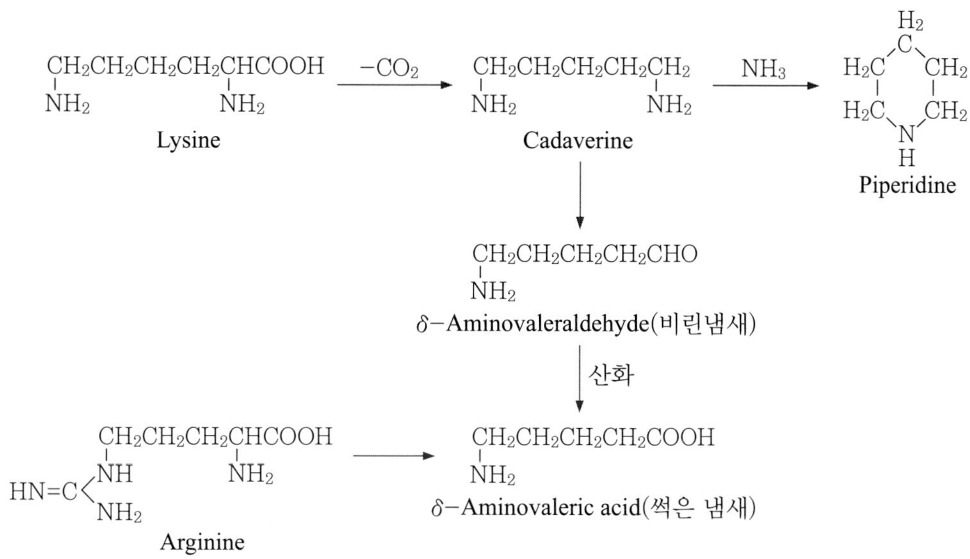

그림 13.18 Lysine 또는 arginine의 분해에 의한 δ-aminovaleric acid 형성과정

한편, ammonia는 어류의 선도가 어느 정도 저하되었을 때 발생하는 자극적인 냄새이며 요소(urea)로부터 세균의 작용으로 생성된 것이다.

$$\underset{\text{urea}}{NH_2-C(=O)-NH_2} \xrightarrow{+H_2O} \underset{\text{ammonia}}{2NH_3} + CO_2$$

또한 어류가 부패되었을 때 발생하는 냄새는 주로 아미노산이 분해되어 생성된 황화수소, indole, methyl mercaptane, methyl sulfide, skatole 등에 기인된 것이다.

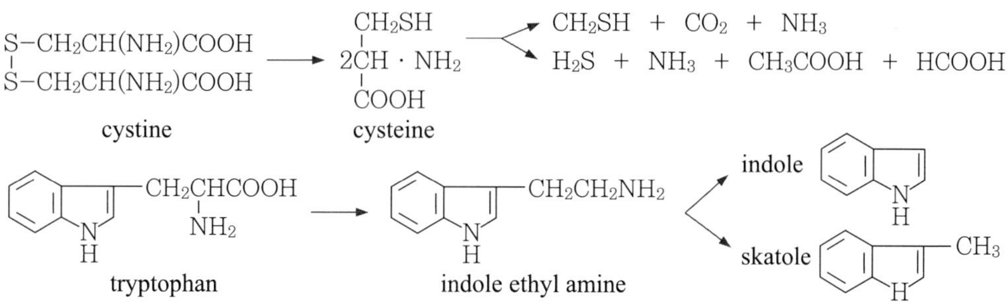

그림 13.19 Amino acid의 분해에 의한 methyl mercaptane, indol, Skatoe 등의 형성과정

제5절 냄새 성분의 변화

1. 가열조리에 의한 향기 성분의 생성

1) Amino-carbonyl 반응에 의한 향기의 생성

비효소적 갈변반응에서 논의한 바와 같이 아미노산과 당을 가열하면 amino-carbonyl 반응이 일어나며, 이 반응의 최종단계에서 Strecker 반응으로 알려진, 즉 carbonyl 화합물과 α-amino산과의 산화적 분해반응에 의하여 본래의 아미노산보다 탄소수가 하나 적은 aldehyde와 enaminol, CO_2가 생성한다. 이때 생성되는 aldehyde는 가열온도, 아미노산과 당의 종류나 비율 등에 따라 다르나 식품을 가열하였을 때의 냄새 성분에 주로 관여한다.

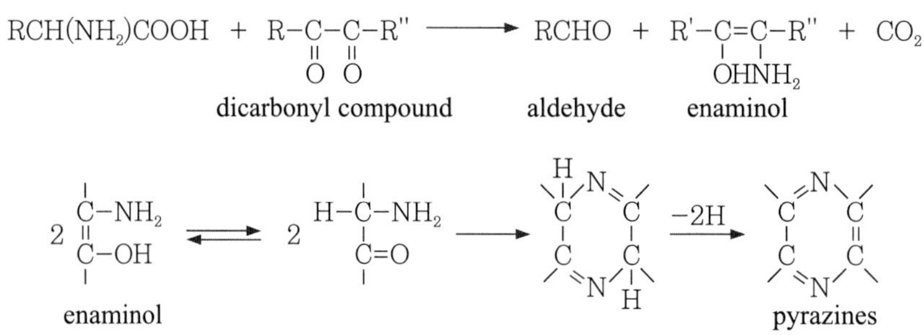

한편, enaminol은 2분자가 고리화되어 pyrazine류가 생성된다. Pyrazine류는 커피, 땅콩, 참깨 등과 같이 볶거나 가열한 식품의 향기 성분으로 중요하다.

2) Caramel화 반응에 의한 향기의 생성

당류 등의 탄수화물은 160℃ 이상의 고온으로 가열하면 여러 가지 향기가 발생한다.

예를 들면, glucose를 250℃로 가열하면 표 13.21과 같은 각종의 향기 물질이 생성된다. 따라서 당이 함유된 식품을 가열하거나 당을 가하여 구운 과자를 만들 때 발생하는 향기는 매우 다양하고 복잡하다.

표 13.21 Glucose를 250℃로 가열하였을 때 생성되는 향기 성분

furan	5-methyl-2-acetylfuran
2-methylfurandiacetyl	4-oxy-2-pentenoic acid의 γ-lactone
acetic acid	1-(2-furyl)-propane-1, 2-dione(acetylfuroyl)
2-n-propylfuran	3-methyl cyclopentane-1, 2-dione
furfural	phenol
2-acetyl furan	methyl furanic acid
3-furylaldehyde-5-methyl-2-furylaldehyde	

3) 밥의 향기 성분

쌀로 밥을 지을 때 약간 발생하는 향기에는 ammonia, acetaldehyde, acetone 및 C_3, C_4, C_6의 저급 aldehyde가 주성분으로 존재하며 또한 극소량의 H_2S도 확인되고 있다. H_2S는 그 양이 많으면 불쾌한 냄새를 주나 미량의 경우는 독특한 향기를 나타낸다.

한편, 누른 밥에서 유도된 숭늉의 향기는 쌀을 구성하고 있는 특정 성분이 열에 의하여 분해 또는 분해물의 중합반응에 의해 생성된 가열 향기이며, 주성분으로서는 2, 3-dimethyl pyrazine, 2-ethyl pyrazine, 2-methoxy-3-methyl pyrazine, 2-methoxy-5-methyl pyrazine 등의 pyrazine류와 isovaleraldehyde, n-caproaldehyde 등의 carbonyl 화합물이 알려져 있다(표 13.22).

표 13.22 숭늉의 휘발성 pyrazine 및 carbonyl 화합물

carbonyl 화합물	pyrazine 화합물
acetaldehyde	pyrazine
propionaldehyde	2-methylpyrazine
acetone	2, 3-dimethylpyrazine
iso-butyraldehyde	2-ethylpyrazine
methylethylketone	2, 5-dimethylpyrazine
iso-valeraldehyde	2-methoxy-3-methylpyrazine
n-valeraldehyde	2-ethyl-5-methylpyrazine
n-caproaldehyde	2-ethyl-3-methylpyrazine
	2-methoxy-3-ethylpyrazine or 2-methoxy-3-isopropylpyrazine

4) 식빵의 향기 성분

식빵의 향기는 반죽의 발효와 굽는 과정에서 생성된다. 바로 구운 신선한 빵은 구미를 당기는 좋은 향기를 가지나 그것은 냉각하고 저장하는 동안 쉽게 소실되고 만다. 이 향기의 소실은 휘발성 성분의 증발과 산화와 같은 화학반응에 의하여 일어나는 것으로 믿어지고 있으나 빵을 다시 가열하면 부분적으로 향기가 재생되는 것으로 보아 그 사실은 아직 확실치 않다.

빵의 발효 중에 생성되는 향기 성분은 표 13.23에서와 같이 각종 alcohol, 유기산, ester들이다. 그러나 이것들은 오븐에서 굽는 동안 대부분이 소실되기 때문에 실제로 빵의 향기 성분에 크게 기여하지는 못한다.

이들 alcohol, 유기산, ester 이외에 빵으로부터 검출되고 있는 각종의 aldehyde 및 ketone 등의 carbonyl 화합물이 빵의 향기 성분으로 중요한 것임이 확인되었다(표 13.24). 예를 들면, glucose를 사용한 빵에서 가장 많이 들어있는 carbonyl 화합물은 hydroxymethyl furfural이다.

표 13.23 빵의 발효과정 중에 생성되는 alcohol, 유기산 및 ester류

ethanol	levulinic acid	n−propanol	ethyl pyruvate
formic acid	ethyl levulinate	propionic acid	ethyl hydrocinnamate
valeric acid	isobutanol	heptanoic acid	amyl alcohol
capric acid	acetic acid	pyruvic acid	butyric acid
benzilic acid	caproic acid	caprylic acid	lactic acid
hydrocinnamic acid	itaconic acid	ethyl acetyate	ethyl lactate
ethyl succinate	ethyl itaconate		

표 13.24 빵에서 검출된 aldehyde 및 ketone류

formaldehyde	butanone	2−ethyl hexanal	propionaldehyde
diacetyl	pyruvaldehyde	valeraldehyde	maltol
hydroxymethyl furfural	n−hexanal	acetaldehyde acetone	crotonaldehyde
butylaldehyde	3−heptanone	furfural	2−methylbutanal
acetoin			

식빵을 구울 때 빵껍질(crust)의 형성과 갈변은 빵의 향기에 생성에 크게 기여한다. 식빵의 갈변은 caramel화 반응보다는 Maillard 반응에 의하여 주로 일어난다. Maillard 반응의 최종단계에서 Strecker 반응에 의하여 아미노산들로부터 aldehyde가 생성되어 빵의 향기에 관여하는 것으로 생각된다.

5) 차(tea)의 향기 성분

홍차(black tea)의 향기는 신선한 차잎을 가공하는 동안에 형성된 각종의 화합물에 의하며, 주로 발효 후 건조 과정에서 향기 성분이 생성되는 것으로 알려져 있다.

홍차에서 분리 동정된 향기 성분에는 acrolein, n-butyric, aldehyde, ethanol, n-butanol, isobutanol, hexanal, pentanal, 2-hexanol, 3-hexene-1-ol, benzaldehyde, linalool, terpeneol, methyl salicylate, benzyl alcohol, β-phenylethanol, isobutyric aldehyde, geraniol 및 acetophenone 등이 있다.

6) 커피의 향기 성분

커피(cofffe)의 향기는 신선한 커피원두를 볶는 동안에 생성된다. 그림 13.20에서와 같이 커피원두를 볶는 강도가 증가할수록 휘발성 성분은 증가한다. 커피에서 gas-liquid chromatography를 이용하여 400여 종 이상의 휘발성 성분이 분리 동정되어 있다.

탄수화물의 열분해(pyrolytic decomposition)로 인하여 탄소수가 2, 3, 4 및 5개인 많은 화합물이 형성된다. 그 외에도 탄수화물에 기인하여 16종의 furan 화합물(furanic compounds), 고리상의 diketone 및 maltol이 형성된다.

커피원두의 단백질은 볶을 때 아미노산류, ammonia, amine류, 황화수소, methyl mercaptane, dimethyl sulfide, dimethyl disulfide 등과 같은 저분자량의 물질로 된다. 동정된 일련의 furan 및 pyrrole 화합물에는 furan, furfural, acetyl furan, 5-methyl furan, 5-methyl furfural, 5-methyl-2-acetylfuran 및 pyrrole, 2-pyrrole aldehyde, 2-acetyl pyrrole, N-methyl pyrrole, N-methyl-2-pyrrole-aldehyde 및 N-methyl-2-acetyl pyrrole 등이 있다. 각종 커피류의 향기의 차이는 약간의 휘발성 화합물들의 함량과 비율에 있어서의 차이와 관계가 있다. Pyrazine류, furan류, pyrrole류 및 thiophen 유도체들이 커피 향기 성분에 특히 많다.

한편, furfuryl methyl sulfide와 그 동족체도 커피 향기에 크게 기여한다. 커피 향기에 기여하는 몇 가지 중요한 성분의 구조는 그림 13.21과 같다.

커피 향기 성분 중에서 분리 동정된 화합물을 기능기(functional group)를 기준으로 구별하여 표시하면 표 13.25와 같다.

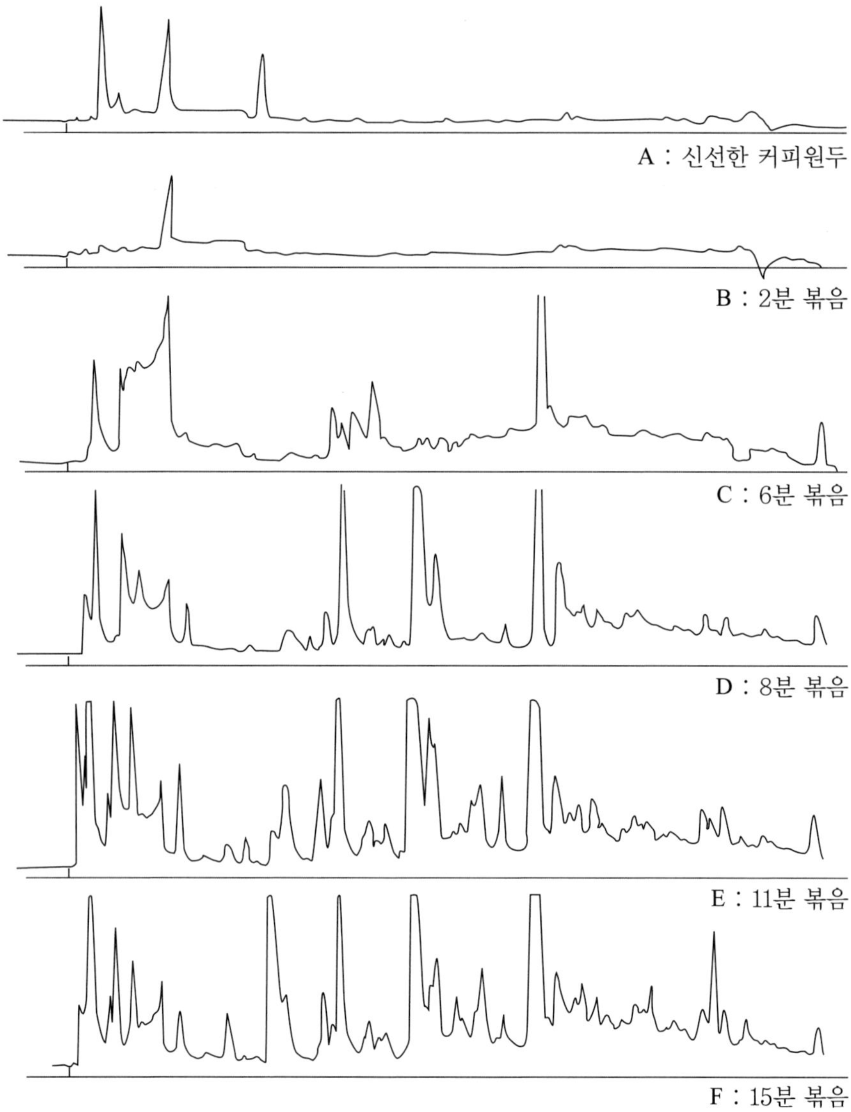

그림 13.20 커피원두를 볶을 때의 가열시간에 따른 휘발성 성분의 증가
(휘발성 성분의 농도를 나타내는 gas chromatography)

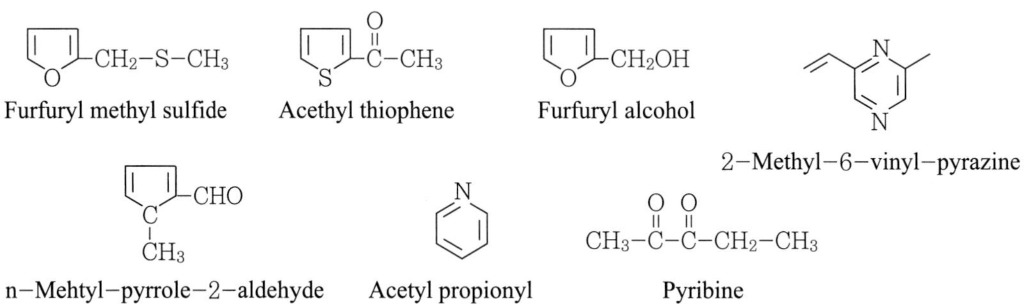

그림 13.21 커피의 일부 주요 향기 성분과 그 구조

표 13.25 볶은 커피향기 중의 휘발성 화합물의 수

화합물의 종류	기능기								
	없는 것	-OH	-O-	-COOH	C=O	-CO	-COOR	-S-	기타
Aliphatic	17	19	–	13	30	10	16	9	25
Isocyclic	3	1	–	–	6	6	–	–	–
Benzenic	20	–	6	4	5	1	5	2	16
Furanic	15	1	4	3	13	4	11	7	3
Thiophenic	6	1	–	2	6	2	3	20	–
Pyrrolic	10	–	–	8	5	1	–	–	–
Pyrazinic	27	–	–	–	–	–	–	–	–
기타	5	2	8	–	7	–	1	5	13
합계	103	24	18	30	72	24	36	43	57

7) 코코아의 향기 성분

코코아(cocoa) 또는 초콜릿의 주된 향기 성분은 코코아콩을 볶는 과정에서 그 속에 함유되어 있는 아미노산과 당류의 Maillard 반응에 의하여 형성된 휘발성 carbonyl 화합물로 생각되고 있다.

*Baily*는 볶은 코코아콩의 증기를 질량분석기(massspectrometry)를 이용하여 분석하였는데 그 결과는 표 13.26과 같다.

표 13.26 볶은 코코아콩의 증기중의 휘발성 화합물

휘발성 화합물	함량(mol%)	휘발성 화합물	함량(mol%)
iso-valeraldehyde	42.0	acetaldehyde	7.0
dimethyl sulfide	0.3	toluene	0.1
iso-butylaldehyde	15.4	methyl acetate	6.3
dimethyl disulfide	0.2	benzene	0.1
propionaldehyde	13.0	n-butylaldehyde	3.0
ethanol	0.2	methyl furan	trace
methanol	9.1	diacetyl	2.8
furan	0.2	aceton	trace

8) 가열 조리된 채소의 향기 성분

가열 조리된 양배추에서는 비교적 다량의 dimethyl sulfide가 검출된다. 이 화합물은 methionine sulfoxide, S-methyl cysteine sulfoxide에서 형성된 것으로서 향기가 매우 강하다.

또한 가열한 무, 양파, 파 등이 달게 느껴지는 것은 이들 채소의 주요 향기 성분인 dimethyl disulfide, methyl propyl disulfide 등의 유황 화합물이 환원되어 형성된 methyl mercaptane propyl mercaptane 등에 기인한 것이다.

$$CH_3-S-S-CH_2CH_2CH_3 \xrightarrow[+2H]{가열} CH_3SH-CH_3CH_2CH_2SH$$

methyl propyl disulfide → methyl mercaptane propyl mercaptane

한편, 삶은 green pea에서는 acetals, aldehyde, ester, 유황 화합물 등이 검출된다.

이와 같이 가열 조리된 채소의 주요 향기 성분으로서는 이들 채소 중에 함유되어 있는 유황 함유 단백질이 분해되어 형성된 황화수소(H_2S), formaldehyde, acetaldehyde, methyl sulfide, mercaptane, ethyl mercaptane propyl mercaptane 등이 알려져 있다.

9) 가열된 육류의 향기 성분

신선한 육류는 냄새가 비교적 약하고 휘발성 물질도 적으나 가열 조리하면 많은 휘발성 물질이 생성되고 특유한 향기가 발생된다.

가열된 육류의 향기 성분으로서는 acetaldehyde, n-hexanal, 2-methyl propanal, heptan-2-enal, deca-2, 4-dienal, octan-2-enal 등의 aldehyde류, acetone, butanone, acetyl, acetion 등의 ketone류, 수종의 alcohol류, 유기산류를 비롯하여 methyl mercaptane, ethyl mercaptane 등의 mercaptan류, methyl sulfide, H_2S 등의 유황 화합물, ammonia 등이 검출된다.

이와 같은 화합물들은 원래의 생육에서는 발견할 수 없는 것으로서 육류를 가열하였을 때 육즙이나 조직 중에 존재하는 전구체들의 화학적 변화에 의하여 생성된 것이다. 즉, 가열 조리된 육류의 향기 성분은 주로 육류 중의 아미노산이나 단백질의 가열분해 또는 다른 성분들과의 상호작용에 의해 형성되는 각종 휘발성 성분들, 육류 중의 당류와 amino 화합물 사이에 일어나는 Maillard 반응 등에 의해 형성되는 휘발성 성분들, 육류 중의 지방질 성분의 자동산화에 의해 형성되는 carbonyl 화합물들에 기인한다. 또한 육류 단백질의 구성 아미노산 중 유황 함유 아미노산의 분해에 의해서 methyl sulfide, 황화수소를 비롯한 다양한 휘발성 유황 화합물들이 가열된 육류의 향기에 기여하는 것으로 생각된다.

쇠고기, 돼지고기, 양고기 등의 살코기 냄새는 지방질의 조성의 차이로 인하여 다르게 나타나나 육즙 중에 아미노산과 당류가 비슷하게 들어있기 때문에 유사하게 느껴진다.

10) 가열된 어류의 향기 성분

조미하여 구운 생선의 향기 성분은 생선의 비린 냄새성분인 trimethyl amine이나 piperidine, 어유 중의 지방산, 조미료의 성분인 당분, 아미노산 등이 상호 반응하여 생성되는 것으로 생각된다. 또 생선을 지나치게 구울 때 발생하는 자극성의 냄새는 주로 지방의 glycerol이 분해하여 생긴 acrolein에 기인한다.

한편, 오징어나 문어를 삶거나 구울 때 생기는 향기는 감칠맛 성분인 taurine이 다른 질소화합물과 반응하여 생성된 것으로 알려져 있다.

2. 훈연에 의한 향기 성분의 생성

훈연은 육류나 어패류 등을 나무를 불완전 연소시켜 발생하는 연기에 쏘여 어느 정도 건조시켜 독특한 풍미와 보존성을 갖도록 하는 저장 방법의 하나이다.

햄, 베이컨, 소시지 등과 같은 훈연 육류 제품 또는 청어, 연어, 오징어 등의 훈연 어류 제품은 훈연에 사용한 나무의 연기 성분에 유래되는 훈연 제품 특유의 향기를 갖는다. 이 연기 성분은 유기산류(39.9%), carbonyl 화합물류(24.6%)와 각종 phenol류(15.7%) 등으로 이루어져 있으며, 이들 중 훈연 제품 특유의 향기에 크게 기여하는 것으로서는 나무가

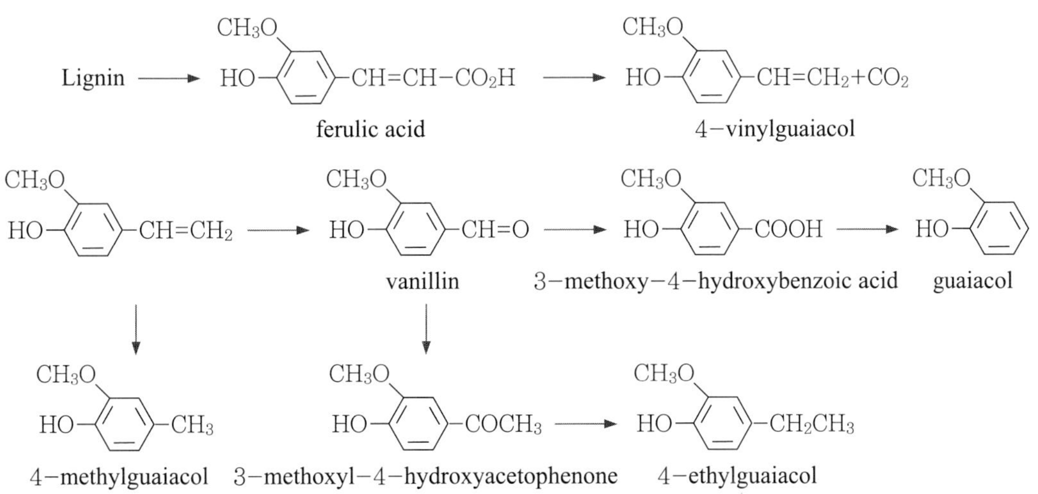

그림 13.22 Lignin의 가열분해에 의해 형성되는 각종 화합물들

탈 때 그 속의 lignin 성분이 가열분해되어 형성된 4-vinyl guaiacol를 비롯한 각종 휘발성 phenol 화합물로 생각되고 있다(그림 13.22).

3. 발효에 의한 향기 성분의 생성

미생물의 작용을 이용하여 제조된 발효식품들, 예를 들어 청주, 맥주, 포도주, 간장, 된장, 김치 등은 독특한 향기를 가지고 있다.

이들 식품의 향기는 각각 원료 중의 탄수화물, 단백질, 아미노산 등의 성분이 발효 과정 중 미생물의 대사에 의하여 분해되어 생성된 각종 유기산류, alcohol류, ester류, aldehyde류, ketone류 등이 혼합되어 이루어진 것이다. 따라서 발효식품의 향기는 발효 조건, 숙성기간 등에 따라 그 차이가 크며 이들 식품의 품질을 좌우한다.

한편, 동물성 단백질로서 우유단백질을 이용한 치즈, 식물성 단백질로서 대두단백질을 이용한 간장이나 된장 등과 같이 고단백질의 원료를 사용한 발효식품은 발효 과정 중 단백질과 아미노산의 심한 분해로 인하여 보다 특징적인 향기를 가진다. 예를 들면, 간장의 특유한 향기 성분의 하나인 methionol(r-methyl mercaptopropyl alcohol)은 간장 중에 존재하는 L-methionine이 탈아미노, 탈탄산되어 형성된 것이다.

$$\underset{\text{L-methionine}}{CH_3SCH_2CH_2-\underset{\displaystyle NH_2}{\underset{|}{C}H}-COOH} \xrightarrow[-CO_2]{-NH_2} \underset{\text{methionol}}{CH_3SCH_2CH_2CH_2OH}$$

4. 부패에 의한 냄새 성분의 생성

식품이 미생물에 의하여 부패되면 여러 가지 악취를 내게 된다. 밥이 쉬었을 때 나는 신냄새는 탄수화물의 분해에 의하여 생긴 butyric acid 등의 유기산에 의한 것이고, 오래된 지방질 식품이 발생하는 자극성의 냄새는 지방산의 분해에 의하여 생긴 ketone의 냄새이다. 또 신선도가 저하된 단백질 식품의 부패취는 단백질이나 아미노산의 분해로 생긴 황화수소, methyl mercaptane, indole, skatole, δ-aminovaleraldehyde, ammonia 등의 혼합된 냄새이다.

한편, 단백질 이외의 함질소 유기화합물도 여러 가지 냄새를 내는 분해산물을 만든다. 예를 들면, lecithin에서 trimethylamine, ammonia, 탄산가스(CO_2), 메탄가스(CH_4) 등이 생성된다.

제 14 장

식품의 맛
(taste of foods)

우리가 일상 섭취하고 있는 모든 식품은 각기 특유한 맛을 가지고 있다. 이 식품의 맛은 색깔, 냄새와 함께 식품의 기호적 가치뿐만 아니라 식품의 품질을 결정하여 주는 하나의 중요한 요소가 되고 있다.

영양가가 아무리 풍부한 식품이라도 그것이 불쾌한 맛을 가지고 있다면 식품으로서의 가치는 상실하고 만다. 또한 어떤 식품이 고유의 맛을 잃고 비정상적인 맛을 가질 때 우리는 오랜 경험으로 그 식품이 변한 것으로 생각한다.

식품의 맛은 혀의 표면에 있는 미뢰의 미각신경이 주로 화학적인 자극을 받아 일어나는 감각이다. 그러나 때로는 물리적 자극인 촉감이나 심리적인 상태가 중요한 영향을 미칠 때도 있다. 또한 우리가 느끼는 미각은 이것 뿐만 아니라 각 개인의 연령, 성별, 생리상태, 개성 및 그 식품이 가지는 냄새나 온도에 의하여 크게 좌우되므로 절대적인 것이라고 할 수는 없다.

제1절 미각과 맛

1. 미각의 작용 메카니즘

맛에 대한 감각은 혀의 표면에 널리 분포되어 있는 미뢰에서 느껴진다. 미뢰는 수십 개의 미각세포들로 이루어진 미각 접수체(taste receptor)로서 여러 가지의 맛을 감지하는 것으로 알려진 유두(papillae) 중에 무리지어 존재한다.

일반적으로 식품의 맛이 감지되는 과정은 그림 14.1과 같다. 맛을 나타내는 물질들이 먼저 미뢰로 알려진 미각접수체의 일부분과 접촉하여 화학적인 자극을 일으키게 되며 이 자극은 미뢰에 연결된 미각신경에 전해지고, 다시 여러 과정을 거쳐서 뇌에 전달됨으로써 맛을 감지하게 되는 것으로 생각되고 있다.

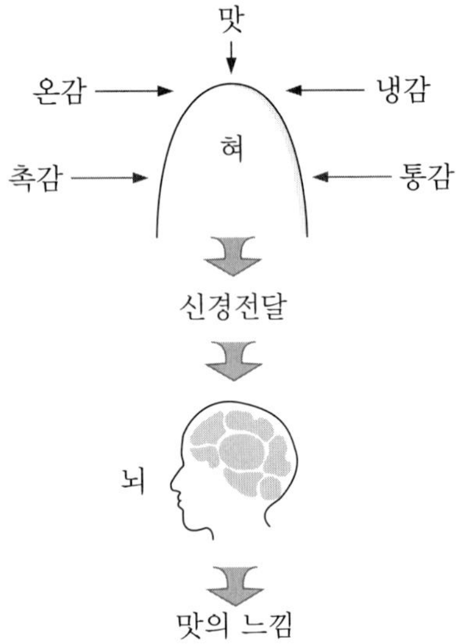

그림 14.1 맛의 전달과정

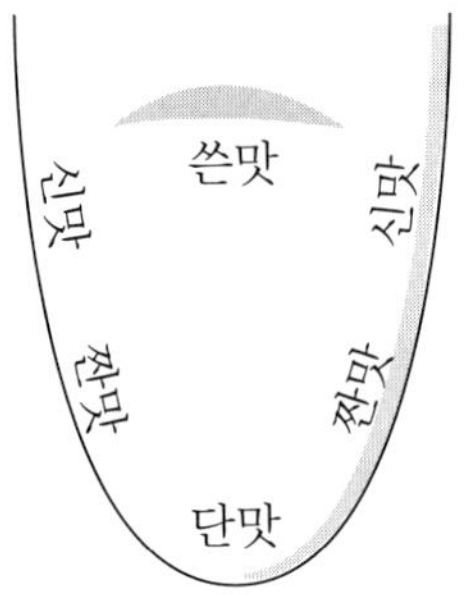

그림 14.2 혀의 맛을 느끼는 부위

사람은 통각(pain)과 온도감각이 겹친 복합적인 경우를 제외하면 단맛, 쓴맛, 신맛, 짠맛 등을 주로 느끼며, 이상의 맛을 느끼는 4종류의 접수체가 그림 14.2에서와 같이 혀의 각기 다른 부위에 분포하고 있다. 즉, 단맛은 혀의 끝, 쓴맛은 혀의 뒷부분, 신맛은 가장자리 그리고 짠맛은 앞 양쪽 가장자리에서 강하게 느낀다.

맛을 나타내는 물질과 맛을 느끼는 접수체 간의 상호 작용에 관한 메카니즘은 아직 확실하지 않다. 맛을 내는 화합물이 접수체 세포 내의 특정한 단백질과 상호 작용한다고 하는 사실이 제안되었으며, 실제로 *Dastoli*(1966) 등은 돼지 혀 표피로부터 단맛 접수체의 성질을 가지는 단백질을 분리하였고 또한 후에 쓴맛 접수체의 성질을 가지는 단백질로 분리하였다.

한편, 자극 물질과 접수체간의 결합이 비가역적이 아니라는 사실로서 약한 결합이라는 것이 입증되었다. 그리하여 *Beidler*(1957)는 그림 14.3에서와 같이 전해질에 의한 맛 자

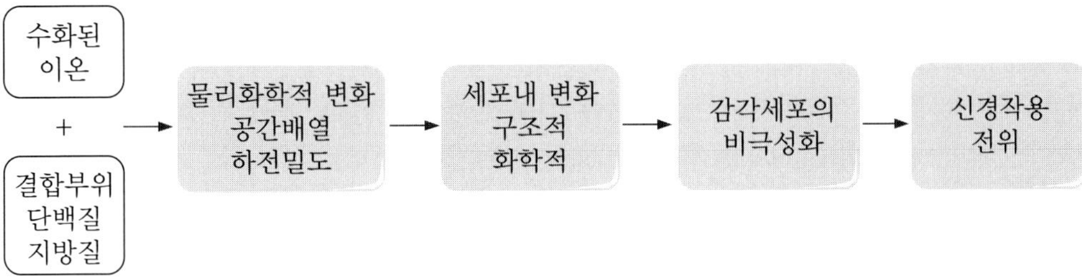

그림 14.3 Beidler가 제안한 맛감각의 메카니즘

극의 메카니즘을 제안하였다. 맛을 느끼는 데 요하는 시간은 0.025초 수준에 있다. 맛을 내는 물질 분자는 약하게 흡착되어 그로 인하여 표면의 분자배열에 있어서 교란이 일어나고 표면을 가로질러 이온의 상호 변화가 일어난다. 이것은 진기적인 비극성화를 가져오고 신경자극을 일으키게 된다.

자극 물질의 농도와 신경 반응과의 관계는 단순하지가 않다. 자극 물질의 농도가 증가함에 따라 신경 반응은 자극 물질의 농도가 그 이상 증가해도 반응이 증가하지 않는 어느 점까지는 증가하지만 증가속도는 감소한다. *Beidler*(1954)에 의해 제안된 신경 반응의 강도와 자극 물질의 농도와의 관계는 다음 식과 같다.

$$\frac{C}{R} = \frac{C}{Rs} + \frac{1}{KRs}$$

단, C : 자극 물질의 농도
R : 반응 강도
Bs : 최대 반응
K : 자극물질-접수체 반응의 평형상수(여기서 K값은 5~15의 범위에 있다)

자극물질-접수체 반응에 있어서 첫 단계는 K값이 작은 것으로 입증된 바와 같이 약한 복합체를 형성하는 것이다. 복합체의 형성은 신경 자극의 개시를 가져온다. 맛의 반응은 pH 및 온도 변화에 비교적 예민하지 않다. 반응의 감소속도 때문에 접수체 부위의 수는 한정된다고 하였다. 맛의 반응은 자극 물질에 의해서 점유되는 부위의 획분의 함수이다.

맛을 내는 물질의 최소감량(threshold value)은 평형상수(K)와 최대 반응(Rs)에 따라 좌우된다. K와 Rs는 모두 물질(substance)과 반응개체(species)에 따라 다르므로 최소 감량도 그들에 따라 변화한다.

2. 맛과 화학구조

맛을 내는 물질은 기본적으로 물에 녹는 가용성이어야 한다. 물질의 화학구조와 그 맛 사이의 관계는 냄새의 경우보다 비교적 쉽게 확립되었다.

일반적으로 신맛을 나타내는 수소이온(H^+), 단맛을 나타내는 alcohol기(−OH), α−amino기($-NH_2$), 쓴맛을 나타내는 sulfon산기[$-SO_2(OH)$], nitro기($-NO_2$) 등의 원자단이 발미단(sapophore)으로 알려져 있다. 즉, 모든 산성 물질은 신맛을 가진다고 할 수 있다. 염화나트륨(NaCl)과 기타 염류는 짠맛을 가지지만 구성 원자가 커짐에 따라 쓴맛을 나타낸다. 브롬화칼륨(KBr)은 짠맛과 쓴맛을 모두 가지고 있고, 요오드화칼륨(KI)은 쓴맛이 우세하다. 단맛은 당류와 그 관련 화합물의 하나의 성질이다. 초산납(lead acetate), 베릴륨염(berylium salt) 및 기타 인공 감미료인 saccharin과 cyclamate와 같은 여러 물질 또한 단맛을 가진다. Quinine과 같은 alkaloid류, picric acid 및 중금속염(heavy salts)들은 쓴맛을 나타낸다.

화학구조에 약간의 변화가 있으면 그 화합물의 맛은 단맛에서 쓴맛 또는 무미로 변화되기도 한다. Saccharin과 그 치환 화합물에 대하여 예를 들면, saccharin은 설탕에 비하여 500배나 더 달다. 그러나 para 위치에 methyl기($-CH_3$)나 염소이온(Cl^-)이 도입되면 단맛은 반으로 감소된다. 또 meta 위치에 nitro기($-NO_2$)가 도입되면 강한 쓴맛을 나타내며, para 위치에 amino기($-NH_2$)가 도입되면 단맛이 유지된다. Imino기(−NH)에 methyl기($-CH_3$), ethyl기($-C_2H_5$) 또는 bromoethyl기($-C_2H_4Br$)가 치환되면 모두 맛이 없어진다. 그러나 이 위치에 나트륨(Na)이 도입되면 매우 강한 단맛을 가진 sodium saccharin을 생성한다(그림 14.4).

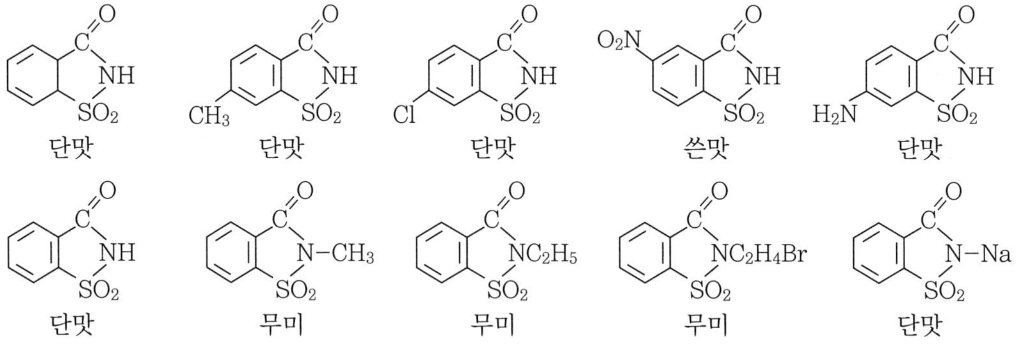

그림 14.4 Saccharin에 있어서 단맛에 미치는 치환기의 영향

한편, 치환기의 위치에 따른 맛의 변화에 대하여 예를 들면, 5−nitro−*o*−toluidine은 단맛을 가진다. 그러나 위치 이성체인 3−nitro−*o*−toluidine과 3−nitro−*p*−toluidine은 모두 무미를 나타낸다(그림 14.5).

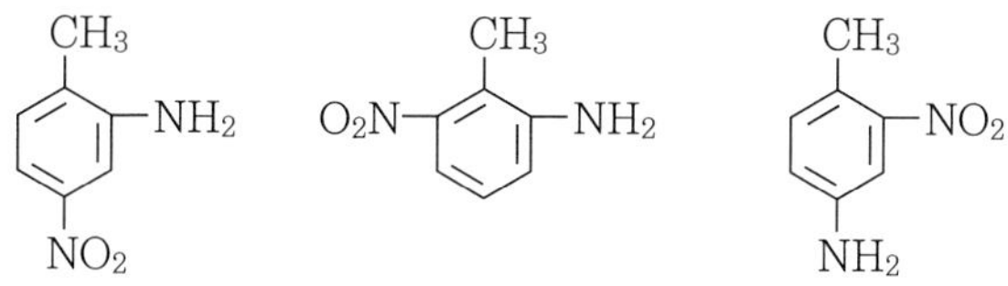

단맛 무미 무미

그림 14.5 Nitrotoluidine 이성체의 맛

또한 2−amino−4−nitro−propoxybenzene은 실탕에 비하여 400배나 더 달지만, 2−nitro−4−amino propoxybenzene은 무미이며, 2, 4−dinitro−propoxybenzene은 쓴맛을 나타낸다(그림 14.6).

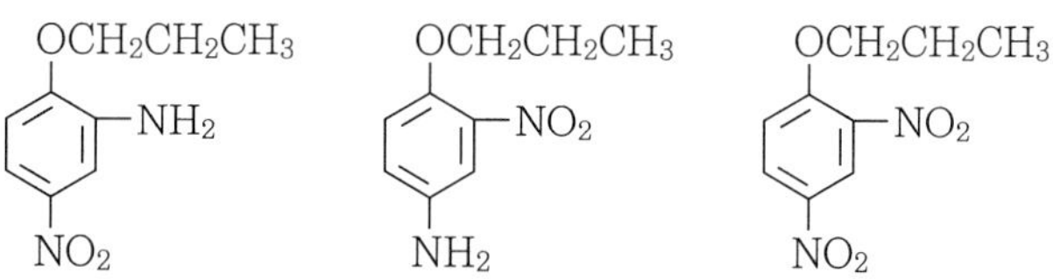

단맛 무미 쓴맛

그림 14.6 Propoxybenzene 이성체의 맛

Dulcin(*p*−ethoxyphenylurea)은 단맛이 매우 강하지만, thiourea 유도체는 쓴맛을 나타내며 *o*−ethoxyphenylurea는 무미이다(그림 14.7).

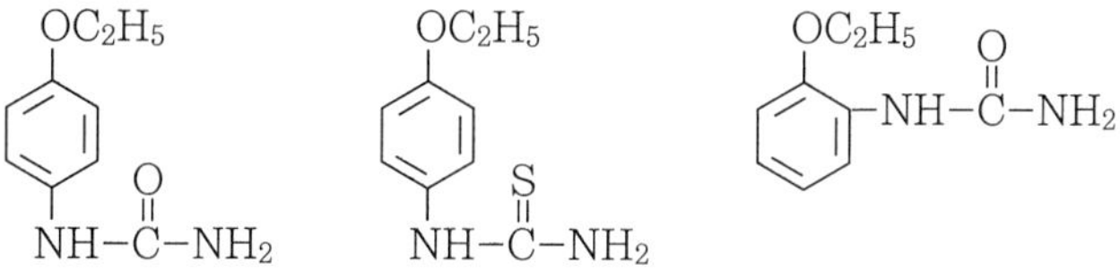

단맛 쓴맛 무미

그림 14.7 Ethoxybenzene류의 맛

위치 이성체 이외에 입체 이성체간에 있어서도 맛의 차이가 나타난다. 8종의 아미노산은 실제적으로 무미이다. Glutamic acid를 제외하고 유황 함유 분해산물(sulfur−containing decomposition products)로부터 유도된 것으로 생각되는 3종의 아미노산은 각각 다른 맛을 가지고 있다. 7종의 아미노산은 L형에 있어서는 쓴맛을 가지나 D형에 있어서는 단맛을 가진다. 다만 L−alanine은 단맛을 가진다. 특히 방향족의 아미노산은 맛이 강하다. L−

tryptophan은 caffeine에 비하여 약 절반 정도의 쓴맛을 가지며, D-tryptophan은 sucrose의 35배, calcium cyclamate의 1.7배의 단맛을 나타낸다. L-phenylalanine은 caffeine의 약 1/4정도의 쓴맛을 가지며, D-phenylalanine은 surcose의 약 7배의 단맛을 나타낸다. L-tyrosine은 caffeine의 약 1/2정도의 쓴맛을 가지나 D-tyrosine은 surcose의 약 5.5배의 단맛을 나타낸다(표 14.1).

표 14.1 아미노산의 L-형과 D-형간의 맛의 차이

아미노산	L-이성체의 맛	D-이성체의 맛
Asparagine	무미	단맛
Glutamic acid	독특한 맛	거의 맛이 없음
Phenylalanine	약한 쓴맛	단맛, 뒷맛이 씀
Leucine	약한 쓴맛	강한 단맛
Valine	약한 단맛, 쓴맛	강한 단맛
Serine	약한 단맛, 불쾌한 뒷맛	강한 단맛
Histidine	무미 또는 쓴맛	단맛
Isoleucine	쓴맛	단맛
Methionine	무미	단맛
Tryptophan	쓴맛	단맛이 강함

약간의 당류의 L-형과 D-형 사이에도 차이가 있다. L-glucose는 약간 짠맛을 가지고 단맛이 없지만 반면에 D-glucose는 단맛을 가지고 있다. D-mannose의 두 anomer사이에도 맛의 차이가 있다. 즉, α-형은 설탕만큼 달지만 β-형은 quinine만큼 쓰다.

어떤 물질에 대한 맛을 감지하는 능력을 유전학적으로 측정하는 데 phenylthiourea가 이용된다. 저농도의 phenylthiourea에 대하여 약 25%의 사람들은 맛을 느끼지 못하고 나머지 75%는 쓴맛을 느낀다. 이 화합물의 맛을 느끼지 못하는 것은 열성 유전자(recessive gene)에 기인하는 것으로 생각된다. 맛을 느끼는 사람과 맛을 느끼지 못하는 사람으로 구별이 되는 물질은 phenylthiourea, thiourea 및 thiouracil과 같이 $\overset{S}{\overset{\|}{-C}}-N-$ 기를 함유하고 있다(그림 14.8).

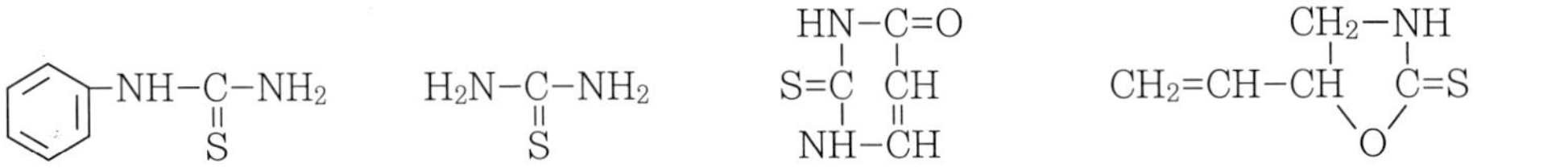

phenylthiourea　　thiourea　　thiouracil　　5-vinyloxazolidine-2-thione

그림 14.8 미맹을 판별하는 $\overset{S}{\overset{\|}{-C}}-N-$ 기가 함유된 물질들

$-\overset{\overset{\text{O}}{\|}}{\text{C}}-\text{N}-$기를 가지는 대응하는 화합물인 phenylurea, urea 및 uracil은 이와 같은 현상을 나타내지 않는다. 또한 십자화과(Cruciferae family)에 속하는 양배추, 순무 등에 들어있고 갑상선 비대증을 일으키는 것으로 잘 알려진 goitrin[1](5−vinyloxazolidine−2−thione)도 $-\overset{\overset{\text{S}}{\|}}{\text{C}}-\text{N}-$기를 함유하고 있다. 따라서 이 화합물도 phenylthiourea와 같은 성질을 가지고 있으며 미맹을 판별하는 데 이용할 수 있다.

3. 미각의 생리

1) 맛의 최소 감미량 및 순응

식품의 맛과 그 강도 등을 연구할 때 맛을 나타내는 물질의 최소감미량(recognition threshold)을 측정하는 경우가 많다. 최소감미량이란 어떤 물질의 고유한 맛을 느낄 수 있는 최소 농도(minimum detectable concentration)를 말한다. 표 14.2는 소금(NaCl)의 농도에 따른 대응하는 맛의 변화를 나타낸다. 소금의 고유의 맛은 짠맛이므로 이때의 최소감미량은 짜기 시작할 때의 농도 즉 0.05M(0.2922%)이다.

그러나 소금 농도 0.01M(0.0584%)에서부터는 짜지는 않고 약간 단맛으로 느끼지만 비로소 감지하기 시작하였으므로 이 농도를 최소감각량(absolute threshold 또는 sensitivity

표 14.2 소금의 농도와 맛

농도(M)	NaCl(%)	맛
0.009	0.0526	무미
0.010	0.0584	약한 단맛
0.015	0.0877	단맛
0.020	0.1169	단맛
0.030	0.1754	강한 단맛
0.040	0.2338	약간 짠듯한 단맛
0.050	0.2922	약한 짠맛
0.060	0.4091	짠맛
0.100	0.5845	온화한 짠맛
0.200	1.1690	순수한 짠맛
0.500	2.9225	순수한 짠맛

[1] 고이트린(goitrin) : 십자화과(겨자과)의 양배추, 무청, 상추에 함유되어 있는 갑상선종 유발물질이다. Goitrin은 tyroxin(갑상선 호르몬)의 전구체로 요오드의 도입 단계를 저해함과 동시에 tyroxin의 분비를 억제하는 작용이 있다. 요오드의 섭취량을 늘려도 goitrin에 의해 갑성선 비대는 개선되지 않는다.

표 14.3 맛을 대표하는 일부 물질의 최소감미량

보고자	sucrose	caffeine	glutamic acid	citric acid	tartaric acid	NaCl
Knowles & Johnson(1941)	0.0192M (0.657%)	0.0008M (0.0155%)	0.0010M (0.0147%)	–	0.00026M (0.0039%)	0.0199M (0.116%)
Hopkins (1946)	0.0195M (0.667%)	0.0018M (0.0350%)	0.0008M (0.0118%)	–	0.00020M (0.0030%)	0.0192M (0.112%)
Pfaffimann (1951)	0.02M (0.685%)	–	–	–	–	0.035M (0.205%)
Pangborn (1959)	0.022M (0.753%)	0.0014M (0.0272%)	–	0.0016M (0.0223%)	–	0.021M (0.123%)
	0.008M (0.274%)	0.0004M (0.0078%)	–	0.00005M (0.0096%)	–	0.008M (0.047%)

threshold)이라고 하며 보통 최소 감미량보다 적으나 그렇게 큰 차이는 없다.

여러 가지 농도의 물질이 있을 때 어떤 농도에서 미각으로 비교 구별할 수 있는 최소의 농도 차이를 최소감별량(difference threshold)이라고 하며 이 값은 각 농도마다 다르다.

맛을 대표하는 몇 가지 물질에 대한 최소감미량을 보면 표 14.3과 같다. 보고자에 따라 수치에 있어서 상당한 차이를 나타내고 있는데 이들 차이는 조사방법, 물질의 순도, 검사원의 수, 통계처리 등의 제 요소에 기인된다.

한편, 미각 상태가 오래 계속되면 감각은 급속도로 강도가 감퇴되어 점차 소멸되어 버린다. 이와 같은 현상을 미각의 순응(adaptation) 또는 피로(fatigue)라고 한다. 물질의 농도가 낮으면 순응이 빨리 일어나고 농도가 높아짐에 따라 순응에 의하여 미각이 소멸하는 시간이 길어진다. 순응 속도도 맛의 종류에 따라 차이가 있다. 신맛 및 쓴맛에 대한 순응은 대단히 느리고 다음으로 단맛, 짠맛의 순서로 순응이 빨리 일어난다.

2) 맛의 상호작용

(1) 맛의 대비 및 억제

서로 다른 맛을 내는 물질이 혼합되었을 경우 주된 물질의 맛이 증가되는 것을 맛의 대비현상(contrast) 또는 강화 현상이라고 한다. 일반적으로 단맛이나 감칠맛에 대해서는 짠맛이, 짠맛에 대해서는 신맛이 강화 현상을 나타낸다. 예를 들면, 15%의 설탕용액에 0.01% 소금 또는 0.001% quinine sulfate를 가하면 단맛이 증가된다. 또 식염에 대하여 citric acid, acetic acid, lactic acid, tartaric acid와 같은 유기산을 가하면 짠맛이 증가한다.

한편, 서로 다른 맛을 내는 물질이 혼합되었을 경우 주된 물질의 맛이 약화되는 것을 맛의 억제 효과(inhibition)라고 한다. 쓴맛이나 신맛은 단맛에 의하여 억제된다. 예를 들면, 커피에 설탕을 가하면 쓴맛이 억제되고 신맛이 강한 과일에 설탕을 섞어주면 신맛이 억제된다.

(2) 맛의 상승 및 상쇄

같은 종류의 맛을 가지는 2종류의 물질을 서로 혼합하였을 경우 각각 가지고 있는 맛보다 훨씬 강하게 느껴지는 것을 맛의 상승효과(synergism)라고 한다. 예를 들면, 감칠맛을 내는 sodium glutamate에 sodium inosinate를 10% 혼합하였을 때는 5배, sodium guanilate를 10% 혼합하였을 때는 17배나 더 강하게 감칠맛을 나타낸다.

한편, 서로 다른 맛을 내는 물질을 2종류씩 적당한 농도로 섞어주면 각각의 고유한 맛이 느껴지지 않고 조화된 맛으로 느껴지는 것을 맛의 상쇄 작용(compensation)이라고 한다. 예를 들면, 간장이나 된장은 다량의 소금이 있으면서도 감칠맛과 상쇄되어 짠맛이 강하게 느껴지지 않는다. 또 청량음료의 맛은 단맛과 신맛이 상쇄되어 조화된 맛이다.

3) 맛의 상실

열대 지방의 식물인 *Gymnema sylvestre*의 잎을 씹은 뒤에는 맛을 느낄 수 없게 된다. 즉, 이 잎을 씹은 뒤에 설탕은 모래알과 같은 감촉만을 주며 오렌지 주스에서는 신맛만을 느끼게 된다. 또한 quinine sulfate나 picric acid의 쓴맛도 느끼지 않게 된다.

그러나 짠맛이나 신맛에는 영향을 주지 않고 이 영향은 1~2시간으로 제거되는 일시적인 것이다. 이 잎에 존재하는 단맛, 쓴맛을 억제하여 주는 주성분은 gymnemic acid임이 최근에 밝혀졌다. Gymnemic acid의 구조는 아직 정확하지 않으나 가수분해되면 glucose, arabinose 등의 당과 aglycone으로서 gymnemagenin을 생성하는 배당체이다.

Gymnemic acid는 A, B, C 및 D의 4가지가 존재하며 그 중에서 A가 가장 강한 단맛 억제작용(anti-saccharic action)을 나타내며 C와 D는 이러한 작용을 전혀 가지고 있지 않다.

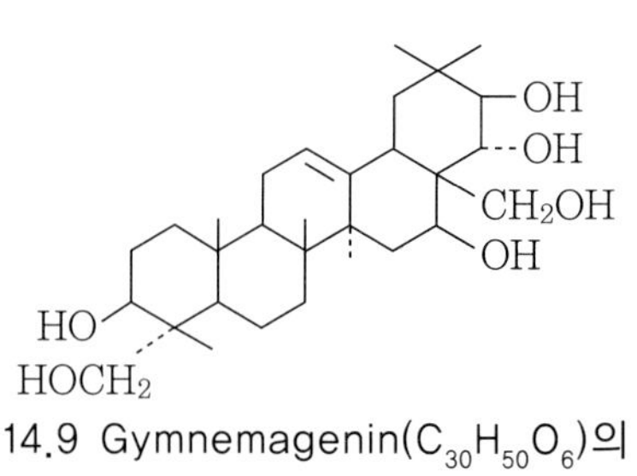

그림 14.9 Gymnemagenin($C_{30}H_{50}O_6$)의 구조

4) 맛의 변형

서아프리카 원산의 식물로서 기적의 과실(miracle fruit)로 알려져 있는 *Synsepalum dulcificum*의 붉은 열매를 잠시 입에 물었다가 신맛을 내는 물질 예를 들어 레몬을 먹으면 마치 레몬이 단맛이 나는 것처럼 느껴진다. 이 작용은 모든 신맛을 내는 물질에 대해서는 마찬가지이나 단맛, 쓴맛, 짠맛은 전혀 영향을 주지 않는다.

이와 같은 현상은 기적의 과실 속에 함유되어 있는 미각변형 단백질(taste-modifying protein)인 miraculin이 미각세포에 흡착하여 맛을 변형시키는 것으로 알려져 있다. Miraculin은 분자량 약 44,000의 염기성 당단백질(basic glycoprotein)로서, 373개의 아미노산과 6.7%의 L-arabinose와 D-xylose를 함유한다. 이 단백질 성분이 미뢰에 있는 접수체에 일단 강하게 흡착된 후 신맛을 가진 성분, 즉 수소 이온이 들어오게 되면 수소 이온에 의해 접수체의 형태에 변화가 일어나 이 단백질에 구성 성분으로 결합되어 있는 arabinose 또는 xylose가 단맛을 강하게 느끼는 접수체에 흡착되어 신맛이 가려지고 단맛을 강하게 느끼게 된다고 설명하고 있다(그림 14.10).

한편, 서유럽에서 야채로 사용되는 양엉겅퀴(*Cynara scolymus L*)의 추출액을 입에 넣은 후 물을 마시면 물이 달게 느껴진다. 이와 같은 작용은 양엉겅퀴 속에 들어 있는 chlorogenic acid와 cynarin에 기인한다고 한다. 그러나 이와 같은 추출물에 의해서 전혀 변화를 느끼지 못하는 사람들도 일부 존재하는 것으로 알려져 있다. 또한 이와 유사한 현상으로서, 쓴약을 먹은 후에 즉시 물을 마시면 단맛을 느낀다든가 오징어를 먹은 직후에 귤을

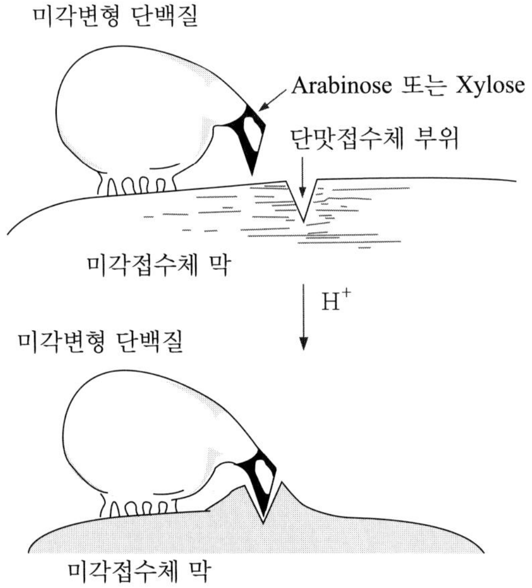

그림 14.10 미각변형 단백질(miraculin)의 작용메카니즘 추정도

먹으면 쓴맛을 느낀다. 이와 같이 한 가지 맛을 느낀 직후에 다른 종류의 맛을 내는 물질이 혼입되면 정상적인 미각이 나타나지 않고 다른 종류의 맛으로 변조되어 느끼는 경우가 있다.

5) 미맹

Phenylthiocarbamide(PTC, 또는 phenylthiourea)에 대해서 대부분의 사람들은 쓴맛을 느끼나 일부 사람들은 그 맛을 인식하지 못하여 무미한 것으로 느낀다. 이와 같이 PTC의 맛을 식별하지 못하는 것을 味盲(taste blind)이라고 한다.

이 PTC에 대한 미맹은 색깔을 정상적으로 식별하지 못하는 색맹과 마찬가지로 유전적인 요인(hereditary factor)에 의해서 결정된다고 한다. 미맹의 분포는 인종에 따라 차이가 있으며, 백인의 경우 인구의 약 30%, 황색인은 15%, 흑인은 2~3%로 알려져 있다.

4. 미각에 영향을 미치는 요인

1) 온도

맛에 대한 온도의 영향은 물질에 따라서 차이를 보이며 일정하지 않다. 미각에 대한 최적 온도를 보면 최소감미량에 해당하는 농도 부근에서 설탕과 염산이 35~50℃, 소금이 18~35℃, qunine sulfate가 10℃로 알려져 있다. 또한 온도가 상승함에 따라 단맛에 대한 반응은 증가되고 짠맛과 쓴맛에 대한 반응은 감소되며 신맛은 온도 변화에 별로 영향을

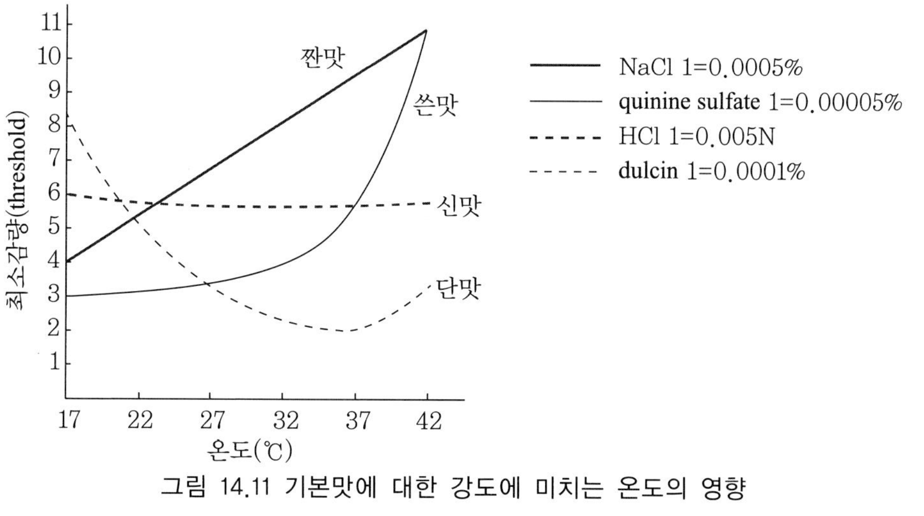

그림 14.11 기본맛에 대한 강도에 미치는 온도의 영향

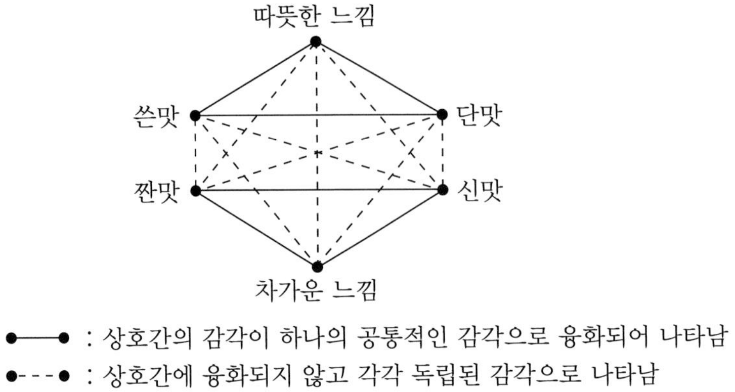

그림 14.12 기본맛 및 온도감각 상호간의 융화관계

받지 않는다(그림 14.11).

한편, *Békésy*(1964)에 의하면, 뜨겁다든가 따뜻하다고 하는 온감은 단맛, 쓴맛과는 잘 융합되나 짠맛, 신맛과는 서로 융합되지 않으며, 차다고 하는 냉감은 짠맛, 신맛과 잘 융합되나 단맛, 쓴맛과는 융합되지 않고 다른 독립적으로 느껴진다고 한다(그림 14.12).

2) 기질

맛을 내는 물질이 존재하는 기질(substrate)에 따라 그 물질의 맛과 최소감미량에 큰 영향을 미친다.

예를 들면, 설탕, 소금(NaCl), caffeine, tartaric acid 등의 최소감미량은 액상(liquid phase), gel상, 거품의 형태(foam) 등으로 이루어진 토마토 주스나 우유, 달걀 등으로 만든 과자(custard) 속에서보다는 순수한 물에 녹아 있을 때가 가장 낮다. 일반적으로 맛을 내는 물질이 gel상이나 유지 등에 존재할 때 최소감미량은 매우 높다.

3) 농도

맛을 내는 물질 중에는 그 농도에 따라 맛이 여러 가지로 달라지는 경우가 있다.

예를 들면, sodium benzoate는 0.03% 이하의 농도에서 쓴맛이 가장 강하나 0.03% 이상의 농도에서는 단맛이 가장 강하며 동시에 짠맛, 쓴맛, 신맛의 순으로 함께 느낄 수 있다고 한다.

4) 반응 및 지속시간

미각 반응에 있어서 화학적 자극을 받았을 때부터 지각이 일어나기까지의 시간, 즉 반응시간은 네 가지 기본 맛에 따라 차이를 나타낸다.

일반적으로 반응 시간은 물질의 종류와 농도에 따라 다르며, 보통 설탕이 0.4초, 소금이 0.3초, 염산이 0.5초, quinine이 1.0초로서 짠맛이 가장 짧으며 쓴맛이 가장 길다.

한편, 미각의 지속 시간도 물질에 따라 다르다. 설탕과 같이 물에 녹기 쉬운 물질은 미각의 반응이나 지속 시간이 짧으나 saccharin과 같이 녹기 어려운 물질은 지속시간이 길다.

제2절 맛의 분류

식품의 맛은 여러 가지의 맛 성분이 혼합된 종합적인 것으로서, 그 맛의 종류 하나하나를 적합한 용어로 표현하기는 곤란하다. 그러나 옛부터 여러 과학자들에 의하여 이러한 맛에 대한 분류가 시도되어 왔다(표 14.4).

동양에서는 여러 가지 맛을 단맛, 쓴맛, 신맛, 짠맛, 매운맛의 다섯 가지 맛으로 분류하여 왔다.

현재 널리 통용되고 있는 맛의 분류로서는 *Henning*이 제안한 단맛(sweet taste), 쓴맛(bitter taste), 신맛(sour taste), 짠맛(saline taste)의 네 가지 기본적인 맛(four primary taste)이다. *Henning* 은 그림 14.13과 같이 네 가지 기본 맛을 정점으로 한 맛의 사면체(taste tetrahedron)를 만들고 모든 맛을 이 사면체에 포함된 공간 중의 어느 한 점에 배치할 수 있다고 하였다. 매운맛을 기본 맛에 포함시키지 않은 것은 매운맛은 미뢰를 통한 미각이 아니라 입안의 전체 표면의 통감(pain)과 온도 감각의 복합 감각이라고 설명하고 있다. 또한 떫은맛도 입안의 점막의 수렴 감각이 혼합된 것이라고 한다.

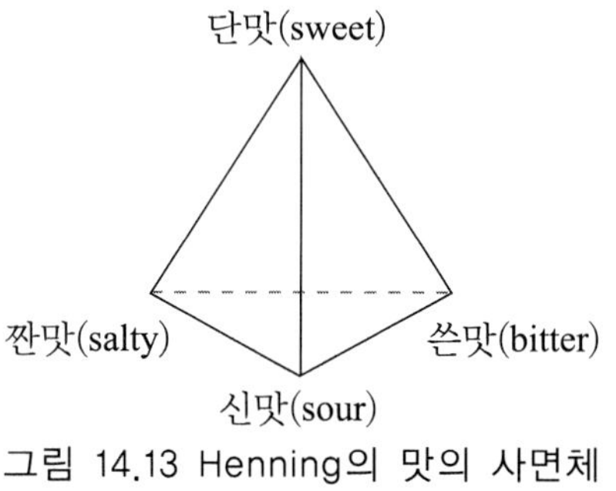

그림 14.13 Henning의 맛의 사면체

표 14.4 맛의 분류

동양		서양					
五味 (禮記·老子)	六味 (佛敎)	Bravo (1592)	Linnaeus (1751)	Haller (1751)	Haller (1763)	Wundt (1910)	Henning (1924)
甘味	甘味	Sweet	Sweet	Sweet	Sweet	Sweet	Sweet
苦味	苦味	–	–	Spiritous	Spiritous	–	–
酸味	酸味	–	–	Aromatic	–	–	–
鹹味	鹹味	Acid	Acid	Acid	Acid	Acid	Acid
辛味	辛味	–	Astringent	–	–	–	–
	淡味	Sharp	Sharp	Sharp	Sharp	–	–
		Pungent	–	Pungent	–	–	–
		Harsh	–	Harsh	–	–	–
		–	Biscous	–	–	–	–
		Fatty	Fatty	–	–	–	–
		Bitter	Bitter	Bitter	Bitter	Bitter	Bitter
		Insipid	Insipid	Insipid	–	–	–
		–	Aqueous	–	–	–	–
		Saline	Saline	Saline	Saline	Saline	Saline
		–	–	Urinous	–	–	–
		–	Nauseous	Putrid	–	–	–
		–	–	–	–	Alkaline	–
		–	–	–	–	Metallic	–

그러나 최근에 와서는 감칠맛, 알칼리맛, 금속맛 등의 예와 같이 모든 맛을 간단히 기본 맛만 가지고 설명하기는 곤란하다고 인식하게 되었다. 또 입안의 촉감과 온도 감각 등은 미각과 동시에 지각되므로 본질적으로는 다르다고 하지만 보통 매운맛과 떫은맛은 맛의 일부라고 생각하고 있다.

제3절 단맛 성분

단맛을 내는 물질들의 화학구조와 단맛과의 관계를 규명하려고 하는 많은 연구가 되어 왔다. 단맛을 내는 물질의 종류와 구조는 매우 다양하여 모든 물질에 대해서 적용되는 일반적인 학설은 없으나 그 중에서도 *Shallenberger*(1971) 등이 제안한 AH–B설이 가장 유력한 것으로 알려져 있다.

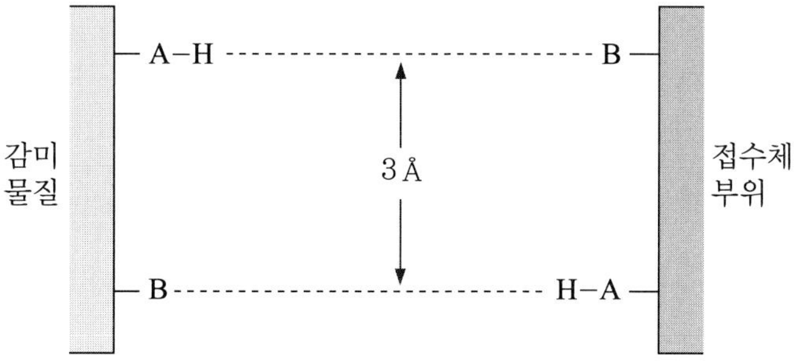

그림 14.14 단맛의 감지에 대한 AH, B설

즉, 이 학설에 의하면, 단맛을 내는 모든 물질은 산소나 질소와 같은 전기 음성 원자(electron negative atom) A를 가지고 있다. 이 원자는 또한 공유결합에 의해 연결된 하나의 양자(proton)를 가진다. 따라서 수산기(−OH), imine기(−NH)나 amine기(−NH_2) 또는 methine기(−CH) 등을 AH로 표시할 수 있다. AH 양자(AH proton)로부터 약 3Å 거리이내에 다른 하나의 전기음성원자 B가 존재하여야만 하며 이것은 또 다른 산소나 질소일 수 있다(그림 14.14).

의자형 구조를 가진 당은 하나의 수산기의 양자가 다음의 수산기의 산소로부터 약 3Å 거리에 있는 glycol 단위의 입체구조를 형성한다. 이와 같은 단위를 하나의 AH−B 시스템으로 생각할 수 있다.

또한, benzene고리의 π 결합구름(π bonding cloud)을 B부분으로 볼 수 있으며, 이것으로 benzyl alcohol의 단맛과 anisaldehyde oxime의 *anti* 이성체는 단맛을 갖고 *syn* 이성체는 단맛을 갖지 않는 것을 설명할 수 있다(그림 14.15).

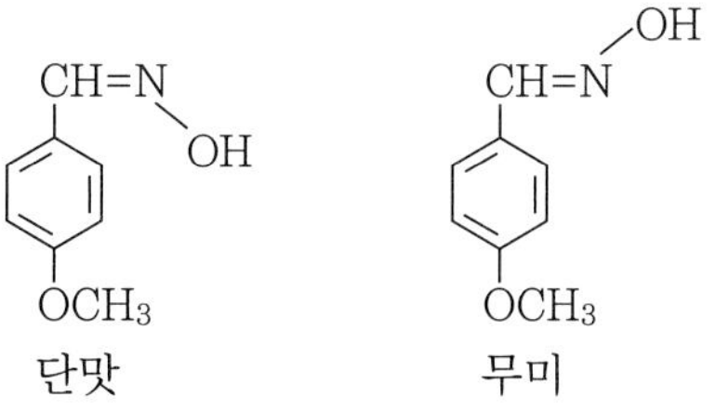

그림 14.15 anti-anisaldehyde oxime의 단맛과 syn-anisaldehyde oxime의 무미

*Shallenberger*에 의하면, 단맛을 내는 물질에 존재하는 AH−B 시스템은 미뢰의 접수체 부위에 존재하는 유사한 AH−B 단위와 반응하여 수소결합을 형성한다. 단맛의 감각이 오래 지속되는 이유는 이와 같은 수소결합이 비교적 강하기 때문이다. AH−B설에 의하면, 당의 D형과 L형 간에 단맛에 있어서 차이가 있을 수 없다. 실제로 실험에 의하여

glucose, galactose, mannose, arabinose, xylose, rhamnose, glucoheptulose의 거울상의 화합물(enantiomorpic forms) 사이에 단맛을 구별할 수 없었다고도 한다. 이 실험 결과대로라면 L형의 당류가 무미라고 하는 사실은 이해할 수 없다.

1. 당류

당류는 그 종류, 입체구조 등에 따라 정도의 차이는 있으나 일반적으로 단맛을 가지고 있다. 당류의 분자량이 증가함에 따라서 단맛이 감소하는 데 이것은 용해도가 감소하고 분자의 크기가 증가하기 때문이다. 소당류는 하나의 당 잔기(sugar residue)만이 미뢰의 접수체 부위에서 상호 반응을 하며, 다당류가 되면 거의 단맛이 없어진다. 같은 당이라도 온도에 따라 단맛이 변하는데, 이것은 당의 α형과 β형의 입체구조의 차이에 기인한다.

10% sucrose용액의 단맛을 100으로 하여 당류를 비롯한 각종 단맛을 내는 물질의 상대적 감미도(relative sweetness)를 비교하면 표 14.5와 같다. 어떤 물질의 상대적인 단맛은 그 물질의 농도에 따라 그리고 측정하는 방법과 측정하는 사람들의 주관적인 판단에 따라 정해지므로 그 결과는 항상 일치되지는 않는다.

표 14.5 각종 당류 및 감미료의 상대적인 감미도

종류	감미도	종류	감미도
당류		Sorbitol	48
Sucrose	100	Erythritol	45
Fructose	150	Inositol	45
Invert sugar	120	Mannitol	45
Glucose	70	Dulcitol	41
Rhamnose	60	인공감미료	
Glucosamine	50	Saccharin	20,000~70,000
Maltose	50	Na−cyclohexylsulfamate	3,000~4,000
Xylose	40	Dulcin	10,000~30,000
Galactose	30	Perillartin	200,000~500,000
당 alcohol		Glycyrrhizin	11,000
Xylitol	75	Stevioside	30,000
Glycerol	48		

1) Glucose, fructose의 단맛

Glucose의 단맛은 대체로 설탕의 50~75% 정도이며, 보통 사용하는 glucose는 α형이다. Glucose는 α형이 β형 보다 1.5배가 더 달다. 그러나 α형은 불안정하며 그 수용액을 방치하면 일부가 β형이 되고, 가열하면 더욱 β형이 증가되어 단맛이 약해진다. 따라서 glucose는 분말 형태나 냉수에 녹여 사용하면 보다 단맛이 강하다.

Fructose는 천연의 당류 중에서 가장 단맛이 강하고 상쾌한 맛을 준다. fructose는 보통 β형으로 존재하며, 이 β형이 α형보다 3배나 더 달다 이와 같이 입체 이성체간의 단맛의 차이는 한 분자내의 수산기(-OH)의 상대적인 위치 관계에 의하여 좌우되는 것으로, 일반적으로 glycosidic OH기와 인접한 OH기가 *cis*형인 것이 *trans*형인 것보다 더 단 것으로 생각되고 있다.

그러나 fructose의 β형은 불안정하며, 수용액상태에서는 일부가 α형으로 변화하여 평형을 이룬다. 이때 고온에서는 α형이, 저온에서는 β형이 많아진다. 0℃에서는 $\alpha : \beta = 3 : 7$, 80℃에서는 $\alpha : \beta = 7 : 3$의 비율을 이룬다. 따라서 50℃ 이상의 용액에서는 설탕보다 오히려 단맛이 약해진다. 또 액의 농도가 높을수록 β형이 많아진다. 따라서 fructose가 주성분의 하나로 들어있는 벌꿀은 가열하지 않고 또한 물에 풀지 않고 그대로 먹는 것이 가장 달며, 과일도 차게 하여 먹는 것이 달다.

2) 설탕, maltose, lactose의 단맛

설탕, 즉 sucrose는 α-glucose와 β-fructose가 결합하여 glycoside OH기가 없어졌기 때문에 α, β의 이성체가 존재하지 않는다. 따라서 수용액 중에서 변선광의 현상을 나타내지 않으며, 같은 농도에서는 항상 일정한 단맛을 가지고 있다. 그러므로 일정한 농도의 설탕 용액은 다른 단맛을 가진 물질들의 상대적인 감미도를 측정하는 표준물질이 되고 있다.

Maltose의 단맛은 설탕의 30% 정도이며, 보통 β형으로 존재한다. Maltose는 α형이 β형 보다 더 달다. 따라서 수용액을 방치하거나 가열하면 일부 β형이 α형으로 되어 단맛이 강해진다.

Lactose는 단맛이 설탕의 16% 정도로 단맛이 비교적 약한 당으로 알려져 있다. Lactose는 β형이 α형보다 조금 더 달다. β-lactose는 비결정성이나 α-lactose는 결정성으로 결정수 1분자를 가지고 있다. 그러나 α-lactose를 60℃ 이상으로 가열하여 결정수를 제거하면 비결정성의 β-lactose가 생성된다.

한편, 분유가 흡습하면 비결정성의 β형이 결정성의 α형으로 변화한다. 이때 분유 입자 속의 지방이 표면에 나와서 표면을 덮어 물에 불용성인 피막을 만든다고 한다.

3) 당 alcohol류의 단맛

D-sorbitol은 단맛이 설탕의 50~70% 정도로 단맛은 강하지 않으나 상쾌하며, 물에 잘 녹고 화학적으로 안정하다. Sorbitol은 인체 내에서의 흡수가 매우 느리므로 당뇨병 환자를 위한 감미료로서 사용되고 있으며 또한 흡습성이 있고 수분의 보유량이 일정하기 때문에 보습제(humectant)로서도 사용되고 있다. 과자에 사용하면 유연성이 좋고 보향 효과가 있다. 미생물에 의하여 쉽게 발효되지 않으므로 음료에도 첨가된다.

D-mannitol은 물푸레나무 일종인 만나나무(*Fraxinus ornas*)의 단맛을 가진 분비물인 manna에서 얻어지는 결정성의 융점이 비교적 높은 당 alcohol이다. Mannitol의 단맛은 설탕의 70% 정도이며, 다른 당 alcohol류와는 달리 물에 잘 녹지 않는다. 이 Mannitol은 인공감미료로서 오랫동안 사용되어 왔으나 현재 우리나라에서는 그 사용이 허용되고 있지 않다.

D-xylitol은 D-xylose를 환원하여 만든 당 alcohol로서 sorbitol보다 단맛이 강하며 역시 인체 내에서 흡수가 느리므로 당뇨병 환자의 감미료로서 사용되고 있다.

2. 아미노산

아미노산은 각기 특유한 맛을 가지고 있으며, 그 맛은 광학 이성체인 L형, D형에 따라 다르다. 일반적으로 자연 아미노산인 L형보다는 합성 아미노산인 D형이 단맛을 가지는 것이 많다.

아미노산 중에서 단맛을 가지는 것은 glycine, L-alanine, D-histidine, D-leucine, D-phenylalanine, D-tryptophan, D-tyrosine 등이며, 특히 방향족 아미노산의 D-tryptophan은 설탕의 약 35배의 단맛을 가지고 있다. 그러나 L-tryptophan은 caffeine의 약 1/2정도의 강한 쓴맛을 가지고 있는 것으로 알려져 있다.

각종 아미노산의 맛을 그 맛에 따라 몇 개의 그룹으로 분류하여 표시하면 표 14.6과 같다.

표 14.6 0.3% 수용액에서의 각종 아미노산의 맛[a)]

종류	L형	D형
무미한 아미노산		
arginine	무미	약한 단맛(DL)[b)]
aspartic acid	〃	무미
isoleucine	〃	〃
lysine	〃	〃
proline	무미 또는 약한 단맛	〃 (DL)
serine	무미	〃
threonine	〃	〃
valine	〃	〃
단맛 또는 쓴맛의 아미노산		
alanine	단맛 0.54% sucrose[c)]	무미
histidine	무미	단맛 2.23% sucrose
leucine	쓴맛 0.11% caffeine[d)]	〃 1.30% sucrose
phenylanine	〃 0.069% caffeine	〃 2.20% sucrose
tryptophan	〃 0.133% caffeine	〃 11.00% sucrose
tyrosine	〃 0.017% caffeine	〃 1.65% sucrose
glycine	단맛 0.45% sucrose	
여러 가지 맛의 아미노산		
cysteine	유황화합물의 맛	유황화합물의 맛(DL)
glutamic acid	감칠맛	–
methionine	유황화합물의 맛, 고기맛	유황화합물의 맛, 고기맛

주 a) : pH는 NaOH 또는 HCl로 6.0으로 조절함. b) (DL)은 라세미체(racemates)를 표시함.
c) : 0.54% sucrose 수용액과 단맛이 동등함을 말함. d) 0.11% caffeine 수용액과 쓴맛이 동등함을 말함.

3. 인공 감미료

1) Saccharin

Saccharin은 o–carboxybenzene sulfamide의 무수물로서 *Remsen*(1879) 등에 의하여 방향족 화합물의 산화물을 연구하는 중에 우연히 발견된 후 인공 감미료로서 널리 사용되고 있다. Saccharin은 =NH기의 수소가 해리되기 쉬워 비교적 강한 산성을 나타내며 물에 잘 안 녹으나 알칼리와 반응하여 쉽게 염을 형성하며 물에 잘 녹는다.

보통 sodium saccharin으로 하여 감미료로 이용하고 있으며, 그 단맛은 설탕의 300~500배 정도나 된다. 그러나 saccharin의 농도가 0.02% 이상으로 커짐에 따라 특유한 쓴

saccharin (용해도 : 1g /25ml 끓는 물)　　sodium saccharin (용해도 : 1g/1.5ml 물)

그림 14.16 Saccharin과 sodium saccharin의 구조

뒷맛(bitter after taste)을 가진다. 이 쓴 뒷맛은 saccharin 본래의 성질로 생각되고 있으며, glycine과 함께 사용함으로써 어느 정도 마스킹(masking)된다고 한다.

Sodium saccharin은 열에 대해서 대체로 안정하지만 산성 용액에서 가열하면 서서히 분해되어 쓴맛이 생기게 된다. 따라서 과즙과 같은 산성인 식품과 함께 가열하는 조리시에는 마지막에 넣는 것이 좋다.

Saccharin의 독성에 관해서는 계속 연구 중이나 체내에서 분해되지 않고 그대로 배설되기 때문에 하루 3g 정도 섭취해서는 해가 없고 다량 섭취하면 소화효소의 작용이 방해되며 신장 장애를 가져온다고 한다.

2) Dulcin

Dulcin은 *p*−phenetylcarbamide(*p*−phenetylurea)로서 *Berlinerblau*(1883)에 의하여 진통제를 연구하는 중에 우연히 발견되었다.

Dulcin은 냉수에는 잘 녹지 않으나 alcohol에는 잘 녹으며 그 단맛은 설탕의 250배 정도나 된다. 열에 안정한 결정성 물질이나 80℃ 이상으로 가열할 때는 그 일부가 분해되어 didulcin이 형성되기 때문에 단맛이 감소된다고 한다.

Dulcin은 체내에서 위액에 의하여 분해되어 소화기능을 감퇴시키는 phenacetin과 *p*−aminophenol을 생성한다. 또한 동물실험에 의하여 간에 종양(liver tumors)을 일으키거나 적혈구의 생산을 억제한다는 사실이 알려져, 전에는 일부 나라에서 사용되었으나 현재는 거의 모든 나라에서 그 사용이 금지되고 있다.

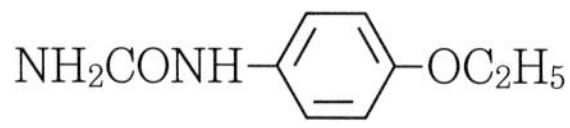

dulcin(*p*−ethoxyphenylurea)

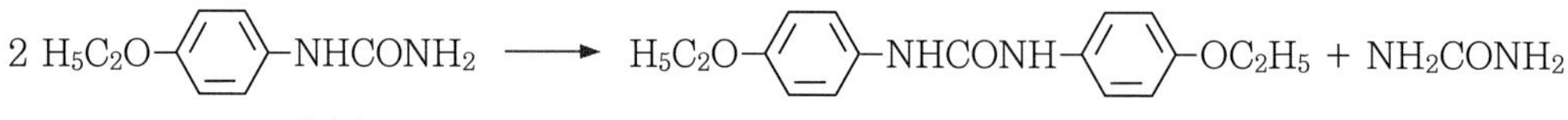

dulcin　　didulcin

그림 14.17 Dulcin의 구조와 가열에 의한 didulcin의 형성

3) Sodium cyclamate

Sodium cyclamate는 sodium cyclohexyl sulfamate로서 *Sveda*(1937)에 의하여 해열제를 연구하는 중에 우연히 발견된 백색의 결정 물질이다. 물에 잘 녹으며, 그 단맛은 설탕의 약 30~40배 정도로 다른 인공 감미료보다 단맛이 덜하다. 가장 설탕에 가까운 순수한 단맛을 가지고 있다. 그러나 0.5% 이상의 고농도에서는 쓴맛이 나타난다.

Sodium cyclamate는 pH 2~10 사이의 영역에서 매우 안정하고 또 260℃까지 열에 안정하기 때문에 전에는 saccharin에 못지않게 널리 사용되었으나 체내 대사 과정에서 생성되는 cyclohexylamine의 독성 때문에 대부분의 나라에서 그 사용이 금지되고 있다.

그림 14.18 Sodium cyclamate의 구조

4) Naringin 및 neohesperidin dihydrochalcone의 유도체

Horowitz(1963) 등에 의하여 naringin, neohesperidin 등의 flavonoid 화합물의 dihydrochalcone 유도체가 매우 강한 단맛을 가지고 있다는 사실이 알려진 후 이들에 대한 인공감미료로서의 개발이 시도되어 왔다.

아직 실용화 단계에 있지는 않으나 naringin dihydrochalcone과 neohesperidine dihydrochalcone의 단맛은 각각 설탕의 100배와 1,000배 정도이며 또 이들의 유도체도 단맛이 있는 것으로 알려져 있다.

감귤류의 과피에 존재하는 쓴맛을 가지는 naringin은 알칼리의 작용에 의하여 고리가 열려 naringin chalcone이 되는데 이것은 쓴맛이 없어지고 단맛을 나타내게 된다. Neohesperidin도 알칼리에 의하여 neohesperidn chalcone이 되며, 이들 chalcone에 수소를 첨가하여

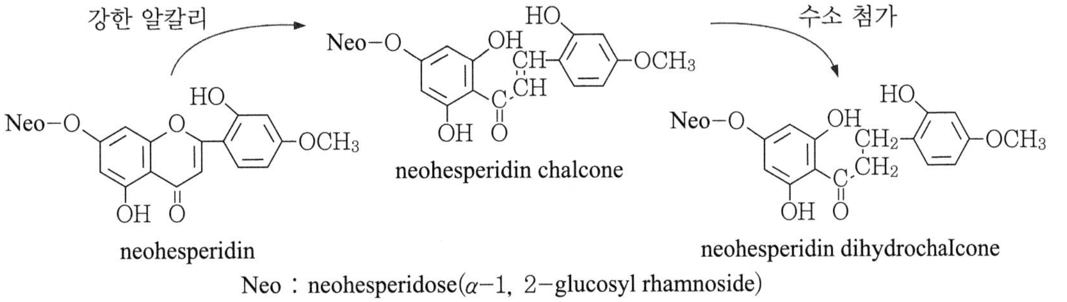

Neo : neohesperidose(α−1, 2−glucosyl rhamnoside)

그림 14.19 Neohesperidin dihydrochaicone의 구조

각각의 dihydrochalcone을 얻는다. 이들의 원료가 자연식품에 널리 분포되어 있고 독성도 매우 낮아 인공 감미료로서의 개발이 기대된다.

5) Aspartame

Aspartame은 L-aspartic acid와 L-phenylalanine으로 구성된 dipeptide의 methyl ester로서 *Mazur*(1969) 등에 의하여 dipeptide류의 구조와 단맛 사이의 관계를 연구하는 과정에 우연히 발견된 백색의 결정성 분말이다. Aspartame의 단맛은 농도에 따라 다르나 설탕의 100~200배 정도이고 그 단맛이 설탕과 매우 유사하며 뒷맛 등이 전혀 없다.

Aspartame은 열에 불안정하여 가열에 의해서 diketopiperazine을 거쳐 각각의 구성 아미노산으로 분해되며 또한 수용액상태로 존재할 때 methyl ester결합이 분해되어 무미한 dipeptide 형태로 된다(그림 14.20). 따라서 오븐에서 구워 만드는 각종 제품(bakery products)이나 각종 음료 등에 감미료로서 사용할 때 aspartame의 안정성에 대하여 고려하여야 한다. 그러나 실온에서 저장된 탄산음료의 경우 6개월 정도 그 단맛이 잘 유지된다고 한다.

Aspartame은 감미료로서 식탁용, 건조식품, 청량음료 등에 그 사용이 허용되고 있다.

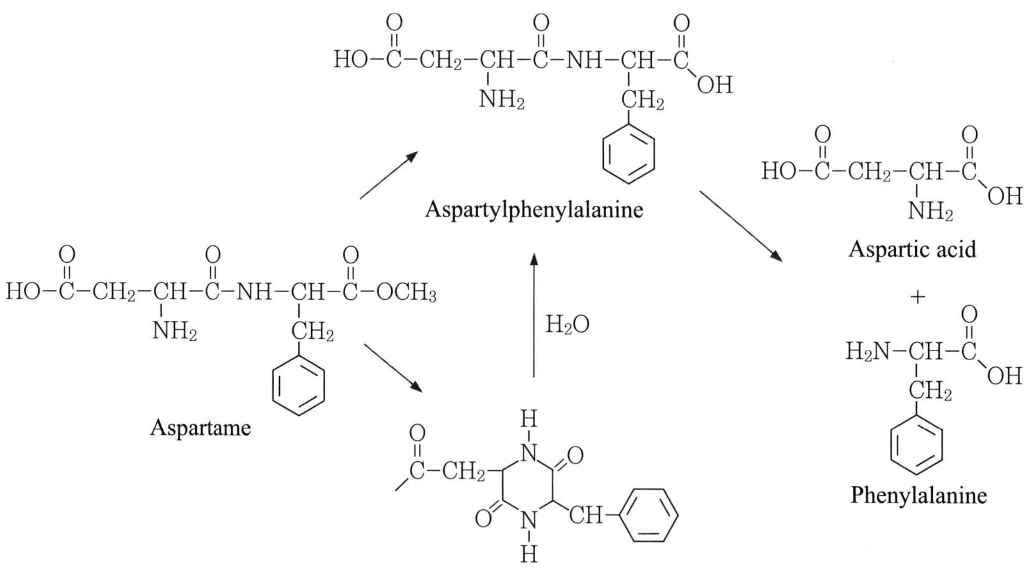

그림 14.20 Aspartame과 그 가열 및 가수분해 생성물들의 구조

4. 특수 감미료

1) Glycyrrhizin

Glycyrrhizin은 감초(*glycyrrhiza glabra*)의 뿌리에 함유되어 있는 단맛 성분으로서 triterpene인 glycyrrhetic acid에 glucuronic acid 2분자가 결합한 구조를 가지며 disodium 또는 trisodium염의 형태로 되어 있는 담황색의 결정이다.

Glycyrrhizin은 설탕의 약 150배의 단맛을 가지며 열에도 안정하지만 독성이 비교적 강하여 식품에 직접 사용할 수 없고 비식품 감미료로서 담배향료 또는 의약품 등에 사용되고 있다.

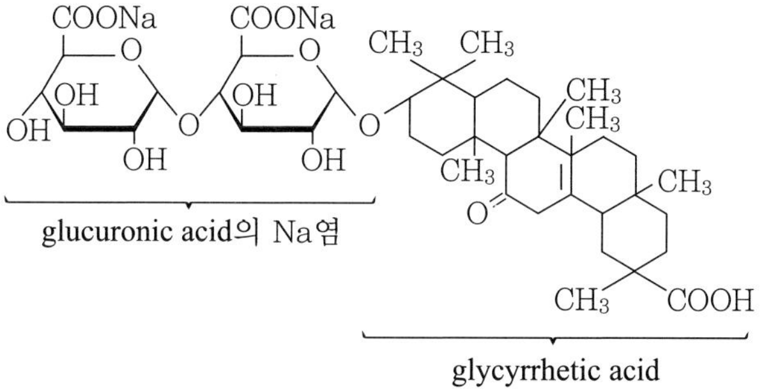

그림 14.21 Glycyrrhizin의 구조

2) Perillartin

Perillatin은 자소의 잎에 함유되어 있는 특유한 향기를 가진 단맛 성분으로서, perillaldehyde의 *anti*−oxime의 구조를 가지며, 일명 자소당(perilla sugar)으로 알려진 백색의 결정이다.

Perillatin은 설탕의 약 2,000배의 강한 단맛을 가지며 방부력이 세지만 독성도 매우 강하기 때문에 식품에 사용할 수 없고 비식품 감미료로서 담배 향료 등에 사용되고 있다.

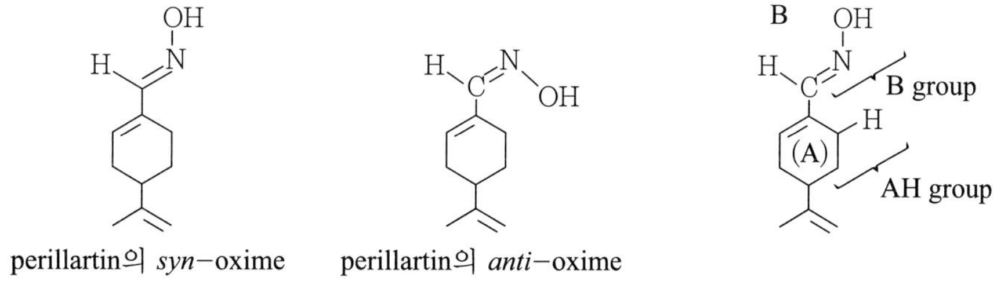

그림 14.22 Perillartin의 구조와 그 단맛과의 관계

3) Phyllodulcin

Phyllodulcin은 감차(甘茶, *Hydrangea thunbergii Sieboldi*)의 잎에 함유되어 있는 단맛 성분으로서 flavonoid계 화합물이다.

Phyllodulcin은 설탕의 약 500배의 단맛을 가지며, 그 유도체들 예로서 1, 3-benzodioxan도 강한 단맛을 가지고 있는 것으로 알려져 있다. 감차는 당뇨병 환자의 감미료로서 사용되기도 한다.

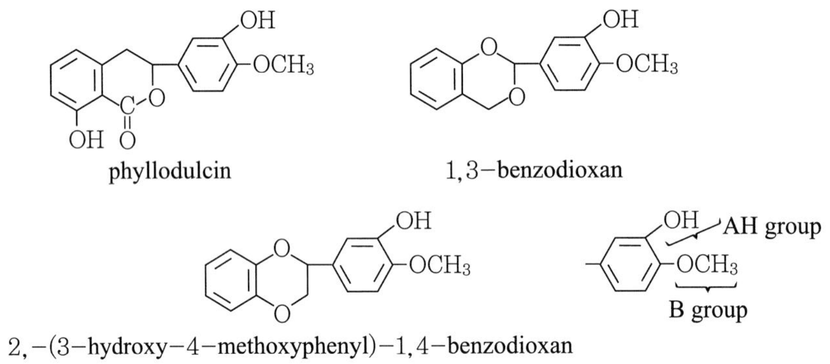

그림 14.23 Phyllodulcin과 그 유도체의 구조와 그들의 단맛과의 관계

4) Stevioside

Stevioside는 남미 파라과이 원산의 stevia(*Stevia rdbaudiana Bertoni*)의 잎에 함유되어 있는 단맛 성분으로서, diterpene 배당체이며 백색의 흡습성 결정이다. Stevioside는 설탕의 약 300배의 단맛을 가지며, 열, 산, 알칼리에도 안정하고, 단맛도 설탕과 유사하다.

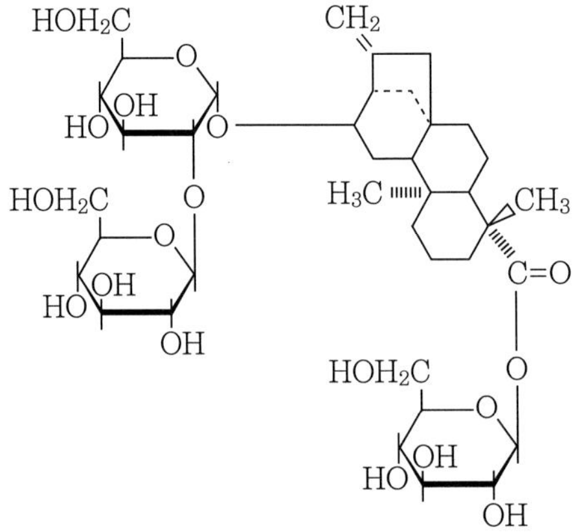

그림 14.24 Stevioside의 구조

제4절 신맛 성분

신맛과 신맛을 내는 물질의 화학구조와의 관계는 옛부터 잘 알려져 있다. 즉, 신맛을 내는 물질에는 무기산, 유기산 및 산성염 등이 있으며, 이들의 공통된 특징은 수용액에서 해리되어 수소 이온(H^+)을 낸다는 사실이다.

$$HCl \rightleftharpoons Cl^- + H^+$$
$$RCOOH \rightleftharpoons RCOO^- + H^+$$

일반적으로 수소 이온이 신맛의 주 요인으로 작용하고 있으나 신맛과 산 농도(acid concentration)와의 관계는 단순하지가 않다. 산류(acids)는 각기 다른 맛을 가지고 있으며, 입 안에서 느끼는 신맛의 강도는 산기(acid group)의 특성, pH, 적정 산도, 완충 효과, 다른 물질 특히 당류의 존재 등에 따라 달라진다.

0.05N의 tartaric acid의 신맛을 기준으로 하여 같은 농도에서의 일부 무기산과 유기산의 신맛의 강도를 비교하면 표 14.7에서와 같이 HCl > tartaric acid > malic acid > H_3PO_4 > acetic acid > lactic acid > citric acid > propionic acid의 순서이다.

그러나 같은 pH에서는 염산과 같은 무기산에 비하여 유기산이 더 강한 신맛을 가진다. 무기산은 용액 중에서 대부분이 해리되기 때문에 수소이온 농도가 높지만 혀의 점막에 접촉되면 곧 중화되어 신맛이 사라진다. 그러나 유기산은 전리도가 낮아 용액 중에서 해리되는 것이 적어 수소 이온 농도는 낮으나 해리되지 않은 산의 농도가 크기 때문에 혀의 점막에 접촉된 수소 이온이 중화되어도 지속적인 수소 이온의 해리가 가능하여 신맛이 계

표 14.7 각종 신맛 물질의 산미도 비교

산	0.05N 용액의 성질			이온화 항수	맛 감각	소재
	맛	총산 (gm/ℓ)	pH			
Hydrochloric	+1.43	1.85	1.70	–	–	
Tartaric	0	3.75	2.45	1.04×10^{-3}	강한맛	포도
Malic	−0.43	3.35	2.45	3.9×10^{-4}	풋냄새	포도, 배, 살구, 버찌
Phosphoric	−1.14	1.65	2.25	7.52×10^{-3}	쏘는맛	오렌지, grape fruit
Acetic	−1.14	3.00	2.95	1.75×10^{-5}	식초	
Lactic	−1.14	4.50	2.60	1.26×10^{-4}	신맛, 떫은맛	
Citric	−1.28	3.50	2.60	8.4×10^{-4}	청량감	장과류, 감귤류, 파인애플
Propionic	−1.85	3.70	2.90	1.34×10^{-5}	신맛, 치즈맛	

속된다. 따라서 전체적으로 유기산이 신맛이 강하게 느껴지게 된다.

또는 산(acids)은 해리되면 수소 이온과 동시에 음이온을 생성한다. 이때 수소 이온의 맛이 강하므로 음이온의 맛 자체가 정확하게 느껴지지 않으나 이것이 부가적인 맛으로서 신맛에 영향을 준다. 예를 들면, citric acid, succinic acid 등의 유기산은 상쾌한 신맛과 특유한 감칠맛을 더해 주며 무기산은 떫은맛, 쓴맛을 함께 나타낸다.

1. 무기산

무기산의 신맛은 탄산, 염산 이외에는 일반적으로 불쾌하다. 특히 탄산은 CO_2를 물에 용해시켜 $H_2O + CO_2 \leftrightarrow H_2CO_3$의 평형을 이룬다. 탄산은 약산으로서 $H_2CO_3 \leftrightarrow H^+ + HCO_3^- \leftrightarrow 2H^+ + CO_3^{2-}$와 같이 해리되며 자극성의 약한 신맛이 상쾌한 느낌을 주기 때문에 탄산음료로 널리 이용된다.

2. 유기산

일반적으로 과실류의 신맛은 주로 그 속에 함유된 유기산에 기인한다.

과실류나 채소류의 신맛을 주는 유기산의 종류는 다양하고 그 품종에 따라 다르지만 주요 유기산의 분포를 보면 표 14.8과 같다.

초산(acetic acid)은 식초(vinegar)의 주성분으로서 3~4% 함유되어 있다. 식초에는 소량의 succinic acid, gluconic acid 등이 들어 있다. 젖산(lactic acid)은 요구르트에 0.4~1.5% 함유되어 있고, 김치, 간장, 청주 등에도 들어 있으며 온화한 신맛과 방부성을 가지고 있다. 구연산(citric acid)은 감귤, 매실, 레몬 등에 함유되어 있는 주요 유기산이며, 토마토, 시금치, 양배추, 상치 등의 채소에도 미량 들어 있다. 사과산(malic acid)은 사과, 포도 등

표 14.8 일부 과실 및 채소류의 유기산 함량(건조중량에 대한 %)

산의 종류 / 과실, 채소류의 종류	acetic acid	citric acid	malic acid	succinic acid	tartaric acid
당근	–	trace	3.2	0.65	–
오렌지	–	8.0	1.3	–	–
레몬	–	6.4	2.2	–	–
사과	–	–	2.2	trace	–
포도	–	0.1	1.2	–	2.2
토마토	0.22	7.2	0.5	–	–

의 과실에 함유되어 있는 주요 유기산이며 토마토, 시금치, 양배추, 상치 등의 채소에도 미량 들어 있다. 주석산(tartaric acid)은 포도에 함유되어 있는 대표적인 유기산이며, 파인애플, 죽순 등에도 널리 존재한다. 호박산(succinic acid)은 청주 등의 양조제품, 조개류 등에 들어있으며 감칠맛을 띠는 유기산이다. 사과, 딸기 등에도 미량 들어 있다.

3. 산미료

식품의 신맛은 대체로 향기를 동반하는 경우가 많으며, 미각을 자극시키고 식욕을 증진시켜 주는 효과가 있다.

산미료(acidulent)는 식품에 신맛을 부여할 뿐만 아니라 향미료(flavoring agents), 완충제(buffer), 보존료(preservatives), 상승제(synergist), 점도 조절제(viscosity modifier) 등의 목적과 기능에 의하여 식품에 많이 사용된다.

우리나라에서 허가된 산미료의 종류와 그 사용법은 표 14.9와 같다.

표 14.9 우리나라에서 허가된 산미료의 종류와 그 사용법

산미료	구조식	일반적인 사용법
Citric acid (구연산)	CH_2COOH $HO-C-COOH \cdot H_2O$ CH_2COOH	산미료로서 청량음료수, 치즈, 젤리, 잼, 드롭프스 등에 사용한다. 또 산화방지제의 synergist로도 사용된다.
Glacial acetic acid (빙초산)	CH_3COOH	pickle, 케첩, 사과시럽, cornsyrup, 치즈, 케이크 등에 0.005~0.033% 사용된다.
Malic acid (사과산)	$HO-CH-COOH$ CH_2COOH	젤리, 과자의 산미료로 적당하며 마아가린, 마요네즈에 산미제 및 유화 안정제로 사용된다.
Lactic acid (젖산)	$CH_3-CH-COOH$ OH	산미제 뿐만 아니라 살균력이 있어 식품공업에 널리 사용된다.
Tartaric acid (주석산)	$HO-CH-COOH$ $HO-CH-COOH$	청량음료수, 젤리, 잼 등에 구연산, 젖산 등과 함께 사용한다.
Acetic acid(초산)	CH_3COOH	3~5%로 널리 사용된다.
Succinic acid (호박산)	CH_2-COOH CH_2-COOH	주로 청주, 합성청주, 된장, 간장 등에 사용한다.
Furmaric acid	$CH-COOH$ $HOOC-CH$	분말주스, 김치, 합성주, 청량음료수, 과실통조림 등에 사용한다.
Glucono-δ -lactone	$O=C$ $H-C-OH$ $HO-C-H$ O $H-C-OH$ $H-C$ CH_2OH	수용액 중에서 일부가 가수분해되어 산을 생성하므로 온화한 산미료로 사용되며, 또 팽창제의 지효성 산성물질로 사용된다.

제5절 짠맛 성분

짠맛을 내는 대표적인 물질은 소금(NaCl)이다. 소금은 그 자체의 맛은 좋지 않지만 풍미를 강화시켜 주는 조리상 가장 기본적인 성분이며, 체액의 삼투압에 관여하는 등 생리적으로도 대단히 중요한 역할을 한다.

짠맛을 내는 물질은 무기 및 유기의 알칼리염으로서 양이온과 음이온의 성질에 따라 그 맛이 달라진다. 짠맛은 주로 음이온에 의존하고 양이온은 오히려 쓴맛을 나타내게 한다. 또한 양이온이나 음이온의 분자량이 증가함에 따라 염류는 쓴맛을 나타낸다.

1. 무기염

무기염 중 NaCl이 가장 순수한 짠맛을 가지고 있다. 이것은 Cl^-이 가지는 짠맛에 대하여 Na^+의 쓴맛이 매우 적기 때문이다. LiCl, KCl, NH_4Cl, $CaCl_2$, $MgCl_2$ 등도 짠맛을 가지나 각각이 가지는 양이온에 의하여 떫고 쓴 불쾌한 맛을 나타낸다.

무기염이 해리하여 생긴 음이온의 경우 그 짠맛의 강도는 $SO_4^{2-} > Cl^- > Br^- > I^- > HCO_3^- > NO_3^-$의 순서로 알려져 있다. 각종 무기염류의 맛을 그 맛의 강도에 따라 몇 개의 그룹으로 분류하여 표시하면 표 14.10과 같다.

표 14.10 무기염류의 짠맛

맛	염류			
짠맛	LiCl NaCl KCl	LiBr NaBr	LiI NaI	$NaNO_3$ KNO_3
짠맛과 쓴맛	KBr	NH_4I		
쓴맛	CsCl $MgCl_2$	CsBr	KI	$MgSO_4$
불쾌한 쓴맛	$CaCl_2$			
단맛	Lead acetate*		Beryllium acetate*	

*독성이 강함

2. 유기염

유기산염 중에서 disodium malate, diammonium malonate, diammonium sebacinate 및

disodium malate diammonium malonate diammonium sebacinate sodium gluconate

그림 14.25 유기산의 알칼리염

sodium gluconate 등은 소금과 유사한 짠맛을 가지고 있다.

이들은 소금의 섭취가 금지 또는 제한된 신장병, 간장병, 고혈압 등의 환자들을 위해서 소금 대용으로 음식에 사용되거나 무염간장 제조 등에 사용되고 있다.

제6절 쓴맛 성분

식품의 미각에서 보면 쓴맛은 결코 좋은 맛이라고는 할 수 없지만, 보통 여러 가지 식품의 맛의 구성분으로서 단맛 또는 신맛과 조합되어 나타나며 매우 예민하게 느껴진다.

일반적으로 쓴맛은 alkaloid 등과 같이 인체에 어떤 영향을 미치는 것에 많이 함유되어 있기 때문에 그 식품에 대해서 경계심을 일으키고 또 식품의 선택에 있어서 먹을 것인가, 안 먹을 것인가의 최종 판단이 이 미각으로 이루어진다. 한편, 식품으로서 쓴맛이 오히려 기호상 바람직한 것으로 느끼는 것으로는 맥주, 커피,코코아 등이 있다.

식품 중의 쓴맛을 나타내는 물질들은 그 화학구조에 따라 alkaloid, 배당체, ketone류, 무기염류 등으로 구분되며, 이들 물질은 분자 내에 N≡, =N≡N, −SH, −S−S, −S−, =CS, $-SO_2$, $-NO_2$ 등의 원자단을 가지고 있다.

1. Alkaloids

Alkaloids는 식물체에 들어있는 함질소 염기성 유기화합물의 총칭으로서 인체 내에서는 특수한 약리 작용을 가지며 쓴맛을 나타내는 것이 많다. Alkaloids에는 많은 종류가 알려져 있으나 보통 식품 중에는 별로 들어있지 않다. 대표적인 alkaloid로서는 차, 커피 중에 함유된 caffeine과 코코아, 초콜릿 중에 함유된 theobromine 등이 있다.

한편, 쓴맛의 표준물질로 보통 사용되고 있는 것은 quinine이며, 이 물질의 최소감미량

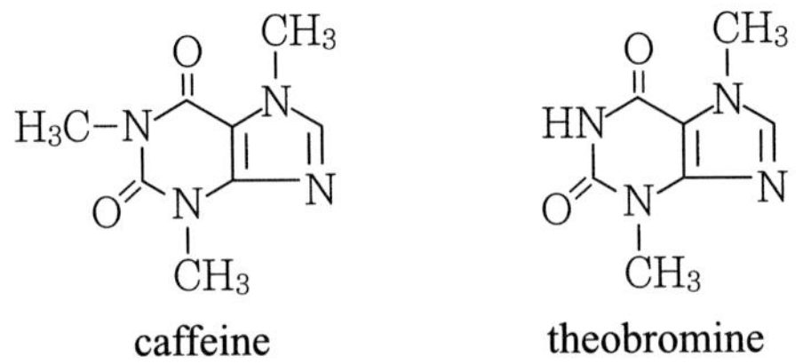

그림 14.26 Caffeine과 theobromine의 구조

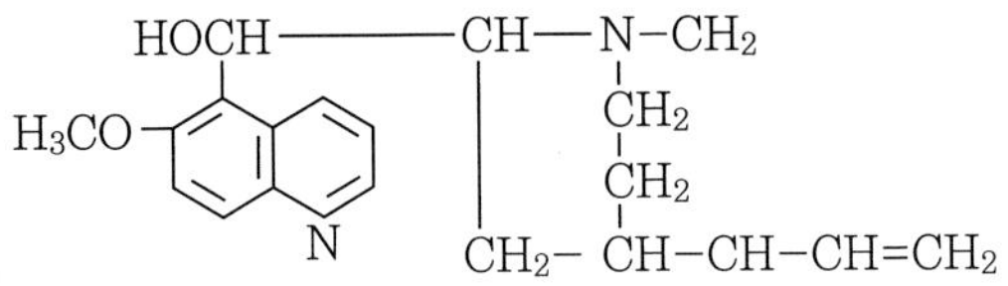

그림 14.27 Quinine의 구조

은 0.00004M(0.0016%)이다. Quinine은 어떤 청량음료에서 쓴맛을 부여하기 위한 목적으로 사용하기도 한다.

2. 배당체

배당체는 식물계에 널리 분포되어 있으며 주로 과실이나 채소의 쓴맛 성분을 이루고 있다.

식품 중의 쓴맛을 나타내는 배당체로서 잘 알려진 것으로는 감귤류의 껍질에 존재하는 naringin, 오이 꼭지 부위에 들어 있는 cucurbitacin, 양파 껍질의 quercetin 등이 있다.

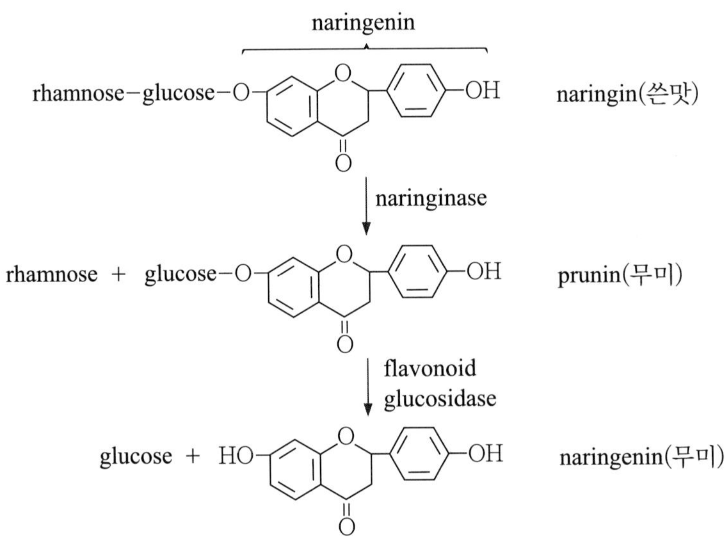

그림 14.28 Naringin의 효소에 의한 가수분해로 naringenin의 형성

Naringin은 밀감, 자몽의 통조림이나 주스를 제조할 때 쓴맛의 원인이 되는 물질이다. Naringin은 효소 naringinase에 의하여 가수분해되면 먼저 naringin에 결합되어 있는 rhamnose가 분리되어 쓴맛이 없는 배당체인 prunin이 형성되고 다시 이 prunin에 결합되어 있는 glucose도 분리되어 역시 쓴맛이 없는 naringenin이 형성된다.

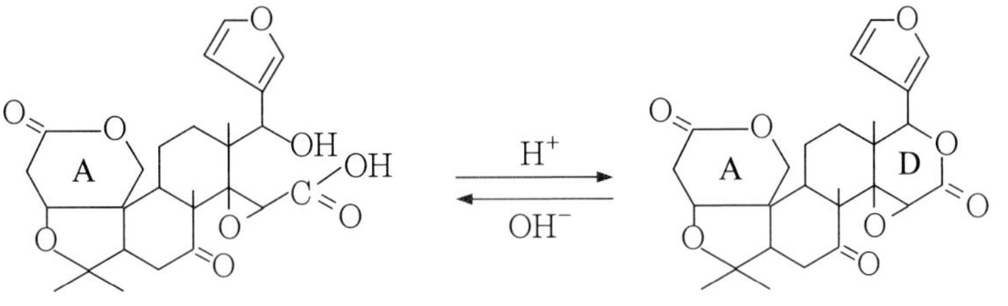

그림 14.29 오렌지 등의 과습의 지연성 쓴맛 성분인 limonin의 형성과정

또한 감귤류에는 terpenoid 화합물로서 지연성 쓴맛 성분(delayed bitterness)으로 알려진 limonin이 있다. 감귤류의 과즙을 신선할 때 먹으면 쓴맛이 없으나 과즙을 저장하거나 가공처리하는 동안에 쓴맛을 갖게 되는 경우가 있다. 이것은 감귤류 껍질 내부에 함유되어 있는 전구물질 limonin의 monolactone이 과즙에 옮겨져서 유기산에 의하여 서서히 가수분해되어 강한 쓴맛을 가진 limonin을 형성하기 때문이다.

Cucurbiatcin은 오이 꼭지 부위에 함유된 쓴맛 성분으로서 A, B, C, D, E 등 20여종 이상의 구조가 유사한 쓴맛 성분이 발견되어 있다. 이 cucurbitacin의 aglycone은 triterpenes의 구조를 가지고 있음이 알려져 있다.

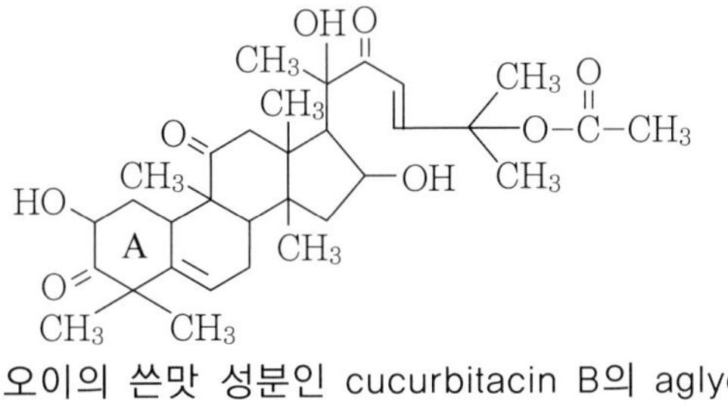

그림 14.30 오이의 쓴맛 성분인 cucurbitacin B의 aglycone 구조

3. Ketones

Ketone류로서는 hop 암꽃 중에 존재하는 α–acid로 알려진 humulone류와 β–acid로 알려진 lupulone류 등이 있으며, 이들은 맥주 제조과정 중의 가열, 발효과정에서 *iso*–α–acid와 *iso*–β–acid로 이성화되어 맥주 특유의 쓴맛을 갖게 된다.

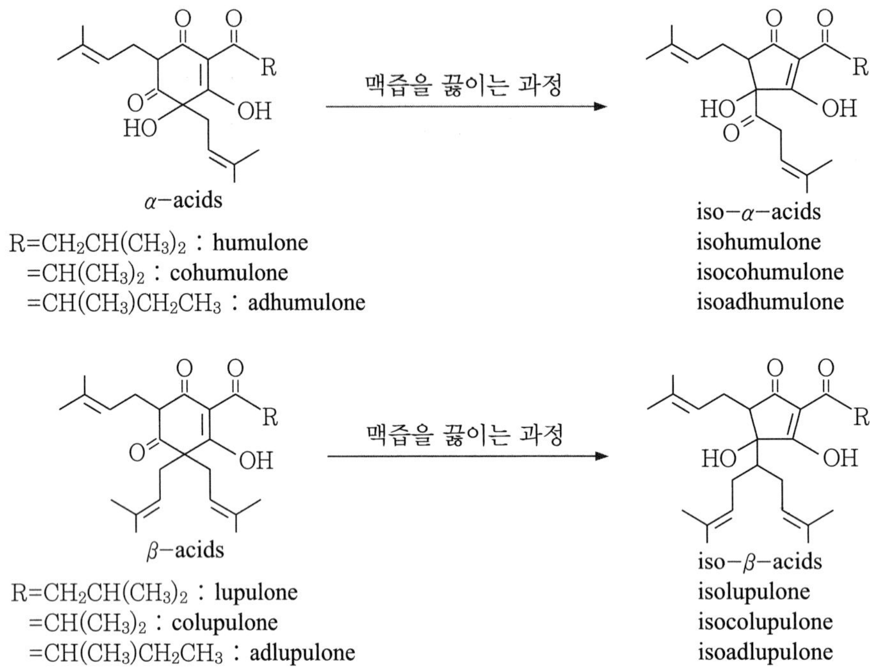

그림 14.31 맥즙에 존재하는 α− 및 β−acid들의 가열에 의한 이성화

Humulone류와 lupulone류는 모두 항균력이 강하여 맥주 양조시에 변패 방지의 역할을 하며 체내에 들어가서도 장내 세균을 억제한다.

한편, 고구마를 저장할 때 곰팡이의 기생으로 검은 반점이 형성되어 쓴맛을 가지는 경우가 있다. 이 쓴맛 성분은 ipomeamarone이며 독성을 가지고 있다.

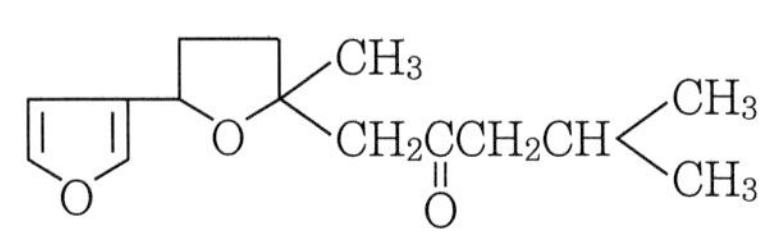

그림 14.32 흑반병에 걸린 고구마의 쓴맛 성분인 ipomeamarone의 구조

4. 무기염류 및 기타

무기염류 중에서 간수에 함유되어 있는 $CaCl_2$나 $MgCl_2$는 쓴맛을 가진다.

아미노산 중에서 쓴맛을 가지는 것은 L−leucine, L−phenylalanine, L−tyrosine, L−tryptophan 등이 있으며, 치즈 숙성시와 같이 단백질을 효소적으로 가수분해할 때 형성되는 쓴맛을 가진 peptide류로서는 L−leu−L−leu, L−arg−L−pro, L−val−L−val−L−val 등이 있다.

한편, 쑥의 쓴맛은 thuzone에 의하며, 냉장 중에 있는 청어에 가끔 형성되는 쓴맛 성분은 3-methyl-6-methoxy-8-hydroxy-3, 4-dihydroisocoumarin으로 알려져 있다.

제7절 매운맛 성분

매운맛은 미각 신경을 강하게 자극함으로써 느껴지는 일종의 통각(pain feeling)이라 할 수 있으며, 혀의 표면 뿐만 아니라 입안의 전체 표면에서 느껴진다. 따라서 기본 맛과 같이 미뢰내 미각 세포의 자극에 의하는 순수 미각과는 구별하여 서양에서는 맛의 종류에 포함시키지 않는 경우가 많다.

그러나 우리나라의 식습관과 식사에는 매운맛이 중요한 요소로 생각되고 있다. 매운맛을 내기 위한 재료는 보통 매운맛과 향기를 같이 하므로 향신료라고 부른다. 음식의 매운맛은 미각을 자극하여 식욕을 증진시키고 타액의 분비를 촉진하여 미각의 피로와 순응을 경신시켜 준다.

식품 중의 매운맛을 나타내는 물질들은 그 화학구조에 따라 방향족 aldehyde 및 ketone류, 산 amide류, 유황 화합물, amine류 등으로 구분된다.

1. 방향족 aldehyde 및 ketone류

생강의 매운맛 성분으로는 zingerone, shogaol, gingerol 등의 vanillyl ketone류 등이 알려져 있다.

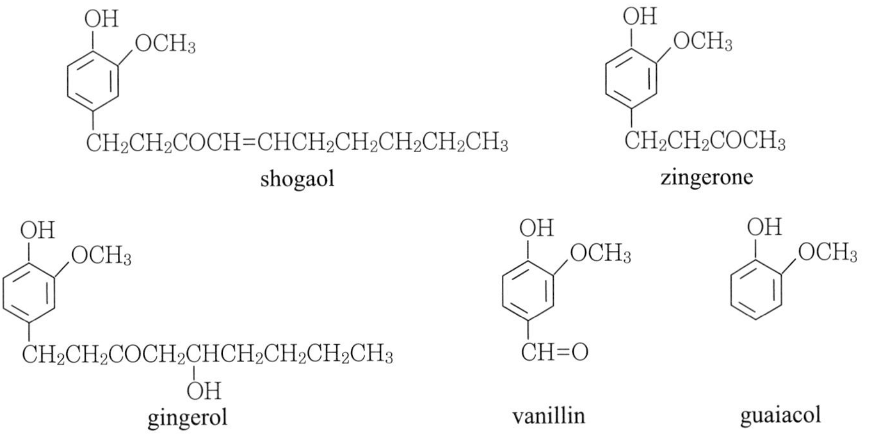

그림 14.33 생강의 매운맛 성분인 vanillyl ketone류의 구조

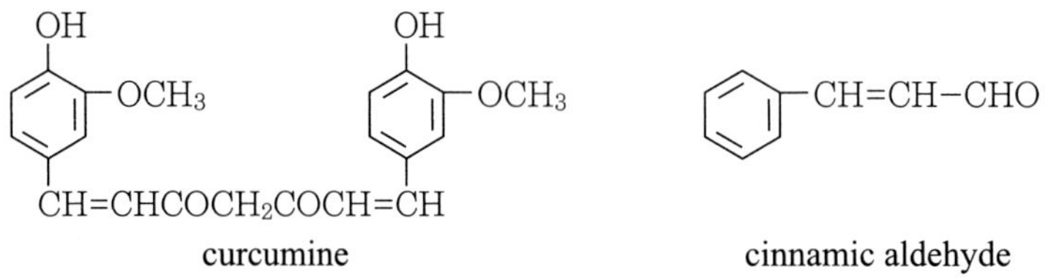

그림 14.34 Curcumine과 cinnamic aldehyde의 구조

한편, 이 매운맛 성분들은 guaiacol의 유도체로도 볼 수 있으며, gingerol은 zingerone과 shogaol의 전구물질로 보고 있다.

울금(curry powder)의 매운맛 성분은 curcumine으로 알려진 황색 결정이다.

또한 vanilla콩에 함유되어 있는 vanillin과 계피에 함유되어 있는 cinnamic aldehyde는 매운맛을 가진 향기 성분으로 알려져 있다.

2. 산 amide류

고추의 매운맛의 주성분은 capsaicin과 dihydrocapsaicin으로서 국내에서 재배되는 대부분의 고추에 건조 질량에 대해서 약 0.3%정도 함유되어 있다.

Capsaicin은 isodecylenic acid와 vanillylamine으로 이루어진 산 amide로 알려져 있으나 생강의 매운맛 성분과 같이 guaiacol의 유도체로 볼 수도 있다.

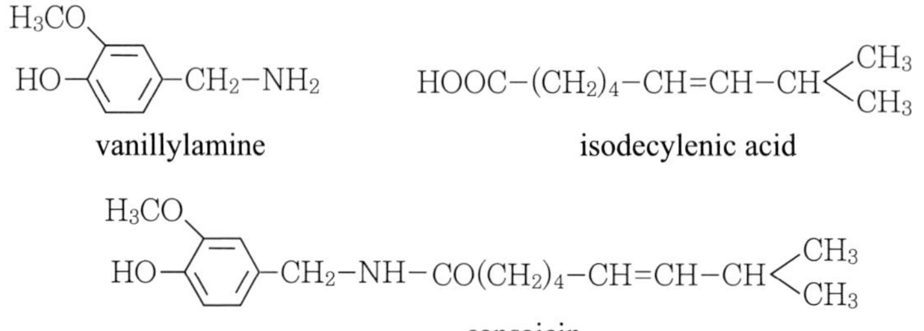

그림 14.35 고추의 매운맛 성분인 capsaicin의 구조

후추(black pepper)의 매운맛 성분은 chavicine으로서 약 0.8% 정도 함유되어 있다. 전에는 후추 중에 6~8% 정도 함유되어 있는 alkaloid 성분인 piperine이 매운맛 성분의 본체인 줄 알았으나 실제로 piperine은 매운맛이 없음이 확인되었다.

Chavicine과 piperine은 입체 이성체로서 chavicine은 *cis*형이고 piperine은 *trans*형이다. 후추를 분말상태로 오래 저장해 두면 *cis*형의 chavicine의 일부가 보다 안정한 형태인 *trans*형의 piperine으로 이성화함으로써 매운맛이 감퇴되는 것으로 알려졌다.

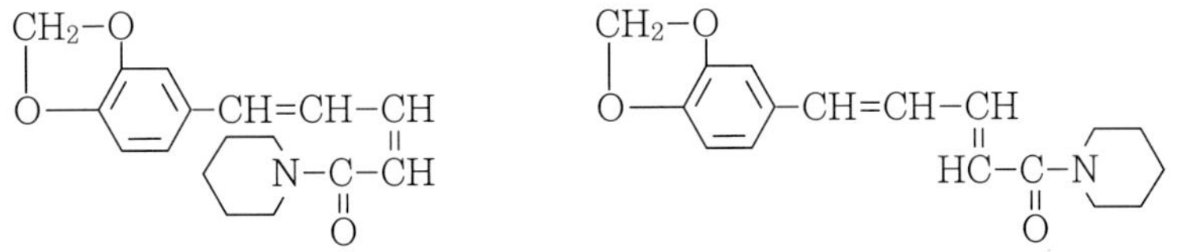

chavicine(*cis*형)　　　　piperine(*trans*형)

그림 14.36 후추의 매운맛 성분인 chavicine과 piperine의 구조

또한 산초(chinese pepper)의 매운맛 성분은 sanshool로서 dehydrolauric acid와 isobutylamine으로 이루어진 산 amide이다.

Sanshool의 이중결합의 위치는 아직 정확히 알려져 있지 않다.

sanshool

3. 유황 화합물

겨자유(mustard oil)에 속하는 매운맛 성분은 식물체 내에 존재하는 배당체에서 유래한다. 검은 겨자나 고추냉이에 물을 넣고 마쇄하면 세포가 파괴되어 배당체인 sinigrin에 효소 myrosinase가 작용하여 매운맛 성분인 allyl isothiocyanate를 생성한다. 겨자를 사용할 때 향신료와 달리 물을 넣고 잘 개는 것은 이 때문이다.

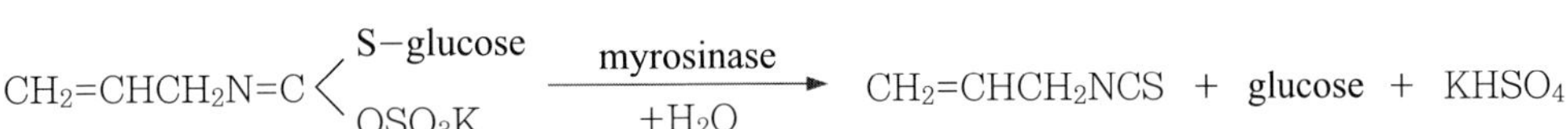

sinigrin(겨자)　　　　allylisothiocyanate

한편, 흰겨자에는 배당체인 sinalbin이 myrosinase에 의하여 분해되어 매운맛 성분인 *p*−hydroxybenzyl isothiocyanate를 생성한다.

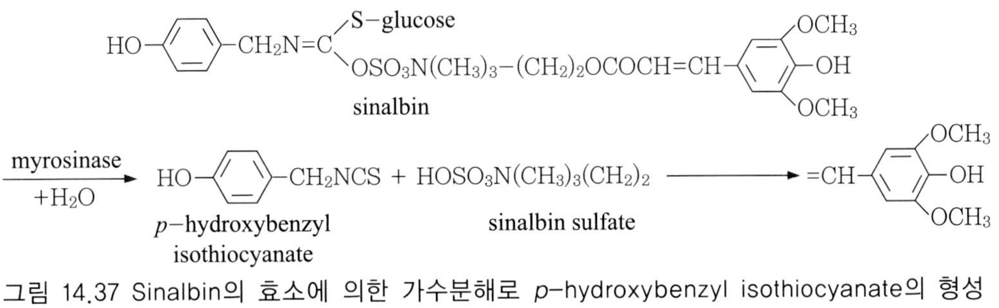

그림 14.37 Sinalbin의 효소에 의한 가수분해로 *p*−hydroxybenzyl isothiocyanate의 형성

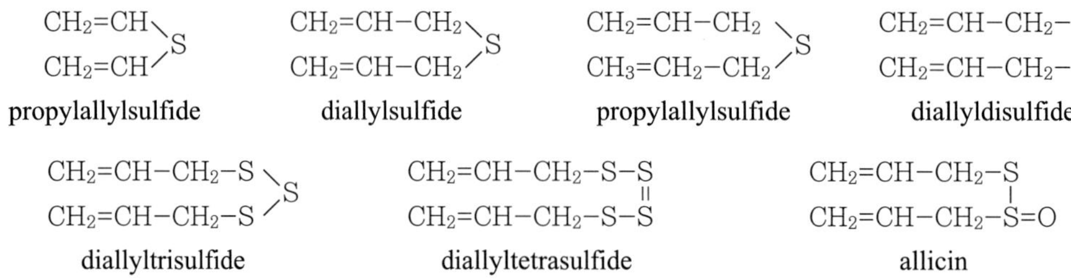

그림 14.38 마늘, 파, 양파, 부추 등의 매운맛 성분인 유황화합물들

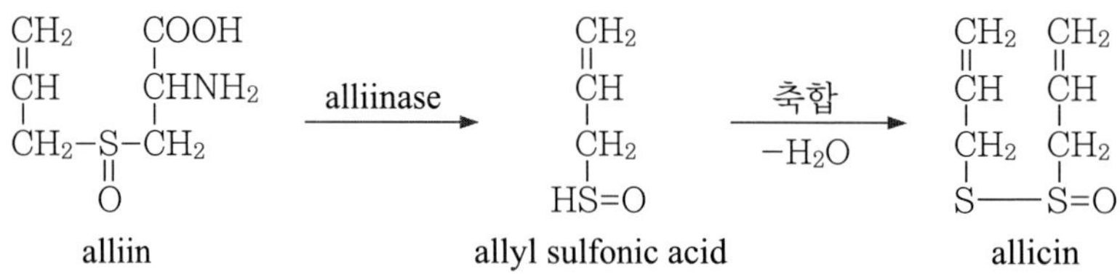

그림 14.39 Alliin의 효소분해에 의한 allicin의 형성

마늘, 양파, 파, 부추 등의 파류의 매운맛 성분은 divinyl sulfide, dialkyl sulfide, propyl allyl sulfide, dialkyl disulfide, dialkyl trisulfide, dialkyl tetrasulfide 등의 allyl sulfide류이다. 파래, 고사리, 아스파라가스, 파슬리, 양배추 등에도 온건한 매운맛 성분으로 dimethyl sulfide가 함유되어 있다.

또한 마늘에 함유되어 있는 alliin이 효소 alliinase에 의하여 매운맛 성분인 allicin을 생성한다. 이 allicin은 vitamin B_1과 결합하여 allithiamine이 되어 vitamin B_1의 효과를 높이기도 한다.

4. Amine류

부패한 생선이나 변패한 간장에는 그 중에 함유되어 있는 histidine 및 tyrosine 등의 아미노산이 세균에 의하여 탈탄산되어 독특한 매운맛 성분인 histamine과 tyramine을 생성한다.

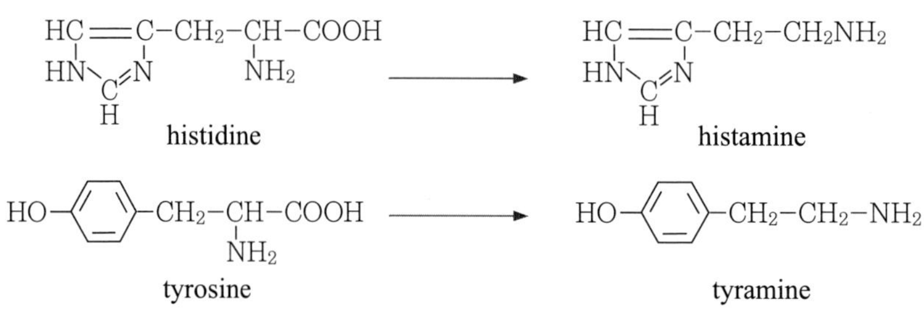

그림 14.40 아미노산이 탈탄산되어 형성된 histamine과 tyramine

제8절 감칠맛 성분

감칠맛(palatable taste)은 다시마, 쇠고기, 버섯 등에서 느낄 수 있는 맛으로서 단일 물질에 의한 맛이 아니고 단맛, 짠맛, 신맛, 쓴맛 등의 여러 가지 맛이 잘 조화된 상태라고 할 수 있다. 이와 같은 감칠맛을 내는 물질로서는 아미노산, peptide, choline 및 그 유도체, nuclotide 등이 있으며, 서양에서는 이들 성분을 식품의 풍미를 조화 또는 강화시켜 주는 풍미 강화제(flavor intensifier)로 보기도 한다.

1. 아미노산 및 peptide류

겨울철의 조개류, 새우, 게 등에 다량 함유되어 독특한 풍미의 감칠맛을 주는 성분은 glycine이며, 여름철에는 이 glycine이 methyl화한 형태인 betaine에 의하여 감칠맛이 나타난다. 또한 glycine의 유도체라고 할 수 있는 creatine, creatinine도 어류나 육류의 감칠맛 성분이다.

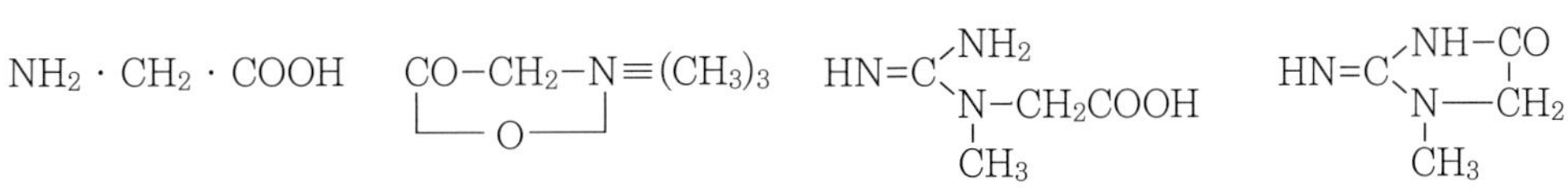

glycine | betaine (trimethylglycine) | creatine (methylglycocyamine) | creatinine (methylglycocydiamine)

그림 14.41 Glycine 및 그 유도체들

한편, 산성 아미노산에 속하는 asparagine과 glutamine은 각각 aspartic acid와 glutamic acid의 amide로서 어류, 육류 및 채소에 함유되어 있는 감칠맛 성분이다. Theanine은 glutamic acid의 ethylamine으로서 단맛을 가진 감칠맛 성분이다.

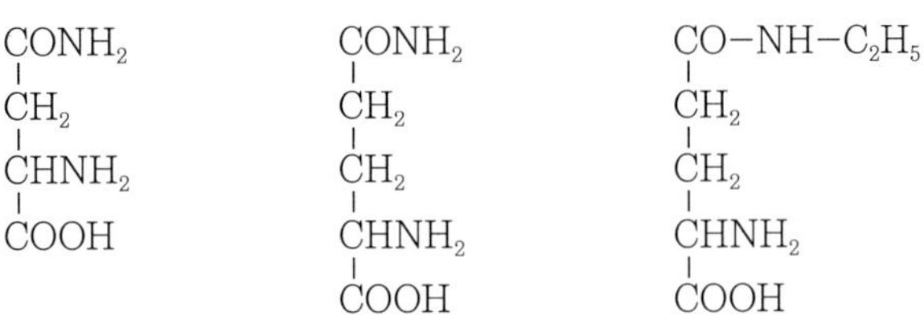

asparagine | glutamine | theanine

Monosodium glutamate(MSG)는 미역, 다시마의 감칠맛 성분으로서 *Ikeda*(1909)에 의하여 분리된 이래 풍미 강화제로서 널리 사용되고 있으며, 과거에는 밀단백질인 gluten 등을 산으로 가수분해하여 만들었으나 최근에는 당밀을 원료로 하여 *Brevibacterium lactofermentum* 등의 glutamic acid 발효균을 이용한 발효법에 의하여 생산되고 있다.

Glutamic acid는 2개의 carboxyl기를 가지고 있으나 monosodium glutamate만이 감칠맛을 가지며 disodium glutamate에는 감칠맛이 없다. 또한, monosodium glutamate는 L-형과 D-형이 recemi 혼합물로 존재하나 L-형만이 풍미 강화를 해주는 특성을 가지며 D-형은 이러한 성질이 없다.

순수한 monosodium glutamate는 0.03%의 농도에서 그 맛을 느낄 수 있으며, 0.05%에서는 맛이 매우 강하고 그 이상의 농도에서는 맛이 증가하지 않는다.

Monosodium glutamate의 감칠맛은 pH 6~8의 범위에서 가장 효과적이며, 그보다 산성에서는 감소한다. 당 함량도 맛에 영향을 미친다. Monosodium glutamate는 열에 안정하지만 pH 5 이하의 산성에서 가열하면 pyroglutamic acid가 되며, 알칼리성에서 가열하면 D-형으로 된다. 또 효소에 의하여 분해되면 감칠맛을 상실하기 때문에 조리하여 먹기 바로 전에 사용하는 것이 좋다.

또한 버섯(*Tricholoma muscarium*)에서 감칠맛을 가지는 새로운 아미노산 ibotenic acid와 tricholomic acid가 분리되었다. 이들 아미노산은 풍미 강화효과가 monosodium glutamate와 유사한 것으로 알려졌다.

Peptide류로서는 육류나 어류의 감칠맛 성분으로 알려진 dipeptide의 carnosine과 anserine(methyl carnosine)이 있으며, 동·식물성 식품에 널리 분포되어 있는 tripeptide의 glutathione도 감칠맛이 있다고 한다.

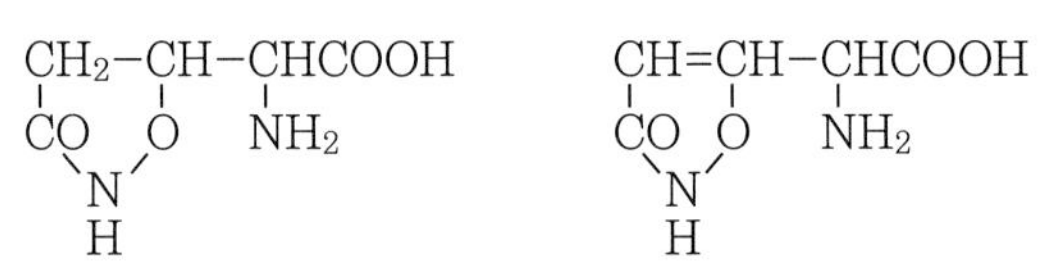

tricholomic acid　　ibotenic acid

그림 14.42 Tricholomic acid와 ibotenic acid의 구조

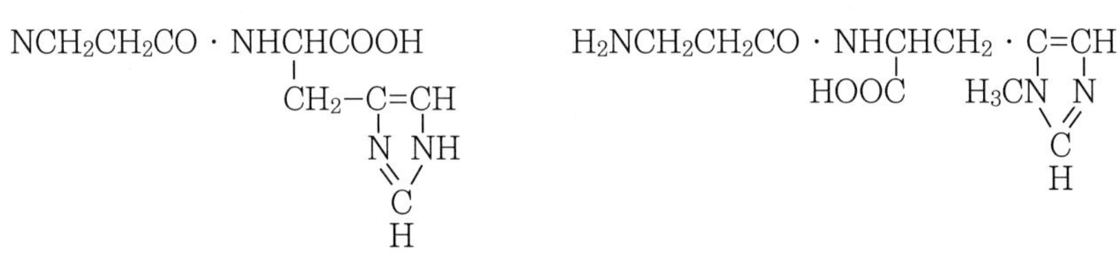

carnosine(β-alanyl-L-histidine)　　anserine(β-alanyl-1-methylhistidine)

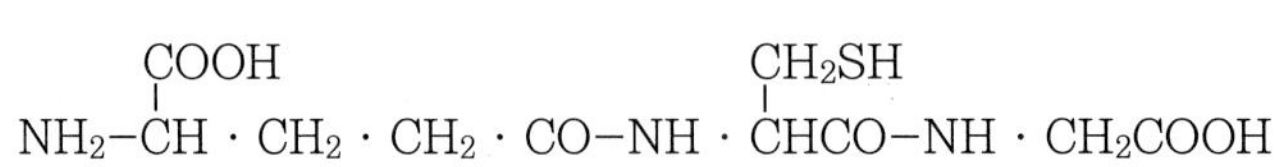

glutathione(6-L-glutamyl-L-cystinyl-glycine)

그림 14.43 Carnosine, anserine 및 glutathione의 구조

2. Choline 및 그 유도체

Choline과 그 유도체라고 할 수 있는 carnitin, betaine도 식품에 널리 존재하여 감칠맛을 주는 성분이다.

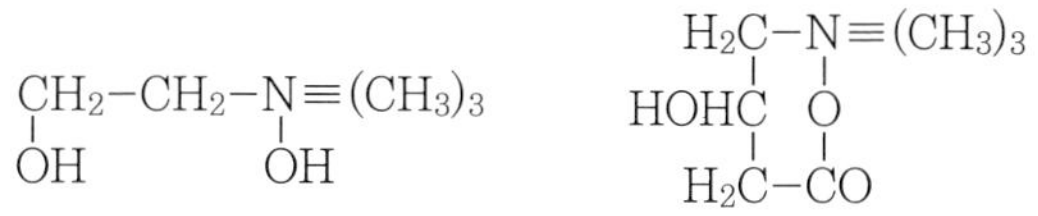

choline carnitin

그림 14.44 Choline과 carnitin의 구조

3. Purine 염기 및 ribonucleotide류

Purine 염기인 adenine, guanine, hypoxanthine, xanthine 그리고 guanine의 산화 생성물인 guanidine, methyl guanidine도 어류나 육류의 감칠맛 성분이다.

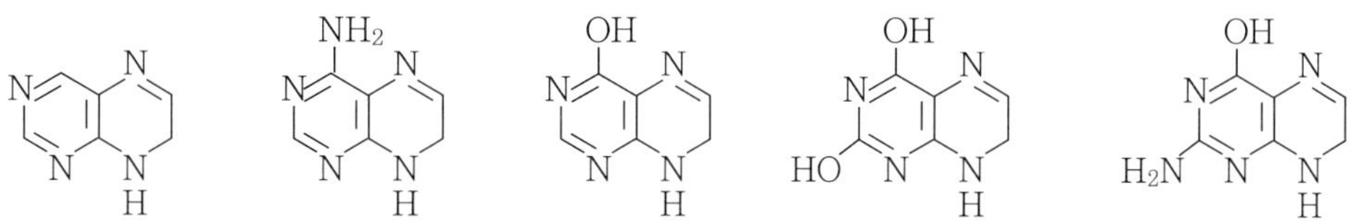

purine 염기의 기본구조 | adenine (6−amino purine) | hypoxanthine (6−oxypurine) | xanthine (2, 6−dioxypurine) | guanine (2−amino−6−oxypurine)

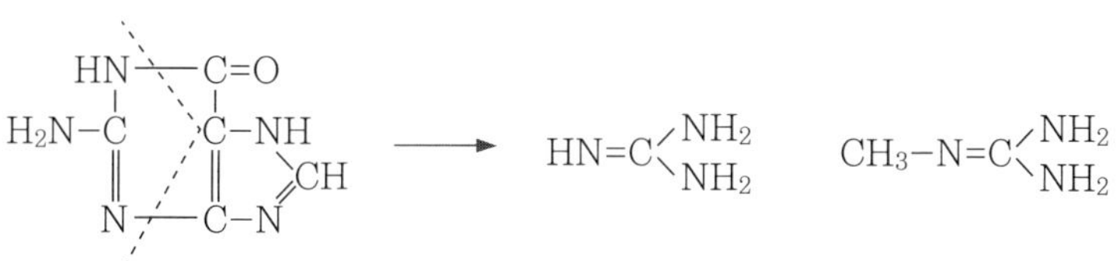

guanine(keto형) guanidine methylguanidine

그림 14.45 Purine 염기와 guanine의 산화생성물

말린 가다랭이(dried bonito)의 감칠맛 성분은 guanosine−5′−monophosphate(5′−GMP), inosine 5′−monophosphate(5′−IMP), xanthine 5′−monophosphate(5′−XMP)의 ribonucleotide류로서 *Kodama*(1913)에 의하여 풍미 성분이 추출된 후 1950년대에 이르러 그 구조가 확인되었다.

5′−GMP는 표고버섯, 송이버섯의 중요한 감칠맛 성분이고 5′−IMP는 쇠고기, 돼지고기, 생선의 중요한 감칠맛 성분이다. 이들 ribonucleotide류의 풍미 강화효과의 크기는 5′−GMP > 5′−IMP > 5′−XMP의 순서로 알려져 있다.

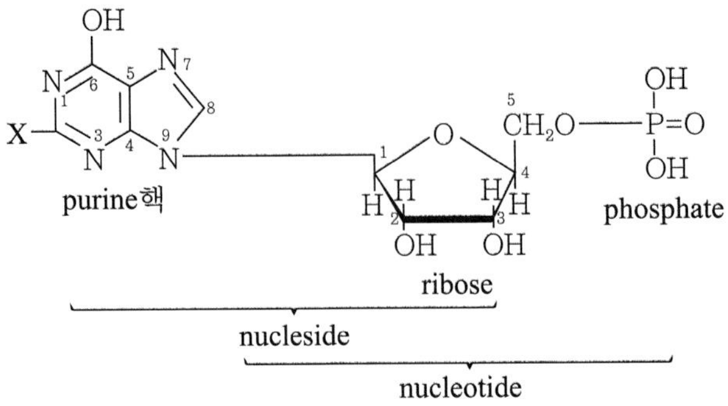

X=H : 5'-IMP (inosine 5'-monophosphate)
=NH_2 : 5-GMP (guanosine 5'-monophosphate)
=OH : 5'-XMP (xanthine 5'-monophogphate)

풍미강화효과가 있기 위해서는 purine 염기의 6위치에 OH기와 ribose의 C_5위치에 1분자의 인산이 결합되어 있어야 한다.

그림 14.46 Ribonucleotide류의 구조

육류나 생선의 5′-IMP는 주로 근육조직에 존재하는 ATP에 유래하며 그림 14.47의 ⓐ의 경로로 효소 작용에 의하여 생성된다. 이 5′-IMP는 육류 저장 중에 분해되어 inosine을 거쳐 hypoxanthine으로 전환된다. 조개류나 오징어, 문어에는 AMP-deaminase를 가지고 있지 않기 때문에 그림 14.47의 ⓑ의 경로로 분해되어 감칠맛을 가진 IMP는 생성되지 않는다. 따라서 이들 어패류에는 ribonucleotide가 없고 그 감칠맛은 아미노산, peptide, betaine, taurine 등의 혼합된 맛이라고 한다.

한편, 핵산계 조미료로서 시판되고 있는 ribonucleotide류는 5′-GMP 또는 5′-IMP의 disodium염이며, monosodium glutamate와 함께 사용할 때 서로의 풍미 강화 효과를 크게 상승시켜 주는 작용을 한다. 예를 들면, 1.2%의 소금물에 대한 MSG 0.005%와 5′-GMP 0.005%의 혼합물은 MSG 0.3%와 동등한 풍미 강화 효과를 나타낸다고 한다.

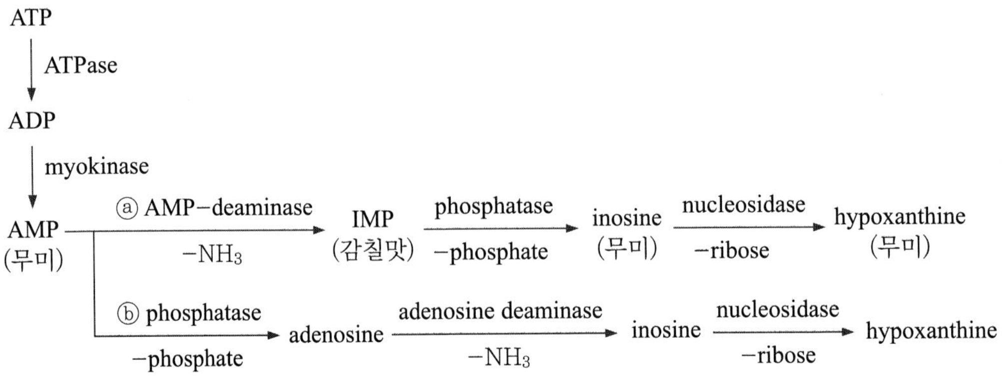

그림 14.47 ATP의 분해경로

제9절 떫은맛 성분

떫은맛(astringent taste)은 수렴성(astringency)의 감각으로서, 입안의 표피 단백질을 일시적으로 변성 응고시킴으로써 일어나는 미각 신경의 마비 또는 수축 작용에 의하여 느껴진다. 따라서 단백질의 응고를 가져오는 철(Fe) 등의 중금속의 염류, 일부의 지방산, aldehyde류, ketone류도 떫은맛이 느껴진다고 한다.

그러나 떫은맛을 가져오는 식품성분으로 가장 중요한 것은 tannin류이다. 미숙한 과실을 입에 넣었을 때와 같이 떫은맛이 강하면 불쾌하지만, 차잎에서와 같이 극히 미약할 때는 쓴맛에 가깝게 느껴지며 또 다른 맛과 조화되어 독특한 풍미를 가져온다.

1. Tannin류

Tannin은 식물계에 널리 분포되어 있는 polyphenol성의 화합물로서 단백질이나 기타 고분자 화합물과 결합하여 응고를 일으킨다. 식품에서 주로 떫은맛의 원인이 되고 있는 tannin성분은 catechin, gallic acid 및 그 유도체들이며, 이들 tannin이 산화 또는 중합되어 물에 불용성이 되면 단백질 응고 능력이 없어지고 떫은맛도 나타내지 않는다.

차잎의 떫은맛은 주로 catechin과 gallic acid에 의한 것이며, 이들 tannin은 녹차의 경우는 대부분이 그대로 잔존하지만 홍차의 경우는 발효과정 중에 산화되어 theaflavin을 형성하여 떫은맛이 감소한다. 또한 차에는 epicatechin gallate, epigallocatechin gallate와 같은 gallic acid의 ester형 tannin과 그 모체가 되는 epigallocatechin, epicatechin, gallocatechin과 같은 flavanol류의 tannin들이 함유되어 있다.

한편, 각종 차에는 phenolic acid의 일종인 theogallin이 함유되어 있어 차의 고유한 맛을 준다. 특히 녹차에는 그 고유한 맛을 내는 아미노산의 일종인 theanine을 함유하고 있다.

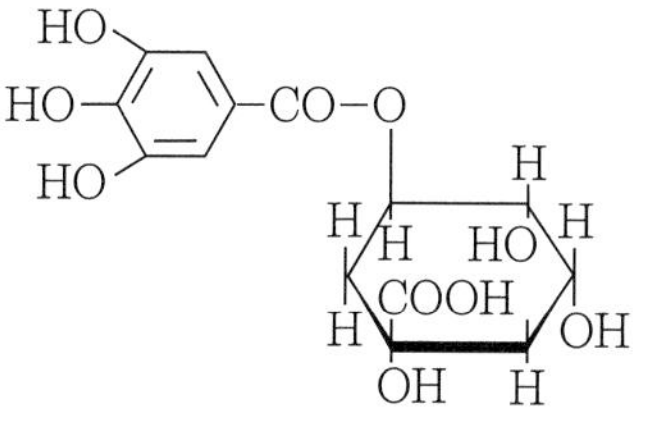

theogallin(3−galloyl quinic acid)

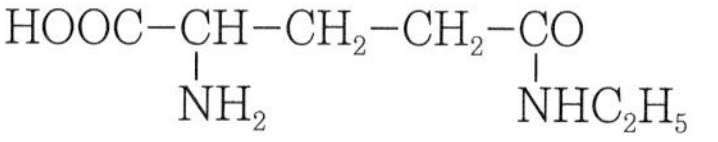

theanine(γ−N−ethyl glutamine)

그림 14.48 Theogallin과 theanine의 구조

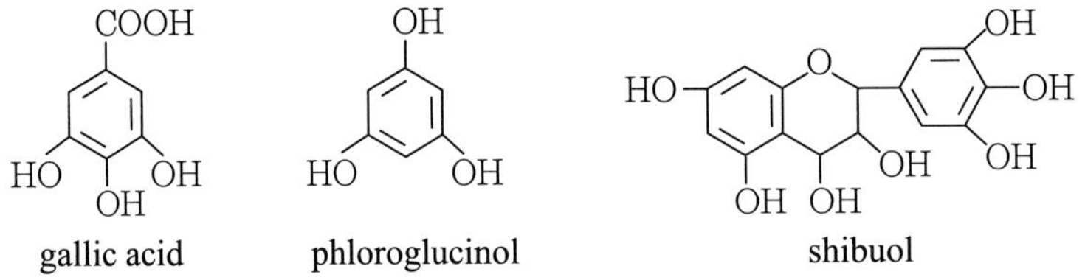

그림 14.49 감의 떫은맛 성분인 tannin류의 구조

감의 떫은맛은 gallic acid와 phloroglucinol의 축합물인 shibuol에 의한 것이다. 덜 익은 감은 떫은맛이 강하나 익어감에 따라 약해지는 것은 감이 성숙함에 따라 과일 내부에 생성된 alcohol이나 aldehyde가 shibuol과 중합하여 불용성의 물질을 형성하기 때문이다.

밤의 속껍질의 떫은맛은 2분자의 gallic acid가 축합한 ellagic acid에 의한 것이며, 커피의 떫은맛은 caffeic acid와 quinic acid가 축합한 chlorogenic acid에 의한 것이다.

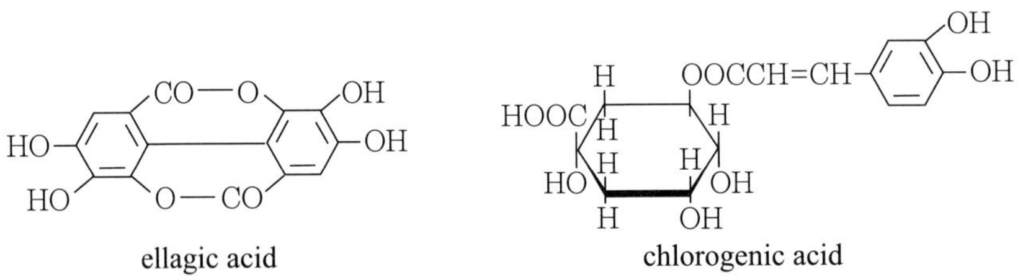

그림 14.50 Ellagic acid와 chlorogenic acid의 구조

2. 지방산, aldehyde류

수산 건제품이나 훈제품 등 지방질이 많은 식품을 장기간 저장하였을 때 떫은맛이 나타나는 경우가 있다. 이것은 지방의 산패에 의하여 형성된 일부의 유리 불포화 지방산이나 aldehyde가 혀의 점막에 점착하여 떫은맛이 나타나는 것이다. 떫은맛을 가지는 유리 불포화 지방산으로서는 arachidonic acid, clupanodonic acid 등이 있다.

제10절 기타의 맛 성분

1. 아린맛

아린맛(acrid taste)은 쓴맛과 떫은맛이 혼합된 듯한 불쾌한 맛이다. 채소 중의 죽순, 우엉, 토란, 가지, 고사리 등은 심한 아린맛을 가지고 있는데, 이것은 alkaloid, Ca^{2+}, Mg^{2+}, K^{+} 등의 무기염류, 각종의 tannin, aldehyde, 유기산 등에 의하는 것으로 알려져 있다. 특히 죽순, 토란의 아린맛 성분은 phenylalanine이나 tyrosine에서 생성된 homogentisic acid라고 한다.

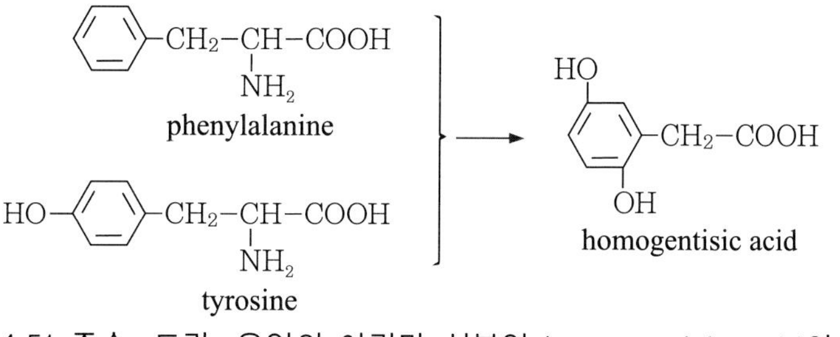

그림 14.51 죽순, 토란, 우엉의 아린맛 성분인 homogentisic acid의 형성

2. 알칼리맛과 금속맛

알칼리맛(alkaline taste)은 초목의 재나 중조($NaHCO_3$) 등에서 느낄 수 있는 맛으로 수산 이온(OH^-)에 의한 것이다.

금속맛(metallic taste)은 수저나 식기 등에서 느낄 수 있는 맛으로 철(Fe), 은(Ag), 주석(Sn) 등의 금속이온이 띠는 약한 맛이다.

3. 교질맛

교질맛(colloidal taste)은 교질성의 감각으로서 식품이 혀의 표면과 입속의 점막에 물리적으로 접촉될 때 느껴진다. 이 감각은 주로 식품 중의 고분자 화합물인 다당류나 단백질의 교질 상태에 좌우된다.

예를 들면, 곡류 등의 전분질 식품은 가열에 의해 α-starch가 생겨 친수성이 될 때 촉감이 좋고, 찹쌀밥은 친수성이 강한 amylopectin이 많아 끈기가 세다. 또한 과실잼의 pectin질, konjak의 glucomannan, 한천의 galactan, 해조의 alginic acid 등의 다당류나 밀가루의 gluten, 고깃국의 gelatin 등의 단백질이 각각의 식품의 교질맛에 기여한다.

제11절 맛 성분의 변화

1. 가열 조리에 의한 맛의 변화

일반적으로 식품은 가열 조리하는 과정에서 세포 내에서 수분을 비롯한 가용성 성분이 유출되거나 삼투압의 변화에 의하여 조미액이 조직 내부에 쉽게 삼투되는 등의 다양한 맛의 변화를 가져오며 또한 식품성분의 일부는 물리적 및 화학적 변화를 일으켜 독특한 맛을 나타낸다. 예를 들면, 가열 조리에 의한 전분의 호화와 단백질의 변성은 식품의 교질맛을 준다. 또 무나 양파를 삶을 때 각각의 매운맛 성분인 diallyl sulfide나 diallyl disulfide가 단맛이 있는 methyl mercaptan이나 propyl mercaptan으로 변화되어 단맛이 증가한다.

보통 식품에 물을 가하여 가열하는 데는 두 가지 목적이 있다. 하나는 삶는 것으로서 식품에서 좋지 않은 맛이나 냄새를 제거하는 것이다. 예를 들면, 채소나 산채 등을 삶아 아린맛을 제거한다든가 돼지고기와 같이 지방질이 많은 식품을 끓는 물에 처리하여 지방질을 용해시키고 냄새 성분도 제거하는 경우이다.

다른 하나는 곰을 하는 것으로서 식품에서 맛을 내는 성분을 침출시켜 그 국물을 다른 식품의 조미에 사용하는 것이다. 즉, 다시마, 말린 가다랭이, 고기, 생선 등을 삶아서 감칠맛 성분이 다량 침출된 국물(soup)로 이용하기 위한 것이다.

2. 발효에 의한 맛의 변화

식품은 발효 또는 숙성 과정에 독특한 맛을 가지게 된다. 간장, 된장의 맛은 원료 중의 탄수화물, 단백질이 미생물에 의하여 분해되어 생성된 당분, 아미노산, 염기류 등이 혼합된 맛이다. 김치류의 맛은 탄수화물의 분해로 생성된 초산, 유산 등에 의한다.

또한 젓갈류의 맛은 숙성 과정 중 자가효소나 미생물의 효소작용에 의하여 어육단백질이 서서히 분해되어 형성된 유리 아미노산이 크게 기여한다.

3. 부패에 의한 맛의 변화

식품이 미생물에 의하여 변패되면 불쾌한 맛을 나타내게 된다. 쉰밥은 초산에 의한 신맛을 띠고 오래된 청국장은 단백질의 분해로 생성된 peptone에 의하여 쓴맛을 띤다.

또 오래된 생선은 지방의 분해로 생성된 일부 유리지방산, aldehyde 등에 의한 떫은맛이나 아미노산의 분해로 생성된 histamine, tyramine 등에 의한 매운맛을 나타낸다.

제 15 장

식품 중의 독성물질 (toxic compounds in foods)

일반적으로 독성물질(toxic compounds)은 인체에 섭취될 때 인체에 해를 주거나 정상적인 건강 상태를 유지하는 데 지장을 주는 물질을 말한다. 이러한 물질은 그 종류도 상당히 많고 또한 비록 섭취 당시에는 직접 건강을 해칠 만한 양이 아니라 하더라도 많은 식품 중에 널리 분포되어 있어 반복 섭취되어 문제가 될 수 있다.

식품 중에 존재하는 독성물질은 그 종류가 매우 다양하여 어떤 기준에 의하여 분류하기는 대단히 곤란하다. 우선 식품 중에 독성물질이 존재하게 되는 원인에 따라 분류하면 대체로 다음과 같이 세 가지로 구분할 수 있다.

첫째는 내인성인 것으로, 이것은 동·식물성 자연식품 중에 하나의 정상적인 구성분으로 존재하는 고유한 독성물질이다.

둘째는 외인성인 것으로, 이것은 생물적 및 인위적 원인에 의하여 식품 중에 존재하는 독성물질이다. 이 중에서 생물적인 것은 식품 중에 번식하는 세균성 식중독의 원인균 및 어떤 미생물의 대사에 의하여 생성되는 독성물질이 대표적인 것이고, 인위적인 것은 식품 중에 혼입되는 오염물질(food contaminants)과 식품첨가물(food additives)이 주로 여기에 해당된다. 여기서 식품 중의 오염물질은 식품 중에 잔류하는 각종 농약, 공장 지대나 도시지역 등에서 배출되는 각종 폐기물, 연기, 가스, 먼지 등에서 유래되는 독성물질, 식품과 관련이 있는 각종 용기, 기구 포장 등에서 용출되는 독성물질, 그리고 식품의 제조, 가공 중에서 직접 간접으로 사용되는 각종 화학 물질에서 유래되는 독성물질 등이며, 이러한 것들은 대부분이 우발적으로 식품 중에 혼입 또는 오염되는 화학 물질이다.

셋째는 유인성인 것으로, 이것은 식품 중의 어떤 성분이나 식품첨가물이 물리적, 화학적 처리에 의하여 새로이 식품 중에 생성되는 독성물질이다.

한편, 식품 중의 독성물질의 존재 가능성에 대하여 일차 생산에서 인체의 소화 흡수에 이르기까지의 과정을 표시하면 그림 15.1과 같다.

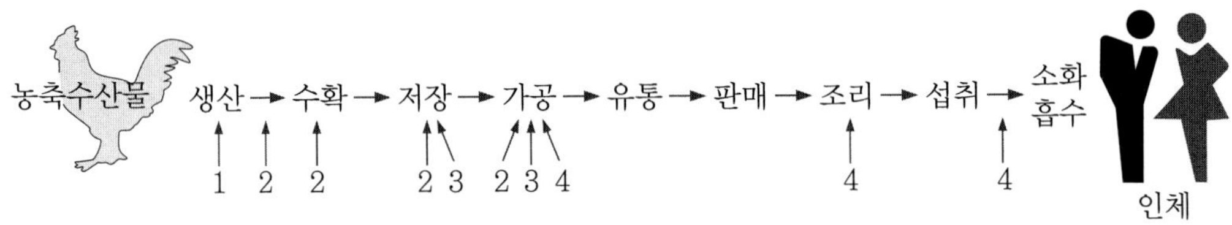

1. 천연성분 : 고사리, 소철, 머위 등
2. 식품에 혼입, 오염된 물질 : 중금속, 화학약품, 농약 미생물독소 등
3. 식품첨가물 : 아질산염 등
4. 식품성분에서 생성된 물질 : Nitrosoamine, 과산화물 등

그림 15.1 식품의 생산에서 소화흡수에 이르는 과정 중 독성물질의 생성 및 존재 가능성

이와 같이 독성물질은 식량 생산과 가공 과정에서 오염 혼입될 수도 있지만 저장이나 가공 중에 이차적으로 생성될 수도 있으며 반대로 식품 중에서 변화를 일으켜 독성을 소실하는 경우도 있는 등의 다양한 요소를 가지고 있다. 최근에는 식품 과학 기술의 발전으로 식품의 가공, 저장 및 유통과정 중에 오염 미생물 또는 기타에 의한 식중독 등의 급성 독성은 급격히 감소되고 있으나 식품에 첨가된 화학물질이나 기타 환경 요인에 기인한 만성 독성, 발암성, 변이원성 등의 안전성에 관한 문제가 대두되고 있다.

본 장에서는 편의상 식품을 자연식품, 가공식품, 오염식품으로 구분하여 그 식품 중에 존재하는 대표적인 독성물질에 대하여 간단히 논의한다.

제1절 자연식품 중의 독성물질

1. 식물성 독성물질

1) 두과식물 중의 protease 저해물질, hemagglutinin 및 saponin

식물 특히 두과 식물(legumes)의 종자에는 그대로 섭취하면 독성을 나타내지만 가열 조리 후에는 독성을 잃어버리는 것이 많다. *Osborne*과 *Mendel*(1917)에 의해 생콩이 동물의 성장을 저해하는 사실이 발견된 이래 생콩의 영양가를 저하시키게 하는 원인물질이 연구되었으며, *Kunitz*(1945)가 생콩으로부터 trypsin을 저해하는 단백질을 분리하는 데 성공하여 그 단백질을 원인물질로 생각하게 되었다. 콩에는 5~6종의 trypsin 저해물질이 존재하며 그 중 가장 잘 알려진 것이 *Kunitz* 저해물질(*Kunitz* inhibitor)이다. *Kunitz* 저해물질은 아미노산 200개 정도가 중합되어 형성된 polypeptide의 구조를 가지고 있다.

그 후 콩 이외의 여러 종류의 식물에도 protease 저해물질이 함유되어 있는 사실이 판명되었으며, 단백질 공급원으로서 중요한 위치를 점하고 있는 두과 식물 종자의 특히 많이 함유되어 있는 것이 문제시되고 있다.

표 15.1 주요 식물성 protease 저해물질

식물명	저해되는 효소[b)]	식물명	저해되는 효소
콩[a)]	T, C, Pe	밀	T, C
리마콩	T, C	옥수수	T
강낭콩	T, C	벼	T, S, endopeptidase
녹두	T	수수	T
팥	T, C	감자(뿌리)	T, C, CpA, CpB
땅콩	T, C	고구마(뿌리)	T
잠두	T, C	가지(과피)	T, Pr
보리	T, 알칼리성 protease	무	T
호밀	T, C	파인애플(줄기)	B, Pa, F

주 a) 별도 표시하지 않은 것은 모두 식물의 종자임
b) B=bromelain, C=chymotrypsin, Cp=carboxypetidase, F=ficin, Pa=papain, Pe=pepsin, Pr=pronase, S=subtilisin, T=trypsin

콩의 trypsin 저해물질에 대한 작용 메카니즘으로서는 단백질 분해 효소의 구조를 변형시켜 장내에 있어서 단백질의 소화를 저해하여 콩단백질의 이용률을 저하시킨다고 생각되어 왔지만 최근에는 저해물질이 췌장의 기능을 항진시키는 데에도 원인이 있다고 하는 설이 유력하다. 췌장효소의 분비량이 많아지면 신체로부터 소실되는 함황아미노산의 양도 많아진다고 생각되기 때문이다.

또한 두과 식물에는 trypsin 저해물질 외에 유해한 단백질로서 적혈구를 응집시키는 작용을 가진 hemagglutinin이 있다. 이것을 섭취한 동물은 성장이 저해되고 죽게 되는 경우도 있다. 이 단백질은 그의 당부분을 사이에 두고 세포막상의 어느 특정의 당 사슬 구조를 가진 부위에 결합할 수가 있다. 이 결합에 의해 적혈구를 응집하는 것이지만, 이 단백질은 임파구를 유약화하여 세포 분열을 촉진하기도 하고 DNA 합성을 저해하여 세포 독성을 나타내기도 하는 것이 알려져 있다. Protease 저해물질과 마찬가지로 가열 처리에 의하여 그 활성을 잃게 된다.

한편, 콩에는 배당체인 saponin과 그 aglycone인 sapogenin이 함유되어 있어 그 유해작용이 오래 전부터 알려져 왔다. 콩 saponin은 실험실 조건하에서 강한 용혈 작용(hemolytic activity)을 가지고 있으며, 그의 용혈 작용은 보통 사용되는 가열 조리 과정에서는 그 작용에 거의 영향을 받지 않는다고 한다. 그러나 보통 섭취될 정도의 소량의 콩에 함유된 saponin(약 0.5% 정도)으로서는 이것을 섭취한 생체에서 어떤 유해 작용을 가져오지 않는 것으로 생각되고 있다.

2) 피마자씨 중의 ricin, ricinine 및 allergen

피마자씨(castor bean)로부터 추출한 기름, 즉 피마자유(castor oil)나 그 박(meal) 중에는 독성은 매우 강하나 열에 의해서 쉽게 파괴될 수 있는 독성물질이 존재한다. 이들은 ricin과 그 독성이 ricin보다 다소 낮은 alkaloid 독소인 ricinine, 그리고 일부 사람에게 심한 allergy 증세를 일으키는 allergen 등이다. 이 중에서 특히 ricin은 피마자뿐만 아니라 콩을 비롯한 두과 식물의 종자에 널리 분포되어 있으며, 앞에서 논의한 바와 같이 적혈구를 응집시키는 식물성 hemagglutinin(phytagglutin) 또는 lectin으로 불리는 분자량 35,000 정도의 특수한 식물성 단백질의 하나이다. 이 ricin은 피마자유를 용매로 추출한 후 그 용매를 제거하는 과정에서 제거되는 것으로 알려지고 있다.

또한 독성 alkaloid인 ricinine은 그 양이 극소량이기 때문에 별 문제가 되지 않는 것으로 생각되고 있다.

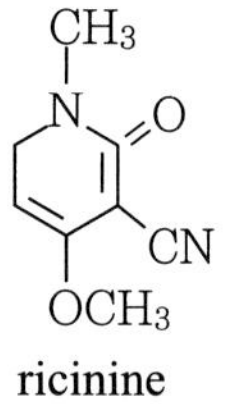

ricinine

한편, allergen은 피마자박 중에 상당량이 존재하며(박 중량의 6~9% 정도), 또 비교적 내열성이 강하기 때문에 불활성화시키기 어려운 것으로 알려져 있다.

3) 감자 중의 solanine 및 기타 식물의 alkaloid류

감자 중에는 미량(0.005~0.1%)의 solanine이라는 독성물질을 함유하고 있으며, 이 정도의 양으로는 무해하나 새로 발아된 부위에는 0.1% 이상의 solanine을 함유하고 있어 독성을 나타내는 경우가 있다.

Solanine은 solanidine이라는 steroid계 alkaloid에 glucose, galactose, rhamnose가 결합한 배당체로서 용혈 작용 및 운동 중추의 마비 작용을 가진다. 이것은 생체 내에 존재하는 cholinesterase의 작용을 억제함으로써 독성 작용을 가져오는 것으로 알려지고 있다. 이것의 중독 증상은 섭취 후 수 시간 내에 나타나며 복통, 위장 장해, 허탈, 현기증, 의식 장애 등을 일으킨다.

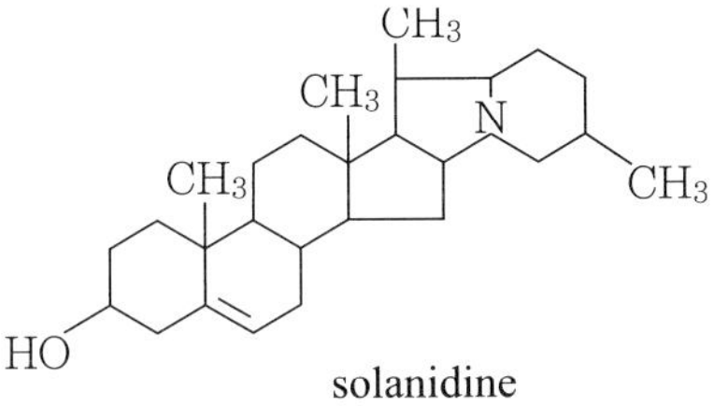

solanidine

한편, *Senecio* 잡초의 씨에 들어 있는 retrosine과 *crotalaria* 잡초의 씨에 들어 있는 monocrotaline은 pyrrolizidine alkaloid로서 사람에게 간의 기능 장해를 가져오는 독성물질이다. 흔히 이들 씨가 혼입된 밀가루로 만든 빵을 먹었을 때 일어나므로 빵 중독(bread poisoning) 또는 seneciosis라고 불려진다.

또한 lycorin은 가을 꽃무릇의 구근 속에 있는 유독한 isoquinoline alkaloid로서 밀가루에 혼입되어 중독을 일으키는 일이 있다.

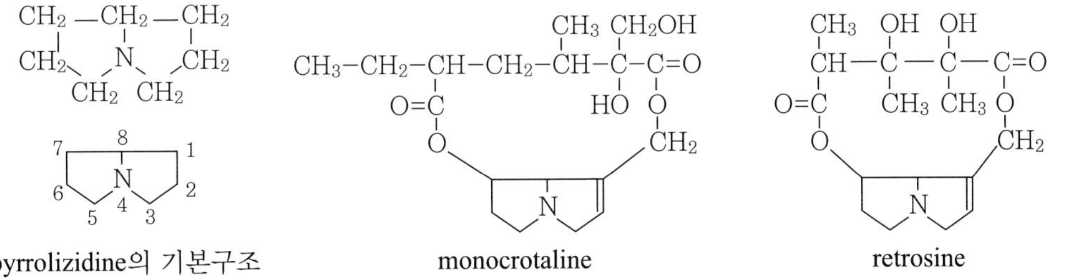
pyrrolizidine의 기본구조 monocrotaline retrosine

그림 15.2 Pyrrolizidine alkaloid 성분인 monocrotaline 및 retrosine의 구조

4) 살구씨 중의 amygdalin 및 기타 식물의 cyan 배당체

신살구, 복숭아, almond 등의 종자의 알맹이 속에는 cyan 배당체인 amygdalin이 함유되어 있다. Cyan 배당체는 산이나 효소에 의해 가수분해되면 cyan산(HCN)을 형성하므로 이로 인해 독성 작용을 나타낸다. 일반적으로 cyan산은 독성이 매우 크며, 생체의 호흡효소에 대하여 강한 억제 작용을 한다고 한다. Amygdalin은 gentiobiose와 mandelonitrile($C_6H_5CH(OH)CN$)로 구성되어 있으며, 효소 emulsin에 의하여 가수분해되면 HCN 1 mol, benzaldehyde 1 mol, glucose 2 mol을 형성한다. 그러나 묽은 산에 의하여 가수분해되면 HCN과 benzaldehyde 대신 mandelic acid($C_6H_5CH(OH)COOH$)를 생성한다.

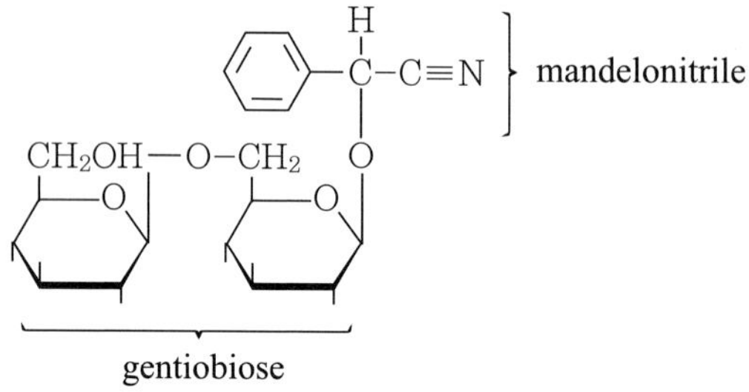

그림 15.3 Cyan 배당체 성분인 amygdalin의 구조

곡류 중의 수수류(*Sorghum genera*)도 cyan배당체인 dhurrin이 함유되어 있다. 이것의 aglycone은 *p*−hydroxymandelonitrile이다. 또 dhurrin의 위치 이성체인 zieren도 여러 식물체에서 발견되어 있다.

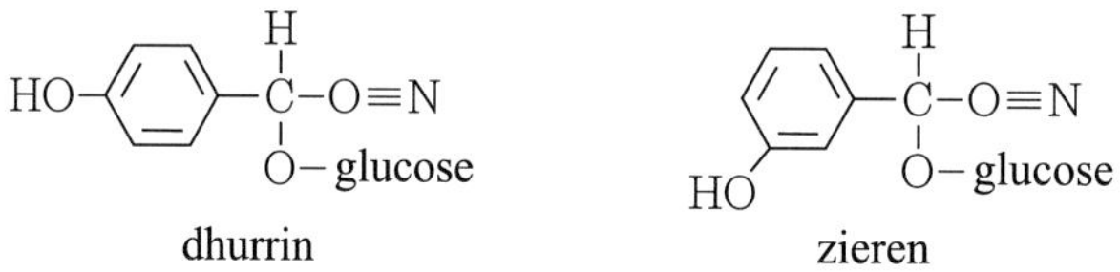

수수류의 푸른 잎에는 cyan산의 함량이 많아 건조중량의 약 0.2%에 달하는 경우도 있으며, 수수류 자체에도 dhurrin의 함량이 3~5%에 달하는 경우도 있다. 그러나 식용으로 되기 전에 그 속에 존재하는 효소에 의하여 대부분이 가수분해되어 cyan산의 함량이 급격히 감소되므로 수수류를 먹고 중독을 일으키는 경우는 드물다고 한다.

또한 강낭콩 등의 여러 고등 식물에 linamarin 및 lotaustralin의 cyan 배당체가 널리 분포되어 있다. Linamarin은 acetone cyanohydrin, lotaustralin은 methylethyl ketone cyanohydrin의 배당체이다. Linamarin은 linamarase에 의하여 acetone cyanohydrin이 되며, 이것은 oxynitrilase에 의하여 가수분해되어 acetone과 cyan산을 생성한다.

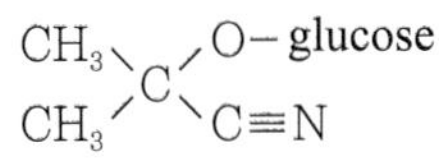

linamarin

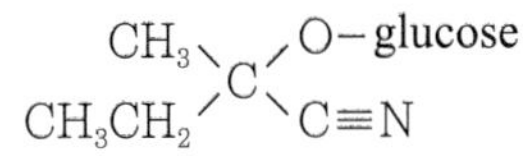

lotaustralin

5) 면실 중의 gossypol 및 기타 식물 중의 phenol류

면실(cotton seed) 중에는 gossypol로 알려진 독성물질이 존재한다. 따라서 면실유와 그 박 중에는 독성물질인 gossypol이 들어가게 되며, 박 중에는 0.7~1.5%에 달한다고 한다. Gossypol은 면실유의 경우는 그 정제과정에서 대부분 제거되므로 문제가 없으나, 박 중에는 이의 존재로 말미암아 다량의 양질의 단백질을 함유함에도 불구하고 식품 및 사료로서 효과적인 이용이 저해되고 있다. 또한 박 중의 lysine과 gossypol이 결합하여 복합체를 형성함으로써 생체가 이용할 수 있는 lysine의 양을 감소시킨다. Gossypol은 또 제1철이온(Fe^{2+})과 쉽게 결합하여 불용성의 복합체를 형성하는 성질도 갖고 있으며, 이 복합체는 칼슘(Ca)이 존재할 때는 쉽게 침전으로 제거된다.

한편, gossypol은 유지의 산패를 억제하는 항산화 작용을 가지고 있으나 그 독성 작용으로인하여 정제과정에서 제거된다.

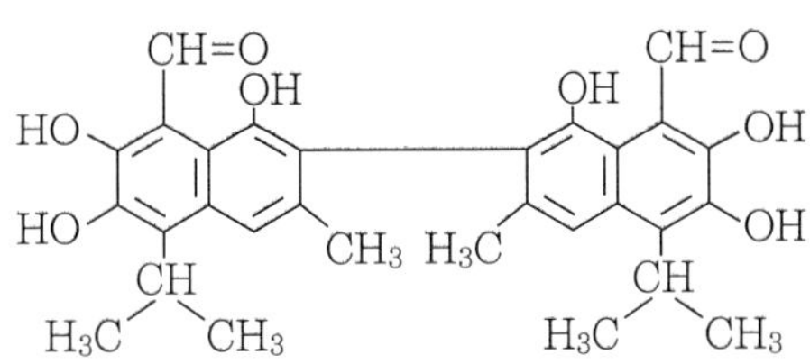

그림 15.4 Gossypol의 구조

여러 식물체 중에 존재하는 phenol 화합물 중의 일부는 독성을 가지고 있음이 알려져 있다. 즉, 감귤류, 특히 레몬즙에서 미량으로 발견되는 isopimpinelin, furocoumarin 등은 독성을 가지고 있다. 또 쥐방울풀(snake root)을 먹은 젖소에서 분비된 우유를 먹으면 사람에게 우유병(milk sickness)을 일으키는데, 이것은 쥐방울풀에서 유래된 benzofuran toxol이란 성분 때문이다. 또 셀러리, 파슬리, 양방풍나물(parsnip) 등의 야채 중에는 환각 작용(hallucinogenic action)을 가진 myristicin이란 독성분이 함유되어 있다.

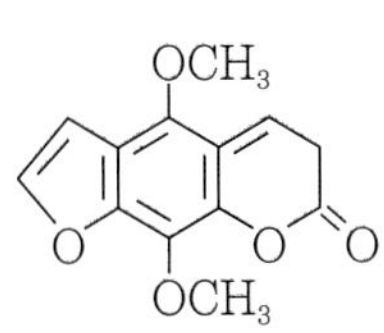

isopimpinellin

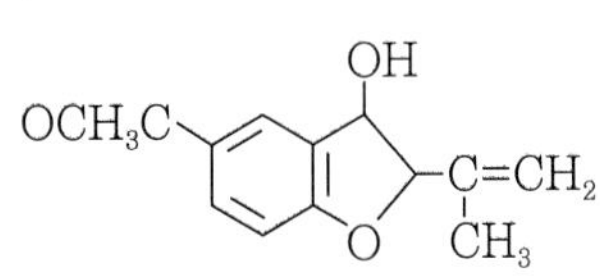

benzofuran toxol

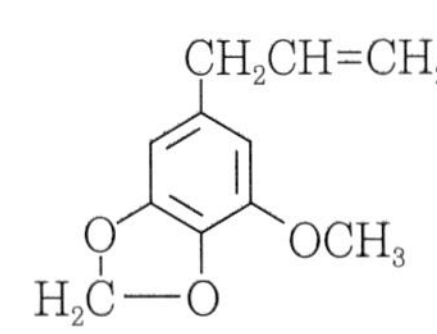

myristicin

6) 독버섯 중의 peptide류 및 기타 식물의 이미노산, amine류

독버섯의 독성물질 중에서 가장 중요한 것은 독성 peptide류이다. 이 독성 peptide류는 그 구조에 따라 amatoxin류와 phallotoxin류로 구분한다.

Phallotoxin류는 L-allohydroxyproline, D-erythrohydroxyaspartate, L-proline, D-threonine, L-valine, L-phenylalanine, L-alanine의 7개의 아미노산으로 구성된 환상 peptide류(cyclic heptapeptides)이다.

Amatoxin류는 8개의 아미노산으로 구성되어 있는 octapeptide로서 2개의 L-glycine, 각각 1개의 L-aspartic acid 또는 L-asparagine, L-hydroxyproline, L-isoleucine, 여러 개의 γ-hydroxyisoleucine으로 이루어져 있다. 그러나 amanullin만은 예외로 γ-hyoxyisoleucine을 함유하지 않으며 독성도 갖고 있지 않다

일반적으로 독성은 amatoxin류가 phallotoxin류 보다 강하나 그 작용 속도는 phallotoxin류가 빠르다. 예를 들면, amatoxin류에 속하는 α-amanitin은 phallotoxin류에 속한

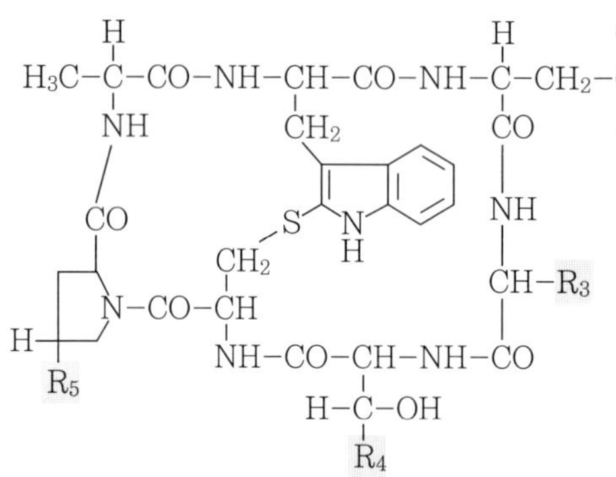

R_1	R_2	R_3	R_4	R_5	
OH	H	CH_3	CH_3	OH	: phalloidin
H	H	CH_3	CH_3	OH	: phalloin
OH	OH	CH_3	CH_3	OH	: phallisin
OH	H	$CH(CH_3)_2$	CO_2H	OH	: phallicidin
H	H	$CH_2C_6H_5$	CH_3	H	: phallin B

phallotoxin류의 기본구조

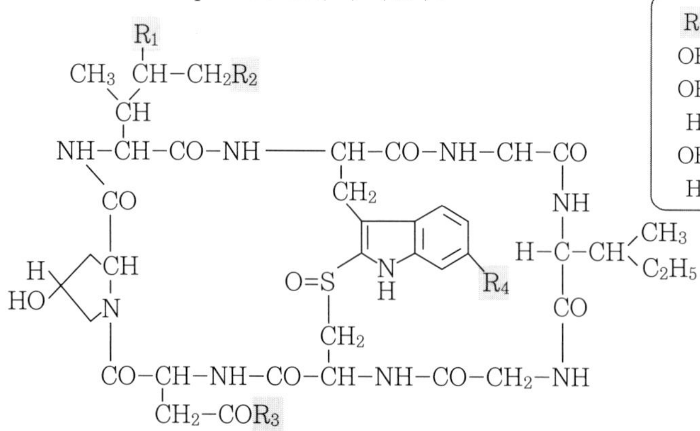

R_1	R_2	R_3	R_4	
OH	OH	NH_2	OH	: α-amanitin
OH	OH	OH	OH	: β-amanitin
H	OH	NH_2	OH	: γ-amanitin
OH	OH	OH	H	: amanin
H	H	NH_2	OH	: amanullin

amatoxin류의 기본구조

그림 15.5 Phallotoxin류와 amatoxin류에 속하는 독성 peptide들의 구조

phalloidine보다 그 독성이 10배 정도가 더 강하며 실제로 독버섯의 주요 독성 성분으로 알려져 있다.

일부 phallotoxin류 및 amatoxin류에 속하는 독성 peptide류의 구조는 그림 15.5와 같다.

한편, 칼리브 사람들이나 나이제리아 사람들이 즐겨 먹는 열대성 식물 *Blighia sapida*의 미숙한 열매를 다량 섭취하면 혈액 중의 당분에 비정상적인 감소 현상이 나타난다. 이 미숙한 열매 중에는 hypoglycin A(β−methylenecyclopropanylalanine)을 함유하고 있다. 이의 생체 내에서의 작용은 아직 확실하지 않으나 대체로 생체 내에서 지방산의 β−산화 과정을 억제하는 것으로 알려져 있다.

또 일부 두과 식물의 열매(legumes)에서는 독성을 가진 아미노산인 mimosine이 발견되고 있는데 이것은 lysine에서 생성된다(그림 15.6).

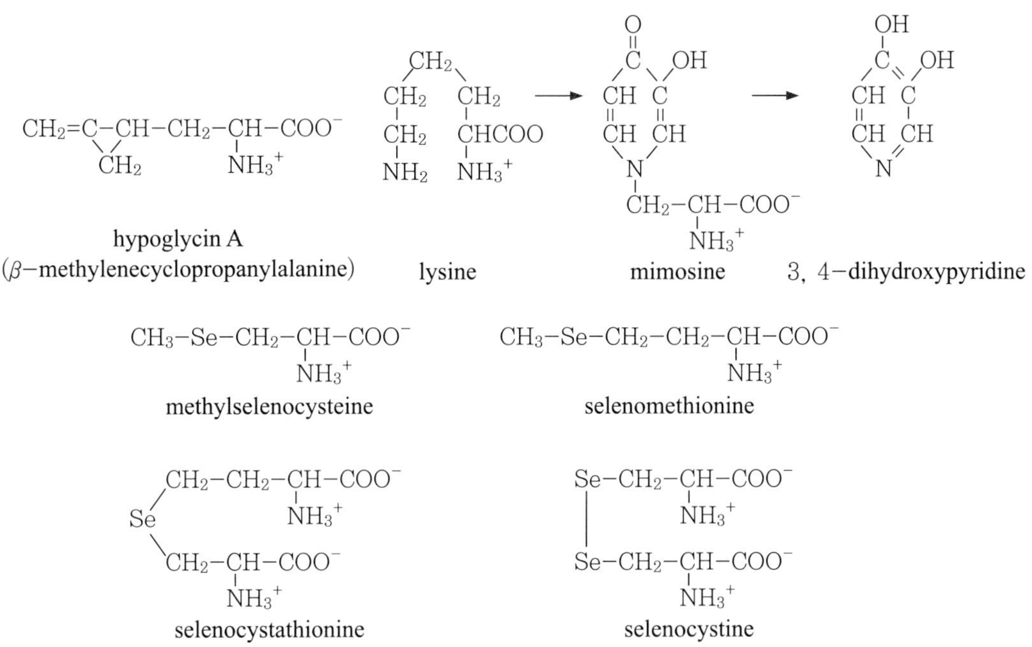

그림 15.6 독성을 가진 일부 아미노산의 구조

Selenium(Se) 함량이 많은 토양에서 재배된 식물들에 존재하는 아미노산들은 그 분자 내에 Se을 포함한 selenoamino acid를 함유하고 있는데, 이것을 함유한 식물성 단백질을 섭취한 동물의 체내 단백질에서도 selenoamino acid가 발견된다. 이러한 아미노산을 함유하고 있는 단백질을 섭취함으로써 일어나는 식중독은 만성 중독이며 본질적으로 Se 중독과 같다. 유리 selenoamino acid로서는 selenomethionine, methylselenocysteine, selenocystathionine, selenocystine 등이 있다.

한편, choline 유도체라고 볼 수 있는 neurine과 muscarine은 amine류로서 peptide류인 amatoxin, phallotoxin과 더불어 독버섯의 유독성분을 이룬다.

또, 최근에는 여러 가지 과실류 중에서 serotonin, 포도주에서 histamine, 바나나에서 norepinephrine, 레몬즙에서 octopamine, 각종 치즈에서 tyramine, tryptamine 등의 혈압증진성 amine류가 발견되고 있는데, 이것들은 생체 내에서 amine류의 산화 과정과 관계가 있는 mono-amine oxidase의 활동을 억제함으로써 체내에 혈압증진성 amine류가 분해되지 않고 축적되므로 심장질환을 유발할 수가 있다.

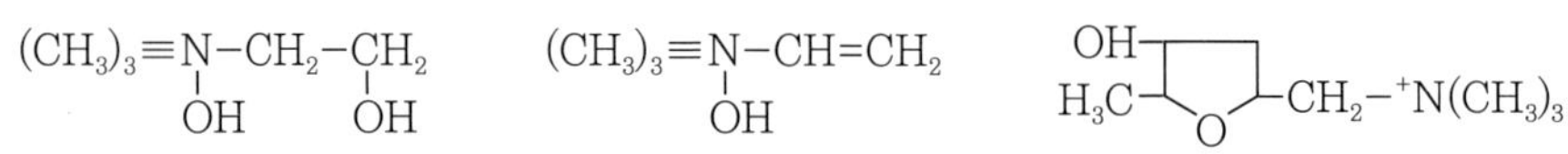

choline neurine muscarine

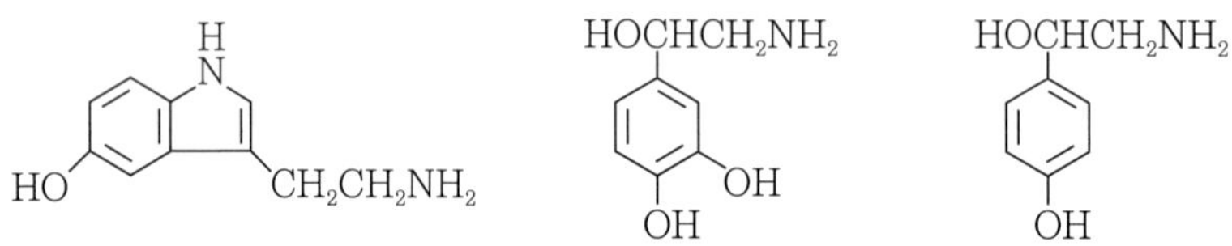

serotonin norepinephrine octopamine

7) 기타 식물성 독성물질

식용하는 미나리와 비슷한 독미나리에는 cicutoxin($C_{19}H_{26}O_3$)이라는 독성분이 지하경에 들어 있다. 이것을 섭취하면 수분 내지 2시간 이내에 위통, 구토, 현기증 경련 등을 일으키고, 경우에 따라서는 10~20시간 후에 사망한다. 또 청연(青烟) 중에 혼생하는 독맥(*Lolium temuleutum*)의 종자 중에는 temuline($C_7H_{12}N_2O$)이라는 유독성 alkaloid를 약 0.06% 함유하고 있어 밀가루 중에 혼입될 때 중독 사고를 일으킨다. 중독 증상은 구토, 두통, 소화기 장해 등이 일어난다.

한편, 미치광이풀(*Scopolia japonia* Max.)의 근경 중에는 hyoscyamine($C_{17}H_{23}NO_3$) 및 atropine($C_{17}H_{23}NO_3$)이라는 독성물질을 함유하고 있는데, 미치광이풀은 생약으로 atropine의 제조 원료로 사용된다. 중독 증상으로는 뇌흥분, 심계항진, 호흡 정지 등의 증상을 나타내며, 흥분시에는 미친 상태로 된다.

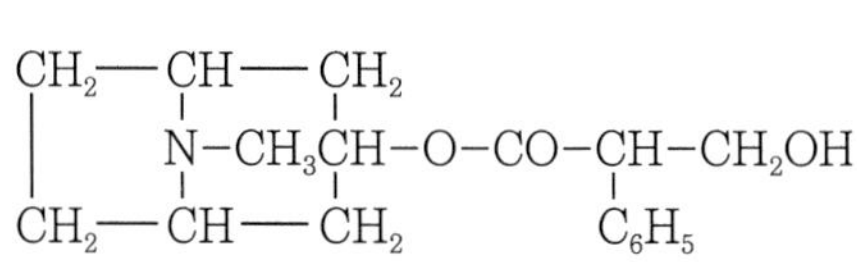

L형 : Hyoscyamine DL형 : Atropine

또 쌀, 기타의 곡류에 함유되어 있는 lysolecitin은 용혈성 독성분으로 혈액 내에 주사하면 동물은 곧 죽지만, 경구적으로 섭취할 때는, 특히 쌀을 먹을 때와 같이 다른 성분과 함께 조금씩 섭취하면 유해 작용은 거의 없다고 한다.

한편, 열대 및 아열대 지방에 분포되어 있는 소철(*Cycas revoluta Thunb*)에는 간암, 신장암 및 대장암을 일으키는 cycasin을 함유하고 있으며, 경음료의 착향료로 사용되는 sassafras oil 중에는 간암과 식도암을 일으키는 safrole과 isosafrole을 함유하고 있다.

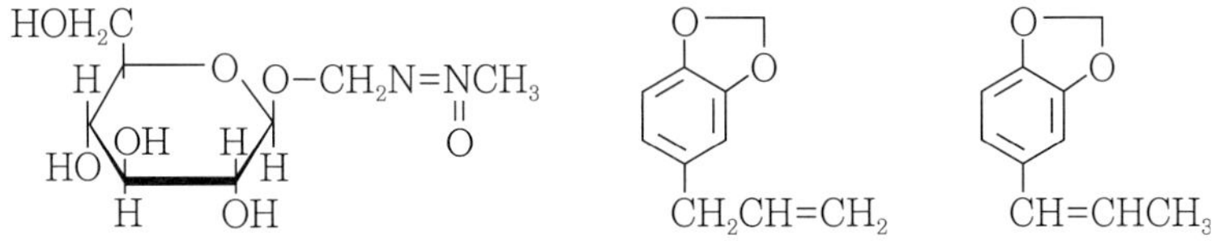

cycasin　　safrole　　isosafrole

2. 동물성 독성물질

1) 복어 중의 tetrodotoxin 및 기타 어류알의 독성물질

복어(puffer fish, swell fish)의 독성물질에 관한 연구는 비교적 오래 전에 시작되었으며, *Tahara*(1894)가 이 독성물질의 결정에 tetrodotoxin으로 명명하였으나 그 구조는 1964년에 이르러 *Tsuda*(1964)에 의하여 비로소 확정되었다. Tetrodotoxin의 분자식은 $C_{11}H_{17}N_3O_3$이며 그림 15.7의 분자구조와 같이 hemiacetal 고리를 가지고 있다. 이것은 현재까지 알려진 비단백성 독소 중에서 그 독성이 가장 강한 결정성 물질로 알려져 있다. Tetrodotoxin의 결정은 물에 녹지 않는 약 염기성 물질로 유기용매에 녹기 어려우며, 자외선 및 적외선에 의해 특이한 파장을 나타내고, 알칼리에 의하여 가수분해되면 2−amino−6−hydroxymethyl−8−hydroxyquinozoline을 생성한다.

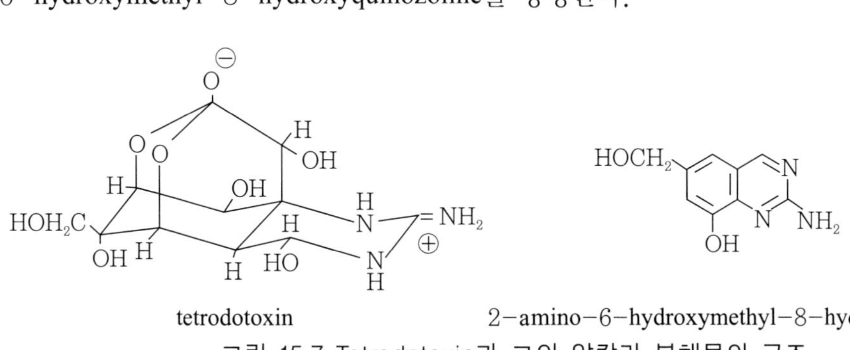

tetrodotoxin　　2−amino−6−hydroxymethyl−8−hydroxyquinozoline

그림 15.7 Tetrodotoxin과 그의 알칼리 분해물의 구조

Tetrodotoxin의 독성은 흰쥐에 대하여 LD_{50}[1]=10μg/kg으로 추산되고 있어 매우 강력함을 알 수 있으며, 독성분은 복어의 알 뿐만 아니라 그의 난소, 간, 피부, 경우에 따라서는 근육 등에 분포되고 있으며 그의 분포 상태와 독성은 복어의 종류에 따라 다르다.

복어 외에도 일부의 동갈치(gars), 곤들매기(pikes), 돌잉어(barbel), killfishes, creolefish, 말씀뱅어(cabezon) 등의 어류의 알에도 매우 강력한 독성물질이 함유된 사실이 알려져 있다. 이들 독성물질에 대하여는 아직 확실히 연구되어 있지 않으나 일부의 동갈치알의 경우 위장질환 증상을 나타내며, tetrodotoxin과 전혀 다른 계통의 분자량이 매우 큰 화합물로 생각되고 있다. 일부의 말씀뱅어알의 경우도 단백질성의 독성물질로서 생체의 세포 증식을 억제하고 간장과 비장에 괴저(necrosis)를 일으킨다고 한다.

한편, 아일랜드 해안에서 볼 수 있는 성게(*paracentrotus*)나 해삼에는 holothurin이라는 독성물질을 함유하고 있다.

2) 모시조개 중의 venerupin 및 기타 조개류의 독성물질

일부 조개류(shell fish)에는 매우 강력한 독성물질을 갖고 있는 사실이 오래 전부터 알려져 있다. 조개류 중독의 원인이 되는 독성물질은 일반적으로 조개의 체내에서 형성되는 것이 아니라 바다 속에서 부유하고 있는 어떤 종류의 편모조류(*Marine dinoflagellate*)에 형성된 독소를 조개류가 먹는 데서 조개류 체내에 옮겨진다고 하는 사실이 알려져 있다. 독성물질은 조개류의 내장에 주로 존재하며, 또 열에 비교적 안정하므로 보통의 가열조리에 의해서도 잘 파괴되지 않는다.

모시조개(*Venerupis senidecussta*)의 독성물질은 그 학명에서 유래하여 venerupin이라고 명명하였으며, 그 후 독성물질은 분리하였으나 아직 화학적 본체는 확실하지 않고 일종의 amine으로 보고 있다. 이것은 ether, chloroform, ethanol에는 녹지 않고 methanol에 녹는 담갈색의 흡습성 물질이다. Venerupin은 pH 5~8에서 100℃로 1시간 가열하여도 견딘다. 그러나 pH 9이상의 알칼리성에서는 약하게 오랫동안 가열하면 파괴된다.

섭조개류(*California mussels*)나 대합조개류(*Alaska butter clams*)의 독성물질은 그 화학식이 $C_{10}N_{17}O_4N_7 \cdot 2HCl$로 표시되는 purine염기의 유도체로서 saxitoxin으로 명명되고 있으며 그 구조는 *Schantz*(1975) 등에 의하여 규명되었다. 이 외에도 neosaxitoxin, 각종의 gonyautoxin 등의 유사한 독성물질이 분리 확인되어 있다. 이들 독성물질은 급속한 신경

[1] LD_{50} : 50% 치사량을 의미한다. 그러나 이것은 실험대상이 달라지면 객관적으로 비교하기가 어려운 단점이 있다.

마비(paralysis of nerve), 특히 호흡 신경의 급속한 마비를 가져오는 매우 강력한 독성을 나타낸다. 이들은 주로 조개류의 내장에 존재하며 또 열에 비교적 안정하기 때문에 조개류를 어느 정도 씻거나 가열 조리하여도 잘 파괴되지 않는다.

3) 기타 동물성 독성물질

어류, 고래 등의 해산동물의 유지에는 고급의 고도 불포화 지방산, 불포화 탄화수소가 있어서, 이들이 가끔 유해 작용을 나타낸다.

제2절 가공식품 중의 독성물질

1. 가공 중 화학적 반응에 의해 형성된 독성물질

1) 지방질의 산패 생성물

산패된 식용 유지나 지방질 식품에는 유지 성분의 자동산화에 의하여 형성된 다량의 과산화물과 이 과산화물이 분해하여 형성된 각종 산화 생성물들을 함유하고 있다.

이 과산화물들은 산화된 유지와 함께 흡수될 때 체내 각 기관의 조직 중의 지방질 성분의 산화를 촉진하며 또 epoxy 지방산, carbonyl 화합물 등의 일부의 산화, 분해 생성물들은 동물의 성장 억제 등 뚜렷한 독성을 나타낸다. 특히 carbonyl 화합물 중 malonaldehyde는 변이원성과 발암성을 가지고 있는 것으로 알려져 있다.

또한 오랫동안 가열된 유지, 즉 과도하게 산패된 튀김유에는 과산화물이나 이들의 산화, 분해 생성물 이외에 인체에 소화 흡수되지 않는 이중체(dimer), 삼중체(trimer) 등의 중합체들이 존재하여 인체에 해를 주는 것으로 알려져 있다. 즉, 심하게 가열 산화된 유지를 실험동물에 섭취시켰을 때 소화기관의 자극, 성장억제 그리고 심한 경우에는 죽게 된다고 한다.

2) 아질산과의 반응 생성물

질산염($NaNO_3$ 또는 KNO_3) 및 아질산염은 여러 가지 식품 특히 육제품의 가공과 저장에 널리 사용되어 왔다. 이들은 미생물의 작용에 의해서 그 일부가 아질산(HNO_2)으로 되며, 발색제로서 뿐만 아니라 *Clostridium botulinum* 등의 식중독균 억제에도 효과가 있다.

아질산 자신의 변이원성과 발암성에 대해서도 현재 논의되고 있지만 특히 문제되는 것은 아질산과 식품 중의 amine류와의 반응에 의해 생성되는 발암성 N-nitroso 화합물이다. N-nitroso 화합물 중에서도 다음과 같이 제2급 amine에 의해 생성되는 휘발성 nitro-soamine류의 발암성이 주목되어 여러 분야에서 연구가 진행되었다

$$2HNO_2 \rightleftharpoons N_2O_3 + H_2O$$

$$R_1R_2NH + N_2O_3 \longrightarrow \underset{\text{nitrosamine}}{R_1R_2N\text{-}NO} + HNO_2$$

이 nitroso화의 반응속도는 amine 농도와 N_2O_3 농도에 비례한다. 또 최적 pH가 3.4 부근이며, 이것은 음식물의 섭취 후의 위내의 pH에 가깝다.

현재 식생활과 밀접한 관계가 있다고 생각되는 N-nitroso 화합물은 대단히 많으며, 이들을 구조에 따라 분류하면 amine형과 amide형의 두 가지로 구분할 수 있다. 대표적인 것으로는 그림 15.8과 같으며 식품에서 문제가 되는 것은 주로 amine형의 N-nitroso 화합

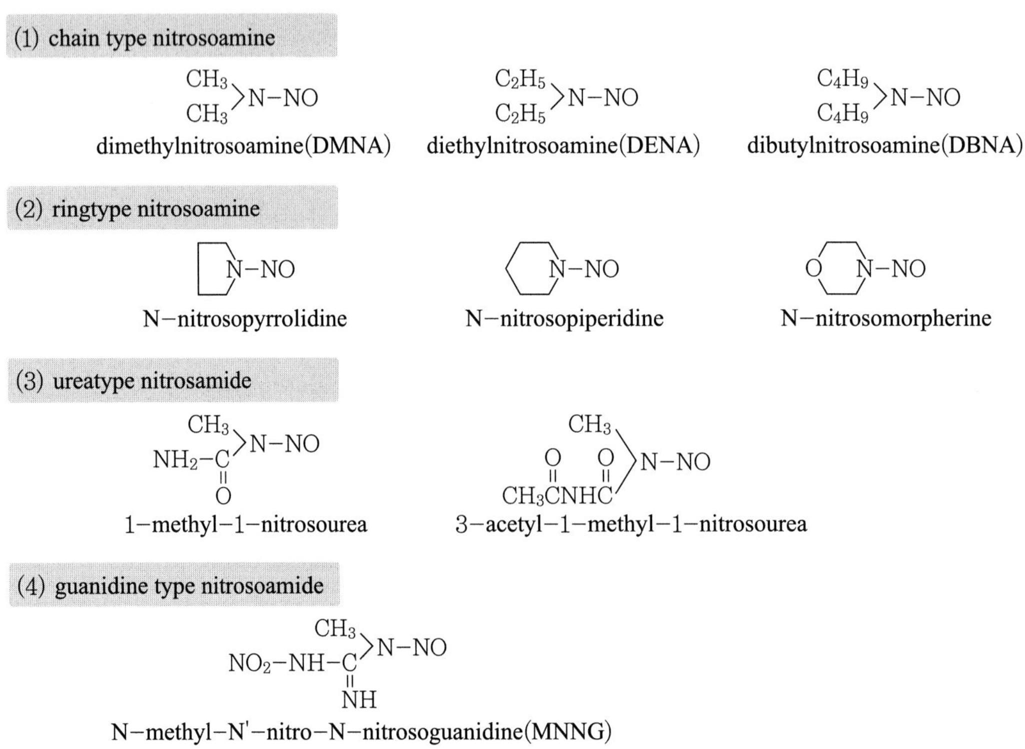

그림 15.8 대표적인 N-nitroso 화합물의 구조

물이다.

최근 gas chromatography·mass spectrometry(GC−MS)와 nitroso 화합물에 높은 감수성을 나타내는 thermal energy analyzer(TEA) 등을 이용하여 식품 중에 존재하는 미량의 N−nitroso 화합물도 정량 분석이 가능하게 되었다. 예를 들면, 아질산을 첨가한 어육 제품과 어패류 훈제품 등에는 감수성이 높기 때문에 100ppb에 달하는 함량으로 dimethyl, diethyl, dibutylnitroso 등의 사슬형과 N−nitrosopiperidine 등의 고리형의 휘발성 nitroso amine류가 검출되며, 베이컨과 햄 등의 식육제품에서도 dimethylnitrosoamine과 N−nitro pyrrolidine 등이 검출되고 있다. 그 중에서도 간장과 폐 등에 강한 발암성을 갖는 dimethyl nitrosoamine은 널리 식품 중에 존재하고 있으며 독일에서는 맥주 등에도 들어있다고 알려져 있다.

이와 같이 N−nitroso화는 식품성분 간의 반응에 의한 변이원과 발암물질의 대표적인 예이지만 최근에 amine 이외에 식품 방부제로 널리 사용되고 있는 sorbic acid가 아질산과의 반응으로 새로운 형태의 C−nitro계 변이원성을 생성하는 것이 발견되었다.

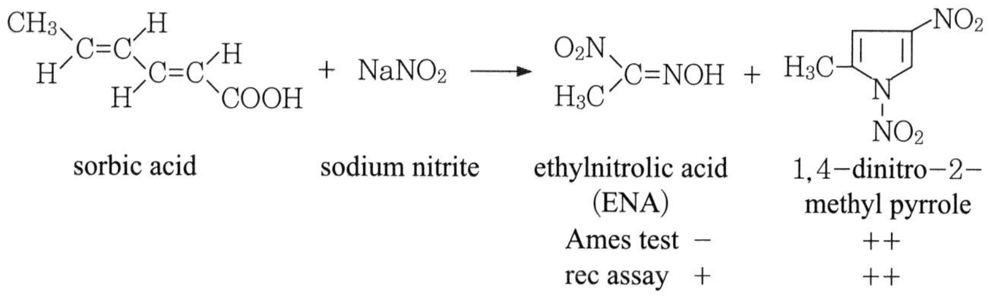

그림 15.9 Sorbic acid와 아질산염과의 반응에 의한 변이원성 물질의 형성

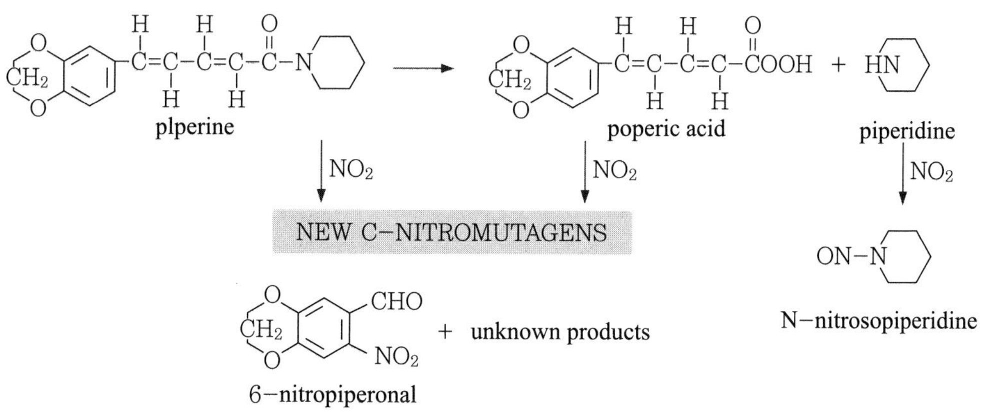

그림 15.10 Piperidine과 아질산과의 반응에 의한 변이원성물질의 형성

이와 같이 C−nitro, nitroso계 변이원은 sorbic acid류와 비슷한 화학구조를 갖는 식품성분으로부터도 생성될 가능성이 있다. 예를 들면, 후추의 매운맛 성분으로 sorbic acid와 같은 부분 구조를 갖는 piperidine도 아질산과 반응하여 보다 강한 변이원성 물질을 생성하는 수가 있으며, 그 생성 메카니즘과 생성 물질을 보면 그림 15.10과 같다.

이 외에도 식품성분과 아질산과의 반응에 의한 변이원의 생성이 알려지고 있다. 보통 이들 C−nitro, nitroso형의 변이원은 ascorbic acid와 같은 것에 의해 쉽게 불활성화되며 N−nitroso화합물과 달라서 발암성에 대해서는 아직 알려져 있지 않다.

3) Amino−carbonyl 반응생성물

Amino−carbonyl 반응은 식품의 착색과 가열 향기의 생성 등 식품의 가공상 중요한 반응이지만 최근에는 식품의 안정성의 면에서 문제가 되고 있다. Glucose와 각종 아미노산과의 반응 생성물에 있어서 Ames test에 의한 변이원 활성이 검출되며, 그 활성 생성물의 하나인 hydroxymethyl furfural(HMF)이 동정되고 있다.

한편, 커피, 홍차, 된장 및 간장 등의 실제 식품 중에서도 변이원으로서 methyl glyoxal과 glyoxal의 존재가 확인되고 있으며, 이들은 glucose 등의 당과 아미노산의 반응으로 생성된 것이 알려지고 있다.

불고기와 햄버거의 가열분해물로서 동정된 IQ와 MeIQ도 amino−carbonyl 반응에 의하여 생성된 것이 최근 밝혀져 주목되고 있다. 예를 들면, glycine과 alanine 등의 아미노산과 glucose의 반응 생성물에 creatine이 반응하여 MeIQ가 생성되며, IQ는 creatine과 proline의 반응 생성물로 검출되고 있다.

이와 같이 amino−carbonyl 반응의 중간 생성물과 반응 생성물 중에 변이원성이 알려지고 있는 반면에, 한편으로는 이 반응 생성물이 nitroso화합물 등의 변이원의 생성을 억제할 수도 있다고 알려져 있다.

4) Benzopyrene 및 기타 디환방향족 탄화수소

인류가 불을 사용한 이래 가열 조리는 우리의 식생활에 있어서 필수적인 조건이라 할 수 있다. 식품의 가열 가공에 의해 생성되는 강력한 변이원과 발암 물질로서 최초로 검출된 것은 benzopyrene이다. 이것은 날식품에서는 거의 검출되지 않아 1ppb인 데 반하여 말린 김, 말린 가다랭이, 훈연 육제품 및 숯불고기 등과 같이 가열이나 훈연에 의한 가공 제

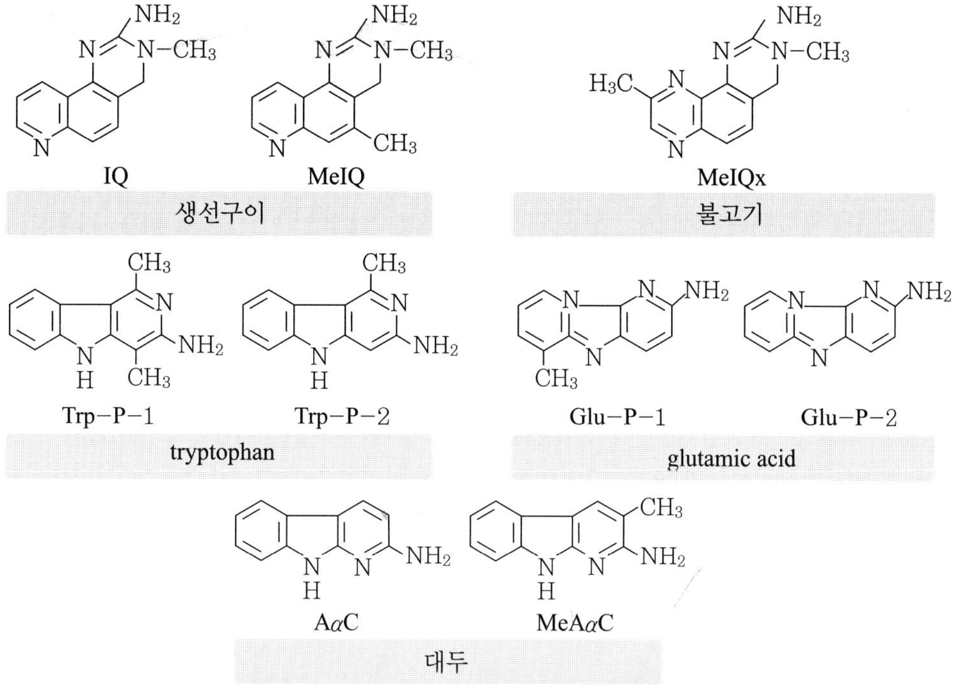

그림 15.11 가열식품 및 아미노산 가열분해물에서 분리된 변이원성 물질들

품의 2−benzoanthracene, pyrene, fluorene, phenanthrene, acenaphthene 등의 각종 다환 방향족 탄화수소(polycyclic aromatic hydrocarbon)들은 원래 담배 연기, 공장 지대 매연, 배기가스, 오염된 공기 등에서 검출되어 왔다. 그러나 최근 생선구이나 가열 처리된 단백질 식품으로부터 benzopyrene 이외의 새로운 변이원이 계속해서 분리 동정되어 왔다. 이 중 생선구이의 추출물 중에는 대단히 강한 변이원성을 나타내는 가열분해물로서 IQ 및 MeIQ가 존재하고 있으며, 햄버거로부터는 IQ와 함께 MeIQ가 분리되고 있다. 또 tryptophan의 가열분해물로서 Trp−P−1 및 Trp−P−2가, glutamic acid의 가열분해물로서 Glu−P−1 및 Glu−P−2가 각각 분리 동정되었으며, 기타 콩단백질인 globulin의 가열분해물로서 AαC와 MeAαC 등이 분리 동정되었다. 이들의 heterocyclic amine류의 발암성이 알려지고 있다.

5) Lysinoalanine

식물성 단백질의 알칼리 추출 과정 또는 육류의 가열 조리, 분유의 제조, 달걀의 가열 등 동물성 단백질의 가열 가공 과정에서 한 단백질의 구성 아미노산으로 존재하는

L-lysine과 다른 단백질의 구성 성분으로 존재하는 alanine 사이의 상호 작용에 의해서 dipeptide인 lysinoalanine이 형성되는 사실이 알려져 있다.

이와 같이 형성된 lysinoalanine은 인체에 전혀 소화, 흡수되지 않거나 최소한 L-lysine과 alanine의 인체 내에서의 이용을 억제하여 주는 것으로 알려져 있다.

한편, 이 lysinoalanine의 형성 메카니즘에 대해서는 아직 계속 연구 중에 있으나 그림 15.12에서와 같이 먼저 단백질 분자 내에 있는 alanine이 dehydroalanine의 형태로 떨어져 나간 후 역시 다른 분자 내에 결합상태에 있는 lysine과 결합하여 분리되어 형성되는 것으로 알려져 있다.

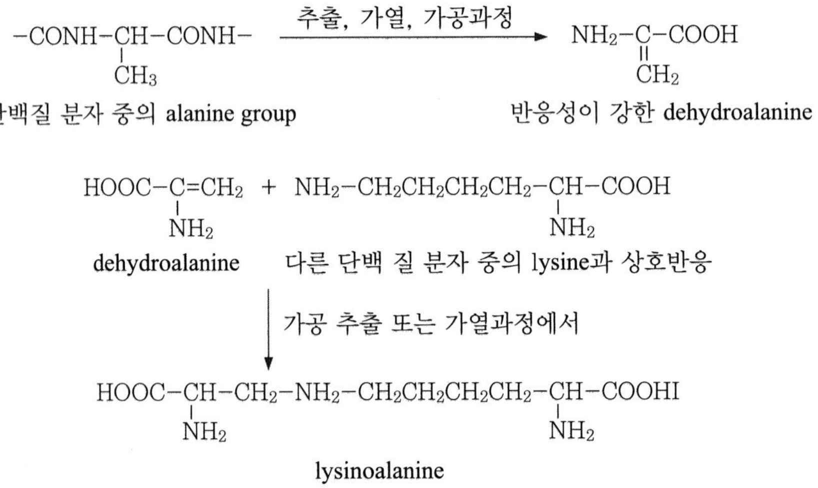

그림 15.12 Dipeptide인 lysinoalanine의 형성과정

2. 식품첨가물에 의한 독성물질

식품의 가공, 저장 및 품질 개선을 위하여 인위적으로 첨가하는 물질을 식품첨가물이라고 한다. 가공식품을 대량으로 이용하고 있는 현대 생활에서 식품첨가물을 사용할 경우 편익(benefit)과 위험(risk)의 견지에서 종합적으로 판단하여 그것이 인체에 미치는 영향에 대하여 신중히 고려하지 않으면 안 된다.

미국의 국립과학원(NAS)은 첨가물의 사용 목적을 영양가의 유지와 개선, 품질 개선, 폐기물의 감소, 소비자 기호 증진, 저장성 증진, 취식 간편 및 가공 촉진 등으로 제한하고 있으며, 또 결함이나 불완전한 가공의 은폐, 손상 또는 다른 결함의 은폐, 소비자의 기만, 사용시 현저한 영양 손실, 원하는 효과를 내는 최소량 이상의 함량 등에는 그 사용을 금지하고 있다.

두부에 최초로 방부제로 사용해 온 AF-2(furyl acrylic acid amide)는 안정성시험인 Ames test, rec assay 및 염색체 이상 시험의 어느 것에나 양성을 나타내며 특히 발암성과 강력한 관계가 있는 것으로 알려져 그 사용이 금지되고 있다.

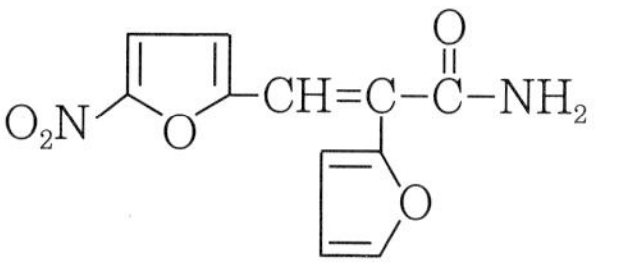

2-(2-furyl)-3-(5-nitro-2-furyl) acrylic acid amide

한편, 쥐에 발암성을 나타내는 것 중에서 가장 큰 영향을 주는 과산화수소(H_2O_2)는 rec assay와 염색체 이상 시험에서는 양성으로 나타나지만 Ames test에서는 음성을 나타내며, 밀가루 개량제인 브롬산칼륨($KBrO_3$)은 발암성이지만 rec assay는 음성이다. 반대로 쥐에 위암을 유발시키는 것으로 알려진 BHA는 rec assay에만 양성이다. 변이원성 시험법에 의한 식품첨가물의 변이원성과 발암성을 표시하면 표 15.2와 같다.

표 15.2 식품첨가물의 변이원성과 발암성

첨가물 및 용도		변이원성 및 발암성 시험				
		Ames	rec	염색체	쥐	토끼
AF-2	살균료	+	+	+	+	+
sodium benzoate	보존료	−	+	+	−	−
sodium nitrate	발색제	−	−	+	−	−
sodium nitrite	발색제	+	+	+	−	−
erythrosine	착색제	−	+	−	−	−
potassium sorbate	보존료	−	+	+	−	−
potassium metabisufite	표백제	−	+	−	−	−
p-hydroxybenzoic acid butyl	보존료	−	−	−	−	−
BHT	산화방지제	−	+	−	?	−
p-hydroxybenzoic acid isobutyl	보존료	−	−	±	−	+
potassium bromate	밀가루개량제	+	−	+	−	+
hydrogen peroxide	살균제	−	+	+	+	−
sodium hypochlorite	표백제	+	+	+	−	−
caramel	착색제	+	+	+	−	−
propylgallate	산화방지제	−	+	+	−	−
sodium ethyl sorbate	산화방지제	+	−	+	−	−
BHA	산화방지제	−	+	−	−	+

제3절 오염식품 중의 독성물질

1. 미생물 오염에 의해 생성된 독성물질

1) 맥각 alkaloid

곰팡이 *Claviceps purpurea*는 맥류에 잘 번식하며, 특히 보리나 라이보리에 잘 번식한다. 이 곰팡이에 오염된 보리는 흑청색으로 변색이 되고 그 조직은 부스러지기 쉬어진다. 이와 같이 오염된 보리 속에는 이 곰팡이의 균핵(sclerotium)이 존재하며, 이것을 맥각(ergot)이라고 한다. 이 맥각은 인체의 근육의 수축, 특히 자궁의 수축을 가져오기 때문에 의약품으로 사용되어 왔으나 그 양이 많은 경우에는 독성물질로 작용하며, 맥각에 의한 중독을 맥각병(ergotism)이라고 한다. 이 곰팡이로 오염된 보리 또는 라이보리로 만든 빵을 계속 섭취할 때 중독 증상을 나타낸다. 맥각에 의한 중독 증상은 구토, 설사, 복통 등의 소화기 계통의 장해 및 두통, 이명, 무기력 등이 나타나고, 심한 경우에는 지각 이상 등이 일어나서 사망 하게 되며, 임산부에게는 조산 및 유산을 일으키기도 한다.

맥각의 독성분 중 주성분은 alkaloid에 속하는 물질로서 맥각 alkaloid라고 부르며 표 15.3과 같이 5개의 좌선성의 광학적으로 활성을 가진 alkaloid와 이들의 우선성 이성체가 알려져 있다. 좌선성의 alkaloid는 어미에 ~ine, 우선성의 alkaloid는 ~inine을 붙이도록 되어있다. 일반적으로 좌선성의 alkaloid가 우선성의 이성체에 비하여 생리적 작용이 더 강하다. 이상의 10개의 alkaloid 이외에 ergotoxine과 이성체 관계에 있는 psi-ergotinine이 알려져 있다(표 15.3).

이상의 맥각 alkaloid를 가수분해하면 그 분해 성분으로서 각종 아미노산, pyruvic acid, ammonia, lysergic acid 등이 형성된다. 가수분해될 때 형성되는 아미노산이나 기타의 성

표 15-3 맥각 alkaloid의 종류

분자식	좌선회성	우선회성	기타
$C_{19}H_{23}O_2N_3$	ergometrine	ergometrinine	
$C_{30}H_{37}O_5N_5$	ergosine	ergosinine	
$C_{33}H_{35}O_5N_5$	ergotamine	ergotaminine	
$C_{35}H_{39}O_5N_5$	ergotoxine	ergotinine	psiergotinine
$C_{35}H_{39}O_5N_5$	ergocristine	ergocristinine	

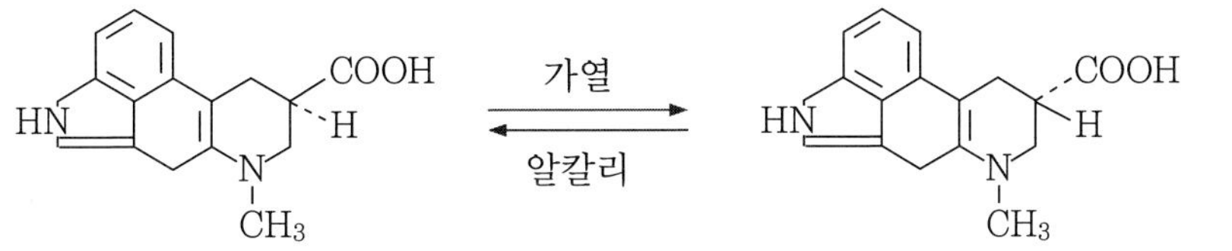

lysergic acid
(9, 10−didehydro−6−methylergoline−8β−carboxylic acid)

isolysergic acid
(9, 10−didehydro−6−methylergoline−8α−carboxylic acid)

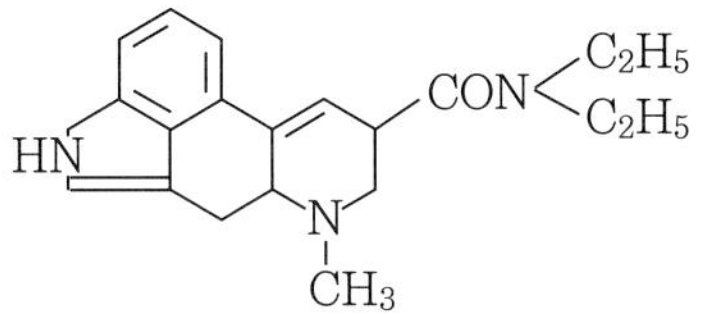

lysergide

그림 15.13 Lysergic acid, isolysergic acid 및 lysergide의 구조

분들은 맥각 alkaloid의 종류에 따라 다르나 lysergic acid만은 모든 맥각 aikaloid에 공통적인 주성분으로 형성된다.

이 lysergic acid의 분자식은 $C_{16}H_{16}O_2N_2$로 표시되며, D−형과 L−형의 두 개의 광학 이성체가 존재한다. 또 이 두 이성체의 용액을 가열할 때는 또 하나의 이성체인 isolysergic acid로 변한다고 한다(그림 15.13).

한편, D−lysergic acid에 ethylene amino기가 결합한 D−lysergic acid diethylamide(lyergide LSD)는 환각제로서 정신병 분야에서 의학적 연구에 사용되고 있다.

2) 곰팡이 독성 대사물질

곰팡이류가 식품을 기질로 하여 생산하는 독성 신진대사 물질을 곰팡이독(mycotoxin)이라고 하며, 이것은 사람이나 동물에게 급성 또는 만성 장해를 일으킨다. 곰팡이독에 의하여 일어나는 질병군을 총칭하여 곰팡이독증(mycotoxicosis)이라고 한다.

현재까지 많은 종류의 곰팡이들의 대사 물질의 성질과 구조가 규명되어 왔다. 그 중에서 대표적인 독성 신진대사물(toxic metabolite)에 대하여 간단히 논의한다.

(1) Aflatoxin류

1960년 영국에서 봄과 여름 사이 수 개월 간에 10만마리 이상의 칠면조가 갑자기 병사하는 사건이 발생하였다. 1961년에 이와 같은 발병은 브라질에서 수입한 사료 땅콩박에 기생하는 *Aspergillus flavus*의 형광 대사산물에 기인하며, 칠면조에 급성 간장 장해를 일으키는 것을 확인하게 되어 그 독소 물질을 aflatoxin이라고 명명하였다.

Aflatoxin을 생산하는 곰팡이는 *Aspergillus flavus* 또는 *Aspergillus parasiticus*에 속하는 특정주인 것으로 알려져 있다. *Aspergillus flavus*는 거의 전 세계에 분포되어 있는 토양에 흔히 존재하는 곰팡이나 온·한대 지역에서는 그의 독성주 검출 빈도가 낮다. 이의 독성 균주에 의한 aflatoxin 생산의 최적 조건은 기질 수분 16% 이상, 상대습도 80~85% 이상, 온도 25~30℃이며, 탄수화물이 풍부한 농산물 중에서 쌀, 보리 등의 주요 곡류를 기질로 한다. 그러므로 많은 나라에서 생산되는 곡류를 비롯한 각종 농산물이 이들 균주에 의하여 오염될 가능성은 매우 크며,또한 그 독성이 다른 곰팡이의 독성 대사 물질보다 강하기 때문에 특히 중요하다.

Aflatoxin은 그의 thin layer chromatography상에서 청색의 형광을 나타내는 aflatoxin B_1 및 B_2, 황록색의 형광을 나타내는 G_1 및 G_2가 가장 중요하며, 그 밖에 이것을 섭취하였을 경우 동물의 생체 대사물로서 오줌, 대변, 젖 중에서 발견되는 aflatoxin M_1 및 M_2가 있으며, 현재까지 이들과 관련된 유사한 구조를 가진 물질은 약 13종으로 알려지고 있다. 이 중에서 식품위생상 중요한 것은 aflatoxin B_1과 M_1이며 모두 강력한 발암 작용을 가지고 있다. 이것들은 강산이나 강알칼리에 의하여 분해되어 독성이 약한 유도체로 변화되며, 열에 의해서는 280~300℃로 가열하여야만 분해되므로 일반적인 식품의 가공 살균 처리로는 파괴되지 않는다.

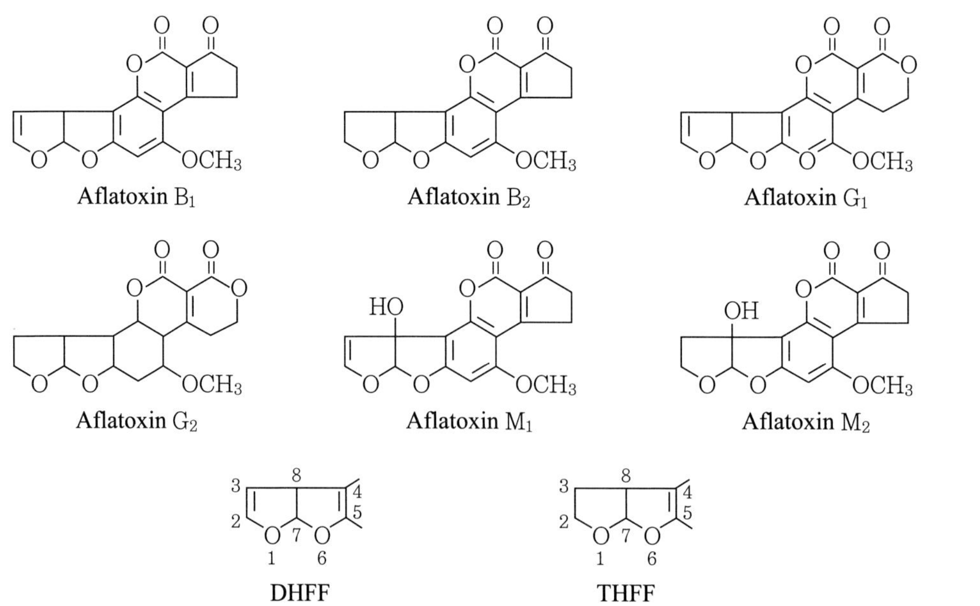

그림 15.14 Aflatoxin류와 DHFF 및 THFF부분의 화학구조

Aflatoxin들은 7, 8−dihydrofuro−(2, 3−b)−furan(DHFF), 또는 2, 3, 7, 8−tetrahydrofuro−(2, 3−b)−furan(THFF)의 구조를 그 분자구조 내에 가지고 있는 것이 화학구조상의 특징이다. 그리고 이 DHFF 및 THFF 부분이 바로 그 신진대사물의 특유한 생리작용을 가져오는 부분으로 알려져 있다.

Aflatoxin은 매우 강력한 간장독을 가지고 있으며 또한 쥐 등의 여러 실험동물에 시험한 결과 매우 강력한 발암성 물질(carcinogen)로 알려져 있다.

(2) 황변미의 독성물질

쌀에는 많은 종류의 곰팡이가 기생하고 있으며, 그 중에서 *Penicillium* 속의 곰팡이인 *Penicillium toxicarium*, *Penicillium citrinum*, *Penicillium islandicum* 등이 생산하는 대사물질은 강한 독성을 가진다는 사실이 알려져 있다. 따라서 쌀을 주식으로 하는 우리나라를 비롯한 아시아 여러 나라 사람들에게는 매우 중요한 문제이다. 이때 쌀은 황색으로 변하기 때문에 황변미(yellow rice)라고 한다.

*Penicillium toxicarium*은 분류학적으로 *Penicillium citreoviride*임이 확인되었으며, 그의 독성 대사물질을 citreovirdin이라고 한다. Citreovirdin은 신경독을 일으키는 mycotoxin으로 흰쥐에 대한 급성 치사 독성은 LD_{50}=80mg/kg(복강), 10mg/kg(피하) 및 30mg/kg(경구)이다.

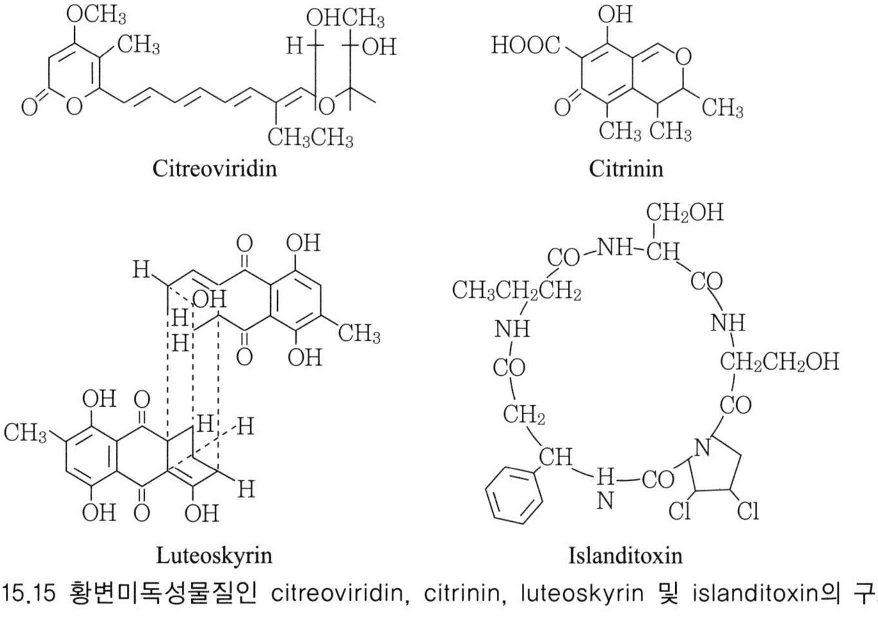

그림 15.15 황변미독성물질인 citreoviridin, citrinin, luteoskyrin 및 islanditoxin의 구조

*Penicillium citrinum*이 생산하는 독성 대사물질은 citrinin이며, 이것은 전형적인 신장독으로 마우스에 대한 급성 독성은 LD_{50}=35mg/kg(피하 또는 복강)이다.

*Penicillium islandicum*은 독성 대사 물질로서 luteoskyrin과 함염소 peptide인 islanditoxin 등을 생산한다. Luteoskyrin은 간장독을 일으키는 mycotoxin으로 지용성이다. 마우스에 대한 급성 독성은 LD_{50}=147mg/kg(피하), LD_{50}=221mg/kg(경구)이며, 장기간 연속 투여로 발암을 일으키는 것으로 알려져 있다. 또한 islanditoxin은 강력한 간장 독성을 가지고 있으며 마우스에 대한 급성 독성은 LD_{50}=475mg/kg(피하), 335mg/kg(정맥주사), 6,550mg/kg(경구)이다.

(3) Ochratoxin류

*Aspergillus ochraceus*의 독성 대사 물질로 ochratoxin A, B 및 C의 3 종류가 알려져 있다. 이 중에서 ochratoxin A의 독성이 가장 강하며 B와 C의 독성은 A의 약 1,000분의 1 이하이다.

옥수수 등으로부터 ochratoxin을 생산하는 균주를 분리하였으며, 이에 의한 중독 사고의 보고는 아직 없으나, 이 mycotoxin은 간장 장해로서 급성 지방 변성을 일으킨다고 한다. 오리새끼에 대한 경구 급성 독성은 LD_{50}=0.5mg/kg으로 알려져 있다.

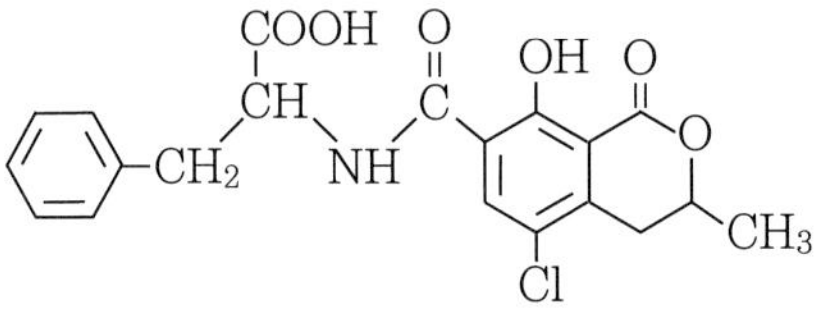

그림 15.16 Ochratoxin A의 구조

(4) Fusarium 독성 대사 물질

*Fusarium*에 속하는 곰팡이들의 독성 대사 물질에 의한 사람 및 가축에 대한 중독 사고는 러시아, 독일, 미국, 일본 등에서 오래전부터 알려져 왔다.

곰팡이가 번식한 밀, 보리, 옥수수 등에서 *Fusarium* 독소류가 분리되었으며, 그것은 일련의 scirpene계 독소 화합물이다. 즉, *Trichoderma viride*로부터 trichodermin, *Trichothecium roseum*으로부터 trichothecin, Fusarium roseum(*Fusarium scirpi*)으로부터 diacetoxyscirpenol, *Fusarium tricinctum*으로부터 T−2 toxin을 분리하였으며, 그 구조도 규명되었다.

이들 물질의 독성의 특징은 육안적으로 장관 비대 충혈, 흉선의 위축 출혈, 간장 및 비장의 비대 등이 나타난다. Trichothecin의 마우스에 대한 경구 투여에 의한 급성 독성은

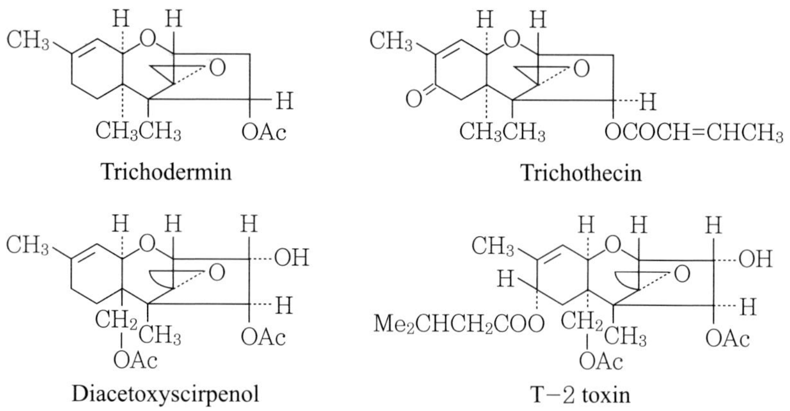

그림 15.17 Fusarium 독소류의 구조

LD_{50}=300mg/kg이며, diacetoxyscipenol의 마우스에 대한 독성은 LD_{50}=7.3mgHg(경구투여), LD_{50}=0.7mg/kg(복강내 주사)이며, T-2 toxin의 흰쥐에 대한 경구 투여에 의한 급성독성은 LD_{50}=4mg/kg으로 알려져 있다.

3) 식중독 세균 독성물질

(1) 포도상구균 식중독

사람이나 동물의 화농성 질환의 대표적인 원인균인 포도상구균(*Staphylococcus*)에 의한 식중독은 1914년 *Barber*에 의하여 처음 보고되었다. 포도상 구균은 자연계에 널리 분포되어 있으며, 이 균이 식품 중에 증식하여 독소를 생성하고 이 독소를 섭취함으로써 식중독을 일으킨다. 이때 생성하는 독소는 enterotoxin으로서 위장독이다. Enterotoxin은 면역화학적으로 A, B, C, D, E형의 5가지 종류가 있지만, C형의 경우 분자량이나 등전점의 차이에 따라 C_1, C_2로 구분할 수 있다. 이들 독소는 단순단백질인데도 불구하고 단백분해효소(trypsin, chymotrypsin, papain)에 대하여도 안정하다.

포도상구균 식중독은 원인 식품의 대부분이 살균된 우유이며, 그 외에 가열 조리된 식품도 가끔 나타나고 있기 때문에 enterotoxin은 내열성을 가지고 있다는 것을 알 수 있다. 실제로 이들 독소는 120℃에서 20분간의 가열에도 완전히 파괴되지 않으며, 유지에 218~248℃에서 30분간 가열로서 비로소 활성을 잃는 내열성이 강한 독소이다.

주요 중독 증상은 급성 위장염이며, 초기 증상으로 두부 압박감, 구토, 설사, 체온 강하, 혈압 강하 등이 일어나지만 1~3일 정도면 회복되고 사망하는 경우는 거의 없다.

(2) Botulinus 중독

*Botulinus*균에 의한 식중독은 1,000여년 전부터 유럽에 알려진 식중독으로서, 1935년에 소시지로 인한 신경성 마비 증상이 알려졌으며, 1800년경에 독일의 *Kerner*가 *Botulinus*균에 의한 식중독을 처음으로 소시지 중독(botulism)이라는 용어로 사용하였다.

*Botulinus*는 A, B, C, D, E, F형의 6가지 종류로 분리되었고, A, B, E는 주로 사람에게 식중독을 일으키는 독소형이며, C, D형은 조류, 밍크, 소, 말의 중독 원인 독소형으로 알려져 있다.

Botulinus 식중독의 원인 식품은 일반적으로 유럽에서는 햄, 소시지, 조수육이, 미국에서는 채소나 과일의 병조림이, 러시아에서는 생선 가공식품이 알려져 있다. *Botulinus*균은 혐기성 균으로 가열하면 죽지만, 그 아포는 110℃에서 40분간 가열하여야만 비로소 사멸하기 때문에 통조림 업계에서는 공포의 대상이 되고 있다. 그러나 대부분의 독소는 80℃에서 수분간의 가열로 파괴되므로 가열 후에 섭취하여야 한다.

중독 증상은 위장 증상은 별로 없고 중추 신경과 말초 신경의 마비가 특징이다. 시력장애, 동공 확산, 언어 장애, 체온 강하 등이 나타나며, 심한 경우에는 호흡 곤란, 사지 운동 마비로 사망한다. 치사율은 대단히 높아 30% 이상이나 된다.

4) Ptomaine

단백질 식품, 동물의 사체 등이 부패 세균의 작용으로 분해될 때 생기는 염기성 함질소 화합물을 ptomaine이라고 하며, 동물성 alkaloid, 부패 alkaloid라고도 부른다.

이들은 아미노산의 탈탄산으로 생성되는 독성이 강한 amine류로서 cadaverine, putrescine, histamine, tyramine 등이 있다.

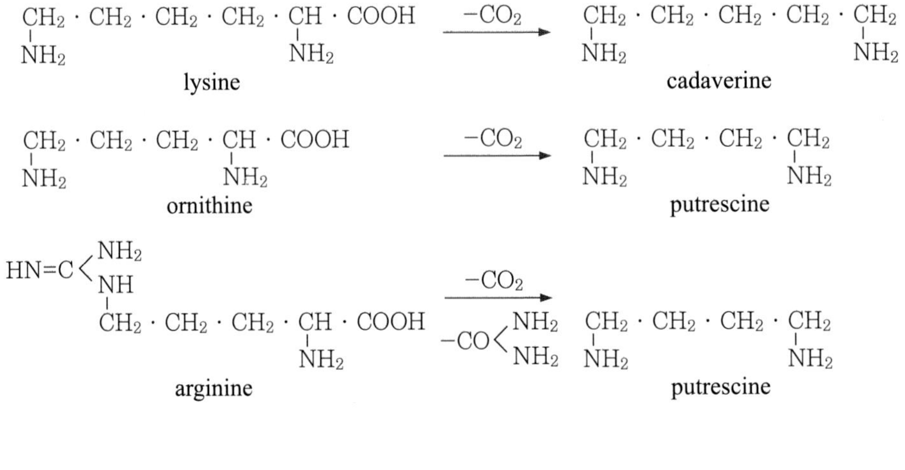

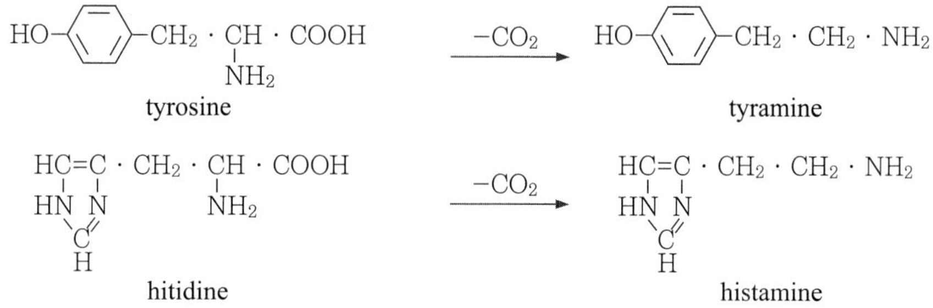

그림 15.18 아미노산의 탈탄산에 의해 형성되는 독성 amine류(ptomaine)

2. 환경오염물의 혼입에 의한 독성물질

1) 잔류 농약

잔류 농약(pesticides)에 의한 식품의 오염은 주로 농작물 재배시에 사용된 것이며 때로는 공장 폐수나 가정에서 사용된 것이 오염된 것이다. 현재 사용되고 있는 유기농약의 종류는 약 300여종에 달하며, 살충체(insecticides), 살비제(miticides), 선충박멸체(nematocides), 살서제(rodenticides), 살균제(fungicides) 및 제초제(herbicides) 등이 여기에 속한다. 가장 오염되기 쉬운 것은 살충제로서 크게 유기염소제(chlorinated hydrocarbon)와 유기인제(organophosphorus)로 분류된다.

유기염소제는 다시 산소화 화합물(oxygenated compounds), 비산소화 benzenoid 화합물(benzeonid nonoxygenated compounds) 및 1−산소화 비benzenoid 화합물(monoxygenated nonbenzenoid compounds) 등으로 세분된다(표 15.4). 농약 이외에 그들의 대사물도 오염되며 같은 독성을 나타낼 수 있다. 이들의 두 가지 중요한 성질은 환경에 오래 보유되는 안정성과 지방 조직에 축적되는 지용성이다.

표 15.4 유기염소제의 분류

I−산소화 화합물					
Chlorobenzilate	Dicofol	Dieldrin	Endosulfan	Endrin	Kepone
Methoxychlor	Neutron	Ovex	Sulfenone	Tetradifon	
II−Benzenoid, 산소화되지 않는 화합물					
BHC	Chlorobenside	DDT	Lindane	Perthane	TDE
Zectran					
III 산소화되지 않고 benzenoid 이외의 화합물					
Aldrin	Chlordan	Heptachlor	Mirex	Strobane	Toxaphene

Aldrin은 1, 2, 3, 4, 10, 10-hexachloro-1, 4, 4a, 5, 8, 8a-hexahydro-exo-1, 4, endo, 5, 8-dimethanonaphthalene을 95% 함유하는 공업용 제품으로 분자식 $C_{12}H_8Cl_6O$, 분자량 365이며 염소를 58% 함유한다. 동식물 조직내의 이 화합물의 잔류물은 epoxy화에 의하여 dieldrin으로 전환된다. 이 epoxide는 안정한 형태이며, 따라서 aldrin과 dieldrin은 함께 취급한다.

Dieldrin은 1, 2, 3, 4, 10, 10-hexachloro-6, 7-epoxy-1, 4, 4a, 5, 6, 7, 8, 8a-octahydro-exo-1, 4-endo-5, 8-dimethanonaphthalene을 85% 함유한 것으로 분자식 $C_{12}H_8Cl_6O$, 분자량 881이며 염소를 56% 함유한다. DDT는 활성 성분인 pp′-DDT를 약 70% 함유한다. 또한 이성체인 op′-DDT는 물론 TDE 또는 rhothane도 함유한다. pp′-DDT는 1, 1, 1-trichloro-2, 2-di(4-chlorophenyl) ethane($C_{14}H_9Cl_5$)으로 분자량 354.5이며 50%의 염소를 함유한다. 동물 조직 내의 DDT의 잔류물은 서서히 pp′-DDE로 탈수소염소화(dehydrochlorinated)되며 원래의 DDT의 약 70%수준까지 일어난다. 그래서 전체 DDT량은 보통 DDT, DDE, TDE를 종합한 것이다.

Heptachlor는 1, 4, 5, 6, 7, 10, 10-heptachloro-4, 7, 8, 9-tetrahydro-4, 7-methyleneindene($C_{10}H_5Cl_7$)을 약 75% 함유하며, 분자량 375.5, 염소를 67% 함유한다. 이것은 동식물 조직에서 heptachlor epoxide로 epoxy화 하며, 이 epoxide는 HEOD(dieldrin)와 구조가 유사하다.

유기염소제는 비교적 안정하지만 각종 분해반응이 일어나며 그 분해 산물은 포유동물에 원래의 화합물과 독성이 같거나 그보다 더 큰 독성을 나타낸다. 예를 들면, DDT는 자외선과 공기의 영향을 받으면 4, 4′-dichloro benzophenone이 형성된다. 공기가 없으면 2, 3-dichloro-1, 1, 4, 4-tetrakis-(*p*-chlorophenyl)-2-butene이 형성되며 이것은 산화되면, 4, 4′-dichloro benzopherone으로 된다(그림 15.19). 포유동물 조직에서 2, 2-bis(*p*-chlorophenyl) acetic acid(DDA)가 DDT로부터 DDE로 초기 탈수소염소화에 의해서 형성된다(그림 15.20).

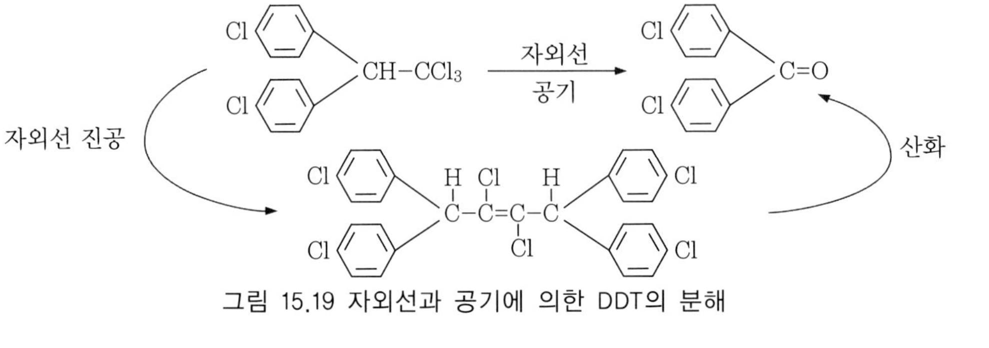

그림 15.19 자외선과 공기에 의한 DDT의 분해

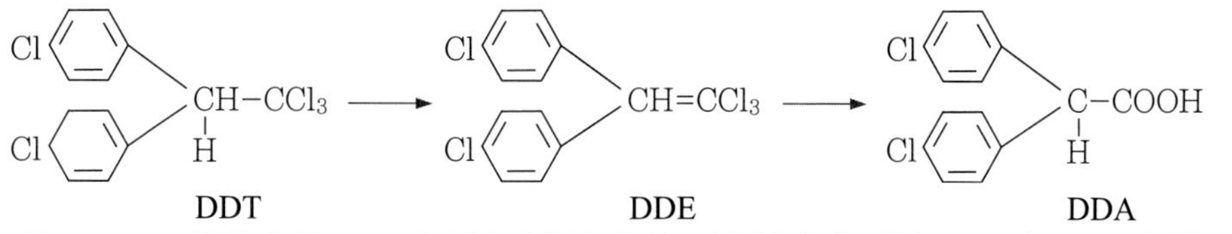

그림 15.20 포유류에서 DDT의 탈수소염소화와 가수분해에 의한 DDE와 DDA의 형성

표 15.5 유기인제의 종류

지방족 유도체들				
Butonate	Demeton	Dichlorvos	Dimefox	Dimethoate
Dithiodemeton	Ethion	Malathion	Methyl demeton	Mevinphos
Mipefox	Naled	Phorate	Phosphamidoon	Schradan
Sulfotepp	Tepp	Trichlorofon		
방향족(환상) 유도체들				
Azinphosmethyl	Carbophenothion	Diazinon	Dicapthon	Endothion
EPN	Fenthion	Methyl parathion	Parathion	Ronnel

표 15.6 유기인제의 물에 대한 용해도

유기인제	용해도(ppm)	유기인제	용해도(ppm)
Carbophenothion	2	Phorate	85
Parathion	24	Malathion	145
Azinphosmethyl	33	Dichlorvos	1,000
Diazinon	40	Dimethoate	7,000
Methyl parathion	50	Mevinphos	∞

유기인제는 cholinesterase의 저해제들이며 그들의 수용성과 휘발성 때문에 식품 오염물질로서 염소제보다 문제가 적다. 여러 가지 유기인제가 동식물체 내에서 그 자체 또는 산화전환(oxidative conversion)된 후에 이용된다(표 15.5). 표 15.6에서 보는 바와 같이 이들 화합물의 물에 대한 용해도 범위는 넓다.

유기인제는 산화, 가수분해 및 탈 methyl화 반응 등이 일어난다(그림 15.21). Thiophosphate류는 동식물체에서 sulfoxide류와 sulfone류로 변화되기도 한다.

동물성 식품에서 유기염소제 잔류물은 지방질 부분에 특히 많고 유기인제는 지방질과 수용성 부분에 모두 많다. 식물체에서 유기염소제 잔류물은 대부분 왁스상 물질의 표면에 흡착되거나 결합되어 있지만 일부는 내부로 이동한다. 식품을 세척, 데치기, 가열, 통조림 등의 가공 방법에 의하여 많은 양의 농약 잔류물이 제거된다(그림 15.22). 그러나 농약의 잔류되는 양이 매우 적은 경우라도 인체에 있어서의 축적 효과를 고려할 때 그 영향은

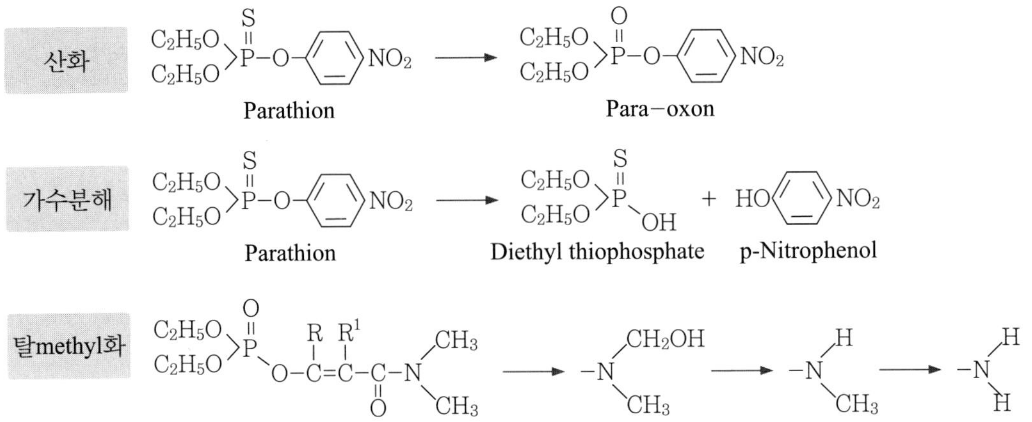

그림 15.21 유기인제의 산화, 가수분해 및 탈methyl화 반응

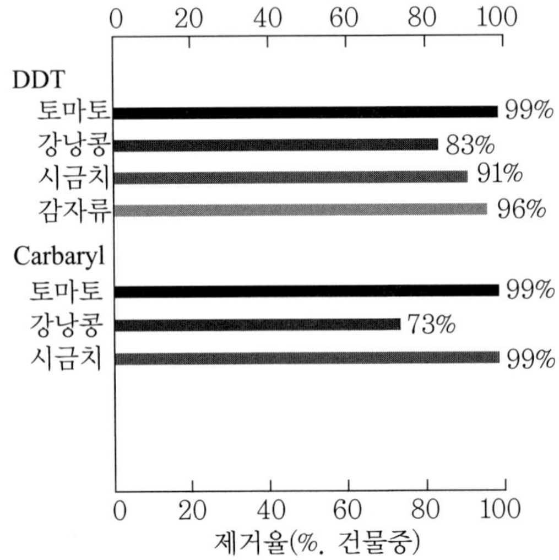

그림 15.22 세척, 데치기 및 통조림에 의해서 DDT와 carbaryl의 제거율

무시될 수 없다.

식품으로부터 농약의 섭취는 FAO/WHO에서 설정한 1일 허용량(acceptable daily intake, ADI)보다 낮다(표 15.7). 최근에 여러 염소제의 사용은 엄격히 규제되고 있다. 따라서 이 화합물의 섭취도 앞으로 계속해서 감소될 것이다.

우리나라에서는 1949년 DDT가 사용되면서부터 새로 개발된 BHC, heptachlor, drin제 등이 사용되어 왔으나 유기염소제의 잔류성 및 만성 독성이 알려짐에 따라 1972년에 DDT와 drin제, 1979년에 BHC와 heptachlor의 생산 및 사용이 금지되었다.

표 15.7 농약의 1일 섭취량

농약 종류	FAO-WHO 1일 섭취 허용량	mk/kg 체중/일	
		평균(1965~1969)	범위
Aldrin-Dieldrin	0.0001	0.00008	(0.00006~0.00013)
Carbaryl	0.02	0.0005	(0~0.0021)
DDT, DDE, TDE	0.01(0.005)	0.0008	(0.0005~0.0010)
Lindane	0.012	0.00005	(0.00002~0.00007)
Heptachlor-Heptachlor			
Epoxide	0.0005	0.00003	(0.00002~0.00005)
Malathion	0.02	0.0001	(0.0001~0.0004)
Parathion	0.005	0.00001	(0.000001~0.00001)
Diazinon	0.002	0.00001	(0.000001~0.00002)
모든 유기염소제		0.001	(0.0008~0.0016)
모든 유기인제		0.0002	(0.00007~0.00025)
모든 제초제		0.0001	(0.00005~0.0001)

2) 중금속

환경오염을 통하여 미량의 중금속이 식품에 혼입된다. 이와 같은 경우에 예로는 수은과 납이 있으며, 이들은 가공 설비나 용기 특히 주석 통조림관으로부터 식품에 혼입된다.

(1) 수은(Hg)

일부 산업체에서 대량의 수은이 환경을 오염시킨다. 즉, 수은이 전기분해 cell로 이용되는 chloralkali 공업, 수은 화합물이 방부제(slimicides)로 이용되는 펄프 및 제지 공업, 그리고 종자 소독 및 농약으로 사용되는 농업 등에서 수은을 주로 많이 사용한다. 수은은 강이나 호수 바닥에 침전하여 독성이 강한 methyl 수은 화합물로 전환되는 것으로 알려져 있다(그림 15.23).

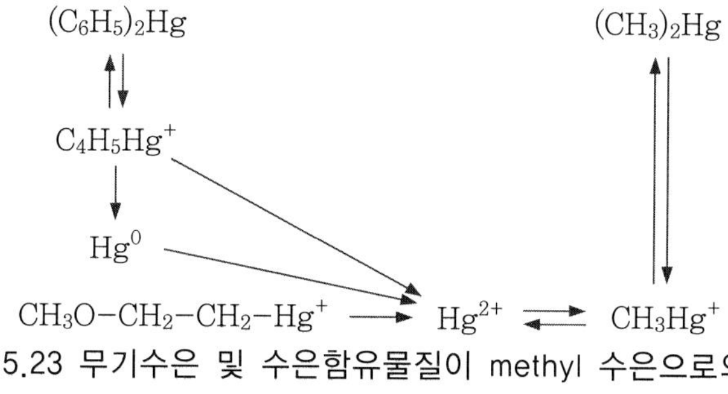

그림 15.23 무기수은 및 수은함유물질이 methyl 수은으로의 전환

알칼리 pH에서는 보다 더 휘발성인 dimethyl 수은이 생성되고 휘발성이 적은 monomethyl 수은은 산성 pH에서 잘 생성된다. 대부분의 수은 오염이 methyl 수은으로 전환이 일어나는 강이나 호수에서 그치지 않고 물고기의 수은 오염이 매우 중요한 관심사가 되었다. 많은 동물 조직에서 전체 수은의 99%가 methyl 수은이다.

인간과 야생 동물에 미치는 수은의 영향에 관한 관심을 갖게 한 것은 일본에서 발생한 Minamata병이다. Minamata시 부근에 acetylene을 acetaldehyde와 vinyl chloride로 전환시키는 촉매로 수은 화합물을 사용하는 화학 공장이 있었다. 유기수은 화합물이 Minamata만의 물에 오염되었고 또 고기와 조개류에 오염되게 되었으며, 50명에 가까운 사람이 수은중독으로 죽었다. 이 사건으로 세계 각 지역에서 수은 오염에 관하여 연구하게 되었다 각 나라에 있어서 식품에서 검출된 수은 함량을 보면 표 15.8과 같다. 특히 일본의 쌀에 수은 함량이 높은 것이 주목된다.

표 15.8 각국의 식품 중 수은 함량

식품	나라	Hg, 범위(ng/g)
대구	미국	17~23
정어리	발틱제국	26~41
사과	영국	20~120
사과	뉴질랜드	11~135
배	호주	40~260
토마토	영국	12~110
감자	영국	5~32
밀	스웨덴	8~12
쌀	일본	227~1,000
쌀	영국(수입)	5~15
당근	미국	20
빵	미국	4~8
전유	미국	3~10
맥주	미국	4

바다는 물론 호수나 강물의 고기에도 수은 함량이 높다. 대서양 연안 어류의 수은 함량을 보면 표 15.9와 같다. 참치와 황새치(swordfish)에 있어서 수은 함량이 높은 것은 이들 어류가 육식의 생활 형태(predatory lifestyle)와 긴 수명을 가지고 있기 때문으로 생각된다. 일반적으로 물고기 중 0.5ppm의 수은이 최대 허용치로 간주된다. 캐나다의 경우 이 수준을 초과한 어류는 판매가 금지되어 있다.

표 15.9 대서양 연안 어류의 수은함량

어류	Hg 함량(ppm)	어류	Hg 함량(ppm)
대구	0.02~0.23	정어리	0.02~0.09
대합	0.02~0.11	바다가재	0.08~0.20
게	0.02~0.15	굴	0.02~0.14
넙치	0.07~0.17	황새치	0.82~1.00
Haddock	0.07~0.10	참치	0.33~0.86

(2) 납(Pb)과 주석(Sn)

식품 중의 납은 환경오염이나 금속 땜질한 가공 설비, 주석 통조림관으로부터 오염된 것이다. 섭취된 납의 거의 90%는 식품에서 오염된 것으로 추정된다. 그러나 이중 5%만이 흡수된다. 북아메리카의 승용차들은 1년에 평균 2.5kg의 납을 배출하며, 교통량이 많은 고속도로 가까이서 자란 작물에는 납 함량이 많아 때로는 건조물 중 100ppm을 초과하는 경우도 있었다. 유약칠을 한 도자기 용기 중의 과실 주스와 같은 산성인 식품에는 납이 용출된다. 이 유약칠 성분에는 대부분 납이 함유되어 있다. 납과 주석은 통조림 용기와 납땜 부위에서 용출된다. 그 양은 석판의 종류, 사용한 납, 그리고 식품의 조성과 특성에 따라 다르다. 예를 들면, 시금치 통조림에 있어서 주석의 용출은 oxalic acid 함량 및 제품의 pH와 크게 관련이 있는 것으로 알려졌다.

(3) Cadmium(Cd)

납 및 수은과 함께 cadmium은 독성이 강한 비필수의 미량 금속이다. 갑각류는 아연과 같은 미량 금속과 함께 cadmium을 축적한다. 굴의 cadmium 함량은 3~4ppm에 달하기도 하나 다른 식품에 있어서는 그의 1/10 또는 1/100 수준에 불과하다.

Cadmium에 의한 중독증은 이타이이타이 병이다. Cadmium이 체내에 들어오면 혈류를 타고 간과 신장으로 확산되며 골연화증을 일으킨다. 일본 도야마현 진쯔강 유역에 사는 주민들이 1910년경부터 허리와 관절에 심한 통증을 느끼고 심한 경우 팔, 늑골, 골반, 대퇴골 등에 골절 현상이 일어났다. 이 병에 걸린 사람들이 심한 통증을 호소한다고 하여 일본말로 "아프다 아프다"하여 "이타이이타이" 병으로 불리었다. 원인규명에 노력하여 1968년에 이 병은 아연의 제련과정에서 배출하는 폐광석에 들어있는 Cadmium이 강으로 흘러들어가 이를 식수나 농업용수로 사용한 사람들의 몸 속에 들어간 것이 원인으로 밝혀졌다. 이 병으로 사망한 사람은 56명이었으며, 수백명이 고통을 당했다고 한다.

3) 방사능 낙진(radioactive fallout)

환경이나 식품에 있어서 방사능 오염의 급격한 증가는 미국이나 러시아 등의 광범위한 핵무기 실험 및 원자력 발전소의 사고에 기인된 것이다. 핵분열에 의해서 약 60종의 원소로부터 200종 이상의 방사성 동위원소가 생성된다. 이들은 대부분 인체 조직에 침투함으로써 인간에게 해를 끼친다. 이들 약간의 방사성 동위원소들은 중요한 영양 성분과 즉, 스트론튬-90(^{90}Sr)이 칼슘(Ca)과, 세슘-137(^{137}Cs)이 칼륨(K)과 화학적으로 각각 관계가 있기 때문에 인체기관에 효율적으로 흡수된다. 이들 방사성 동위원소들은 다음과 같은 핵반응에 의해서 생성된다. 여기서 괄호 안의 숫자는 반감기이다.

$$^{90}Kr(33초) \xrightarrow{\beta-} {}^{90}Rb(2.7분) \xrightarrow{\beta-} {}^{90}Sr(28년)$$

$$^{137}I(22초) \xrightarrow{\beta-} {}^{137}Xe(3.8분) \xrightarrow{\beta-} {}^{137}Cs(29년)$$

반감기가 긴 두 최종 산물은 특히 해롭다. 대기 중 핵폭발에 의해서 성층권(stratosphere)에서 3차 분열산물이 생성되고 이것이 점차로 지구에 떨어진다. 그림 15.24는 이들 방사능 낙진이 인간에게 도달되는 경로를 도시한 것이다.

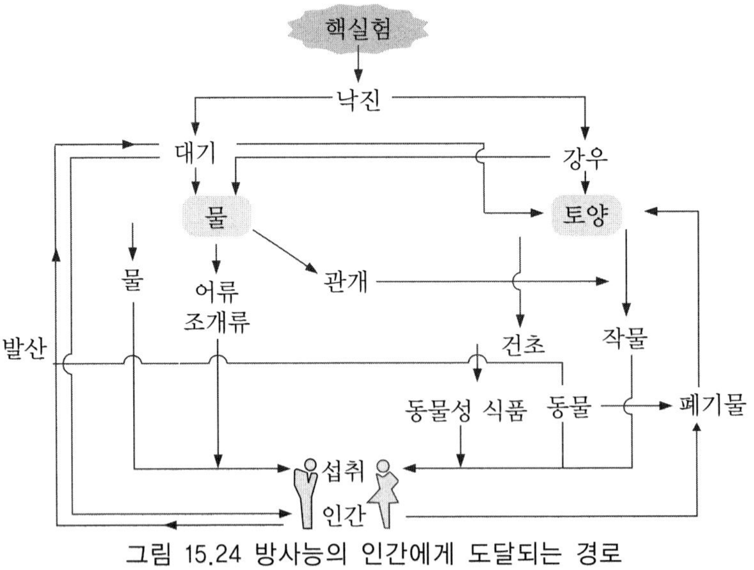

그림 15.24 방사능의 인간에게 도달되는 경로

식품 연쇄(food chain) 경로에서 섭취될 수 있는 방사성 동위원소 중 내부 방사성 장애를 가져오는 것으로 가장 중요한 것은 ^{140}Ba, ^{137}Cs, ^{131}I, ^{133}I, ^{89}Sr 및 ^{90}Sr 등이다.

^{131}I은 화학적으로 보통의 I와 같으므로 갑상선에 축적된다. 반감기는 8일이고 $\beta-$ 및 $\gamma-$

선을 방출한다. 우유는 연중 생산되고 반감기인 8일 이내에 소비되므로 지난 대기 핵실험 결과로 인하여 우유 중에 이 동위원소의 존재 가능성이 중요한 관심사가 되었다.

^{137}Cs은 반감기가 29년이고 K과 화학적으로 유사하므로 근육조직에 축적된다. ^{137}Cs은 유전적인 손상을 포함하여 몇 가지 형태의 세포 손상을 일으킨다. 이것은 체내에 오랫동안 보유되지는 않으며 γ-선을 방출한다.

^{90}Sr은 반감기가 28년이고 β-선을 방출한다. 이 동위원소는 Ca과 화학적으로 유사하므로 뼈에 축적되며, 뼈암(bone cancer)이나 백혈병(leukemia)을 일으킬 수 있다. 어린아이들은 골격 형성을 위해 많은 양의 Ca을 필요로 하기 때문에 이 동위원소에 매우 민감하며 그 결과로 ^{90}Sr이 비교적 많이 축적된다. 이들은 또한 보다 긴 반감기를 가지고 방사능 영향이 축적되기 때문에 중요하다.

1964년 ^{90}Sr의 낙진량은 하루 평방미터당 대략 40 picocurie[2)]였으며, 그 당시 서부 여러 나라의 하루 ^{90}Sr의 총섭취량은 1인당 약 40 picocurie이였다. 1인당 경작지가 3,000m^2가 필요하므로 하루에 경작지 표면에 떨어지는 양은 120 nanocurie이였다. 이것은 약 3,000배로 감소하는 것을 의미하므로 효과적으로 차단이 됨을 뜻한다. 대기 중의 주요 핵무기 실험이 끝나가자 방사능의 양도 점차로 감소되고 있다. 우유 등이 필수 식품 중의 오염물 제거를 위한 비상수단으로 이온 교환에 의한 방사성 동위원소 제거법을 이용하고 있다.

환경, 즉 식품에 있어서 방사능 낙진의 분포는 균일하지 않다. 그 분포는 위도의 영향을 받으며, 대부분이 30°~60°의 위도 사이에 낙진한다. 이것은 비와 함께 낙진하므로 강우량과 관련이 있으며 식물체는 토양의 종류에 따라 섭취 정도가 달라진다. 예를 들면, 소에 사질토 지역의 목초를 먹였을 경우 우유의 ^{137}Cs의 함량은 26pc/kg이었는데 황무지의 경우에는 244pCi/kg이었다. 이 두 종류의 토양에 1차 오염된 양은 각각 280 및 262pCi/kg이었다. 황무지 토양 → 목초 → 우유의 연쇄 경로로 ^{137}Cs의 전달 비율이 큰 것은 이 토양 중에 K량이 적기 때문이다. 일반적으로 우유 중의 ^{137}Cs 함량의 분포와 강우량 분포는 유사하였다.

[2)] pococurie : 기호는 pCi, 1Ci의 1조분의 1, 1pCi = 10^{-12}Ci
Curie는 방사능의 단위로 1Ci는 매초 3.7×10^{10}개의 원자핵이 붕괴할 때의 방사성 물질의 양이다. 현재는 SI단위 Bq(Becquerel)을 사용한다.
1Ci = $3.7\times10^{10}S^{-1}$ = 3.7×10^{10}Bq
라듐(Ra) 1g의 방사능이 1Ci이다.

4) 기타 공해 물질

(1) PCB(polychlorinated biphenyls)

PCB는 환경 공해 물질로 널리 분포하며 식품 중에 잔류물로서 검출된다. PCB는 biphenyl의 염소화로 만들어지며 서로 다른 염소 함량을 가진 이성체들의 혼합물이다. 북아메리카에서 시판 제품은 Aroclor로 알려져 있으며, 변압기(transformer)의 유전 액체, 가소제 및 열전달 매체 등으로 사용된다. 이들 화합물은 널리 사용되고 있기 때문에 용기의 틈으로 새어나와 환경을 오염시킨다. PCB는 chromatogram상에 유기염소제와 동시에 나타난다. PCB의 번호 체계와 염소의 치환 형태는 그림 15.25와 같다. 북아메리카에서 PCB의 생산은 1년에 약 25,000톤에 달한다. 이것은 1966년 스웨덴에서 야생의 물고기에서 처음으로 발견되었으며, 물고기 중에 유기염소제보다 더 많이 들어있는 것으로 알려져 있다. 일본에서는 1968년 미강유 제조 중 기름을 가열 탈취하는 과정에서 장치의 결함으로 PCB가 혼입되어 미강유 중독이 발생하였다.

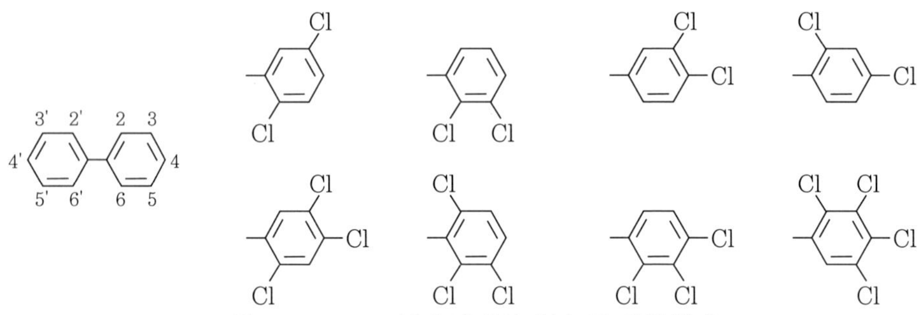

그림 15.25 PCB 번호체계와 염소의 치환형태

(2) 석면(asbestos)

석면은 산업 공해에 의해서 주위 환경에 널리 분포한다. 공급되는 많은 양의 물은 석면섬유(asbestos fibers)를 함유하며, 식품 특히 음료의 성분이 된다. 석면 여과 장치의 사용도 석면 섬유의 부가적인 급원이 된다. 이와 같은 오염은 맥주 여과시에 일어난다. 이 오염물의 가장 보편적인 형태는 온석면(crysotile asbestos)이며 약 24nm 크기의 아주 작은 섬유로 존재한다. 물 중의 석면 함량은 극히 적어서 ng단위이지만 많은 수의 섬유들이 존재한다. 캐나다의 경우 물 중에 1t당 100만개 이상의 석면섬유가 함유되어 있는 것으로 알려져 있다. 온석면은 $Mg_3Si_2O_5(OH)_4$의 조성을 가진 일종의 수화된 magnesium silicate이다. 석면을 취급하는 사람들의 석면의 흡입에 의하여 발암성이 문제가 된다. 물이나 다른

표 15.10 음료 및 물 중의 석면의 함량

시료	섬유의 수/ℓ(1×10⁶)
맥주	4.3
포도주	4.1
청량음료	12.2
수돗물(Ottawa)	2.0
수도물(Toronto)	4.4

식품과 함께 섭취된 석면 섬유는 내장벽을 통과하여 혈액으로 들어간다. 각종 음료와 수돗물 중의 석면 섬유의 양은 표 15.10과 같다.

(3) 항생물질(antibiotics)

미생물 성장 억제 물질은 식품 중에 자연적으로 들어있거나 가공 과정에서 식품 중에 유입된다. 또한 병든 가축의 치료를 통해서 잔류하는데 이 경우가 가장 중요한 관심사가 되고 있다. 항생 물질을 동물의 질병 예방이나 성장 촉진용으로 사용할 때 식품 중에 잔류하게 된다. 이들 잔류물의 함량은 독성을 나타내지 않는 범위인 0.1~1ppm 수준을 초과하는 경우는 드물다. 그러나 이러한 수준도 치즈 제조시 스타터의 번식을 억제하는 등의 식품 가공에 있어서 중요하다. 또한 낮은 수준이라도 allergy를 일으키거나 미생물의 내성을 길러준다. 즉, 아주 예민한 사람은 penicillin이 미량 들어있는 우유를 마셔도 allergy 증세를 나타낸다. 농업과 약간의 식품 가공에 사용되는 각종 항생 물질은 표 15.11과 같다.

표 15.11 농업 및 식품가공에 사용되는 항생물질

Benzyl-penicillin, cloxacillin, ampicillin, phenethicillin potassium
Chlortetracycline, oxytetrcycline
Streptomycin, dihydrostreptomycin
Neomycin, oleandomycin, spiramycin
Chloramphenical
Framycetin, bacitracin, polymixins
Tylosin, nisin
Nystatin

Tetracycline류인 CTC와 OTC는 항생력의 효과가 광범위하여 gram 양성 및 gram 음성세균 에 모두 효과가 있다. 그 작용은 정균 작용(bacteriostatic)이며 살균 작용(bactericidal)이 아니다. Tetracycline류는 가금이나 어육의 부패를 지연시키는데 사용된다. 이들

의 효능은 부패 미생물이 쉽게 내성을 나타내게 됨에 따라서 감소되는 것 같다.

Nisin은 사람에게 사용되지 않는 몇 가지 항생 물질 중의 하나이다. Nisin은 식품의 가열 살균을 효과적으로 도와주는 것으로 알려져 있다. 이것은 분자량이 약 7,000이며, 18개의 아미노산을 가지는 polypeptide이다. 어떤 gram 양성 미생물에만 효과적이며 모든 포자에는 유효하게 작용한다.

제4절 식품의 안정성 시험법

어떤 식품의 변이원성, 발암성 등의 여부는 최종적으로 동물실험을 거쳐야 되지만, 이와 같은 경우 실험동물의 확보와 막대한 시설, 시간 및 노력이 필요하며, 화학적 성분에 관한 연구는 거의 불가능하다. 그러나 최근 미생물을 이용한 변이원성 시험법이 진보되어 많은 화학 물질을 용이하게 시험할 수 있게 되었다. 현재 이 변이원성 시험이 발암성과 높은 상관관계가 있는 것으로 보여지기 때문에 이 시험법을 이용한 식품 및 환경 물질의 안정성에 대하여 광범위한 연구가 이루어지고 있다.

1. Ames test

식품 중의 변이원성 물질을 검출하는 데 가장 일반적으로 사용하는 시험 방법으로 병원성이 없는 Salmonella균(*Salmonella typhimurium*)의 변이주를 이용하여 시험 물질에 따른 복귀 돌연변이에 의하여 변이원성을 조사하는 방법이다. 이들 Salmonella균은 세포벽의 당지질 합성 능력에 결손이 생겨 그 결과 변이원성 물질과 발암성 물질의 막 투과성이 높아지고 특히 DNA의 회복 능력이 없어지기 때문에 돌연변이원성을 고감도로 검출하여 얻을 수 있다. 이 균은 histidine 요구성이 있지만 복귀 돌연변이가 일어나면 histidine을 함유하지 않은 배지에서도 생육할 수 있게 되어 그 복귀돌연변이균의 집락수로서 변이원성을 알 수가 있다.

Ames test의 또 하나의 큰 이점은 시험 물질의 대사활성화된 것의 시험을 할 수 있다는 점이다. 즉, 쥐 간의 S-9이라고 불리는 microsome을 함유한 상층분액에 NADPH와 glucose-6-phosphate 등을 가한 S-9 혼합액을 가한 것에 따라 그 자신은 변이원성을 갖지 않는 경우에도 S-9 혼합액 중의 microsome과 상층액의 각종 효소에 의해 대사되어 변이원성을 나타내게 된다. 또 역으로 불활성화된 것도 있다. 현재 분리된 것은 TA 100(염기 치환형의 변이주)과 TA 98이 사용되는 것이 일반적이다. 기타 hydroperoxide 등 특별한 형의 화합물에 감수성이 높은 균주도 개발되고 있다.

2. Rec assay

화학변이원과 발암 물질에 의해 DNA가 상하게 되는 경우 DNA의 손상을 복구하는 능력을 갖는 균주는 생존 가능하지만 그렇지 못한 균주는 복구가 불가능하기 때문에 세포는 증식할 수가 없다. 현재 사용되고 있는 rec assay는 고초균(*Bacillus subtilis*)의 야생 균주(rec^+)와 DNA복구 능력 결손 균주(rec^-)를 이용하고 있으며 시험 물질에 따라 그들의 생육의 차이에 의해 DNA 손상 작용을 갖는 물질을 검출할 수 있다. Ames test에서는 음성인 발암 물질이 rec assay에서는 검출되는 예도 많고 또한 간편하기 때문에 이 방법이 Ames test와 병행하여 사용되고 있다.

3. 기타 안정성 시험

미생물 변이원성 시험법에는 대장균(*E. coli* WP-2와 *E. coli* MP-1 등의 균주)과 효모(*Saccharomyces cerevisiae*)를 사용하기도 하고 곤충(초파리와 누에 등)을 사용하는 변이원성 시험법도 있지만 식품 관련 물질의 안정성을 고려해서 포유동물의 배양 세포를 사용한 염색체 이상시험을 첨가하는 것이 권장하고 있다. 염색체 이상시험은 중대한 유전적 변이 작용을 갖는 물질을 검출해 낸다는 점에서 식품의 안정성 평가의 입장으로 보면 매우 중요하다.

제 16 장

식품의 물리성 (physical properties of foods)

식품의 기호성과 관련된 품질 요소 중에는 색깔, 냄새, 맛 이외에 입안에서의 촉감과 관계되는 texture 등 식품의 물리적 성질이 있다. 식품의 물리적 성질은 식품의 가공 적성이라는 관점에서뿐만 아니라 식품 섭취시의 기호성에 관여하는 중요한 요인이다.

본장에서는 식품의 물리적 성질을 rheology 특성, texture 특성, colloid 특성으로 구분하여 간단히 논의한다.

제1절 식품의 rheology 특성

우리가 유체 식품(fluid foods), 반고체 식품(semi-solid foods), 고체 식품(solid foods) 등 각 형태의 식품을 먹을 때 입 안에서 느끼는 감촉은 각각 그 식품의 풍미에 큰 영향을 미친다. 이것은 각 식품의 적당한 점성, 점조성, 탄성, 견고성 등의 물리적 성질이 식품의 기호성에 크게 작용하기 때문이다. 이와 같은 식품의 물리적 성질은 rheology라고 하는 학문 분야에서 다루고 있다. Rheology는 물질의 변형(deformation)과 유동(flow)에 관한 과학으로서 외부의 힘에 대한 물질의 변형 및 흐름의 특징을 규명하고 그 정도를 정량적으로 표현하는 학문이다.

유체의 종류에는 공기와 같은 기체와 물, 우유, 주스와 같은 액체 이외에도 균일한 작은 입자들로 구성된 밀가루, 곡물, 설탕 입자 등의 고체 식품도 흡입펌프를 통하여 수송되거나 혼합될 때 연속적 흐름의 유체상 형태를 취함으로 유체의 성질로 설명할 수 있다. 즉, 기체의 기체 법칙, 액체의 점성 법칙, 고체의 탄성 법칙 등 물질의 기본적인 성질이 식품의 rheology와 밀접한 관계가 있으며, 또한 이들의 물성정수를 구하는 것이 중요시되고 있다.

식품의 가열, 냉각, 냉동, 혼합, 교반 등의 조작에 의한 물성의 변화와 식품 제조공정 중 기계 장치, 수송, 저장 등이 식품의 rheology에 어떠한 영향을 미치는가를 연구해야 한다. 유체 식품이나 유동성이 강한 반고체 식품에 있어서는 고체로서의 탄성과 같은 변형의 성질보다 액체로서의 유동성에 관한 성질이 상대적으로 더 중요하다. Rheology는 미국의 *Bringham*(1919)에 의하여 소성유동의 개념이 발표된 이래 크게 발전되었으며, 화학 공업, 섬유 공업, 식품공업 등에 기여한 바가 크다. 화학 공업 분야에서는 액체와 기체의 rheology 특성에 대하여 많이 연구하나 식품공업에서는 주로 분체, 반고체, 고체 등의 rheology 특성에 대하여 연구한 것이 많다.

1. Rheology 특성의 개념

1) 점성 및 점조성

점성(viscosity)과 점조성(consistency)은 물질의 흐름에 대한 저항을 나타내는 물리적 성질이며, 물질의 흐르는 성질, 즉 유동성(fluidity)에 반대되는 말이다. 예를 들면, 흐름에 대한 저항성이 적은 물 등은 점성이 낮고 저항성이 큰 물엿 등은 점성이 높다.

점성은 주로 균일한 형태와 크기를 가진 단일 물질로 구성된 *Newton* 액체의 흐르는 성질을 나타내는 말이고, 점조성은 상이한 형태와 크기를 가진 복합 물질로 구성된 비 *Newton* 액체에 적용되는 말이다. 액체에 있어서는 일반적으로 온도를 올리면 점성이 감소하고 압력을 가하면 증가한다. 용액의 점성은 용매의 점성 외에 용질의 종류, 농도 등에 의하여 변화한다.

2) 탄성

탄성(elasticity)은 외부의 힘에 의하여 변형이 되어있는 물체가 그 힘이 제거될 때 본래의 상태로 되돌아가려는 성질을 말한다. 고무줄을 손으로 당겼다가 놓으면 원상태로 돌아가는 것이 탄성의 대표적인 예이다. 모든 물체는 다소나마 탄성을 가지고 있으며, 일반적으로 탄성이 있는 물체라는 것은 탄성 한계 내에서 큰 변형을 하는 것을 말한다.

3) 소성

소성(plasticity)은 외부의 힘에 의하여 변형이 된 물체가 그 힘을 제거하여도 원상태로 되돌아가지 않는 성질을 말한다. 버터, 마가린, 생크림은 소성을 나타낸다. 어떤 물체를 수저로 떠서 접시에 올려놓을 수 있는 것이 소성체의 특징이다. 즉, 버터나 생크림은 부드러우면서도 접시에 올려놓았을 때 흐르지 않는다. 이에 반하여 물엿과 같은 고점성체는 수저로 쉽게 떠낼 수가 없으나 접시에 놓으면 점차로 흘러 퍼져나가는 성질이 있다. 이와 같이 생크림과 물엿의 역학적 성질이 다른 것은 rheology의 특성으로 구별이 된다.

4) 점탄성

점탄성(viscoelasticity)은 외부의 힘에 의하여 물체가 점성 유동과 탄성 변형을 동시에 나타내는 복잡한 성질을 말한다. 예를 들면, 포장에 사용하는 polyethylene film은 cellophane film과는 달리 잡아당기면 탄성고무와 같이 늘어나는 동시에 아스팔트와 같이 점성 변형을 하게 된다. 또 아마인유와 같은 건성유는 공기 중에서 가열하면 점도가 점차로 높아지는데, 이것을 상온에서 교반하다가 정지하면 교반봉이 제자리로 끌려간다. 이때 교반봉을 올리면 고무줄과 같이 길게 늘어졌다가 끊어져서 곧 원상태로 되돌아간다. 보통 polyethylene film과 같은 점탄성을 가진 것을 고체상 점탄성체라고 하고, 충분히 가열처리한 건성유와 같은 점탄성을 가진 것을 유체상 점탄성체라고 한다.

한편, 점탄성은 온도 및 변화 시간 등에 관계가 있다. 즉, 막대기 모양의 엿은 기온이 낮을 때는 구부리려면 부러지나 온도가 높으면 분명한 점탄성을 나타낸다. 그리고 구부리는 속도를 빨리하면 부러지나 천천히 구부리면 부러지지 않고 원하는 대로 구부러진다.

또한 점탄성체는 다음과 같은 여러 가지 복잡한 성질을 가지고 있다.

(1) 예사성(spinability)

달걀 흰자위나 *Bacillus natto*로 만든 청국장 등에 젓가락을 넣었다가 당겨올리면 실을 빼는 것과 같이 늘어나는데, 이 성질을 예사성(spinability)이라고 한다.

(2) Weissenberg의 효과

가당연유(sweetened condensed milk) 속에 젓가락을 세워서 회전시키면 연유가 젓가락을 따라 올라가는데, 이와 같은 현상을 *Weissenberg*의 효과라고 한다. 이것은 액체에 회전운동을 부여하였을 때 흐름과 직각방향으로 현저한 압력이 생겨서 나타나는 현상이며, 액체의 탄성에 기인하는 것으로 생각된다.

(3) 경점성(consistency)

점탄성을 나타내는 식품의 견고성을 경점성이라고 한다. 반죽 또는 떡의 경점성은 farinograph 등을 사용하여 측정한다. 각종 밀가루의 farinogram을 보면 그림 16.1과 같다.

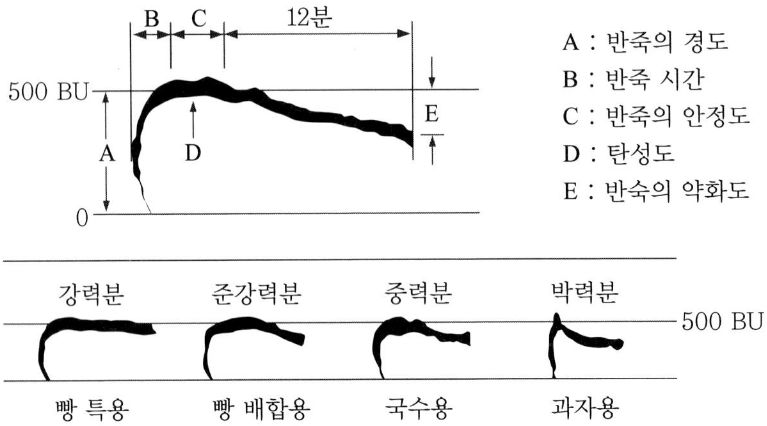

그림 16.1 각종 밀가루의 farinogram

(4) 신전성(extensibility)

국수 반죽과 같이 대체로 고체를 이루고 있으며 막대상 또는 긴 끈 모양으로 늘어나는 성질을 신전성이라고 한다. 신전성은 인장시험으로 알 수 있으나 실제로는 extensograph 등을 사용하여 측정한다. 각종 밀가루의 extensogram을 보면 그림 16.2와 같다.

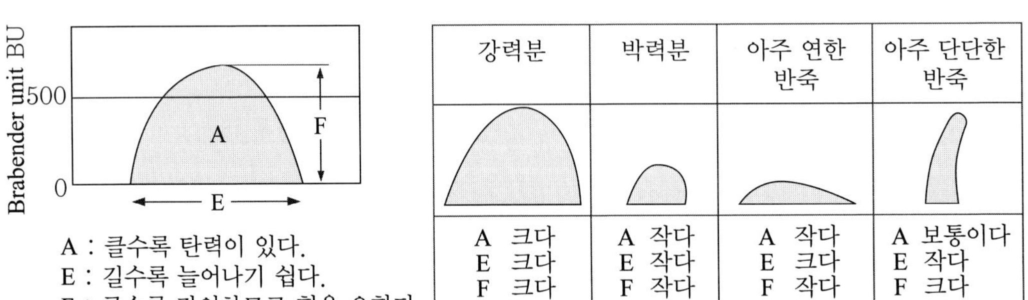

그림 16.2 각종 밀가루의 extensogram

2. 유체 및 반고체 식품의 rheology

1) Newton 유체

유체가 흐르는 현상을 분자구조 수준으로 확대하여 보면 마치 쌓여 있는 분자 또는 입자들이 층층이 밀려 나가듯이 한 움직임을 볼 수 있다(그림 16.3). 이것은 작용하는 힘이 쌓여있는 분자층들을 표면과 평행한 방향으로 비스듬히 밀고 나가는 현상에 기인하며, 이때 작용하는 힘을 전단응력(shear stress)이라고 한다. 전단응력의 작용 중심부에 있는 층이 가장 속도가 크고 중심부에서 벗어날수록 각 층의 진행 속도는 감소하게 되며 종국적으로 고체 표면과 접촉한 부위는 속도 0인 상태가 된다. 그림 16.4와 같이 유체의 중심부에서 거리가 멀어짐에 따라 속도가 감소하는 정도를 속도 구배(velocity gradient) 또는 전단속도(shear rate)라고 한다.

*Newton*은 일부 유체에서 다음 식에서와 같이 전단 속도(dv/dx)가 단위 면적당 전단응력(F/A)에 비례함을 발견하였다.

$$\frac{F}{A} = \eta\left(-\frac{dv}{dx}\right)$$

단, F : 전단 응력(dyne)　　A : 단위 면적(cm^2)
η : 비례계수, 점도(dyne · sec/cm^2, poise)　　v : 유체의 속도(cm/sec)
x :전단 응력 중심으로부터의 거리(cm)　　$\frac{dv}{dx}$: 전단 속도

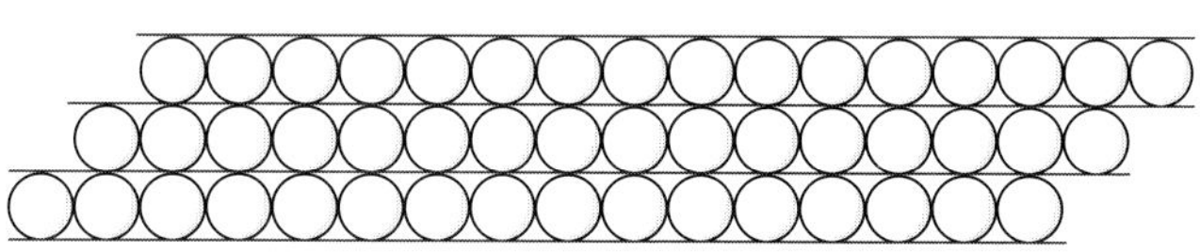

그림 16.3 Newton 유체의 기하학적 유동모형

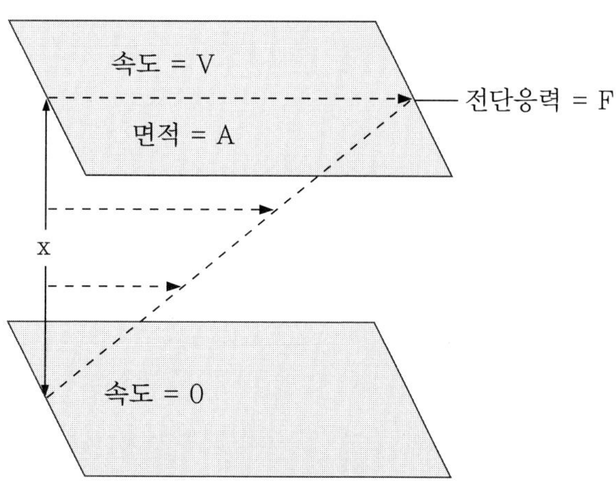

그림 16.4 벽면과 그 위를 평행으로 움직이는 유체 사이의 속도변화를 나타내는 단면도

이와 같이 전단 응력에 대하여 전단 속도가 같은 비율로 증감할 때 *Newton* 유체라고 한다. 즉, 외부에서 가해지는 힘이 크면 이에 비례하여 유체의 이동 속도도 커지는 성질을 가진 유체를 말한다. 이때 거리가 1cm 떨어져 있는 표면적 $1cm^2$의 유체 상변에 1cm/sec의 전단 속도를 생기게 하는 전단 응력의 크기를 유체의 점도라고 하며 그 단위로서 poise를 사용한다. 점도는 흐름에 대한 저항을 나타내는 수치이므로 일정한 전단 응력에 대하여 전단속도가 큰 물질일수록 점도가 낮은 것이다.

Newton 유체의 성질을 나타내는 유동 곡선(flow curve)을 보면 그림 16.5 (A)와 같으며, 이것은 또한 그림 16.5 (B)와 같이 전단 속도 변화에 대하여 점도가 일정함을 나타낸다.

Newton 유체의 구조적 특징을 보면 화학적으로 순수하고 물리적으로 균일한 물질들이며, 식품 중에는 물, 청량음료, 식용유 등 묽은 용액들이 *Newton* 유체의 성질을 갖는다.

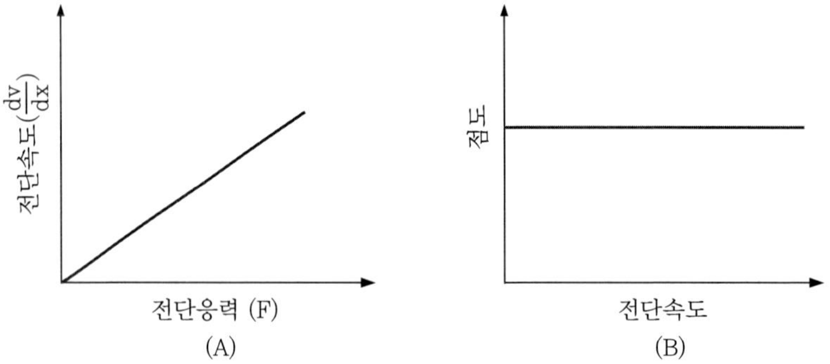

그림 16.5 Newton 유체의 성질을 나타내는 유동곡선

2) 비Newton 유체

단백질, 전분, pectin 등의 각종 colloid 용액, 유탁액, 버터 등의 반고체 식품들은 *Newton* 유체의 특성을 갖고 있지 않으며, 전단 응력과 전단 속도 사이의 관계를 나타내는 유동 곡선이 직선이 아니라 곡선으로 표시된다. 이와 같이 전단 응력과 전단 속도 사이에 일정한 비례 관계가 성립하지 않는 모든 유체를 비*Newton* 유체라고 한다. 이들 비*Newton* 유체의 점도는 전단 속도에 따라 변하게 되므로 일정한 전단 속도에서 측정한 점도는 다른 전단 속도에서 측정한 값과 다르게 된다. 그러므로 비*Newton* 유체에서는 일정한 전단 속도에서 측정한 점도를 외관상의 점도(apparent viscosity)라고 하며, 다른 시료간의 비교를 위해서는 항상 같은 수준의 전단 속도에서 측정한 외관상의 점도끼리 비교하여야 한다.

비*Newton* 유체는 전단 속도에 대한 전단 응력의 변화에 따라 그림 16.6에서 보는 바와 같이 여러 가지로 분류된다.

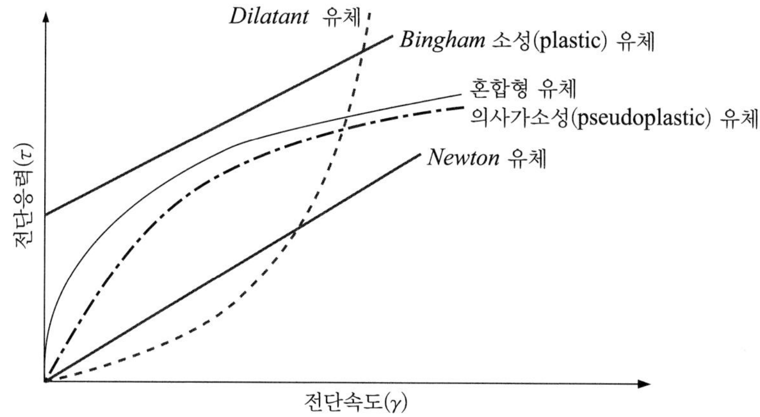

그림 16.6 여러가지 비Newton 유체의 성질을 나타내는 유동곡선

즉, 전단 응력(τ)과 전단 속도(γ) 사이에 직선상의 비례 관계가 성립할 때에는 *Newton* 유체이지만, 전단 속도의 증가에 따라 전단응력의 증가폭이 점차 감소하는 유체를 의사가소성(pseudoplastic)유체라 하고, 전단 속도의 증가에 따라 전단 응력의 증가폭이 점차 증가하는 유체를 *Dilatant* 유체라고 한다.

또한 대부분의 반고체 물질은 비교적 점도가 높아 최초의 흐름을 일으키기 위하여 제법 강한 전단 응력을 필요로 하며, 이때 최초의 흐름을 일으키는 데 필요한 힘을 항복력(yield stress) 또는 항복치(yield value)라고 한다. 항복력 이상의 힘이 작용하여 일단 흐르기 시작하면 전단 속도에 대한 전단 응력의 증가폭이 일정하게 유지되는 유체를 *Bingham* 소성(plastic) 유체라고 하며, 항복치를 가지면서 의사가소성 혹은 *Dilatant* 성질을 나타내는 것을 혼합형(mixed type)유체라고 한다. 많은 종류의 식품이 혼합형 유체의 성질을 나타낸다.

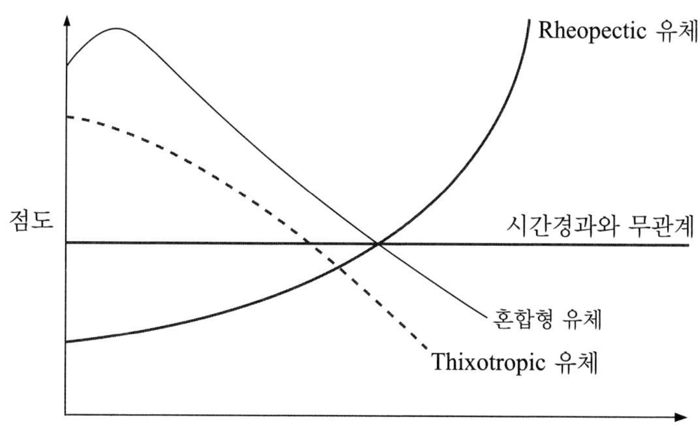

그림 16.7 전단시간의 경과에 따라 유동특성이 변하는 유체의 유동곡선

한편, 비*Newton* 유체의 또 하나의 중요한 성질은 전단 시간(shearing time)의 경과에 따라 유동 특성이 변화하는 현상이다. 시간의 경과에 따른 유동 특성의 변화 형태에 따라 그림 16.7에서와 같이 thixotropic 유체와 rheopectic 유체로 구분된다.

Thixotropic 유체는 전단 응력이 오래 작용할수록 점조도가 감소하는 것이며, rheopectic 유체는 반대로 전단 응력이 오래 작용할수록 점조도가 증가하는 경향을 나타낸다. 여러 가지 복합 물질로 된 많은 식품에서는 혼합형이 나타나며, 이들은 전단 시간의 경과에 따라 점조도의 증감이 다양하게 일어나는 물질이다.

특히 thixotropic 유체는 gel의 특성을 나타내며, 그림 16.8에서 보는 바와 같이 전단 속도를 일정 시간 간격으로 계속적으로 증가시켰다가 다시 같은 속도로 감소시킬 때 thixotropic 유체 특유의 hysteresis 곡선을 나타낸다. 이것은 상승 곡선의 경로보다 하강 곡선의 경로가 낮은 곡선으로서 분자간의 결합이 전단 응력에 의하여 끊어졌다가 일정 시간이 경과하는 동안 다시 원상태로 충분히 회복되지 않음을 나타내고 있다. 이와 같은 성질은 여러 가지 친수 colloid 용액의 sol-gel 전환현상의 특성을 설명할 수 있다.

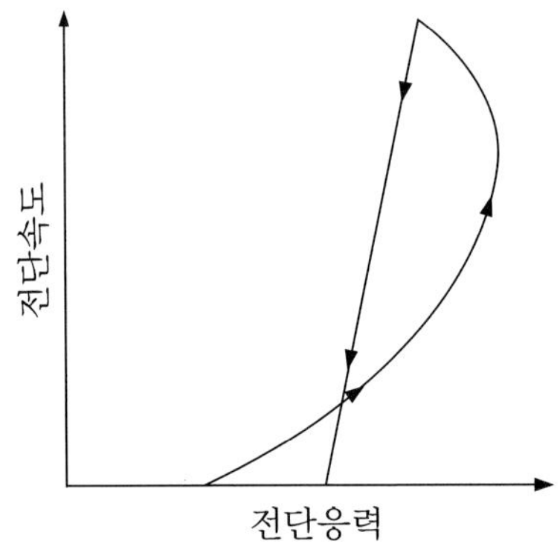

그림 10.8 Thixotropic 유체의 hysteresis 곡선

3. 고체 식품의 rheology

유체 식품의 경우 그 유동의 성질 중의 중심적 성질은 점성이다. 한편, 고체 식품의 경우에는 탄성과 소성의 성질로 대표되는 변형(deformation)이 가장 중요하다 고체 식품의 변형은 물체의 크기 치수가 변화하는 것을 말하며, 그 식품에 작용하는 힘에 따라 대체로 압축(compression), 전단(shearing) 및 인장(tension) 등으로 구분된다.

외부에서 가해지는 힘을 어떤 물체의 단위 면적에 작용하는 힘의 크기로 표시할 때 보통 응력(stress)으로 불린다. 유체 식품의 경우에 전단 응력이 τ의 기호로 표시되는 것처럼 고체 식품의 경우에 주로 사용되는 단축응력(uniaxial stress)은 σ로 표시된다.

또한 외부에서 응력이 가해졌을 때 변형이 되는 비율을 strain이라고 하며 ε로 표시한다. 즉, 고체 식품의 변형의 크기를 ΔL, 원래 그 식품의 크기를 L이라 할 때 strain $\varepsilon = \Delta L/L$이다.

1) 탄성체

어떤 고체에 외부에서 가해지는 응력 σ와 힘에 의해 변형되는 비율 strain(ε)사이에 다음 식에서와 같이 직선 관계가 성립될 때 *Hooke* 탄성체(Hookean elastic body)라고 한다(그림 16.9).

$$\sigma = E \times \varepsilon$$

단축 응력에 대한 비례 요인인 E를 *Young*의 탄성율(*Young*' s modulus)이라고 하며, 이것은 strain에 대한 응력의 비율 즉 $E = \sigma/\varepsilon$ 이다.

Hooke 탄성체의 특성은 그림 16.10에서 보는 바와 같이 응력–시간과 strain–시간 곡선으로 나타낼 수 있다. 즉, *Hooke* 탄성체가 일정한 strain ε_0를 가질 때 응력 σ은 시간에 따

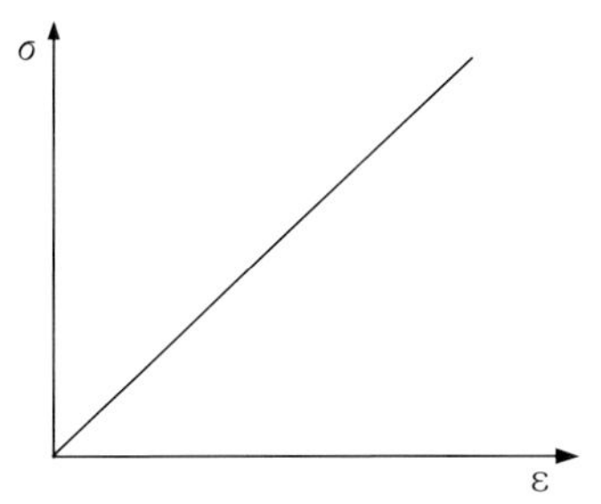

그림 16.9 Hooke 탄성체의 응력(σ)–strain(ε) 곡선

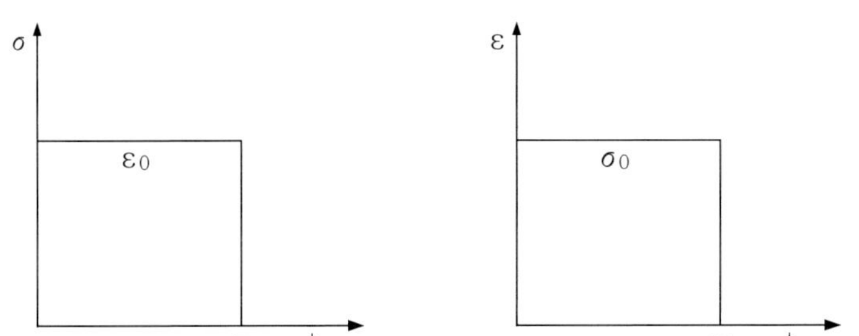

(A) 응력(σ)–시간곡선 (B) strain–시간곡선

그림 16.10 Hooke의 법칙에 따르는 물체의 응력–시간곡선과 strain–시간곡선

라 일정하며 T시간에서 strain이 제거되면 0으로 되돌아간다. Strain ε는 일정한 응력이 작용하였다가 T시간에서 제거되면 똑같은 양상을 나타낸다.

한편, 일부 고체에서는 응력이 제거된 후에 영구적인 변형(permanent deformation)은 없으나 응력과 strain 사이에 직선관계가 성립하지 않을 뿐만 아니라 응력이 가해졌을 때와 제거되었을 때 hysteresis 현상이 나타나는 경우가 있다(그림 16.11). 이와 같은 성질을 가진 고체를 비*Hooke* 탄성체 또는 억제된 탄성체(retarded elastic body)라고 한다.

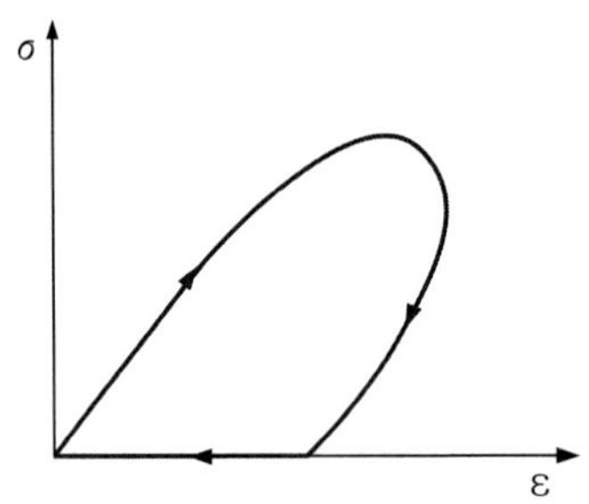

그림 16.11 비Hooke 탄성체의 응력-strain 곡선

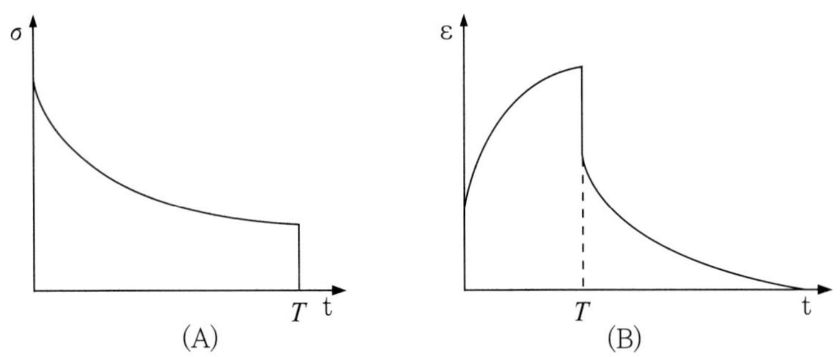

그림 16.12 비Hooke 탄성체의 응력-시간곡선(A)과 strain-시간곡선(B)

그림 16.11의 곡선의 윗부분은 응력이 증가할 때의 값을 나타내고 응력이 감소되면 대응하는 strain은 곡선의 아랫부분에서 보다 크게 나타난다. 응력이 0에 달하면 strain은 서서히 0으로 되돌아오는 한정된 값을 가진다. 이와 같은 탄성체의 대응하는 응력-시간(relaxation)과 strain-시간(creep)곡선은 그림 16.12와 같다.

2) 가소성체

가소성 물체(plastic material)는 어떤 항복력(yield stress)을 초과할 때까지는 영구 변형이 일어나지 않는 것을 말한다. 탄성이 없는 완전한 가소성체는 그림 16.13과 같은 응력-strain 특성을 나타낸다. 작은 응력의 영향 하에서는 변형이 일어나지 않으며, 응력이 증가하면 물체는 작용된 응력 σ_0(항복응력)에서 갑자기 흐르기 시작한다. 그리고 그 물체는 같은 응력에서 응력이 제거될 때까지는 계속하여 흐르며 그의 전체 변형을 유지한다. 실제로 완전한 가소성체는 거의 없고 오히려 가소탄성(plasto−elastic) 또는 가소점탄성(plasto−visco-elastic)체이다. 삶아서 으깬 감자, 버터, 마가린, 쇼트닝 등의 많은 식품에서 그 예를 볼 수 있다.

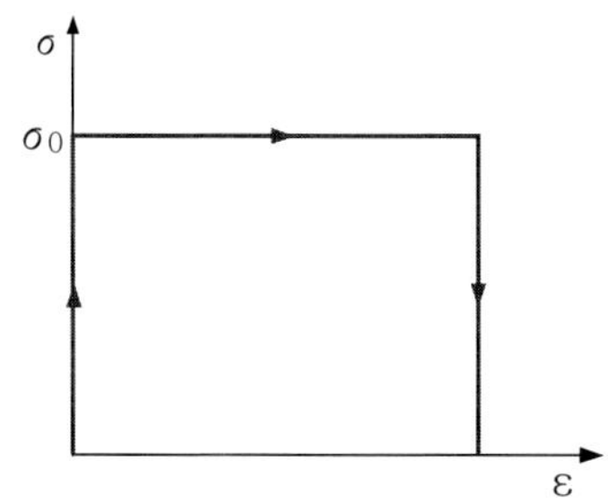

그림 16.13 이상적인 가소성체의 응력−strain 곡선

3) 점탄성체

어떤 물체는 점성과 같은 유체의 특성과 탄성과 같은 고체의 특성이 복합된 성질을 나타낸다. 탄성 요소는 부분적으로 억제된 탄성을 나타낸다. 이와 같은 성질을 점탄성(viscoelasticity)이라고 하며 밀가루 반죽, 신선한 야채류, 과실류, 육류 등에서 그 예를 볼 수 있다. 점탄성체는 작은 응력의 영향 하에서 서서히 그리고 비가역적으로 흐른다. 보다 큰 응력 하에서 탄성요소는 명확해진다. 점탄성체의 응력−시간곡선(relaxation curve)은 그림 16.14 (A)와 같다. 이 곡선은 시간축에 접근하려는 경향을 가진다. Strain−시간 곡선(creep curve)은 응력이 작용하는 한 strain이 증가함을 나타낸다(그림 16.14 (B)). 점탄성체의 영구 변형의 강도는 작용하는 응력과 작용 시간에 비례해서 증가한다.

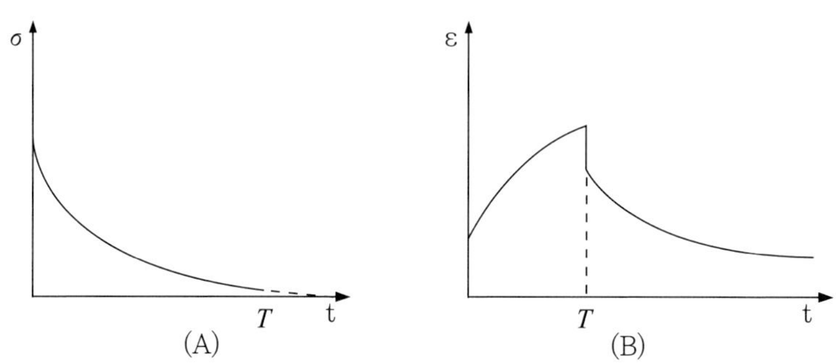

그림 16.14 점탄성체의 응력−시간곡선(A)과 strain−시간곡선(B)

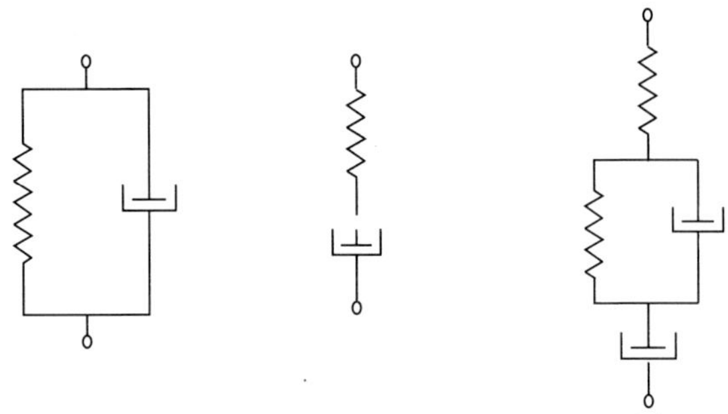

그림 16.15 Voigt-Kelvin(A), Maxwell(B) 및 Burgers(C) 모형

한편, 점탄성체의 특성을 설명하는 데 기계적인 모형(mechanical model)을 사용할 수 있다. 예를 들면, 용수철은 *Hooke* 탄성체, 완충장치(dashpot)는 순수한 점성체 또는 *Newton* 유체의 특성을 나타낸다. 이들 요소는 여러 가지 방법으로 조합하여 복잡한 물질의 rheology 특성을 나타낸다. 두 기본적인 점탄성 모형은 *Voigt-Kelvin*체와 *Maxwell*체이다. *Voigt-Kelvin* 모형은 용수철과 완충장치를 병렬로, 그리고 *Maxwell* 모형은 용수철과 완충장치를 직렬로 연결한 것이다(그림 16.15).

*Voigt-Kelvin*체에서 응력은 strain에 비례하는 요소와 전단 속도에 비례하는 요소의 합이다. 요소들은 평행하므로 그들은 함께 움직인다. *Maxwell* 모형에서 변형은 순수한 점성과 순수한 탄성의 두 부분으로 이루어져 있다. *Voigt-Kelvin*체와 *Maxwell*체는 둘 다 점탄성을 나타내지만 그들은 응력-시간(relaxation) 및 strain-시간(creep) 시험에서 다르게 반응한다. 실제로 점탄성체의 rheology 특성은 이와 같은 두 가지 모형을 이루고 있는 요소들이 여러 가지로 배열된 모형으로 설명되는 경우가 많으며 순수한 *Voigt-Kelvin* 모형이나 *Maxwell* 모형으로 설명되는 경우는 거의 없다고 한다. 한편 *Kelvin* 모형과 *Maxwell* 모형을 직렬로 조합한 것을 *Burgers* 모형이라고 한다.

제2절 식품의 texture 특성

사과를 가을 또는 초겨울에 먹으면 사각사각하여 맛이 있지만 그 이듬해 초여름에 가면 물렁물렁하여져서 좋지 않다. 불고기나 갈비도 연한 것이 좋고 질긴 것을 싫어한다. 또 같은 쌀로 밥만 지어먹다가 명절 같은 때 떡을 해 먹으면 훨씬 맛이 있다. 이와 같이

texture는 식품을 입에 넣었을 때, 씹었을 때 그리고 삼켰을 때의 느낌이 종합된 감각으로서 사각사각하다, 단단하다, 물렁물렁하다, 연하다, 질기다, 묽다, 되다, 미끈거리다 등의 용어로 표현되는 성질을 말한다. 따라서 texture는 식품의 품질 면에서 대단히 중요하며 때로는 색깔이나 풍미보다도 더 큰 비중을 차지한다.

식품의 종합적인 맛에 관여하는 여러 인자를 식감요소라고 하며, *Szczesniak*(1963)은 이 식감 요소를 74종류의 식품명을 여러 사람들에게 제시하였을 때에 뇌리에 반응하는 연상을 말로 표현시켜 조사하였다. 표 16.1은 그것을 정리한 결과이며 개개의 식품에 특이적인 식감 요소가 여기서는 일반화되어 있으며 그것만으로 간결한 내용의 분석 결과라 할 수 있다. 그 중에서 남녀 모두 높은 비율을 차지하고 있는 texture는 식품의 조직 구조에 유래한 식품의 물성의 감각적 평가에 상당하는 것이며 식감 요소 중 물리학적 인자의 하나이다.

표 16.1 식감요소를 구성하는 여러 가지 특성

특성	남자의 경우(%)	여자의 경우(%)
Texture	27.2	38.2
맛(flavour)	28.8	26.5
색깔(colour)	17.5	13.1
겉모양(out looking)	21.4	16.6
향기(aroma)	2.1	1.8
기타	3.0	3.8

1. Texture 특성의 분류

1) Szczesniak에 의한 분류

*Szczesniak*의 texture 특성 분류 방법은 표 16.2와 같이 식품의 texture를 세 가지 특성, 즉 기계적 특성, 기하학적 특성 및 기타 특성으로 분류하고 또 각 특성을 구성하는 요소들로 다시 세분한다.

(1) 기계적 특성

이 특성은 물리적인 것으로서 일차적 요소로 견고성(hardness), 응집성(cohesiveness), 점성(viscosity), 탄성(springiness 또는 elasticity) 및 부착성(adhesiveness)의 다섯 가지 기본 특성이 있으며, 응집성은 다시 파쇄성(brittleness), 저작성(chewiness), 점착성(gumminess)의 세 가지 이차적 요소로 구분된다.

견고성은 물질을 변형시키는 데 필요한 힘의 크기이며, 무르다, 굳다, 단단하다 등으로 표현되는 성질이다.

응집성은 어떤 물체를 형성하는 내부 결합력의 크기이며, 관능적으로 직접 감지되기 어렵고 그의 이차적인 특성으로 나타낸다.

파쇄성은 물질을 파쇄하는 데 필요한 힘으로서 견고성과 응집성에 영향을 받는다. 이것은 일반적으로 딱딱하다, 파삭파삭하다 등으로 표현되는 성질이다.

저작성은 고체 식품을 삼킬 수 있는 상태까지 씹는 데 필요한 일의 양이며, 견고성, 응집성 및 탄성에 영향을 받는다. 보통 연하다, 질기다 등으로 표현되는 성질이다.

점착성은 반고체 식품을 부수는 데 필요한 일의 크기이며 견고성과 응집성에 영향을 받는다. 이것은 일반적으로 푸석푸석하다로 표현되는 성질이다.

점성은 유체가 단위의 힘에 의해서 유동되는 정도이며 보통 묽다에서 되다로 표현되는 성질이다.

탄성은 물체가 외부의 힘에 의하여 변형되었다가 그 힘이 제거될 때 다시 복귀되는 정도이며, 탄력이 없다, 말랑말랑하다 등의 표현과 관계가 깊다.

표 16.2 Texture 특성의 분류와 우리말 표현

기계적 특성에 속하는 texture 요소		
일차적 요소	이차적 요소	일반적 표현
견고성(Hardness)		무르다 → 굳다 → 단단하다
응집성(Cohesiveness)		
	파쇄성(Brittleness)	부스러진다 → 깨어진다
	저작성(Chewiness)	연하다 → 졸깃졸깃하다
	점착성(Gumminess)	푸석푸석하다
점성(Viscosity)		묽다 → 진하다 → 되다
탄성(Springiness)		탄력이 없다 → 말랑말랑하다
부착성(Adhesiveness)		미끈미끈하다 → 끈적끈적하다
기하학적 특성에 속하는 texture 요소		
요소		일반적 표현
입자의 크기와 형태		꺼칠하다, 보드럽다
입자의 크기와 배열 방향		거칠다, 뻣뻣하다
기타 특성에 속하는 texture 요소		
일차적 요소	이차적 요소	일반적 표현
수분 함량		꼬실꼬실하다, 질퍽질퍽하다
지방함량	기름기(Oilness)	번드르하다
	그리스 촉감(Greasiness)	미끈미끈하다

부착성은 식품의 표면이 입안의 혀, 이, 피부 등의 타물체의 표면과 부착되어 있는 인력을 분리시키는 데 필요한 일의 양이며 보통 미끈미끈하다, 끈적끈적하다 등으로 표현되는 성질이다.

(2) 기하학적 특성

이 특성은 명확하게 분류하기가 곤란하지만 입자의 크기와 형태에 의하여 결정되는 성질과 입자의 크기와 배열 방향에 의하여 나타나는 성질로 구분된다. 거칠다, 부드럽다 등의 고운 분말이나 굵은 알맹이, 덩어리의 감촉은 입자의 크기와 형태에 의한 것이며, 섬유질, 결정질, 포장질 등이 가지는 texture 특성은 입자의 배열 방향에 의한 성질이다.

(3) 기타 특성

식품의 texture에는 기타 수분과 지방 함량에 따라서 느껴지는 특성이 있다. 수분 함량의 다소에 따라 마른 상태와 젖은 상태는 목이 마르다, 되다, 묽다, 걸쭉하다 등으로 표현되는 성질이며, 지방 함량의 다소에 따라 기름기가 있다 미끈거리다 등으로 표현되는 성질이다. 특히 식품의 수분 함량은 이상의 모든 texture 특성의 크기를 영향하는 중요한 요소이다.

2) Sherman에 의한 분류

*Sherman*의 묘사법은 그림 16.16과 같이 식품을 선택하여 섭취하는 과정을 단계적으로 구분하여 각 단계에서 작용하는 texture의 종류에 따라 분류되었다. *Sherman*에 의하면 입에 넣기 이전의 초기 감각으로 외관, 잘리는 성질, 표면에 발리거나 퍼지거나 쏟아지는 성질 등 주로 시각에 의하여 느낄 수 있는 것들을 texture 묘사 요소에 포함시키고 있다.

둘째로 입속에서 느끼는 초기감각을 1차 특성과 2차 특성으로 크게 나누며, 1차 특성에는 화학 성분 조성에 의한 성질, 예를 들어 수분 함량이나 지방 함량에 의한 성질과 입자의 크기와 형태에 의한 성질 및 공기의 함량, 기포의 크기와 형태에 의한 성질을 포함시키고 있다. 2차 특성은 탄성, 점성, 응집성 등 작은 외부 힘에 작용하는 요소들로 구성되어 있다.

셋째로 씹는 과정에서 느껴지는 texture 특성들이며 비교적 커다란 외부 힘에 의하여 표현되는 기계적 성질, 예를 들어 견고성, 파쇄성, 점착성, 부착성 등을 합쳐서 3차 특성으로 규정하고 있다. 그 외에도 목구멍으로 넘어가는 삼키는 동작에서 느껴지는 texture도 3차 특성에 포함시키고 있다.

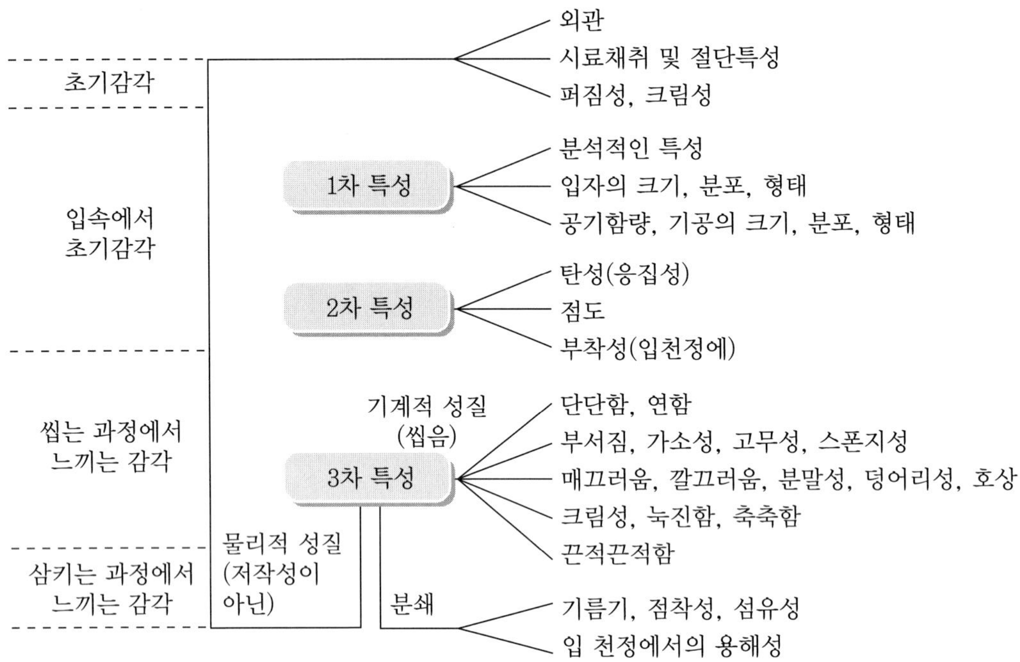

그림 16.16 Sherman의 묘사법에 의한 texture 특성

2. Texture의 측정

Texture의 측정 방법에는 주관적 방법인 관능 검사법과 객관적 방법인 물리적 방법 또는 계기 측정법이 있다. Texture는 관능적인 성질이므로 그 측정도 관능 검사법에 의하는 것이 이상적이라고 할 수 있으나 이 방법은 측정자인 panel원의 주관에 의존한다는 것과 측정에 panel원의 동원과 시간이 걸린다는 결점이 있다.

Texture의 기계적 측정법의 원리는 중력보다 강한 힘을 외부에서 작용시켜 이에 대한 식품의 저항력을 측정하도록 하는 것이다. 실제로 texure를 측정하는 계기는 다음과 같은 네 가지 공통 구조를 가진다.

① 탐침(probe) : 시료에 접촉하는 면을 가리키는 말이며, 여기에는 평판 피스톤, 찌르는 침, 자르는 칼날, 아귀의 구조를 모방한 것 등이 있다.
② 추진장치(driving mechanism) : 탐침을 움직여 시료에 변형력을 가하는 장치로서 수직, 수평, 회전 운동을 할 수 있는 구조를 가진다.
③ 감응장치(sensing elements) : 작용한 힘에 대한 저항의 크기를 측정하는 요소로서 단순한 용수철에서부터 복잡한 전자장치에 이르기까지 여러 가지 형태가 있다.

④ 판독구조(read-out system) : 저항의 크기를 나타내는 다이얼이나 눈금으로 나타내거나 숫자가 기입된 XY-recorder를 사용하여 힘-거리 상관 곡선을 그려 표시한다.

식품의 texture 측정에 주로 이용되는 계기로서는 이의 씹는 동작을 그대로 모방한 General Foods Texturometer와 다목적 측정기인 Instron universal testing machine(미국), Rheometer(일본) 등을 들 수 있다. 이와 같은 계기를 이용하여 씹는 동작을 2회 반복하는 동안 그림 16.17에서 보는 바와 같이 시간과 힘의 작용관계를 자동기록기에 나타낼 수 있으며 이 곡선을 분석하여 여러 가지 texture 특성과 관계가 있는 수치들을 얻을 수 있다.

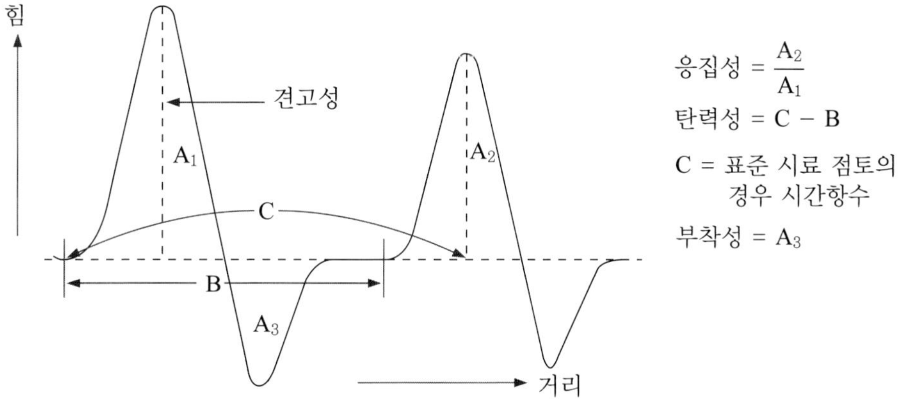

그림 16.17 전형적인 texturometer 힘(force)-거리(distance)곡선의 모형

G.F. Texturometer의 첫 번째 씹는 동작에서 얻는 곡선의 높이를 그 식품의 견고성(hardness)으로 표시하며, 눌렀다 뗄 때 얻어지는 아래 곡선의 넓이(A_3)를 부착성(adhesiveness), 첫 번째 곡선의 넓이(A_1)와 두 번째 씹는 동작에서 얻어진 곡선의 넓이(A_2)의 비를 응집성(cohesiveness), 그리고 첫 번째 곡선의 시작에서 두 번째 곡선의 시작에까지 이르는 데 필요한 시간(B)이 표준시료인 점토의 경우(C)보다 적어진 양을 탄성(elasticity)으로 표시한다.

기계적 특성의 이차적 요소로서 파쇄성은 첫 번째 곡선의 굴곡의 높이에 해당하며, 저작성은 견고성×응집성×탄성으로, 점착성은 견고성×응집성으로 각각 표현한다.

한편, 식품의 texture 특성에 대한 객관적 측정치와 관능검사 결과와의 상응 여부에 관한 많은 연구가 되어있다. 그림 16.18에서 보는 바와 같이 견고성, 파쇄성, 저작성, 점착성, 부착성 및 점성에 대한 계기 측정치와 관능검사치와의 상관관계는 대단히 좋으며 양자간에는 거의 정비례한다고 볼 수 있다.

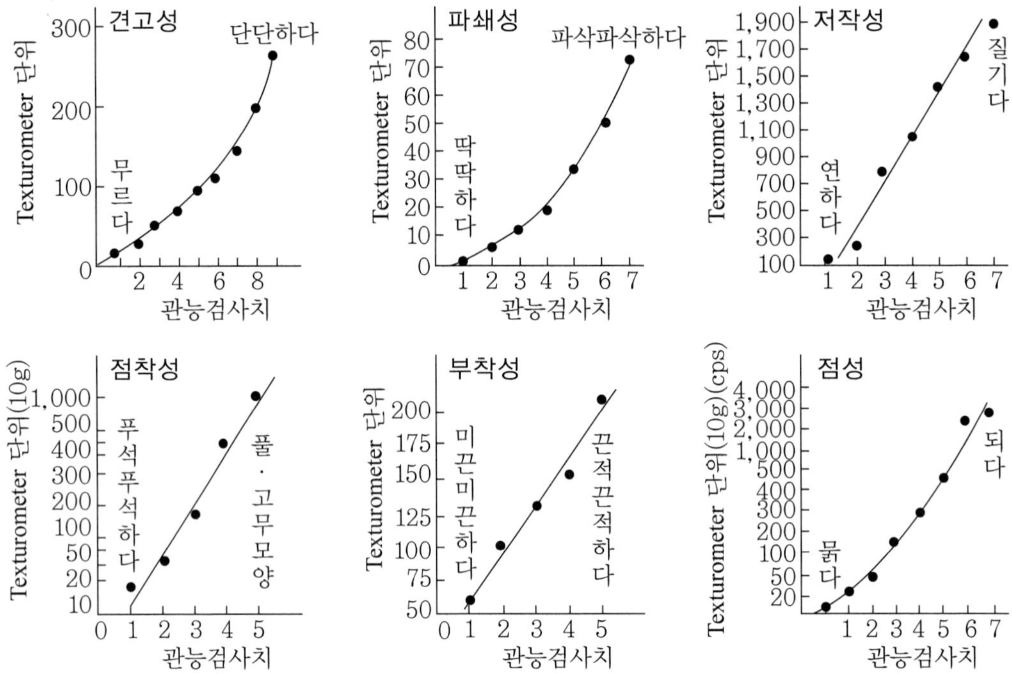

그림 16.18 Texturometer에 의한 측정치와 관능검사치와의 상관관계를 나타내는 곡선

제3절 식품의 colloid 특성

곱게 가루로 한 모래 같은 녹지 않는 물질을 물과 함께 흔들면 보기에 흐린 혼합물이 얻어진다. 그러나 방치해 두면 모래 알맹이는 용기 바닥에 가라앉으므로 혼합물은 얼마 안 가서 맑아진다. 이러한 혼합물을 suspension이라 부른다. 한편, 설탕이나 소금을 물에 넣고 저어주면 고체 입자는 완전히 없어져서 현미경으로도 찾아볼 수 없다. 이와 같은 균일 혼합물은 물론 진정용액(true solution)이다.

그러나 전분이나 젤라틴을 끓는 물로 처리하여 얻은 혼합물은 균일하지는 않지만 거의 흐려 투명하지 않다. 녹지 않는 고체 입자는 가라앉지 않고 한없이 떠 있다 이와 같이 보통의 suspension과 진정용액의 중간의 성질을 갖는 시스템을 colloid 분산이라 부르며, 이때 고르게 분산되어 있는 물질을 분산상(dispersed phase), 이를 분산시키고 있는 용매를 분산매(dispersion mediurn)라고 한다.

Graham(1861)은 물질의 종류를 반투막에 의한 투과 여부와 결정상태로 얻어지는가에

따라 crystalloid와 colloid[1])로 구분하였다. 그러나 이러한 구별은 절대적인 것이 아니어서 보통 crystalloid라고 생각되었던 소금, 황화수소 등도 특수한 방법에 의하여 colloid 상태가 될 수 있고, colloid라고 생각되었던 단백질, 젤라틴 등도 crystalloid 상태로 만들 수 있게 되었다. 따라서 어느 물질이든 입자의 직경이 1~100nm이면 colloid 상태가 될 수 있고 1nm 이하인 경우에는 진정용액이 되는 것이다. 즉, colloid 상태라는 것은 물질의 종류에 의하기보다는 상태에 의하여 결정되는 것이다.

식품에서의 colloid 분산 시스템은 표 16.3에서와 같이 여러 가지 종류가 있다.

표 16.3 식품에서의 colloid 상태

분산상	분산매	colloid 상태	식품 예
기체	액체	거품	맥주의 거품, 발효 중의 거품
액체	액체	유화액	우유, 크림, 마요네즈
고체	액체	sol	전분액, 풀, 젤리
액체	고체	고체 sol	버터, 초콜릿, 마가린
고체	고체	고체 sol	사탕과자

1. Colloid의 상태

1) Sol

분산매가 액체이고 분산상이 고체 또는 액체의 colloid 입자가 분산되어 있어 전체가 액체 상태를 띠우고 있는 것을 sol이라 한다. 전분 등의 다당류와 단백질 등의 고분자 화합물을 물에 녹여 가열한 액상 식품이 여기에 해당되며, 된장국, soup, 우유 등이 있다.

전분 및 젤라틴의 수용액은 분산상과 물이 단단하게 결합하여 전해질을 넣어도 colloid 상태가 안정하게 유지되어 있다. 이와 같은 sol을 친수 sol(hydrophilic sol)이라 한다. 한편, 금이나 염화은(AgCl)의 sol은 분산상과 물이 친화성이 적어 전해질을 넣으면 침전이 생긴다. 이와 같은 sol을 소수 sol(hydrophobic sol)이라 한다.

전해질에 대한 sol의 안정성을 높일 목적으로 친수 sol을 넣는 수가 있는데, 이 친수 sol을 보호(protective) colloid라고 한다.

---

1) colloid : colloid란 단어는 영국의 *Graham*(1861)이 처음으로 사용하였다. 그는 수용액 중에 존재하는 물질의 확산 속도에 대하여 연구를 하면서 albumin이나 casein이 소금이나 설탕보다 확산 속도가 느린 것을 발견하였다. 일반적으로 확산 속도가 느린 물질은 결정화되기 어렵고, 확산 속도가 빠른 물질은 결정화되기 쉬운 성질을 가지는데 이것을 colloid(교질성), crystalloid(결정성)로 구분하여 설명하였다.

2) Gel

한천이나 젤라틴 등을 뜨거운 물에 풀었다가 다시 냉각시키면 굳어져서 일정한 모양을 지니게 된다. 이와 같은 상태를 gel이라 한다. Gel은 다량의 분자상 입자들 사이에 비교적 소량의 분산매가 있어 분산상 입자가 서로 접촉하여 유동성을 잃는 것이다. Gel의 예로서는 한천젤리, 젤라틴젤리, 묵, 생선묵, 두부, 양갱, 삶은 달걀 등을 들 수 있다. Gel에는 생성방식에 따라 침전 gel과 jelly의 두 가지가 있는데, 전자는 우유가 산패되어 단백질이 응고 침전되는 경우와 같이 sol의 입자가 응집하여 분산매가 분리 침전되어 gel이 생성되는 것이고, 후자는 한천 및 젤라틴과 같이 다량의 물을 함유한 채 분산상이 서로 접촉되어 망상구조를 만들어 생성된 것이며, 이것은 가열하면 녹아 sol이 되고 냉각하면 다시 굳어서 jelly가 된다.

Jelly를 장시간 방치하면 jelly의 망상구조의 눈이 점차 수축되어 분산매를 분리하는 수가 있다. 이 현상을 이액현상(synersis)이라 한다.

한편, gel이 건조 상태가 된 것을 xerogel이라 하는데 분말한천 및 판상젤라틴 등이 그 예이다.

2. Colloid의 성질

1) 반투성

일반적으로 이온이나 작은 분자는 통과할 수 있으나 colloid 입자와 같이 큰 분자는 통과하지 못하는 막을 반투막(semipermeable membrane)이라 한다. 단백질과 같은 colloid 입자가 반투막을 통과하지 못하는 성질을 반투성이라 부르는데, 이것은 조리 가공상 대단히 중요하다. 즉, 생식품의 세포원형질은 반투성을 가지고 있으나 가열 조리하면 원형질 막이 터져서 반투성이 없어지고 내용물이 녹아나온다.

2) Brown 운동

Sol의 상태에서 분산매인 물분자가 항상 운동하고 있는데 이 물분자가 분산상인 colloid 입자에 충돌하여 입자는 불균일한 힘의 작용을 받아 끊임없이 운동을 계속하게 된다. 이것을 Brown 운동(Brownian movement)이라 한다.

3) 응결

소수성 sol에 소량의 전해질을 넣으면 colloid 입자가 침전되는데 이 현상을 응결(coagulation)이라고 한다. 소수성 sol에는 주로 입자의 하전에 의하여 분산되어 있으므로 소량의 전해질을 넣어 전하를 증가시키면 불안정하던 입자는 서로 집합하여 크게 되어 쉽게 응집된다. 그러나 친수성 sol에서는 전해질을 넣어도 잘 침전되지 않는데 이 경우에는 전하의 중화 외에 입자와 결합하고 있는 물의 분자를 유리시켜야 한다. 따라서 다량의 전해질을 가하면 친수성 sol을 침전시킬 수가 있는데 이것을 염석(salting out)이라고 한다.

4) 흡착

Colloid 입자는 표면적이 크기 때문에 다른 물질을 흡착(adsorption)하는 성질이 있다. 이것은 methylene blue의 수용액에 목탄이나 활성탄과 같은 다공질의 물질을 넣으면 그 용액 중의 색소가 넓은 표면적에 흡착되어 용액의 색이 없어지는 현상과 같은 원리로서 설명된다.

3. 유화현상

1) 유화

분산상과 분산매가 다 같이 액체인 colloid 분산 시스템을 유화액(emulsion)이라 하고 유화액을 이루는 작용을 유화(emulsification)라고 한다. 물과 기름의 혼합물은 비교적 불안정하나 여기에 비누나 단백질과 같은 소위 유화제(emulsifier)를 넣고 교반하면 쉽게 유화되어 안정한 유화액을 형성하게 된다. 유화제는 한 분자 내에 −OH, −CHO, −COOH,

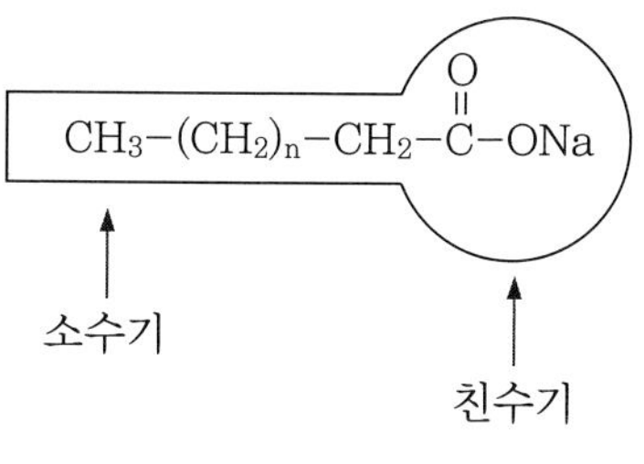

유화제(비누)의 단면도

O/W형

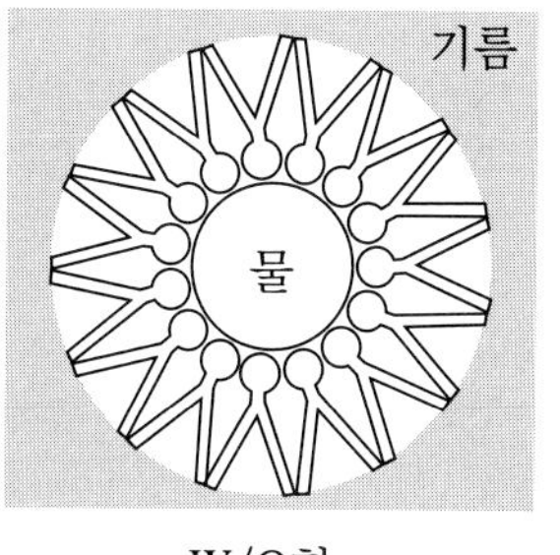

W/O형

그림 16.19 유화제에 의한 안정한 유화액의 형성

$-NH_2$ 등의 구조를 가진 친수기와 alkyl기와 같은 소수기를 가지고 있는데, 친수기는 물 분자와 결합하고 소수기는 기름과 결합하여 그림 16.19와 같이 물과 기름의 계면에 유화제 분자의 피막이 형성되어 계면장력을 저하시켜 유화액을 안정하게 한다.

2) 유화액의 형태

유화액에는 물 속에 기름이 분산된 수중유적형(oil in water : O/W)과 이와 반대로 기름 중에 물이 분산된 유중수적형(water in oil W/O)의 두 가지 형태가 있다. 예를 들면, 우유, 마요네즈, 아이스크림 등은 수중유적형(O/W)이고 버터, 마가린 등은 유중수적형(W/O)이다(표 16.4).

유화제 중의 친수성기가 소수성기보다 강하면 O/W형, 소수성기가 친수성기보다 강하면 W/O형이 된다. 유화제 분자 중의 친수성기와 소수성기의 균형은 HLB값(hydrophile-lipophile balance value)[2]으로 표시할 수 있다. HLB값은 유화액을 만들기 위하여 유화제를 선택하고자 할 때 가장 좋은 기준으로 사용되는데 일반적으로 HLB값이 8~18인 유화제는 O/W형에, 3~6인 유화제는 W/O형의 유화에 적합하다.

이와 같은 유화액의 형태는 ① 유화제의 성질 ② 전해질의 유무와 그 종류 및 농도 ③ 물과 기름의 비율 ④ 기름의 성질 ⑤ 물과 기름의 첨가 순서 등의 여러 가지 조건에 따라 달라진다. 예를 들면, 올리브유에 대해서 lecithin, albumin, arabia gum 등은 O/W형이 되나

표 16.4 유화식품의 상태

식품명	형	분산상	분산매	유화제
우유	O/W	지방	물, 유당	casein
마요네즈	O/W	샐러드기름	식초, 물, 소금	난황
아이스크림	O/W	얼음, 크림	물	sodium alginate
버터	W/O	물, 소금, 유산	지방	

[2] HLB값(hydrophile-lipophile balance value) : 여러가지 유화제(계면활성제)를 일정한 기준에 의하여 분류하고 각각의 용도에 맞게 사용하기 위하여 만든 기준값으로, 1949년 미국의 *Griffin*에 의하여 제안되었다. 처음에는 유화제 분자에 존재하는 친수성기와 소수성기의 강약을 수치로 분류하고자 하는 시도였으며 다음과 같은 식으로 HLB값이 계산되었다.

$$\text{HLB value} = 20 \times \frac{\text{유화제 중의 친수성기의 분자량}}{\text{유화제의 분자량}}$$

즉, HLB값은 0~20 범위에 있으며, 값이 작을수록 친유성이 강하게 나타나고 커질수록 친수성이 강하게 나타난다. HLB값 1~3은 소포제, 3~6은 W/O형 유화제, 7~9는 습윤제, 8~18은 O/W형 유화제, 13~15는 세정제, 그리고 15~18은 가용화제로 적합하다.

cephalin, cholesterol, casein 등은 W/O형을 이룬다.

일반적으로 친수기가 소수기보다 강한, 즉 친수성의 유화제는 O/W형이 되고, 이와 반대로 친유성의 유화제는 W/O형이 된다.

4. 거품현상

분산상이 기체이고 분산매가 액체인 colloid 분산 시스템을 거품(foam)이라 한다. 일반적으로 순수한 물은 거품을 이루기가 어렵고, 물 속에 수용성 단백질, saponin 등과 같이 어떤 물질이 들어 있어야 거품이 잘 일어난다. 즉, 거품도 유화액에서의 유화제와 같이 제3의 물질이 들어감으로써 안정한 거품을 이루게 된다. 이 물질도 유화제의 경우와 같이 기체와 액체의 계면에 흡착되어 안정화시킨다. 예를 들면, 과자 제조용으로 난백 또는 젤라틴을 넣어 거품을 일으키든가 또는 hop의 수지 성분 및 단백질이 맥주의 거품을 이루는 데 안정제로서 작용하는 것이다.

식품에서는 맥주와 같이 거품이 나는 것이 유리할 때도 있으나 반대로 거품이 나는 것이 불리할 때도 있다. 예를 들면, 두부 제조시 두유를 끓일 때나 물엿, 발효제품 등을 만들 때 거품의 형성이 문제가 된다.

일반적으로 거품을 없애기 위해서는 거품의 일부를 표면장력을 감소시키도록 변화를 주면 된다. 즉, 찬 공기를 보내 끓는 액에 닿게 하든지 또는 지방산, alcohol 등의 적당한 소포제(antifoaming agent)[3]를 가하여 거품의 형성을 막는다.

5. 팽윤현상

일반적으로 한천과 같은 건조식품을 물에 담그면 물을 흡수하여 팽창한다. 이와 같은 현상을 팽윤(swelling)이라 부른다.

팽윤할 때 세포의 팽창으로 세포막이 늘어남으로써 생기는 압력을 팽윤압(swelling pressure)이라고 하며, 이 압력이 생기는 메카니즘에 대해서는 아직 잘 알려져 있지 않으나 흡수된 물이 식품의 분자내 또는 분자 사이에 끼어 들어가서 colloid를 형성하기 때문에 일어나는 것으로 생각되고 있다. 팽윤압은 식품의 종류에 따라 다르나 일반적으로 대단히

[3] 소포제(antifoaming agent) : 식품 제조 과정에서 거품을 제거하기 위한 목적으로 사용되는 물질을 말한다. 대부분의 지방산, 이산화규소(silicon dioxide), sorbitan monostearate, 규소수지(silicon resin) 등이 있으나 식품 첨가물로서 정식 허가된 것은 규소수지 뿐이다.

높아 미역의 경우 약 40기압이나 된다.

전분, 단백질, 지방 등의 식품의 성분은 식품 즉 생물체 내에서 다량의 물과 결합하여 colloid 상태를 이루며 gel 조직을 형성하며, 일정한 팽윤체를 이루고 있다. 식품이 일정한 형태를 유지하는 것도 이와 같은 gel 조직의 팽윤에 의하는 바가 크다. 또한 건조식품을 물에 담그면 흡수 연화되거나 전분에 물을 가하여 가열하면 호화되는 것도 팽윤현상의 하나이다.

국문 찾아보기

영문 찾아보기

기타 찾아보기

참고문헌

〈 國內書 〉

· 김동훈. 식품화학, 탐구당(1988), (1972).
· 김형수. 식품화학, 수학사(1983).
· 김재근. 식품화학, 문운당(1982).
· 김준평. 생화학, 집현사(1998).
· 박원기. 기본식품화학, 신광출판사(1987).
· 안승요. 식품화학, 교문사(1981)
· 양한철. 식품신소재학, 한림원(1995.11.30).
· 유태종. 식품영양학, 문운당(1978).
· 이규한. 식품화학, 형설출판사(1986).
· 이서래, 신효선. 최신식품화학, 신광출판사(1983).
· 이성우, 김광수, 김순동. 삼고식품화학, 수학사(1984).
· 이성우, 윤태헌. 종합영양화학, 동명사(1984).
· 이성우. 신고식품화학, 수학사(1983).
· 이철호, 채수규, 이진근. 식품공업품질관리론, 유림문화사(1989), (1984).
· 이현기. 영양화학, 수학사(1981)
· 장건형. 식품의 기호성과 관능검사, 개문사(1975).
· 정동효. 최신생화학, 선진문화사(1984).
· 조진현, 유태종, 고영수, 이상건. 식품화학, 수학사(1974).
· 조재선. 신고식품재료학, 문운당(1984).
· 채수규. 표준식품화학, 이공도서(1977).
· 채수규. 식품화학, 효일문화사(1990).
· 한국식품과학학회. 한국식품문헌총람(1977), (1983), (1989).
· 한국인구보건연구원. 한국인의 영양권장량, 제5차 개정, 고문사(1989).
· FAO 한국협회. 한국인 영양권장량, 고문사(1980).
· 생체기능조절천연소재연구회. 생체기능조절 천연소재 심포지움(1994.11.17), 고려대학교 인촌기념관.

〈 日書 〉

· 鎌田榮基 外 1人. 食品の色, 光琳(1977).
· 古賀克也 外 1人. 食品學, 三共出版社(1987).
· 菅原 龍幸 外 1人. 食品化學, 建帛社(1986).
· 大西正三. 食品化學, 朝倉書店(1980).
· 藤劵正生 外 7人. 食品化學, 朝倉書店(1982).
· 露木英男. 食品學總論, 共立出版社(1989).
· 石井謙二 外 1人. 食品化學, 弘生館(1984).
· 小島喜久. 食品化學, 學文社(1983).
· 小蟠彌八郎. 食品の色, 香, 味. 技報堂(1961).

· 神立 誠. 食品化學槪說, 光生館(1984).
· 新村壽夫. 食品添加物の生化學と安全性, 他人書館(1979).
· 安本敎傳 外 5人. 食品化學, 同文書院(1983).
· 岩田久敬. 食品と食品化學, 養賢堂(1983).
· 野中順三九 外 1人. 食品保藏學, 恒星社, 厚生閣(1986).
· 五十嵐脩. 食品化學 入門, 弘學出版社(1985).
· 玉虫文一等. 理化學辭典, 岩波書店(1985).
· 桜井芳人 外 2人. 食品保藏, 朝倉書店(1976).
· 林寬. 食品學, 弘學出版社(1983).
· 林弘通. 食品物理學, 養賢堂(1989).
· 中谷延二 外 5人. 食品化學, 朝倉書店(1987).
· 中村郎 外 3人. 現代の食品化學, 三共出版社(1985).
· 中村郎, 三岸舜郎, 渡邊乾二, 大澤俊彦. 食品機能化學, 三共出版社(1989).
· 川端晶子. 食品物性學, 建帛社(1989).
· 坂本淸 外 2人. 食品化學, 朝倉書店(1986).
· 八木一文. 食品化學, 講談社(1981).
· 浦上智者. 食品學總論, 理工學社(1987).
· 櫛田壽惠 外 4人. 食品化學, 化學同人(1984).
· 高野克己. 食品化學, 三共出版(2007).

〈 英書 〉

· Belitz, H.D, Grosch, W. Food Chemistry, Springer-Gerlag(1987).
· Fennema Owen R. Food Chemistry, Marcel Dekker(1985).
· Fennema Owen R. Principles of Food Science, Part I. Food Chemistry, Marcel Dekker(1976).
· Deman, John M.. Principles of Food Chemistry, AVI(1976)
· Lee Frank A.. Basic Food Chemistry, AVI(1975).
· Meyer, L. H.. Food Chemistry, Rein hold Pub. Co.(1960).
· Eskin, N. A. M. Henderson, H. M, Town send, R. J.. Biochemistry of Foods, Academic Press(1971).
· Braverman, J. B. S.. Introduction to the Biochemistry of Foods, Elsevier Pub. Co.(1963).
· John, T. R., Nickerson, Louis J. Ponsivall. Elementary Food Science, AVI(1978).
· Hegsted, D. Mark. Nutrition Reviews, Present Knowledge in Nutrition, The Nutrition Foundation(1976).
· Lawrence J. Machlin. Handbook of Victims, Nutritional Biochemical and Clinical Aspects, Macel Dekker(1984).
· Birch, G. G., Lindley M. G.. Developments in Food Flavor, (1986).
· Erickson C.. Maillard reaction in Food, Pregamon(1981).
· Simatos, D., Multon, J. L.. Properties of water in Foods, Martinus Nijhoff Publishers(1985).
· Bell, J. Ellis Bell Evelyn T.. Proteins and Enzymes, Prentice Hall(1988).

〈 雜誌 〉

· 한국식품과학회지
· 한국농화학회지
· 한국영양학회지
· 한국생화학학회지
· 일본농예화학회지
· 일본식품공업학회
· 일본식품공업학회지
· 식품공업(한국식품공업협회)
· 식품공업(일본, 광림서원)
· New food Industry(일본, 식품자재연구회)
· Advances in Food Research(Academic Press)
· Agricultural and Biological Chemistry(Agricultural Chemical Society of Japan)
· Cereal Chemistry(American Association of Cereal chemists)
· Food Technology(Institute of Food Technologists, U.S.A.)
· Journal of Agricultural and food Chemistry(American Chemical Society)
· Journal of food Science(Institute of Food Technologists: U.S.A.)
· Journal of food Technology(Institute of Food Science & Technology, U.K.)
· Journal of the American Oil Chemists' Society(American Oil Chemists' Soriety)
· Journal of the Science of Food and Agriculture(Society of Chemical Industry, England)

채수규

고려대학교 농화학과 졸업
고려대학교 대학원 식품공학과 졸업(석사, 박사)
방사선농학연구소 식품공학연구실 연구원
서울보건대학 식품가공과 교수
일본 국립식품총합연구소(NFRI) 객원연구원
일본 동경수산대학 식품생산학과 객원연구원
서울와인스쿨 전문교육과정 수료
노동부 국가기술자격제도 심의위원회 전문위원
산업인력공단 명장 포상후보자 공적심사 전문검토위원
교육부 식품가공교과 교육연구회 도서편찬 연구위원
국제협력단(KOICA) 한국해외봉사단 선발 기술면접위원
중소기업청 산학연 공동기술개발 과제 선정 평가위원
롯데제과주식회사 사외이사 역임
(현) 을지대학교 식품과학부 교수

기본 식품화학
Basic Food Chemistry

1판 1쇄 인쇄 2011년 8월 22일
1판 1쇄 발행 2011년 8월 29일

지은이 채수규
펴낸이 윤용호
펴낸곳 順学堂
121-868 서울시 마포구 신수동 448-6
등록 2001.10.23. 제10-2238호
전화 02)719-6116
팩스 02)719-6120
www.shdbooks.co.kr
E-mail: shd6116@chol.com

ISBN 978-89-93158- 44-1 93570
가격 23,000원